떠먹여주는 물리 3권

심화이론 8판

편저자 **한창민**

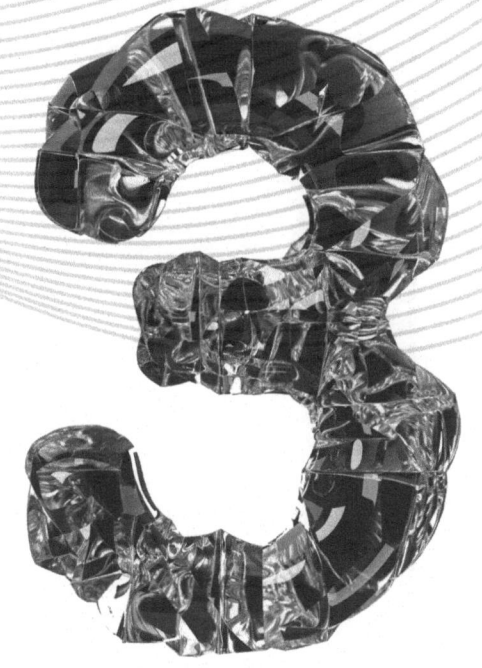

WISTORY

창—멘
12월 26일 오후 8:44 · 1 · 좋아요 · 답글쓰기

쌤보고싶어영 집가서 올릴게요,,,,
12월 26일 오후 8:57 · 1 · 좋아요 · 답글쓰기

진짜 창멘 인듯합니다^^
12월 26일 오후 9:08 · 1 · 좋아요 · 답글쓰기

창___멘
12월 26일 오후 9:20 · 1 · 좋아요 · 답글쓰기

쌤 진짜 최고에요... 적중률99.9999% 창멘🔔
12월 26일 오후 9:23 · 1 · 좋아요 · 답글쓰기

그동안 감사했습니다!
12월 26일 오후 9:24 · 1 · 좋아요 · 답글쓰기

물리는 창맨인데 수학이.....
12월 26일 오후 9:24 · 표정짓기 · 답글쓰기

> **한창민**
> 창멘도 아니고 창맨은 뭔가용? ㅋㅋㅋ
> 12월 26일 오후 9:25 · 표정짓기 · 답글쓰기

> 한창민 오타에요 ㅋㅋㅋ
> 12월 26일 오후 9:26 · 표정짓기 · 답글쓰기

물리는 최강창민
12월 26일 오후 9:31 · 1 · 좋아요 · 답글쓰기

교수님덕에 고대물리 다맞았어요 !!
12월 26일 오후 9:42 · 1 · 좋아요 · 답글쓰기

교수님 특강 듣구, 완전 뿅가서 찾아와써요 >,<

교수님의 수업을 들으면서 왜 이제야 듣는지 후회하지만 배우는 기쁨을 느끼며 즐겁을 수업을 듣고 있습니다.

물리 노베에게 정말 좋아용

저가 포기했었던 물리를 쉽게 이해시켜준 교수님입니다.

일단 개념 자체를 너무 쉽게 풀이해주셔서 누구나 이해할 수 있고 머리에 쏙쏙 들어옵니다.

떠먹여주는 물리 3권
CONTENTS

PART 01 역학

- **005** chapter 1. **3대 분석 도구**
- **089** chapter 2. **3대 가속 운동**
- **119** chapter 3. **강체역학**
- **143** chapter 4. **유체역학**

PART 02 열

- **155** chapter 5. **열현상**
- **173** chapter 6. **열역학**

PART 03 전자기학

- **193** chapter 7. **정전기학**
- **253** chapter 8. **직류회로**
- **283** chapter 9. **정자기학**
- **307** chapter 10. **전자기유도**
- **323** chapter 11. **교류회로**

PART 04 파동

- **355** chapter 12. **파동역학**
- **385** chapter 13. **기하광학**
- **413** chapter 14. **파동광학**

PART 05 현대물리

- **435** chapter 15. **이중성**
- **459** chapter 16. **원자모형**
- **477** chapter 17. **핵물리**

PART 01 역학

Chapter 1. 3대 분석 도구

Chapter 2. 3대 가속 운동

Chapter 3. 강체역학

Chapter 4. 유체역학

Orientation

§ 1-1. 공부 방법

1. 물리 공부방법
1) 이론교재 : Halliday 일반물리학, Young 대학물리학 등 하이탑 비추, 고등자습서 추천(완자, 누드교과서 등)

2) 추천 기초 문제집 : ebs 수능특강 물리1, 2, 퍼펙트물리

3) must have item : 3공 바인더

4) 스터디 : 스터디를 통해서 모르는 것을 물어볼 수도 있고, 긴장감을 유지할 수도 있으며 인맥을 넓힐 수도 있음.

2. 강의태도
1) 필기는 선생님과 동시에!!!
   → 필기하는 곳은 프린트물 여백이나 노트, 연습장 등.

2) 판서뿐만 아니라 입으로 설명하는 것도 적기! 심지어 농담까지. 특히 농담은 복습시 기억을 되살리는 데 도움이 많이 됨

3) 문제푸는 시간을 주면 문제를 다 풀고 가만히 있지 말고, 그 다음 예제를 풀기!

4) 강의 시간에 최대한 집중하기.
   강의 시간에 졸거나 딴 생각하면 나중에 복습할 때 감당이 안 됨. 왜냐하면 진도나간 분량도 너무 많고, 책을 읽어도 이해가 안 되는 경우가 많음. 그러므로 강의 시작 전에 휴대폰을 꺼놓고, 강의 도중 졸음이 오면 강의실 뒤에서 서서 듣기!
   일반적으로 합격생들의 특징은 강의 시간에 토씨하나 안 빠뜨리고 다 들은 후(또는 필기한 후), 복습시 간단하게 내용을 훑어본 후 바로 연습문제를 풀어봄!

3. 복습의 구체적 형태
1) 내용측면
① 총론 : 숲을 보는 과정. 전체 내용을 map으로 표현하는 것이 중요(concept map 그려보기)

② 각론 : 세부내용을 보는 과정. 각론끼리 Link를 시키는 것이 중요.
   e.g. 질량은 역학적 관성을 나타내고, 비열은 열역학적 관성을 나타내고, 자체유도계수는 전자기적 관성을 나타낸다.
   e.g. 자기장 파트를 배운 후 전기장 파트와 비교해보기. 또는 에너지 파트를 배운 후 뉴턴2법칙 파트와 비교해보기.

③ 이론 복습시 타인에서 설명하듯이 혼자 중얼거려본다. 그리고 복습이 끝나면 머리 속으로 복습한 내용을 되뇌어보거나 연습장에 써본다.

④ 이론이 잘 이해가 안 되는 경우 : 이론이 이해가 안 되면 안 될수록, 교재를 읽어보는 것보다 해당 예제를 더 풀어보는 것이 낫다. 그리고 선생님한테 질문해 본다.
   그래도 안 되면 교재를 3개월에 걸쳐서 3회 정도 반복적으로 읽어본다.(한 번에 이해하겠다는 욕심 버리기! 절대, 한 번에 이해 안 됨!)

2) 방법측면
① 즉시 복습 : 강의 후 쉬는 시간이나 점심 시간에 바로 복습할 것. 늦어도 강의 당일 저녁에 복습할 것.
   → 에빙하우스의 망각곡선 : 학습 후 10분부터 망각이 시작되어서 1시간 만에 무려 50% 망각

② 주간복습 : 누적 복습(지금까지 배운 내용 총복습)

③ 월간복습 : 총정리(A4 용지에, 자기 손으로 직접)
   단 이때 자신의 공부방법이 옳은지 반성하고 수정한다.

4. 연습문제 공부방법
1) 어느 정도 시간을 재서 10~20개의 문제를 풀어보고 채점을 한다.

2) 맞은 문제와 틀린 문제 모두 해설을 참고한다.
   나의 풀이와 해설지의 풀이가 일치하는지 확인할 것. 만약 다르다면 나의 풀이와 해설지의 풀이가 왜 다른지 확인할 것. 물리는 풀이방법이 다양할 수 있으므로 나의 풀이와 해설지의 풀이 모두 기억해둘 것.

3) 한편 틀린 문제의 해설을 볼 때는 수식 전개 과정에 수식전개의 이유를 간단하게 쓸 것.
   예를 들어 충돌 문제인 경우, '두 공이 충돌했기 때문에 운동량보존법칙을 쓴다.'라고 해설지에 코멘트 달기.

4) 10분 넘게 해설을 봐도 이해가 안 되면 표시를 해 두고 넘어간다. 왜냐하면 그 해설은 내가 풀 수 있는 문제가 아니라 그냥 '모르는 문제'이기 때문이다. 이런 경우는 동료나 선생님한테 질문을 하는 게 시간관리 측면에서 효율적이다.

5) 해설을 다 이해했으면 연습장에 다시 풀면서 과정이 외워졌는지 확인!!!
   → 이전의 공부과정은 '리포트 100장짜리를 워드작업한 다음 그냥 컴퓨터를 꺼버린 것'과 비슷했다. 즉 저장과정을 거치지 않았다.

   반드시 복습한 내용이 머리에 남아 있는지 확인해야 한다! 만약 연습장에 스스로 써내지 못하면 다시 해설을 본다. 그 후에 다시 새로운 연습장에 다시 또 풀어본다. 풀다가 기억이 안 나면 다시 해설을 보고, 새로운 연습장에 처음부터 또 다시 풀어본다... 이런 식으로 1문제를 완벽하게 머리에 저장한 다음 그 다음 문제의 해설을 본다.

6) 이것들보다 더 중요한 게 있다. 바로 물리 실력은 2회독째 복습할 때 상승한다는 것이다! 복습에 너무 많은 시간을 투자하면 심적으로 지치고, 시간적으로 진도도 밀리므로, 잘 이해가 안 되더라도 빨리 빨리 넘어가는 게 좋다. 독서의 대표적 두 방법인 정독과 다독 중에 후자가 고시공부에 좋은 방법임을 명심하자!!!!!

6. 물리 공부 십계명
1) 없음
2) 없음
3) 너무 어려운 문제는 일단 skip하고, 1회독이 끝난 후 2회독 째에 다시 풀어본다.
4) 조금 어려운 문제는 그냥 통째로 외운다. 그 후 선생님께 질문한다.
5) 오전 7시에 등원해서 물리문제 10개를 풀고 하루일과를 시작한다.
6) 점심식사 후, 저녁식사 후 무조건 엎드려 잔다.
7) 수업시간엔 100% 집중한다. (카톡을 지운다. 2G로 바꾼다. 머리카락을 짧게 자른다.)
8) 쉬는 시간엔 앞시간 내용을 복습하거나 해당 연습문제를 풀어본다. 또는 수업시간에 놓친 부분을 선생님께 질문한다(즉시복습).
9) 강의 중 필기는 필요한 부분만 한다.
10) 강의 중 졸음이 오면 뒤에서 서서 듣는다.

7. 총론
1) 물리 5대 영역
① 역학 $\begin{cases} 질점역학 \\ 강체역학 \\ 유체역학 \end{cases}$

② 열역학

③ 전자기학 $\begin{cases} 전기 \\ 자기 \end{cases}$

④ 파동 $\begin{cases} 줄, 물, 소리 \\ 빛 \end{cases}$

⑤ 현대물리 $\begin{cases} 상대론 \\ 양자론 \\ 핵물리 \end{cases}$

2) 4대역학
   고전역학, 열및통계역학, 전자기학, 양자역학

3) 역학 중 질점역학의 내용
   → 이름에서 추측해보는 질점역학의 내용 : 힘에 대한 이론이다.

   → 누가 : 힘이 어떻게 작용하는지에 대한 이론이다.

   → 누구에게 : 힘이 질점에게 어떻게 작용하는지, 그리고 그 후에 어떻게 되는지에 대한 이론이다.

   → 어떻게 : 힘을 받은 질점은 움직인다(v). 그리고 질점이 이동한다(s). 그리고 시간이 걸린다(t). 즉 질점역학은 s, v, t 에 대해서 공부하는 파트이다.

   → 힘을 주면 속력이 빨라진다(변한다). 이것을 가속도(a)라고 한다. 그래서 질점역학에서는 가속도에 대해서 공부한다.

   → 한편 $a = \frac{F}{m}$(뉴턴2법칙)에 의해 가속도를 발생시키는 원인이 힘(f)이므로 힘에 대해서도 공부한다.

그리스문자

대문자	소문자	명칭	
A	α	alpha	알파
B	β	beta	베타
Γ	γ	gamma	감마
Δ	δ	delta	델타
E	ε	epsilon	엡실론
Z	ζ	zeta	제타
H	η	eta	에타
Θ	θ	theta	세타
I	ι	iota	요타
K	κ	kappa	카파
Λ	λ	lambda	람다
M	μ	mu	뮤

대문자	소문자	명칭	
N	ν	nu	뉴
Ξ	ξ	xi	크사이
O	ο	omicron	오미크론
Π	π	pi	파이
P	ρ	rho	로
Σ	σ	sigma	시그마
T	τ	tau	타우
Y	υ	upsilon	입실론
Φ	φ	phi	파이
X	χ	chi	카이
Ψ	ψ	psi	프사이
Ω	ω	omega	오메가

§ 1-2. 단위와 차원

1. 단위를 사용하는 목적

1) 물리량 구분 – 중매쟁이가 영희에게 '맞선남'인 철수를 180이라고 소개했다. 영희는 기뻐할 것이다. 그런데 알고 봤더니 180kg이었다. --;;
이렇게 단위 없이 숫자로만 의사 소통하면 거리인지, 질량인지 구분할 수 없다.
그래서 어떤 물리량인지 구분하기 위해서는 반드시 단위를 사용해야 한다.

2) 물리량의 크기 표현 – 영희의 맞선남인 철수의 질량이 알고 봤더니 180kg이 아니라, 180g이라고 한다. --;;
이렇게 단위를 잘못 사용하면, 씨름 선수인지 요정인지 구분할 수가 없다.
그래서 물리량의 정확한 크기를 나타내기 위해서 단위를 제대로 사용해야 한다.

2. 단위

1) SI 단위 : 프랑스 주도의 국제 표준 단위계. 한국은 1989년 국가표준기본법 제정으로 SI 단위 의무 사용 법제화
① 기본단위 : 길이$[m]$, 질량$[kg]$, 시간$[s]$, 전류$[A]$, 온도$[K]$, 몰$[mol]$, 광도$[cd]$; 7가지
② 유도단위 : 속도$[m/s]$, 가속도$[m/s^2]$, 힘$[N][kg \cdot m/s^2]$, ...

2) 접두어 : 거듭제곱의 형태를 쉽게 쓰기 위해 만듦.

지수	12	9	6	3	2	1	-1	-2	-3	-6	-9	-12	-15
접두어	T-(테라)	G-(기가)	M-(메가)	k-(킬로)	h-(헥토)	da-(데카)	d-(데시)	c-(센티)	m-(밀리)	μ-(마이크로)	n-(나노)	p-(피코)	f-(펨토)
예	Tbyte	Gbyte	Mbyte	kg	hPa		dl	cm	mm, mg	μm, μF	nm	pm	fm

e.g. $1000m = 10^3 m = 1km$

3. 차원(dimension)

길이 – 단위 : $[m]$, 차원 : $[L]$
질량 – 단위 : $[kg]$, 차원 : $[M]$
시간 – 단위 : $[s]$, 차원 : $[T]$
전류 – 단위 : $[A]$, 차원 : $[I]$
속도 – 단위 : $[m/s]$, 차원 : $[LT^{-1}]$

Quiz 1 힘의 차원은?
sol) $F = ma \ [kg \cdot m/s^2]$을 이용하면 힘의 차원은 $[MLT^{-2}]$

Quiz 2 토크의 차원은?
sol) $\tau = rF$ 에서 $[mN][kgm^2/s^2]$
∴ $[ML^2T^{-2}]$

Quiz 3 각운동량의 차원은?
sol) $L = rp$ 에서 $[mkgm/s] = [kgm^2/s]$
∴ $[ML^2T^{-1}]$

Quiz 4 자기선속의 차원은?
sol) $\Phi = BA$ 와 $F = BIL$ 을 이용하면
$[\frac{N}{Am} m^2] = [\frac{kgm}{s^2} \frac{1}{Am} m^2] = [\frac{kgm^2}{s^2A}]$
∴ $[ML^2T^{-2}I^{-1}]$

Quiz 5 플랑크 상수의 차원은?
sol) $E = hf$ 에서 $[Js] = [Nms] = [kg\frac{m}{s^2}ms] = [\frac{kgm^2}{s}]$
∴ $[ML^2T^{-1}]$ → 각운동량과 동일 차원($\because L = n\frac{h}{2\pi}$)

Quiz 6 진공의 유전율의 차원은?
sol) $F = \frac{1}{4\pi\epsilon_0} \frac{Qq}{r^2}$ 에서 $[\frac{C^2}{Nm^2}] = [\frac{A^2s^2}{(kgm/s^2)m^2}] = [\frac{A^2s^4}{kgm^3}]$
∴ $[M^{-1}L^{-3}T^4I^2]$

Quiz 7 힘의 CGS 단위인 dyne 과 에너지의 CGS 단위인 erg 의 단위 변환?
sol)
1) $F = ma$ 를 이용하면
$1[dyne][g \cdot cm/s^2][10^{-3}kg \ 10^{-2}m/s^2][10^{-5}kgm/s^2][10^{-5}N]$

2) $W = Fs$ 를 이용하면
$1[erg][dyne \ cm][10^{-5}N \ 10^{-2}m][10^{-7}Nm][10^{-7}J]$

§ 1-3. 오차의 전파

1. 측정값, 참값, 근사값
1) 측정값 : 어떤 양을 측정하여 얻은 값
2) 참값 : 측정값의 실제값

> e.g. 우리반 학생 수 42명은 참값에 해당한다.
> e.g.2 참값이 15.37cm인 연필의 길이를 30cm 자로 측정했더니, 연필의 끝이 15.3cm와 15.4cm 중에서 15.4cm에 가까웠다. 이 경우 15.4cm가 측정값이 된다.

3) 근사값 : 참값은 아니지만 참값에 가까운 측정값

> e.g. 위의 예에서 근사값 : 연필의 길이 15.4cm

2. 오차, 편차
1) 오차 : 근사값에서 참값을 뺀 것

ex 1 참값 $\frac{1}{3}$의 근사값을 0.3로 택했을 때 오차는?

정답 $0.3 - \frac{1}{3} = -\frac{1}{30}$ 즉 오차 : $\frac{1}{30}$

2) 편차 : 측정값과 평균값의 차

3. 참값의 범위
연필의 길이 같이, 측정값에 대해서 참값을 모르는 경우가 대부분이다.
참값을 모르면 근사값에 대한 오차를 구할 수는 없지만, 근사값으로부터 참값이 있는 범위를 구할 수 있다.
예를 들어 반올림하여 얻은 근사값이 3.6 이라면 참값의 범위는 $3.55 \leq a < 3.65$이다.
참고로 통계나 물리에서는 (참값) $= 3.6 \pm 0.05$라고 쓴다.

4. 오차의 한계(선거 관련 뉴스에서 맨날 오차 범위라고 부르던 그 말임) : 오차의 절대값이 어떤 값 이하일 때, 그 값을 근사값에 대한 '오차의 한계'라고 한다.

ex 1 지구 대기 중에서 이산화탄소가 차지하고 있는 부피의 비율은 0.033%라고 한다. 근사값 0.033%의 오차의 한계를 구하여라. 여기서 0.033은 반올림하여 얻은 값이다.

정답
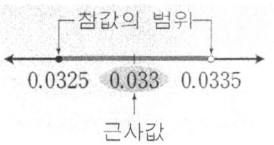

$0.0325 \leq$ (참값) < 0.0335 또는 (참값) $= 0.033\% \pm 0.0005\%$이므로 (오차의 절대값) $\leq 0.0005\%$이다. 그래서 오차의 한계는 0.0005%이다.

ex 2 축구장의 관중이 28300명인 경우, 십의 자리에서 근사한 숫자라면 오차의 한계는 (   )이다. 일의 자리에서 근사한 숫자라면 오차의 한계는 (   )이다.

정답 50, 5

ex 3 최소 눈금이 10 g 인 저울에서 어떤 물체의 무게가 410 g인 경우

정답 참값 a의 범위 : $405g \leq a < 415g$ or $a = 410g \pm 5g$
오차의 절대값 $\leq 5\ g$
오차의 한계 : 5 g

⇒ 반올림한 측정값의 경우 오차의 절대값은 최소 눈금의 반을 넘지 못한다. 따라서 오차의 한계는 '최소 눈금의 $\frac{1}{2}$'이다.

ex 4 측정값이 2.4 m 이고 측정도구의 최소 눈금이 0.1 m 인 경우 참값의 범위와 오차의 한계는?

정답 참값의 범위 : $2.35 \leq a < 2.45$ or $a = 2.4m \pm 0.05m$
오차의 절대값 ≤ 0.05 m
오차의 한계 : 0.05m

ex 5 어느 공장에서 생산되는 제품의 크기는 오차의 한계가 0.001 mm 이어야 품질합격 판정을 받는다. 이 공장에서 측정하는 자의 최소 눈금 단위는 얼마이어야 하는가?

정답 오차의 한계는 최소 눈금의 $\frac{1}{2}$이므로 자의 최소 눈금 단위는 0.002 mm 이다.

5. 물리 실험에서 측정값을 읽는 방법

수학이나 통계에서 측정값은 최소눈금값으로 하고, 대신 오차의 한계를 최소눈금의 0.5 또는 $\frac{1}{2}$로 하고 있다.

그러나 물리실험에서는 측정값을 '최소눈금의 $\frac{1}{10}$'까지 눈대중으로 읽는 것으로 약속한다. 그리고 오차의 한계는 그것의 세 배, 즉 '최소 눈금의 $\frac{1}{10}$의 세 배'로 한다.

예를 들어 중학생들이 흔히 들고 다니는 15cm 자의 최소눈금은 0.1cm인데, 측정값을 정할 때에는 15.18cm, 뭐 이런 식으로 최대한 정확하게 읽어주고, 답안지에 측정값을 쓸 때에는 $15.18cm \pm 0.03cm$라고 쓴다. 만약 수학 시험이라면 $15.2cm \pm 0.05cm$라고 쓰면 된다.

ex 1 다음 그림에서 연필의 길이를 측정한 결과를 적어보시오.

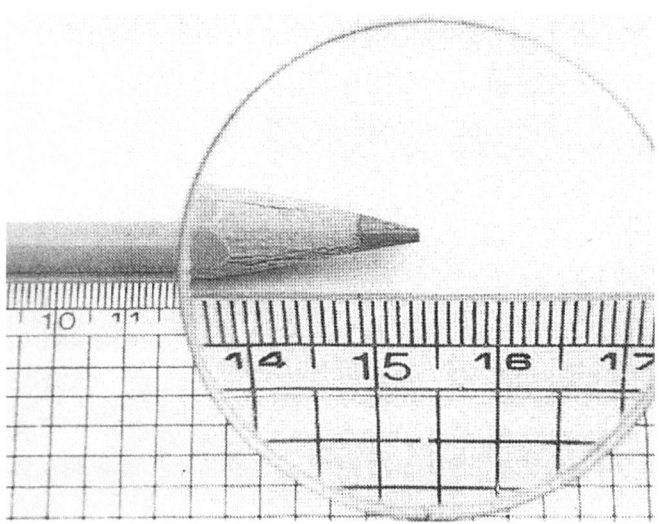

정답 $15.37cm \pm 0.03cm$

6. 유효숫자(significant figure)
반올림하여 얻은 근사값에서 반올림하지 않은 부분의 숫자나 측정하여 얻은 믿을 수 있는 숫자.

ex 1 일의 자리에서 반올림한 근사값이 28300인 경우 참값의 범위는? 유효숫자? 유효숫자의 개수는?

정답 $28295 \leq a < 28305$, 2, 8, 3, 0, 4개

ex 2 십의 자리에서 반올림한 근사값이 28300인 경우 참값의 범위는? 유효숫자?

정답 $28250 \leq a < 28350$, 2, 8, 3

7. 유효숫자를 사용한 근사값의 표현
근사값의 유효숫자 부분을 정수 부분이 한 자리인 수와 '10의 거듭제곱'을 곱한 형태로 표현

ex 1 근사값 500에서 유효숫자가 2개인 경우 : 5.0×10^2

ex 2 근사값 500에서 유효숫자가 3개인 경우 : 5.00×10^2

ex 3 $R_E = 1.276 \times 10^4 km = 12760 km$에서 참값의 범위와 오차의 한계는?

정답 참값의 범위 : $12755km \leq a < 12765km$
오차의 한계 : 5 km

ex 4 분동의 질량이 0.05200 kg이다. 유효 숫자의 개수는?

정답 4개(5,2,0,0)

ex 5 일의 자리에서 반올림한 근사값이 28300인 경우 이를 '10의 거듭제곱'을 곱한 형태로 표현하시오.

정답 2.830×10^4

8. 근사값의 계산

① 덧셈 : 오차의 한계가 큰 수의 끝자리를 맞추어 계산, 즉 소수점 자리가 작은 수를 기준으로 반올림

$$\begin{array}{r} 123.68 \\ +\ \ \ 8.9 \\ \hline = 132.58 \rightarrow 132.6 \end{array}$$

② 곱셈 : 유효숫자의 최저 개수를 기준으로 반올림

$\underbrace{3.1415}_{5개} \times \underbrace{2.34}_{3개} \times \underbrace{0.058}_{2개} = 0.42636... \rightarrow \underbrace{0.43}_{2개}$

Part 1. 역학

§ 1-4. 물리에 필요한 수학

1. 삼각함수

1) 정의

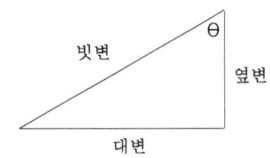

$\sin\theta \equiv \dfrac{대변}{빗변} \Rightarrow 대변 = 빗변 \times \sin\theta$

$\cos\theta \equiv \dfrac{옆변}{빗변} \Rightarrow 옆변 = 빗변 \times \cos\theta$

$\tan\theta \equiv \dfrac{대변}{옆변} \Rightarrow 대변 = 옆변 \times \tan\theta$

2) 특수각일 때의 삼각함수

	$\sin\theta$	$\cos\theta$	$\tan\theta$
0°	0	1	0
30°	$\dfrac{1}{2}$	$\dfrac{\sqrt{3}}{2}$	$\dfrac{\sqrt{3}}{3}$
45°	$\dfrac{\sqrt{2}}{2}$	$\dfrac{\sqrt{2}}{2}$	1
60°	$\dfrac{\sqrt{3}}{2}$	$\dfrac{1}{2}$	$\sqrt{3}$
90°	1	0	∞

3) 근사 : $\theta \simeq 0$ 일 때 $\sin\theta \simeq \tan\theta \simeq \theta$ (작은 각 근사)
$\cos\theta \simeq 1$

2. '비례 공식'과 '반비례 공식'

1) 비례 공식

① 함수 형태 : $y = ax$ or $a = \dfrac{y}{x}$

② 비례식 형태 : $y_1 : y_2 = x_1 : x_2$ or $y_1 : x_1 = y_2 : x_2$

or $\dfrac{y_1}{y_2} = \dfrac{x_1}{x_2}$ or $\dfrac{x_2}{y_2} = \dfrac{x_1}{y_1}$

③ 대표 그래프 :

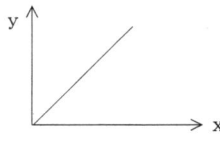

2) 반비례 공식

① 함수 형태 : $y = \dfrac{a}{x}$ or $xy = a$

② 비례식 형태 : $y_1 : y_2 = x_1 : x_2$ or $y_1 : x_1 = y_2 : x_2$

or $\dfrac{y_1}{y_2} = \dfrac{x_1}{x_2}$ or $\dfrac{x_2}{y_2} = \dfrac{x_1}{y_1}$

③ 대표 그래프 :

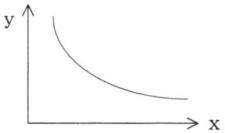

Quiz 1 뉴턴 2법칙에서 비례 관계, 반비례 관계를 말해 보시오.

Quiz 2 옴의 법칙에서 비례 관계, 반비례 관계를 말해 보시오.

Quiz 3 보일의 법칙과 샤를의 법칙에서 비례 관계, 반비례 관계를 말해 보시오.

3. '기울기 공식'과 '면적 공식'

1) 기울기 공식

① 나누기 형태 : 평균 속력의 정의 $\bar{v} = \dfrac{\Delta s}{\Delta t}$

→ 의미 : s-t 그래프의 기울기

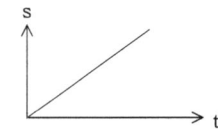

Quiz 1 다음 s-t 그래프에서 더 빠른 차는?

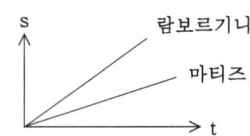

② 미분 형태 : 순간 속력의 정의 $v = \lim\limits_{\Delta \to 0} \dfrac{\Delta s}{\Delta t} \equiv \dfrac{ds}{dt}$

→ 의미 : s-t 그래프에서 접선의 기울기가 순간 속력이다.

Quiz 2 다음 s-t 그래프에서 자동차의 빠르기는 어떻게 변하고 있는가?

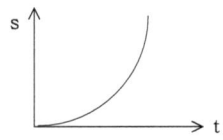

③ 결론 : 나누기와 미분은 둘 다 그래프에서 기울기를 의미한다.

2) 면적 공식

① 곱하기 형태 : $\bar{v} = \dfrac{\Delta s}{\Delta t}$ 에서 $\Delta s = \bar{v} \Delta t$

→ 의미 : v-t 그래프의 면적

Quiz 3 다음 v-t 그래프에서 자동차의 이동거리는?

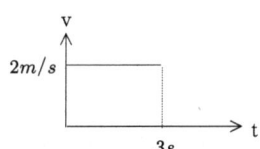

Quiz 4 다음 v-t 그래프에서 자동차의 이동거리는?

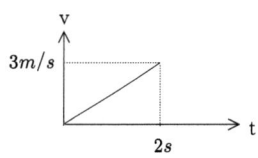

Quiz 5 다음 v-t 그래프에서 자동차의 이동거리는?

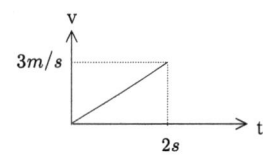

② 적분 형태 : $\Delta s = \int v \, dt$

→ 의미 : v-t 그래프에서 면적

pf. 순간 속력 $v = \dfrac{ds}{dt}$ ← '미분의 반대는 적분이다.'

$\Rightarrow ds = v \, dt$

$\Rightarrow \int_0^s ds = \int_0^t v \, dt$

$\Rightarrow s = \int v \, dt$

$\Rightarrow s = \lim\limits_{\Delta \to 0} \sum\limits_{i=1} v_i \Delta t$ → v-t 그래프에서 면적

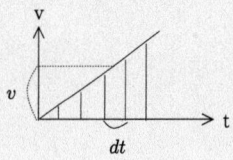

③ 결론 : 곱하기와 적분은 둘 다 그래프에서 면적을 의미한다.

Quiz 6 일의 정의는 $W = F \Delta s$ 이다. 그래프에서 어떤 부분이 무슨 물리량이 되는가?

Quiz 7 일의 정의는 $W = \int F \, ds$ 이다. 그래프에서 어떤 부분이 무슨 물리량이 되는가?

Quiz 8 처음 속도가 0인 경우 속력은 $v = \dfrac{s}{t}$ 이 된다. 비례 관계와 반비례 관계에 대해 말해 보시오.

→ 시사점 : 비례·반비례 공식과 기울기·면적 공식은 관련이 없다. 특수한 경우에만 관계가 있다.

Part 1. 역학

4. 미적분 technique

1) 다항함수 미분 : $y = x^5 \Rightarrow \dfrac{dy}{dx} = 5x^4$

2) 분수함수 미분 : $y = \dfrac{1}{x} \Rightarrow \dfrac{dy}{dx} = (x^{-1})' = -1x^{-2} = -\dfrac{1}{x^2}$

3) 로그함수 미분 : $y = \ln x \Rightarrow \dfrac{dy}{dx} = \dfrac{1}{x}$

4) 다항함수 적분 : $\int x^4 dx = \dfrac{1}{4+1}x^5$

5) 분수함수 적분 : $\int \dfrac{1}{x^2}dx = -\dfrac{1}{x}$

6) 분수함수 적분 : $\int \dfrac{1}{x}dx = \ln x$

5. 벡터 물리량과 스칼라 물리량 차이점

스칼라 물리량 : 크기만 가짐

e.g. 질량, 시간

벡터 물리량 : 크기와 방향 가짐

e.g. 힘

6. 스칼라 연산 방법

1) 합 : 대수적 연산

e.g. 철수 60kg, 영희 50kg일 때 이 커플의 총질량은?

2) 차 : 대수적 연산

e.g. 철수 60kg, 영희 50kg일 때 두 사람의 질량차는?

3) 곱 : 대수적 연산

e.g. 어제 공부한 시간이 3시간인데, 오늘은 그것의 2배를 하였다. 오늘 공부한 시간은?

7. 벡터의 연산 방법 - 합

1) 1차원일 때

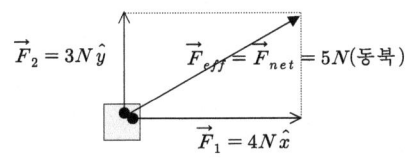 : 물체가 받는 총 힘은 0N이다.

같은 방향 : 더함
반대 방향 : 뺌

2) 2차원일 때 - 평행사변형법

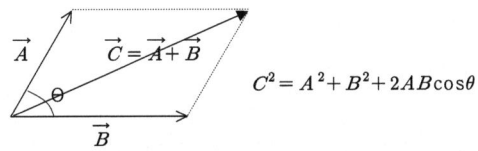

* 공식

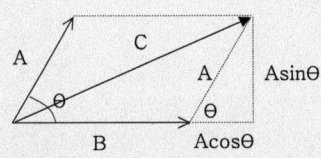

$$C^2 = A^2 + B^2 + 2AB\cos\theta$$

pf1. 안 시험

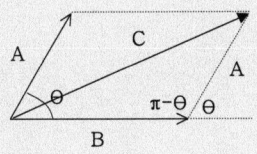

$$C^2 = (A\sin\theta)^2 + (A\cos\theta + B)^2$$
$$= A^2\sin^2\theta + A^2\cos^2\theta + 2AB\cos\theta + B^2$$
$$= A^2 + B^2 + 2AB\cos\theta$$

pf2. 안 시험

코사인 제 2 법칙에 의해
$$C^2 = A^2 + B^2 - 2AB\cos(\pi - \theta) = A^2 + B^2 + 2AB\cos\theta$$

pf3. 안 시험

$\vec{C} = \vec{A} + \vec{B}$
$\Rightarrow C^2 = \vec{C}\cdot\vec{C} = (\vec{A}+\vec{B})\cdot(\vec{A}+\vec{B})$
$= \vec{A}\cdot\vec{A} + \vec{A}\cdot\vec{B} + \vec{B}\cdot\vec{A} + \vec{B}\cdot\vec{B}$
$= A^2 + AB\cos\theta + AB\cos\theta + B^2$
$= A^2 + B^2 + 2AB\cos\theta$

3) 2차원일 때 - 삼각형법(tail-to-head)

벡터는 평행이동이 가능하다. 벡터 A를 오른쪽으로 평행이동시킨다.

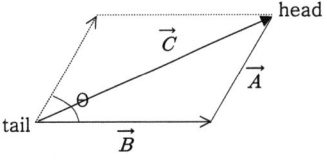

tail에서 head 쪽으로 화살표를 긋는다. 결과는 평행사변형법과 동일하다.

* 평행사변형법과 삼각형법의 차이점
  평행사변형법 - 두 화살표의 tail이 일치한 상황에 적용
  삼각형법 - 두 화살표가 꼬리에 꼬리를 무는 상황에 적용

4) 벡터의 성분 찾기 : 평행사변형법의 역과정이다!

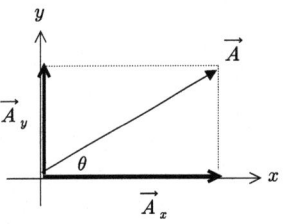

$\cos\theta = \dfrac{A_x}{A}$ 에서 $A_x = A\cos\theta$ 이므로 $\vec{A}_x = A\cos\theta\,\hat{x}$

$\sin\theta = \dfrac{A_y}{A}$ 에서 $A_y = A\sin\theta$ 이므로 $\vec{A}_y = A\sin\theta\,\hat{y}$

5) 2차원일 때 - 성분별 합산법

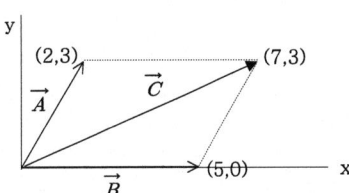

$C_x = A_x + B_x$
$C_y = A_y + B_y$

8. 벡터의 연산 방법 – 차

1) 1차원일 때

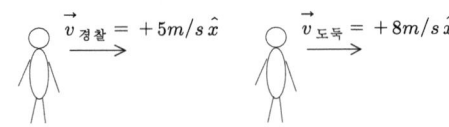

경찰이 본 도둑의 속도는 +3m/s이다.

$$\vec{v}_{경·도} = \vec{v}_{도둑} - \vec{v}_{경찰}$$

2) 2차원일 때 – 사전 지식

① 산수 : 3 – 4 = 3 + (–4)
② $\vec{B} = +2\hat{x} \Rightarrow -\vec{B} = -2\hat{x}$ (방향이 180° 바뀜)
③ $\vec{A} - \vec{B} = \vec{A} + (-\vec{B})$

3) 2차원일 때

① $\vec{B}$를 뒤로 돌려서 계산

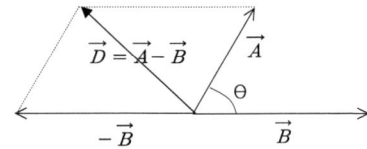

② $\vec{B}$를 제자리에서 돌려서 계산

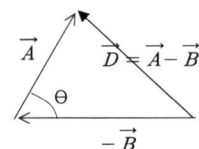

★ 공식 : $D^2 = A^2 + B^2 - 2AB\cos\theta$ (코싸인 제2법칙)

③ yame

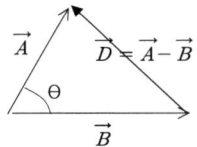

뒷벡터에서 앞벡터 쪽으로 화살표를 긋는다.

Quiz 1 다음 그림에서 경찰이 본 도둑의 속도는 얼마인가?

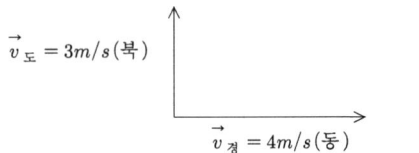

정답 5m/s(북서)

9. 벡터의 연산 방법 – 곱

1) 내적(inner product)

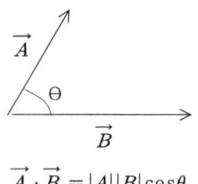

$$\vec{A} \cdot \vec{B} = |A||B|\cos\theta$$

2) 외적(outer product)

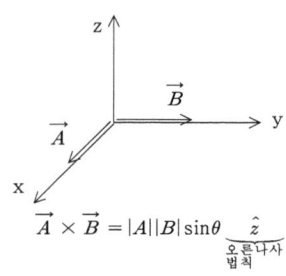

$$\vec{A} \times \vec{B} = |A||B|\sin\theta \underbrace{\hat{z}}_{\text{오른나사법칙}}$$

☞ 읽기 자료 – 통계 기본 개념

1. 불연속변수(계급이 없을 때) – 내 친구들의 키

1) 변량(변하는 양) : 자료를 수로 나타낸 것, 보통은 제목임, 여기서는 키가 변량임

　철수 175cm, 민수 177cm, 영희 179cm, 순희 181cm, 숙자 183cm

2) 평균 : $\frac{변량의 합}{변량의 개수}$

$$\frac{175+177+179+181+183}{5}=179cm$$

3) 편차 : (변량) – (평균)

　–4, –2, 0, 2, 4

4) 분산(variance) : 편차 제곱의 평균 or $\frac{(편차)^2의\ 합}{변량의\ 개수}$

$$\frac{(-4)^2+(-2)^2+(0)^2+(2)^2+(4)^2}{5}=8$$

5) 표준편차 : 분산의 양의 제곱근

$$\sqrt{8}=2\sqrt{2}$$

2. 불연속변수(계급이 있을 때) – 우리 반 친구들(20명)의 식사 시간(단위:분)

1) 변량(변하는 양) : 자료를 수로 나타낸 것, 보통은 제목임, 여기서는 식사시간이 변량임

　5 9 10 12 15 8 16 8 3 23 10 14 18 14 17 7 14 17 18 13

2) 계급 : 변량을 일정한 간격으로 나눈 것

계급	계급값(x_i)	도수(f_i)	$x_i f_i$	편차
0이상 ~ 5미만	2.5	1	2.5	–9.75
5이상 ~ 10미만	7.5	6	45	–4.75
10이상 ~ 15미만	12.5	7	87.5	0.25
15이상 ~ 20미만	17.5	5	87.5	5.25
20이상 ~ 25미만	22.5	1	22.5	10.25
합계		20	245	0

3) 계급의 크기 : 구간의 너비

4) 도수 : 계급에 속하는 자료의 수

5) 계급값 : 계급의 중간값

6) 평균 : $\frac{(계급값\times도수)의\ 합}{도수의\ 총합}=\frac{\sum x_i f_i}{\sum f_i}=\frac{245}{20}=12.25$

7) 편차 : 변량 – 평균 ($x_i - m$)

8) 대푯값 – 자료를 하나의 숫자로 표현할 수 있는 값

① 평균

② 중앙값(크기순 나열 후)

　a. 양궁 선수의 점수(자료 홀수 개) : 1 3 3 5 8 9 10
　　→ 5가 중앙값임

　b. 양궁 선수의 점수(자료 짝수 개) : 1 3 3 5 8 9
　　→ 3과 5의 평균인 4가 중앙값임

　c. 3 4 4 5 9 10 10
　　→ 지난 번보다 평균이 올랐지만, 중앙값이 불변이라서, 중앙값은 별로 신뢰하지 않는다.

③ 최빈값

　a. 12 12 13 14 15 15　→ 최빈값은 12와 15임
　b. 12 12 13 13 15 15　→ 최빈값이 없다

　최빈값은 여러 개가 될 수도 있고, 존재하지 않을 수도 있기 때문에 대푯값으로 많이 쓰지는 않는다. 보통 선호도 조사시 많이 쓰임(우리 회사 전 임직원의 취미 조사)

9) 산포도 – 분산, 표준편차 등이 있다. 평균이 같을 때 퍼진 정도를 나타냄

① 분산 : 편차 제곱의 평균

② 표준편차 : 분산의 양의 제곱근

cf. 도시별 일 강수량

1. 도수분포표

강수량(mm)	계급값	계급	도수
0이상~20미만	10	20	42
20이상~40미만	30	40	24
40이상~60미만	50	60	14
60이상~80미만	70	80	6
80이상~100미만	90	100	3
100이상~120미만	110	120	2
120이상~140미만	130	140	2
140이상~160미만	150	160	0
160이상~180미만	170	180	0
180이상	190	200	1
합계			94

2. 히스토그램(histogram)

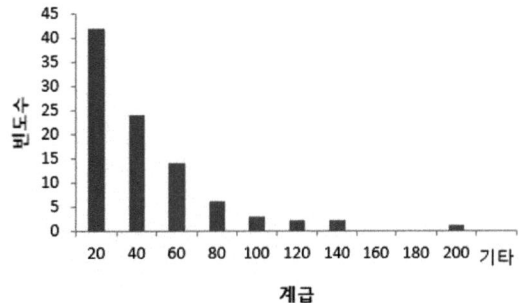

Part 1. 역학

§ 2. 운동학(Kinematics)

- 운동의 기본 물리량 : s, v, a
- 운동의 기본 종류 : 등속도, 등가속도
- 운동의 기본 공식 : 거속시, 등공

새로운 학문을 배우기 위해서는 그 분야에서 쓰는 용어를 알아야 한다. 예를 들어 경제학을 공부하려면 재화, 소비, 기회비용, 대체제 등의 용어를 먼저 알아야 한다. 마찬가지로 지금부터 역학을 공부할 것이므로 기본적인 역학 용어인 거리, 속도, 가속도 등에 대해 먼저 알아보자.

1. 운동을 표현하는 기본 3대 물리량

1) 이동거리(shift)와 변위(displacement)

- 이동거리 : 누적된 거리
- 변위 : 변화된 위치, 직선거리

2) 속력(speed)과 속도(velocity)

$$\overline{v}(평균속력) \equiv \frac{\Delta s}{\Delta t}, \quad v(순간속력) \equiv \lim_{\Delta \to 0} \frac{\Delta s}{\Delta t} = \frac{ds(미소거리)}{dt(미소시간)}$$

$$\vec{\overline{v}}(평균속도) \equiv \frac{\Delta \vec{s}}{\Delta t}, \quad \vec{v}(순간속도) \equiv \lim_{\Delta \to 0} \frac{\Delta \vec{s}}{\Delta t} = \frac{d\vec{s}(미소변위)}{dt(미소시간)}$$

단 $\Delta t = t - t_0 = t - 0 = t$

> e.g. 선생님이 다이어트에 성공해서 엄청 홀쭉해졌을 때의 질량 변화는 Δm 이라고 표현하고, 점심을 못 먹어서 살이 쪼끔 또는 미세하게 빠졌다면 질량변화는 dm 이라고 표현한다.

단, 순간속력은 줄여서 속력, 순간속도는 줄여서 속도라고 한다. 그러나 평균속력과 평균속도는 줄임말이 없다.

3) 속력을 (거리)÷(시간)으로 정의하는 이유

step1. 우리는 어딘가로 갈 때 빨리 가기를 원한다. 그렇다면 뛰어가는 게 나을까, 택시를 타고 가는 게 나을까? 당연히 후자다. 왜냐하면 택시 타고 가는 것이 뛰어가는 것보다 빠르기 때문이다.

step2. '빠르다는 것'은 구체적으로 무엇을 뜻하는가? 빠르다는 것을 학문적으로 어떻게 정의 내릴 수 있을까? 앞으로 우리는 '빠르다는 현상'을 나타내는 단어를 '빠르기', 또는 한자로 '속력'으로 부를까 한다. 이제부터 물리학에서 정의하는 '빠르기(속력)'가 무엇인지 알아보자.

step3. 다음 두 가지 경우 중 어떤 것을 '빠르기(속력)'로 정의하는 게 편리할까?

caseI. 같은 거리에 대해서 시간이 짧은 것.

예를 들어 100m 달리기를 할 때 도달 시간이 작으면 빠른 선수라고 할 수 있다. 이것은 특정 거리를 기준으로 해서 시간을 비교하는 방법이다. 만약 이것을 빠르기(속력)라고 정의한다면, 빠르기(속력)의 수학적 정의는 다음과 같다.

$$빠르기(속력) = \frac{시간}{거리}$$

만약 철수가 100m를 달리는 데 10초가 걸렸고, 영희가 동일 상황에서 20초가 걸렸다면, 철수가 빠르다고 할 수 있다. 그리고 철수의 속력은 $\frac{10s}{100m} = 0.1 \frac{s}{m}$ 이고, 영희의 속력은 $\frac{20s}{100m} = 0.2 \frac{s}{m}$ 이다. 이렇게 되면 속력이 작은 사람이 빠른 사람이 된다. 굉장히 헷갈리고 불편하다!!!

caseII. 같은 시간에 대해서 거리가 먼 것.

예를 들어 10s 라는 제한시간 동안 달리기를 해서 가장 먼 곳까지 간 사람이 빠른 선수라고 할 수 있다. 이것은 특정 시간을 기준으로 해서 거리를 비교하는 방법이다. 만약 이것을 빠르기(속력)라고 정의한다면, 빠르기(속력)의 수학적 정의는 다음과 같다.

$$빠르기(속력) = \frac{거리}{시간}$$

철수는 10s 동안 100m를 이동했고, 영희는 동일 상황에서 50m 이동했다. 철수가 빠르다고 할 수 있다. 그리고 철수의 속력은 $\frac{100m}{10s} = 10 \frac{m}{s}$ 이고, 영희의 속력은 $\frac{50m}{10s} = 5 \frac{m}{s}$ 이다. 이렇게 되면 속력이 큰 사람이 빠른 사람이 된다. 안 헷갈린다!

step4. 그러므로 물리학에서는 caseII를 빠르기(속력)로 정의한다.

tip. <u>시간이 들어 가는 공식에서는 시간을 기준으로 한다. 즉 분모에 시간이 들어간다!</u>

$$새로운 물리량 = \frac{비교하고 싶은 물리량}{시간}$$

4) 가속도(acceleration)

$$\begin{cases} \text{가속력 : 없음} \\ \text{가속도 : } \underset{\text{평균속도}}{\vec{a}} \equiv \frac{\Delta \vec{v}}{\Delta t} = \frac{\Delta \vec{v}}{t}, \quad \underset{\text{순간속도}}{\vec{a}} \equiv \frac{d\vec{v}}{dt} \end{cases}$$

단 감속도도 포함한 개념임

5) 가속도를 (속력 변화)÷(시간)으로 정의하는 이유

step1. 자동차의 최대 속력은 자동차 회사마다 다들 비슷비슷하다. 그렇다면 F1 같은 자동차 경주에서 초반에 빨리 최대 속력에 도달하는 자동차가 우승할까, 아니면 천천히 최대 속력에 도달하는 자동차가 우승할까? 당연히 후자다.

step2. 이처럼 속력이 빠르게 증가하는 것을 뭐라고 부르면 좋을까? 물리학에서는 이를 '가속도'라고 부른다. 이제부터 물리학에서 '가속도'를 어떻게 정의하는지 알아보자.

step3. 다음 두 가지 경우 중 어떤 것을 '가속도'로 정의하는 게 편리할까?

caseI. 같은 속력 변화에 대해서 시간이 짧은 것.
예를 들어 A 슈퍼카는 정지상태에서 출발해서 100m/s에 도달하는 데 2s가 걸리고, B 슈퍼카는 4s가 걸린다고 하자. 특정 속력 변화를 기준으로 해서 시간을 비교해보자. 다음 수식처럼 기준을 분모에 쓰고 비교하고 싶은 물리량을 분자에 쓴다.

$$\text{가속도} = \frac{\text{시간}}{\text{속력변화량}}$$

A의 가속도는 $\frac{2s}{100m/s} = 0.02 \frac{s^2}{m}$이고, B의 가속도는 $\frac{4s}{100m/s} = 0.04 \frac{s^2}{m}$이다. 이렇게 되면 가속도 값이 작은 자동차가 속도 변화가 크게 된다. 굉장히 헷갈리고 불편하다!!!

caseII. 같은 시간에 대해서 속력 변화량이 큰 것.
이것은 어떤 제한 시간 안에 누가 속력 변화가 큰지를 비교하는 것이다. 기준이 시간이므로, 다음 수식처럼 수학적으로 시간을 분모에 쓰고, 속력 변화를 분자에 쓴다.

$$\text{가속도} = \frac{\text{속력변화량}}{\text{시간}}$$

A의 가속도는 $\frac{100m/s}{2s} = 50 \frac{m}{s^2}$이고, B의 가속도는 $\frac{100m/s}{4s} = 25 \frac{m}{s^2}$이다. 이렇게 되면 속력 변화가 큰 A 자동차가 가속도 값도 크게 된다. 안 헷갈린다!

step4. 그러므로 물리학에서는 caseII를 가속도로 정의한다.

tip. 시간이 들어 있는 공식에서는 대부분 시간을 기준으로 한다. 즉 분모에 시간이 들어간다!

6) 오개념 : 속도가 0이면 가속도도 0이다.

→ 반례 :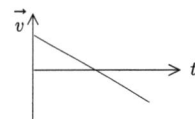

→ 주의 : 변화량으로 정의되는 물리량은 항상 조심해야 한다.

→ 전자기 오개념 : 자기선속이 일정하게 증가하면 유도기전력도 증가한다.

* '처음'과 '나중'의 기호 $\begin{cases} \text{처음물리량} : x_i \; x_0 \\ \text{나중물리량} : x_f \; x \\ \text{물리량의 변화량} : \Delta x = x_f - x_i \\ \qquad\qquad\qquad\quad \Delta x = x - x_0 \end{cases}$

* 그래프에서 캐내야 할 네 가지 것 $\begin{cases} x\text{절편의 의미} \\ y\text{절편의 의미} \\ \text{기울기의 의미} \\ \text{면적의 의미} \end{cases}$

7) 상대속도(relative velocity)

① 의미 : 운동하는 관찰자가 자신이 정지했다고 가정했을 때 관찰되는 상대방의 상대적인 속도
② 크기 : 관찰대상의 속도에서 관찰자의 속도를 뺀다.
③ 방향 : 관찰자의 속도 벡터에서 관찰대상의 속도 벡터 쪽으로 화살표를 긋는다.
④ 대표 상황 : 토끼와 거북이, 도둑과 경찰

Part 1. 역학

Quiz 1 다음 그림에서 이동거리와 변위에 대해 각각 답하시오.

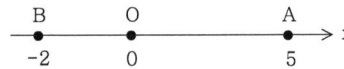

1) O→A
2) O→A→O
3) O→A→O→B

정답 1) 5m, +5m   2) 10m, 0m   3) 12m, −2m

Quiz 2 다음 그림에서 이동거리와 변위에 대해 각각 답하시오.

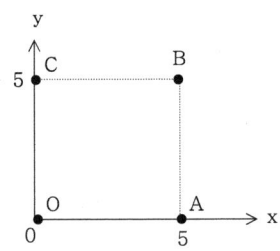

1) O→A
2) A→B
3) A→B→C
4) O→A→B→C

정답 1) 5m, (5,0)m   2) 5m, (0,5)m
      3) 10m, (−5,5)m 4) 15m, (0,5)m

→ 의미 : 2)번과 4)번의 변위가 같다. 즉 $\vec{AB} = \vec{OC}$ 이다. 이는 벡터는 평행 이동해도 같음을 의미한다.

Quiz 3 다음 2차원 운동에서 이동거리와 변위는? 단 형광펜으로 색칠하시오.

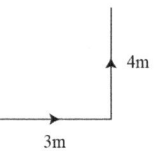

정답 7m, 5m(북동쪽)

→ 변위(displacement)는 '시점(시발점)에서 종점(terminal)까지의 직선거리'이다.
  cf. 경부 고속도로의 종점 : 강남고속버스 터미널

Quiz 4 다음 2차원 운동에서 걸린 시간이 10s이다. 속도 변화량은 얼마인가? 그리고 평균 가속도는 얼마인가?

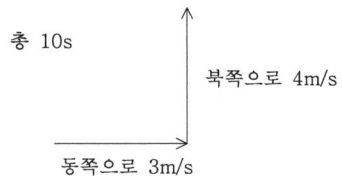

정답 5m/s(북서), $0.5 m/s^2$ (북서)

Quiz 5 영희가 원점에서 +x 방향으로 8m를 이동한 후, 다시 −x 방향으로 3m를 이동하였다. 총 운동시간은 10s이다. 다음 질문에 답하시오.

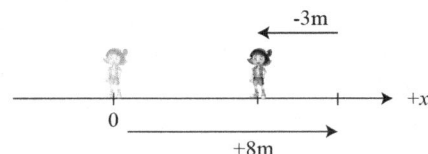

1) 이동거리는?
2) 변위는?
3) 평균속력은?
4) 평균속도는?
5) 최종 위치에서 순간속도는?
6) 1)~5) 중에서 최종 위치에서 실제 운동방향을 나타내는 물리량은?

정답 1) 11m   2) +5m   3) 1.1m/s   4) +0.5m/s
      5) 방향은 서쪽, 크기는 알 수 없음   6) 속도의 부호

→ 특징 : 이동거리 ≥ |변위의 크기| 즉 $s \geq |\vec{s}|$
         속력 ≥ |속도의 크기| 즉 $v \geq |\vec{v}|$

Quiz 6 다음 세 그래프에서 물체의 운동을 다중 섬광 사진 (multi flash photo)으로 표현하면? 그리고 물체의 운동 방향이 변한 시각은?

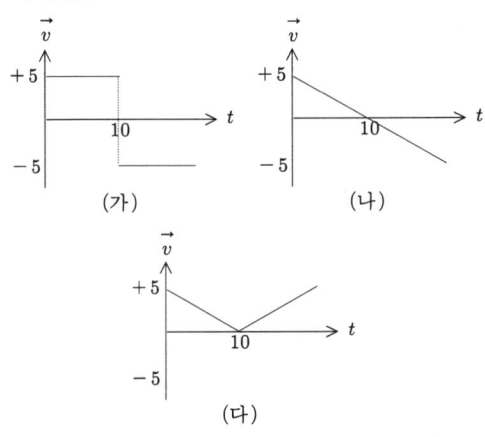

정답

(가) 10s →: : : : :
　　　 ←: : : : :

(나) 10s →: : :   :   :
　　　 ←: : : : :

(다) 안 변함 .　.　.　.　.　.　.

Quiz 7 철수의 속도가 10초 동안 다음처럼 변하였다. 가속도는?
1) $v_i = +4m/s$, $v_f = +12m/s$ (동쪽으로 점점 빨라지는 상황)
2) $v_i = +4m/s$, $v_f = +2m/s$ (동쪽으로 점점 느려지는 상황)
3) $v_i = -4m/s$, $v_f = -12m/s$ (서쪽으로 점점 빨라지는 상황)
4) $v_i = -4m/s$, $v_f = -2m/s$ (서쪽으로 점점 느려지는 상황)

정답 1) $+0.8m/s^2$　2) $-0.2m/s^2$　3) $-0.8m/s^2$　4) $+0.2m/s^2$

→ 특징 : 속력이 증가하는 상황에서는 $\vec{v}$와 $\vec{a}$의 부호 동일 ♥
　　　속력이 감소하는 상황에서는 $\vec{v}$와 $\vec{a}$의 부호 반대
→ 주의 : 가속도의 방향만 주어져서는 운동방향을 알 수 없다.

Quiz 8 엘리베이터 A가 아래로 점점 느려진다. A의 가속도의 방향은 어디인가? 그리고 엘리베이터 B의 가속도 방향이 아래쪽이다. B의 운동방향은 어디인가?

정답 위, 알 수 없다.

Quiz 9 (1차원 상대속도) 다음 그림에서 정지 관찰자가 본 기차 승객의 속도는?

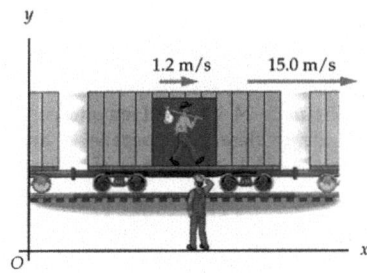

정답 16.2m/s

cf. 벡터 물리량에 붙는 부호의 의미 :
　① 연산　② 방향　③ 해석(나의 첫 가정이 옳다.)

Quiz 10 (2차원 상대속도) 경찰이 동쪽으로 3m/s의 속도로 달려가고 있고, 도둑이 북쪽으로 4m/s의 속도로 달려가고 있다. 경찰이 본 도둑의 상대속도는 얼마인가?

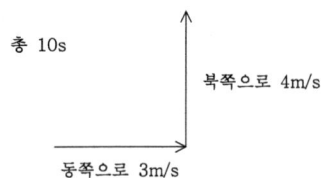

정답 북서쪽으로 5m/s

2. 운동의 기초적인 분류

1) 등속도 운동
① 정의 : 일정한 속도로 움직이는 것. 넓은 의미에서는 정지상태까지 포함한다.

e.g.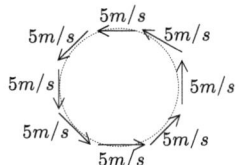

② 공식 : 거리($Shift$) = 속력($Velocity$) × 시간($Time$)

2) 가속도 운동
① 정의 : 속도가 변하는 운동(속도의 크기 or 속도의 방향)
② 종류1 : 속도의 크기가 변하는 운동 – 등가속도 운동 – 일정한 가속도로 움직이는 것, 자유 낙하 등
단 공식은 세 가지의 등가속도 공식이 있음
③ 종류2 : 속도의 방향이 변하는 운동 – 등속력 원운동

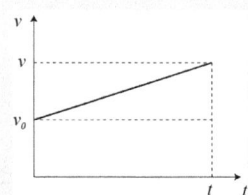

단 거속시 공식을 적용할 수 있음

④ 종류3 : 속도의 크기와 속도의 방향이 둘 다 변하는 운동 – 용수철 진동

3. 등가속도 공식 (기출)

1) 쓰임새 : 등가속도 운동하는 물체의 이동거리나 나중 속력을 알고 싶을 때 사용

2) 등공1번 :

$$\underset{\text{나중속도}}{\vec{v}} = \underset{\text{초속도}}{\vec{v_0}} + \underset{\text{속도변화량}}{\vec{\Delta v}}$$

$$\underset{\text{나중속도}}{\vec{v}} = \underset{\text{초속도}}{\vec{v_0}} + \underset{\text{가속도}}{\vec{a}}\underset{\text{운동시간}}{t}$$

pf.
$\vec{a} = \dfrac{\vec{\Delta v}}{\Delta t} = \dfrac{\vec{v} - \vec{v_0}}{t - t_0}$ 에서 $t_0 = 0$ 라고 두면 유도됨

→ 의의 : 가속도의 정의에서 유래
→ 의미 : 초속도에다가 속도 변화량(at)을 더하면 나중속도가 된다.

3) 등공2번 : $\vec{s} = \vec{v_0}t + \dfrac{1}{2}\vec{a}t^2$

pf.

밑면적이 이동거리 또는 변위에 해당한다.
그래프에서 사각형의 면적은 □ = 가로×세로 = $v_0 \times t$ 이다.
그래프에서 삼각형의 면적은
△ = $\dfrac{1}{2}$×밑변×높이 = $\dfrac{1}{2} \times t \times (v - v_0)$ = $\dfrac{1}{2} \times t \times (at)$ = $\dfrac{1}{2}at^2$ 이다.
그러므로 $\vec{s} = \vec{v_0}t + \dfrac{1}{2}\vec{a}t^2$ 이다.

cf. 밑면적은 '중간값이 만드는 사각형의 밑면적'과 동일하다. 그러므로 $s = \dfrac{v_0 + v}{2} \times t$ 로도 표현가능하다. 이 수식은 가속도를 이용하지 않아도 되므로 가끔은 오히려 더 편리한 공식이 될 수 있다!

4) 등공3번 : $2\vec{a}\cdot\vec{s} = v^2 - v_0^2$

pf1. 안 시험

가속도의 정의에서 $t = \dfrac{v - v_0}{a}$ 인데, 이것을 등가속도 공식 II에 대입해서 정리한다.

$s = v_0 \times \dfrac{v-v_0}{a} + \dfrac{1}{2}a\left(\dfrac{v-v_0}{a}\right)^2$

$\Rightarrow 2as = 2v_0(v-v_0) + (v-v_0)^2$
$\quad\quad\quad = v^2 - v_0^2$

pf2. 안 시험

일과 운동에너지 정리($W_{net} = \Delta KE$) 이용

$\Rightarrow F_{net}\, s = \Delta KE$
$\Rightarrow mas = \dfrac{1}{2}m(v^2 - v_0^2)$
$\Rightarrow 2as = v^2 - v_0^2$

→ 의의 : 시간을 모를 때 사용

* 정리

등공1번 : ① t가 언급된 문제에서 사용
　　　　　② 가속도의 정의 변형

등공2번 : ① s,t가 언급된 문제에서 사용
　　　　　② v-t 그래프의 밑면적($s = \bar{v}t$)

등공3번 : ① 운동시간을 알지 못할 때 이용,
　　　　　　즉 s만 언급된 문제에서 사용
　　　　　② 일과 운동에너지 정리($W_{net} = \Delta KE$)의 변형

---

ex 1 F-16 전투기는 항공모함에서 이륙할 때 최소속력이 60m/s이다. 전투기의 이륙 전 가속도는 $30m/s^2$로 일정하다.

1) 정지상태에서 이륙할 때까지 걸리는 최소 시간은?

2) 정지상태에서 이륙할 때까지 활주로의 최소 길이는?

3) v-t 그래프를 그려서 위의 두 질문에 대한 답을 구하시오.

정답 1) 2s   2) 60m

→ 시사점 : 등가속도 문제는 등공으로 풀 수도 있고, vt 그래프로 풀 수도 있다.

ex 2 지표 근처에서 어떤 공이 40m/s의 초속도로 낙하한다. 2초 후 낙하거리는 얼마인가? 단 중력가속도는 $g = 10m/s^2$이고 모든 마찰은 무시한다.

1) 등가속도 공식을 이용해서 답을 구하시오.

2) v-t 그래프를 그려서 답을 구하시오.

3) 평균속도를 이용해서 답을 구하시오.

정답 1) 100m

Part 1. 역학

§ 3. 뉴턴법칙

운동(가속 & 정지, 등속)의 원인을 밝힌 법칙
첫째, 알짜힘이 작용하면 속도가 변한다.
둘째, 알짜힘이 0이면 속도가 변하지 않는다.

1. 종류1 : 뉴턴1법칙($\sum \vec{F} = 0$)

1) 명칭 : 관성의 법칙

2) 의미 : 다음 그림처럼 두 사람이 가하는 힘은 크기는 같고 방향이 반대이다. 이런 경우 수레는 가속하지 못한다. 정지하거나 등속 운동한다.

3) 수식
뉴턴1법칙이 성립하는 대표적인 상황은 아래처럼 영희와 철수가 같은 힘으로 수레를 미는 경우이다.

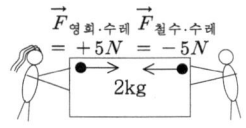

이를 수학적으로 표현하면 다음과 같다.
$$F_1 = F_2$$
$$\text{or } (+F_1) + (-F_2) = (2)(0)$$

운동방정식을 세웠을 때 좌변(알짜힘)이 0이고 가속도는 0이다. 즉 $\sum \vec{F} = 0$이면 $\Delta \vec{v} = 0$이다.

4) 대표 상황
① typeI. 설악산의 흔들 바위 : $\sum \vec{F} = 0$

② typeII. spiral sequence : $\sum \vec{F} = 0$

Quiz 1 마찰력이 2N인 수평면에서 물체가 등속운동하고 있다. 이 물체가 받는 또 다른 힘이 있는가? 얼마인가?

Quiz 2 질량이 2kg인 물체가 오른쪽으로 3N, 왼쪽으로 5N을 받고 있다. 물체가 정지해 있다면 또 다른 힘이 있는가? 얼마인가?

5) 힘의 특징 : 작용점이 한 개다.

6) 객체의 역학적 상태 : 힘의 평형 상태

7) 주의
① 물리에서는 정지상태와 등속상태를 '힘의 평형 상태'라는 동일한 상태로 간주한다.
② 힘의 하나도 작용하지 않는 경우도 힘의 평형 상태이고, 힘이 작용하더라도, 두 힘이 반대로 작용하는 경우도 힘의 평형 상태이다.

8) 갈릴레이의 사고실험

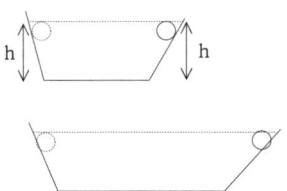

마찰이 없고 높이가 h인 왼쪽 면에서 공을 놓으면, 공은 높이가 h인 오른쪽 면을 올라간다.
만약 수평면을 길게 늘려서 다시 실험을 하더라도 공은 역시나 같은 높이가 될 때까지 올라간다.
이런 식으로 수평면을 무한히 길게 늘려서 실험을 하면 어떻게 될까?
공은 수평면에서 계속 등속으로 운동할 것이고, 언젠가 높이 h인 지점까지 올라갈 것이다.
여기서 갈릴레이는 마찰이 없는 수평면에서 공이 계속 등속운동 하는 것을 자연의 기본 성질이라고 생각했다.
그래서 그는 '등속 운동하는 물체는 계속 등속 운동하려는 성질이 있다.'는 관성(inertial, 타성)의 법칙을 제안하게 된다.
물론 다음 그림처럼 '정지한 물체는 계속 정지 상태를 유지하려는 성질이 있다.' 이 역시 관성의 법칙이라고 부른다.

9) 의의 : 등속의 원인이 관성임을 밝힘 그리고 이것을 수식화함

10) 출제 경향 :
① 두 힘의 평형 : 물체가 정지해 있고, 물체가 받는 힘을 하나만 제시한 후 나머지 힘을 찾으라고 한다.
② 세 힘의 평형 : 물체가 정지해 있고, 물체가 받는 힘을 두 개만 제시한 후 나머지 힘을 찾으라고 한다.

11) 주의 : 반드시 작용점이 같은 힘들끼리만 계산해야 한다!

Ch 1. 3대 분석 도구

2. 종류2 : 뉴턴2법칙 ($\underbrace{\vec{F}_{net}}_{\text{알짜힘}} = m\vec{a}$)

1) 명칭 : 가속도의 법칙

2) 의미 : 알짜힘(F_{net})을 받으면 속도가 변한다(Δv).
   단 여기서 '속도가 변한다'는 것은 속도의 크기변화도 되고 속도의 방향변화도 된다.

3) 주체와 객체 : {주체의 행위 : 알짜힘을 가함 / 객체의 행동 : 속도가 변함

4) 자유물체도(free body diagram)

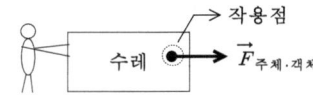

5) 특징 :
   ① F_{net}이 크면 $\frac{\Delta v}{\Delta t}$가 크다. : $F_{net} \propto \frac{\Delta v}{\Delta t} (\equiv a)$
   ② m이 클수록 F_{net}이 많이 필요하다. : $F_{net} \propto m$
   ③ $F_{net} \propto ma$
   $\Rightarrow F_{net} = ma$

6) 수식 : $\underbrace{\vec{F}_{net}}_{\text{알짜힘}} = m\vec{a}$ or $\underbrace{\sum \vec{F}}_{\text{합력}} = m\vec{a}$

Quiz 1 질량이 2kg인 물체가 10N의 알짜힘을 받고 있다. 이 물체의 1초당 속도변화는 얼마인가?

7) 의의 : 가속의 원인이 알짜힘(합력)임을 밝힘
   → 철학적 해석 : 원인(F_{net})이 있으면 결과(a)가 생긴다.(인과론)
   → 속담 물리 : 아니 땐 굴뚝에 연기 나랴
   → tip. 뉴턴이 물리를 만들었으므로 물리를 공부하는 내내 인과론을 기저로 해서 모든 이론을 구조화하자.

8) 목적 : 알짜힘(합력)을 받는 물체의 가속도를 구하고 싶을 때 사용

9) 힘의 특징 : 작용점이 한 개다.

10) 객체의 역학적 상태 : 가속상태에 있다고 말한다.

11) 객체의 특징 : 질점 간주, 점질량(point particle) 간주

cf. 질점 : 일반적으로 딱딱한 물체를 화학에서는 고체, 물리에서는 강체라고 부른다. 그런데 강체에게 힘을 가하면 운동이 복잡해서 분석이 어려워진다. 그래서 물리에서는 부피가 0이라고 modeling한 강체를 다룬다. 이것이 바로 질점이다. 점입자라고도 부른다.

12) 뉴턴이 힘을 (질량)×(가속도)로 정의한 이유
   $F = ma$에서 $a = \frac{F}{m}$이다. 뉴턴은 힘을 크게 가하면 속력 변화, 즉 가속도가 커진다는 것을 알게 되었다. 즉 가속도가 힘에 비례함을 알게 되었다.
   그리고 물체의 질량이 작아야 가속도가 커진다는 것을 알게 되었다. 즉 가속도가 질량에 반비례함을 알게 되었다. 또는 가속도가 질량의 역수에 비례함을 알게 되었다.
   이들을 수학적으로 표현하면
   $$a \propto \frac{F}{m}$$
   인데, 비례상수를 1로 정해서
   $$a = \frac{F}{m}$$
   라고 정의하였다. 여기에서 힘이 $F = ma$로 정의되었다.

tip. <u>시간이 들어가지 않는 공식은 대부분 실험을 통해 비례, 반비례 관계를 찾은 후 1차 함수 형태로 나타낸다.</u>

tip. 가속도는 결국 힘의 효과 정도(?)를 숫자로 나타낸 것이다. 즉 힘이 클수록 속력 변화도 크다. (가속도 = 힘의 효과)

13) 알짜힘의 방향과 가속도의 방향 관계
   그림 (가)처럼 운동 방향과 힘의 방향이 같으면 물체는 빨라지고, 가속도는 (+)를 갖는다. $\vec{a} = \frac{(+7m/s) - (+5m/s)}{1s} = +2m/s^2$
   그림 (나)처럼 운동 방향과 힘의 방향이 반대면 물체는 느려지고, 가속도는 (-)를 갖는다. $\vec{a} = \frac{(+3m/s) - (+5m/s)}{1s} = -2m/s^2$

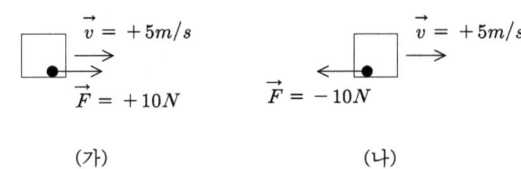

결론 : 힘의 부호와 가속도의 부호는 항상 같다!
또는 힘의 방향과 가속도의 방향은 항상 같다!

3. 종류3 : 뉴턴3법칙

1) 명칭 : 작용 반작용 법칙

2) 의미 : 다음 그림처럼 만취한 철수가 귀가하다가 길가에 서 있는 전봇대를 민다. 때마침 철수는 롤러 브레이드를 신고 있었다. 철수는 뒤로 밀린다. 그러면서 "너, 나를 밀어?!"라고 전봇대에게 말한다.

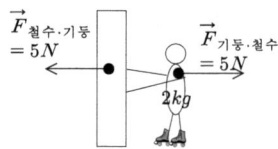

이처럼 우리는 경험적으로 상대방에게 힘을 가하면, 나도 힘을 받음을 알고 있다.

내가 상대방에게 가하는 힘을 작용력(action), 상대방이 나에게 가하는 힘을 반작용력(reaction)이라고 한다.

3) 힘의 특징 :
① 두 힘의 크기는 같고 방향은 반대이다.
② 두 힘은 동일선상에서 작용한다.
③ 작용력과 반작용력은 작용점이 다르다. 이를 작용점이 두 개라고 말한다.
   * 오개념 : 작용점이 하나이다. 작용점을 공유한다.

4) 주의 : 작용력과 반작용력은 작용점이 다르므로 즉 서로 다른 물체에 작용하므로, 더할 수 없다.
오개념 : $(-5N)+(+5N)=(2kg)(a_{철수})$ 에서 $a_{철수}=0$
정개념 : $(+5N)=(2kg)(a_{철수})$ 에서 $a_{철수}=+2.5m/s^2$

Quiz 1 물체가 움직이는 이유 또는 원인은 무엇인가? 가속하는 물체와 등속하는 물체에 대해서 각각 답해보시오.

정답 알짜힘, 운동관성

* 에피소드 - 뉴턴

1) 뉴턴은 조폐국 감사로 취임한 후, 기존의 은화를 대신하여 위조하기 어려운 은화를 개발했다. 생산 라인도 수학적으로 재설계해 기존보다 6배나 생산성을 향상했다.
직접 화폐 위조범을 잡기도 했다. 잠입 수사도 하고, 강도 높은 심문도 하였다. 그렇게 30명 정도의 위폐범을 잡았다.
동시에 교수직 연봉의 10배 이상에 해당하는 연봉도 받았다.

2) 주식에 손을 댔다 40년치 기본급을 날렸다.
1719년 The Southsea company(남해회사)라는 회사의 주식에 투자하여 큰 손실을 보게 되었다. 뉴턴은 다음과 같은 말을 남겼다.
"불규칙한 천체의 움직임을 계산할 수는 있지만, 대중의 광기는 계산할 수 없다."

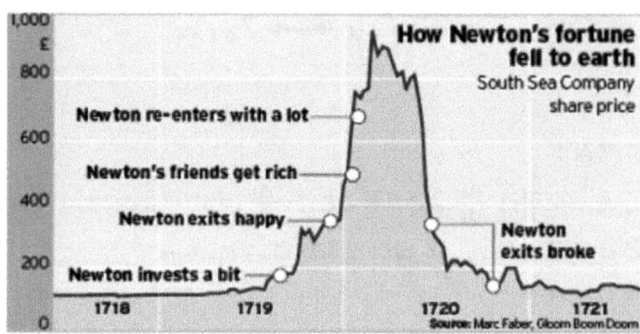

* 정리

$\begin{cases}운동의\ 기본\ 물리량 : s, v, a \\ 운동의\ 기본\ 종류 : 등속도, 등가속도 \\ 운동의\ 기본공식 : 거속시, 등공\end{cases}$

$\begin{cases}뉴턴1법칙 : 등속도운동의\ 원인은\ 관성 \\ 뉴턴2법칙 : 가속운동의\ 원인은\ 합력 \\ 뉴턴3법칙\end{cases}$

4. 동역학 문제 유형 - 기본 상황 5가지

case1. 수평면 상황

ex 1 수평면에 질량이 각각 2kg, 3kg인 두 물체 A, B가 놓여 있다. (단 모든 마찰과 공기저항, 실의 질량, 물체의 크기는 무시한다.)

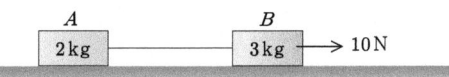

1) 자유물체도를 그리시오.

* free-body diagram 그리는 원칙
① 물체가 받는 힘을 찾는다.(다른 물체가 받는 힘 그리지 말 것. 반작용력 그리지 말 것)
② x축 방향으로 작용하는 힘, y축 방향으로 작용하는 힘을 찾는다.

2) 물체별로 운동방정식을 세우고 가속도, 내력, 알짜힘을 각각 구하시오. 단 운동하는 방향을 +x축으로 정한다.

i) A : $T(+\hat{x}) = 2a(+\hat{x})$ ⋯ ①
ii) B : $10(+\hat{x}) + T(-\hat{x}) = 3a(+\hat{x})$ ⋯ ②
iii) ①+② : $10(+\hat{x}) = 5a(+\hat{x})$ ⋯ ③
$\therefore a = 2m/s^2$
$T = 4N$
$F_{net,A} = 4N$
$F_{net,B} = 6N$

→ 시사점1 : ③식은 총질량이 5kg이고, 10N의 외력(external force)을 받는 일체계에서의 운동방정식과 동일하다. 여기서 알 수 있는 것은 이 문제처럼 두 물체의 속도와 가속도, 둘 사이의 간격이 동일한 이체계는 일체(one body)처럼 행동한다는 것이다. 그러므로 다음부터는 (질문이 가속도나, 외력인 경우) 일체계로 치환해서 문제를 푼다(운동방정식을 세워버린다)!!!

→ 시사점2 : 질문이 내력이면, 이체계를 일체계로 전환하면 안 된다. 왜냐하면 일체계에서는 내력이 나타나지 않기 때문이다. 그러므로 질문이 내력이면, 물체별로 운동방정식을 세운다. 특히 뒷물체 위주로 운동방정식을 세운다.

→ 시사점3 : 이 문제에서 물체들이 받는 각각의 알짜힘은
$F_{net,A} : F_{net,B} = T : 10 - T = 2a : 3a = m_A : m_B$이다. 즉 물체가 받는 알짜힘은 질량에 비례한다.

cf. 외력(external force) VS 내력(internal force)
외력의 역할 : 계를 가속시키는 원인!
내력의 역할 : 물체들 사이에서 작용하는 힘. 특히 외력을 뒷물체에게 전달! 그러므로 굳이 실이 아니어도 됨(탄성력이나 수직항력, 심지어 마찰력이나 전기력과 자기력도 가능).

3) 초속도가 0이라면 2초 후 A의 속력과 이동거리

4) 초속도가 0이라면 16m 이동 후 A의 속력과 걸린 시간은?

5) 위의 두 문제를 v-t 그래프를 그려서 풀어보시오.

6) 문제 변형 : 위의 그림에서 계의 가속도가 $6m/s^2$이라면 외력은 얼마인가?

정답 3) 4m/s, 4m   4) 8m/s, 4s   6) 30N

cf. 계(system)
계는 영어로 system 인데, 우리가 다루는 대상을 부르는 말이다. 예를 들어, 두 물체가 실로 연결되어 있을 때, 이체계라고 부른다. 이런 경우 한 물체처럼 치환할 수 있는데, 이 때 일체계로 치환했다고 한다.

Part 1. 역학

caseII. 낭떠러지 상황 (기출)

ex 1 낭떠러지에 질량이 각각 2kg, 3kg인 두 물체 A, B가 놓여 있다. (단 모든 마찰과 공기저항, 실의 질량, 물체의 크기는 무시한다.)

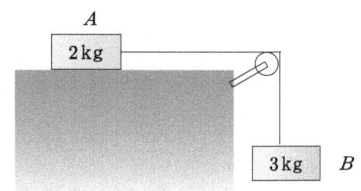

1) 자유물체도를 그리시오.

2) 물체별로 운동방정식을 세우고 가속도, 내력, 알짜힘을 각각 구하시오.

* 오개념 - 전체계에 대한 운·방 쓸 때
 ① 총질량이 아니라, A나 B의 질량만 씀
 ② 외력에 장력을 씀
 ③ 외력에 A의 중력을 씀(∵ 운동하는 방향으로 작용하는 힘이 아님, 수직항력과 상쇄되었음)

3) 빠른 풀이로 답을 구하시오.

4) 초속도가 0이라면 2초 후 A의 속력과 이동거리는?

5) 초속도가 0이라면 12m 이동 후 A의 속력과 걸린 시간은?

6) 위의 두 문제를 v-t 그래프를 그려서 풀어보시오.

정답 4) 12m/s, 12m   5) 12m/s, 2s

문제변형 1

다음 상황에서 물체들의 가속도는?

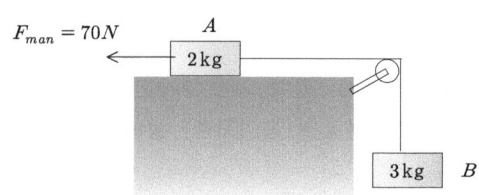

정답 $a = \dfrac{70-30}{2+3} = 8 m/s^2$

caseIII. 도르래 상황 (Atwood 기계) (기출)

ex 2 마찰이 없는 도르래에 질량이 각각 2kg, 3kg인 두 물체 A, B가 놓여 있다. (단 모든 마찰과 공기저항, 실의 질량, 도르래의 회전, 물체의 크기는 무시한다.)

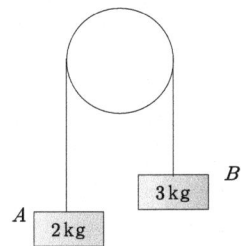

1) 자유물체도를 그리시오.

2) 물체별로 운동방정식을 세우고 가속도, 내력, 알짜힘을 각각 구하시오.

cf. 부호규약 : 운동하는 방향 쪽으로 작용하는 힘을 +로 둔다.

3) 빠른 풀이로 답을 구하시오.

4) 초속도가 0이라면 2초 후 A의 속력과 이동거리는?

5) 초속도가 0이라면 16m 이동 후 A의 속력과 걸린 시간은?

6) 위의 두 문제를 v-t 그래프를 그려서 풀어보시오.

정답 4) 4m/s, 4m   5) 8m/s, 4s

문제변형 2 도르래가 회전하지 않는 경우, 도르래 양쪽의 장력이 같음을 증명하시오.

정답 $T_1 R - T_2 R = I_{cm} \alpha = 0$에서 $T_1 = T_2$

문제변형 3 다음 상황에서 물체들의 가속도는? (hint. 최초 운동방향을 (+)로 결정한다.)

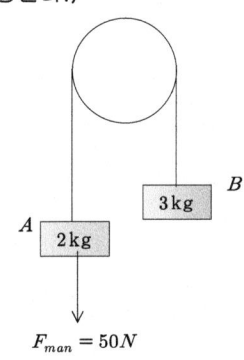

정답 $a = \dfrac{50 + 20 - 30}{2 + 3} = 8 m/s^2$

Q&A

질문 문제 풀다보면 용수철저울이 많이 등장하는데 도르래 상황에서 줄 대신 용수철저울이 있다면 어떻게 되나요?

답변

typeI. 왼쪽에 2kg, 오른쪽에 2kg의 추가 매달린 경우
양쪽에서 각 추가 받는 장력은 20N이고요, 용수철저울을 두었을 때도 저울의 눈금이 20N을 가리켜요^^

typeII. 왼쪽에 2kg, 오른쪽에 3kg의 추가 매달린 경우
가속도가 2m/s^2이므로 운동방정식을 세워서 장력을 계산하면 양쪽에서 각 추가 받는 장력은 24N이고요, 용수철저울을 두었을 때도 저울의 눈금이 24N을 가리켜요^^

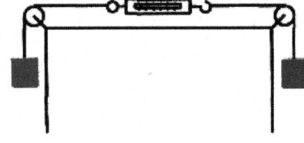

Part 1. 역학

caseIV. 빗면 상황 (기출)

ex 3 마찰이 없는 빗면에 질량이 m인 물체가 놓여 있다. (단 모든 마찰과 공기저항, 물체의 크기는 무시한다.)

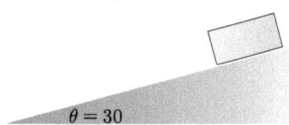

$\theta = 30$

1) 자유물체도를 그리시오.

2) 운동방정식을 세우고 가속도, 수직항력을 각각 구하시오.

3) 초속도가 0이라면 2초 후 A의 속력과 이동거리는?

4) 초속도가 0이라면 10m 이동 후 A의 속력과 걸린 시간은?

5) 위의 두 문제를 v-t 그래프를 그려서 풀어보시오.

정답 2) $a_{net} = g\sin\theta$, $N = mg\cos\theta$ 3) 10m/s, 10m
4) 10m/s, 2s

* logic
step1. mg와 N의 상대적인 크기를 알 수 없기 때문에 두 힘의 합을 평행사변형법으로 구하는 것이 불가능하다.
step2. 이런 상황에서는 힘을 x축, y축 성분으로 벡터분해한 후 x끼리, y끼리 운동방정식을 세운다.

* 벡터분해하는 요령
step1. 가속하는 방향을 x축으로 해서 좌표계를 그린다.
step2. x축과 y축을 포함한 네모를 그린다.
step3. x축으로 화살표를 긋는다. y축으로 화살표를 긋는다.

2)
i) 운동방정식 : $\vec{N} + m\vec{g} = m\vec{a}$
ii) x축 운방 : $mg\sin\theta = ma$
iii) y축 운방 : $(+N) + (-mg\cos\theta) = 0$ ∴ y축 좌표값이 계속 0임(y축 힘평)

* 결론 :
① $F_{net} = mg\sin\theta$
② $a_{net} = g\sin\theta$
③ $N = mg\cos\theta$

caseV. 연직면 상황 (기출)

ex 4 질량이 각각 2kg, 3kg인 두 물체 A, B가 놓여 있다. (단 모든 마찰과 공기저항, 실의 질량, 물체의 크기는 무시한다.)

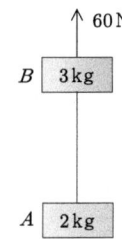

1) 자유물체도를 그리시오.

2) 물체별로 운동방정식을 세우고 가속도, 내력, 알짜힘을 각각 구하시오.

3) 빠른 풀이로 답을 구하시오.

4) 초속도가 0이라면 2초 후 A의 속력과 이동거리는?

5) 초속도가 0이라면 16m 이동 후 A의 속력과 걸린 시간은?

6) 위의 두 문제를 v-t 그래프를 그려서 풀어보시오.

정답 4) 4m/s, 4m   5) 8m/s, 4s

Part 1. 역학

5. 동역학 문제 유형 - 응용 상황 7가지

1) 마찰력 작용, $\mu_k = 0.1$

① 가속도는?

② 장력은?

정답 $1 m/s^2$, $4N$

2) 힘의 작용 방향이 수평면과 평행하지 않음

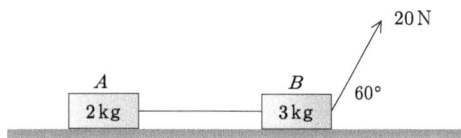

① 가속도는?

② 장력은?

정답 $2 m/s^2$, $4N$

3) 물체의 앞뒤가 바뀜

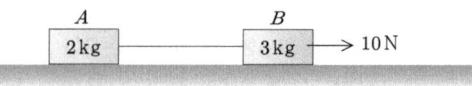

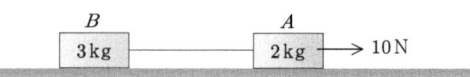

① 가속도는?

② 장력은?

정답 둘 다 $2 m/s^2$, $T_{윗그림} = 4N$, $T_{아랫그림} = 6N$

4) 실이 끊어짐

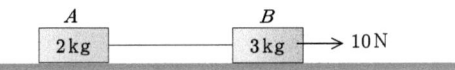

① 끊어지기 전후 A, B의 가속도는?

② 끊어지기 전후 장력은?

정답 $2m/s^2$, $3.33m/s^2$, $T_{전}=4N$, $T_{후}=0$

5) 내력이 바뀜

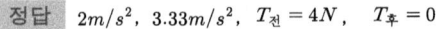

① 가속도는?

② 용수철의 늘어난 길이는?

정답 $2m/s^2$, $0.5m$

6) 물체가 많아짐 (기출)

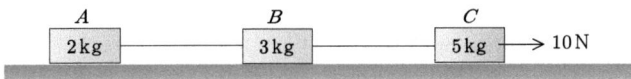

① 가속도는?

② A, B 사이의 장력은?

③ B, C 사이의 장력은?

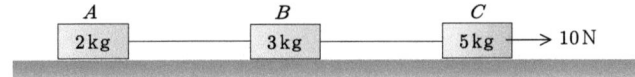

정답 $1m/s^2$, $2N$, $5N$

7) 기본 상황들이 혼합됨

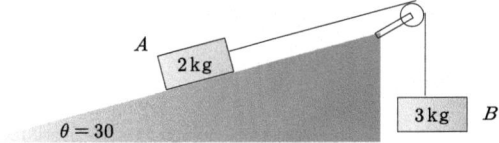

① 가속도는?

② 장력은?

정답 $4m/s^2$, $18N$

Part 1. 역학

* 틀리기 쉬운 빗면 문제와 용수철 문제

Quiz 1 낭떠러지 상황 + 빗면

1) 다음 그림에서 가속도는 얼마인가? 단, 경사각은 30°이고, 마찰은 무시한다.

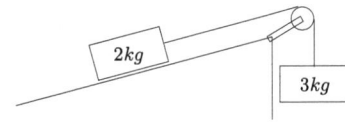

2) 다음 그림에서 가속도는 얼마인가? 단, 경사각은 30°이고, 마찰은 무시한다.

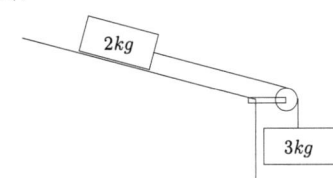

3) 다음 그림에서 가속도는 얼마인가? 단, 경사각은 30°이고, 마찰은 무시한다.

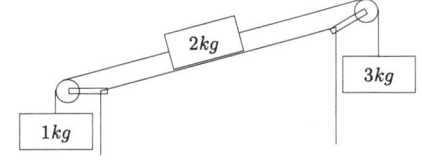

정답
1) $a = \dfrac{30 - 20\sin30°}{2+3} = 4 m/s^2$
2) $a = \dfrac{30 + 20\sin30°}{2+3} = 8 m/s^2$
3) $a = \dfrac{30 - 20\sin30° - 10}{1+2+3} = \dfrac{5}{3} m/s^2$

Quiz 2 다음 그림에서 탄성력이 더 큰 것은? 용수철의 늘어난 길이가 더 큰 것은?

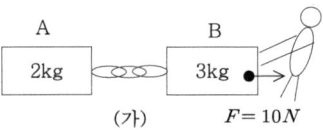

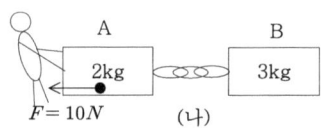

정답 $F_{가} < F_{나}$, $x_{가} < x_{나}$

Quiz 3 다음 그림에서 탄성력이 더 큰 것은? 용수철의 압축된 길이가 더 큰 것은?

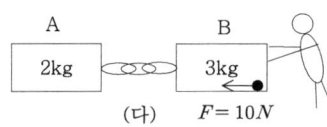

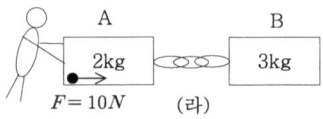

정답 $F_{다} < F_{라}$, $x_{다} < x_{라}$

6. 정역학 문제유형 - 정지한 경우

기본적으로 정역학 문제는 동역학 문제 상황에서 물체들이 정지해 있으면 정역학 상황이 된다. 그러므로 동역학 문제에서 보았던 그림들이 동일하게 나온다.
다만 여기에서는 정역학 문제에서만 볼 수 있는 문제 위주로 다루어 보자.

case1. 1차원 힘의 평형

ex 1 탁자 위의 책 분석
질량 M인 탁자 위에 질량 m인 책이 놓여 있다. 두 물체에 대해서 자유물체도를 그린 후 운동방정식을 세워서 계를 분석하시오.

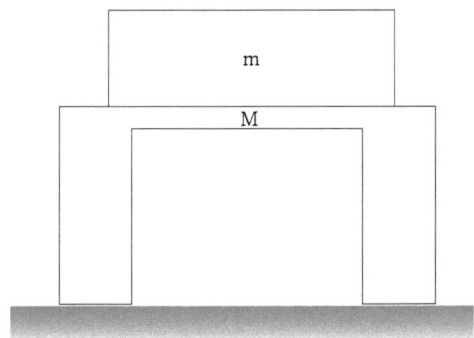

책 :

탁자 :

전체 계 :

⇒ 결론 : 질문이 외력이면 one body system으로 간주 후 운·방
   질문이 내력이면 물체별로 따로따로 운·방

ex 2 삼손 상황
삼손이 마지막 죽기 직전, 신전의 두 기둥을 양쪽 팔로 민다. 운동방정식을 세워 이 상황을 분석하시오.

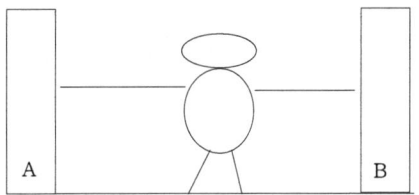

1) 수평 방향 각 힘을 표시하시오.

2) 각 힘의 관계는 무엇인가?
① $F_{sam \cdot A}$, $F_{A \cdot sam}$
② $F_{sam \cdot B}$, $F_{B \cdot sam}$
③ $F_{A \cdot sam}$, $F_{B \cdot sam}$
④ $F_{sam \cdot A}$, $F_{sam \cdot B}$

정답 2) ① 작반, ② 작반, ③ 힘평, ④ 아무 관계도 아님

ex 3 세 힘의 평형
질량이 M인 상자와 질량이 m인 추가 실로 연결되어 있다. 물체들에 작용하는 힘을 분석하시오. 상자의 중력과 수직항력은 평형을 이루는가?

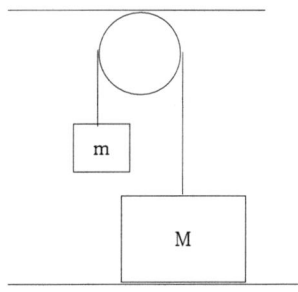

정답 m 인 물체에게는 중력 mg와 장력 T가 평형을 이루고 있고, M 인 물체에게는 중력 Mg와 장력 T 그리고 수직항력 N이 평형을 이루고 있다.

Part 1. 역학

caseII. 2차원 힘의 평형 : 각 실의 장력 찾기

ex 4 다음 그림에서 각 실의 장력을 찾으시오. (기출)

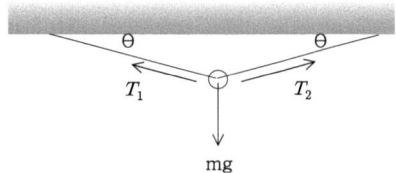

① x,y 성분별로 운동방정식을 표현하시오.

② 벡터로 운동방정식을 표현하시오.

정답 $T_1 = T_2 = \dfrac{mg}{2\sin\theta}$

ex 5 다음 그림에서 각 실의 장력을 찾으시오. (기출)

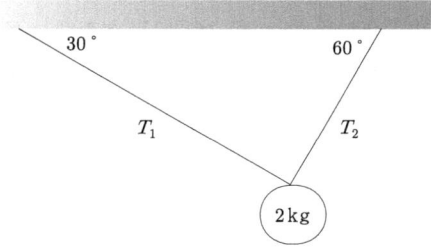

① x,y 성분별로 운동방정식을 표현하시오.

② 벡터로 운동방정식을 표현하시오.

정답 $T_1 = mg\sin 30 = 10N$, $T_2 = mg\sin 60 = 10\sqrt{3}\,N$

→ 시사점1 : 세 힘 중 두 힘이 직각일 때는 작도를 통해서 푼다.
→ 시사점2 : 긴 실의 장력이 큰 것이 아니라 연직에 가까운 실의 장력이 크다.

§ 4. 힘의 종류 - 접촉력(contact force) 6개와 원거리 작용력(long distance force) 4개

지금부터 힘의 종류에 대해 공부해보자. 우선 힘의 종류는 '힘을 가하는 주체' 기준으로 구분 짓지만, 힘의 크기는 '힘을 받는 객체' 기준으로 구분한다.

1. 장력(tensional force)

1) 정의 : 팽팽한 치실(?)이 물체를 당기는 힘

2) 실의 역할
① 멀리 떨어져 있는 물체를 끌어오기 위해서 물체를 실에 묶고 실을 당기면 물체를 끌어올 수 있다. 이 때 사람이 실을 10N의 힘으로 당기면, 물체는 실로부터 10N의 힘을 받아서 움직인다.
그러므로 물체가 실로부터 받는 힘은 사람이 실을 당기는 힘과 동일하다 ♥
② 실에 매달린 물체는 중력을 받지만, 낙하하지 못한다. 이는 실이 물체가 낙하하지 못하도록 잡아당겼기 때문이다.

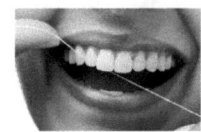

3) 기호 : T

4) 방향 : 실 쪽

5) 주의 : 실의 질량 무시

6) 크기 : 공식 없음
→ 자유물체도(free-body diagram)를 그린 후 운동방정식을 세워서 찾음

typeI. 힘의 평형 상태

운동방정식 $(+T)+(-mg)=m\cdot 0$ 에서 $T=mg$

typeII. 가속 상태

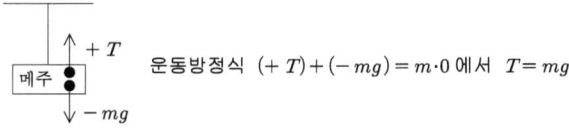

$a=\dfrac{10}{2+0.01}$ 이므로

$T=2\times\dfrac{10}{2+0.01}\simeq 10N$

7) 도르래 상황에서 장력 비교

caseI. 정지   caseII. 등속   caseIII. 가속

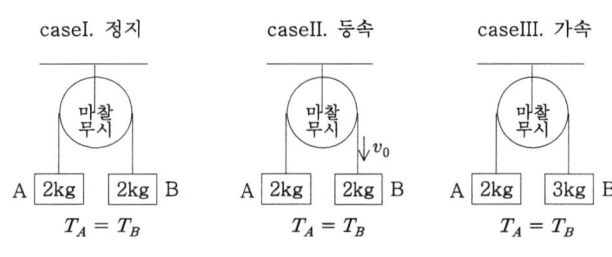

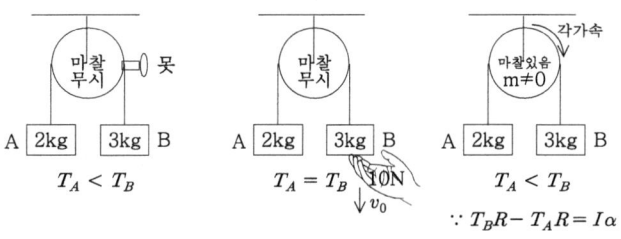

Quiz 1 다음 경우에서 장력의 크기는 각각 얼마인가?

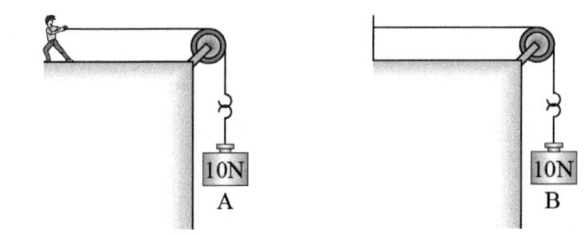

→ 세 번째 그림에서의 특징 : 두 물체 사이의 실의 장력은 크기는 같고 방향은 실 쪽이다.

정답 모두 10N

2. 탄성력(elastic force)

1) 정의 : 용수철이 물체를 당기거나 미는 힘

2) 방향 : 자연의 길이 쪽

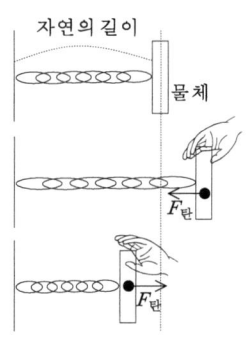

3) 크기 : $f \propto (\Delta)x$
   → $f = kx$ 단 k는 용수철 상수 or 탄성 계수, x는 늘어나거나 줄어든 거리

4) 후크(Hooke)의 법칙 : 용수철이나 그 밖의 탄력성이 있는 물체가 평형 위치로 되돌아가는 힘은 그 평형 위치에서 용수철이 이동한 거리에 비례한다.

5) 주의 : 용수철의 질량 무시

6) 그래프

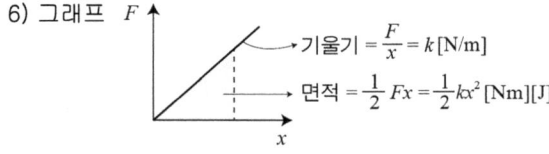

7) 용수철의 병렬 연결 : $k_{eq} = k_1 + k_2 + k_3$ (세 용수철) (기출)

pf. 병렬 공식 증명

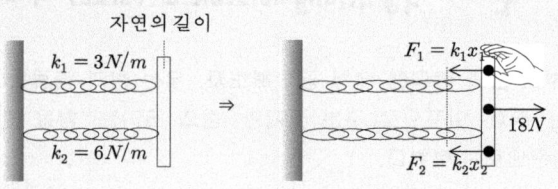

a. $x_1 = x_2$
b. $F = kx$에서 x가 동일하므로 $F_1 : F_2 = k_1 : k_2 = 1 : 2$
c. $F_1 + F_2 = 18N$
d. $F_1 + F_2 = 18N$ 또는 $k_1 x + k_2 x = k_{eq} x$에서 $k_{eq} = k_1 + k_2 > k_{큰}$

* 생활예 : 헬쓰 기구들

완력기(chest expander)

악력기(hand drip)

Ch 1. 3대 분석 도구

8) 용수철의 직렬 연결 : $\frac{1}{k_{eq}} = \frac{1}{k_1} + \frac{1}{k_2} + \frac{1}{k_3}$ (세 용수철) (기출)

pf. 직렬 공식 증명

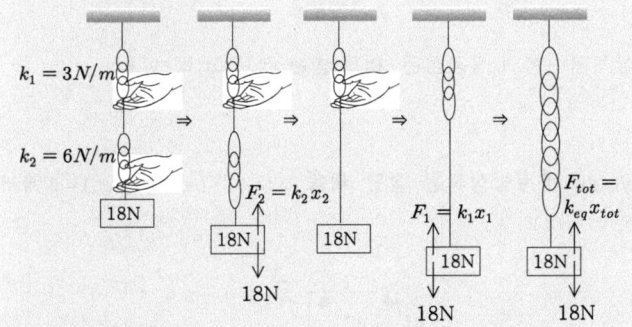

a. $F_1 = F_2$
b. $F = kx$ 에서 F가 동일하므로 $x_1 : x_2 = \frac{1}{k_1} : \frac{1}{k_2} = 2 : 1$
c. $x_{tot} = x_1 + x_2$
d. $x_{tot} = x_1 + x_2$ 또는 $\frac{F}{k_{eq}} = \frac{F}{k_1} + \frac{F}{k_2}$ 에서 $\frac{1}{k_{eq}} = \frac{1}{k_1} + \frac{1}{k_2}$

→ 특징 : 길어질수록 탄력이 떨어짐

cf. 산술평균, 기하평균, 조화평균

① 산술평균 : $\frac{a+b}{2}$

e.g. 다음 회로의 합성 저항은 $\frac{R_1 + R_2}{2}$ 이다.

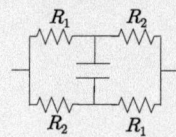

② 기하평균 : $\sqrt{ab}$

e.g. 어떤 국가의 물가가 첫 해 4배 상승하고, 두 번째 해에 9배 상승했다면, 2년 동안 평균 물가 상승률은 6배이다. 즉 $4 \times 9 = 6 \times 6$

③ 조화평균 : $\frac{1}{조화평균} = \frac{\frac{1}{a} + \frac{1}{b}}{2} = \frac{a+b}{2ab}$ 에서 조화평균 $= \frac{2ab}{a+b}$

e.g. 철수가 학교에 갈 때 3m/s로 갔다가 집에 올 때는 6m/s로 왔다. 평균 속력은 $\bar{v} = \frac{거리}{시간} = \frac{2d}{\frac{d}{3} + \frac{d}{6}} = \frac{2(3 \times 6)}{3+6}$ 이다.

e.g.2. 다음 회로의 합성 저항은 $\frac{2R_1 R_2}{R_1 + R_2}$ 이다.

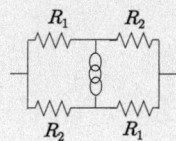

9) 용수철 자르기 : $kl = c$

Quiz 1 동일한 용수철 두 개를 직렬연결하면 합성 용수철 상수는? 세 개를 직렬연결하면 합성 용수철 상수는?

정답 k/2, k/3

→ 시사점 : 용수철의 길이가 길어질수록 합성 용수철 상수는 작아진다. 즉 길이와 용수철 상수는 반비례한다. $kl = c$

Quiz 2 하나의 용수철을 절반 잘라서 병렬연결하면 합성 용수철 상수는?

정답 4k

Quiz 3 길이가 L이고, 용수철 상수가 k인 용수철 하나를 사서, 2:1로 자른 후 병렬연결하였다. 합성 용수철 상수는 얼마인가?

정답 9/2 k

pf.
i) 직렬연결일 때 탄성력이 동일하므로 $kx = k_1 x_1 = k_2 x_2$ ⋯ ①
ii) 늘어나는 길이는 용수철의 길이에 비례하므로
   $x = cl$, $x_1 = cl_1$, $x_2 = cl_2$ ⋯ ②
iii) ①→② : $kl = k_1 l_1 = k_2 l_2$
⇒ $k_1 = \frac{k}{l_1 / l}$, $k_2 = \frac{k}{l_2 / l}$

Quiz 4 다음 세 경우에서 용수철의 늘어난 길이는 각각 얼마인가?

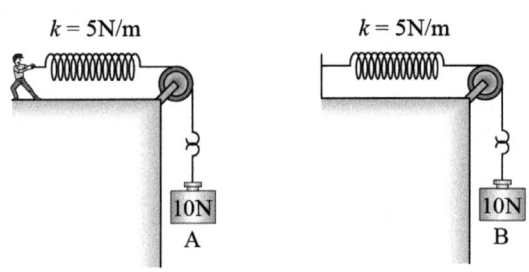

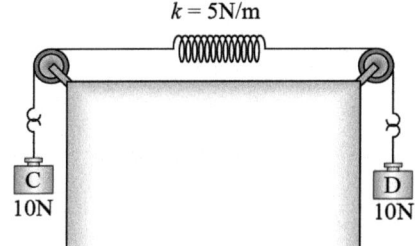

정답 모두 2m

3. 수직항력(normal force)

1) 정의 : 면이 물체를 밀어내는 힘
위로 뜬 야구공을 글러브로 잡으면 공은 더 이상 낙하하지 않는데 이런 경우 글러브의 '면'이 힘을 가해서 물체가 움직이지 않는다고 말한다.

2) 기호 : N

3) 방향 : 물체 쪽 & 면에 수직

4) 크기 : 공식 없음
→ 자유물체도(free-body diagram)를 그린 후 운동방정식을 세워서 찾음

① typeI.

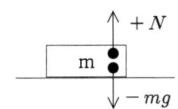

운동방정식 $(+N)+(-mg) = m \cdot 0$ 에서 $N = mg$

② typeII.

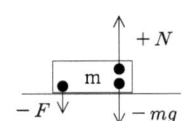

운동방정식 $(+N)+(-mg)+(-F) = m \cdot 0$ 에서 $N = mg + F$

참고로 물체가 지면을 누르는 수직항력과 중력은 아무 관계도 아닙니다.

5) 오개념

① typeI. 작용점을 잘못 표시

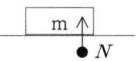

→ 정개념 : 힘의 작용점은 '힘을 받는 객체'에 찍는다.

② typeII. 운동방정식을 잘못 세움 : $(-5)+(-8)+(-F_x) = 0$ 에서 $F_x = -13N$

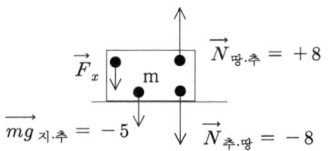

→ 정개념 : 작용점이 물체에 있는 힘들만 계산
$(-5)+(+8)+(-F_x) = 0$ 에서 $F_x = +3N$

③ typeIII. 접촉력의 작용점을 딴 물체에 표시

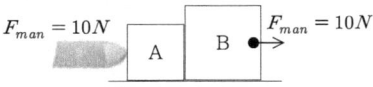

→ 정개념 : 앞물체를 움직이게 하는 원인은 사람의 힘이 아니라 수직항력이다.

→ 추가 오개념 : A가 B를 미는 수직항력과 B가 A를 미는 수직항력이 서로 상쇄되어서 B는 움직일 수 없다.

Ch 1. 3대 분석 도구

4. 마찰력(frictional force)

1) 정의 : 거친 면에서 작용하는 힘.
바닥에 놓여 있는 물체를 밀 때 물체가 잘 움직이지 않는데 이런 경우 마찰력이 작용해서 물체가 잘 움직이지 않는다고 말한다.

2) 마찰력의 종류 : 운동마찰력, 정지마찰력

3) 운동마찰력(미끌림 마찰력, 쏠림 마찰력, 긁는 마찰력)(kinetic frictional force)
① 정의 : 면에 대해 상대적으로 운동하는 물체가 받는 미끌림 마찰력
② 기호 : f_k
③ 크기 : $f_k \not\propto m$, $f_k \propto N$ 이므로 $f_k = \mu_k N$
단 μ_k는 운동마찰계수이고, N은 마찰이 작용하는 면에서의 수직항력
④ 열의 발생 : 운동마찰력은 열을 발생시킨다. 정지마찰력은 열을 발생시키지 못한다. 왜냐하면 열은 맞닿아 있는 두 면이 서로 미끄러지면서, 상대면을 긁을 때 생기기 때문이다.

cf. 쏠림
① 쓸리다 : 풀 먹인 옷 따위에 살이 문질려 살갗이 벗어지다.
② 배에서 생활하고 있을 때 정박 작업을 하는 순간 홋줄이 많이 닳아있으면 '홋줄이 다 쓸렸다.' 라는 말도 쓰긴 했습니다.
③ 어릴 때 인라인스케이트 타고 무릎 쓸려오면 엄마가 빨간 약 발라줬어요
④ 어제도 축구하다가 쭉 미끄러져서 조금 까졌는데, 이럴 때 '잔디에 쓸려서 까졌다'라고 많이 표현했습니다
⑤ 에코백에 짐 잔뜩 넣어서 갖고 다니면 어깨가 '쓸려서' 아파요
⑥ 작년에 교생실습 갔을 때 구두를 신었더니 발이 너무 아파서 뒤꿈치 쓸림 방지패드를 산 적이 있어용

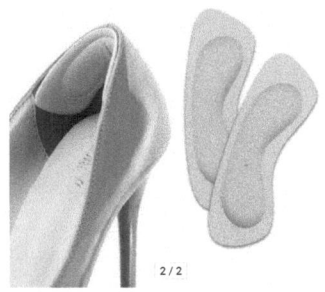
△ 엠아이샵 ›
발뒤꿈치 쓸림 미끄럼방지 보호패드 스티커
발관리

4) 정지마찰력(static frictional force)
① 정의 : 면에 대해 상대적으로 정지한 물체에게 힘을 주었지만 움직이지 않는 경우, 정지마찰력이 작용하고 있다고 말한다. 즉 물체의 접촉면의 상대속도가 0이면 정지마찰력이 작용한다.
② 기호 : f_s
③ 크기 : 공식 없음
→ 자유물체도(free-body diagram)를 그린 후 운동방정식을 세워서 찾음

5) 그래프(단, 수직항력 일정시)

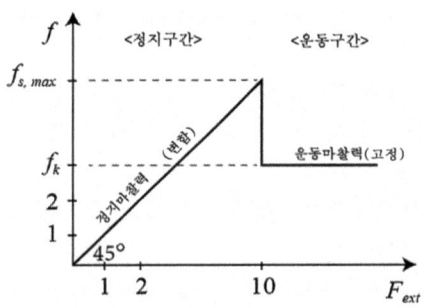

6) 특징 : 운동마찰력 < 최대정지마찰력

Quiz 1 정동진 해수욕장에서 한 번에 수십 개의 튜브를 끄는 아저씨는 튜브 운반시 요령이 있다. 최대정지마찰력과 관련지어 그 요령을 설명해보시오. (SBS '생활의 달인' 155회 이종길씨 편)

정답 최대정지마찰력이 운동마찰력보다 크기 때문에 한 번 튜브를 끌기 시작하면 절대 중간에 멈추면 안 된다.

cf. 세상을 바꾼 회전문

미닫이와 여닫이로만 이뤄졌던 문의 역사를 새로 쓴 사람은 미국의 발명가 밴 카넬. 그는 1888년 '바람을 막아 주는 문'이란 이름으로 세 개의 날개가 달린 회전문(사진)의 특허를 따냈다.

1899년 미국 뉴욕 브로드웨이의 한 레스토랑 앞. '빙빙 돌아가는 이상한 문'이 있다는 소문에 엄청난 수의 사람이 식당 안으로 들어가려고 줄지어 기다리고 서 있었다. 바로 세계에서 처음으로 회전문이 설치된 렉터스 레스토랑이다. 나무로 만든 회전문 덕분에 레스토랑은 날마다 손님들로 가득 찼고, 주변의 호텔과 빌딩에도 하나둘 회전문이 설치되기 시작했다.

http://kids.hankooki.com/lpage/edu/201401/kd20140107151157131830.htm

7) 최대정지마찰력
① 정의 : 정지마찰력의 최대치
② 기호 : $f_{s,max}$
③ 크기 : $f_{s,max} \not\propto m$, $f_{s,max} \propto N$ 이므로 $f_{s,max} = \mu_s N$
    단 μ_s는 정지마찰계수이고, N은 마찰이 작용하는 면에서의 수직항력
④ 오개념 : $\begin{cases} \text{정지마찰력} : f_s = \mu_s N \\ \text{최대정지마찰력} : f_{s,max} = \mu_{s,max} N \end{cases}$

8) 방향 : 내부관찰자 관점에서, 물체가 미끄러지려는 방향의 반대 방향임
① 일반적으로 물체의 운동을 방해하는 방향
② 때로는 물체의 운동방향과 같은 방향으로 작용
③ 원운동하는 물체는 마찰력이 운동방향(접선방향)에 직각

Quiz 5 철수가 질량이 $3kg$이고, 정지마찰계수가 $\mu_s = 0.5$, 운동마찰계수가 $\mu_k = 0.2$인 물체를 $15N$의 힘으로 누르고 있다. 그리고 영희는 이 물체를 옆으로 $20N$의 힘으로 당기고 있다. 이 물체의 가속도는?

정답 0

9) 빗면 위 물체 예제들

caseI. 마찰없는 빗면에서 아래로 미끄러지는 물체
마찰이 없는 빗면에서 물체가 미끄러지고 있다. 물체의 알짜힘과 알짜 가속도는 얼마인가?

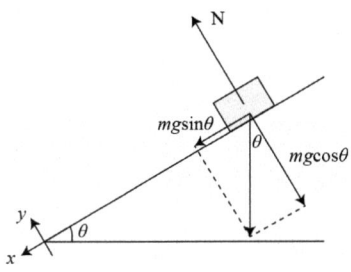

정답 $F_{net} = mg\sin\theta$, $a = g\sin\theta$

* logic
step1. mg와 N의 상대적인 크기를 알 수 없기 때문에 두 힘의 합을 평행사변형법으로 구하는 것이 불가능하다.
step2. 이런 상황에서는 힘을 x축, y축 성분으로 벡터분해한 후 x끼리, y끼리 운동방정식을 세운다.

* 벡터분해하는 요령
step1. 가속하는 방향을 x축으로 해서 좌표계를 그린다.
step2. x축과 y축을 포함한 네모를 그린다.
step3. x축으로 화살표를 긋는다. y축으로 화살표를 긋는다.

i) 운동방정식 : $\vec{N} + \vec{mg} = \vec{ma}$
ii) x축 운방 : $mg\sin\theta = ma$
iii) y축 운방 : $(+N) + (-mg\cos\theta) = 0$
  ∵ y축 좌표값이 계속 0임(y축 힘평)

* 결론 : $F_{net} = mg\sin\theta$, $a_{net} = g\sin\theta$, $N = mg\cos\theta$

* 오개념

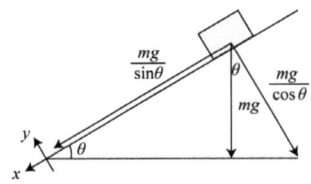

→ 명심 : 힘을 분해할 때는 x축 방향 정사영과 y축 방향 정사영을 그려야 한다.

caseII. 마찰없는 빗면에서 위로 발사된 물체
y축 : $N = mg\cos\theta$
x축 : $-mg\sin\theta = ma$ ∴ $a = -g\sin\theta$

caseIII. 마찰있는 빗면에서 아래로 미끄러지는 물체
y축 : $N = mg\cos\theta$
x축 : $mg\sin\theta - \mu_k mg\cos\theta = ma$ ∴ $a < g\sin\theta$

caseIV. 마찰있는 빗면에서 위로 발사된 물체
y축 : $N = mg\cos\theta$
x축 : $-mg\sin\theta - \mu_k mg\cos\theta = ma$ ∴ $|a| > g\sin\theta$

caseV. 마찰있는 빗면에 정지해 있는 물체 (기출)
y축 : $N = mg\cos\theta$
x축 : $mg\sin\theta = f_s < f_{s,\max} = \mu_s N$
$\Rightarrow mg\sin\theta_0 = \mu_s mg\cos\theta_0$
$\Rightarrow \mu_s = \tan\theta_0$

caseVI. 마찰있는 빗면에 등속으로 미끄러지는 물체
y축 : $N = mg\cos\theta$
x축 : $mg\sin\theta = \mu_k mg\cos\theta$ ∴ $\mu_k = \tan\theta$

caseVII. 마찰없는 빗면에 가만히 놓인 물체에게 수평힘이 작용
<1> 벡터 분해
y축 : $N = mg\cos\theta + F\sin\theta > mg\cos\theta$
→ 물리적 특징 : 수평힘은 지면을 누르는 역할을 하였고, 이로 인하여 수직항력이 증가하였다.
x축 : $mg\sin\theta = F\cos\theta$에서 $F = mg\tan\theta$

<2> 작도
$\vec{F_1} + \vec{F_2} + \vec{F_3} = 0$에서 $\vec{F_1} + \vec{F_2} = -\vec{F_3}$이므로 그림과 같이 자유물체도를 그릴 수 있다.

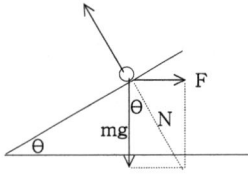

$\tan\theta = \frac{F}{mg}$에서 $F = mg\tan\theta$
$\cos\theta = \frac{mg}{N}$에서 $N = \frac{mg}{\cos\theta} > mg$

Part 1. 역학

5. 유체저항력, 끌림힘(drag force) (기출)

1) 정의 : 유체(기체, 액체)가 물체의 운동을 방해하는 힘
   → 마찰력의 유체 버전

   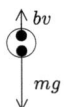

2) 방향 : 항상 물체의 운동 반대 방향!!!

3) 크기 : $f \propto v$ 이므로 $f = bv$
   단 b 는 저항계수이고 이것은 물체의 단면적과 유체의 점성에 의존한다.

4) 낙하하는 빗방울의 운동방정식 : $mg - bv = ma$

   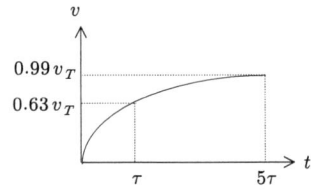

5) 시간에 따른 물리량 변화
   $t = 0$일 때 : $v = 0$, $bv = 0$, $a = g$
   $t > 0$일 때 : v증가, bv증가, F_{net}감소, a감소
   $t = \infty$: $mg = bv$, $F_{net} = 0$, $a = 0$

6) 그래프

7) 종단속력(terminal velocity, v_T) : 중력과 공기저항력이 같아져서 빗방울이 등속으로 떨어질 때의 속력 $v_T = \frac{mg}{b}$
   주의 : 수학적으로는 무한대의 시간이 지나야 종단속력에 도달한다.

8) 시간상수(τ) : 포화물리량의 63%에 도달하는 시간. 일반적으로 5τ의 시간이 지나면 포화물리량의 99.3%가 된다. $\tau \equiv \frac{m}{b}$

9) 시간에 따른 속력 : $v = v_T(1 - e^{-\frac{1}{\tau}t})$ (기출)

pf. 공기마찰력을 받으며 낙하하는 빗방울의 시간에 대한 속력변화
운동방정식 : $mg - bv = m\frac{dv}{dt}$

$\Rightarrow \frac{1}{m}dt = \frac{dv}{mg - bv}$

$\Rightarrow \frac{1}{m}\int_0^t dt = \int_0^v \frac{1}{mg - bv}dv$

$\Rightarrow \frac{1}{m}[t]_0^t = -\frac{1}{b}[\ln(mg - bv)]_0^v$

$\Rightarrow t = -\frac{m}{b}[\ln(mg - bv) - \ln(mg)]$

$\quad = -\frac{m}{b}\ln(1 - \frac{b}{mg}v) \quad \leftarrow \tau \equiv \frac{m}{b}, v_T = \frac{mg}{b}$

$\quad = -\tau \ln(1 - \frac{1}{v_T}v)$

$\Rightarrow -\frac{1}{\tau}t = \ln(1 - \frac{1}{v_T}v)$

$\Rightarrow e^{-\frac{1}{\tau}t} = 1 - \frac{1}{v_T}v$

$\Rightarrow \frac{1}{v_T}v = 1 - e^{-\frac{1}{\tau}t}$

$\Rightarrow v = v_T(1 - e^{-\frac{1}{\tau}t})$

→ 특징 : $t = \tau$일 때 $v \simeq 0.63 v_t$
$\qquad t = 3\tau$일 때 $v \simeq 0.95 v_t$
$\qquad t = 5\tau$일 때 $v \simeq 0.993 v_t$
$\qquad t = 7\tau$일 때 $v \simeq 0.9991 v_t$

Q&A

질문 $v_t = \frac{mg}{b} = \tau g$ 가 성립하던데, 의미가 무엇인가요?

답변 질문하신 수식을 곰곰이 쳐다보면 등가속도 공식 1번 ($v = at$)임을 눈치챌 수 있습니다. 즉 빗방울이 자유낙하(등가속도 운동)를 하게 되면 $t = \tau$라는 시간이 될때 속도가 $v = \frac{mg}{b}$이 된다는 단순한 의미입니다.

* 재미있게 공식 외우기?!
$F = bv$: 바람 분다

Quiz 1 떨어지는 빗방울의 순간 속도가 $v = \frac{mg}{3b}$일 때 가속도는 얼마인가?

정답 $a = \frac{2}{3}g$

Quiz 2 떨어지는 빗방울의 순간 가속도가 $\frac{1}{2}g$일 때 순간 속도는 얼마인가? 단 저항계수는 b이다.

정답 $v = \frac{mg}{2b}$

Quiz 3 비의 낙하시간이 $t = \tau$인 순간 비의 순간속력은 얼마인가? 단 종단속력은 v_T이다.

정답 $0.63 v_T$

Quiz 4 $b = 2\,kg/s$, $m = 6\,kg$인 빗방울이 낙하한지 3초가 지난 순간 빗방울의 속력은 몇 m/s인가? 단 $e^{-1} \approx 0.37$이고 중력가속도는 $g = 10\,m/s^2$이다.

정답 약 18.9m/s

Quiz 5 다음 그래프는 어떤 빗방울이 대기 중에서 낙하할 때 시간에 따른 속력 변화를 나타낸 것이다. 이를 바탕으로 빗방울의 질량을 추론하시오. 단 $b = 3kg/s$이다.

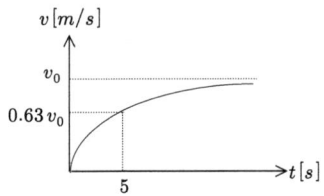

정답 15kg

Quiz 6 다음 그래프에서 A, B의 질량을 비교하시오. 단 다른 조건은 모두 동일하다.

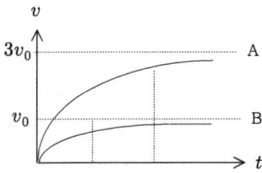

정답 3:1

Quiz 7 김제동과 강호동이 진공에서 낙하할 때 v-t 그래프를 그려보고, 대기 중에서 낙하할 때 v-t 그래프를 그려보시오. 단 두 사람의 공기 저항계수 b는 같다고 가정한다.

6. 부력(buoyancy)

1) 정의 : 유체가 물체를 뜨게 만드는 힘
   → 수직항력의 유체 버전

2) 방향 : 겉보기 중력 반대 방향

3) 크기 : $f = \rho_w g V_{sink}$ 단 ρ_w 는 물의 밀도, V_{sink} 는 물체의 잠긴 부피

7. 만유인력(universal gravitation)

1) 정의 : 질량이 있는 만물들 사이에 작용하는 인력

2) 방향 : 인력

3) 크기 : $F = \dfrac{G m_1 m_2}{r^2}$, 단 $G = 6.67 \times 10^{-11} Nm^2/kg^2$

4) 중력가속도 : 운동방정식 $\dfrac{GM_E m}{r^2} = ma$ 에서 $a = \dfrac{GM_E}{r^2}$
   보통 이를 중력장이라고 부른다.

5) 중력의 일반적인 표현 : $F = mg$ 단 $g = \dfrac{GM_E}{r^2}$

6) 장 개념의 도입 : 패러데이(Faraday)는, 와이파이 존(WiFi zone)에 들어가야 무선 인터넷이 되는 것처럼, 물체가 중력장에 놓이면 중력을 받는다고 생각하였고, 그것이 중력이 작용하는 메커니즘이라고 믿었다. 오늘날 과학자들도 패러데이의 '장 이론'을 옳다고 믿는다.

7) 지표 중력 VS 지구 밖 중력의 표현

① 지표에서 사과가 받는 중력 : $\dfrac{GMm}{R^2}$ or $mg_{지표}$

② 지구 밖에서 인공위성이 받는 중력 : $\dfrac{GMm}{r^2}$ or $mg_{지구밖}$

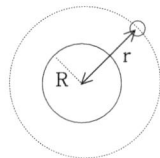

→ 주의 : 보통 지표에서는 mg를 쓰고, 지구 밖 인공위성에 대해서 $\dfrac{GMm}{r^2}$ 을 쓰는 건, 단순히 편의에 의해서일 뿐이다.

Quiz 1 다음 그림은 지구 주위를 원운동하는 두 인공위성 A, B를 나타낸 것이다. 중력가속도의 비는?

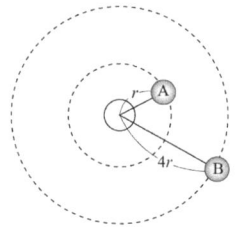

정답 16:1

8. 전자기력

1) 정의 : 전하를 띤 물체들 사이의 힘

2) 방향 : 같은 전하끼리는 척력, 반대 전하끼리는 인력

3) 크기 : $F = \dfrac{kq_1 q_2}{r^2}$, 단 $k = 9 \times 10^9 Nm^2/C^2$

9. 핵력

1) 강한 핵력(강력)

일본의 유카와 히데키는 핵 내의 양성자들 사이에 전기적 척력이 존재함에도 불구하고 핵 안에서 양성자들이 공존할 수 있는 이유에 대해서 궁금해 했다. 그는 핵 내부에는 전기적 척력을 이기고서 양성자를 묶어 두는 매우 강력한 힘이 존재할 것이라고 생각하였다. 이 힘을 강한 핵력 또는 강력이라고 부른다.

거리에 따른 강력과 전기력 그래프는 다음과 같다. 핵 반지름(R)을 벗어나면 강력은 거리에 따라서 급격하게 소멸되고, 핵 외부에서는 전기력만 작용한다.

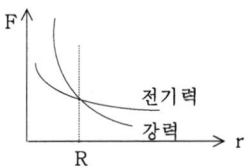

2) 약한 핵력(약력)

핵 내부에서 베타붕괴가 일어나면, 중성자가 양성자와 전자 등으로 분열된다. 이는 핵 내부에서 양성자와 전자를 묶어두는 힘이 존재한다고 해석될 수 있다. 이 힘을 약한 핵력 또는 약력이라고 부른다.

Part 1. 역학

caseI. 수평면 상황

ex 1 마찰이 없는 수평면에 질량이 각각 2kg, 3kg, 5kg인 세 물체 A, B, C가 놓여 있다.

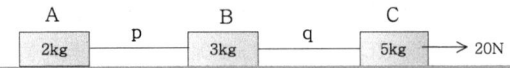

세 물체 A, B, C는 질량을 무시할 수 있는 가벼운 두 실 p, q로 연결되어 있고, C의 오른쪽에는 20N의 일정한 외력이 작용하고 있다. 이에 대한 설명으로 옳은 것을 <보기>에서 모두 고르면?

─────<보 기>─────
ㄱ. B의 가속도는 2m/s²이다.
ㄴ. 실 q가 B에게 가하는 힘의 크기는 10N이다.
ㄷ. A가 받는 알짜힘은 4N이다.

정답 ㄱ, ㄴ, ㄷ

ㄱ. 운동방정식을 세워보면 다음과 같다.
   i) $\sum \vec{F_C} = +20 - T_q = 5 \cdot a$
   ii) $\sum \vec{F_B} = + T_q - T_p = 3 \cdot a$
   iii) $\sum \vec{F_A} = + T_p = 2 \cdot a$
   세 식을 연립하면
   ∴ $a = +2m/s^2$, $T_p = 4N$, $T_q = 10N$, $\sum \vec{F_A} = 4N$, $\sum \vec{F_B} = 6N$,
   $\sum \vec{F_C} = 10N$

<2> three-body system을 one-body system으로 간주하고 운동방정식을 세우면
$+20 = (2+3+5)a$ 이므로 $a = 2m/s^2$이다.

ㄴ. 3체계 이상의 계에서 내력(internal force)을 질문하면, 2체계로 치환해서 풀면 쉽다.
질문이 실 q의 장력이므로, q를 기준으로 A, B를 하나로 묶어서 전체 계를 2체계로 치환하자.

AB에 대해 운동방정식을 세우면 $T_q = (5kg) \times (2m/s^2)$이므로 장력은 10N이다.

<2> C에 대해서 운동방정식을 세워도 좋다.
$(+20) + (-T_q) = (5kg)(2m/s^2)$ ∴ $T_q = 10N$

ㄷ. 알짜힘은 질량과 가속도의 곱이다.
$(2kg) \times (2m/s^2) = 4\,kg\,m/s^2 = 4N$

caseII. 낭떠러지 상황

: 의 사이에 도르래를 끼워서 힘의 방향을 바꾼 것

ex 2 다음 상황에서 물체들의 가속도와 장력은 각각 얼마인가? 단 모든 마찰은 무시한다. 중력가속도는 $10m/s^2$이다.

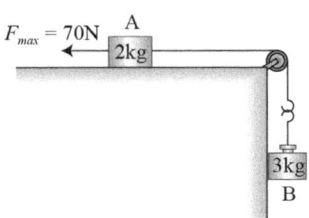

정답 $a = 8m/s^2$, $T = 54N$

caseIII. 도르래 상황

: $\underset{F_2}{\leftarrow}\bullet\text{—}\bullet\underset{F_1}{\rightarrow}$ 의 사이에 도르래를 끼워서 힘의 방향을 바꾼 것

ex 3 질량이 각각 $m_A = 2kg$, $m_B = 3kg$ 인 두 물체가 질량을 무시할 수 있는 도르래에 매달려 마찰 없이 미끄러지고 있다. 실의 질량은 무시하고 중력가속도는 $g = 10m/s^2$ 이다.

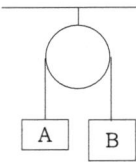

1) 이 물체가 미끄러지는 가속도와 장력은?

2) 초속도가 0이고 추와 바닥 사이의 거리가 $h = 16m$ 라면 추가 바닥에 도착하는 데 걸린 시간은?

3) 위의 문제에서 천장에 연결되어 있는 실의 장력은?

정답 1) $2m/s^2$, $24N$ 2) $4s$ 3) $48N$

1) B : $3 \cdot 10 - T = 3 \cdot a$ or $-3 \cdot 10 + T = 3 \cdot (-a)$
   A : $T - 2 \cdot 10 = 2 \cdot a$
   $\therefore a = +2m/s^2$, $T = 24N$
   → 최초 운동방향을 + 축으로 잡으면 편하다.
   → 가속도가 $10m/s^2$보다 작은 사실에 주목하라!

2) $h = 0 \cdot t + \frac{1}{2}gt^2$에서 낙하시간은 $t = \sqrt{\frac{2h}{a}} = 4s$

3) $T' = 2T = 48N < 50N$

Q&A

질문 문제 풀다보면 용수철저울이 많이 등장하는데 도르래 상황에서 줄 대신 용수철저울이 있다면 어떻게 되나요?

답변
typeI. 왼쪽에 2kg, 오른쪽에 2kg의 추가 매달린 경우
양쪽에서 각 추가 받는 장력은 20N이고요, 용수철저울을 두었을 때도 저울의 눈금이 20N을 가리켜요^^

typeII. 왼쪽에 2kg, 오른쪽에 3kg의 추가 매달린 경우
가속다가 2m/s^2이므로 운동방정식을 세워서 장력을 계산하면 양쪽에서 각 추가 받는 장력은 24N이고요, 용수철저울을 두었을 때도 저울의 눈금이 24N을 가리켜요^^

7. 관성력

1) 배경 : 가속계(비관성계) 내부에서 일어나는 역학적 현상을 해석하기 위해 어쩔 수 없이 도입한 가상의 힘.

① 가속 버스 내부 : 예를 들어 아래 사진처럼 정지해 있던 버스가 갑자기 앞으로 출발하면, 버스 바닥에 닿아 있던 발은 버스와 함께 앞쪽으로 이동하지만 상체는 관성 때문에 그 자리에 가만히 있으려고 한다. 그렇게 되면 몸이 버스 뒤쪽으로 기울게 된다. 마치 누군가가 나를 버스 뒤쪽으로 민 것이라는 생각이 든다. 이 힘을 관성력이라고 부른다.

② 가속 엘리베이터 내부 : 엘리베이터가 1층에서 5층으로 가속하면 엘리베이터 바닥에 닿아 있던 발은 엘리베이터와 함께 위로 올라가지만 상체는 관성 때문에 가만히 있으려고 한다. 그렇게 되면 내 몸은 아래로 찌그러지는 느낌을 받는다. 그래서 누군가가 나를 엘리베이터 바닥 쪽으로 누른다는 생각을 하게 된다. 이 힘을 관성력이라고 부른다.

③ 원운동하는 물체 내부 : 회전목마를 타고 원운동할 때 관성 때문에 접선 방향으로 몸이 튕겨 나가려고 하는데, 실제 몸은 구심 반대 방향, 즉 원심 방향으로 힘을 느끼게 된다. 이것을 원심력이 회전목마 바깥쪽으로 작용해서 그렇다고 해석한다.

* 사고실험 : 좌회전하는 택시에서 손님이 앉은 쪽 문이 없다면?

2) 관성력 유도

내부 바닥에 마찰이 없는 버스가 동쪽으로 $v_0 = +10m/s$ 로 등속도 운동하고 있고, 버스 바닥에 질량이 $3kg$ 인 공이 놓여 있다. 운전수가 살짝 브레이크를 밟아서 버스의 속력이 일정하게 감소한다. 즉 버스의 가속도가 서쪽으로 $a = -2m/s^2$ 이다. 이 장면을 버스 내부에 설치된 CCTV로 관찰하면 어떻게 보일까?

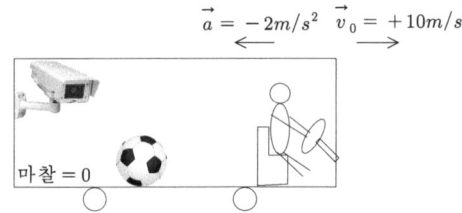

시각	$\vec{v}_{버스}$	$\vec{v}_{공}$	$\vec{v}_{버스\cdot공}$
0s	+10m/s	+10m/s	0
1s	+8m/s	+10m/s	+2m/s
2s	+6m/s	+10m/s	+4m/s
3s	+4m/s	+10m/s	+6m/s
...	...	...	...
	$\vec{a}_{버스} = -2m/s^2$	$\vec{a}_{공} = 0$	$\vec{a}_{버스\cdot공} = +2m/s^2$

공이 버스 앞쪽으로 점점 빨리 움직이는 것으로 보일 것이다. 더 정확하게는 동쪽으로 $\vec{a} = +2m/s^2$ 의 가속도로 움직이는 것으로 관찰될 것이다. 즉 버스의 가속도와, 크기는 같고, 방향은 반대인 가속운동하는 것으로 관찰될 것이다. 그런데 이 가속도는 공의 실제 가속도가 아니라, 공의 관성 때문에 관찰되는 가상의 가속도이다. 이를 관성에 의한 가속도 또는 관성 가속도라고 부른다. 한편 CCTV에 보이는 공은, 질량이 $3kg$ 이면서 $+2m/s^2$ 의 관성가속도를 지니므로 뉴턴 2법칙 $F=ma$ 에 의해 $+6N$ 의 힘을 받는다, 라고 말할 수 있다. 이 힘을 관성력이라고 부른다. 물론 이 힘은 CCTV에서만 관찰되는 가상의 힘이다.

3) 결과

① 외부관찰자가 본 결과 : 운전수는 감속($a = -2m/s^2$), 공은 등속($a = 0$)

② 내부관찰자가 본 결과 : 운전수는 정지, 공은 가속

4) 정리

① 관성가속도 : $\vec{a}_{관성} = -\vec{a}_{버스}$

② 관성력 : $\vec{F}_{관성} = m\vec{a}_{관성} = -m\vec{a}_{버스} = -\vec{F}_{실제}$

③ 결론 : 가속계 내부의 물체는 관성가속도와 관성력을 받는다, 라고 말할 수 있다(내부관찰자 관점에서)!

④ 외부관찰자 관점에서는, 관성력이라는 생각을 하는 것 자체가 오개념이다. 그러나 내부관찰자 관점에서는 자연계 힘이 관성력까지 포함해서 총 11개이다.

⑤ 오개념 : 관성 = 관성력

⑥ 가속계 내부 물체를 분석할 때 내부 관찰자 관점에서 관성력을 도입하면 편리하다.

case1. 가속 엘리베이터 상황

ex 1 철수가 위로 a의 일정한 가속도로 운동하는 엘리베이터를 타고 있다. 엘리베이터 바닥에 체중계가 놓여 있다면 눈금은 얼마인가? 외부관찰자 관점과 내부관찰자 관점에서 각각 분석하라. (기출)

* 체중계의 눈금
사람이 체중계에 올라가면 자신의 무게만큼 체중계를 누르게 되고, 그 누르는 힘이 클수록 눈금이 많이 돌아간다.(눈금 = $F_{사람, 체중계}$)

누르는 힘의 반작용은 저울이 사람을 떠받치는 수직항력이다.
($F_{사람, 체중계} = N_{체중계, 사람}$)
그러므로 저울의 눈금은 저울이 사람을 떠받치는 수직항력을 의미한다. 단 내부관찰자 관점에서는 눈금을 겉보기 무게(apparent weight) 또는 유효 중력(effective gravity)라고 부르기도 한다.

* logic
step1. 질문이 체중계의 눈금이다.
step2. 체중계의 눈금은 저울이 사람을 떠받치는 수직항력이다.
step3. 수직항력은 공식이 없다.
step4. 그러므로 자유물체도를 그린 후 운동방정식을 세워서 수직항력을 구한다.

정답

1) 외부관찰자 입장 : 가속운동으로 인식

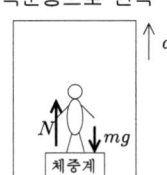

운동방정식 : $+N - mg = ma$
$\Rightarrow N = mg + ma$ ⋯ ①

2) 내부관찰자 입장 : '힘의 평형'으로 인식, 관성력 도입

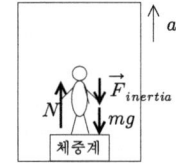

운동방정식 : $+N - mg - F_{inertia} = 0$ ⋯ ②

①식을 ②식에 대입하면 $|F_{inertial}| = |ma|$이다. 이를 이용하면 ②식에서
$N = mg + ma$

→ 결론 :
외부관찰자 관점과 내부관찰자 관점 모두 결과 동일
외부관찰자 관점에서 물체가 받는 알짜힘의 크기와 내부관찰자 관점에서 물체가 받는 관성력의 크기는 동일하다.

3) 내부관찰자 입장 : 중력크기 변화로 인식 → 겉보기 중력

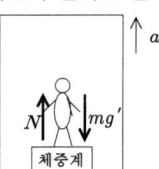

운동방정식 : $N - mg' = 0$
$\Rightarrow mg' = N$ ← ①
$\quad = m(g + a)$

→ 겉보기 중력가속도 : $\vec{g}_{fictitious} \equiv \vec{g} + \vec{a}_{inertia}$
→ 겉보기 중력 : $\vec{F}_{fictitious} \equiv m\vec{g} + \vec{F}_{inertia}$

참고로 겉보기 중력을 겉보기 무게라고도 한다!!!

→ 주의 및 특징
① 자유물체도(free body diagram)를 그릴 때 실제힘만 표시하고 알짜힘은 표시하지 않는다.
② 내부관찰자 입장에서 관성력은 11번째 힘이므로, 자유물체도를 그릴 때 관성력을 표시한다.
③ 내부관찰자의 관성력($m\vec{a}_{관}$)은, 수학적으로 외부관찰자의 알짜힘($m\vec{a}_{net}$)과 크기가 같다.
④ 내부관찰자 관점에서는 눈금 = 수직항력, 겉보기 무게, 이다.

Part 1. 역학

Quiz 1 엘리베이터가 아래로 $2m/s^2$ 의 가속도로 운동한다. 내부에서 느끼는 가속도는 얼마인가? 즉 겉보기 중력가속도는 얼마인가? 무중력 상태가 되려면 어떻게 하면 되는가?

정답 $8m/s^2$, 아래로 $10m/s^2$ 의 가속도로 운동한다.

관성가속도는 위로 $2m/s^2$ 이고, 중력가속도는 아래로 $10m/s^2$ 이므로, 겉보기 중력가속도는 아래로 $8m/s^2$ 이다.

Quiz 2 다음 그래프는 엘리베이터 내부에서 본 사과의 v-t 그래프이다. 내부에 매달린 길이가 l인 단진자의 주기는 얼마인가? 그리고 엘리베이터의 가속도는 얼마인가? 단 중력가속도는 g 이다.

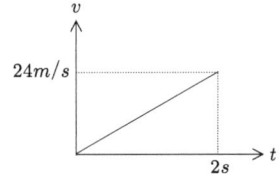

정답 1) $T = 2\pi\sqrt{\dfrac{l}{12}}$ 2) 위로 $2m/s^2$

1) 그래프의 기울기 $12m/s^2$ 은 사과의 겉보기 가속도이다.
   그러므로 단진자의 주기는 $T = 2\pi\sqrt{\dfrac{l}{g_{겉}}} = 2\pi\sqrt{\dfrac{l}{12}}$ 이다.

2) 겉보기 중력가속도 공식은 다음과 같다.
   caseⅠ. 관성가속도가 아래 : $|g_{겉}| = |g| + |a_{관}| = 10 + 2$
   caseⅡ. 관성가속도가 위 : $|g_{겉}| = |g| - |a_{관}| = 10 - 2$
   그런데 문제에서 겉보기 중력가속도가 $12m/s^2$ 이므로 전자에 해당함을 알 수 있다. 즉 관성가속도는 아래로 $2m/s^2$ 이다. 관성가속도는 알짜가속도와 크기가 같고 방향이 반대이므로, 엘리베이터의 알짜 가속도가 위로 $2m/s^2$ 라고 추론할 수 있다.

caseII. 가속 버스 상황

ex 2 철수가 동쪽으로 a의 일정한 가속도로 운동하는 버스를 타고 있다. 버스 천장에 연결된 실의 끝에 쇠구슬이 매달려 있다면, 쇠구슬과 연직선 사이의 각도는? 외부관찰자 관점과 내부관찰자 관점에서 각각 분석하라.

정답

1) 외부관찰자 입장 : 가속운동으로 인식

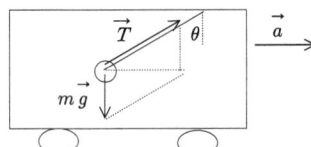 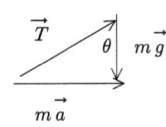

단, 헷갈릴 우려가 있으니 자유물체도를 그릴 때 알짜힘은 표시하지 말 것!

① 운동방정식 : $m\vec{g} + \vec{T} = m\vec{a}$ ... ①
② 피타고라스 정리 : $T = \sqrt{(mg)^2 + (ma)^2}$ ... ②
③ 삼각함수 : $\sin\theta = \dfrac{ma}{T}$

$\cos\theta = \dfrac{mg}{T}$

$\tan\theta = \dfrac{ma}{mg}$

2) 내부관찰자 입장 : '힘의 평형'으로 인식, 관성력 도입

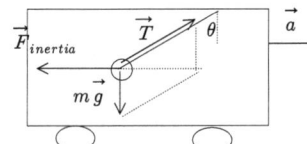 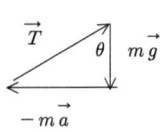

① 운동방정식 : $m\vec{g} + \vec{T} + \vec{F}_{inertia} = 0$ ... ③

⇒ ①, ③식에서 $\vec{F}_{inertia} = -m\vec{a}$

② 피타고라스 정리 : $T = \sqrt{(mg)^2 + (ma)^2}$
③ 삼각함수 : $\sin\theta = \dfrac{ma}{T}$

$\cos\theta = \dfrac{mg}{T}$

$\tan\theta = \dfrac{ma}{mg}$

→ 결론 : 외부관찰자 관점과 내부관찰자 관점 모두 결과 동일
   외부관찰자 관점에서 물체가 받는 알짜힘의 크기와 내부관찰자 관점에서 물체가 받는 관성력의 크기는 동일하다.

3) 내부관찰자 입장 : 중력크기 변화로 인식 → 겉보기 중력

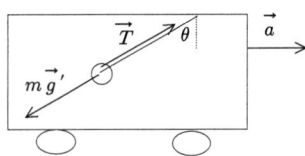

운동방정식 : $T - mg' = 0$

⇒ $mg' = T$ ← ②
   $= m\sqrt{g^2 + a^2}$

→ 겉보기 중력가속도 : $|\vec{g}_{fictitious}| = \sqrt{g^2 + a^2}$
→ 겉보기 중력 : $F_{fictitious} = \sqrt{(mg)^2 + (ma)^2}$

∗ 주의 : 등속일 때는 θ=0

Quiz 3 가속 버스 안 단진자의 주기는?

Q&A

질문 가속 버스 안 단진자의 주기와 가속 엘리베이터 안 단진자의 주기가 다른 이유를 모르겠습니다. 왜냐하면 가속 버스 안 단진자는 힘의 평형 상태에 있고, 가속 엘리베이터 안 단진자는 가속 상태에 있기 때문입니다.

답변 헷갈린 원인은, 그림의 차이에서 비롯되었는데요, 가속 버스 안 단진자는 관습적으로 힘의 평형 상태에 있는 그림을 그리고, 가속 엘리베이터 안 단진자는 관습적으로 최대 변위에 있는 그림을 그리기 때문에, 헷갈리신 거예요. 가속 엘리베이터 안 단진자의 그림도 가속 버스 안 단진자처럼 힘의 평형 상태에 있는 그림(겉보기 중력 방향을 향하는 상태)을 그려야 해요.
덧붙여서 아래 풀이로 주기를 구해보세요.

<1> 정석풀이
step1. 겉보기 중력 방향을 찾는다.
step2. 손으로 단진자를 그 방향으로 정렬시킨다.
step3. 손으로 단진자를 겉보기 중력 방향에서 살짝 θ만큼 이동시켰다가 놓는다.
step4. 이 순간 자유물체도를 그린 후 운동방정식을 세운다.
step5. 운동방정식을 풀어서 T = 2π root (l / g')을 얻는다.

<2> 야메풀이
step1. 겉보기 중력 가속도를 찾는다.
step2. T = 2π root (l / g')에 대입한다.

위의 두 가지 방법을 이용하여 가속 버스 상황과 가속 엘리베이터 상황에 대해 주기를 구해보면, 모든 의문점이 해소될 거에요.

* 지금까지의 내용 요약

1) 역학적 상태에는 가속상태와 평형상태가 있다.
2) 두 상태 모두다 운동방정식으로 푼다.
3) 결론 : 어느 관찰자 관점으로 풀든 답이 동일하므로, 시험장에서 편한 풀이법을 골라서 풀면 된다.

* 추론형 문제 엿보기

1. (가)의 A, B는 함께 운동하고, (나)의 C는 A 위에서 미끄러지면서 운동한다. 자유물체도를 그리고, (가)와 (나)에서 A의 가속도를 비교하시오.

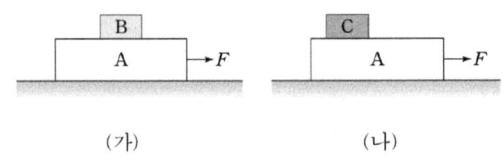

정답

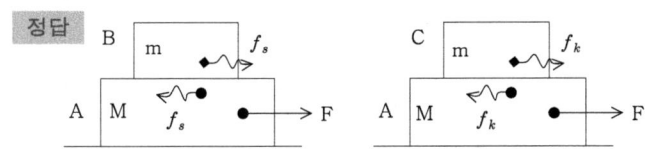

i) (가)의 A와 B는 함께 운동하므로 가속도가 동일하다.
   B 운방 : $f_s = ma_1$
   일체계 치환 후 운방 : $F = (M+m)a_1$ ⋯ ①
   그러므로 $f_s < F$ 이다.

ii) (나) C 운방 : $f_k = ma_3$
   (나) A 운방 : $F - f_k = Ma_2$ 단 $a_2 > a_3$ 이다!
   $\Rightarrow F = f_k + Ma_2 = ma_3 + Ma_2 < (M+m)a_2$ ⋯ ②
   $\therefore$ ①, ②에서 $a_1 < a_2$, 즉 (나)의 A가 더 크다.

→ 물리적 의미 : 내력은 외력을 뛰어넘지 못한다.
→ 속담 물리 : 형만한 아우 없다.

2. 다음 그림에서 상승할 때와 하강할 때의 가속도를 비교하시오.

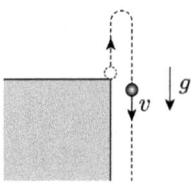

정답 최초 운동방향을 +축으로 정한다.
상승시 운동방정식 : $-mg - kv = ma$
하강시 운동방정식 : $-mg + kv = ma$
그러므로 상승시가 더 크다.

3. 다음 그림에서 공이 P점에 다시 되돌아오는 데 걸린 시간은? 단 중력가속도는 $10m/s^2$ 이다.

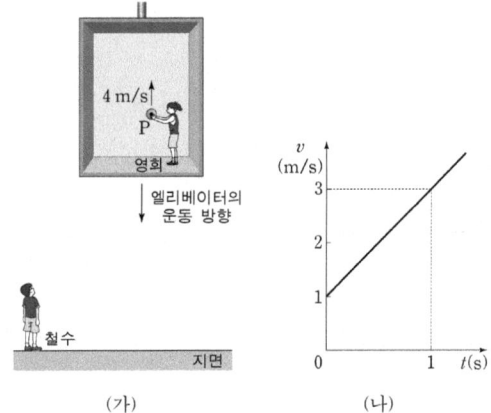

정답

i) $a_{엘} = 2m/s^2$

ii) $a_{공} = 10 - 2 = 8m/s^2$

iii) $T = \dfrac{v_0}{a} \times 2 = \dfrac{4}{8} \times 2 = 1s$

§ 5. 일과 에너지 정리

1. 새로운 물리량의 필요성

1) 일 : 수레를 밀 때 같은 힘을 가하더라도 1m 밀었는지, 2m 밀었는지에 따라서 수레의 나중 속력이 달라진다. 이는 수레의 나중 속력을 결정짓는 것은 힘뿐 아니라 거리도 됨을 의미한다. 그러므로 힘과 거리를 동시에 고려한 일이라는 물리량을 도입하자.
$$W = F \cdot s$$

2) 운동에너지 : 여기서 재미있는 것은 등가속도 공식 3번을 변형하면 다음과 같다.
$$2as = v^2 - v_0^2$$
$$\Rightarrow as = \frac{1}{2}(v^2 - v_0^2)$$
$$\Rightarrow mas = \frac{1}{2}m(v^2 - v_0^2)$$
$$\Rightarrow F_{net}\, s = \frac{1}{2}m(v^2 - v_0^2)$$

여기서 좌변을 알짜일이라고 하고, 우변을 운동에너지 변화량이라고 정의하자. 보통 이를 '(알짜)일과 운동에너지 정리'라고 한다.

pf1. 등가속도 운동일 때
일 : $W = Fs = (ma)s = m\left(\dfrac{v^2 - v_0^2}{2}\right) = \Delta K$

pf2.
운동방정식 $F_{net} = m\dfrac{dv}{dt} = m\dfrac{dv}{dx}\dfrac{dx}{dt} = mv\dfrac{dv}{dx}$
$\Rightarrow F_{net}\, dx = mv\, dv$
$\Rightarrow \int F_{net}\, dx = \int_{v_0}^{v} mv\, dv$
$\Rightarrow W_{net} = \dfrac{1}{2}mv^2 - \dfrac{1}{2}mv_0^2$
$\Rightarrow W_{비} + W_{보} = \Delta K$

* 정리
$\begin{cases} 앞\ 내용 : F \to \Delta v (운동방정식) \\ 배울\ 내용 : W \to \Delta KE (일과 운동에너지 정리) \end{cases}$

2. 새로운 물리량

1) work
① 정의 : $W \equiv Fs\cos\theta = \vec{F} \cdot \vec{s}\ [Nm]\,[J]$ or $W = \int F ds \cos\theta = \int \vec{F} \cdot \vec{ds}$
단 θ는 힘과 변위 사이의 각
단 F-s 그래프에서 밑면적은 한 일과 같다.

② typeI. 변위 방향을 x축으로 정한 경우

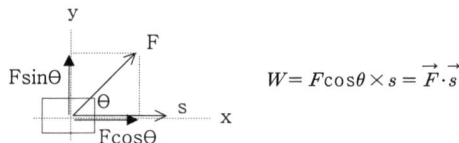
$W = F\cos\theta \times s = \vec{F} \cdot \vec{s}$

③ typeII. 힘 방향을 x축으로 정한 경우

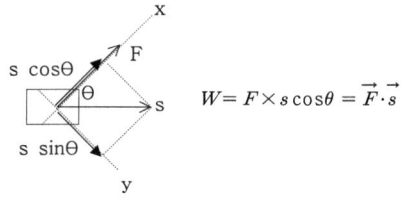
$W = F \times s\cos\theta = \vec{F} \cdot \vec{s}$

Quiz 1 경사각이 θ이고, 경사의 길이가 L이며, 높이가 h인 빗면에서 질량이 m 인 물체가 놓여 있다가 미끄러져 내려온다. 바닥에 도착했을 때 중력이 한 일은? 수직항력이 한 일은?

정답 mgh, 0

2) 일을 (힘)×(거리)로 정의한 이유
공사장에서 리어카를 밀 때 힘을 많이 주면, 리어카가 멀리까지 이동하므로 일을 많이 했다고 볼 수 있다. 즉 일은 힘에 비례한다. 그리고 리어카를 긴 거리만큼 밀어도 리어카가 멀리까지 이동하므로 일을 많이 했다고 볼 수 있다. 즉 일은 거리에 비례한다. 이를 1차 함수로 나타내고, 비례상수를 1로 잡으면 $W = Fs$로 쓸 수 있다.

3) kinetic energy(운동에너지) : $KE \equiv \dfrac{1}{2}mv^2\,[J] \geq 0$
→ 양자역학에서 금지된 영역을 판단할 때 이용

4) gravitational potential energy(중력 위치에너지)

① 기호 : U, PE

② 위치에너지라는 개념을 도입하게 된 배경

진공 속에서 사과를 10J의 운동에너지로 '연직 상방 운동' 시키면, 운동에너지가 점점 감소하다가, '최고점'에서 0이 된다.

이때 운동에너지는 어디로 사라진 것일까? 흥미로운 사실은 사과가 다시 '자유낙하(free fall)'을 하면 사라졌던 운동에너지가 다시 나타나고, 처음 높이로 되돌아오면 사과의 운동에너지는 10J로 완벽하게 복원된다. 그렇다면, 사과가 운동하면서 어떤 일이 벌어진 것일까?

물리학자들은, 운동에너지가 사라졌다가 다시 생겨나는 현상을 설명하기 위해 다음과 같이 가정하였다. 사과가 운동하는 동안 운동에너지 자체가 손실된 것이 아니라, 우리 눈에 보이지 않는 어떤 잠재된 형태의 에너지로 잠시 변환되었다가, 그 에너지가 다시 운동에너지로 복원되는 것이다. 그리고 이 잠재된 에너지를 potential energy 라고 부르기로 약속하였다. 그런데 이것은 물체가 중력장에서 운동할 때 생기기 때문에, 좀 더 구체적으로는 gravitational potential energy 또는 중력 위치에너지 또는 중력 퍼텐셜 에너지라고 부른다.

③ 중력 위치에너지의 특징

$U \propto h$

중력 위치에너지는 높이에 비례한다.

더 정확하게 말하자면, 지구 중심에서 멀어질수록 값이 커진다. 그래프로 나타내면 다음 두 가지 그래프가 존재한다.

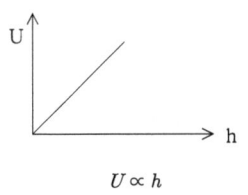
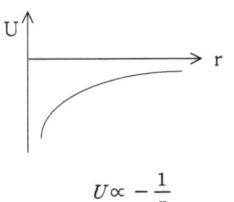

④ 중력 위치에너지 공식

$U = mgh \ [J]$

$U = -\dfrac{GMm}{r} \ [J]$

⑤ 위치에너지와 안정성

위치에너지가 높을수록 불안정하다고 한다.
위치에너지가 낮을수록 안정하다고 한다.

⑥ 지표에서 사과가 땅으로 떨어지는 이유에 대한 설명

a. 뉴턴 : 중력을 받아서
b. 후배 물리학자들 : 에너지가 낮을수록 안정하기 때문에, 사과는 안정해지기 위해 아래로 떨어진다.

사과가 낙하하는 이유를 기초 수준에서는 중력 때문이라고 설명한다. 고급 수준에서는 '위치에너지가 낮을수록 안정'하기 때문이라고 설명한다.

100층 빌딩 옥상 난간에 매달려 있으면 불안정하지만 1층 바닥에 앉아 있으면 안정하듯이, 높은 곳에 있는 사과는 위치에너지가 높아서 불안정하고, 바닥에 있는 사과는 위치에너지가 낮아서 안정하다고 본다. 자연은 안정한 것을 추구하기 때문에, 사과도 위치에너지가 낮은 곳으로 낙하한다고 설명한다. 이런 식으로 낙하운동을 설명하기 위해서 도입한 것이 위치에너지이다.

⑦ 중력의 방향 : 위의 글에서 눈치 챘겠지만, 중력은 고 위치에너지에서 저 위치에너지로 작용한다.

⑧ 기준에 따른 위치에너지 값

기준점에 따라서 양수가 될 수 있고, 음수가 될 수도 있다. 앞의 두 그래프에서 첫 번째 그래프($U \propto h$)에서는 지표가 원점($U=0$)이 되고, 두 번째 그래프($U \propto -\dfrac{1}{r}$)에서는 무한대 위치가 원점($U=0$)이 된다.

그렇다 보니 위치에너지의 절대적인 값 자체는 큰 의미가 없다. 변화량만 실질적으로 의미가 있다.

tip. 물리문제 풀기 전, PE의 기준점 꼭 확인하기!

만약 기준점이 주어지지 않은 경우에는 물체의 상대적인 최저점을 0J로 정해서 문제 품.

⑨ 위치에너지 변화의 경향성

위치에너지 값 자체는 기존에 따라서 달라지지만, 중력 방향으로 갈수록 위치에너지가 감소한다는 경향성은 달라지지 않는다!!

⑩ $U = -\dfrac{GMm}{r}$ 에서 $U = mgh$ 유도해보기

pf.

$U_f = -\dfrac{GMm}{R+h}, \ U_i = -\dfrac{GMm}{R}$ 에서

$\Delta U = \left(-\dfrac{GMm}{R+h}\right) - \left(-\dfrac{GMm}{R}\right) = GMm\left(\dfrac{1}{R} - \dfrac{1}{R+h}\right)$

$= GMm\dfrac{h}{R(R+h)} = GMm\dfrac{h}{R^2\left(1+\dfrac{h}{R}\right)} \approx \dfrac{GMmh}{R^2} = (mg)h$

Part 1. 역학

Quiz 1 다음 그림에서 물체의 위치 에너지 변화량은?

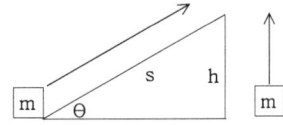

정답 둘 다 mgh

→ 시사점 : 위치 에너지는 경로에 무관하다.

5) mechanical energy(역학적 에너지) : $E_{mec} \equiv K + U$

6) 에너지 개념을 만든 이유

$F = ma$는 뉴턴 2법칙이고, 힘은 방향성을 갖는 물리량이다. 그렇다 보니 뉴턴 2법칙으로 문제를 풀 때는 반드시 힘의 방향이 +x축인지 -x축인지 정확하게 따져서 풀어야 한다.

이런 불편함 때문에 과학자들은 방향이 없는 물리량으로 문제를 풀 수 있는 방법에 대해 고민하기 시작하였다. 그래서 만든 물리량이 에너지이다. 에너지 개념을 이용하면 문제를 풀 때 방향을 따질 필요 없이 그냥 공식만 써서 풀 수 있다.

한편 에너지라고 하는 것은 일을 할 수 있는 원인(?)이기도 하다. 예를 들어 아침에 밥을 든든하게 먹고 회사에 출근하면 하루 종일 지치지 않고 일을 열심히 할 수 있다. 이런 식으로 일을 계산할 때 에너지를 이용한다.

7) 일률(power) : $P \equiv \dfrac{W}{t}$ [J/s] [W] or $P = \dfrac{Fs}{t} = Fv$ (기출)

→ 일의 능률, 일의 빠르기, 일의 처리 속도

① $P_{순간} = \dfrac{dW}{dt}$, $\overline{P} = \dfrac{W_{tot}}{t}$

② $P_{순간} = F_{순간} \cdot v_{순간}$, $\overline{P} = F_{일정} \cdot \overline{v}$

8) 일률이라는 개념을 만든 이유

물리학자들은 효율을 굉장히 중요시한다. 예를 들어 같은 양의 일을 하더라도 24시간 동안 하는 것보다, 1시간 동안 하는 것을 선호한다. 일반적으로 회사의 사장님들도 직원을 뽑을 때, 일의 효율이 높은 직원을 뽑으려고 한다. 이 때 일의 효율, 또는 일의 빠르기를 숫자로 나타낸 것이 일률이다.

이제 물체의 에너지를 증가시키는 일과 감소시키는 일을 구분해보자.

9) 양의 일

$W_{man} = Fs\cos 0 = +Fs > 0$

이를 양의 일이라고 부른다.

일반적으로 (마찰이 없다면) 양의 일을 하면 물체의 속력 또는 운동에너지가 증가한다.

소위 말해서 '양의 일은 물체에게 운동에너지를 공급하는 행위이다.'

10) 음의 일

빗면 아래로 상자가 미끄러지고 있고 그것을 철수가 힘으로 막으려고 하고 있다. 그러나 철수의 힘이 너무 약해서 상자는 계속 아래로 미끄러지고 있는 상황이다.

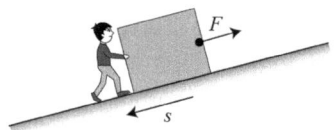

$W_{man} = Fs\cos 180 = -Fs < 0$

이를 음의 일이라고 부른다.

음의 일을 하면 물체의 운동에너지가 감소할 수 있다. 또는 운동에너지가 증가하더라도 덜 증가하게 한다.

소위 말해서 '음의 일은 물체로부터 운동에너지를 빼앗는 행위이다.'

11) 운동마찰력이 한 일

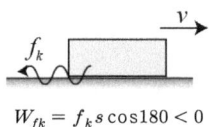

$W_{f_k} = f_k s \cos 180 < 0$

* 출제패턴 : 발생한 열을 구하시오.

→ f_k가 한 일을 계산하면 된다.

Quiz 2 철수가 수레에게 +100J의 일을 하였다. 수레가 이동하는 동안 운동마찰력이 -30J의 일을 하였다. 이를 에너지 관점에서 분석하시오.

정답

1) 수레가 받은 알짜일은 +70J이다. 그만큼 수레의 운동에너지는 증가한다.

2) 철수가 수레에게 100J의 에너지를 공급했는데, 운동마찰력이 30J을 빼앗아갔다. 그래서 수레에게는 70J의 에너지만이 남아 있고, 남아 있는 70J의 에너지가 수레의 운동에너지가 되었다.
이 때 운동마찰력이 빼앗아 간 30J은 열이 되어 외부로 흩어졌다고 한다. 즉 $Q=30J$ 이다.
여기서 열과 운동마찰력이 한 일 사이의 관계는 다음과 같다.
$$Q = -W_{fk} = f_k s$$

12) 물리에서 나오는 열 3종 세트

역학에서 열의 정의 : $Q = f_k s = |W_{fk}|$

회로에서 시간당 열의 정의 : $\frac{Q}{t} = Power = VI = I^2R = \frac{V^2}{R}$

열역학에서 열 : $Q = W + \Delta U$

13) 각도에 따른 일의 부호
① $\theta = 0$: 양의 일
② $0 < \theta < 90°$: 양의 일
③ $\theta = 90°$: 0
④ $90° < \theta < 180°$: 음의 일
⑤ $\theta = 180°$: 음의 일

14) 일이 0인 경우
① $F = 0$: 등속도 운동
② $s = 0$: 벽 밀기
③ $\theta = 90°$: 웨이터가 쟁반에 접시를 올려서 운반, 빗면에서 수직항력이 한 일, 진자에서 장력이 한 일, 원운동의 구심력, 자기장 속에서 입자가 받는 힘

15) 열역학 PV 그래프와 용수철의 Fx 그래프 : 밑면적이 일 또는 에너지이다.
① 힘이 일정할 때

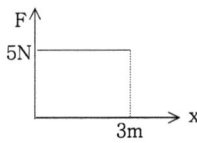

키가 3m인 사과나무에 매달려 있던 질량이 500g인 사과가 낙하했다. 중력이 한 일은? (5N)(3m)cos0=+15J

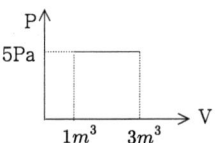

실린더 내부에 있는 이상 기체가 5Pa의 압력을 유지하면서 부피가 $1m^3$ 에서 $3m^3$ 로 증가했다. 이상 기체가 한 일은?
(5Pa)($2m^3$)=+10J

② 힘이 1차 함수 형태로 증가할 때

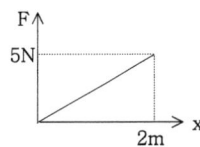

자연의 길이에 있던 용수철을 2m 당겼더니, 탄성력이 5N이 되었다. 탄성력이 한 일은 얼마인가? $\frac{1}{2}(5N)(2m) = +5J$

③ 그 외(적분으로 일을 구해야 하는 경우, 대학물리)

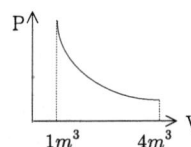

실린더 내부에 있던 n mol의 이상 기체가 등온 팽창하여 부피가 $1m^3$ 에서 $4m^3$ 로 증가하였다. 이상 기체가 한 일은?
$$W = \int PdV = \int \frac{nRT}{V}dV = nRT\ln\frac{V_f}{V_i} = nRT\ln 4$$

16) 보존력(conservative force) : 중력, 전기력, 탄성력
위치에너지를 소유하는 힘들임.
역학적 에너지 보존 법칙이 성립하게 해 주는 힘들임.

17) 비보존력 : 나머지 힘들, 예를 들어 장력, 마찰력, 사람의 힘
일반적으로 비보존력이 개입되는 상황에서는 역학적 에너지 보존법칙이 성립하지 않는다.

18) 보존력과 위치에너지의 방향 관계 : 보존력은 고위치에너지에서 저위치에너지로 작용한다.

3. 보존력과 위치에너지 변화량

1) 보존력의 특징

① typeI. 질량 m 인 사과를 h 만큼 위로 들어올리는 경우

  i) 위치에너지 변화량 : $\Delta U = +mgh$

  ii) 사람이 한 일 : $W_{man} = (mg)(h)\cos 0 = +mgh$

  ∵ 준정적 가정 or 일과 에너지 정리 이용해도 됨

  iii) 중력이 한 일 : $W_g = (mg)(h)\cos 180 = -mgh$

  ∴ $W_{man} = +\Delta U$

  $W_g = -\Delta U$

→ 소결론 : 중력이 한 일은 위치에너지와의 관계가 조금 특이하다.

② typeII. 질량 m 인 사과를 h 만큼 아래로 내리는 경우

  i) 위치에너지 변화량 : $\Delta U = -mgh$

  ii) 사람이 한 일 : $W_{man} = (mg)(h)\cos 180 = -mgh$

  ∵ 준정적 가정 or 일과 에너지 정리 이용해도 됨

  iii) 중력이 한 일 : $W_g = (mg)(h)\cos 0 = +mgh$

  ∴ $W_{man} = +\Delta U$

  $W_g = -\Delta U$

→ 소결론 : 중력이 한 일은 위치에너지와의 관계가 조금 특이하다.

Quiz 1 철수가 장롱 위에 있던 사과 상자를 바닥으로 내린다. 철수가 한 일은 양의 일인가, 음의 일인가?

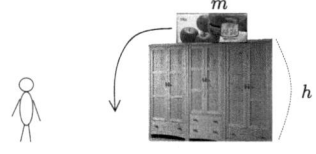

정답 음의 일

2) 보존력의 정의

$W = -\Delta U$ 을 만족하는 힘은 중력, 전기력, 탄성력 등 세 가지가 있다. 이 세 힘은 역학적 에너지를 깨지 않고 보존되게 해 준다. 이 세 힘은 역학적 에너지를 깨지 않고 보존되게 해 준다. 그러므로 이 힘들을 '보존력'이라고 명명하고, $W = -\Delta U$ 을 보존력의 정의로 간주하자.

3) 보존력 그래프의 해석

$W_\text{보} = -\Delta U$

⇒ $F_\text{보} \Delta x = -\Delta U$

⇒ $F_\text{보} = -\dfrac{\Delta U}{\Delta x}$

→ 의미 : U-x 그래프에서 '기울기의 음수'가 보존력이다.

Quiz 2 다음은 목성 표면과 지구 표면에서 위치에 따른 중력 퍼텐셜 에너지를 나타낸 그래프이다. 행성의 표면에서 중력의 크기가 더 큰 행성은?

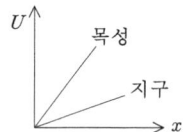

정답 목성

Quiz 3 다음 그래프는 어떤 1차원 세상에서 위치에 따른 퍼텐셜 에너지를 나타낸 것이다. 단 비보존력은 0이다.

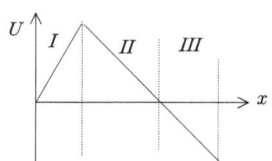

1) 보존력의 크기 순서는?
2) 각 영역에서 보존력의 방향은?

정답 1) I > II = III   2) I 왼쪽, II 오른쪽, III 오른쪽

Quiz 4 힘을 다음의 두 카테고리에 따라 분류해보시오.

by 접촉 $\begin{cases} 접촉력 : \\ 원거리작용력 : \end{cases}$

by 역에보 $\begin{cases} 보존력 : \\ 비보존력 : \end{cases}$

4. 새로운 분석도구 - 종류1 : 일과 운동 에너지 정리

1) 수식 : 어떤 힘이든지 일을 하면 물체의 운동에너지가 변한다. 이를 수식으로 표현하면 다음과 같다.

$$\begin{cases} W_{net} = \Delta KE \\ W_{비} + W_{보} = \Delta KE \end{cases}$$

pf1. 고등 수준 유도(안 시험)

등가속도 공식 3번 $2as = v^2 - v_0^2$

$\Rightarrow as = \frac{1}{2}v^2 - \frac{1}{2}v_0^2$

$\Rightarrow mas = \frac{1}{2}mv^2 - \frac{1}{2}mv_0^2$

$\Rightarrow W_{net} = \frac{1}{2}mv^2 - \frac{1}{2}mv_0^2$

pf2. 대학 수준 유도(안 시험)

운동방정식 $F_{net} = m\frac{dv}{dt} = m\frac{dv}{dx}\frac{dx}{dt} = mv\frac{dv}{dx}$

$\Rightarrow F_{net}dx = mv\,dv$

$\Rightarrow \int F_{net}dx = \int_{v_0}^{v} mv\,dv$

$\Rightarrow W_{net} = \frac{1}{2}mv^2 - \frac{1}{2}mv_0^2$

$\Rightarrow W_{비} + W_{보} = \Delta K$

→ 의미 : 알짜일(비보존력이 한 일+보존력이 한 일)은 물체의 운동에너지를 변화시킨다. 이를 일과 운동에너지 정리라고 한다.

2) 쓰임새 : 물체의 나중 속력을 알고 싶을 때 사용

Quiz 1 철수가 무게가 $20N$이고 정지해 있던 물체를 $60N$의 힘으로 위로 $10m$ 들어 올린다. 물체의 나중 속력이 얼마인지 일과 운동에너지 정리를 이용하여 구하시오.

정답 $400 = \frac{1}{2} \times 2 \times v^2$ 에서 $v = 20m/s$

5. 새로운 분석도구 - 종류2 : 일과 운동에너지 정리 변형 (일과 에너지 정리)

1) 수식 : 철수가 물체를 위로 번쩍 들어올렸다. 일과 운동에너지 정리에 의하면 철수가 일을 했음에도 불구하고 운동에너지 변화가 0이라는 것은 숨어 있는 일이 있다는 것이다. 그것은 바로 중력이 한 일이다.

철수가 물체에게 양의 일을 하면서 에너지를 공급했다면, 중력이 물체에게 음의 일을 하면서 에너지를 갉아먹었다고 볼 수 있다. 이를 수식으로 쓰면 다음과 같다.

$$W_{비} + W_{보} = \Delta KE$$
$$\Rightarrow (+100J) + (-100J) = 0$$

그런데 보존력이 한 일을 계산하는 것이 복잡하기 때문에 잠재된 형태로 에너지가 저장되었다고 하면 편하다. 이를 potential 에너지 또는 위치에너지라고 한다. 다음처럼 쓸 수 있다.

$$W_{비} = \Delta KE + \Delta PE$$
$$\Rightarrow (+100J) = 0 + (+100J)$$

이는 일과 운동에너지 정리의 변형인데, 중력이 일을 하는 상황에 적용하면 편리하다.

pf. 일과 운동 에너지 정리 $W_{비} + W_{보} = \Delta K$
$\Rightarrow W_{비} - \Delta U = \Delta K$
$\Rightarrow W_{비} = \Delta K + \Delta U$

2) 보존력이 한 일과 위치에너지 관계 : $W_{보} = -\Delta U$

3) 쓰임새 : 역학적 에너지 변화량을 알고 싶을 때 사용

Quiz 1 다음 그림은 지표에 있던 물체를 들어올린 후 자유낙하시키는 것을 나타낸 것이다. 물리적으로 분석해보시오.

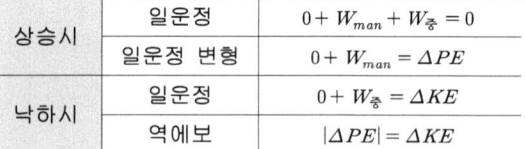

	일운정	$0 + W_{man} + W_{중} = 0$
상승시	일운정 변형	$0 + W_{man} = \Delta PE$
낙하시	일운정	$0 + W_{중} = \Delta KE$
	역에보	$|\Delta PE| = \Delta KE$

Quiz 2 다음 그림은 용수철 총에 총알을 장전한 후 총알이 발사되는 것을 나타낸 것이다. 물리적으로 분석해보시오.

	일운정	$0 + W_{man} + W_{용} = 0$
압축시	일운정 변형	$0 + W_{man} = \Delta PE$
팽창시	일운정	$0 + W_{용} = \Delta KE$
	역에보	$|\Delta PE| = \Delta KE$

Quiz 3 철수가 수레에게 $+30J$의 일을 해주었다. 수레의 운동에너지 변화량은 $\Delta K = +20J$이다. 일과 에너지 정리를 이용하여 수레의 위치에너지 변화량을 계산하시오. 단 마찰은 무시한다.

정답 $+10J$

* 정리

$\begin{cases} \text{일운정} \quad \underbrace{W_{비} + W_{보}}_{W_{net}} = \Delta K \quad : W_{보}, W_{net} \text{언급된 문제 이용} \\ \text{보존력정의} \quad W_{보} = -\Delta U \\ \text{일에정} \quad W_{비} = \underbrace{\Delta K + \Delta U}_{\Delta E_{역}} \quad : W_{비}, E_{역} \text{언급된 문제 이용} \end{cases}$

6. 새로운 분석도구 - 종류3 : 총에너지 보존 법칙

1) 총 에너지 보존법칙이란?
   단순히 에너지의 전환 관계만 따지는 법칙
   주로 마찰에 의한 열손실이 있을 때 쓰임

2) 예 : 운동마찰력이 일을 하는 상황
   일과 에너지 정리 : $\underbrace{W_{비}}_{=\,-|Q|} = \Delta K + \Delta U$

   $\Rightarrow 0 = \Delta K + \Delta U + |Q|$

   이를 총 에너지 보존법칙이라고 부른다.

3) 대표형태 : $\Delta E_{mec} + |Q| = 0$ (역학적 에너지의 변화량과 발생한 열의 합은 0이다.)

   or $K_i + U_i = K_f + U_f + |Q|$

4) 오개념 : $W = \Delta K + \Delta U + f_k s$
   → 좌변이 비보존력이 한 일이므로, 우변에 $f_k s$를 따로 쓰면 안 됨

Quiz 1 수레의 처음 에너지가 $K_i = 0$, $U_i = +100J$이었는데, 나중 에너지가 $K_f = +70J$, $U_f = 0$이 되었다. 어떤 일이 벌어졌는가?

정답 역학적 에너지 30J 손실 또는 열에너지 30J 발생

Quiz 2 초속도가 0인 공이 빗면을 따라 내려온다.

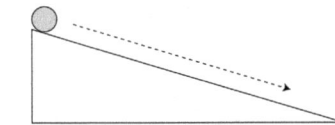

에너지의 변화량이 $\Delta PE = -100J$, $\Delta KE = +80J$이다. 일과 에너지 정리와 총에너지 보존법칙을 각각 이용해서 분석하시오. 단 위치에너지의 기준은 지면이다.

정답

1) 일과 에너지 정리
   $W_{비} = (+80) + (-100) = -20J$
   $\therefore |Q| = 20J$

2) 총에너지 보존법칙
   $0 + 100 = 80 + 0 + |Q|$
   $\therefore |Q| = 20J$

7. 새로운 분석도구 – 종류4 : 역학적 에너지 보존 법칙 (기출)

1) 역학적 에너지 보존법칙이란?
   앞에서 다룬 일과 에너지 정리 $W_{비} = \Delta KE + \Delta PE$ 에서 우변은 역학적 에너지의 변화를 뜻한다. 즉 비보존력이 일을 하면 물체의 역학적 에너지가 변하게 된다.
   반대로 말하면 비보존력이 일을 하지 않는 상황에서는 물체의 역학적 에너지도 변하지 않는다(보존). 이것을 보통 역학적 에너지 보존 법칙이라고 부른다.

2) 쓰임새 : 마찰력이 일을 하지 않을 때, 장력이 일을 하지 않을 때, 사람이 일을 하지 않을 때 등등 오직 보존력만 일을 하는 상황에서 강력한 편리함을 드러낸다.

3) 역학적 에너지 보존 법칙이 성립하는 조건 : 비보존력이 한 일이 0인 경우($W_{비} = 0$)

4) 주요 상황 : 자유낙하, 용수철 압축, 빗면 운동, 원운동, 진자 등

Quiz 1 분필이 자유낙하(free fall)하였다. 중력 위치에너지가 $\Delta U = -30J$만큼 변했다면, 운동에너지는 어떻게 변하는가? 단 모든 마찰은 무시한다.

sol) 30J 증가

Quiz 2 탄성 계수가 k인 용수철을 A만큼 당겼다가 놓았다. A/2를 지날 때 운동 에너지는?

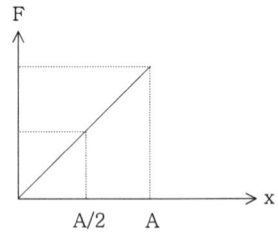

Quiz 3 다음 그림에서 물체가 움직이는 동안 수직항력이 한 일은?

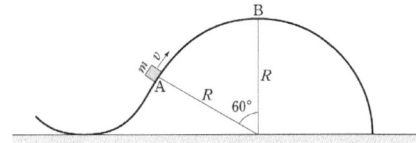

5) 대표 형태 :

변화량 형태	처음, 나중 형태
$\Delta E_{역} = 0$	$E_i = E_f$
$\Delta K + \Delta U = 0$	$K_i + U_i = K_f + U_f$
$\Delta K = -\Delta U$	

① $|\Delta PE| = |\Delta KE|$
  → 의미 : 위치에너지가 감소한 만큼 운동에너지가 증가한다.

② $K_i + U_i = K_f + U_f$
  → 의미 : 처음 운동에너지와 처음 위치에너지의 합은 나중 운동에너지와 나중 위치에너지의 합과 같다.
  or 처음 역학적 에너지와 나중 역학적 에너지가 같다.

Quiz 4 질량이 m인 물체가 경사각이 ϕ이고 길이가 l인 빗면에서 미끄러진다. 중력이 한 일은? 수직항력이 한 일은? 물체의 나중 속력은?

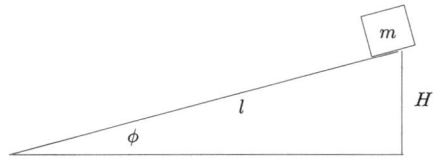

정답 mgH, 0, $v = \sqrt{2gH}$

* 주의
 1) 두 점 중 상대적으로 낮은 점을 위치에너지의 기준으로 삼는다.
 2) 초기 운동에너지가 있는지 확인한다.
 3) 수직항력이 한 일은 0이다.

* 비보존력이라고 부르는 이유
 중력만 작용하면 역에보 성립한다.
 만약 보존력이 아닌 다른 힘이 작용하면 그 힘이 한 일만큼 역학적 에너지가 변한다. 그 힘은 역학적 에너지의 보존을 방해하므로 비보존력이라고 부른다.

Quiz 5 사과를 연직상방시켰을 때 에너지의 변화를 일과 운동에너지 정리, 일과 에너지 정리, 역학적 에너지 보존 법칙을 이용하여 차례대로 설명해보시오.

정답
1) '일과 운동에너지 정리($W_{비} + W_{보} = \Delta K$)' : 사과가 상승할 때 비보존력이 한 일은 없고 중력이 음의 일을 하므로 사과의 운동에너지는 감소한다.
2) '일과 에너지 정리($W_{비} = \Delta K + \Delta U$) : 비보존력이 한 일이 없고 위치에너지가 증가하므로 운동에너지가 감소한다.
3) 역학적 에너지 보존 법칙 : '역학적 에너지 = 운동에너지 + 위치에너지'에서 역학적 에너지가 일정하고, 위치에너지가 증가하므로 운동에너지는 감소한다.

☞ 상황 분석 예제 - 단일사건, 두 물체, 1차원 운동

ex 1 물체 B와 실로 연결된 물체 A가 그림 (가), (나)와 같이 마찰이 있는 동일한 수평면에서 서로 반대 방향으로 운동하다가 정지하였다. (가), (나)에서 A가 P점을 출발한 속력은 v로 같고, P에서부터 정지한 지점까지 이동한 거리는 각각 $3d$, d이다. A, B의 질량은 각각 $4m$, m이다.

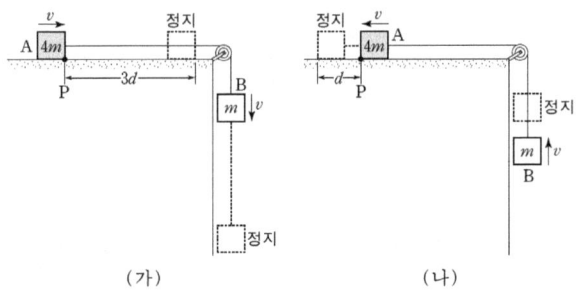

(가)   (나)

A와 수평면 사이의 운동 마찰 계수를 운방등공, 일운정, 일에정, 총에보 등으로 구하시오. (단, 실의 질량, 도르래의 마찰, 공기 저항은 무시한다.)

정답 0.5

<1> 운방+등공

i) (가) : $a = \dfrac{mg - \mu(4mg)}{5m} = \dfrac{1-4\mu}{5}g$ 이므로 등공3번은

$$2 \times \dfrac{1-4\mu}{5}g \times 3d = 0 - v^2$$

ii) (나) : $a = \dfrac{-mg - \mu(4mg)}{5m} = \dfrac{-1-4\mu}{5}g$ 이므로 등공3번은

$$2 \times \dfrac{-1-4\mu}{5}g \times d = 0 - v^2$$

iii) 두 식을 연립하면 $\mu = 0.5$

<2> 일과 운동에너지 정리($W_{비} + W_{보} = \Delta K$) 이용

i) (가) : $\mu(4mg)(3d)\cos 180 + mg(3d)\cos 0 = \left[0 - \dfrac{1}{2}(4m+m)v^2\right]$

ii) (나) : $\mu(4mg)(d)\cos 180 + mg(d)\cos 180 = \left[0 - \dfrac{1}{2}(4m+m)v^2\right]$

iii) 두 식을 연립하면 $\mu = 0.5$

<3> 일과 에너지 정리($W_{비} = \Delta K + \Delta U$) 이용

i) (가) : $\mu(4mg)(3d)\cos 180 = \left[0 - \dfrac{1}{2}(4m+m)v^2\right] + (-mg)(3d)$

ii) (나) : $\mu(4mg)(d)\cos 180 = \left[0 - \dfrac{1}{2}(4m+m)v^2\right] + (+mg)(d)$

iii) 두 식을 더한 후 정리하면 $\mu = 0.5$

<4> 총 에너지 보존 법칙 : 모든 에너지의 변화량의 합은 0이다. or 감소한 에너지만큼 열이 발생한다.

i) (가) : $\underbrace{\dfrac{1}{2}(4m+m)v^2 + mg(3d)}_{\text{감소한 에너지}} = \underbrace{\mu(4mg)(3d)}_{\text{발생한 열}}$

ii) (나) : $\underbrace{\dfrac{1}{2}(4m+m)v^2}_{\text{감소한 에너지}} = \underbrace{\mu(4mg)(d)}_{\text{발생한 열}} + \underbrace{mgd}_{\text{증가한 에너지}}$

iii) 두 식을 연립하면 $\mu = 0.5$

단 물리에서 마찰에 의한 열은 다음과 같이 정량적으로 규정한다.
열 $= f_k \times s$

tip. 세운 두 식을 연립하는 방법
문제에서 제시되지 않은 물리량을 제거하는 쪽으로 연립

Part 1. 역학

☞ 상황 분석 예제 - 한 물체, 1차원 운동

ex 2 그림 (가)는 전동기가 수평면에 정지해 있던 물체를 연직 방향으로 끌어올리는 모습을 나타낸 것이다. 그림 (나)는 (가)의 물체의 속력을 시간에 따라 나타낸 것이다. 전동기가 0초부터 5초까지 한 일과 5초부터 8초까지 한 일은 같다.

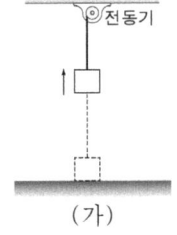 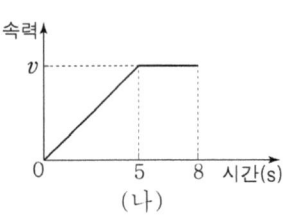

(가)　　　　　　　　(나)

(나)에서 속력 v 는? (단, 중력 가속도는 $10m/s^2$ 이고, 모든 마찰과 공기 저항, 줄의 질량은 무시한다.)

① $5m/s$　　② $6m/s$　　③ $8m/s$
④ $10m/s$　　⑤ $12m/s$

정답 ④ $10m/s$

일과 에너지 정리를 이용한다.

i) 첫 번째 구간 : $W_{비} = \frac{1}{2}m(v^2 - 0^2) + m \times 10 \times \frac{5v}{2}$ … ①

ii) 두 번째 구간 : $W_{비} = 0 + m \times 10 \times 3v$ … ②

iii) ①=② : $\frac{1}{2}mv^2 + 25mv = 30mv \Rightarrow v = 10m/s$

☞ 상황 분석 예제 - 두 물체, 2차원 운동

ex 3 그림은 물체 A가 물체 B와 실로 연결된 채 경사면을 따라 등가속도 운동을 하는 모습을 나타낸 것이다. A, B의 질량은 각각 $3m$, $2m$이고, A가 P점에서 Q점까지 운동했을 때 B의 퍼텐셜 에너지 감소량은 B의 운동 에너지 증가량의 10배이다.

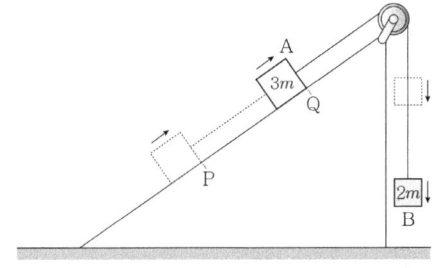

A의 가속도의 크기는? (단, 중력 가속도는 g이다.)

① $\frac{1}{10}g$　　② $\frac{1}{5}g$　　③ $\frac{2}{5}g$
④ $\frac{1}{2}g$　　⑤ $\frac{3}{5}g$

정답 ① $\frac{1}{10}g$

hint. 에너지 문제에서 가속도를 구하려면 등공 3번 형태를 얻어야 한다.

i) B의 운동에너지 변화량 : $\frac{1}{2}(2m)v^2 = E$ … ①

ii) B의 위치에너지 변화량 : $(2m)gh = 10E$ … ②

iii) ①÷② : $\frac{v^2}{2gh} = \frac{1}{10} \Rightarrow v^2 = 2(\frac{g}{10})h$

→ 이를 등공 3번 $v^2 = 2as$ 과 비교하면 $a = \frac{g}{10}$ 임을 알 수 있다.

참고로 이런 문제는 표짜서, A, B의 에너지를 다음처럼 분석하는 것이 일반적인 풀이이다.

	ΔK	ΔU	ΔE
A	$+\frac{3}{2}E$	$+\frac{15}{2}E$	$+9E$
B	$+E$	$-10E$	$-9E$
計	$+\frac{5}{2}E$	$-\frac{5}{2}E$	0

Q&A

질문 일에정과 일운정 차이를 잘 모르겠습니다.
사과를 오른쪽 위로 들어올리면 운동에너지와 위치에너지 둘 다 증가하는거 아닌가요?
알짜힘 * 이동거리 = 알짜일 = 운동에너지의 변화인데
오른쪽 위로 물체를 이동시키면
아래로 중력을 상쇄하고 오른쪽 위로의 알짜힘 * 이동거리 = 운동에너지의 변화 + 위치에너지의 변화 아닌가요?

답변 안녕하세요^^

1. 철수가 50N의 힘으로 무게가 30N인 사과를 8m 들어올리는 경우라면,

   일과 에너지 정리 : $50N \cdot 8m = \frac{1}{2} \cdot 3kg \cdot v^2 + 3kg \cdot 10m/s^2 \cdot 8m$

   일과 운동에너지 정리 : $50N \cdot 8m + (-30N \cdot 8m) = \frac{1}{2} \cdot 3kg \cdot v^2$

   이렇게 쓸 수 있습니다.
   그리고 중력이 한 일 자체가 위치에너지 변화량의 크기가 같고 부호만 반대($W_{중} = -\Delta U$)입니다.
   그래서 일과 운동에너지 정리를 적용할 때는 좌변에 중력이 한 일을 적되, 우변에 위치에너지를 적으면 절대 안 됩니다. 같은 개념을 두 번 적는 것이 되거든요.

2. 한편 마찰이 없고 경사각이 30도이며 길이가 16m인 빗면을 따라서 무게가 30N인 사과를 25N의 힘으로 밀어올린다고 한다면,

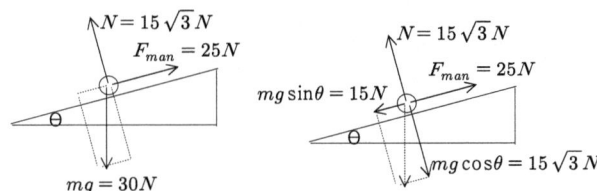

   일과 에너지 정리 : $25N \cdot 16m = \frac{1}{2} \cdot 3kg \cdot v^2 + 3kg \cdot 10m/s^2 \cdot 8m$

   일과 에너지 정리 : $25N \cdot 16m + (-30N \cdot 8m) = \frac{1}{2} \cdot 3kg \cdot v^2$ ⋯ ①

   or $25N \cdot 16m + (-30N\sin30° \cdot 16m) = \frac{1}{2} \cdot 3kg \cdot v^2$ ⋯ ②

①식에서는 수직항력이 한 일을 0으로 날려버렸고, 대신 중력이 한 일을 높이(8m)를 고려하여 계산하였습니다.
②식에서는 N과 mg cos30 이 서로 상쇄되기 때문에 mg sin30 이 음의 일을 한 것을 고려하였습니다.

질문에서 '중력을 상쇄하고 빗면 윗방향으로의 알짜힘'에 의해 '운동에너지 변화와 위치에너지 변화'가 생긴다고 하셨는데, 자유물체도를 그려보지 않고 머리로 상상하면 올바른 분석이 안돼요. 다음부터는 역학문제 풀 때 꼭 자유물체도를 그려서 생각해보세요.

질문한 학생이 말한 '중력을 상쇄하고'라는 표현이 나온 이유는 ②식을 혼동해서 나온 말인 것 같아요. 중력의 수직성분이 수직항력과 상쇄되고, 중력의 수평성분은 살아남게 됩니다. 그래서 알짜힘은 철수의 힘 혼자만 있는 것이 아니라, $F_{net} = F_{man} - mg\sin30° = 25 - 15 = 10N$ 이라고 해야지 옳습니다.
그리고 위에도 썼지만, '알짜힘'에 대해서 고려하고 싶으면 무조건 운동에너지의 변화만 따져야 합니다. 그 속에 중력이 한 일이 들어가는데, 이게 사실상 위치에너지 개념을 대체하기 때문에, 우변에 위치에너지의 변화를 추가하시면 안 됩니다.

8. 일과 에너지 대표 유형 4가지

1) case1. 보존력만 작용하는 경우(역학적 에너지 이용 가능)
   - 상황분석

ex 1 낭떠러지에 질량이 각각 2kg, 3kg인 두 물체 A, B가 놓여 있다. (단 모든 마찰과 공기저항, 실의 질량은 무시한다.)

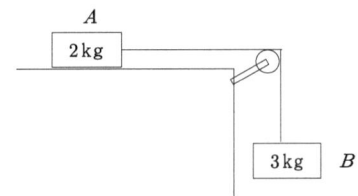

1) 초속도가 0이라면 2초 후 A의 속력과 이동거리는?
① 운동방정식+등가속도공식을 이용하시오.
② 일과 운동에너지 정리를 이용하시오.
③ 일과 에너지 정리를 이용하시오.
④ 총에너지 보존법칙을 이용하시오.
⑤ 역학적 에너지 보존법칙을 이용하시오.

2) 초속도가 0이라면 12m 이동하는데 걸린 시간은?
① 운동방정식+등가속도공식을 이용하시오.
② 일과 운동에너지 정리를 이용하시오.
③ 일과 에너지 정리를 이용하시오.
④ 총에너지 보존법칙을 이용하시오.
⑤ 역학적 에너지 보존법칙을 이용하시오.

3) 초속도가 0이라면 12m 이동 후 A의 속력은?
① 운동방정식+등가속도공식을 이용하시오.

② 일과 운동에너지 정리를 이용하시오.

③ 일과 에너지 정리를 이용하시오.

④ 총에너지 보존법칙을 이용하시오.

⑤ 역학적 에너지 보존법칙을 이용하시오.(추천)

정답 1) 12m/s, 12m   2) 2s   3) 12m/s

1)
① $a = \frac{30}{5} = 6m/s^2$ 이므로 등공1번에서 $v = 6 \times 2 = 12m/s$이며 등공2번에서 $s = \frac{1}{2} \times 6 \times 2^2 = 12m$이다.
②③④⑤ 시간이 제시된 경우는 불가능

2)
① $a = \frac{30}{5} = 6m/s^2$이므로 등공2번 $s = \frac{1}{2}at^2$에서
$t = \sqrt{\frac{2s}{a}} = \sqrt{\frac{2 \times 12}{6}} = 2s$이다.
②③④⑤ 시간이 제시된 경우는 불가능

3)
① $a = \frac{30}{5} = 6m/s^2$이므로 등공3번 $2as = v^2 - v_0^2$에서
$v = \sqrt{2as} = \sqrt{2 \times 6 \times 12} = 12m/s$
② $W_{비} + W_{보} = \Delta KE$에서 $30 \times 12 = \frac{1}{2}(5)v^2$이므로 $v = 12m/s$
③ $W_{비} = \Delta KE + \Delta PE$에서 $0 = \frac{1}{2}(5)v^2 - 3 \times 10 \times 12$이므로 $v = 12m/s$
④ $0 = \Delta KE + \Delta PE + Q$에서 $0 = \frac{1}{2}(5)v^2 - 3 \times 10 \times 12$이므로 $v = 12m/s$
⑤ $0 = \Delta KE + \Delta PE$에서 $0 = \frac{1}{2}(5)v^2 - 3 \times 10 \times 12$이므로 $v = 12m/s$

2) caseII. 보존력만 작용하는 경우(역학적 에너지 이용 가능)
   - U-x 그래프 해석

ex 2 다음 U-x 그래프에 대한 질문에 답하시오.

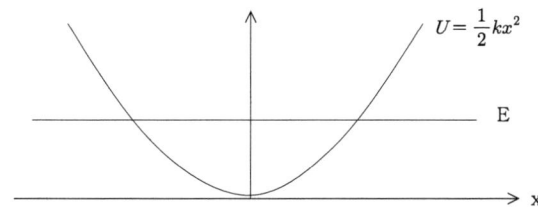

1) 회귀점은 어디인가?

2) 허락된 영역과 금지된 영역은 어디인가?

3) 각 지점에 위치에너지와 운동에너지를 화살표로 표시하시오.

4) 입자의 운동을 개략적으로 서술하시오.

정답 1) 교점 2) 교점과 교점 사이 & 운동에너지가 음수인 영역
3) 역학적 에너지와 위치 에너지 사이 4) 단진동

Quiz 1 세 입자 A, B, C가 퍼텐셜에너지가 다음과 같은 1차원 공간에 존재한다.

1) A라는 입자가 처음에 x_A에 있었다. 이 입자의 운동은 어떻게 되는가?

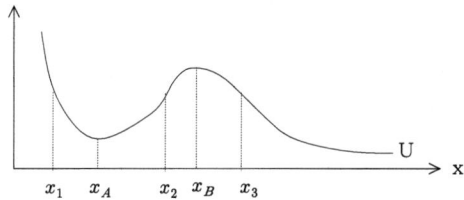

2) B라는 입자가 처음에 x_B에 있었다. 이 입자의 운동은 어떻게 되는가?

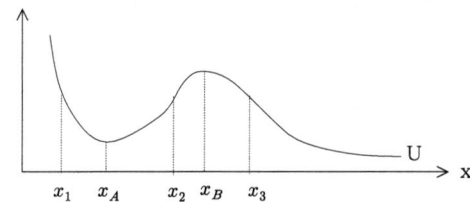

3) C라는 입자의 총에너지가 E_C였다. C 입자에게 허락된 영역과 금지된 영역은 어디이고, 운동이 어떻게 되는지 서술하시오.

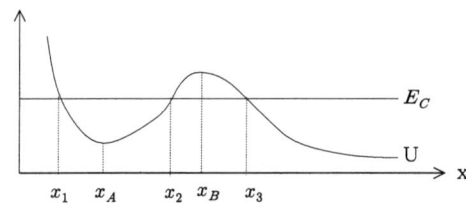

정답 1) 정지 2) 정지 3) $x_1 < x < x_2$에서 진동하거나 $x > x_3$에서 발산

Part 1. 역학

3) caseIII. 비보존력이 작용하는 상황(역학적 에너지 이용 불가능)
   - 상황분석

ex 3 마찰력이 작용하는 경우

낭떠러지에 질량이 각각 2kg, 3kg인 두 물체 A, B가 놓여 있다. A와 지면 사이의 운동마찰계수는 $\mu_k = 0.5$이다. (단 공기저항, 실의 질량은 무시한다.)

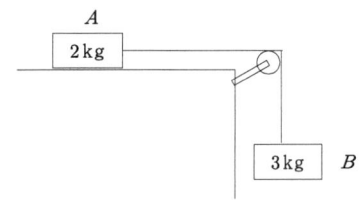

1) 초속도가 0이라면 2초 후 A의 속력과 이동거리는?
① 운동방정식+등가속도공식을 이용하시오.
② 일과 운동에너지 정리를 이용하시오.
③ 일과 에너지 정리를 이용하시오.
④ 총에너지 보존법칙을 이용하시오.
⑤ 역학적 에너지 보존법칙을 이용하시오.

2) 초속도가 0이라면 8m 이동하는데 걸린 시간은?
① 운동방정식+등가속도공식을 이용하시오.
② 일과 운동에너지 정리를 이용하시오.
③ 일과 에너지 정리를 이용하시오.
④ 총에너지 보존법칙을 이용하시오.
⑤ 역학적 에너지 보존법칙을 이용하시오.

3) 초속도가 0이라면 8m 이동 후 A의 속력은?
① 운동방정식+등가속도공식을 이용하시오.

② 일과 운동에너지 정리를 이용하시오.

③ 일과 에너지 정리를 이용하시오.

④ <u>총에너지 보존법칙을 이용하시오.(추천)</u>

⑤ 역학적 에너지 보존법칙을 이용하시오.

정답 1) 8m/s, 8m   2) 2s   3) 8m/s

1) ① $a = \frac{30 - 0.5 \times 20}{5} = 4m/s^2$이므로 등공1번에서 $v = 4 \times 2 = 8m/s$이며 등공2번에서 $s = \frac{1}{2} \times 4 \times 2^2 = 8m$이다.
②③④ 시간이 제시된 경우는 불가능
⑤ 비보존력이 일을 하는 상황이라서 아예 성립하지 않음

2) ① $a = \frac{30 - 0.5 \times 20}{5} = 4m/s^2$이므로 등공2번 $s = \frac{1}{2}at^2$에서 $t = \sqrt{\frac{2s}{a}} = \sqrt{\frac{2 \times 8}{4}} = 2s$이다.
②③④ 시간이 제시된 경우는 불가능
⑤ 비보존력이 일을 하는 상황이라서 아예 성립하지 않음

3) ① $a = \frac{30 - 0.5 \times 20}{5} = 4m/s^2$이므로 등공3번 $2as = v^2 - v_0^2$에서 $v = \sqrt{2as} = \sqrt{2 \times 4 \times 8} = 8m/s$

② $W_{비} + W_{보} = \Delta KE$에서 $-(0.5 \times 20) \times 8 + 30 \times 8 = \frac{1}{2}(5)v^2$이므로 $v = 8m/s$

③ $W_{비} = \Delta KE + \Delta PE$에서 $-(0.5 \times 20) \times 8 = \frac{1}{2}(5)v^2 - 30 \times 8$이므로 $v = 8m/s$

④ $0 = \Delta KE + \Delta PE + Q$에서 $0 = \frac{1}{2}(5)v^2 - 30 \times 8 + (0.5 \times 20) \times 8$이므로 $v = 8m/s$

⑤ 비보존력이 일을 하는 상황이라서 아예 성립하지 않음

ex 4 사람힘이 작용하는 경우

낭떠러지에 질량이 각각 2kg, 3kg인 두 물체 A, B가 놓여 있고, 사람이 50N의 일정한 힘으로 A를 당기고 있다. (단 모든 마찰과 공기저항, 실의 질량은 무시한다.)

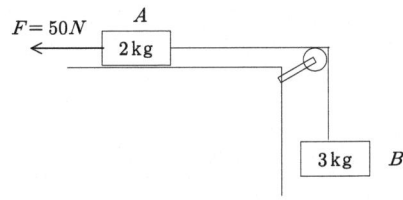

1) 초속도가 0이라면 2초 후 A의 속력과 이동거리는?
① 운동방정식+등가속도공식을 이용하시오.
② 일과 운동에너지 정리를 이용하시오.
③ 일과 에너지 정리를 이용하시오.
④ 총에너지 보존법칙을 이용하시오.
⑤ 역학적 에너지 보존법칙을 이용하시오.

2) 초속도가 0이라면 8m 이동하는데 걸린 시간은?
① 운동방정식+등가속도공식을 이용하시오.
② 일과 운동에너지 정리를 이용하시오.
③ 일과 에너지 정리를 이용하시오.
④ 총에너지 보존법칙을 이용하시오.
⑤ 역학적 에너지 보존법칙을 이용하시오.

3) 초속도가 0이라면 8m 이동 후 A의 속력은?
① 운동방정식+등가속도공식을 이용하시오.(추천)

② 일과 운동에너지 정리를 이용하시오.

③ 일과 에너지 정리를 이용하시오.

④ 총에너지 보존법칙을 이용하시오.

⑤ 역학적 에너지 보존법칙을 이용하시오.

정답 1) 8m/s, 8m 2) 2s 3) 8m/s

1)
① $a = \dfrac{50-30}{5} = 4m/s^2$ 이므로 등공1번에서 $v = 4 \times 2 = 8m/s$ 이며 등공2번에서 $s = \dfrac{1}{2} \times 4 \times 2^2 = 8m$ 이다.

②③ 시간이 제시된 경우는 불가능

④ 사람이 한 일에 해당하는 에너지는 생체 에너지이므로 물리적으로 총에너지 보존법칙을 적용할 수 없다.

⑤ 비보존력이 일을 하는 상황이라서 아예 성립하지 않음

2)
① $a = \dfrac{50-30}{5} = 4m/s^2$ 이므로 등공2번 $s = \dfrac{1}{2}at^2$ 에서
$t = \sqrt{\dfrac{2s}{a}} = \sqrt{\dfrac{2 \times 8}{4}} = 2s$ 이다.

②③ 시간이 제시된 경우는 불가능

④ 사람이 한 일에 해당하는 에너지는 생체 에너지이므로 물리적으로 총에너지 보존법칙을 적용할 수 없다.

⑤ 비보존력이 일을 하는 상황이라서 아예 성립하지 않음

3)
① $a = \dfrac{50-30}{5} = 4m/s^2$ 이므로 등공3번 $2as = v^2 - v_0^2$ 에서
$v = \sqrt{2as} = \sqrt{2 \times 4 \times 8} = 8m/s$

② $W_{비} + W_{보} = \Delta KE$ 에서 $50 \times 8 - 30 \times 8 = \dfrac{1}{2}(5)v^2$ 이므로 $v = 8m/s$

③ $W_{비} = \Delta KE + \Delta PE$ 에서 $50 \times 8 = \dfrac{1}{2}(5)v^2 + 30 \times 8$ 이므로 $v = 8m/s$

④ 사람이 한 일에 해당하는 에너지는 생체 에너지이므로 물리적으로 총에너지 보존법칙을 적용할 수 없다.

⑤ 비보존력이 일을 하는 상황이라서 아예 성립하지 않음

Part 1. 역학

4) caseIV. 비보존력이 작용하는 상황(역학적 에너지 이용 불가능)
 - F-x 그래프 해석

ex 5 그림 (가)는 B와 실로 연결되어 수평면에 정지해 있던 A를 전동기가 수평 방향으로 힘 F로 당기고 있는 것을 나타낸 것이다. 그림 (나)는 A가 4m 이동하는 동안 F의 크기를 A의 위치 x에 따라 나타낸 것이다. A, B의 질량은 각각 3kg, 2kg이다.

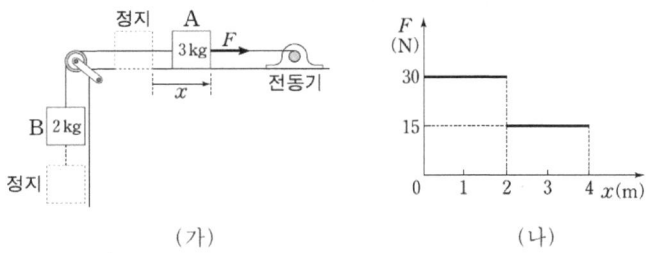

(가)   (나)

이에 대한 설명으로 옳은 것만을 <보기>에서 있는 대로 고른 것은? (단, 중력 가속도는 $10m/s^2$이고, 모든 마찰과 공기 저항, 실의 질량은 무시한다.)

<보 기>
ㄱ. $x=3m$일 때, 실이 B를 당기는 힘의 크기는 $18N$이다.
ㄴ. F가 한 일은 B의 역학적 에너지 증가량과 같다.
ㄷ. A의 최대 속력은 $2m/s$이다.

① ㄱ   ② ㄴ   ③ ㄷ
④ ㄱ, ㄷ   ⑤ ㄴ, ㄷ

정답 ① ㄱ

ㄱ. 계의 가속도가 $a = \dfrac{15-20}{5} = -1m/s^2$이므로 B에 대해 운동 방정식을 세우면 $T - 20 = 2 \times (-1)$에서 $T = 18N$
ㄴ. F가 한 일은 A, B의 역학적 에너지 증가량과 같다.
ㄷ. 일과 에너지 정리를 적용하면 $60 + 30 = 80 + \dfrac{1}{2} \times 5 \times v^2$에서 $v = 2m/s$

Q&A

질문 중력이 사과의 에너지를 보존시켜줬다고 하셨는데.. 중력이 사과에게 음의 일을 해 에너지를 빼앗았다고 하셨습니다. 그러면 사과의 에너지는 중력한테 빼앗겼으니 보존시켜준 건 아니지 않나요? 그 시점에서요. 나중에야 다시 돌려주지만 그 시각에서의 사과는 실제로 운동에너지가 줄어들었으니 중딩버전으로 생각하면 사라진 에너지는 위치에너지로 바뀐 거라고 생각할 수 있지만 대딩 버전에서는 왜 이걸 보존해줬다고 말하는지 모르겠습니다.

답변 중고등 버전으로 말씀드리면 '역학적 에너지 = 운동에너지 + 위치에너지'이므로 중력이 위로 던져진 사과의 운동에너지를 위치에너지로 전환시켜줬기 때문에, 역학적 에너지는 보존되었다고 말합니다.
대학교 버전으로 말씀드리면 '일과 에너지 정리($W_{비} = \Delta K + \Delta U$)에 의해 중력 같은 보존력들은 일을 하지 않는다고 봅니다.
좀 더 높은 수준으로 말씀드리면 '일과 운동에너지 정리($W_{비} + W_{보} = \Delta K$)'에 의해 사과가 상승할 때 중력이 사과의 운동에너지를 빼앗은 후(음의 일), 사과가 낙하할 때 중력이 사과에게 운동에너지를 제공하기 때문에 (양의 일), 결국 원래 위치로 되돌아온 사과는 에너지는 잃지 않은 게 됩니다.

Q&A

질문 일은 어째서 에너지인지 잘 모르겠습니다.. 사실 일은 힘 곱하기 간 거리이고 에너지는 말 그대로 에너지일텐데 왜 둘이 같은 거죠?

답변 일을 해주면 물체의 에너지가 증가합니다.
그러므로 일과 에너지를 등가로 봅니다.
그러나, 엄밀히 말해 일 = 에너지, 는 아닙니다.
일은 일이고, 에너지는 에너지죠.
다만 위에서 말씀드린 것처럼, 물체에게 일을 해 주면, 물체의 에너지는 증가한다, 라는 표현이 더 정확합니다^^

Q&A

질문 마찰력이 한 일은 열에너지로 사라진다고 하셨는데요, 열에너지=w비 가 아니라 왜 -|Q|=W 이죠?

답변 마찰력이 한 일 자체가 음수잖아요?
그래서 W마 = -Q 라고 말씀 드리는거에요.
그리고 물체 입장에서는 에너지가 빠져 나간 것이라서, 열역학에서는 Q 자체가 음수의 의미를 지닌다고도 봅니다. 그래서 절대값을 취해서 W마 = -|Q| 라고 써 드리는거에요^^

* 추론형 문제 엿보기

1. h 높이에서 운동을 시작한 물체가 마찰면을 지나 정지하였다. 마찰면에서 운동마찰계수는 얼마인가?

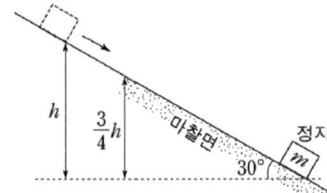

정답

총에너지 보존법칙을 이용하자. 즉 위치에너지가 열에너지로 손실되었음을 이용하자.

$$mgh = (\mu mg \cos 30) \times \frac{\frac{3}{4}h}{\sin 30}$$

$$\therefore \mu = \frac{4}{3\sqrt{3}}$$

2. 물체와 수평면 사이의 운동 마찰 계수는 $\frac{1}{4}$이다. 물체가 진동하다가 처음으로 멈추는 위치는?

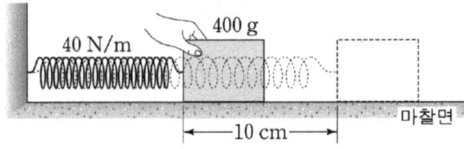

정답 자연의 길이 오른쪽 5cm

처음으로 멈추는 지점을 자연의 길이에서 오른쪽으로 x만큼 떨어진 곳이라고 가정하자.

최초탄성퍼텐셜에너지 = 나중탄성퍼텐셜에너지 + 열
$\underbrace{}_{\frac{1}{2}kA^2}$ $\underbrace{}_{\frac{1}{2}kx^2}$ $\underbrace{}_{f_k s}$

$\frac{1}{2} \times 40 \times 0.1^2 = \frac{1}{2} \times 40 \times x^2 + (\frac{1}{4} \times 0.4 \times 10) \times (0.1 + x)$

$\Rightarrow 20x^2 + x - 0.1 = 0$

$\Rightarrow 200x^2 + 10x - 1 = 0$

$\Rightarrow (20x - 1)(10x + 1) = 0$

$\Rightarrow x = +\frac{1}{20}, -\frac{1}{10}$

$\Rightarrow x = -\frac{1}{10}$ 은 처음 위치를 의미한다. 그러므로 $x = \frac{1}{20}$ 이 처음 멈추는 지점이다.

Part 1. 역학

§ 6. 충격량 운동량 정리

1. 새로운 물리량의 필요성
: 수레를 밀 때 같은 힘을 가하더라도 1s 밀었는지 혹은, 2s 밀었는지에 따라 수레의 나중 속력이 달라진다. 이는 수레의 나중 속력을 결정짓는 것은 힘뿐 아니라 시간도 됨을 의미한다. 그러므로 힘과 시간을 동시에 고려한 충격량이라는 물리량을 도입하자. 이와 동시에 '물체에게 충격량을 가하면 운동량이 변한다.'고 말하자.

2. 새로운 물리량
1) 운동량(momentum) : $\vec{p} \equiv m\vec{v}$ $[kg \cdot m/s]$

   단 $KE = \frac{1}{2}mv^2 = \frac{m^2v^2}{2m} = \frac{p^2}{2m}$

2) 충격량(impulse) : $\vec{I} \equiv \vec{F}\Delta t$ $[Ns]$

   단, 여기서 F를 충격력, Δt를 충돌 시간이라고 부른다.
   → 의미 : F-t 그래프의 밑면적이 충격량이다.

3) 평균 충격력 : $\bar{F} = \frac{\text{충격량}}{\text{총시간}}$

   → 기체분자 운동론에서 쓰임

4) F-t 그래프
① 외력이 일정할 때

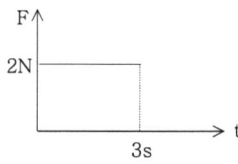

② 외력이 일정하지 않을 때

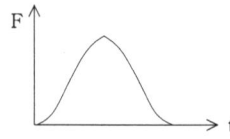

Quiz 1 다음 그래프 (가)는 침대와 바닥에 공을 떨어뜨릴 때, 힘-시간 그래프를 나타낸 것이다. 어느 경우가 각각 침대와 바닥에 해당하는가? 그리고 A의 최대 외력은 8N이고, B의 최대 외력은 4N이다. 달걀이 버틸 수 있는 최대 외력이 5N이라면, 달걀을 떨어뜨릴 때 안 깨지는 경우는? 그래프 (나)에 대해서도 답을 해 보시오.

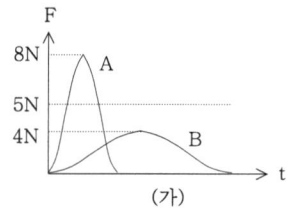
(가)

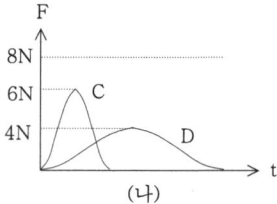
(나)

5) 충격량이라는 물리량을 만든 이유

물리적으로 물체의 속력은 '가한 힘'과 '민 거리'에 비례한다. 이를 나타내기 위해서 만든 물리량이 일 $W = Fs$ 이다. 그런데 물체의 속력은 '가한 힘'과 '민 시간'에도 비례한다. 이를 나타내기 위해서 만든 물리량이 충격량 $I = Ft$ 이다.

충격량을 도입하면 시간에 대한 분석이 가능하다는 장점이 있다.

* momentum의 유래

뉴턴의 프린키피아 책에 의하면 pimentum으로 소개되어 있다고 한다. 이것은 pimento에서 따온 말이다. 포르투칼어로 체리페퍼, 즉 피망에서 따온 말이다. 칵테일을 마시던 뉴턴은 외부에서 힘을 가하지 않는 한, 올리브 속 피망은 계속 내부에 머무르려는 성질이 있음을 깨닫고, 운동관성을 나타내는 운동량의 이름을 pimentum으로 지었다고 한다. 물론 뉴턴이 직접 밝힌 얘기는 아니고, 후대 연구자들이 추측하는 말이다.

3. 고립계에서 충돌
→ 두 공의 충돌, 혹은 두 공의 분열처럼 외부 충격량이 작용하지 않는 상황

1) 새로운 분석도구 I : 충격량 운동량 정리 $\vec{I} = \Delta \vec{p}$
→ 쓰임새 : 어떤 시간 동안 알짜힘을 받은 물체의 나중 속도를 구할 때 이용

pf. (안 시험)
운동방정식 $F = ma = m\frac{\Delta v}{\Delta t}$ 에서 $F\Delta t = m\Delta v$ 라고 쓸 수 있다.
→ 시사점 : 충격량 운동량 관계는 하늘에서 툭, 하고 떨어진 공식이 아니라 운동방정식의 시간에 대한 표현일 뿐이다.

2) 새로운 분석도구 II : 계의 운동량 보존 법칙 $0 = \Delta \vec{p}$
→ 쓰임새 : 두 공이 충돌한 후, 속도를 구할 때 이용

pf1. 개별 입자별 분석

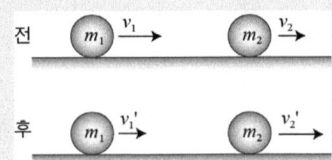

1번 공의 충격량 운동량 관계 : $-Ft = m_1[(+v_1') - (+v_1)]$
2번 공의 충격량 운동량 관계 : $+Ft = m_2[(+v_2') - (+v_2)]$
두 식을 더하면 $m_1v_1' - m_1v_1 + m_2v_2' - m_2v_2 = 0$ 이므로
$m_1v_1 + m_2v_2 = m_1v_1' + m_2v_2'$ 이 된다.

→ 특징 : 개별 공의 운동량은, 서로 힘을 주고 받기 때문에 충돌 전후에 변한다.
그러나 개별 공의 운동량 변화량들의 총합은 0이다. 그러므로 계의 총 운동량은 불변이다.

pf2. 계 전체 입장에서 분석(안 시험)

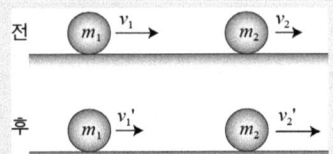

계 전체에 대한 충격량 운동량 관계 $\vec{I}_{외부} = \Delta \vec{p}_{계}$ 에서
외부 충격량이 0이므로 $0 = \Delta \vec{p}_{계}$ 이다.
즉 $\vec{p}_{계,i} = \vec{p}_{계,f}$ 이다.
또는 $m_1v_1 + m_2v_2 = m_1v_1' + m_2v_2'$ 이 된다.

3) 고립계에서 충돌의 종류 by 탄성 정도
① 탄성충돌 : 탱탱 잘 튕기는 충돌
  e.g. 탱탱볼
  → 에너지의 손실이 없는 가상의 충돌

② 비탄성충돌 : 푸루루~ 튕기는 충돌
  e.g. 바람빠진 공
  → 에너지의 손실이 있는 대부분의 충돌

③ 완전비탄성충돌 : 철퍼덕~ 안 튕기는 충돌
  e.g. 벽에 던진 찰흙
  → 충돌 후 속력이 동일 혹은 붙어버림, 에너지의 손실이 가장 큼

4) 고립계에서 충돌의 종류 by 궤적
① 1차원 충돌(탄, 비, 완) :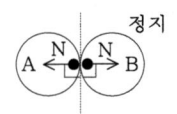

② 2차원 충돌(탄, 비, 완) :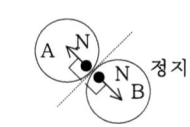

* 2000년 된 오개념 : 운동하는 물체는 운동하는 방향으로 힘을 받았다. or 힘을 가한 방향으로 운동한다.
  → 반론1 : 등속운동의 원인은 관성이다.
    반론2 : $\vec{v} \perp \vec{F}$ 이면 사선으로 운동한다.

Quiz 1 질량이 m 인 공 A가 v 의 속력으로 움직이다가, 질량이 같고 정지해 있던 공 B와 정면으로 탄성 충돌한다. 충돌 후 두 공의 속력은 각각 얼마인가?

정답 $0, v$
i) 계의 운보 : $mv + 0 = mv_1 + mv_2$
ii) 계의 에보 : $\frac{1}{2}mv^2 + 0 = \frac{1}{2}mv_1^2 + \frac{1}{2}mv_2^2$
iii) 두 식에서 $v_1 = 0, v_2 = v$

Quiz 2 다이너마이트가 터지면서 질량이 $m, 2m$ 인 두 부분으로 쪼개졌다. 속력비는 얼마인가?

정답 2:1
계의 운보 $0 = mv_1 + 2mv_2$ 에서 $v_1 = -2v_2$

Part 1. 역학

5) 고립계에서 반발계수

① 도입 이유 : 뉴턴은 실험을 통해 충돌 전의 상대 속도와 충돌 후의 상대 속도 사이의 비율은 어떤 물체에 대해서도 일정하다는 사실을 밝혀냈다. 이 비율을 반발계수라고 명명한다. 때때로 뉴턴의 규칙이라고도 부른다.

② 반발계수의 정의 : $e = -\dfrac{\text{충돌 후 속도차}}{\text{충돌 전 속도차}}$

pf.

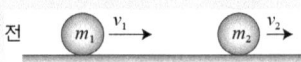
 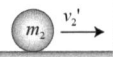

i) 운동량 보존 : $m_1 v_1 + m_2 v_2 = m_1 v_1' + m_2 v_2'$
$\Rightarrow m_1(v_1 - v_1') = m_2(v_2' - v_2) > 0$ ... ①

ii) 에너지 관계 : $\dfrac{1}{2}m_1 v_1^2 + \dfrac{1}{2}m_2 v_2^2 \geq \dfrac{1}{2}m_1 v_1'^2 + \dfrac{1}{2}m_2 v_2'^2$
$\Rightarrow m_1(v_1^2 - v_1'^2) \geq m_2(v_2'^2 - v_2^2)$
$\Rightarrow m_1(v_1 - v_1')(v_1 + v_1') \geq m_2(v_2' - v_2)(v_2' + v_2)$
$\Rightarrow (v_1 + v_1') \geq (v_2' + v_2)$
$\Rightarrow v_1 - v_2 \geq v_2' - v_1'$ 단, 좌변과 우변은 양수이다.
$\Rightarrow 1 \geq \dfrac{v_2' - v_1'}{v_1 - v_2}$
$\Rightarrow$ 단, 완전 비탄성 충돌인 경우 $v_2' = v_1'$이므로
$1 \geq \dfrac{v_2' - v_1'}{v_1 - v_2} \geq 0$

$\therefore e = \dfrac{v_2' - v_1'}{v_1 - v_2} = -\dfrac{v_1' - v_2'}{v_1 - v_2}$

③ 반발계수와 두 공의 1차원 충돌의 관계
 a. $e = 1$: 에너지 보존임, 탄성충돌이라고 함
  → 특징 : $|\Delta \vec{v}_\text{전}| = |\Delta \vec{v}_\text{후}|$
 b. $0 < e < 1$: 에너지 손실됨, 비탄성충돌이라고 함
  → 특징 : $|\Delta \vec{v}_\text{전}| > |\Delta \vec{v}_\text{후}|$
 c. $e = 0$: 융합, 에너지 손실 최대임, 완전비탄성충돌이라고 함
  → 특징 : $|\Delta \vec{v}_\text{후}| = 0$

④ 주의
 a. 반발계수 개념은 주로 두 공의 1차원 충돌에서 쓴다.
 b. 두 공의 2차원 충돌에서는 잘 쓰지 않는데, 굳이 쓴다면 충격력이 작용한 방향에 대해 속도 성분을 구해서 정의한다.

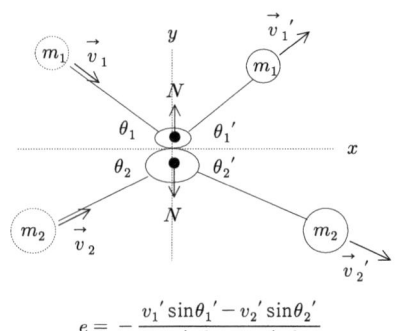

$$e = -\dfrac{v_1' \sin\theta_1' - v_2' \sin\theta_2'}{v_1 \sin\theta_1 - v_2 \sin\theta_2}$$

 c. 참고로 두 공의 2차원 탄성 충돌인 경우 충돌 전후 속도차의 크기가 같다. 그냥 우연의 일치다. 문제 풀 때 알고 있으면 풀이 과정이 많이 단축된다. 단 이것을 근거로 반발계수가 1이라고 말하는 것은 오개념이다!

Quiz 1 다음 2차원 충돌에서 반발계수를 구하시오.

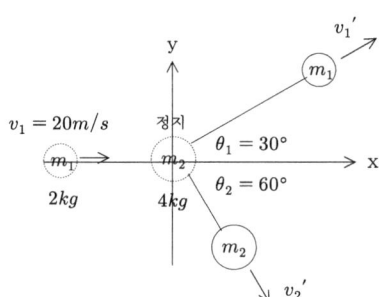

정답

i) x 방향 운보 : $2 \times 20 + 4 \times 0 = 2 \times v_1' \cos 30° + 4 \times v_2' \cos 60°$
ii) y 방향 운보 : $0 = 2 \times v_1' \sin 30° - 4 \times v_2' \sin 60°$
iii) 두 식에서 $v_1' = 10\sqrt{3}\,m/s$, $v_2' = 5\,m/s$

iv) 2번 공은 정지상태에서 움직였으므로, 2번 공의 충돌 후 운동량 방향이 충격량 방향과 같다. 그러므로 그 방향을 x축으로 정한다.

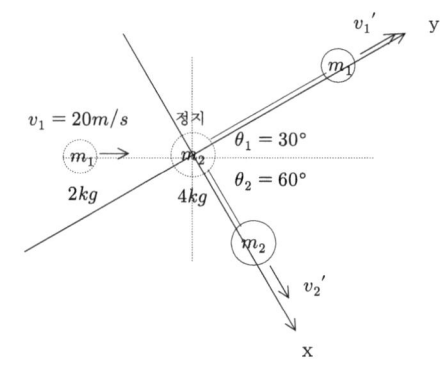

$e = -\dfrac{v_1' \cos\phi_1' - v_2' \cos\phi_2'}{v_1 \cos\phi_1 - v_2 \cos\phi_2} = -\dfrac{0 - 5}{10 - 0} = \dfrac{1}{2}$

단 손실 에너지는 $\dfrac{1}{2} \times 2 \times 20^2 - (\dfrac{1}{2} \times 2 \times 300 + \dfrac{1}{2} \times 4 \times 25) = 50\,J$

4. 계의 종류

1) 고립계 : 두 공이 충돌하거나 분열하는 상황.

충돌하는 방향으로 또는 분열하는 방향으로 외력이 작용하지 않으므로 운동량 보존 법칙을 적용할 수 있다.

pf. 수학적 이해

전 A $\vec{v_1} = +5m/s$ B $\vec{v_2} = +3m/s$
    (1kg)→   (1kg)→
    $\vec{p_A} = +5kgm/s$ $\vec{p_B} = +3kgm/s$

후 A $\vec{v_1}' = +4m/s$ B $\vec{v_2}' = +4m/s$
    (1kg)→   (1kg)→
    $\vec{p_A}' = +4kgm/s$ $\vec{p_B}' = +4kgm/s$

→ 분석 : $\underbrace{\vec{\Delta p_A}}_{-1} + \underbrace{\vec{\Delta p_B}}_{+1} = 0$

∴ 각 공의 운동량 보존 X ∵ 충격량을 주고 받음
  계의 운동량 보존 O ∵ $I_{ext} = 0$

2) 비고립계 : 공이 벽이나 땅과 충돌하는 상황.

공의 운동량은, 벽으로부터 받는 수직항력 때문에 충돌 전후에 변한다.

충돌하는 방향으로 외력이 작용하므로 공만으로 된 계의 총운동량은 보존되지 않는다.

다만, 계를 공과 지구로 본다면, 공이 받는 수직항력은 내력이므로 공과 지구로 된 계의 총운동량은 보존된다고 말할 수 있다.

pf1. 수학적 이해
다음 그림처럼 공이 벽에 충돌하는 상황을 생각해보자.

전 $\vec{v_공} = +5m/s$
    (1kg)→ $\vec{v_벽} = 0$
    $\vec{p_공} = +5kgm/s$

후 $\vec{v_공} = -5m/s$
    ←(1kg) $\vec{v_벽}' = 0$
    $\vec{p_공}' = -5kgm/s$

→ 분석 : $\underbrace{\vec{\Delta p_공}}_{-10} + \underbrace{\vec{\Delta p_벽}}_{0} \neq 0$

∴ 공의 운동량 보존 X ∵ 충격량을 주고 받음
  계의 운동량 보존 X ∵ $I_{ext} \neq 0$

pf2. 직관적 이해
다음 그림처럼 공이 벽에 충돌하는 상황을 생각해보자.

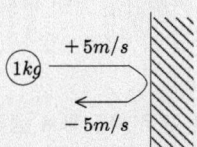

만약 벽이 우주 공간에 떠있었다면, 공이 벽에 부딪힌 후 벽은 뒤로 움직일 것이다. 그러나 그림에서 벽은 못이나 시멘트로 땅에 단단히 고정되어 있으므로 충돌이 일어나더라도 벽은 움직이지 않는다. 사실상 못이나 시멘트가 땅이 움직이지 못하도록 외력을 가해준다. 그러므로 공이 벽과 충돌하는 상황은 비고립계이고, 운동량 보존 법칙을 쓸 수 없다.

pf3. 수학적 이해 - 계를 지구로까지 확장

전 $\vec{v_공} = +5m/s$
    (1kg)→ $\vec{v_{지구}} = 0$
    $\vec{p_공} = +5kgm/s$ 지구

후 $\vec{v_공} = -5m/s$
    ←(1kg) $\vec{v_{지구}} = ?$
    $\vec{p_공}' = -5kgm/s$ 지구

→ 분석 : $1 \times (+5) = 1 \times (-5) + (6 \times 10^{24} kg)(v_{지구})$ 에서
$v_{지구} = \dfrac{10}{6 \times 10^{24}} m/s$ 이다.

Part 1. 역학

5. 비고립계에서 충돌
→ 공이 벽이나 땅에 충돌하는 상황, 공 입장에서 벽이나 땅으로부터 받는 수직항력이 외부 충격량의 원인이다.

1) 새로운 분석도구 I : 충격량 운동량 관계 $\vec{I} = \Delta \vec{p}$
  → 의미 : 공이 벽이나 땅으로부터 받은 충격량은 공의 운동량을 변화 시킨다.

Quiz 1 질량이 1kg인 공이 10m/s의 속도로 벽에 충돌한 후 반대 방향으로 10m/s로 튕겨 나왔다. 공이 벽으로부터 받은 충격량의 크기는 얼마인가? 그리고 충돌 시간이 0.1s라면 평균 수직항력의 크기는 얼마인가?

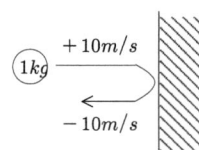

정답 20kg m/s, 200N

2) 새로운 분석도구 II : 없음.
  → 의미 : 계를 공으로 국한할 경우, 위의 퀴즈에서처럼 충돌 전후 공의 운동량이 변하므로 계의 운동량 보존 법칙이 성립하지 않는다. 이 경우 공이 벽/땅으로부터 받는 수직항력이 외부 충격량의 원인이다.
  다만, 계를 공과 지구로 확장해서 생각한다면, 공이 벽/땅에 충돌할 때 외부 충격량이 없기 때문에 계의 운동량 보존 법칙이 성립한다고 말할 수 있다.

3) 비고립계에서 충돌의 종류 by 탄성 정도
① 탄성충돌 : 공이 벽/땅에 충돌시 공의 에너지가 손실되지 않는 경우
  e.g. 탱탱볼

② 비탄성충돌 : 공이 벽/땅에 충돌시 공의 에너지가 손실되는 충돌
  e.g. 바람빠진 공

③ 완전비탄성충돌 : 공이 벽/땅에 붙어버리는 상황, 에너지의 손실이 가장 큼
  e.g. 벽에 던진 찰흙

4) 비고립계에서 충돌의 종류 by 궤적
① 1차원 충돌(탄, 비, 완)

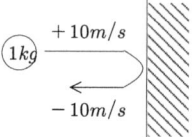

② 2차원 충돌(탄, 비, 완)

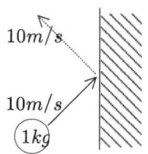

5) 비고립계에서 반발계수
① 공이 벽/땅에 1차원 충돌할 때는 공의 충돌 전후 속력을 이용해서 정의한다.

$$e = \frac{충돌후 공의 속력}{충돌전 공의 속력}$$

혹은 고립계에서의 반발계수 공식에 벽/땅의 속도를 0이라고 가정해서 정의해도 같은 식을 얻을 수 있다.

$$e = -\frac{(-v_f) - 0}{(+v_i) - 0} = \frac{|v_f|}{|v_i|}$$

② 공이 벽/땅에 2차원 충돌할 때는 충격력이 작용한 방향에 대해 속도 성분을 구해서 정의한다.

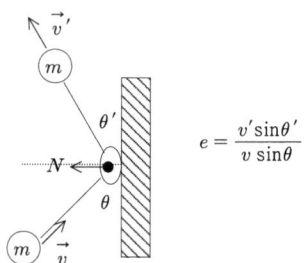

$$e = \frac{v' \sin\theta'}{v \sin\theta}$$

Quiz 2 다음 각 상황에서 공과 벽 사이의 반발계수를 각각 구하시오.

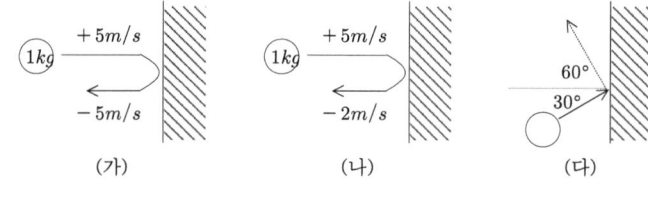

(가)   (나)   (다)

정답 $e = \frac{5}{5} = 1$, $e = \frac{2}{5} = 0.4$, $e = \frac{1}{3}$

Quiz 3 h 높이에서 자유낙하한 공이 다시 튕긴 후 h'까지 올라갔다. 반발계수는 얼마인가?

정답 $e = \sqrt{\frac{h'}{h}}$ 혹은 $h' = e^2 h$

cf. 문제 풀이 tip
반발계수는 고립계, 비고립계 상관없이 쓸 수 있는 공식이다. 그러므로 충돌 문제를 풀 때는 항상 반발계수부터 확인한다!

cf. 반발계수 개념 주의 : 두 공의 2차원 충돌에서는 반발계수를 정의내려서 쓰는 것은 유용하지 않다. 그러나 공이 벽에 2차원 충돌하는 경우는 속도의 접선 성분이 불변이므로 사실상 속도의 법선 성분만 고려하면 1차원 충돌로 치환할 수 있다. 그러므로 이 경우에는 속도의 법선 성분을 이용해서 반발계수를 정의내려서 쓰는 게 유용하다.

cf. 충돌의 종류 정리

충돌종류 $\begin{cases} by\ 계 \begin{cases} 닫힌\ 계(두공의충돌) - 운보\ O \\ 열린\ 계(공+벽/땅) - 운보\ X \end{cases} \\ by\ 탄성 \begin{cases} 탄성충돌 - 에보\ O \\ 비탄성충돌 - 에보\ X \\ 완전비탄성충돌 - 에보\ X \end{cases} \\ by\ 궤적 \begin{cases} 1차원충돌 - 반발계수\ O \\ 2차원충돌 - 반발계수\ \triangle \end{cases} \end{cases}$

→ 주의 : 운동량 보존, 에너지 보존, 반발계수는 서로 아무런 관련이 없음!!!

Q&A

질문 계의 운동량이 무엇인가요?

답변 계(system)란, 말 그대로 관찰대상들을 의미하는 거에요. 그래서 강의시간 때 말씀드린 계의 운동량은
caseI. 두 공 A, B의 충돌 : A운동량 + B운동량
caseII. 공이 벽/땅에 충돌 :
    - 계를 공으로 한정했을 때 : 공운동량
    - 계를 공과 벽/땅으로 확장했을 때 : 공운동량 + 벽/땅 운동량

cf. 유사 공식 정리
  p=mv
  F=ma
  W=Fd
  P=Fv
  I=Ft

cf. 재밌는 암기법
  오늘의 MVP (mv=p)
  내가 좋아하는 동물은 퓨마 (F=ma)
  왓더F (W=dF)
  만약 T라면 (I=Ft)

	d	v	a	t
m		$\vec{p}=m\vec{v}$	$\vec{F}=m\vec{a}$	
F	$W=\vec{F}\cdot\vec{d}$	$P=\vec{F}\cdot\vec{v}$		$\vec{I}=\vec{F}t$

Part 1. 역학

☞ 상황 분석 예제 - 연속사건, 1차원, 상황 분석

ex 1 그림 (가)는 마찰이 없는 빗면 위의 수평면으로부터 높이 h인 곳에서 가만히 놓은 질량 m인 물체 A가 마찰이 없는 수평면 위에 정지해 있는 질량 m인 물체 B를 향해 미끄러져 내려가는 것을 나타낸 것이다. 그림 (나)는 A가 B와 충돌한 직후 A는 정지하고, B는 수평면을 따라 운동하다가 용수철을 L만큼 최대로 압축시킨 것을 나타낸 것이다.

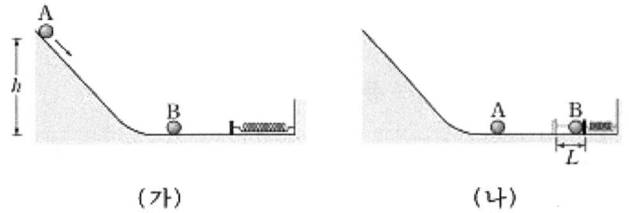

(가)   (나)

이에 대한 설명으로 옳은 것을 <보기>에서 모두 고른 것은? (단, g는 중력가속도이고, A, B의 크기와 용수철의 질량 및 공기 저항은 무시하며, A와 B의 충돌은 첫 번째 충돌만 고려한다.)

<보 기>
ㄱ. B와 충돌 직전 A의 속력은 $\sqrt{2gh}$이다.
ㄴ. A와 충돌 직후 B의 운동에너지는 $\frac{mgh}{2}$이다.
ㄷ. 용수철이 L만큼 압축되는 순간 탄성력에 의한 위치에너지는 mgh이다.

① ㄱ   ② ㄴ   ③ ㄷ
④ ㄱ, ㄷ   ⑤ ㄴ, ㄷ

정답 ④ ㄱ, ㄷ

ㄱ. 운동량 보존 법칙 $m\sqrt{2gh} + 0 = 0 + mv'$ 에서 $v' = \sqrt{2gh}$

ㄴ. $\frac{1}{2}m \times 2gh = mgh$

ㄷ. 용수철 압축시 역학적 에너지 보존 : $mgh = \frac{1}{2}kx^2$

☞ 그래프 해석 예제 - 연속사건, 1차원, 그래프 해석

ex 2 그림은 일직선상에서 운동하는 물체 A, B의 운동량을 시간에 따라 나타낸 것이다. A와 B는 시간 t일 때 충돌한다.

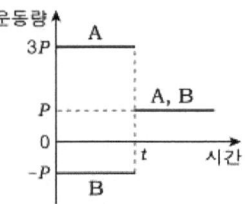

충돌 직전부터 직후까지, B가 A로부터 받은 충격량의 크기는?

① P ② $2P$ ③ $3P$ ④ $4P$ ⑤ $5P$

정답 ② $2P$

B의 충격량은 운동량의 변화량과 같고 운동량-시간 그래프에서 B의 운동량 변화량은 $P - (-P) = 2P$이다.

7. 충돌 문제 유형 - 비고립계에서 충돌

1) 기본상황 3가지 : 방망이에 충돌, 벽에 충돌, 땅에 충돌

caseI. 방망이에 충돌

ex 1 마찰이 없는 수평면에 놓여 있는 질량이 2kg인 정지한 물체에게 수평방향으로 8N의 일정한 힘을 5초 동안 가했다.
1) 물체가 받은 충격량은 얼마인가?

2) 물체의 5초 후 속력은 얼마인가?
① 운동방정식+등가속도 공식을 이용하시오.
② 일과 에너지 정리를 이용하시오.
③ 충격량과 운동량 관계를 이용하시오.

정답   1) 40Ns   2) 20m/s

caseII. 벽에 1차원 충돌

ex 2 마찰이 없는 수평면에서 질량이 2kg인 공이 50m/s의 속력으로 운동하다가 벽과 충돌했다. 공과 벽 사이의 반발계수가 0.7이라면 충돌 후 공의 속력은?

정답 35m/s

caseIII. 벽에 2차원 충돌

ex 3 다음 그림처럼 질량이 m이고, 처음 속력이 $\sqrt{2}v$인 공이 벽에 45°로 충돌한 후 30°로 튕겨나갔다.
1) 공의 나중속력은?
2) 반발계수를 정의할 수 있는가?

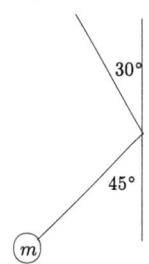

정답 $\dfrac{2}{\sqrt{3}}v$, $e = \dfrac{1}{\sqrt{3}}$

Part 1. 역학

caseIV. 땅에 1차원 충돌

ex 4 진공 속 20m 높이에서 질량이 3kg인 공이 자유낙하했다. 단 중력가속도는 $10m/s^2$이다.

1) 공의 낙하시간은 얼마인가?
① 운동방정식+등가속도 공식을 이용하시오.
② 일과 에너지 정리를 이용하시오.
③ 충격량과 운동량 관계를 이용하시오.

2) 공이 자유낙하하는 동안 중력으로부터 받은 충격량은 얼마인가?

3) 바닥에 충돌하는 순간 공의 속력은 얼마인가?
① 운동방정식+등가속도 공식을 이용하시오.
② 일과 에너지 정리를 이용하시오.
③ ★ 충격량과 운동량 관계를 이용하시오.

4) 공과 바닥 사이의 반발계수가 0.5라면 공이 다시 튕겨서 올라가는 최대 높이는 얼마인가? (기출)

5) 공이 바닥에 충돌한 후 다시 튕겨 올라간 높이가 10m라면 반발계수는 얼마인가?

정답 1) 2S 2) 60Ns 3) 20m/s
4) 5m 5) $\frac{1}{\sqrt{2}}$

caseV. 땅에 2차원 충돌 (기출)

ex 5 다음 그림처럼 수평투사한 공이 바닥에 한 번 튕긴 후 바닥에 붙어버렸다. 그동안 수평도달거리는 얼마인가? 단 첫 번째 충돌 때 반발계수는 0.5였다.

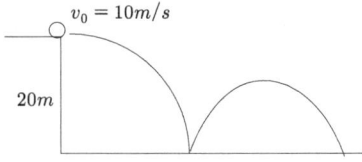

정답 40m

i) 첫 번째 구간
 y : 자유낙하 → 등공2번 $t = \sqrt{\frac{2h}{g}} = \sqrt{\frac{2 \times 20}{10}} = 2s$
 등공3번 $v_y = \sqrt{2gh} = \sqrt{2 \times 10 \times 20} = 20m$
 x : 등속 → 거속시 $R_1 = v_x \times t = (10m/s)(2s) = 20m$

ii) 첫 충돌시
$\frac{1}{2} = e = -\frac{v_{공}' - v_{땅}'}{v_{공} - v_{땅}} = -\frac{v_{공}'}{v_{공}} = -\frac{v_{공}'}{-20}$ 에서 $v_{공}' = 10m/s \equiv v_{0y}'$

iii) 두 번째 구간
 y : 연직상방 → 등공1번 $t = \frac{v_{0y}'}{g} = \frac{10m/s}{10m/s^2} = 1s$ 그러므로 체공시간은 이것의 2배인 $2s$
 x : 등속 → 거속시 $R_2 = v_x \times t = (10m/s)(2s) = 20m$

iv) 총 수평도달거리 : $R_1 + R_2 = 20 + 20 = 40m$

8. 충돌 문제 유형 – 고립계에서 충돌

1) 기본상황 3가지 : 두 공의 충돌, 분리

case1. 1차원 충돌

ex 1 그림(가)와 같이 운동하던 물체 A, B가 충돌한 후 물체 B가 그림(나)와 같이 운동하게 되었다. 이 때, 물체 A는 어느 방향으로 얼마만큼의 속력을 가지고 운동하게 될까?

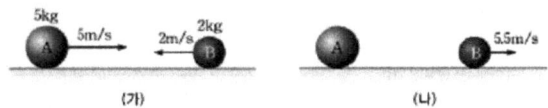

ex 2 마찰이 없는 수평면에 A가 v의 속력으로 정지해 있는 B에게 접근한다. A, B의 질량은 같다. 탄성충돌한다면, 충돌 후 A, B의 속력은 각각 얼마인가?

ex 3 질량이 m인 공 A가 v의 속력으로 운동하다가 질량이 2m이고 정지해 있던 공 B와 충돌한다. 두 공 사이의 반발계수가 0.5일 때 충돌 후 B의 속력은 얼마인가?

정답 $v/2$

i) 충돌시 운동량 보존법칙 : $m(+v) + 0 = m(+v_A') + (2m)(+v_B')$

반발계수 : $0.5 = -\dfrac{(+v_A') - (+v_B')}{(+v) - 0}$

ii) 두 식을 연립하면 $v_A' = 0$, $v_B' = +\dfrac{v}{2}$

여기서 주의할 점은 B의 나중속도에 부호가 '+' 나온 것을 해석하는 것이다. 단순히 충돌 후 B가 오른쪽으로 운동한다고 기계적으로 해석하는 것은 고등학교 수준의 해석이다. 우리는 처음에 운동량 보존 법칙에서 A, B의 속도 부호를 +로 잡았다. 그것은 충돌 후 A, B의 운동방향을 오른쪽이라고 가정했기 때문이다. 그렇기 때문에 최종 결과 식에서 B의 부호가 +이면 단순히 충돌 후 B의 운동방향이 오른쪽이라고 해석하는 것이 아니라, '나의 처음 가정이 옳다'고 해석해야 한다.

이는 벡터의 해석에 있어서 대단히 중요한 부분이다.

만약 우리가 처음에 운동량 보존법칙을 쓸 때 충돌 후 A, B의 운동방향을 왼쪽으로 잡고 속도의 부호를 -로 했다면(물론 반발계수식에서 속도 부호도 -로 바꾼다면), 최종 B의 속도 부호는 -가 나온다. 이 때 기계적으로 충돌 후 B의 운동방향이 왼쪽이라고 하면 오답이 된다. 이 경우 정확한 해석은 '나의 처음 가정이 틀렸다'이다. 즉 처음에 식을 쓸 때 충돌 후 B의 운동방향을 왼쪽으로 잡은 것이 잘못 되었다는 것이다. 그러므로 충돌 후 B의 운동방향은 왼쪽이 아니라 오른쪽이다, 라고 해석하면 정답이 된다.

Part 1. 역학

cf. 충돌 후 두 물체의 속도

① 반발계수가 e 인 경우

$$v_1' = \frac{m_1 - em_2}{m_1 + m_2}v_1 + \frac{m_2 + em_2}{m_1 + m_2}v_2$$

$$v_2' = \frac{m_1 + em_1}{m_1 + m_2}v_1 + \frac{m_2 - em_1}{m_1 + m_2}v_2$$

② 탄성충돌 후 두 물체의 속도

$$v_1' = \frac{m_1 - m_2}{m_1 + m_2}v_1 + \frac{2m_2}{m_1 + m_2}v_2$$

$$v_2' = \frac{2m_1}{m_1 + m_2}v_1 + \frac{m_2 - m_1}{m_1 + m_2}v_2$$

③ 질량이 동일한 두 물체가 탄성충돌한 경우

$$v_1' = v_2$$
$$v_2' = v_1$$

tip. 충돌 후 방향 예측

　typeI. 무거운 녀석이 가벼운 녀석을 박을 때 : 충돌 후 둘 다 오른쪽으로 진행

```
    v              정지
  [M] →          [m]
```

　typeII. 가벼운 녀석이 무거운 녀석을 박을 때 : 충돌 후 M은 오른쪽으로 진행, 그러나 m은 질량비에 따라서...

```
    v              정지
  [m] →          [M]
```

$0 \leq e < \frac{m}{M}$: 가벼운 녀석은 앞으로 진행함

$e = \frac{m}{M}$: 가벼운 녀석은 멈춤

$\frac{m}{M} < e \leq 1$: 가벼운 녀석은 뒤로 되튕김

caseII. 2차원 충돌

ex 4 당구장 상황. 질량이 m_1인 1번 공이 v_1의 속력으로 운동하다가 질량이 m_2이고 정지해 있던 2번 공과 충돌한다.

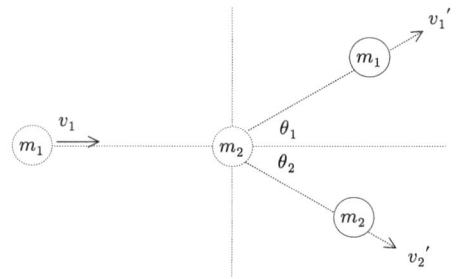

1) x축 방향에 대한 운동량 보존법칙을 쓰시오.

2) y축 방향에 대한 운동량 보존법칙을 쓰시오.

3) 운동량을 x,y성분으로 나누지 말고 운동량 벡터로 운동량 보존법칙을 써보시오.

4) 충돌 전후에 에너지가 보존되는지 알 수 있는가? 즉 탄성충돌인지 알 수 있는가?

정답

1) $m_1(+v_1) + 0 = m_1(+v_1'\cos\theta_1) + m_2(+v_2'\cos\theta_2)$
2) $0 + 0 = m_1(+v_1'\sin\theta_1) + m_2(-v_2'\sin\theta_2)$
3) $\vec{p}_1 + 0 = \vec{p}_1' + \vec{p}_2'$
4) 충돌 전후 총운동에너지가 불변인지 감소했는지 비교하면 알 수 있다.

→ 추가질문

① 충돌 후 y축 방향의 총운동량은?

② 충돌 후 1번 공의 y축 방향 운동량과 2번 공의 y축 방향 운동량 크기 비는?

③ 충돌 후 1번 공의 y축 방향 속력과 2번 공의 y축 방향 속력 비는? m2:m1

④ 충돌 후 1번 공의 y축 방향 이동거리와 2번 공의 y축 방향 이동거리 비는? m2:m1

⑤ 충돌 후 1번 공의 전체 이동거리와 2번 공의 전체 이동거리 비는? v1':v2'

tip. $m_1 = m_2$이고 탄성충돌이면 $\theta_1 + \theta_2 = \frac{\pi}{2}$이다. 왜냐하면 에너지 보존 법칙 $\frac{1}{2}mv^2 + 0 = \frac{1}{2}mv_1'^2 + \frac{1}{2}mv_2'^2$에서 피타고라스 정리 $v^2 = v_1'^2 + v_2'^2$가 성립하기 때문이다.

caseIII. 분리 (기출)

ex 5 질량이 각각 m, 2m인 두 물체 A, B가 처음에 마찰이 없는 수평면에서 용수철을 압축시킨 상태에서 정지해 있었다. A, B를 묶어주던 실이 끊어지자 두 물체는 서로 반대편으로 튕겨나갔다.

1) 실이 끊어지기 전과 두 물체가 완전히 분리되고 난 후 상태에 대해서 운동량 보존법칙을 세우시오.

2) 완전 분리 이후 두 물체의 운동량 크기 비

3) 완전 분리 이후 두 물체의 속력 비

4) 완전 분리 이후 두 물체의 운동에너지 비

5) 완전 분리 이후 두 물체의 이동거리 비

정답 1) 생략 2) 1:1 3) 2:1 4) 2:1 5) 2:1

<1> 운동량 보존 법칙
분열 문제이다. 두 물체 사이에 있는 용수철의 탄성력은 내력이다. 그러므로 분열 계는 외부 충격량이 작용하지 않아서 계의 운동량이 보존된다.
$0 + 0 = m\vec{v}_A' + 2m\vec{v}_B'$
$\Rightarrow \vec{v}_A' = -2\vec{v}_B'$
그러므로 분열 후 s-t 그래프는 1차 함수 그래프여야 하고 가장 적절한 것은 ②번이다.
단 ④는 떨어지기 직전까지의 그래프이다.

<2> 역학적 에너지 보존 법칙
운동량 보존 법칙 $0+0 = \vec{p}_A' + \vec{p}_B'$에 의해 $p_A' = p_B'$이다.
그리고 $KE = \frac{p^2}{2m}$에서 A, B의 나중 운동량이 동일하므로 나중 운동에너지는 질량에 반비례한다. 즉 $\frac{1}{2}mv_A'^2 : \frac{1}{2}2mv_B'^2 = 2:1$이다. 그러므로 $v_A' = 2v_B'$이다.

<3> 고난이도 풀이 : 용수철 자르기
이 계는 외력이 작용하지 않기 때문에 계의 질량중심이 이동하지 않는다. 계의 질량중심은 각 물체의 질량에 반비례하는 지점에 존재한다. 그러므로 용수철을 2:1로 내분하는 지점이 계의 질량중심이다.

이렇게 되면 사실상 질량중심을 기준으로 용수철이 2:1로 잘린 것으로 볼 수 있다.

'용수철 자르기 공식'에 의하면 용수철 상수는 길이에 반비례하므로 왼쪽 용수철 부분은 길이가 $\frac{2}{3}l$이므로 용수철 상수는 $\frac{3}{2}k$이다. 오른쪽 용수철 부분은 길이가 $\frac{1}{3}l$이므로 용수철 상수는 $3k$이다.
그리고 용수철의 각 부분은 골고루 압축되어 있으므로 왼쪽 용수철의 압축된 길이는 $\frac{2}{3}x$이고, 오른쪽 용수철의 압축된 길이는 $\frac{1}{3}x$이다.

* 오개념 : 역학적 에너지 보존 법칙의 잘못된 적용
$\frac{1}{2}kx^2 = \frac{1}{2}mv_A'^2$ 와 $\frac{1}{2}kx^2 = \frac{1}{2}mv_B'^2$에 의해 $v_A' = \sqrt{2}v_B$

→ 정개념 : $\frac{1}{2}kx^2 = \frac{1}{2}mv_A'^2 + \frac{1}{2}mv_B'^2$ 또는 $\frac{1}{2}kx^2 = \frac{p_A'^2}{2m} + \frac{p_B'^2}{2\times 2m}$
에서 각 운동에너지는 질량에 반비례한다. 그러므로
$\frac{1}{2}mv_A'^2 = \frac{1}{2}kx^2 \times \frac{2}{3} = \frac{1}{3}kx^2$, $\frac{1}{2}mv_B'^2 = \frac{1}{2}kx^2 \times \frac{1}{3} = \frac{1}{6}kx^2$ 이다. 즉 $v_A : v_B = 2 : 1$ 이다.

2) 응용

일반적으로 두 공의 충돌은 단순히 충돌 상황만 제시되는 경우는 매우 드물다.

거의 대부분 충돌 전후에 언덕, 낭떠러지, 용수철 등의 그림이 함께 제시된다. 세 경우 모두다 역학적 에너지 보존법칙을 쓰도록 하는 것이 출제자의 의도이다.

caseI. 언덕 제시(충돌+빗면) (기출)

ex 6 질량이 m인 공 A가 v의 속력으로 운동하다가 질량이 2m이고 정지해 있던 공 B와 충돌한다. 두 공 사이의 반발계수가 0.5일 때 충돌 후 B가 올라간 언덕의 최고점 높이는 얼마인가? (단 중력가속도는 g이다. 모든 마찰과 공기 저항은 무시한다.)

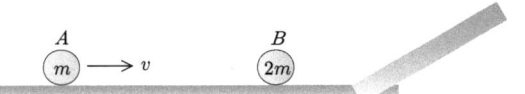

정답 $H = \dfrac{v^2}{8g}$

i) 충돌시 운동량 보존법칙 : $m(+v) + 0 = m(+v_A') + (2m)(+v_B')$

반발계수 : $0.5 = -\dfrac{(+v_A') - (+v_B')}{(+v) - 0}$

ii) 두 식을 연립하면 $v_A' = 0, \quad v_B' = +\dfrac{v}{2}$

iii) 에너지 보존법칙 : $\dfrac{1}{2}MV^2 = MgH$에서 $H = \dfrac{V^2}{2g}$이므로 $H = \dfrac{v^2}{8g}$

참고로 이런 문제는 언덕을 충돌 전에 줄 수도 있다. 예를 들어 공 A가 높이가 h인 언덕에서 내려와서 B와 충돌한다고 할 수도 있다. 그런 경우 충돌 직전 A의 속력은 $\sqrt{2gh}$가 되는 것이다.
두 공의 충돌문제인 경우, 이런 식으로 충돌 직전 속력을 감추는 경우가 더러 있다.

caseII. 낭떠러지 제시(충돌+수평투사)

ex 7 질량이 m인 공 A가 v의 속력으로 운동하다가 질량이 2m이고 정지해 있던 공 B와 충돌한다. 충돌 후 B는 높이가 h인 낭떠러지로 떨어진다. 두 공 사이의 반발계수가 0.5일 때 B의 수평이동거리는 얼마인가? (모든 마찰과 공기 저항은 무시한다.)

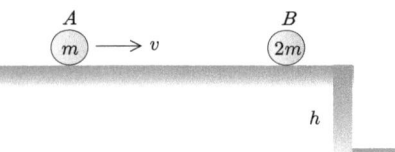

정답 $v\sqrt{\dfrac{h}{2g}}$

i) 충돌 후 A, B의 속력은 각각 $v_A' = 0, \quad v_B' = +\dfrac{v}{2}$이다.

ii) 수평이동거리는 $Range = \dfrac{v}{2}\sqrt{\dfrac{2h}{g}} = v\sqrt{\dfrac{h}{2g}}$이다.

caseIII. 용수철 제시(충돌+단진동) (기출)

ex 8 탄성계수가 k인 용수철에 질량이 m인 공 A가 x만큼 압축되어 있다. 고정되어 있는 실을 끊자 A는 용수철로부터 튕겨나와서 질량이 2m인 공 B와 비탄성충돌한다. 반발계수가 0.5라면 충돌 후 두 물체의 속력은 얼마인가? (단, A, B 사이는 충분히 멀고, 모든 마찰과 공기 저항은 무시한다.)

정답 $v = \dfrac{x}{2}\sqrt{\dfrac{k}{m}}$

i) 탄성 퍼텐셜에너지가 A의 운동에너지 전환된다. $\dfrac{1}{2}kx^2 = \dfrac{1}{2}mv^2$에서 $v = x\sqrt{\dfrac{k}{m}}$ 이다.

ii) 충돌시 운동량 보존법칙 : $m(+v) + 0 = m(+v_A') + (2m)(+v_B')$

반발계수 : $0.5 = -\dfrac{(+v_A') - (+v_B')}{(+v) - 0}$

iii) 두 식을 연립하면 $v_A' = 0, \quad v_B' = +\dfrac{v}{2}$

참고로 이런 문제는 용수철이 충돌 후에 제시되어서 충돌 후 B가 용수철을 압축시키는 길이를 물어볼 수도 있다.

* 추론형 문제 엿보기

1. A가 높은 데서 내려와서 B와 탄성충돌한다. d를 h_1과 h_2에 대해서 표현하면?

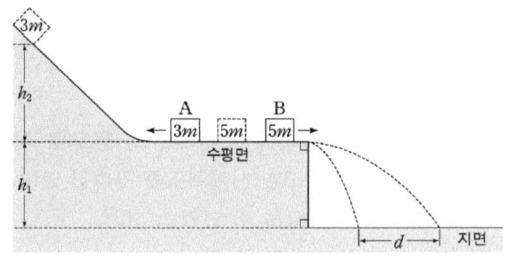

정답

i) 충돌 시 운동량 보존 법칙과 반발계수 1을 이용해서 정리하면
$v_A' = -\frac{1}{4}v_0$, $v_B' = +\frac{3}{4}v_0$

ii) $d = (\frac{3}{4}v_0 - \frac{1}{4}v_0) \times \sqrt{\frac{2h_1}{g}} = \frac{1}{2}\sqrt{2gh_2} \times \sqrt{\frac{2h_1}{g}} = \sqrt{h_1 h_2}$

2. 충돌 후 A, B의 속력은 각각 얼마인가?

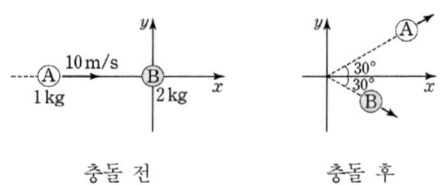

정답

i) x축 방향 운동량보존 : $1 \times 10 + 0 = 1 \times v_A' \cos 30 + 2 \times v_B' \cos 30$

ii) y축 방향 운동량보존 : $0 + 0 = 1 \times v_A' \sin 30 - 2 \times v_B' \sin 30$

iii) 두 식을 연립하면 $v_A' = \frac{10}{\sqrt{3}} m/s$, $v_B' = \frac{5}{\sqrt{3}} m/s$

3. 두 공이 탄성충돌한다. 성분별 운동량 보존 법칙과 역학적 에너지 보존 법칙을 각각 써 보시오.

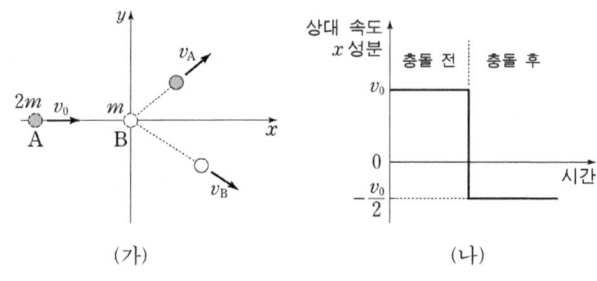

정답

i) x 방향 운보 : $2mv_0 = 2m(v_{Bx}' - \frac{v_0}{2}) + mv_{Bx}'$

ii) y 방향 운보 : $0 = 2mv_{Ay}' - mv_{By}'$

iii) 에너지 보존 법칙 : $\frac{1}{2}(2m)v_0^2 = \frac{1}{2}2m(v_{Ax}'^2 + v_{Ay}'^2) + \frac{1}{2}m(v_{Bx}'^2 + v_{By}'^2)$

Part 1. 역학

<개미는 절대 추락사할 수 없다?> / YTN사이언스

어린 시절, 놀이터에서 친구들과 모래놀이를 하다 보면 주변에서 꼭 돌아다니고 있던 귀여운 벌레가 있었죠. 바로 흔하디 흔한 개미입니다. 개미를 손바닥에 올려 놓고 놀았던 경험이 있나요? 어린이의 손 높이 약 1m 정도에서 개미를 떨어뜨려도, 개미는 죽기는커녕 멀쩡히 엄청나게 빨리 도망갑니다. 사람으로 비유하자면 고층에서 추락한 것이나 마찬가지일 텐데, 개미는 어떻게 다치지 않는 걸까요?

개미는 약 3mm에서 1cm 정도로 작은 몸집을 지니고 있습니다. 몸무게는 약 0.5g으로 질량 역시 아주 작습니다. 이런 신체적 특징을 가진 개미가 계단에서 떨어지는 상황을 사람의 경우와 비교해 봅시다. 개미를 5mm로, 계단 하나의 길이는 약 12cm라고 가정합니다. 계단의 높이는 개미의 몸길이의 약 24배가 됩니다. 이를 신장 170cm, 60kg인 사람에게 적용해서 계산해보면 약 41m, 15층 높이의 빌딩에서 뛰어내리는 것과 같습니다.

중력가속도를 9.8㎡/s²라고 가정했을 때 41m 높이에서 떨어진 지면에 닿기 직전의 사람의 속도는 v=루트 2gh입니다. 약 28.3m/s라는 엄청난 속도예요. 지면에 닿는 순간 사람의 속도는 0이 되면서 이 순간 사람이 받는 **충격량**은 지면에 닿기 직전의 운동량 크기와 거의 같습니다. 이 정도의 충격은 5kg의 볼링공이 시속 1,222km/h로 날아와 우리 몸에 부딪히는 것과 같은 충격이에요. 살아남기 힘들겠죠?

이제, 개미의 경우에서 생각해봅시다. 계단 한 칸의 높이는 12cm. 개미의 몸무게는 0.5g입니다.
12cm 떨어진 지면에 닿기 직전의 개미가 갖는 속도는 약 1.5m/s 입니다. 지면에 닿는 순간 개미의 속도도 0이 되면서 개미가 가지고 있었던 지면에 닿기 직전의 속도만큼의 운동량을 충격량으로 받게 됩니다. 계산해보면 1.5x 0.5x 10 -3 [kg m/s] = 7.5x10 -4 [kg m/s]만큼의 충격량을 받는 것이죠.

개미가 받는 **충격량**을 사람이 받는 **충격량**과 비교해보면 무려 226만 배 차이가 납니다. 아래로 떨어지는 물체는 질량, 떨어지는 높이, 중력가속도에 비례해 힘을 받습니다. 이때 공기의 저항도 작용해요. 만약 공기의 저항이 없다면 물체를 떨어뜨렸을 때 시간에 비례해 속도가 빨라지겠죠? 중력과 공기 저항력이 균형을 이루면서 물체의 낙하는 더 빨라지지 않는 등속도 운동이 됩니다.

이때의 속도를 '종단속도'라고 합니다. 물체의 질량이 클수록 종단속도도 커지게 돼요. 개미는 워낙 질량이 작아서 중력이 공기 저항력보다 크지 않습니다. 공기저항의 간섭을 많이 받으면 그만큼 종단속도가 느려지기 때문에 높은 곳에서 떨어져도 다치지 않는 것입니다. 하지만 사람처럼 무거운 물체가 떨어지면 아무리 공기 저항을 감안해도 큰 질량만큼 속도가 빠르게 떨어집니다.

그밖에도 개미의 여러가지 신체적 특징들은 개미를 스카이 다이빙의 왕으로 만들어주는데요. '배자루마디'라는 기관은 개미의 몸을 자유롭게 구부렸다 펼 수 있게 해줍니다. 사람의 눈에는 잘 보이지 않지만 온몸을 뒤덮는 아주 미세한 털도 있어요. 또 개미는 자신의 몸무게보다 약 5천 배 이상의 무게를 들 수 있는데요. 효율적으로 무게를 분산시킬 수 있는 기하학적 신체구조 덕분입니다. 개미는 외골격이라는 딱딱한 피부로 되어있으며, 이것은 3층으로 나뉘어 바깥쪽은 표피, 그 아래는 진피, 안쪽에는 기저막으로 구성되어 있어요. 이러한 구조는 뼈를 대신할 만큼 견고하게 조직되어 있어서, 외부의 충격을 잘 분산시킵니다.

요컨대 개미는 충격량을 가볍게 스킵해버릴 정도로 작은 질량, 어떤 곤충보다도 강력하고 견고한 신체구조를 갖추고 있어 까마득히 높은 곳에서 떨어져도 죽지 않을 수 있었습니다.
주변에 널린 흔하디 흔한 곤충인 줄 알았더니,
히어로 영화의 소재가 될 만한 대단한 녀석이었죠?

https://m.post.naver.com/viewer/postView.nhn?volumeNo=17152870&memberNo=12127589&vType=VERTICAL

Chapter 1. 3대 분석 도구

Chapter 2. 3대 가속 운동

Chapter 3. 강체역학

Chapter 4. 유체역학

Part 1. 역학

§ 1. 지표에서의 운동(중력장에서의 운동)

* 앞단원 복습

3대 분석 도구 $\begin{cases} \sum F = m\dfrac{\Delta v}{\Delta t} & \Rightarrow \sum F = 0 (\text{힘평}) \\ \sum W_{\text{비}} = \dfrac{1}{2}m\Delta v^2 + \Delta U & \Rightarrow 0 = \Delta K + \Delta U \\ I_{\text{계}} = m\Delta v & \Rightarrow \Delta p_{\text{계}} = 0 (\text{힘평}) \end{cases}$

혹은

$\begin{cases} \text{충돌인 문제} \begin{cases} \text{고립계(두공의충돌)} - \text{운보, 에보, 반발} \\ \text{비고립계(공+벽/땅)} - \text{운보}X, \text{에보, 반발} \end{cases} \\ \text{충돌이 아닌 문제} \begin{cases} \text{운방등공} \\ \text{일운정, 일에정, 총에보} \end{cases} \end{cases}$

이제 알짜힘을 받아서 속도가 변하는 운동, 즉 가속운동에 대해서 자세히 알아보자.

1. '지표에서의 운동'은 어떤 운동인가? 그리고 접근 전략은?

지표에서 낙하하는 물체는 <u>공기저항을 무시</u>하면, $a = 10 m/s^2$의 거의 일정한 가속도로 운동한다. 즉 등가속도 운동을 한다.
그러므로 일반적으로 지표에서의 운동이 출제되면 단순히 등가속도 공식을 적용하기만 하면 답을 쉽게 찾을 수 있다.
참고로 $a = 10 m/s^2$를 중력에 의한 가속도 또는 중력가속도라고 부르고 기호로는 g를 쓴다.

pf. (안 시험)

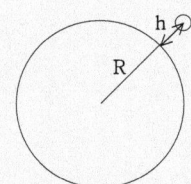

운동방정식 $\dfrac{GMm}{(R+h)^2} = ma$ ← 지표에서의 운동 $h \ll R \simeq 6400 km$

$\Rightarrow \dfrac{GMm}{R^2} \simeq ma$

$\Rightarrow \dfrac{GMm}{R^2} \simeq ma$

$\Rightarrow a = \dfrac{GM}{R^2} = \dfrac{(6.67 \times 10^{-11})(6 \times 10^{24})}{(6400km)^2} \simeq 9.8 m/s^2 (\text{상수}) \equiv g_E$

단 $g_E \equiv \dfrac{GM}{R^2}$, $g \equiv \dfrac{GM}{r^2}$

→ 시사점 : 지표에서의 운동은 등가속도 운동이다.

https://en.wikipedia.org/wiki/Gravitational_acceleration

* 분석도구
운방+등공 가능
일에정 가능 ⇒ 공기저항 무시하면 역에보 가능
충격량 운동량 관계 가능

2. 자유낙하 이론

1) 초속도가 없이 중력에 의해 낙하하는 운동이다. 그리고 등가속도 운동이다.

* logic
  step1. $\vec{F}$ 가 일정하므로 등가속운동이다.
  step2. 등가속 운동은 등가속도 공식으로 분석가능하다.
  step3. 등가속도 공식의 $\vec{v}$ 와 $\vec{a}$ 는 방향성을 갖는 벡터 물리량이다.
  step4. 벡터 물리량의 방향성은 부호로 표현 가능하다.
  step5. 부호 규약은 최초 운동방향을 +축으로 정한다.

2) 좌표축은 최초 운동방향인 지표 방향을 +y 축으로 잡아준다.

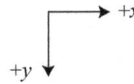

이렇게 되면 중력은 $\vec{F} = +mg\hat{y}$ 또는 $\vec{F} = +mg$ 으로 쓰고, 운동 방정식은 다음과 같다.
$+mg = m\vec{a}$ 에서 $\vec{a} = +g$
또는 $+mg = m(+a)$ 에서 $a = +g$
→ 운동해석 : 점점 빨라지고 있다.

3) 자유낙하하는 물체가 만족하는 등가속도 공식은 다음과 같다.

$v = gt$; 바닥 : $t = \dfrac{v}{g}$

$h = +\dfrac{1}{2}gt^2$; 바닥 : $t = \sqrt{\dfrac{2h}{g}}$ 단 h는 낙하거리

$2gh = v^2$; 바닥 : $v = \sqrt{2gh}$ 단 h는 낙하거리

4) 시간에 따른 물체의 가속도 변화와 속도 변화, 그리고 변위 변화는 다음과 같다.

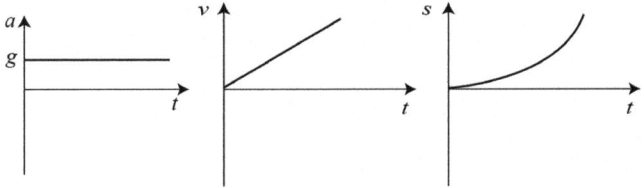

5) 역에보
$mgh = \dfrac{1}{2}mv^2$ 에서 $v = \sqrt{2gh}$

6) 낙하거리와 구간간격

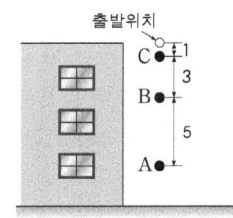

운동시작점부터의 낙하거리는 1:4:9
구간간격은 1:3:5

7) 오개념
80m 절벽에서 자유낙하하는 물체의 마지막 20m 를 지날 때 시간은? $t = \sqrt{\dfrac{2 \times 20}{10}} = 2s$

→ 정개념 : $\sqrt{\dfrac{2 \times 80}{10}} - \sqrt{\dfrac{2 \times 60}{10}}$

3. 연직하방 이론

1) 어떤 운동인가?
   손으로 공을 잡은 뒤, 공을 아래로 던지는 운동이다.
   이때 공이 손을 떠난 이후에 중력만 받기 때문에 그때부터 연직하방 등가속도 운동이라고 부른다.

2) 좌표축은 최초 운동방향인 지표 방향을 +y 축으로 잡아준다.

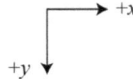

이렇게 되면 중력은 $\vec{F} = +mg\,\hat{y}$ 또는 $\vec{F} = +mg$ 으로 쓰고, 가속도는 $\vec{a} = +g\,\hat{y}$ 또는 $\vec{a} = +g$ 으로 쓴다.

3) 연직하방하는 물체가 만족하는 등가속도 공식은 다음과 같다.
$$v = v_0 + gt$$
$$h = v_0 t + \frac{1}{2}gt^2$$
$$2gh = v^2 - v_0^2$$

4) 시간에 따른 물체의 가속도 변화와 속도 변화, 그리고 변위 변화는 다음과 같다.

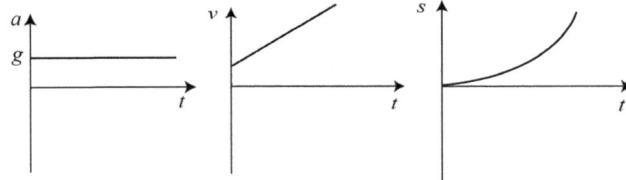

5) 역에보
$\frac{1}{2}mv_0^2 + mgh = \frac{1}{2}mv^2$ 에서 $v = \sqrt{v_0^2 + 2gh}$

4. 연직상방 이론

1) 어떤 운동인가?

   손으로 공을 잡은 뒤, 공을 위로 던지는 운동이다.
   이때 공이 손을 떠난 이후에 중력만 받기 때문에 그때부터 연직 상방 등가속도 운동이라고 부른다.
   → 속담 물리 : 누워서 침뱉기

2) 좌표축은 최초 운동방향인 하늘 방향을 +y 축으로 잡아준다.

   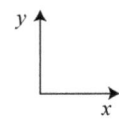

   이렇게 되면 중력은 $\vec{F} = -mg\hat{y}$ 또는 $\vec{F} = -mg$ 으로 쓰고, 운동 방정식은 다음과 같다.
   $-mg = m\vec{a}$ 에서 $\vec{a} = -g$
   또는 $-mg = m(+a)$ 에서 $a = -g$
   → 운동해석 : 점점 빨라지고 있다.

3) 연직상방하는 물체가 만족하는 등가속도 공식은 다음과 같다.

   $v = v_0 - gt$; 최고점 : $T = \dfrac{v_0}{g}$

   $\pm h = v_0 t - \dfrac{1}{2}gt^2$

   $2(-g)(\pm h) = v^2 - v_0^2$; 최고점 : $H = \dfrac{v_0^2}{2g}$

type I	type II	type III
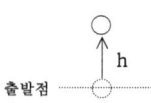	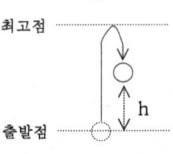	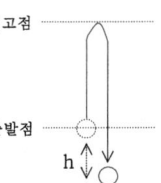
$\vec{s} = +h$	$\vec{s} = +h$	$\vec{s} = -h$

4) 시간에 따른 물체의 가속도 변화와 속도 변화, 그리고 변위 변화는 다음과 같다.

   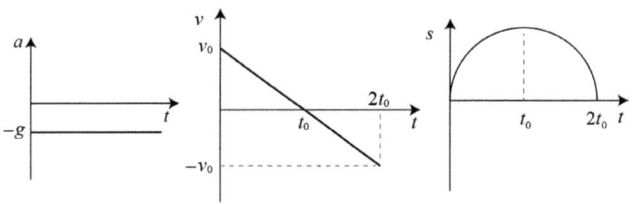

5) 역에보

   $\dfrac{1}{2}mv_0^2 + mgh = \dfrac{1}{2}mv^2$ 에서 $v = \sqrt{v_0^2 + 2gh}$

6) tip : 문제 접근이 어려울 때는 최고점 이후 자유낙하한다는 사실을 이용한다.

Quiz 1 연직 상방 운동하는 물체가 최고점까지 걸린 시간은 5s이다. 최고점까지의 높이는 얼마인가?

정답 125m

5. 수평투사 이론 (기출)

* 사고실험

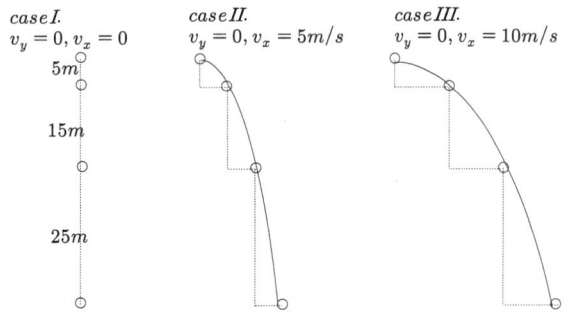

1) 어떤 운동인가?

절벽 끝에서 공을 수평방향으로 던지는 운동이다.
수평방향으로는 어떠한 외력도 없으므로 등속운동한다. 이 운동의 원인은 힘이 아니라 관성이라고 말한다.
수직방향으로는 일정한 중력을 받으므로 자유낙하처럼 떨어진다. 이 운동의 원인은 힘이라고 말한다.
이 두 운동의 결합으로 인해 실제 공의 궤적은 포물선을 그린다.

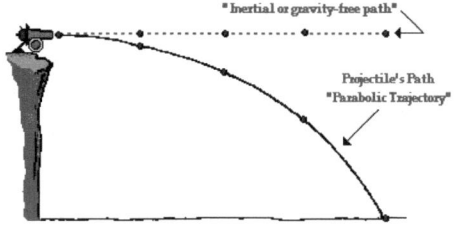

* logic
  step1. 2차원 운동을 x방향 운동과 y방향 운동으로 나누어서 분석한다.
  step2. y방향으로는 $\vec{F}$가 일정하므로 등가속운동이다.
  step3. 등가속 운동은 등가속도 공식으로 분석가능하다.
  step4. 등가속도 공식의 $\vec{v}$와 $\vec{a}$가 벡터이므로 좌표축이 필요하다.
  step5. 좌표축은 물체의 최초운동방향을 +축으로 정한다.

2) 좌표축은 지표 방향을 +y 축으로 잡아준다.

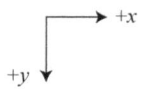

이렇게 되면 중력은 $\vec{F} = +mg\hat{y}$ 또는 $\vec{F} = +mg$으로 쓰고, 가속도는 $\vec{a} = +g\hat{y}$ 또는 $\vec{a} = +g$으로 쓴다.

3) y축 방향 운동에 대한 물리량
   (1) 낙하시간 : 등공 2번 $h = +\frac{1}{2}gt^2$에서 $t = \sqrt{\frac{2h}{g}}$
   (2) 충돌시 y축 방향 속력 : 등공 3번 $2gh = v_y^2$에서 $v_y = \sqrt{2gh}$

4) x축 방향 운동에 대한 물리량
   수평도달거리(range) : '거속시' 공식에 의해
   $R = v_x t = (v_0)(\sqrt{\frac{2h}{g}})$

Quiz 1 수평 투사 운동은 궤적이 곡선인 2차원 운동이다. 그렇다면 수평 투사 운동은 등가속도 운동인가, 아닌가?

정답 등가속도 운동 판단 기준은 운동궤적이 아니다. 등가속도 운동은 뉴턴2법칙에 의해 알짜힘의 변화로 판단할 수 있다. 수평투사운동은 운동하는 내내 알짜힘의 크기와 방향이 일정하므로 등가속도 운동이 맞다!

5) 학생의 오개념 : 두 쇠구슬이 동시에 운동을 시작할 때, 수평으로 던진 쇠구슬이 자유낙하 하는 쇠구슬보다 더 나중에 바닥으로 떨어진다는 생각을 가지고 있다.

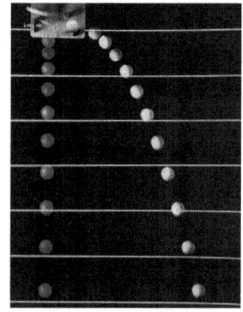

6. 위로 비스듬히 던진 운동 이론 (기출)

* 사고실험

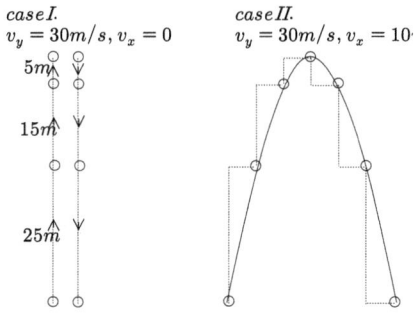

1) 어떤 운동인가?

대포를 위로 쏘았을 때 포탄의 궤적이다.
수평방향으로는 어떠한 외력도 없으므로 등속운동한다. 이 운동의 원인은 힘이 아니라 관성이라고 말한다.
수직방향으로는 일정한 중력을 받으므로 연직상방처럼 운동한다. 이 운동의 원인은 힘이라고 말한다.
이 두 운동의 결합으로 인해 실제 공의 궤적은 포물선을 그린다.

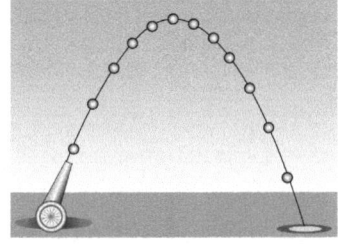

* logic

step1. 2차원 운동을 x방향 운동과 y방향 운동으로 나누어서 분석한다.
step2. y방향으로는 $\vec{F}$가 일정하므로 등가속운동이다.
step3. 등가속 운동은 등가속도 공식으로 분석가능하다.
step4. 등가속도 공식의 $\vec{v}$와 $\vec{a}$가 벡터이므로 좌표축이 필요하다.
step5. 좌표축은 물체의 최초운동방향을 +축으로 정한다.

2) 좌표축은 하늘 방향을 +y 축으로 잡아준다.

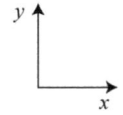

이렇게 되면 중력은 $\vec{F} = -mg\hat{y}$ 또는 $\vec{F} = -mg$으로 쓰고, 가속도는 $\vec{a} = -g\hat{y}$ 또는 $\vec{a} = -g$으로 쓴다.

3) y축 방향 운동에 대한 물리량

(1) 최고점 시간 : 등공 1번 $\underbrace{v_y}_{=0} = v_{oy} + (-g)t$에서 $t = \dfrac{v_{0y}}{g}$ (기출)

(2) 최고점 높이 : 등공 3번 $2(-g)h = \underbrace{v_y^2}_{=0} - v_{0y}^2$에서 $h = \dfrac{v_{0y}^2}{2g}$ (기출)

4) x축 방향 운동에 대한 물리량

수평도달거리(range) : '거속시' 공식에 의해
$R = v_x T = (v_{0x})(2t) = (v_0 \cos\theta)(2\dfrac{v_0 \sin\theta}{g}) = \dfrac{v_0^2 \sin 2\theta}{g}$ (기출)

5) 발사각에 따른 특징

(1) v_0가 동일하다면 $\theta = 45°$일 때 R 최대
(2) v_0가 동일하고 $\theta < 45°$이라면 θ가 커질수록 체공시간과 최고점 높이가 증가한다. 수평도달거리도 증가한다.
(3) v_0가 동일하고 $\theta > 45°$이라면 θ가 커질수록 체공시간과 최고점 높이가 증가한다. 그러나 수평도달거리는 감소한다.
   ($\theta_\text{고} + \theta_\text{저} = 90°$)

Quiz 1 다음 두 궤적에서 체공 시간이 더 큰 것은? 단 처음 속력은 동일하다.

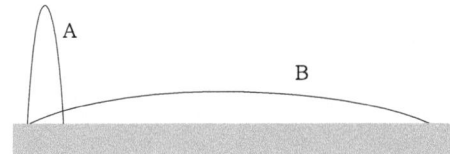

Quiz 2 위로 비스듬히 던진 운동(projectile motion)일 때 성분별 등가속도 공식을 적어보시오.

정답

x 방향	y 방향
$a_x = 0$	$a_y = -g$
$v_x = v_{0x} + a_x t = v_0 \cos\theta$	$v_y = v_{0y} + a_y t = v_0 \sin\theta - gt$
$x = v_{0x}t + \dfrac{1}{2}a_x t^2 = v_0 \cos\theta\, t$	$y = v_{0y}t + \dfrac{1}{2}a_y t^2 = v_0 \sin\theta\, t - \dfrac{1}{2}gt^2$
$2a_x x = v_x^2 - v_{0x}^2$에서 $0 = (v\cos\theta')^2 - (v_0 \cos\theta)^2$	$2a_y y = v_y^2 - v_{0y}^2$에서 $-2gy = (v\sin\theta')^2 - (v_0 \sin\theta)^2$

Part 1. 역학

ex 1 높이가 $60m$인 빌딩의 옥상에서 물체를 $20m/s$의 속도로 연직 위로 던져 올렸다. 이 물체가 빌딩의 1층 바닥에 닿을 때까지 걸린 시간은 얼마인가? $g = 10m/s^2$이다.

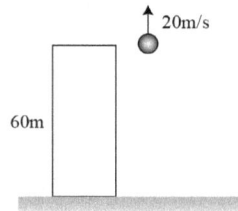

정답 $6s$

ex 2 높이가 $19.6m$인 곳에서 수평 방향으로 물체를 던졌다. 지면에 충돌하는 순간 물체의 운동 방향과 지면 사이의 각이 $45°$였다면, 물체를 던진 순간의 속도는? (단, 중력 가속도는 $9.8m/s^2$이다.)

정답 $19.6m/s$

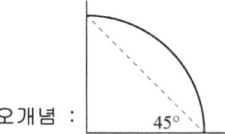

* 오개념 :

* 추가질문 : 낙하시간과 수평도달거리는? $2s$, $39.2m$

ex 3 오른쪽 그래프는 비스듬히 던진 물체가 다시 바닥에 떨어질 때까지의 운동 경로를 나타낸 것이다.

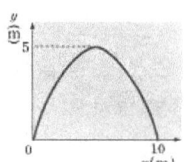

이 물체의 운동에 대한 설명으로 옳은 것을 다음 보기에서 모두 고른 것은? (단, 공기의 저항은 무시하고, 중력 가속도는 $10m/s^2$이다.) hint. 포물선 운동은 수직방향운동을 먼저 분석한다.

―――― <보 기> ――――
ㄱ. 물체가 최고점을 지나는 순간의 속력은 $5m/s$이다.
ㄴ. 물체를 던지는 순간의 속력은 $5\sqrt{5}m/s$이다.
ㄷ. 물체가 최고점을 지나는 순간의 가속도는 0이다.

정답 ㄱ, ㄴ

i) y축 방향의 운동은 연직상방운동이므로 $h = \dfrac{v_{0y}^2}{2g}$ 에서
$v_{0y} = \sqrt{2gh} = 10m/s$

ii) y축 방향의 운동은 최고점 이후 자유낙하를 하므로 낙하시간은
$t = \sqrt{\dfrac{2h}{g}} = 1s$ 이다. 그러므로 체공시간은 $T = 2s$

iii) x축 방향의 운동은 등속도 운동이므로 $v_{0x} = 10m/2s = 5m/s$

iv) $v = \sqrt{5^2 + 10^2} = 5\sqrt{5}m/s$

ex 4 다음 그림에서 최고점까지 높이와 수평 도달거리비는 얼마인가? 그리고 최고점까지의 시간을 H에 대해 표현한다면?

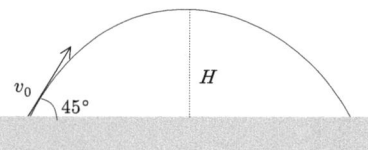

정답 1) $1 : 4$ 2) $t = \dfrac{2\sqrt{2}H}{v_0}$

1) $H = \dfrac{v_0^2 \sin^2\theta}{2g}$, $R = \dfrac{v_0^2 \sin 2\theta}{g}$ 에서
$H : R = \dfrac{v_0^2 \sin^2\theta}{2g} : \dfrac{2v_0^2 \sin\theta \cos\theta}{g} = \tan\theta : 4$이다. 즉 $R = \dfrac{4}{\tan\theta}H$이다.

→ 물리적 의미 : 발사각 θ가 작을수록 H에 비해 R이 월등히 커진다. 궤적은 더욱 찌그러진다.

2)

i) 최고점 이후에 자유낙하를 하므로 $t = \sqrt{\dfrac{2H}{g}}$

ii) y축 방향 에보 $v_0 \sin 45 = \sqrt{2gH}$ 에서 $g = \dfrac{v_0^2}{4H}$ 이다.

iii) 이를 윗 식에 대입하면 $t = \dfrac{2\sqrt{2}H}{v_0}$

or 평균 거속시 공식 $H = \dfrac{\dfrac{v_0}{\sqrt{2}} + 0}{2} \times t$ 에서 $t = \dfrac{2\sqrt{2}H}{v_0}$

tip.
한 공의 운동 : 등공1번=a 정의, 등공2번=평균속력, 등공3번=에보
두 공의 운동 : 상대속도

7. 2차원 운동의 6가지 상황

1) 수평으로 던진 상황

ex 1 높이 20m인 낭떠러지에서 공을 수평방향으로 50m/s의 속력으로 던졌다. 공의 수평이동거리는 얼마인가? 단 공기저항은 무시하고 중력가속도는 $10m/s^2$이다.

정답 100m

2) 비스듬히 아래로 던진 상황

ex 2 높이가 60m인 낭떠러지에서 10m/s의 속력으로 수평면에 대해 30° 아래로 공을 비스듬히 던졌다. 공의 수평이동거리는 얼마인가? 단 공기저항은 무시하고 중력가속도는 $10m/s^2$이다.

정답 $15\sqrt{3}\,m/s$

y축을 지면방향으로 잡는다. 가속도는 $a = +g$ 이다.
등가속도 공식 2번에서 운동시간을 구한다.
$(+60) = (+10\sin30)t + \frac{1}{2}(+10)t^2$ ∴ $t = 3s$
수평도달거리는 $R = (10\cos30)(3) = 15\sqrt{3}\,m$

3) 비스듬히 위로 던진 상황

☞ 도착점과 출발점이 같은 높이인 경우 & 연직상방 접근

ex 3 200m/s의 속력으로 지면에 대해 30° 위로 공을 비스듬히 던졌다. 공의 수평이동거리는 얼마인가? 단 공기저항은 무시하고 중력가속도는 $10m/s^2$이다.

정답 $2000\sqrt{3}\,m$

☞ 도착점과 출발점이 같은 높이인 경우 & 자유낙하 접근

ex 4 지면에서 위로 비스듬히 던진 공의 최고점 높이가 60m이고 최고점에서 속력이 $30\sqrt{3}\,m/s$이다. 공의 수평이동거리는 얼마인가? 단 공기저항은 무시하고 중력가속도는 $10m/s^2$이다.

정답 360m

최고점에서의 속력은 포물선 운동의 초속도의 x성분과 동일하다.
즉 $v_{0x} = 30\sqrt{3}\,m/s$이다.
최고점에서 자유낙하한 것으로 간주하면 낙하시간이
$t = \sqrt{\frac{2h}{g}} = \sqrt{\frac{2 \times 60}{10}} = 2\sqrt{3}\,s$이므로 체공시간은 $T = 4\sqrt{3}\,s$이다.
수평도달거리는 $R = (30\sqrt{3}\,m/s)(4\sqrt{3}\,s) = 360m$이다.

Part 1. 역학

☞ 도착점이 출발점보다 높은 경우

ex 5 야구공이 50m/s의 속력으로 지면에 대해 45° 위로 날아간다. 수평으로 200m를 날아간 순간 담장 끝에 충돌했다. 담장의 높이는 야구공의 출발점보다 얼마나 높은가?

정답 40m

i) x 방향 운동 - 등속 → 거속시 성립

$200 = \frac{50}{\sqrt{2}} \times t$ 에서 $t = 4\sqrt{2}\,s$

ii) y 방향 운동 - 등가속도 → 등공 2번 성립

$h = (\frac{50}{\sqrt{2}})(4\sqrt{2}) - \frac{1}{2} \times 10 \times (4\sqrt{2})^2 = 40m$

or 경로방정식 $y = (\tan\theta)x - \frac{gx^2}{2v_0^2\cos^2\theta}$

or 경로방정식 $y = (\tan\theta)x - \frac{g(1+\tan^2\theta)}{2v_0^2}x^2$

$h = (\tan45°)(200) - \frac{10 \times 200^2}{2 \times 50^2 \times \cos^245°} = 40m$

☞ 도착점이 출발점보다 낮은 경우

ex 6 높이가 30m인 낭떠러지에서 10m/s의 속력으로 지면에 대해 30° 위로 공을 비스듬히 던졌다. 공의 수평이동거리는 얼마인가? 단 공기저항은 무시하고 중력가속도는 $10m/s^2$이다.

정답 $15\sqrt{3}\,m$

i) 수직방향 운동을 분석해서 운동시간을 찾아낸다. 단 y축을 하늘 방향(지면 반대방향)으로 잡는다.

등가속도 공식 2번 $(-30) = (10\sin30)t - \frac{1}{2}(10)t^2$ 에서 $t = 3s$

ii) 수평방향 운동은 등속 직선운동이므로 (거리)=(속력)×(시간)을 적용한다.

$R = (10\cos30)(3) = 15\sqrt{3}\,m$

* 추가질문 : 지면에 도달하는 순간 속도의 수직방향 성분은?

8. 지표에서의 운동 문제 유형

$\begin{cases} \text{공 1개} \\ \text{공 2개} \begin{cases} \text{따로운동} \\ \text{동시운동} : t\text{통제변인}, a_{rel} = 0 \end{cases} \end{cases}$

* 추론형 문제 엿보기

1. 다음 그림에서 θ를 구하라.

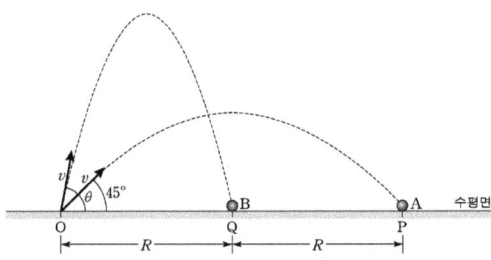

정답 75°

i) A : $2R = \dfrac{v^2 \sin 90}{g}$,   B : $R = \dfrac{v^2 \sin 2\theta}{g}$

ii) 두 식을 비교하면 $\sin 2\theta = \dfrac{1}{2}$, 즉 $2\theta = 30°, 150°$ 이다.

2. 다음 그림에서 A, B의 운동시간이 동일하다. B의 초속도를 h에 대해 표현하면? 단 중력가속도는 g이고 공기저항은 무시한다.

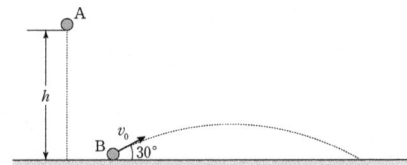

정답

i) $t_A = \sqrt{\dfrac{2h}{g}}$, $t_B = \dfrac{v_0 \sin 30}{g} \times 2$

ii) 두 물체의 운동시간이 동일하므로 $v_0 = \sqrt{2gh}$ 을 얻을 수 있다.

3. 다음 그림에서 A, B는 동시에 서로를 향해 던져진 후 Q점에서 충돌하였다. 물리량을 비교하시오. 단 마찰은 무시한다.

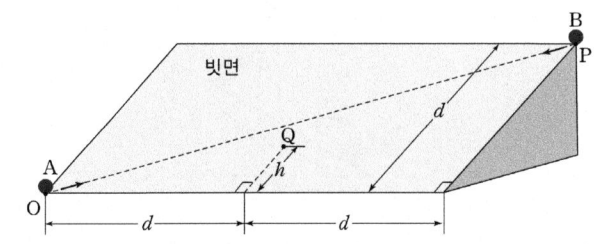

	A	B
운동시간		
수평도달거리		
초속도의 수평성분		
초속도		
Q점에서 속력		

정답 =, =, =, =, <

4. 다음 그림에서 물체는 마찰이 없는 빗면에서 x만큼 올라가다가 멈춘다. x는 얼마인가? 단 중력가속도는 g이다.

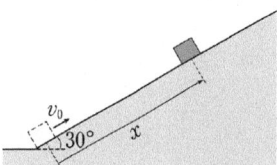

정답 $x = \dfrac{v_0^2}{2(g \sin 30)} = \dfrac{v_0^2}{g}$

5. 다음 그림에서 A는 자유낙하하면 B는 3m/s의 속력으로 연직 상방운동한다. A, B가 만나는 데 걸리는 시간은? 그 때 A, B의 속력은? 단 마찰은 무시한다.

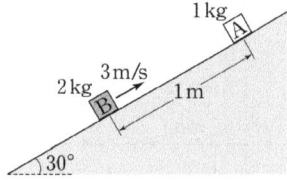

정답

AB에 대한 상대가속도가 0이므로 A가 본 B는 등속도 운동한다. 그러므로 '거속시' 공식을 적용한다.

$1 = 3t$ ∴ $t = \frac{1}{3}s$

한편 빗면 가속도가 $a = -g\sin 30 = -5m/s^2$ 이므로 A의 속도는

$\vec{v}_A = 0 - 5 \times \frac{1}{3} = -\frac{5}{3} m/s$ 이고 B의 속도는

$\vec{v}_B = +3 - 5 \times \frac{1}{3} = +\frac{4}{3} m/s$ 이다.

단 빗면 윗 방향을 +x 축으로 정하였다.

§ 2. 원운동

1. 등속력 원운동이란?
놀이 동산의 회전목마나 선풍기의 날개처럼 일정한 속력으로 원궤적을 그리는 운동을 등속력 원운동이라고 한다.

roundabout / merry-go-round

merry-go-round / carousel

2. 등속력 원운동의 원리 :

Quiz 1 운동 방향과 알짜힘의 방향이 동일할 경우 속도는?

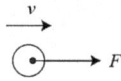

Quiz 2 운동 방향과 알짜힘의 방향이 반대일 경우 속도는?

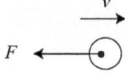

Quiz 3 운동 방향과 알짜힘의 방향이 '매순간' 직각일 경우 속도는?

물체의 진행 방향에 대해 지속적으로 '일정한 크기의' 알짜 외력을 물체에게 가하면, 물체가 가진 속도의 크기는 변하지 않고, 속도의 방향만 살짝씩 변하게 된다. 그러면 물체는 원궤적을 그리면서 일정한 속력으로 운동하게 된다. 이런 경우 물체가 등속력 원운동을 한다고 말한다.

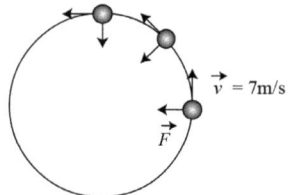

원운동의 원리를 수학적으로 설명하면 다음과 같다. 아래 그림처럼 원형 벽 내부에서 공이 돌아다니면서 탄성 충돌한다고 했을 때, 힘이 없으면 등속 직선 운동하지만, 탄성 충돌하면서 힘을 받으면 속도의 방향이 변한다.

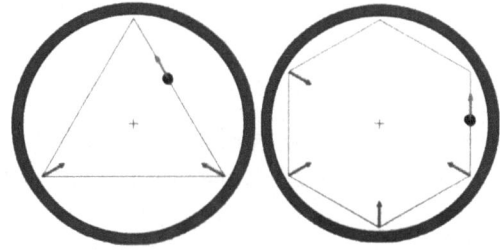

그리고 힘을 여러 번 받으면 방향을 여러 번 바꾸게 되어 운동 궤적이 다각형이 되고, 만약 무한 번 충돌하게 되면 원궤적이 된다. 최종적으로 공이 받은 수직항력은 구심을 향하게 된다. 결국 구심 방향 외력을 받으면 원운동한다고 결론 내릴 수 있다.

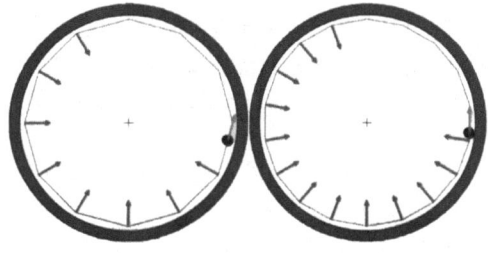

Q&A

질문 위의 마지막 퀴즈에서 운동 방향과 알짜힘의 방향이 직각이면, 가속도가 발생하고 가속도가 있다는 것은 힘 방향으로 at의 속도 변화가 생기는 것 아닌가요?

답변 '운동방향과 힘의 방향이 직각이면 속도의 크기는 변하지 않고 운동방향만 변한다'는 말은 오개념이에요

'운동방향과 힘의 방향이 매순간 직각이면 속도의 크기는 변하지 않고 운동방향만 변한다'가 정개념이에요.

전자는 질문자 말대로 힘의 방향 쪽으로 속력이 생겨요, 그래서 평행 사변형 법에 의해 물체의 속력(속도의 크기)이 증가해요

후자는 원운동의 원리에요. '매순간'이라는 말이 추가되면 물체의 속력(속도의 크기)이 증가하지 않아요.

왜냐하면 매순간이니 시간이 너무 짧아 V=V_0+at에 의해 크기는 변하지 않고 방향만 바뀌겠지요.

원운동의 원리는 알고 보면, 참 신기하죵 ㅎ

Part 1. 역학

3. 물리학에서의 등속력 원운동과 실제 원운동의 차이

1) 물리학에서의 원운동은 마찰이 없다고 가정하고, 처음에만 물체를 한 번 원운동시키고는 손이 구심에 가만히 정지해 있다. (물론 이 경우 손은 계속 실을 구심 쪽으로 당기고 있다. 왜냐하면 손에서 힘을 빼면 물체가 날아가 버리기 때문이다.)

2) 그러나 실제 원운동은 마찰이 존재하기 때문에 손이 구심에 가만히 있으면 물체의 속력이 감소한다. 그러므로 등속력을 유지하려면 손을 접선방향으로 힘을 가하면서 돌려야 한다!

4. 등속력 원운동의 성질 – 원운동의 특징과 운동의 종류

1) 주기 운동이다.
  운동이 주기적으로 반복되는 운동을 주기운동이라고 하는데, 수험생들의 하루 일과도 일종의 주기운동에 해당한다. 등속력 원운동은 특정 시간마다 원래 위치로 되돌아 오기 때문에 주기 운동의 하나이다. 영어로는 periodic motion이라고 부른다. 물리에서 등장하는 주기운동에는 원운동, 단진동, 파동 등이 있다.

2) 등속력 운동이다.
① 앞에서 말한 것처럼 물체의 운동 방향에 대해 매순간 직각으로 힘이 작용하면 속도의 크기는 변하지 않고 속도의 방향만 변하게 된다. 그러므로 등속력 원운동은 '등속력 운동'이라고 부를 수 있다.

② 알짜힘의 방향 : 이때 알짜힘은 전체 원궤도의 중심을 향하게 된다. 그래서 이 알짜힘을 구심력(求心力)이라고 부르기도 한다. 단, 구심력은 힘의 한 종류가 아니다! 힘은 앞에서 배운 10가지 종류 밖에 없다.

3) 등속도 운동이 아니다. 가속 운동이다.
① 속도의 방향 : 아래 그림처럼 돌멩이를 실에 묶어서 돌리다가 갑자기 놓으면 물체는 화살표 방향(접선 방향)으로 날아간다. 그래서 원운동하는 물체는 매순간 접선방향을 향해 운동한다고 말한다.

② 등속력 원운동하는 물체의 속도의 크기는 일정하지만, 물체의 매순간 운동 방향은 접선 방향으로 변한다. $\vec{v}$ 가 벡터이므로 크기나 방향 중에 하나라도 변하면, 속도가 변했다고 한다. 즉 물체는 가속 운동을 한다.

③ 가속도의 방향 : 물체의 가속도 방향은 $\vec{F}_{net} = m\vec{a}$ 에 의해 알짜힘의 방향과 같은 '원의 중심' 방향이다. 그래서 원운동하는 물체의 가속도를 '구심(求心) 가속도'라고 부르기도 한다.

4) 등가속도 운동이 아니다.
① 등속력 원운동에서는 가속도의 방향이 원의 중심을 향해서 매순간 변하므로 등가속도 운동이 아니다.
② 그래서 등속력 원운동 문제에서는 등가속도 공식을 쓸 수 없다.

5) 구심력은 일을 하지 못한다.
$\vec{F}_{net} \perp \vec{v}$ 이어서 $W_구 = \int F_구 ds \cos 90 = 0$ 이다. 즉 구심력은 역학적으로 물체에게 일을 하지 못한다. 그러므로 역학적 에너지 보존 법칙이 항상 성립한다.

6) 등속력 원운동 문제의 분석 도구
  이를 종합해 보면
① 원운동은 등속력 운동이므로 '거속시 공식'을 쓸 수 있고,
② 가속 운동이므로 '운동 방정식'을 쓸 수 있으며,
③ 비보존력이 일을 하지 않으므로 '역학적 에너지 보존 법칙'을 쓸 수 있다.

* 특징 정리

$\begin{cases} ① 등속력운동이다. yes \\ ② 등속도운동이다. no \\ ③ 가속도운동이다. yes \\ ④ 등가속도운동이다. no \end{cases}$ $\begin{cases} ① \vec{F} 방향 : 구심 \\ ② \vec{a} 방향 : 구심 \\ ③ \vec{v} 방향 : 접선 \\ ④ W = 0 \end{cases}$ $\begin{cases} ① 운방 O \\ ② 등공 X \\ ③ 거속시 O \\ ④ 역에보 O \end{cases}$

Quiz 1 등속력 원운동의 특징 정리. 다음 질문에 차례로 답하시오.

1) 등속력 운동이다. (O, X)
2) 등속도 운동이다. (O, X)
3) 가속도 운동이다. (O, X)
4) 등가속도 운동이다. (O, X)
5) 속도의 방향은?
6) 가속도의 방향은?
7) 알짜힘의 방향은?
8) 외부 관찰자 관점에서, 원운동하는 물체는 역학적으로 무슨 상태인가?
9) 구심력은 힘의 한 종류인가?

sol) 1) O 2) X 3) O 4) X 5) 접선 6) 구심 7) 구심
    8) 가속상태 9) no

5. 새로운 물리량

1) 주기 운동과 관련된 물리량들

① 주기 : 한 바퀴 회전하는 데 걸린 시간 또는 소요 시간

$$T \ [s]$$

Quiz 1 원운동하는 어떤 물체가 반바퀴 도는데 2초 걸렸다. 이 물체의 주기는 얼마인가?

② frequency(회전수) : 1초당 회전횟수

$$f = \frac{1}{T} \ [회/s] \ or \ [rev/s] \ or \ [/s] \ or \ [Hz]$$

Quiz 2 주기가 $T = 0.2s$인 원운동의 초당 회전수는 얼마인가?

2) 등속력 운동과 관련된 물리량들

① 평균속력 : 등속력 원운동은 '거속시' 공식을 쓴다.

$$v = \frac{space}{time} = \frac{2\pi r}{T} \quad \rightarrow \quad T = \frac{2\pi r}{v}$$

순간속력 : $v = \frac{2\pi r}{T}$

접선속력(병진속력, 선속력) : $v = \frac{2\pi r}{T}$

② angular velocity(회전속도, 각속도) : 회전하는 속력, w

$$w \equiv \frac{\theta}{t} \ [/s] \ or \ [rad/s] \quad \rightarrow \quad \theta = wt$$

$$w = \frac{2\pi}{T} = 2\pi f \quad \rightarrow \quad T = \frac{2\pi}{w}$$

$$v = \frac{2\pi r}{T} = rw$$

cf. 강체역학에서 나오는 토크(torque)라는 물리량의 단위는 $[Nm]$인데, 개념상 에너지와 다르기 때문에 토크의 단위를 $[J]$로 쓰지는 않는다.

마찬가지로 각속도의 단위인 $[/s]$은 개념상 진동수와 다르기 때문에 진동수의 단위인 $[Hz]$로 쓰지는 않는다.

Quiz 3 3초 동안 180° 회전했다면 회전속력은?

정답 $60°/s$ or $\frac{\pi}{3}/s$

→ 주의 : 각속도의 단위가 회전수의 단위와 동일함.

Quiz 4 어떤 공이 $r = 2m$, $T = 0.2s$인 등속력원운동을 한다.
1) 회전수는?
2) 선속력은?
3) 각속도는?

정답 1) 5Hz   2) 20π m/s   3) 10π /s

cf. 회전 단위 정리

1. rev/s VS rpm
   1) rev/s : 초당 회전수
   2) rpm : revolution per minute, 분당 회전수, $1rpm = rev/60s$

2. $f = 1/s$ VS $w = 1/s$
   1) $f = 1/s = 1회/s = 1rev/s = 1Hz$: 1초에 한 바퀴(360°)씩 회전한다.
   2) $w = 1/s = 1rad/s$: 1초에 약 57°씩 회전한다.
   → 시사점 : 단순히 $1/s$만 주어진다면 1초에 360°씩 회전한다는 의미인지, 1초에 약 57°씩 회전한다는 의미인지 알 수 없다. 그러므로 반드시 $f = 1/s$ or $w = 1/s$ 라고 제시가 되든가, $1Hz$ or $1rad/s$ 라고 제시가 되어야 한다.

3. $f = 2\pi/s$ VS $w = 2\pi/s$
   1) $f = 2\pi/s = 2\pi회/s = 2\pi rev/s = 2\pi Hz$: 1초에 약 여섯 바퀴씩 회전한다.
   2) $w = 2\pi/s = 2\pi rad/s$: 1초에 한 바퀴씩 회전한다.

Part 1. 역학

3) 가속 운동과 관련된 물리량들

① 구심가속도 : $a_r = \dfrac{v^2}{r} = r\omega^2$

pf. (안 시험)

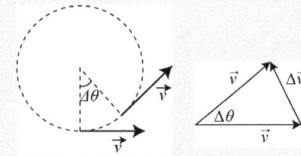

$\Delta\theta \approx 0$이면 $\Delta v = v\Delta\theta$이고 $a = \dfrac{\Delta v}{\Delta t} = \dfrac{v\Delta\theta}{\Delta t} = v\omega = \dfrac{v^2}{r}$

그리고 위의 그림에서 만약 시간 간격이 매우 짧다면($\Delta t \rightarrow 0$), 아래 그림처럼 속도 변화가 거의 구심을 향하게 될 것이다.

② 원운동방정식 : $F = ma$

$= m\dfrac{v^2}{r}$

$= mr\omega^2$

$= mr(\dfrac{2\pi}{주기})^2$

$= mr(2\pi f)^2$

Quiz 5 질량이 $m = 3kg$인 공이 반지름이 $r = 2m$, 주기가 $T = \pi s$인 등속력원운동을 한다.
1) 각속도는?
2) 가속도는?
3) 구심방향 알짜힘은?

정답 1) 2/s   2) $8m/s^2$ 3) 24N

4) 출제 뽀인트 : '실에 매달려서 등속력 원운동하는 돌멩이의 속력은? 또는 각속도는? 주기는? 진동수는?'

Quiz 6 질량 m인 물체가 장력 T를 받아서 반지름이 r인 원운동을 한다. 물체의 속력은?

5) 원운동 문제 접근 전략 : 무조건 '운동 방정식'으로 푼다고 봐도 좋다.

* 정리

원리	운동	분석도구	공식
주기운동			$f = \dfrac{1}{T}$
$\sum \vec{F} \perp \vec{v}$	등속력 운동	거속시	$v = \dfrac{2\pi r}{T} = r\omega$, $\omega = \dfrac{2\pi}{T} = 2\pi f$
$\sum \vec{F} \neq 0$	가속운동	운방	$a = \dfrac{v^2}{r} = r\omega^2$

* 암기해야 할 공식 : $v = r\omega$, $\omega = 2\pi f$, $a = \dfrac{v^2}{r} = r\omega^2$, 나머지는 거속시 변형 형태

6. 대표예제

case1. 물리량 비교

ex 1 선풍기 상황

다음 그림에서 일정한 속력으로 회전하는 풍차 날개의 두 지점 A, B는 회전축으로부터의 반지름 비가 1:2이다. A, B의 선속력, 각속력, 가속도의 크기 등을 비교하시오.

정답

	A		B
r	1	<	2
T		=	
$w=2\pi/T$		=	
$v=rw$		<	
$a=rw^2$	1	<	2
$F=ma$			

ex 2 컨베이어 벨트 상황

공항에서 캐리어를 운반하거나 채석장에서 돌을 운반하는 데 쓰이는 컨베이어 벨트가 있다. 컨베이어 벨트 양쪽에 반지름이 다른 원통 A, B가 있고, 두 원통의 반지름의 비가 1:2이다. A, B의 선속력, 각속력, 가속도의 크기 등을 비교하시오.

정답

	A		B
r	1	<	2
v		=	
$w=v/r$		>	
$T=2\pi/w$		<	
$a=\dfrac{v^2}{r}$	2	>	1
$F=ma$			

Part 1. 역학

caseII. 단순 운동방정식

ex 3 다음 각 경우에 대해 운동 방정식을 세워 보시오.

1) 장력이 구심력으로 작용하는 경우 : $T = m\dfrac{v^2}{r}$

2) 탄성력이 구심력으로 작용하는 경우 : $kx = m\dfrac{v^2}{r}$

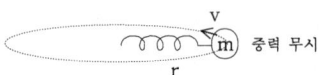

3) 수직항력이 구심력으로 작용하는 경우 : $N = m\dfrac{v^2}{r}$

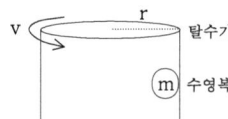

4) 마찰력이 구심력으로 작용하는 경우 : $\mu_s mg \geq f_s = m\dfrac{v^2}{r}$

5) 중력이 구심력으로 작용하는 경우 :
① $\dfrac{GMm}{r^2} = m\dfrac{v^2}{r}$ ∴ $v = \sqrt{\dfrac{GM}{r}}$ (기출)
② $\dfrac{GMm}{r^2} = mr\left(\dfrac{2\pi}{T}\right)^2$ ∴ $T^2 = \dfrac{4\pi^2}{GM}r^3$ (기출)

6) 전기력이 구심력으로 작용하는 경우 : $\dfrac{kQq}{r^2} = m\dfrac{v^2}{r}$

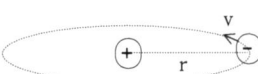

7) 자기력이 구심력으로 작용하는 경우 : $Bqv = m\dfrac{v^2}{r}$

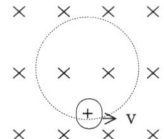

ex 4 다음 그림은 질량이 m인 자동차가 일정한 속력 v로 언덕길을 넘어가는 것을 나타낸 것이다.

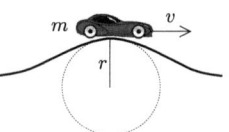

자동차가 곡률 반지름이 r인 언덕의 맨 윗부분을 지나는 순간 자동차가 언덕으로부터 받는 수직항력은 얼마인가? (기출)

정답 $mg - \dfrac{mv^2}{r}$

<1> 외부관찰자가 볼 때 자동차는 언덕을 지나면서 원운동(알짜힘 작용)을 하므로 자동차는 $mg - N$이라는 알짜힘을 받고 있다고 생각한다. 이를 바탕으로 자유물체도(free-body diagram)를 그려보면 다음과 같다.

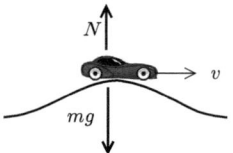

운동방정식이 $+mg - N = m\dfrac{v^2}{r}$이므로 $N = mg - \dfrac{mv^2}{r}$이다.

<2> 자동차가 언덕을 지날 때 내부관찰자 입장에서는 자신이 등속직선운동(힘의 평형)을 한다고 생각한다. 관성력인 원심력을 고려해서 자유물체도(free-body diagram)를 그려보면 다음과 같다.

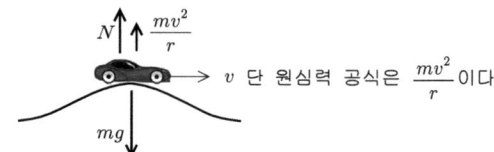

단 원심력 공식은 $\dfrac{mv^2}{r}$이다.

$N + \dfrac{mv^2}{r} = mg$라고 쓸 수 있고, $N = mg - \dfrac{mv^2}{r}$이다.

★ 오개념 : 그림처럼 '중력과 구심력의 합이 수직항력과 평형'을 이룬다고 생각하고 $mg + \dfrac{mv^2}{r} = N$이라고 수식을 적는 경우가 있다.

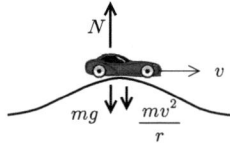

'구심력'이라는 말은 원운동하는 물체가 받는 합력(알짜힘)을 특별히 부르는 말이므로 구심력이 다른 힘과 평형을 이룬다고 생각하는 것은 잘못된 생각이다.

Ch 2. 3대 가속 운동

caseIII. 원뿔운동

ex 5 conical pendulum (기출)

다음 원뿔 진자의 운동에서 가속도, 장력, 속력, 주기 등을 구하시오.

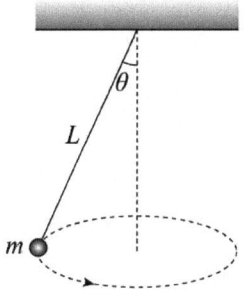

1) 자유물체도

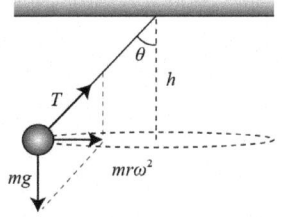
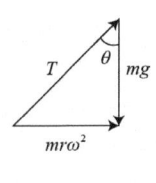

2) 운동방정식
① 벡터 표현 : $\vec{T} + \vec{mg} = \vec{ma}$
② 후크의 방법(성분별 운방) : x축 : $T\sin\theta = m\dfrac{v^2}{r}$
　　　　　　　　　　　　　y축 : $T\cos\theta = mg$

3) 직각삼각형
① 피타고라스 정리 : $T^2 = (mg)^2 + (ma)^2$
② 삼각함수 : 아래 참조

4) 물리량
중력과 구심력의 관계는 다음과 같다.

$\sin\theta = \dfrac{ma}{T}$

$\cos\theta = \dfrac{mg}{T}$

$\tan\theta = \dfrac{ma}{mg}$

$\tan\theta = \dfrac{m\dfrac{v^2}{r}}{mg}$

$\tan\theta = \dfrac{mr\omega^2}{mg}$

$\tan\theta = \dfrac{mr(2\pi f)^2}{mg}$

$\tan\theta = \dfrac{mr(\dfrac{2\pi}{t})^2}{mg}$ ∴ $t = 2\pi\sqrt{\dfrac{r}{g\tan\theta}} = 2\pi\sqrt{\dfrac{h}{g}}$

단, $r = h\tan\theta$

ex 6 velodrome

다음 벨로드롬에서 싸이클 선수의 가속도, 수직항력, 속력, 주기 등을 구하시오.

1) 자유물체도

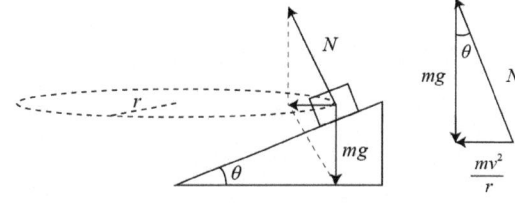

단 마찰 무시

2) 운동방정식
① 벡터 표현 : $\vec{N} + \vec{mg} = \vec{ma}$
② 후크의 방법(성분별 운방) : x축 : $N\sin\theta = m\dfrac{v^2}{r}$
　　　　　　　　　　　　　y축 : $N\cos\theta = mg$

3) 직각삼각형
① 피타고라스 정리 : $N^2 = (mg)^2 + (ma)^2$
② 삼각함수 : 아래 참조

4) 물리량

$\sin\theta = \dfrac{ma}{N}$

$\cos\theta = \dfrac{mg}{N}$

$\tan\theta = \dfrac{ma}{mg}$

$\tan\theta = \dfrac{m\dfrac{v^2}{r}}{mg}$

$\tan\theta = \dfrac{mr\omega^2}{mg}$

$\tan\theta = \dfrac{mr(2\pi f)^2}{mg}$

$\tan\theta = \dfrac{mr(\dfrac{2\pi}{t})^2}{mg}$ ∴ $t = 2\pi\sqrt{\dfrac{r}{g\tan\theta}}$

Part 1. 역학

caseIV. 부등속력 원운동

ex 7 쥐불놀이 (기출)

다음과 같이 연직면에서 원운동하는 쥐불의 가속도, 속도, 알짜힘, 장력 등을 구하시오.

1) 분석도구

① 가속운동이므로 운동방정식 가능

② 역에보 : 비보존력이 한 일이 $W_{비} = Ts\cos 90 = 0$ 이다. 그리고 위치에너지가 변하고 있다. 그러므로 운동에너지가 변하는 운동이다.

③ 부등속력 운동이므로 거속시 불가능

2) 최고점에서 장력 구하기

외부 관찰자 관점에서 자유물체도를 그리면 다음과 같다.

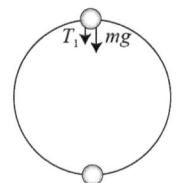

운동방정식 : $T_1 + mg = m\dfrac{v_1^2}{r}$ 에서 $T_1 = m\dfrac{v_1^2}{r} - mg$

3) 최소 회전조건일 때 최고점에서의 속력은?

위의 운동방정식에서 속력이 점점 감소하면 수학적으로 $T_1 = 0$ 이 될 수 있다. 이 상태가 원궤적이 유지되는 최소 조건이다. $T_1 = 0$ 을 최소 회전조건이라고 한다.

이 때 $v_1 = \sqrt{gr}$ 이 된다. (기출)

★ 추가질문1 : 최소회전조건일 때, 역학적 에너지 보존 법칙을 이용하여 각 지점에서 속력을 구하시오.

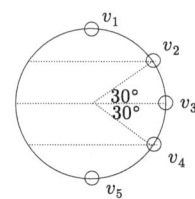

정답 $v_2 = \sqrt{2gr}$, $v_3 = \sqrt{3gr}$, $v_4 = \sqrt{4gr}$, $v_5 = \sqrt{5gr}$

★ 추가질문2 : 최소회전조건일 때, 최저점에서 장력과 구심력은? (기출)

정답 외부 관찰자 관점에서 자유물체도를 그리면 다음과 같다.

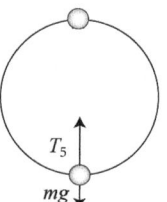

최저점에서 운동방정식 : $T_5 - mg = m\left(\dfrac{v_5^2}{r}\right)$ 에 $v_5 = \sqrt{5gr}$ 을 대입하면 구심력은 $5mg$ 이고 장력은 $T_5 = 6mg$ 이다.

★ 추가질문3 : 내부관찰자 입장에서 다시 풀어보시오. 단 최소회전조건이 성립한다.

정답

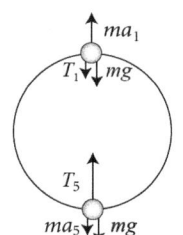

i) 최고점 힘의 평형 : $\underbrace{T_1}_{=0} + mg = ma_1$ ⇒ $v_1 = \sqrt{gr}$

ii) 최저점 힘의 평형 : $T_5 = mg + ma_5$

iii) 최고점 최저점 역에보 : $\dfrac{1}{2}mv_1^2 + mg(2r) = \dfrac{1}{2}mv_5^2$

iv) 세 식을 연립하면 $T_5 = 6mg$, $v_5 = \sqrt{5gr}$

caseIV. 부등속 원운동

ex 8 롤러코스터 (기출)
다음과 같이 높이 h에서 출발하는 질점이 반지름이 R인 원형 레일을 안정하게 돈다. 출발점의 최소 높이를 구하시오.

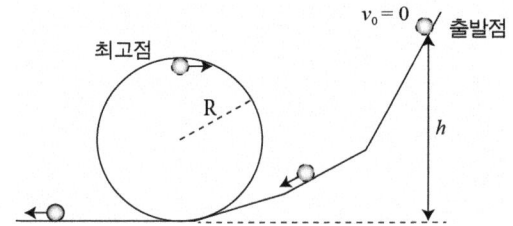

1) 분석도구
① 가속운동이므로 운동방정식 가능

② 역에보 : 비보존력이 한 일이 $W_\text{비} = Ns\cos 90 = 0$ 이다. 그리고 위치에너지가 변하고 있다. 그러므로 운동에너지가 변하는 운동이다.

③ 부등속력 운동이므로 거속시 불가능

2) 최고점에서 수직항력 구하기
외부 관찰자 관점에서 자유물체도를 그리면 다음과 같다.

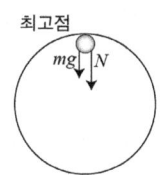

운동방정식 : $N + mg = m\dfrac{v^2}{r}$ 에서 $N = m\dfrac{v^2}{r} - mg$

3) 최소 회전조건일 때 최고점에서의 속력은?
위의 운동방정식에서 속력이 점점 감소하면 수학적으로 $N = 0$ 이 될 수 있다. 이를 최소 회전조건이라고 한다.
이 때 $v = \sqrt{gr}$ 이 된다.

★ 추가질문1 : 최소회전조건일 때, 역학적 에너지 보존 법칙을 이용하여 각 지점에서 속력을 구하시오.

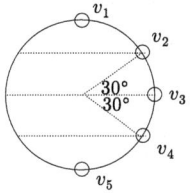

정답 $v_2 = \sqrt{2gr}$, $v_3 = \sqrt{3gr}$, $v_4 = \sqrt{4gr}$, $v_5 = \sqrt{5gr}$

★ 추가질문2 : 역학적 에너지 보존 법칙을 이용하여 출발점의 최소 높이를 구하시오. (기출)

정답 $h = \dfrac{5}{2}r$

$v = \sqrt{gr}$ 을 에너지보존법칙 $mgh = mg(2r) + \dfrac{1}{2}mv^2$ 에 대입해서 정리하면 $h = \dfrac{5}{2}r$ 이다.

★ 질점역학 정리
1. 3대 분석 도구

$\begin{cases} \text{충돌인 문제} \begin{cases} \text{고립계(두공의충돌)} - \text{충운관,운보,에보,반발} \\ \text{비고립계(공+벽/땅)} - \text{충운관,운보}X\text{,에보,반발} \end{cases} \\ \text{충돌이 아닌 문제} \begin{cases} \text{운방등공} \\ \text{일운정,일에정,총에보} \end{cases} \end{cases}$

2. 3대 가속 운동

$\begin{cases} \text{중력장에서의 운동} - \text{운방등공,역에보} \\ \text{원운동} \begin{cases} \text{등속력} - \text{운방,거속시} \\ \text{변속력} - \text{운방,역에보} \end{cases} \\ \text{단진동} \quad - \text{용수철,단진자} - \text{운방,역에보} \end{cases}$

Part 1. 역학

* 추론형 문제 엿보기

1. 다음 그림은 속도의 크기가 일정하게 증가하는 물체의 궤적을 나타낸 것이다. A, B 점에서의 물리량을 비교하시오.

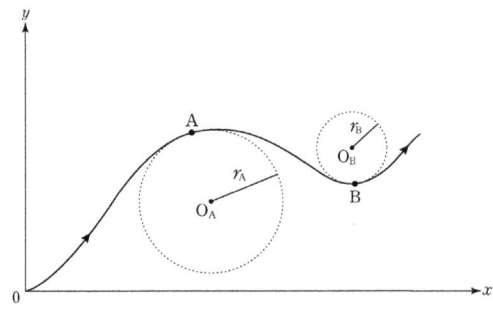

	A	B
a_t		
a_r		
접선력		
구심력		
알짜가속도		
토크		

정답 =, <, =, <, <, >

2. 다음 그림에서 물체는 최소 회전 조건을 만족하는 원운동을 한다. 물체의 수평도달거리는?

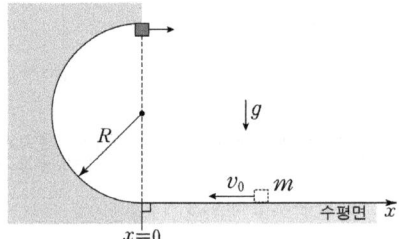

정답 $range = \sqrt{gR} \times \sqrt{\dfrac{2(2R)}{g}} = 2R$

§ 3. 단진동

1. 진동이란?

강의 시간에 학생이 다리를 떨 때나 궤종 시계의 추가 좌우로 왔다 갔다 할 때, 그리고 뻐근한 어깨에 1초에 수 십 번의 타격을 가하는 마사지 건 등은 진동 운동을 한다고 말한다.

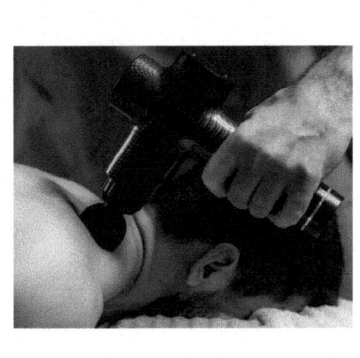

그 중에서 아주 작은 각으로 진동하는 진자의 운동이나, 천장에 매달린 용수철의 상하 운동을 단순 조화 진동 또는 단진동이라고 부른다.

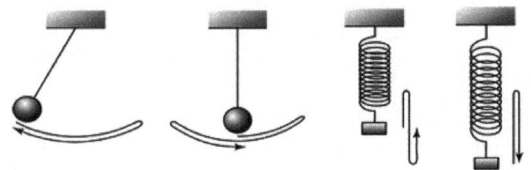

cf. 명칭 정리

simple	harmonic	oscillation	S.H.O
단순	조화	진동	
단순		진동	
단		진동	
단	조화	진동	
	조화	진동	

2. 단진동의 물리적인 정의

물체의 운동은3 다음처럼 시간에 따른 변위에 따라서 분류할 수 있다.

1) 등속도 운동 : 시간에 따른 변위가 $x = vt$ 인 운동

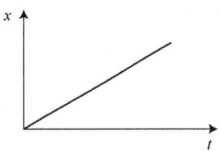

2) 등가속도 운동 : 시간에 따른 변위가 $x = \frac{1}{2}at^2$ 인 운동

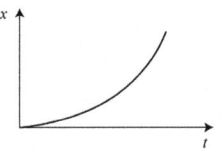

3) 단진동 운동 : 시간에 따른 변위가 $x = A\sin\theta = A\sin wt$ 인 운동. 단 $w = \frac{\theta}{t}$ 이고 A는 진동폭(진폭)이고 $2A$는 진동범위이다.

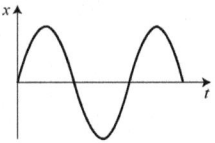

만약 다음처럼 진동한다면 $x = A\cos wt$ 으로 표현한다. 이것은 단순히 처음 시작점이 어디냐에 따라서 결정된 것일 뿐이므로, 헷갈려할 필요는 없다.

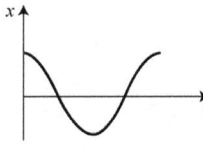

3. 단진동의 원리

1) 원리 : 등속력 원운동(w 상수)하는 물체를 옆에서 빛으로 비추었을 때 벽에 비친 그림자의 운동은 '시간에 따른 변위가 삼각함수 형태'를 나타낸다. 그래서 그림자의 운동은 단진동 운동에 해당한다!

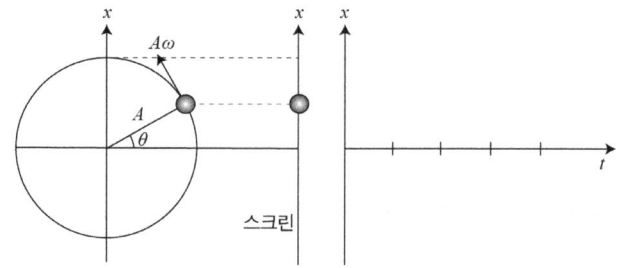

그러므로 단진동은 원운동의 '그림자' 또는 '정사영'에 해당한다고 말한다.
참고로 그렇다보니 기본적으로 원운동과 단진동은 공식 형태가 매우 유사하다.(맑은 날 사람이 등속운동하면 그림자도 등속운동하듯이 말이다.)

2) 특징 : 원운동이 한 번 반복되는 시간(주기)과 단진동이 한 번 반복되는 시간(주기)이 서로 같다!

$$T_\text{원} = T_\text{단}$$

3) 원운동과 차이점 : 원운동은 운동이 원을 그리며 반복되는 운동이고, 단진동은 좌우로 왔다 갔다 하는 운동 혹은 상하로 왔다 갔다 하는 운동이다. 그래서 원운동은 2차원 궤적 운동으로 분류하고, 단진동은 1차원 궤적 운동으로 분류한다.

4. 새로운 물리량

1) 주기 운동과 관련된 물리량들
: period(T)와 frequency(f)와 angular frequency(w)

원운동	비교	단진동
$T_\text{원}$	=	$T_\text{단}$
$f = \dfrac{1}{T}$ (회전수)	=	$f = \dfrac{1}{T}$ (진동수)
$w = \dfrac{2\pi}{T}$ (각속도)	=	$w = \dfrac{2\pi}{T}$ (각진동수)

2) 변위, 속도, 가속도

원운동	비교	단진동
$r = A$	≥	$x = A\sin\omega t$
$v = A\omega$	≥	$v = \omega A\cos\omega t$
$a = A\omega^2$	≥	$a = -\omega^2 A\sin\omega t = -\omega^2 x$

Quiz 1 단진동 물리량의 최대값과 위치는?

정답 x : 최대변위, v : 평형점, a : 최대변위

★ 힘의 분류
1. 접촉에 의한 분류 : 접촉력, 원거리 작용력
2. 보존여부에 의한 분류 : 보존력, 비보존력
3. 합력의 역할에 따른 분류 : 구심력, 복원력

5. 대표 예제 - 용수철 진동

1) 탄성력 : $\vec{F} = -k\vec{x}$

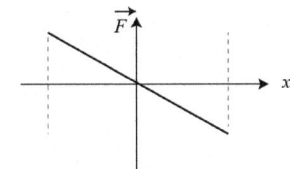

2) 용수철 진동은 단진동인가?

용수철에 매달린 물체의 운동방정식은 $-kx = m\frac{d^2x}{dt^2}$이고 이는 수학적으로 이차 미분 방정식이다. 이것의 해는 $x = A\sin wt$이다. 시간에 따른 물체의 변위가 삼각함수의 형태이므로, 물체가 단진동함을 알 수 있다.

pf.

i) 운동방정식 : $\ddot{x} + \frac{k}{m}x = 0 \Rightarrow \ddot{x} + w^2 x = 0$

⇒ 보조방정식 $D^2 + w^2 = 0$

⇒ $(D+iw)(D-iw) = 0$

⇒ $D = \pm iw$

⇒ 보조방정식이 서로 다른 두 허근을 가지는 경우 이차 미분 방정식의 해는 $x = e^{iwt}, e^{-iwt}$가 된다.

⇒ 일반해는 $x = C_1 e^{iwt} + C_2 e^{-iwt}$가 된다.

⇒ 오일러 공식($e^{i\theta} = \cos\theta + i\sin\theta$)를 대입해서 정리하면 $x(t) = A\sin(wt + \delta)$을 얻을 수 있다.

ii) 시도해 : $x(t) = A\sin(wt + \delta)$

iii) 초기조건 대입 $\dot{x}(0) = wA\cos\delta = 0$에서 $\delta = \frac{\pi}{2}$

⇒ $x(t) = A\sin(wt + \frac{\pi}{2}) = A\cos wt$

iv) 초기조건 대입 $x(0) = A = x_0$

∴ $x(t) = x_0 \cos wt$

3) 탄성에너지($PE = \frac{1}{2}kx^2$)와 운동에너지($KE = E - PE$)

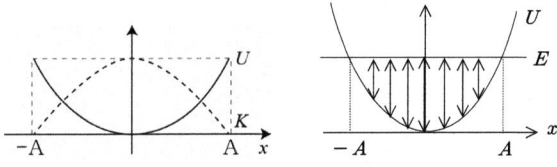

단, 여기서 E와 PE 사이의 간격이 KE이다.

→ 특징 : 마찰력이 없을 때, 역학적 에너지 보존 법칙이 성립함. 참고로, 두 회귀점(turning point) 사이의 영역을 허락된 영역(allowed area)라고 하고, 바깥쪽 영역을 금지된 영역(forbidden area)라고 한다.

Quiz 1 다음 퍼텐셜 에너지 그래프에 대한 질문에 답하시오.

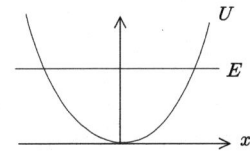

(1) 그래프에 운동에너지를 표시하시오.

(2) 그래프에 turning point를 표시하시오.

(3) 그래프에 허락된 영역과 금지된 영역을 표시하시오.

Part 1. 역학

4) 각 위치에서 물리량의 변화

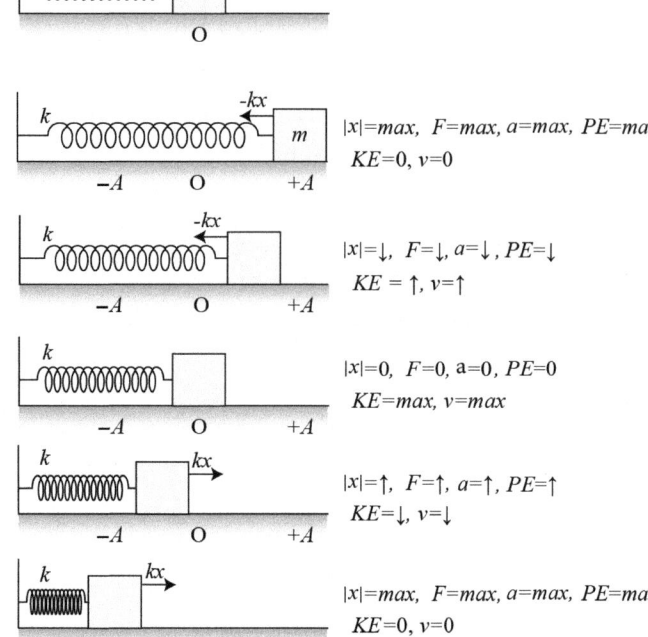

|x|=max, F=max, a=max, PE=max
KE=0, v=0

|x|=↓, F=↓, a=↓, PE=↓
KE=↑, v=↑

|x|=0, F=0, a=0, PE=0
KE=max, v=max

|x|=↑, F=↑, a=↑, PE=↑
KE=↓, v=↓

|x|=max, F=max, a=max, PE=max
KE=0, v=0

5) 용수철 운동방정식과 주기

i) $-kx = ma$ ← $a = -w^2x$
    $\quad\quad\quad\quad\quad = -mw^2x$

ii) $w^2 = \dfrac{k}{m}$

iii) $T = \dfrac{2\pi}{\omega} = 2\pi\sqrt{\dfrac{m}{k}}$ (기출)

→ 일반화 : 어떤 물체의 운동방정식이 상수×거리 = ma 형태로 표현될 때 좌변의 힘을 '복원력'이라고 부른다.

'복원력'은 물체를 단진동시킨다.

이때 단진동하는 물체의 주기는 항상 $T = 2\pi\sqrt{\dfrac{m}{상수}}$ 로 표현 가능하다.

좀 더 일반적으로 '상수'를 '탄성'이라고 부르고, m을 '관성'이라고 부른다. 그러므로 단진동 주기 공식은 $T = 2\pi\sqrt{\dfrac{관성}{탄성}}$ 이다!

Quiz 2 어떤 물체가 $-3x = 5a$ 인 운동방정식을 만족하며 진동하고 있다. 주기는 얼마인가?

6) 분석도구 :
① 가속운동이므로 운동방정식 가능
② 가속도의 크기가 변하므로 등가속도 공식 불가능
③ 비보존력이 일을 하지 않으므로 역학적 에너지 보존 법칙 가능

Quiz 3 다음 그림에서 1번 또는 2번에서 운동을 시작하면 몇 번까지 이동해야 한 주기의 운동이 되는가?

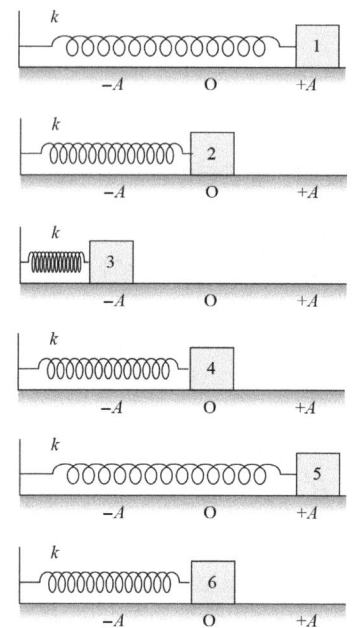

* 추가질문 : 위의 그림을 새총으로 간주하고, 3번에서 운동을 시작한다면, 탄성력이 작용하는 시간은?

6. 대표 예제 – 단진자(simple pendulum) (기출)

1) 분석도구 :
① 가속운동이므로 운동방정식 가능
② 가속도의 크기가 변하므로 등가속도 공식 불가능
③ 비보존력이 일을 하지 않으므로 역학적 에너지 보존 법칙 가능

2) 운동방정식

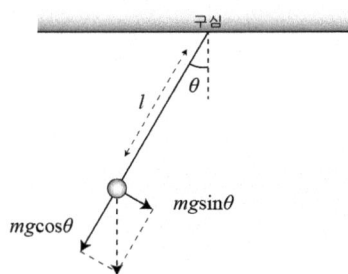

① 벡터 표현 : $\vec{T} + m\vec{g} = m\vec{a}$
② 후크의 방법(성분별 운방) :

지름 : $\underbrace{T - mg\cos\theta}_{\text{구심 방향 합력}} = m \underbrace{a_r}_{\substack{\text{구심방향} \\ \text{가속도}}}$ 단 $a_r = \dfrac{v^2}{l}$

접선 : $-mg\sin\theta = ma_t$

3) 단진자(simple pendulum) : $\theta \simeq 0$ 인 진자. 시간에 따른 변위가 삼각함수로 표현 가능.

4) 단진자의 주기 : $T = 2\pi\sqrt{\dfrac{l}{g}}$ (기출)

pf1. 운동방정식
i) $\theta \simeq 0$ 이면 $\sin\theta \simeq \theta$ 이다.

cf. $\sin 30° = \sin\dfrac{\pi}{6} = \dfrac{1}{2}$

$\sin 0.3° = \sin\dfrac{\pi}{600} \simeq \dfrac{\pi}{600}$

ii) 진자의 접선 방향 운동방정식 : $-mg\sin\theta = ma_t$

$\Rightarrow -mg\theta \simeq ma_t \quad \leftarrow x = l\theta$

$\Rightarrow -mg\dfrac{1}{l}x \simeq ma_t$

$\Rightarrow T = 2\pi\sqrt{\dfrac{관성}{탄성}} = 2\pi\sqrt{\dfrac{m}{mg/l}} = 2\pi\sqrt{\dfrac{l}{g}}$

or $-g\dfrac{1}{l}x \simeq a_t$ 은 $a = -w^2 x$ 와 비교하면 $w^2 = \dfrac{g}{l}$ 이므로

$T = \dfrac{2\pi}{w} = 2\pi\sqrt{\dfrac{l}{g}}$ 이다.

→ 암기법 : 천장에 실이 연결되어 있고, 지구가 아래로 당기고 있는 형태임.

pf2. 단진동의 원리 이용 : 단진동은 원운동의 정사영이다. 그래서, 단진동의 최대 속력은 원운동의 속력과 같고, 단진동의 주기는 원운동의 주기로부터 구할 수 있다.

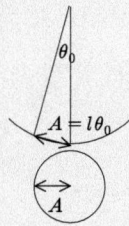

$v_{cm,\max} = \sqrt{2gl(1-\cos\theta_0)} \simeq \sqrt{2gl[1-(1-\dfrac{\theta_0^2}{2})]} = \sqrt{gl\theta_0^2} = \theta_0\sqrt{gl}$

$\Rightarrow T = \dfrac{2\pi A}{v_{\max}} = \dfrac{2\pi(l\theta_0)}{\theta_0\sqrt{gl}} = 2\pi\sqrt{\dfrac{l}{g}}$

Quiz 1 지금까지 다룬 운동을 가속도에 따라서 분류한다면?

정답

	가속도의 크기	가속도의 방향
중력장에서의 운동	불변($a = g$)	불변(지구 방향)
등속력 원운동	불변($a = \dfrac{v^2}{r}$)	변함(구심 방향)
단진동	변함($a = \dfrac{kx}{m}$)	변함(평형점 방향)

Part 1. 역학

ex 1 다음 그래프는 용수철에 연결된 물체가 진동할 때, 위치에 따른 속도를 나타낸 그래프이다. 주기는 얼마인가? 단 마찰은 무시한다.

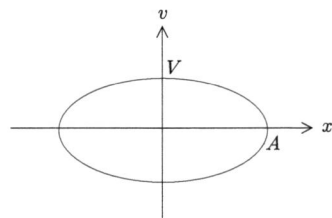

정답 $T = \dfrac{2\pi A}{V}$

에너지 보존 법칙 $\dfrac{1}{2}kA^2 = \dfrac{1}{2}mV^2$ 에서 $\dfrac{m}{k} = \dfrac{A^2}{V^2}$ 이므로,

주기는 $T = 2\pi\sqrt{\dfrac{m}{k}} = \dfrac{2\pi A}{V}$ 이다.

ex 2 다음 그림은 A→B→C→D→E로 운동하는 '진자'를 나타낸 것이다. 진자의 최고점과 최저점에서 위치에너지, 운동에너지, 알짜힘, 장력의 특징은?

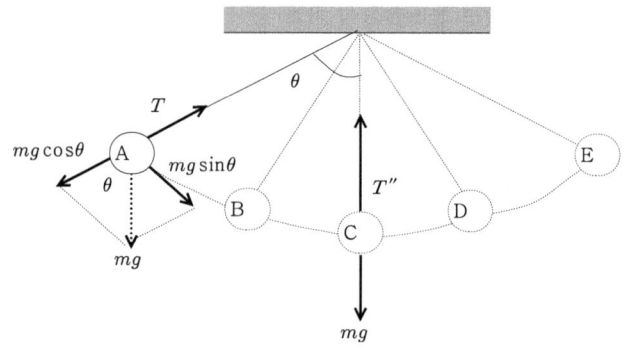

정답

1) 위치에너지 : $U_A = mgh = mg(l - l\cos\theta)$
   단 C점을 기준점($U=0$)으로 삼음.
   $U_A > U_B > U_C$

2) 운동에너지 : $KE_A < KE_B < KE_C$

3) 알짜힘 표시

	A	B	C
접선 방향	$-mg\sin\theta = ma_t$	$-mg\sin\theta' = ma_t'$	0
지름 방향	$T - mg\cos\theta = m\dfrac{0^2}{r}$	$T' - mg\cos\theta' = ma_r'$	$T'' - mg = ma_r''$
알짜힘	$mg\sin\theta$	$\sqrt{(ma_t')^2 + (ma_r')^2}$	$T'' - mg$
알짜힘 방향	↘ (A)	↗ (B)	↑ (C)

5) 접선힘의 크기 : A > B > C

6) 구심력의 크기 : C > B > A 특히 A에서 0

7) 최고점에서 장력 : $T = mg\cos\theta$

8) 최저점에서 장력 : 역학적 에너지 보존 법칙
   $mgl(1 - \cos\theta) = \dfrac{1}{2}mv^2$ 을 이용하면
   $T = mg + m\dfrac{v^2}{l} = mg + 2mg(1 - \cos\theta)$

9) B점에서 장력 : $T = m\dfrac{v^2}{l} + mg\cos\theta$ (기출)

Ch 2. 3대 가속 운동

* 추론형 문제 엿보기

1. 손을 떼면 B는 분리된 후 달아나고 A는 단진동한다. B의 최종 운동에너지와 A의 최종 진폭은 얼마인가?

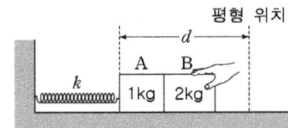

정답 $KE_B = \frac{1}{2}kd^2 \times \frac{2}{3}$, $KE_A = \frac{1}{2}kd^2 \times \frac{1}{3} = \frac{1}{2}k(\frac{d}{\sqrt{3}})^2$ 에서 $\frac{d}{\sqrt{3}}$

2. 손을 떼면 C는 분리된 후 오른쪽으로 등속직선운동한다. 이후 A, B의 운동은 어떻게 되는지 개략적으로 기술하시오.

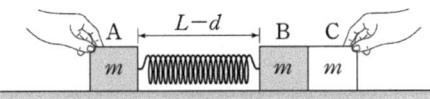

정답 A와 B는 자신들의 질량중심을 벽으로 삼아 단진동하고, 질량중심은 왼쪽으로 등속직선운동한다.

3. 다음 그림에서 실을 끊은 이후 A의 진폭은 몇 cm 인가? 단 중력가속도는 $10m/s^2$ 이다.

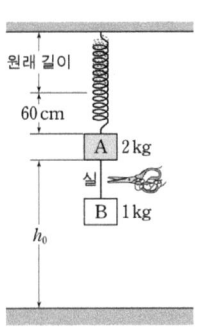

정답 20cm

i) 끊기 전 힘의 평형에서 $k = \frac{30}{0.6} = 50 N/m$

ii) 끊은 후 새로운 힘의 평형점 : $x_{A0} = \frac{20}{50} = 0.4m$

iii) 진폭 ≡ 최대 변위~평형점

∴ $A = 60cm - 40cm = 20cm$

---

* 질점역학 총정리

$$\text{3대 분석도구} \begin{cases} \sum \vec{F} = m\vec{a} \Rightarrow \sum \vec{F} = 0 \\ \text{일에정} \Rightarrow \text{역에보} \\ \vec{I} = \Delta \vec{p} \Rightarrow \Delta \vec{p}_{계} = 0 \end{cases}$$

$$\text{3대 가속운동} \begin{cases} \text{지표에서의 운동: 자낙}(t = \sqrt{\frac{2h}{g}}, v = \sqrt{2gh}), \text{연상}(t = \frac{v_0}{g}, H = \frac{v_0^2}{2g}), \text{포물선}(R = v_{0x} \times 2\frac{v_{0y}}{g}) \\ \text{원운동: 주기운동}(f = \frac{1}{T}), \text{등속력운동}(v = \frac{2\pi r}{T} = rw, w = \frac{2\pi}{T} = 2\pi f), \text{가속운동}(\sum F = m\frac{v^2}{r} = mrw^2) \\ \text{단진동: 원운동의 정사영}(T, f, w, x, v, a), \text{운방에서 주기 구하기}(T = 2\pi\sqrt{\frac{m}{k}}, T = 2\pi\sqrt{\frac{l}{g}}), \text{역에보에서 속력 구하기} \end{cases}$$

Memo

Chapter 1. 3대 분석 도구

Chapter 2. 3대 가속 운동

Chapter 3. 강체역학

Chapter 4. 유체역학

Part 1. 역학

지금까지 다루었던 대상은 질점(point particle)이었다. 질점은 부피가 0인 고체이다. 이제부터는 실제 고체를 다룬다. 열역학에서는 고체(solid)라고 부르지만, 역학에서는 강체라고 부른다. 강체를 영어로 rigid body, 한자로는 剛體, 즉 딱딱한 물체라고 한다. 그리고 고체 또는 강체는 부피를 가진다. 그러므로 이제부터는 질량뿐만 아니라 부피까지 고려해야 한다.

그뿐만이 아니다. 고려해야 할 게 더 많아졌다. 왜냐하면 질점에게 힘을 주면 무조건 병진운동만 하겠지만, 고체 또는 강체에게 힘을 주면 병진운동을 하면서 동시에 회전운동을 하기 때문에, 지금까지 단 한 번도 다루지 않은 병진과 회전이 결합된 형태의 운동을 다루어야 한다. 그래서 대부분의 학생들이 강체역학 파트를 어려워한다.

그렇다면 기존에 우리가 정의한 물리량들로 강체의 운동이 설명이 될까? 당연히 안 된다. 그래서 우리가 할 일은 새로운 물리량들을 정의한 다음에, 그것을 익히고, 분석도구도 다시 만든 후, 마지막으로 3대 각가속 운동에 적용하면 강체역학이라는 하나의 챕터가 끝나게 된다. 앞에서 챕터 8개를 통해 배워온 것을, 여기에서는 한 챕터로 배우게 된다. 이것이 학생들이 강체역학을 어려워하는 또 다른 이유이다.

그러나 그럼에도 불구하고 다행인 것은 '물리는 대칭성의 학문'이기 때문에, 질점역학에서 달라지는 것만 추가해주면 쉽게 배울 수 있다는 사실이다. 마치 피자에 토핑추가하듯이, 또는 아이스 카페 모카에 휘핑 크림 추가하듯이 공부하면 생각보다 편하게 마스터할 수 있다.

강체역학에서 배우는 내용의 뼈대는 다음과 같다.
1. 강체만의 물리량 → 다 받아들이고 외워야 함
2. 강체만의 분석도구 → 토방, 등각공, 역에보, 각보
3. 3대 각가속 운동 → 분석도구들을 적용

이 단원의 초점 : 강체만의 물리량
      강체만의 분석도구를 이용한 운동분석

$$\begin{cases} 질점: \begin{cases} 질량\,O \\ 부피\,X \end{cases} \begin{cases} 대표 물리량: m[kg] \\ 대표운동: 병진운동 \\ 대표상태: 힘의 평형상태, 가속상태 \end{cases} \\ 강체: \begin{cases} 질량\,O \\ 부피\,O \end{cases} \begin{cases} 대표 물리량: I=mr^2\,[kg\,m^2], 질량중심(회전의 중심) \\ 대표운동: 병진운동 + 제자리 회전 \\ 대표상태: 토크평형상태, 각가속상태 \end{cases} \end{cases}$$

* center of mass(c.m.)
 토크평형이 되는 회전축
 강체의 운동궤적이 질점의 궤적과 일치하는 곳

* 강체 전체 구조

1. 강체, 넌 누구니
1) 생김새
2) 관성 모멘트
3) 회전 운동에너지
4) 각 운동량
5) 토크(torque, 돌림힘)

2. 분석 도구
1) 토크 방정식
2) 역학적 에너지 보존 법칙
3) 각 운동량 보존 법칙
4) 토크 평형

3. 각 가속 운동
1) 제자리 회전
2) 도르래+추
3) 구름 운동

§ 1. 강체만의 물리량

1. 4대 물리량 – 관성모멘트(관성능률, Moment of inertia)(I)

가장 먼저 배울 개념은 관성모멘트이다. 이름만 들어도 어지럽다. 글자수도 무려 5자이다. 지금까지는 글자수가 2자밖에 안 되는 질량을 공부했는데 말이다. 관성모멘트는 영어로 inertia moment라고 하고, 한자로는 관성능률이라고 한다. 기호는 inertia의 첫 글자를 따서 I라고 한다. 관성모멘트의 정의는 질량(m)에다가 반지름 제곱, 즉 면적(r^2)을 곱한 것이다. $I = mr^2$

차원상 관성모멘트는 질량 차원×면적 차원에 해당한다. 서론에서, 강체는 질점의 질량에다가 부피가 추가된 것이라고 하였다. 그러므로 관성모멘트는 $I = mr^3$처럼 정의하는 것이 합리적일 것 같다. 그런데 후자처럼 정의를 하면 차원이 너무 많이 높아진다. 그래서 차원을 한 차원 정도 강제로 다운시켜서 $I = mr^2$라고 정의하였다고 이해하면 된다.

자 그럼 이렇게 정의해도 괜찮을지 생각해보자. 강체에는 볼링공처럼 부피가 있어서 힘을 받은 후 병진과 회전을 동시에 하는 경우도 있지만, 아주 얇은 바퀴나 동전처럼 면적만 있어도 힘을 받은 후 병진과 회전을 동시에 할 수 있는 경우도 있다. (사실, 두께가 없고 면적만 있는 바퀴도 강체이다.) 전자보다는 후자가 차원이 한 차원 더 낮다. 그래서 $I = mr^3$이 아니라, $I = mr^2$라고 정의 내려도 되고, 이 방식이 더 편리하기도 하다.

질점의 물리량은 질량(m)이다. 질량이 크면 정지한 경우 움직이게 하는 게 힘들고(설악산 흔들바위처럼), 운동하고 있을 때는 멈추기 힘들다(대형 트럭처럼). 강체의 관성모멘트도 비슷하게 해석해보자. r^2만 해석해보자. 면적이 넓은 원판이 있다고 하자. 이 녀석은 관성모멘트가 커서 정지한 경우 회전하게 만드는 게 힘들고, 돌고 있을 때는 멈추기 힘들다. 질점의 질량은 병진운동에 대해 버티는 성질과 관련 있다. 즉 질량이 클수록 병진 관성이 크다. 비슷하게, 강체의 관성모멘트가 크면 회전운동에 대해 버티는 성질, 즉 회전 관성이 크다.

1) 실험 : 우산 돌리기

	접은 우산	펼친 우산
정지 상태에서 돌리기		
회전 상태에서 멈추기		

→ 결론 : 회전축으로부터의 '질량의 퍼짐 정도'가 클수록, 정지 상태에서 돌리기도 힘들고, 돌고 있는 상태에서 멈추기도 힘들다. 즉 회전 관성이 크다.

2) 회전 관성의 특징 : 회전관성 $\propto r^2$
   회전관성 $\propto m$
   ⇒ 회전관성 $= mr^2$

3) 관성 모멘트의 정의 : $I \equiv mr^2$ $[kg \cdot m^2]$ 단 스칼라임

Quiz 1 질량이 $2kg$이고, 반지름이 $3m$인 반지가 있다. 이 반지의 관성모멘트는 얼마인가?

4) 관성 모멘트의 의미 : 강체의 질량이 회전축으로부터 얼마나 멀리 떨어져 있느냐를 나타낸 물리량

5) 질점인 경우 관성 모멘트의 정의 : $I \equiv mr^2$ $[kg \cdot m^2]$

6) 질점계인 경우 관성 모멘트의 정의 :
$$I_{계} = \sum_{i=1}^{n} I_i = m_1 r_1^2 + m_2 r_2^2 + m_3 r_3^2 + ... = \sum_i m_i r_i^2$$

Quiz 2 다음 그림에서 관성모멘트가 더 큰 질점계는? 단 추의 질량은 모두 m이다. 판의 질량은 무시한다.

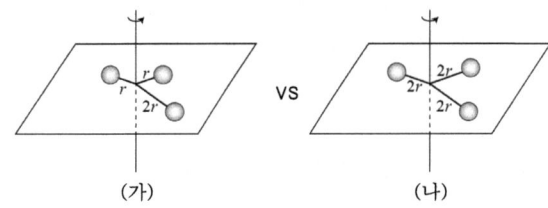

(가) vs (나)

cf. 놀이터 뺑뺑이

Part 1. 역학

7) 강체인 경우 : $I_O \equiv \int dm \cdot r^2$

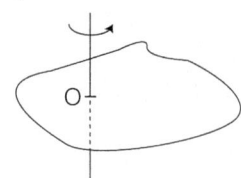

Quiz 3 막대의 질량중심(center of mass)에 대한 관성모멘트 $I_{cm} = \frac{1}{12}ML^2$ 을 증명하시오. (기출)

정답

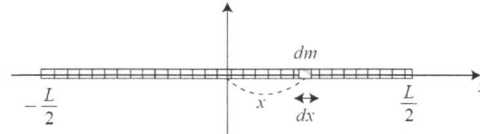

i) $dm : M = dx : L$

ii) $I_{cm} = \int_{-L/2}^{L/2} \frac{M}{L} dx \cdot x^2 = \frac{M}{L} \cdot \frac{1}{3} x^3 \big|_{-L/2}^{L/2} = \frac{1}{12} ML^2$

단 질량중심은 토크평형을 이루는 계의 회전축을 말한다.

8) 강체의 관성모멘트 예

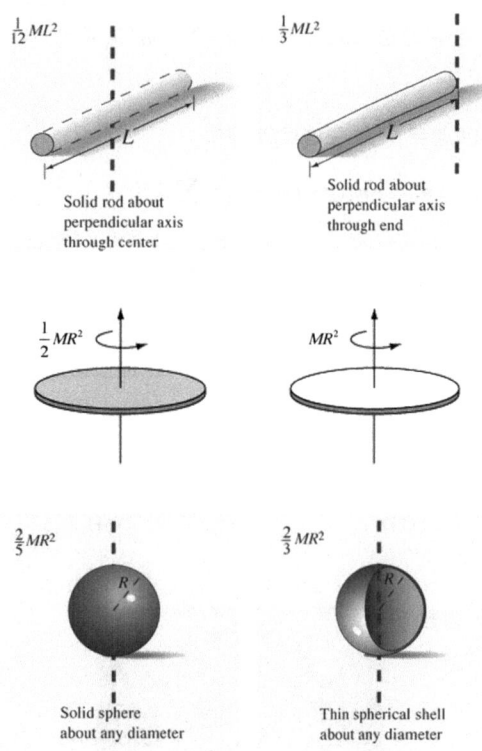

→ 주의 : 막대와 원판과 고리는 부피가 없음
→ 특징 : 회전축으로부터 질량분포가 동일하면 관성모멘트 인자가 동일하다!

Quiz 4 다음 5개의 질점 또는 강체의 관성모멘트의 크기를 비교하시오. 질량은 모두 M이고 회전축에서 떨어진 거리는 R이다.

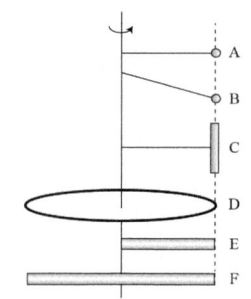

→ 회전축에 대한 물체의 관성모멘트(혹은 회전관성)는 선형운동에서 질량과 비슷하다. 그러나 물체의 질량은 위치에 따라 변하지 않으나 관성모멘트는 회전축과 거리에 따라 변한다는 차이점이 있다.

Quiz 5 다음 그림에서 관성모멘트가 얼마인지 추론해보시오.

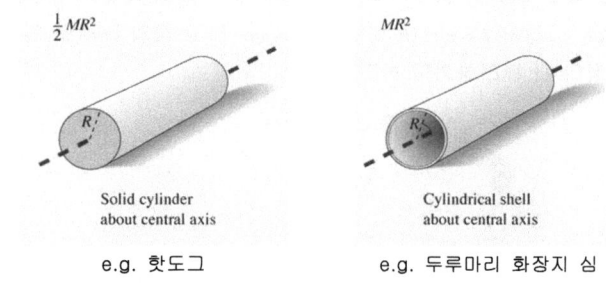

Quiz 6 다음 그림에서 I_x, I_y는?

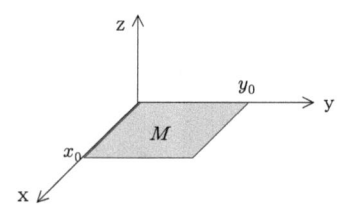

ex 1 다음 그림과 같이 질량이 M이고, 반지름이 R인 원판 A와 질량이 $2M$이고, 반지름이 $2R$인 원판 B가 동심원 상에서 회전하고 있다.

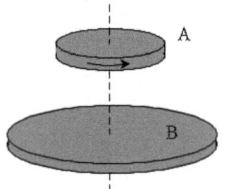

이 계의 총 관성모멘트는 얼마인가?

정답 $\frac{9}{2}MR^2$

i) A의 관성모멘트 : $I_A = \frac{1}{2}MR^2$

ii) B의 관성모멘트 : $I_B = \frac{1}{2}(2M)(2R)^2 = 4MR^2$

iii) 관성모멘트는 스칼라이므로 총관성모멘트는 각각의 관성모멘트를 더 더하면 된다. $I_{tot} = I_A + I_B = \frac{9}{2}MR^2$

Q&A

질문 막대를 질량중심을 회전축으로 회전시키면 원판이 되는데, 왜 막대와 원판의 관성모멘트가 다른가요?

답변 원판은 면밀도가 균일합니다. 그런데 선밀도가 균일한 막대를 회전시켜서 원판을 만들면 면밀도가 균일하지 않습니다. 더 자세히 말씀드리면 다음과 같습니다.

막대는 질량이 균일하게 분포해 있으므로 다음 그림처럼 가장자리의 dm 과 중심에서의 dm 이 같습니다.

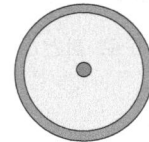

이것을 회전시켜서 원판을 만들면 아래와 같습니다.

중심에서 면밀도는 $\frac{dm}{A}$이고, 가장자리에서 면밀도는 $\frac{dm}{A'}$인데, $A < A'$이므로 면밀도가 다릅니다. 그러므로 원판의 관성 모멘트를 쓸 수 없습니다.

2. 4대 물리량 – 회전운동에너지(rotation kinetic energy)

* 질점의 운동 – 병진, 공전(revolution)
* 강체의 운동 – 병진, 제자리회전, 병진+자전(구름)

1) 병진운동하는 질점의 운동에너지 : $KE = \frac{1}{2}mv^2 [J]$ 단 $v = \frac{\Delta x}{\Delta t}$

2) 병진운동하는 강체의 운동에너지 : $KE = \frac{1}{2}mv^2 [J]$

pf. (안 시험)

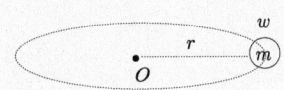

$KE = \int \frac{1}{2}(dm)v^2 = \frac{1}{2}v^2 \int dm = \frac{1}{2}Mv^2$

→ 시사점 : 강체가 병진운동하면 질점으로 치환해서 풀면 된다. (제 아무리 강체라도 병진운동만 한다면 질점과 다를 바가 없다.)

3) 회전운동하는 질점의 운동에너지 : $KE = \frac{1}{2}I_o w^2$

pf.

$KE = \frac{1}{2}mv^2 = \frac{1}{2}m(rw)^2 = \frac{1}{2}mr^2w^2 = \frac{1}{2}I_o w^2 [J]$
단 I_o는 회전축 O점에 대한 관성 모멘트

→ 시사점 : 질점이 회전운동하면 운동에너지를 $K = \frac{1}{2}Mv^2$ 나 $K = \frac{1}{2}I_o w^2$ 형태 둘 다 써도 된다.

→ 용어 : 보통 $K = \frac{1}{2}Mv^2$를 병진 운동에너지(KE), $K = \frac{1}{2}I_o w^2$를 회전 운동에너지(RE)라고 부르기도 한다. 단 두 물리량은 서로 다른 물리량이 아니라, v로 나타냈느냐, w로 나타냈느냐, 라는 표기방법이 다를 뿐이다.

4) 제자리회전운동하는 강체의 운동에너지 : $KE = \frac{1}{2}I_o w^2$ (기출)

pf. (안 시험)
길이 L, 질량 M인 막대가 천장의 O점에 매달려서 w의 각속도로 운동할 때 이 막대의 총 운동에너지 구하기

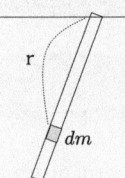

i) $M : dm = L : dr$에서 $dm = \frac{M}{L}dr$

ii) $dK = \frac{1}{2}dm\, v^2 = \frac{1}{2}(\frac{M}{L}dr)(rw)^2$
단 매순간 각속도 w는 변하더라도, 특정 순간에 막대의 각 지점에서 w는 동일하다.

iii) $K = \int_0^L \frac{1}{2}(\frac{M}{L}dr)r^2w^2 = \frac{1}{2}\frac{M}{L}w^2 \int_0^L r^2 dr = \frac{1}{2}\frac{M}{L}w^2[\frac{1}{3}r^3]_0^L$
$= \frac{1}{2}\frac{M}{L}w^2\frac{1}{3}L^3 = \frac{1}{2}(\frac{1}{3}ML^2)w^2 [J]$

→ 일반화 : $K = \frac{1}{2}I_o w^2$

→ 용어 : 일반적으로 회전하는 질점이나 강체의 운동에너지는 줄여서 회전운동에너지(rotating kinetic energy)(RE)라고 부르고, 병진하는 질점이나 강체의 운동에너지는 줄여서 병진 운동에너지(translation kinetic energy)(KE)라고 부른다. 그런데 여러분들이, 이것이 혼란스럽다면 그냥 통일해서 운동에너지라고 부르겠다.

→ 주의 :
① 회전운동에너지는 회전하는 물체의 운동에너지를 각속도(w)에 대해 나타낸 것일 뿐, 새로운 에너지가 아니다.
② 회전하는 강체인 경우 $K = \frac{1}{2}Mv^2$으로 절대 나타낼 수 없다.
$K = \int \frac{1}{2}dm\, v^2$ 또는 $K = \frac{1}{2}I_o w^2$만 가능하다.

Quiz 1 질량이 M이고 길이가 L인 얇은 막대가 자신의 끄트머리를 축으로 w의 각속력으로 회전하고 있다. 회전운동에너지는 얼마인가?

Quiz 2 질량이 M이고 길이가 L인 얇은 막대가 자신의 질량중심을 축으로 w의 각속력으로 제자리 회전하고 있다. 회전운동에너지는 얼마인가?

* 정리

병진 질점 : $K = \frac{1}{2}mv^2$

병진 강체 : $K = \frac{1}{2}Mv^2$

회전 질점 : $K = \frac{1}{2}mv^2 = \frac{1}{2}I_o w^2$

회전 강체 : $K = \int \frac{1}{2}dm\, v^2 = \frac{1}{2}I_o w^2$

3. 4대 물리량 – 각운동량

1) 병진운동과 회전운동의 비교

	병진운동	회전운동	관계
정지관성	m	$I = mr^2$	
빠르기	v (속도)	w (각속도)	$\vec{v} = \vec{w} \times \vec{r}$
운동관성	$\vec{p} \equiv m\vec{v}$ (운동량)	$\vec{L} \equiv I\vec{w}$ (각운동량)	$\vec{L} = \vec{r} \times \vec{p}$

단, 정지관성은 계속 정지하려는 성질이고, 운동관성은 계속 운동하려는 성질이다.

2) 각운동량의 정의 : $\vec{L} \equiv \vec{r} \times \vec{p}$

pf1. 약식 유도

$L = Iw = (mr^2)(\dfrac{v}{r}) = mrv = rp$

pf2.

$\vec{\tau} = \dfrac{d\vec{L}}{dt}$

$\Rightarrow \vec{r} \times \vec{F} = \dfrac{d\vec{L}}{dt}$

$\Rightarrow \vec{r} \times \dfrac{d\vec{p}}{dt} = \dfrac{d\vec{L}}{dt} \quad \leftarrow \dfrac{d(\vec{r}\times\vec{p})}{dt} = \underbrace{\vec{v}\times\vec{p}}_{=0} + \vec{r}\times\dfrac{d\vec{p}}{dt}$

$\Rightarrow \dfrac{d(\vec{r}\times\vec{p})}{dt} = \dfrac{d\vec{L}}{dt}$

$\Rightarrow \vec{L} = \vec{r} \times \vec{p}$

3) 질점이 병진운동할 때 : $\vec{p} = m\vec{v}$

4) 강체가 병진운동할 때 : $\vec{p} = m\vec{v}$

→ 의미 : 강체가 병진운동하면 질점으로 간주할 수 있다.

pf.

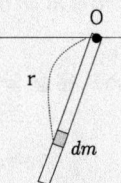

$p = \int dm\, v = v \int dm = Mv$

단 여기서 질량의 기호는 M이든 m이든 상관없음

5) 질점이 회전운동할 때 : $\vec{L} = I_O \vec{w}$

pf.

$L = rp = rmv = rm(rw) = mr^2 w = I_O w$

6) 강체가 회전운동할 때 : $\vec{L} = I_O \vec{w}$

pf. (안 시험)

길이 L, 질량 M인 막대가 천장의 O점에 매달려서 w의 각속도로 운동할 때 이 막대의 각운동량 구하기

i) $M : dm = L : dr$ 에서 $dm = \dfrac{M}{L} dr$

ii) $dL = r^2 dm\, w = r^2 (\dfrac{M}{L} dr) w$

단 매순간 각속도 w는 변하더라도, 특정 순간에 막대의 각 지점에서 w는 동일하다.

iii) $L = \displaystyle\int_0^L r^2 (\dfrac{M}{L} dr) w = \dfrac{M}{L} w \int_0^L r^2 dr = \dfrac{M}{L} w [\dfrac{1}{3} r^3]_0^L$

$= \dfrac{M}{L} w \dfrac{1}{3} L^3 = (\dfrac{1}{3} ML^2) w$

→ 일반화 : $\vec{L} = I_O \vec{w}$

7) 비교 정리

	병진운동	회전운동
관성	m	I_O
빠르기	$\vec{v}$	$\vec{w}$
운동량	$\vec{p} = m\vec{v}$	$\vec{L} = I_O \vec{w}$
운동에너지	$KE = \dfrac{1}{2} mv^2 = \dfrac{m^2 v^2}{2m} = \dfrac{p^2}{2m}$	$RE = \dfrac{1}{2} I_O w^2 = \dfrac{I_O^2 w^2}{2I_O} = \dfrac{L^2}{2I_O}$

Quiz 1 질량이 M이고 반지름이 R인 원판이 질량중심을 회전축으로 각속도 w로 회전하고 있다. 각운동량은?

Quiz 2 낭떠러지 끝에서 수평으로 d 만큼 떨어진 지점에서 질량이 m 인 공이 h만큼 낙하하였다. 그 순간 공의 운동량과, 낭떠러지 끝점에 대한 공의 각운동량을 각각 구하시오.

* 재미있게 공식 외우기?!

토크방정식 $\tau = I_O \alpha$: 토하니깐, 아이고 아파

각운동량 $rp = L = Iw$: 랄프 로렌을 돌리니, 아이고 오메...

4. 4대 물리량 - 토크(torque, 돌림힘)

1) 토크란?

물체를 병진 가속시키기 위해서 가하는 물리량을 힘이라고 불렀듯이, 물체를 회전시키기 위해서 가하는 물리량을 토크(돌림힘)라고 부른다.

예를 들어 강의실이나 pub의 문을 열기 위해서 가하는 물리량을 토크라고 부른다.

2) 사고 실험

  i) 문 열기 $\propto F$
  ii) 문 열기 $\propto r$
  iii) 문 열기 $\propto rF \equiv \tau$

3) 상황별 정의1 : 직각일 때

$\Rightarrow \tau = \underbrace{r}_{\text{작용거리}} \times F$ 단 작용거리 : 회전축~작용점

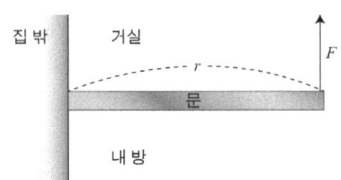

4) 상황별 정의2 : 직각이 아닐 때

$\Rightarrow \tau = \underbrace{r}_{\text{작용거리}} \times \underbrace{F\sin\theta}_{\text{접선력}}$ 단 작용거리 : 회전축~작용점

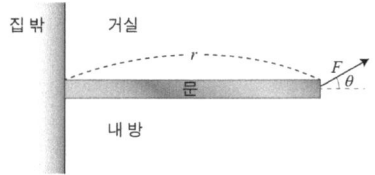

5) 상황별 정의3 : 직각이 아닐 때

$\Rightarrow \tau = \underbrace{r\sin\theta}_{\substack{\text{직각거리,}\\\text{모멘트팔}}} \times F$

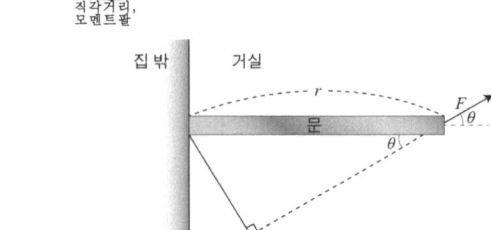

→ 특징① : θ 감소시 모멘트팔 감소, τ 감소
  특징② : $\theta = 0°$ 이면 모멘트팔 = 0, $\tau = 0$
  특징③ : $\theta = 180°$ 이면 모멘트팔 = 0 이고, $\tau = 0$

Quiz 1 다음 그림에서 회전축에 대한 각 힘의 토크를 계산하시오. 단 문의 길이는 L 이다.

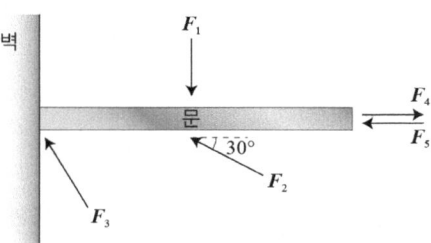

tip. 힘이 회전축을 관통하면 토크는 0이다. 그리고 힘의 연장선이 회전축을 관통하면 토크는 0이다.

cf. 경첩사진 :

참고로 다음 그림처럼 강체는 마치 질량중심(center of mass)이 질점처럼 운동한다. 그러므로 자유물체도에서 강체의 중력을 표시할 때는 질량중심에 표시하면 된다.

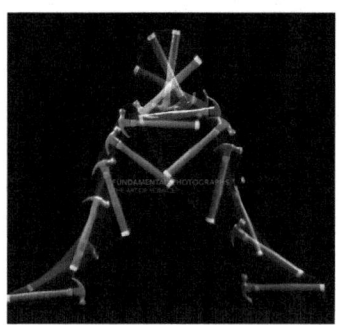

§ 2. 3대 분석도구

1. 등각가속도 공식

1) 3대 물리량

병진 물리량	회전 물리량	관계식 (제자리회전)
$\vec{s}\,[m]$ 변위	$\vec{\theta}\,[1]$ 각변위	$s_t = r\theta$
$\vec{v} = \frac{\Delta \vec{s}}{\Delta t}\,[m/s]$ 병진속도, 선속도	$\vec{\omega} = \frac{\Delta \vec{\theta}}{\Delta t}\,[/s]$ 회전속도, 각속도	$v_t = r\omega$
$\vec{a} = \frac{\Delta \vec{v}}{\Delta t}\,[m/s^2]$ 병진가속도, 선가속도	$\vec{\alpha} = \frac{\Delta \vec{\omega}}{\Delta t}\,[/s^2]$ 회전가속도, 각가속도	$a_t = r\alpha$

→ 주의1 : r은 반지름이라기보다, 회전축에서부터 내가 알고 싶은 지점까지의 거리이다.

→ 주의2 : 접선가속도는 $a_t = r\alpha$ 이고 구심가속도는 $a_r = \frac{v^2}{r}$ 이다. 그리고 $a_t \perp a_r$ 이다. $a_t \neq a_r$ 이다. 그러므로 알짜 가속도는 $a_{net} = \sqrt{a_r^2 + a_t^2}$ 이다.

cf. 연날리기할 때 실패에서 실이 풀릴 때 실패는 각가속도 운동을 한다.

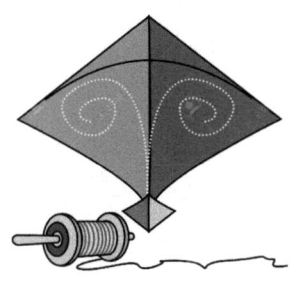

Quiz 1 다음 그림에서 $v_A = 3m/s$ 이다. v_B는 얼마인가? 단 반지름은 2배 차이난다. 1.5m/s

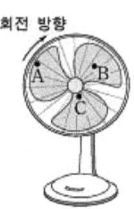

Quiz 2 다음 그림처럼 어떤 물체가 주기가 πs인 등속력 원운동을 하고 있다. p점에서 접선가속도와 구심가속도는? 그리고 알짜 가속도는?

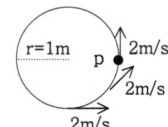

정답 $a_t = r\alpha = (1)(0) = 0$, $a_r = \frac{v^2}{r} = 4m/s^2$, $a_{net} = \sqrt{a_t^2 + a_r^2} = 4m/s^2$

Quiz 3 다음 그림처럼 어떤 물체가 각가속도가 $\frac{4}{\pi}/s^2$인 등각가속도 원운동을 하고 있다. p점에서 접선가속도와 구심가속도는? 그리고 알짜 가속도는?

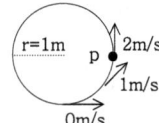

정답 $a_t = r\alpha = (1)(\frac{4}{\pi}) = \frac{4}{\pi}m/s^2$, $a_r = \frac{v^2}{r} = 4m/s^2$, $a_{net} = \sqrt{\frac{16}{\pi^2} + 16}$

2) 등 가속도 공식 VS 등 각가속도 공식

병진운동	활용	회전운동	활용
$\vec{v} = \vec{v_0} + \vec{a}t$	t 언급시	$\vec{\omega} = \vec{\omega_0} + \vec{\alpha}t$	t 언급시
$\vec{s} = \vec{v_0}t + \frac{1}{2}\vec{a}t^2$	s, t 언급시	$\vec{\theta} = \vec{\omega_0}t + \frac{1}{2}\vec{\alpha}t^2$	θ, t 언급시
$2as = v^2 - v_0^2$	s 언급시	$2\alpha\theta = \omega^2 - \omega_0^2$	θ 언급시
pf. 등공1번 증명 $\vec{a} = \frac{\Delta \vec{v}}{\Delta t} = \frac{\vec{v} - \vec{v_0}}{t - t_0} = \frac{\vec{v} - \vec{v_0}}{t - 0}$ $\Rightarrow \vec{a}t = \vec{v} - \vec{v_0}$ $\Rightarrow \vec{v} = \vec{v_0} + \vec{a}t$		pf. 등각공1번 증명 $\vec{\alpha} = \frac{\Delta \vec{w}}{\Delta t} = \frac{\vec{w} - \vec{w_0}}{t - t_0} = \frac{\vec{w} - \vec{w_0}}{t - 0}$ $\Rightarrow \vec{\alpha}t = \vec{w} - \vec{w_0}$ $\Rightarrow \vec{\omega} = \vec{\omega_0} + \vec{\alpha}t$	

2. 첫 번째 분석도구 : 토크방정식 $\tau = I_O \alpha$

1) 병진가속와 회전가속(각가속) 비교

	병진가속	회전가속(각가속)
대상	질량	관성모멘트
가속	속도의 변화($\frac{\Delta \vec{v}}{\Delta t}$)	각속도의 변화($\frac{\Delta \vec{w}}{\Delta t}$)
원인	힘($\vec{F}$)	돌림힘($\vec{\tau}$)
관계식	$\vec{F} = m\vec{a}$	$\vec{\tau} = I_O \vec{\alpha}$
명칭	힘 방정식, 운동방정식	토크 방정식

2) 토크 방정식 약식 유도

pf.(안 시험)
운동방정식 $F = ma$ 의 양변에 r 을 곱한다. 그리고 $a = r\alpha$ 을 대입한다.
⇒ $Fr = mr(r\alpha)$
⇒ $Fr = mr^2 \alpha$
⇒ $\tau = I\alpha$

Quiz 1 질량이 2kg인 질점에게 10N의 힘을 가하였다. 가속도는 얼마인가?

Quiz 2 관성모멘트가 $3 kg\,m^2$ 인 강체에게 12Nm의 토크를 가하였다. 각가속도는 얼마인가?

ex 1 그림은 크기가 다른 두 개의 실린더(원통)가 붙어 있는 것을 나타낸 것이다. 두 개의 회전축은 같고, 각각 힘이 작용한다. 큰 실린더는 반지름이 $R_1 = 2m$이고, 접선방향으로 외력 $F_1 = 15N$이 작용한다. 작은 실린더는 반지름 $R_2 = 1m$이고, 접선방향으로 외력 $F_2 = 10N$이 작용한다.

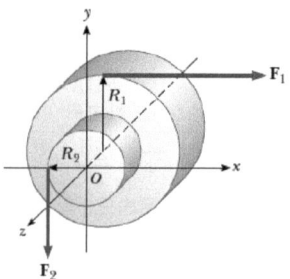

이 때 실린더의 운동에 대한 설명으로 옳은 것을 <보기>에서 모두 고른 것은?

── <보 기> ──
ㄱ. 알짜토크의 크기는 20 Nm 이다.
ㄴ. 알짜토크의 방향은 $-z$이다.
ㄷ. 만약 $F_2 = 30N$으로 외력의 크기가 커진다면, 실린더의 각가속도는 0이다.

정답 ㄱ, ㄴ, ㄷ

ㄱ, ㄴ. 토크(돌림힘)의 방향은 right-hand rule(오른손 규칙)에 의해 결정한다.

$\vec{\tau_1} = F_1 R_1 \sin 90 (시계)(-\hat{z}) = -15 \times 2 = -30 Nm$
$\vec{\tau_2} = F_2 R_2 \sin 90 (반시계)(+\hat{z}) = +15 \times 2 = +10 Nm$
$\therefore \sum \vec{\tau} = -20 Nm$

ㄷ. $|F_1 R_1| - |F_2 R_2| = 15 \times 2 - 30 \times 1 = I\alpha$에서 $\alpha = 0$이다.

3. 두 번째 분석도구 : 역학적 에너지 보존법칙

$Mgh = \frac{1}{2}I_O w^2$ (제자리 회전시)

1) 질점역학에서(낙하거리 h)

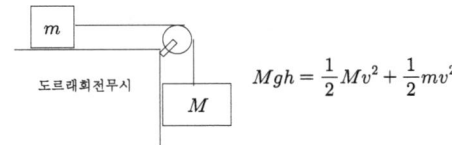

$Mgh = \frac{1}{2}Mv^2 + \frac{1}{2}mv^2$

2) 강체역학에서(낙하거리 h)

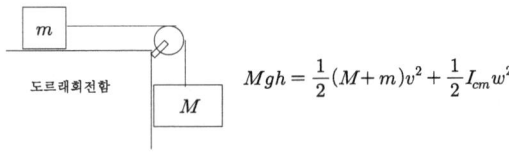

$Mgh = \frac{1}{2}(M+m)v^2 + \frac{1}{2}I_{cm}w^2$

* 추가질문 : 위의 두 경우에서 뉴턴 2법칙을 이용하여 나중 속력을 구해보시오.

4. 세 번째 분석도구 : 각운동량 보존 법칙 $\Delta L_{계} = 0$

1) 질점역학

① 비고립계 상황(공+벽/땅) : $\int \vec{F}_{ext} dt = \Delta \vec{p}_{계}$ (충격량 운동량 정리)

② 고립계 상황(두 공의 충돌) : $\vec{F}_{ext} = 0$ 이면 $0 = \Delta \vec{p}_{계}$ (계의 운동량 보존 법칙)

2) 강체역학

① 비고립계 상황(팽이치기) : $\int \vec{\tau}_{ext} dt = \Delta \vec{L}_{계}$ (각충격량 각운동량 정리)

② 고립계 상황(연아 스핀) : $\vec{\tau}_{ext} = 0$ 이면 $0 = \Delta \vec{L}_{계}$ (계의 각운동량 보존 법칙)

→ 의미 : 관성 모멘트가 감소하면 각속도가 증가한다.

ex 1 물리학과 교수가 양손에 각각 5.0kg짜리 아령을 들고 회전하다가 팔을 오므린다. 아령 없이 교수만의 관성모멘트는 팔을 펼 때 3.0kg·m²이고, 오므릴 때는 2.2kg·m²이다.

아령은 회전축으로부터 1.0m의 거리에 있다가 0.20m의 거리로 이동한다. 처음에 한 바퀴 도는데 2초가 걸렸다면 나중에는 한 바퀴 도는데 얼마나 걸리나? (단 아령을 질점으로 간주한다.)

정답 0.4s

각운동량 보존법칙 $I_i \omega_i = I_f \omega_f$을 이용한다. 단 각운동량은 $(I_{man} + I_{dumbel} \times 2) \times w$이다.

$(3 + 5 \times 1^2 \times 2)(\frac{2\pi}{2}) = (2.2 + 5 \times 0.2^2 \times 2)(\frac{2\pi}{T})$ ∴ $T = 0.4s$

§ 3. 특수 정리(심화)

1. **평행축 정리(Parallel Axis Theorem) (기출)**
   : 질량중심축을 수평으로 평행이동 시켰을 때, 이 회전축을 평행축이라고 하고, 이 새로운 평행축에 대한 관성모멘트는 $I = I_{cm} + Md^2$으로 표현할 수 있다. 여기서 d는 회전축이 수평이동한 거리이다.

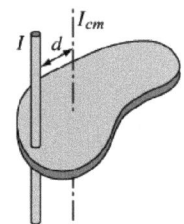

pf. (안 시험)
i) 임의의 회전축이 x축인 경우 관성모멘트는 $I_z = \sum m_i(x_i^2 + y_i^2)$ 이다.
ii) 임의의 질점의 x 좌표는 '질량중심의 x 좌표'와 '질량중심에 대한 질점의 상대좌표'의 합으로 표현할 수 있다.
$x_i = x_{cm} + x_{cm,i}$
마찬가지로
$y_i = y_{cm} + y_{cm,i}$
이를 위의 관성모멘트에 대입한다.
iii) $I_z = \sum m_i[(x_{cm} + x_{cm,i})^2 + (y_{cm} + y_{cm,i})^2]$
$= \sum m_i(x_{cm}^2 + y_{cm}^2) + \sum m_i(x_{cm,i}^2 + y_{cm,i}^2)$
$+ 2x_{cm}\sum m_i x_{cm,i} + 2y_{cm}\sum m_i y_{cm,i}$
← $d^2 = x_{cm}^2 + y_{cm}^2$ 단 d 는 회전축에서 질량중심좌표까지 거리
& 질량중심의 정의에서 $\sum m_i x_{cm,i} = \sum m_i y_{cm,i} = 0$
$= Md^2 + I_{cm}$

Quiz 1 평행축 정리를 이용하여 막대 끝에 대한 관성모멘트 $I = \frac{1}{3}ML^2$ 을 구해보시오.

Quiz 2 질량이 M 이고 반지름이 R 인 구껍질이 있다. 새로운 축에 대한 관성모멘트는 얼마인가? 각속도가 w 라면 운동에너지는 얼마인가?

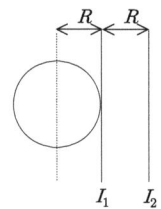

정답 $I_1 = \frac{5}{3}MR^2$, $I_2 = \frac{14}{3}MR^2$, $KE_1 = \frac{1}{2}(\frac{5}{3}MR^2)w^2$,
$KE_2 = \frac{1}{2}(\frac{14}{3}MR^2)w^2$

cf. 관성모멘트의 기하학적 특성에 대한 깊은 이해
막대 끝에 대한 관성모멘트가 $I = \frac{1}{3}ml^2$ 인데 이것을 이용해서 질량중심에 대한 관성모멘트를 구해보자.
질량이 M 이고 길이가 L 인 막대를 질량중심을 기준으로 양쪽으로 나눠보자. 그러면 이 계의 관성모멘트는 다음과 같다.

$$\underbrace{\frac{M}{2}, \frac{L}{2} \quad \frac{M}{2}, \frac{L}{2}}_{c.m.}$$

$$I_{cm} = 2 I_{한쪽} = 2[\frac{1}{3}(\frac{M}{2})(\frac{L}{2})^2] = \frac{1}{12}ML^2$$

cf. 평행축 정리의 직관적 이해 : 모든 운동은 질량중심의 운동과 질량중심에 대한 상대적인 운동으로 분해가 가능하다. 그리고 달이 지구 주위를 한 번 공전할 때 달은 스스로 한 번의 자전을 하게 된다. 그러므로 달의 운동은 질량중심이 공전하는 것과 질량중심에 대해 자전하는 것으로 분해할 수 있다.

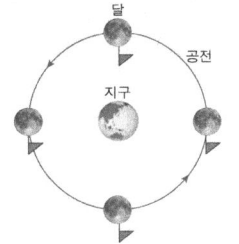 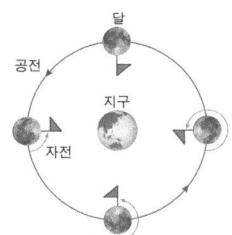

자전하지 않는 달   자전하는 달
(달의 모든 모습 볼 수 있음) (달의 한 면만 볼 수 있음)

만약 강체 막대가 가장자리를 축으로 제자리 회전한다면, 그 회전은 달처럼, 질량중심이 회전축을 공전하고(Md^2), 미소질량이 질량중심을 자전하는 운동(I_{cm})으로 분해할 수 있다.

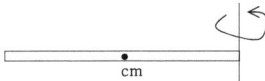

그러므로 회전하는 막대의 관성모멘트는 Md^2 와 I_{cm} 의 합으로 표현하는 것이 당연하다. 즉 $I = Md^2 + I_{cm}$ 은 강체가 회전시 공전과 자전이 한 번씩 일어난다는 의미가 숨어 있다.

2. 수직축정리

: 평판이 xy 축에 놓여 있을 때 z축에 대한 관성모멘트는
$I_z = I_x + I_y$ 이다.

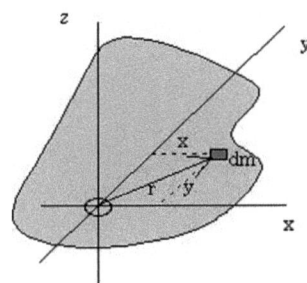

pf. (안 시험)
$I_z = \int r^2 dm = \int (y^2 + x^2) dm = I_x + I_y$

cf. 유사 공식 정리

$\vec{L} = I\vec{w}$
$\vec{\tau} = I\vec{\alpha}$
$W = \vec{\tau} \cdot \vec{\theta}$
$P = \vec{\tau} \cdot \vec{w}$
$\vec{AI} = \vec{\tau} t$

	θ	w	α	t
l		$\vec{L} = I\vec{w}$	$\vec{\tau} = I\vec{\alpha}$	
τ	$W = \vec{\tau} \cdot \vec{\theta}$	$P = \vec{\tau} \cdot \vec{w}$		$\vec{AI} = \vec{\tau} t$

Quiz 1 다음 그림에서 I_x, I_y, I_z 는?

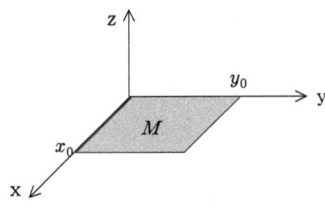

Quiz 2 다음 그림에서 I_y 는?

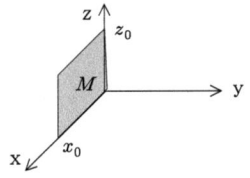

Quiz 3 질량이 M이고 반지름이 R인 원판이 xy 평면에 놓여 있다. I_x를 구하시오.

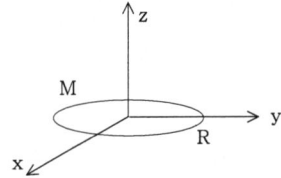

§ 4. 물리진자(physics pendulum) (심화) (기출)

1. 물리진자란
: 단진자는 실 끝에 질점이 매달린 진자이고, 물리진자는 실 끝에 강체가 매달린 진자이다.

2. 주기
: $T_O = 2\pi\sqrt{\dfrac{I_O}{Mgd}}$ 단 $I_O = I_{cm} + Md^2$ (평행축 정리) (기출)

pf.

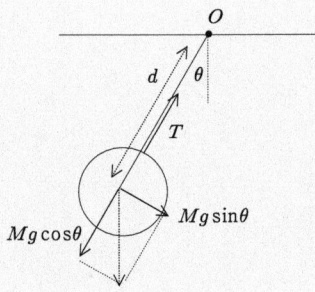

토크방정식 : $-Mg\sin\theta \times d = I_O \alpha$

$\Rightarrow \theta \approx 0$ 가정 $-\underbrace{Mgd}_{탄성}\theta = \underbrace{I_O}_{관성}\alpha$

$\Rightarrow T_O = 2\pi\sqrt{\dfrac{관성}{탄성}} = 2\pi\sqrt{\dfrac{I_O}{Mgd}}$

→ 암기법 : 단진자 - 아빠는 집에서 잘래.
　　　　　물리진자 - 아빠는 집에서 맞았다, 아이고.

Quiz 1 질량이 M, 반지름이 R, 실의 길이가 L인 보다(Borda) 진자의 주기는?

정답

$T = 2\pi\sqrt{\dfrac{I_O}{Mgd}} = 2\pi\sqrt{\dfrac{\frac{2}{5}MR^2 + M(L+R)^2}{Mg(L+R)}} = 2\pi\sqrt{\dfrac{\frac{2}{5}R^2 + (L+R)^2}{g(L+R)}}$

Quiz 2 길이가 L이고 질량이 M인 균일한 얇은 막대가 천장에 매달린 채 단진동하고 있다. 주기는 얼마인가? (기출)

정답 $T = 2\pi\sqrt{\dfrac{2L}{3g}}$

i) 평행축 정리에 의해 회전축에 대한 관성모멘트는 다음과 같다.

$I_O = I_{cm} + Md^2 = \dfrac{1}{12}ML^2 + M\left(\dfrac{L}{2}\right)^2 = \dfrac{1}{3}ML^2$

ii) $T = 2\pi\sqrt{\dfrac{I_O}{Mgd}} = 2\pi\sqrt{\dfrac{\frac{1}{3}ML^2}{Mg\frac{L}{2}}} = 2\pi\sqrt{\dfrac{2L}{3g}}$

→ 특징 : 진자의 등시성

Quiz 3 물리진자 주기 공식을 이용하여 단진자 주기 공식을 유도하시오.

정답 $T_O = 2\pi\sqrt{\dfrac{I_O}{Mgd}} = 2\pi\sqrt{\dfrac{Ml^2}{Mgl}} = 2\pi\sqrt{\dfrac{l}{g}}$

§ 5. 미끄러짐이 없는 구름운동(rolling without sliding) (심화)

1. 구름운동

1) 구름운동 종류 : $rolling \begin{cases} with\ sliding \\ without\ sliding \end{cases}$

2) 미끄러짐이 없는 구름운동의 특징
① rolling : 마찰 작용
② without sliding : 정지마찰력 작용
③ 정지마찰력 작용 : 열이 발생하지 않음, 역에보 가능
④ 정지마찰력 작용 : 접촉점의 순간 속도는 0
⑤ 접촉점의 순간 속도 0 : 매순간 접촉점을 회전축으로 제자리 회전 운동한다고 간주할 수 있다.
⑥ 그 외 특징 : 정지마찰력의 방향이 그때 그때 다르다. 이동축이다.

3) 구름 조건 : 굴러갈 때 만족해야 하는 조건

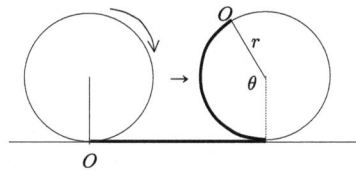

$s_{c.m.}$(질량중심의 이동거리) $= r\theta$(회전거리)
$\Rightarrow v_{c.m.}$(질량중심의 이동속도) $= rw$
$\Rightarrow a_{c.m.}$(질량중심의 이동가속도) $= r\alpha$

단 r은 단순히 바퀴의 반지름이 아니라, 질량중심과 접촉점 사이의 거리이다!!!!!

4) 구름운동의 에너지 표현 : $\frac{1}{2}I_{cm}w^2 + \frac{1}{2}Mv_{cm}^2$

pf.
i) 구름운동시 접촉점의 순간 속도가 0이다. 그러므로 구름운동을 접촉점을 회전축으로 제자리 회전운동하는 것으로 간주할 수 있다.

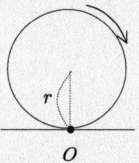

$$KE = \int \frac{1}{2}dm\,v^2 = \cdots = \frac{1}{2}I_O w^2$$

ii) 여기에 평행축 정리를 대입해서 정리하면
$KE = \frac{1}{2}I_O w^2 = \frac{1}{2}(I_{cm} + Mr^2)w^2 = \frac{1}{2}I_{cm}w^2 + \frac{1}{2}Mr^2w^2$

iii) 이 식의 w와 구름 조건의 w가 같다고 가정하고(증명생략), 이 식에 구름 조건 $v_{cm} = r\omega$을 대입하면
$KE = \frac{1}{2}I_{cm}w^2 + \frac{1}{2}Mr^2(\frac{v_{cm}}{r})^2 = \frac{1}{2}I_{cm}w^2 + \frac{1}{2}Mv_{cm}^2$

여기서 첫 번째 항은 w의 각속도로 제자리 회전하는 강체의 운동에너지이고, 두 번째 항은 v_{cm}의 속력으로 병진운동하는 강체의 운동에너지이다.
그러므로 구름운동은 제자리 회전과 병진운동의 결합으로 분해할 수 있다!!!
단 제자리 회전을 나타내는 첫 번째 항에서 $v_{cm} = r\omega$이 성립하므로, 중심축에서 r 만큼 떨어진 지점에서 접선 속도가 v_{cm}임을 알 수 있다!!!

→ 결론 : 구름운동은 '병진운동'과 '질량중심을 회전축으로 하는 제자리회전'의 결합 운동이다.

→ 어떤 계의 총 운동에너지는 질량중심의 운동에너지와, 질량중심에 대한 상대적 운동에너지의 합으로 표현된다. 이것에 의하면 구름운동의 에너지는 $T_{tot} = T_{cm} + T_{rel} = \frac{1}{2}Mv_{cm}^2 + \frac{1}{2}I_{cm}w^2$ 임이 명확하다.

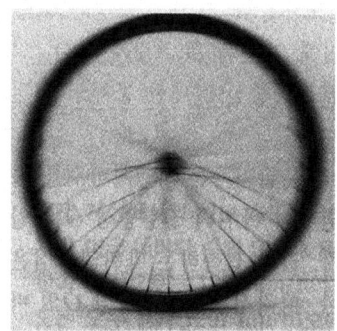

Part 1. 역학

Quiz 1 구름운동을 제자리 회전과 병진운동의 결합으로 생각하자. 제자리 회전 운동하는 파트의 가장자리에서 접선 속력은 얼마인가?

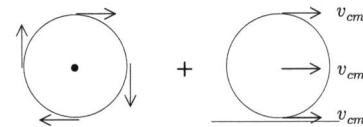

정답 제자리 회전하는 경우는 $v_t = r\omega$ 이 성립한다. 그런데 애초에 구름조건 $v_{cm} = r\omega$ 이 성립하므로, 두 식을 비교하면 가장자리의 접선속력이 v_{cm} 임을 추론할 수 있다.

Quiz 2 다음 질문에 답하시오.

1) '구름운동이 제자리 회전과 병진운동의 결합'임을 이용하여 질량중심의 속도에 대해서 설명해보시오.

2) '구름운동이 제자리 회전과 병진운동의 결합'임을 이용하여 접촉점의 속도에 대해서 설명해보시오.

3) '구름운동이 제자리 회전과 병진운동의 결합'임을 이용하여 최고점의 속력에 대해서 설명해보시오.

4) '구름운동은 접촉점을 회전축으로 매순간 제자리회전하는 것과 같음'을 이용하여 질량중심의 속도와 최고점의 속도를 비교해보시오.

5) 질량중심의 순간 가속도가 $a_{cm} = 3m/s^2$ 이라면 최고점의 순간 가속도는?

정답 1) v_{cm} 2) 0 3) $2v_{cm}$ 4) $v_t = r\omega$ 에 의해 2배
5) $a_t = r\alpha$ 에 의해 $6m/s^2$

5) 제자리 회전운동과 구름운동에서의 관계식

제자리 회전 - 고정축	구름운동 - 이동축
$s_t = r\theta$	$s_{cm} = r\theta$
$v_t = r\omega$	$v_{cm} = r\omega$
$a_t = r\alpha$	$a_{cm} = r\alpha$

제자리 회전인 경우 r 은 고정축에서 내가 알고 싶어 하는 지점까지의 거리이다.
구름운동인 경우 r 은 질량중심과 접촉점 사이의 거리이다.

ex 1 질량중심의 병진속력이 v 인 어떤 바퀴가 수평면에서 미끄러짐 없이 구르고 있다.

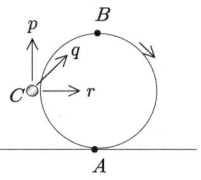

이에 대한 <보기>의 설명으로 옳은 것을 모두 고르면?

─── <보 기> ───
ㄱ. A점의 속력은 0이고 운동마찰력이 작용한다.
ㄴ. B점의 속력은 $2v$ 이다.
ㄷ. C점에 붙어 있던 흙이 떨어져 나간다면 p 방향으로 날아갈 것이다.

정답 ㄴ

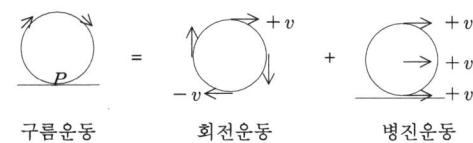

구름운동   회전운동   병진운동

ㄱ. 위의 그림에서 회전운동에서의 A점과 병진운동에서의 A점의 속력을 더하면 0이 된다. 속력이 0이므로 작용하는 정지마찰력이 작용한다.
ㄴ. 위의 그림에서 회전운동에서의 B점과 병진운동에서의 B점의 속력을 더하면 $2v$ 가 된다.
ㄷ. 위의 그림에서 회전운동에서의 C점과 병진운동에서의 C점의 속력을 더하면 q점 방향으로 $\sqrt{2}v$ 가 된다. 그러므로 흙은 q방향으로 날아간다.

참고로 A점의 속력이 0이고 B점의 속력이 $2v$이므로 구르는 자전거 바퀴를 촬영하면 아래쪽에는 바퀴살이 또렷하게 보이고 위쪽에는 바퀴살이 희미하게 보이게 된다.

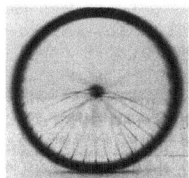

§ 6. 대표 예제

1. 토크평형

case I. 시소 상황 (기출)

ex 1 다음은 시소가 평형을 이루고 있는 모습이다. 사람이 가하는 토크는? 단 회전축은 시소의 '받침점'이다. 시소 질량은 무시한다.

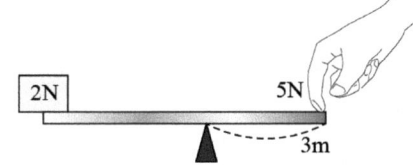

정답
i) $\tau(사람) = 5 \times 3 = 15 (시계)$
ii) $\tau(물체) = 2 \times x (반시계)$
iii) $\tau(N) = 0$ ∵ 힘이 회전축을 관통하므로
iv) 토크 평형 : $2x = 15$ 에서 $x = 7.5m$

case II. 대걸레 상황 (기출)

ex 2 다음 그림은 대걸레를 벽에 세워둔 모습이다. 벽의 수직항력에 의한 토크는? (단, 회전축은 대걸레와 바닥이 닿은 지점이고, 편의상 벽의 마찰은 무시한다.)

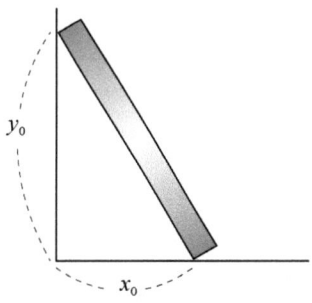

정답
i) $\tau(정지마찰) = 0$ ∵ 힘이 회전축을 관통하므로
ii) $\tau(땅수직항력) = 0$ ∵ 힘이 회전축을 관통하므로
iii) $\tau(벽수직항력) = N \times y_0 (시계)$
iv) $\tau(중력) = Mg \times \frac{x_0}{2} (반시계)$
v) 토크 평형 : $N \times y_0 = Mg \times \frac{x_0}{2}$ 에서 $N = \frac{Mgx_0}{2y_0}$
vi) y축 방향 힘의 평형 : $N_2 = Mg$
vii) x축 방향 힘의 평형 : $f_s = N_1 = \frac{Mgx_0}{2y_0}$

tip. 토크 계산 비법 - 힘을 벡터 분해하든가, 수선을 내리든가!

Part 1. 역학

caseIII. 문턱 상황

ex 3 다음 그림은 질량이 M인 공이 문턱에 걸린 모습이다. 공은 문턱을 넘어 갈랑 말랑한 상태에 있다. 아기가 가하는 힘에 의한 토크는? 공의 중력에 의한 토크는? 단 중력가속도는 g이고 회전축은 문턱이다.

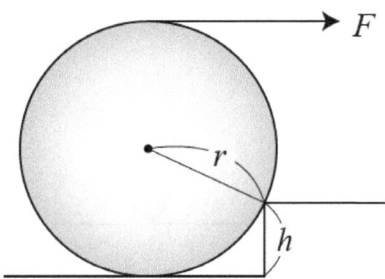

참고로 문턱이 공에 작용하는 수직항력은 공의 중심 방향이고, 마찰력이 존재하기 때문에, 문턱의 알짜힘은 이 두 힘의 벡터합과 같다.

cf. 오르막에서 자전거 뒷바퀴의 '저단 기어'

caseIV. 성문 상황 (기출)

ex 4 다음 그림은 질량이 M이고 길이가 L인 성문이 밧줄에 의해 정지한 모습이다. 장력에 의한 토크는? 중력가속도는 g이며, $\theta = 30°$이다.

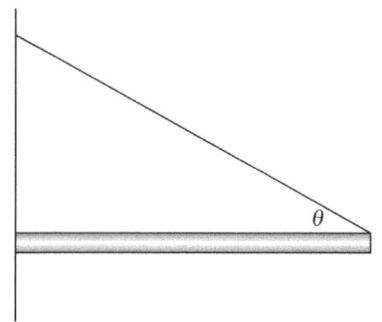

2. 각가속 운동

case1. 제자리 회전

ex 1 질량이 M이고 길이가 L인 균일한 막대가 다음 그림처럼 회전하기 시작한다. 초기 각속도는 0이다.
1) p점의 초기 접선 가속도는 얼마인가?
2) 질량중심의 초기 접선 가속도는 얼마인가?
3) p점의 최대 속력은 얼마인가?
4) 질량중심의 최대 속력은 얼마인가?

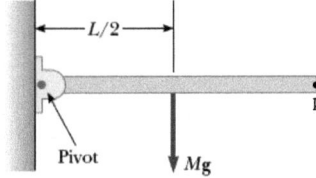

정답

1) p점의 접선 가속도 : 토크 방정식 $(Mg)(\frac{L}{2}) = (\frac{1}{3}ML^2)\alpha$ 에서

$\alpha = \frac{3g}{2L}$ 이므로 $a_t = r\alpha = (L)(\frac{3g}{2L}) = \frac{3}{2}g$

2) cm의 접선 가속도 : $a_t = r\alpha = (\frac{L}{2})(\frac{3g}{2L}) = \frac{3}{4}g$

3) $Mg\frac{L}{2} = \frac{1}{2}(\frac{1}{3}ML^2)w^2$ 에서 $w = \sqrt{\frac{3g}{L}}$ 이므로

$v_t = rw = (L)(\sqrt{\frac{3g}{L}}) = \sqrt{3gL}$

4) $v_t = rw = (\frac{L}{2})(\sqrt{\frac{3g}{L}}) = \sqrt{\frac{3}{4}gL}$

* 오개념1

p점의 접선 가속도는? $\underbrace{(Mg)(L)}_{\text{p에 대한 토크}} = \underbrace{(\frac{1}{3}ML^2)}_{\text{p에 대한 관성모멘트}} \times \alpha$

cm의 접선 가속도는? $\underbrace{(Mg)(\frac{L}{2})}_{\text{cm에 대한 토크}} = \underbrace{(\frac{1}{12}ML^2)}_{\text{cm에 대한 관성모멘트}} \times \alpha$

* 오개념2

p점의 최대 속력은? $\underbrace{(Mg)(L)}_{\text{p의 위치에너지 변화}} = \frac{1}{2}\underbrace{(\frac{1}{3}ML^2)}_{\text{p에 대한 관성모멘트}}w^2$

cm의 최대 속력은? $\underbrace{(Mg)(\frac{L}{2})}_{\text{cm의 위치에너지 변화}} = \frac{1}{2}\underbrace{(\frac{1}{12}ML^2)}_{\text{cm에 대한 관성모멘트}}w^2$

* 전략

step1. 막대의 α, w 구하기 ∵ 강체가 회전할 때는 특정 순간 각 부분의 a_t, v_t가 통제변인이 아님
step2. 막대의 각 지점에 대해 $a_t = r\alpha$, $v_t = rw$ 적용

tip. 역에보 – 곡면, 용수철, 제자리 회전

Part 1. 역학

caseⅡ. 도르래+추

ex 2 반지름이 R인 바퀴와 반지름이 $r = \frac{R}{2}$인 축으로 된 축바퀴(wheel and axle)가 있다. 질량은 M이고, 관성모멘트는 $I_{cm} = \beta MR^2$ 이다. 축에 가벼운 실이 감겨 있고, 그 끝에는 질량이 m인 추가 매달린 상태로 낙하를 하고 있다.

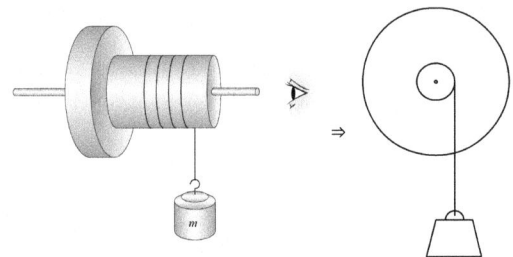

1) 추의 운동방정식과 축바퀴의 토크방정식을 이용하여 추의 가속도를 구하시오. 단 도르래에 실이 감겨 있는 부분의 접선 가속도와 추의 가속도는 같다! ∵ 컨베이어벨트 상황(런닝머신 상황)

2) t초 만큼 낙하 후 속력을 운동방정식과 등가속도 공식을 이용해서 구하시오.

3) t초 만큼 낙하 후 속력을 역학적 에너지 보존 법칙을 이용해서 구하시오.

4) h만큼 낙하 후 속력을 운동방정식과 등가속도 공식을 이용해서 구해보시오.

5) h만큼 낙하 후 속력을 역학적 에너지 보존 법칙을 이용해서 구하시오. (단, 중력 가속도는 g이다.)

정답

1) 추의 운방 $mg - T = ma$ or $-mg + T = m(-a)$

   축바퀴의 토방 $Tr = I_{cm}\alpha = I_{cm}\frac{a}{r}$ 단 $a_t = (\frac{R}{2}) \times \alpha$이다.

   연립하면 $mg = (m + \frac{I_{cm}}{r^2})a$이므로 $a = \dfrac{mg}{m + \frac{I_{cm}}{r^2}} = \dfrac{mg}{m + 4\beta M}$ 이다.

2) 등가속도 공식 1번 $v = v_0 + at$ 에서 $v = \dfrac{mgt}{m + 4\beta M}$

3) 불가능

4) 등가속도 공식 3번 $2as = v^2 - v_0^2$ 에서 $v = \sqrt{2as} = \sqrt{\dfrac{2mgh}{m + 4\beta M}}$

5) $mgh = \frac{1}{2}mv^2 + \frac{1}{2}I_{cm}w^2$ ← $v_t = (\frac{R}{2}) \times w$

   $= \frac{1}{2}mv^2 + \frac{1}{2}I_{cm}(\frac{2v}{R})^2$

   $= \frac{1}{2}(m + \frac{4I_{cm}}{R^2})v^2$

   $\therefore v = \sqrt{\dfrac{2mgh}{m + \frac{4I_{cm}}{R^2}}} = \sqrt{\dfrac{2mgh}{m + 4\beta M}}$

ex3 질량이 각각 $m_A = 2kg$, $m_B = 3kg$인 두 물체가 질량이 $M = 10kg$이고 반지름이 $R = 1m$이며 관성모멘트가 $I_{cm} = \frac{1}{2}MR^2$인 도르래에 매달려 운동하고 있다. 줄은 도르래에서 미끄러지지 않고 있다.

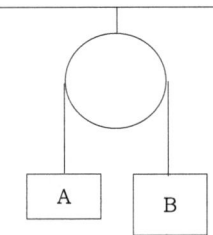

이 물체의 가속도와 장력은? 천장에 연결되어 있는 실의 장력은?

정답 $a = 1m/s^2$, $T_2 = 27N$, $T_1 = 22N$, $T' = 149N$

i) B의 운동방정식 : $3 \cdot 10 - T_2 = 3 \cdot a$ ⋯ ①
ii) A의 운동방정식 : $T_1 - 2 \cdot 10 = 2 \cdot a$ ⋯ ②
iii) 도르래의 토크방정식 : $(+T_2R) + (-T_1R) = I_O \alpha$
   $\Rightarrow T_2 - T_1 = \frac{I_{cm}}{R^2}a$ ⋯ ③

iv) ①, ② → ③ : $(30 - 3a) - (20 + 2a) = \frac{I_{cm}}{R^2}a$

$\Rightarrow 30 - 20 = (3 + 2 + \frac{I_{cm}}{R^2})a$

$\Rightarrow a = \frac{30 - 20}{3 + 2 + \frac{I_{cm}}{R^2}} = 1m/s^2$, $T_2 = 27N$, $T_1 = 22N$, $T' = 149N$

Part 1. 역학

caseIII. 구름운동

ex 4 [그림]과 같이 정지해 있던 질량이 m이고, 반지름이 r인 가느다란 굴렁쇠가 높이 h인 경사면을 미끄러지지 않고 굴러 내려가고 있다. 이 굴렁쇠가 바닥에 도달하는 순간의 질량 중심의 속력을 역학적 에너지 보존 법칙을 이용해서 구하시오. 그리고 운동방정식+등가속도 공식을 이용해서 구해보시오. 단, g는 중력 가속도이고 구름조건을 다음과 같다. (기출)

$s_{cm} = r\theta$
$v_{cm} = r\omega$
$a_{cm} = r\alpha$

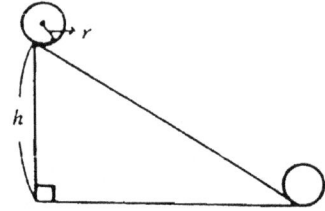

정답 $\sqrt{gh}$

<1> 역학적 에너지 보존법칙
위의 두 풀이에서 비보존력이 한 일이 0이므로 역학적 에너지 보존 법칙을 이용할 수 있다.
$mgh = \frac{1}{2}mv_{cm}^2 + \frac{1}{2}I_{cm}w^2 = mv_{cm}^2$ 에서 $v = \sqrt{gh}$

<2> 운방등공
i) 운방 : $mg\sin\theta - f_s = ma_{cm}$ … ①
ii) 토방 : $f_s r = I_{cm}\alpha = I_{cm}\frac{a_{cm}}{r}$ … ②
iii) ②→① : $mg\sin\theta = (m + \frac{I_{cm}}{r^2})a_{cm}$ 에서
$a_{cm} = \frac{mg\sin\theta}{m + \frac{I_{cm}}{r^2}} = \frac{1}{2}g\sin\theta$
iv) 등가속도 공식 3번 $2as = v^2 - v_0^2$ 에서
$v = \sqrt{2as} = \sqrt{2(\frac{1}{2}g\sin\theta)s} = \sqrt{gh}$

* 추가질문
1) 역학적 에너지 보존법칙 성립하는가?
2) 마찰력이 한 일은?

Ch 3. 강체역학

* 추론형 문제 엿보기

1. 다음 그림에서 회전하는 원반에 떡 두 개가 달라붙은 다음 회전체의 관성모멘트, 각속도, 회전운동에너지 변화를 각각 말하시오.

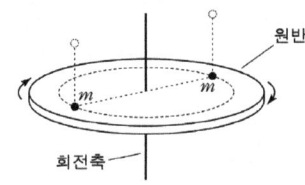

정답 증가, 감소, 감소

2. 다음 그림에서 가속도를 구해보시오. 단 회전대와 원판의 총 관성모멘트는 I_{cm} 이다.

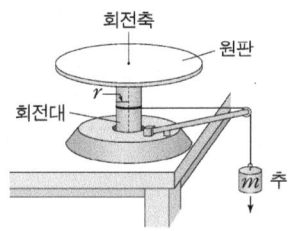

정답 $a = \dfrac{mg}{m + \dfrac{I_{cm}}{r^2}}$

3. 다음 그림에서 물체의 가속도는? 단 물체의 질량은 m이고 두 원판의 관성모멘트는 I, 반지름은 R이다.

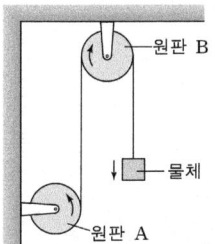

정답 $a = \dfrac{mg}{m + \dfrac{I}{R^2} \times 2}$

4. 다음 그림에서 추의 가속도는? 단 중력가속도는 g이다.

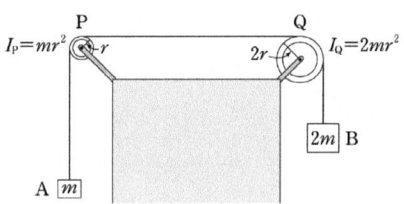

정답 $a = \dfrac{2mg - mg}{2m + m + \dfrac{2mr^2}{(2r)^2} + \dfrac{mr^2}{r^2}} = \dfrac{2}{9}g$

5. 다음과 같은 물리진자에서 관성 모멘트, 주기 등을 비교해보시오. 단 추의 질량은 동일하고 실의 질량은 무시한다.

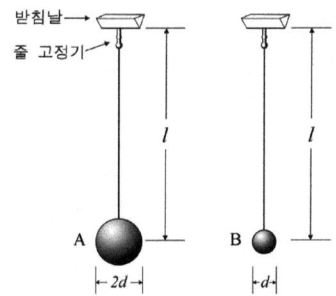

	A		B
I_{cm}			
I_O			
주기			
최고점 각가속도			

정답

	A		B
I_{cm}	4	>	1
I_O		>	
주기	$2\pi\sqrt{\dfrac{\frac{1}{5}d^2 + l^2}{gl}}$	>	$2\pi\sqrt{\dfrac{\frac{1}{5}(\frac{d}{2})^2 + l^2}{gl}}$
최고점 각가속도		<	

Memo

Chapter 1. 3대 분석 도구

Chapter 2. 3대 가속 운동

Chapter 3. 강체역학

Chapter 4. 유체역학

Part 1. 역학

지난 시간에 강체 역학 파트에서 '강체'에 대해서 배웠다.
이번 시간에는 '유체'에 대해서 배운다.
유체란, 액체와 기체를 합쳐서 부르는 말말이다.
유체는 강체와 달리 모양이 일정하지 않고 담아두는 용기에 따라 모양이 변한다는 특징이 있다.
그래서 유체는 부피를 가지지만, 관성 모멘트를 가지지는 않는다.
이런 이유 때문에 유체만의 물리량부터 새롭게 정의내려보자.

거대한 통나무가 물에 뜨고 아주 작은 쇠조각이 물에 가라앉는 현상을 설명하기 위해서 $\frac{M}{V}$라는 밀도 개념을 써야 한다.

물을 퍼내기 위해서 바가지를 잡고 물을 밀어내야 한다. $\frac{F}{A}$라는 압력 개념이 필요하다.

이 단원에서는 유체의 운동을 분석하기 위해서 새로운 물리량인 밀도와 압력을 새롭게 정의하고, 네 가지 분석도구를 유도해서, 유체를 분석하는 데 이용할 것이다.

이 단원의 초점 : 유체의 물리량
 유체만의 분석도구를 이용한 운동분석

§ 1. 유체의 물리량

1. 밀도(density)

	이름	질량 밀도	질량 표현
3차원	부피 질량 밀도	$\rho \equiv \frac{M}{V}$	$M = \rho V$
2차원	면 질량 밀도	$\sigma \equiv \frac{M}{A}$	$M = \sigma A$
1차원	선 질량 밀도	$\lambda \equiv \frac{M}{L}$	$M = \lambda L$

	이름	전하 밀도	전하 표현
3차원	부피 전하 밀도	$\rho \equiv \frac{Q}{V}$	$Q = \rho V$
2차원	면 전하 밀도	$\sigma \equiv \frac{Q}{A}$	$Q = \sigma A$
1차원	선 전하 밀도	$\lambda \equiv \frac{Q}{L}$	$Q = \lambda L$

2. 압력(pressure)

1) 정의 : $P \equiv \dfrac{F}{S}\;[N/m^2]\;[Pa]$

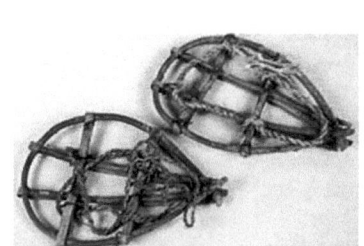 

<강원도, 울릉도 설피>   <캐나다 설피>

2) 유체에 의한 압력 : $P = \rho g h$ 단 h는 높이 X, 깊이 O

pf. (안 시험)

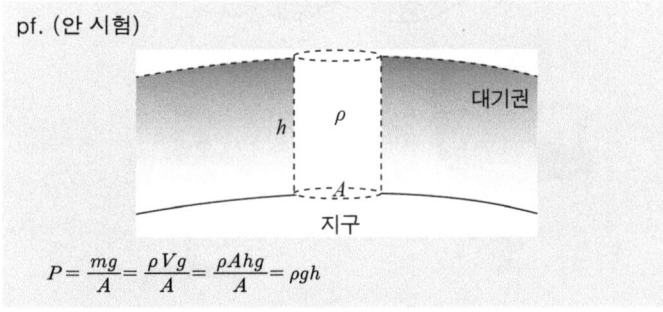

$P = \dfrac{mg}{A} = \dfrac{\rho V g}{A} = \dfrac{\rho A h g}{A} = \rho g h$

→ 시사점 : 유체에 의한 압력의 본질은 유체의 무게다.

→ 사고실험 – 복도 바닥에 넘어져 있는 친구

3) 대기압 : 대기가 지표에 가하는 압력

$P_0 = 1\,atm = 1013\,hPa \simeq 10^5\,Pa = \underline{760\,mmHg} = 10336\,mmH_2O$
토리첼리실험

* 물의 밀도 : $1g/cm^3 = 1kg/L = 1t/m^3$

* 수심이 10m 깊어질 때마다 수압은 1atm씩 증가한다. (기출)

3. 이상유체(ideal fluid)

1) 이상유체란 : 유체역학에서 다루는 이상적인 유체임

2) 특징1 – 비압축성 : 외부 압력이 증가하더라도 부피가 감소하지 않음. 그래서 밀도가 불변임

3) 특징2 – 비점성 : 끈적끈적함이 없음. 그래서 유체 저항력(drag force, $f = bv$)이 없음.

Quiz 1 다음 그림에서 총압력을 비교한다면?

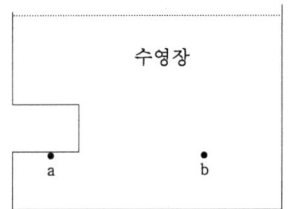

→ 시사점 : 유체에 의한 압력 공식에서 h는 최초 유체의 표면으로부터의 깊이이다.

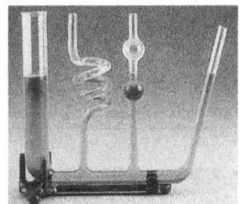

<깊이가 같다면 압력도 같다.>

Quiz 2 다음 그림처럼 아래로 a의 크기로 가속하는 엘리베이터 내부에 수조가 있다. 물의 깊이가 h라면 수조 바닥에서 압력은 얼마인가? 단 중력가속도는 g 이다.

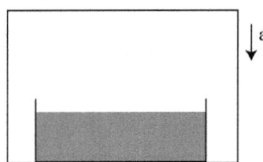

Ch 4. 유체역학

떠먹물리 3권   145

Part 1. 역학

§ 2. 유체 정역학

1. 파스칼의 원리

1) 의미 : 유체의 한쪽에 가해진 압력은 모든 부분에 동일한 크기로 전달된다.

2) 수식 : $\dfrac{F_1}{A_1} = \dfrac{F_2}{A_2}$ (높이 같은 경우)

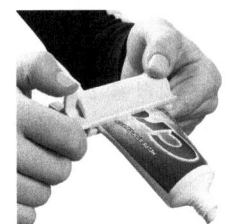

<치약을 짤 때 앞쪽이 아니라 뒤쪽을 눌러도 되는 이유>

pf. 유체는 고압에서 저압으로 흐른다. 바꾸어 말해 흐르지 않는 유체는 압력 평형을 이룬다.

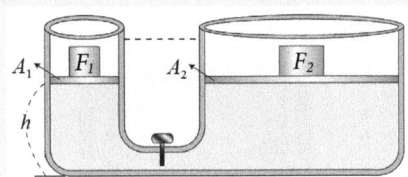

$P_0 + \rho g h_1 + \dfrac{F_1}{A_1} = P_0 + \rho g h_2 + \dfrac{F_2}{A_2}$ ← $h_1 = h_2$ 라면

$\Rightarrow \dfrac{F_1}{A_1} = \dfrac{F_2}{A_2}$

3) 수식 : $\rho g h_1 + \dfrac{m_1 g}{A_1} = \rho g h_2 + \dfrac{m_2 g}{A_2}$ (높이 다른 경우)

4) 생활예 : 치약, 주사기, 부동산 풍선효과, 코로나 풍선효과, 미용실 의자, 치과 의자, car jack, 자동차 브레이크

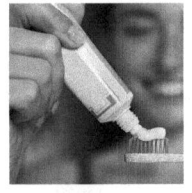

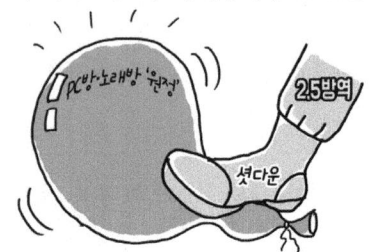

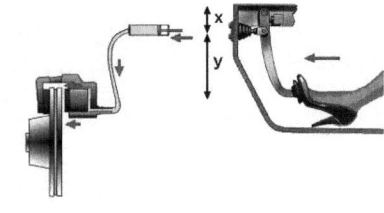

Ch 4. 유체역학

2. 아르키메데스의 원리

1) 의미 : 부력 = 넘친 물의 무게

2) 공식 : $F = \rho_w g V_{sink}$

pf1. (안 시험)

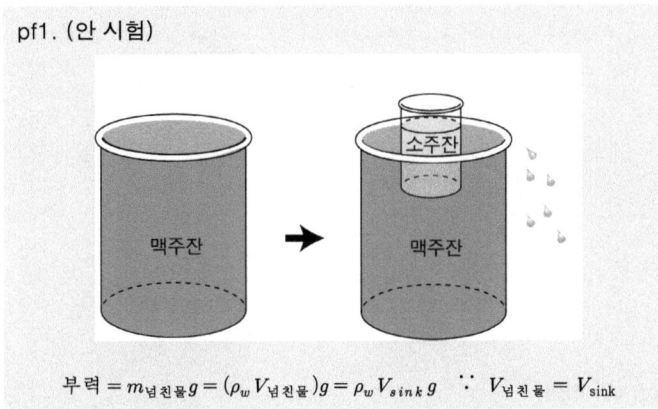

부력 $= m_{넘친물} g = (\rho_w V_{넘친물})g = \rho_w V_{sink} g$ ∵ $V_{넘친물} = V_{sink}$

pf2. (안 시험)

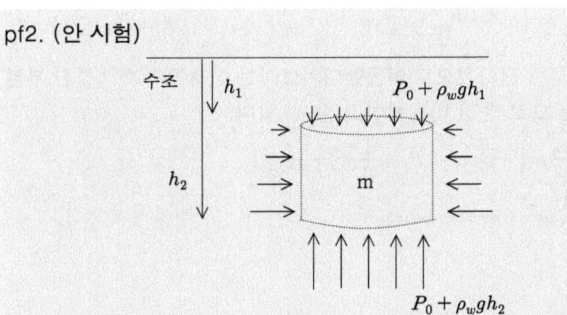

중력에 반해서 점선 부분의 유체는 윗 방향으로 알짜 압력에 의한 힘을 받는다. 그것은 다음과 같다.

$\Delta P A = (P_0 + \rho_w g h_2)A - (P_0 + \rho_w g h_1)A = \rho_w g \Delta h A = \rho_w g V_{sink}$

→ 시사점 : 부력의 본질은 유체 속 물체의 상단과 하단의 압력 차이다.

Quiz 1 동일한 나무도막 A, B, C를 물에 띄운 다음, B는 수면 아래에 완전히 잠기도록 손가락으로 힘을 주고, C는 수면 아래 깊은 곳까지 잠기도록 하였다.

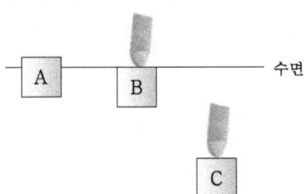

세 나무도막이 받는 부력의 크기는?

3) 아르키메데스의 왕관 밀도 측정

무게가 440g중인 왕관을 밀도가 $1g/cm^3$인 물에 담갔더니 왕관의 무게가 409g중으로 측정되었다.

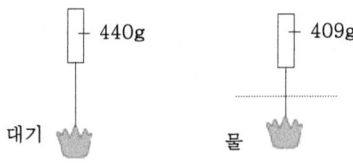

1) 왕관이 받는 부력은 얼마인가?
2) 왕관의 부피는 얼마인가?
3) 왕관의 밀도는 얼마인가?
4) 순금의 밀도가 $19.3g/cm^3$이라면, 이 왕관은 순금으로 제작되었나?

정답 1) 31g중   2) $31cm^3$ 3) $14.2g/cm^3$ 4) 아니

4) 복합 유체 속 물체가 받는 부력은 다음과 같다.

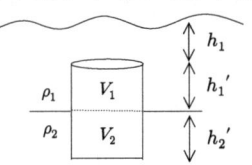

$\Delta P = [P_0 + \rho_1 g(h_1 + h_1') + \rho_2 g h_2'] - [P_0 + \rho_1 g h_1]$
$\quad = \rho_1 g h_1' + \rho_2 g h_2'$
$\Rightarrow F_b = \rho_1 g V_1 + \rho_2 g V_2$

5) 물컵 속 바닥에 완전히 가라앉은 물체가 받는 부력

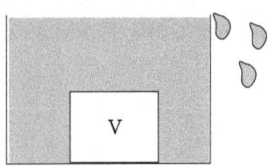

이 상황처럼 완전히 바닥에 가라앉은 경우는 앞에서 유도 과정에서 이용했던 원리(부력의 본질은 유체 속 물체의 상단과 하단의 압력차)를 적용할 수 없다.

그래서 아르키메데스의 원리(부력=넘칠 물의 무게)를 적용해야 한다. 부력 $= m_{넘친물} g = (\rho_w V_{넘친물})g = \rho_w V_{sink} g$

Part 1. 역학

§ 3. 유체 동역학

1. 연속정리 (기출)

1) 의미 : 일종의 질량보존법칙으로서 연속적으로 흐르는 유체의 단면적이 좁아질수록 유속이 증가한다는 정리이다.

2) 수식 : $R = Av =$ 일정 or $A_1 v_1 = A_2 v_2$

pf. (안 시험)

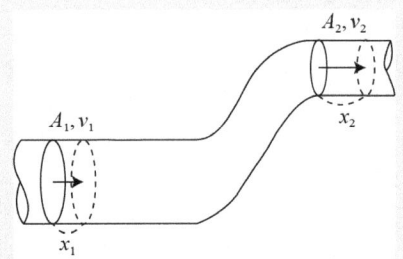

질량보존법칙 : $m_{in} = m_{out}$
$\Rightarrow \rho_{in} V_{in} = \rho_{out} V_{out}$ ← 비압축성 유체($\rho_{in} = \rho_{out}$)
$\Rightarrow V_{in} = V_{out}$
$\Rightarrow A_1 x_1 = A_2 x_2$ ← $x = vt$
$\Rightarrow A_1 v_1 t = A_2 v_2 t$
$\Rightarrow A_1 v_1 = A_2 v_2$

3) 생활예 : 호스로 물 뿌리기, 타이타닉호, 재채기, 강남 테헤란로 돌풍

4) 부피흐름률 $R \equiv Av \, [m^3/s]$

* 빠르기 정리

① $v = \dfrac{s}{t} \, [m/s]$

② $P = \dfrac{W}{t} \, [J/s] \, [W]$

③ 면적속도 $\dfrac{dA}{dt}$

④ $R = Av \, [m^3/s]$

⑤ $H = \dfrac{Q}{t} \, [J/s] \, [W]$

⑥ $I = \dfrac{q}{t} \, [C/s] \, [A]$

⑦ 유도기전력 $\epsilon = -N \dfrac{d\Phi_B}{dt} \, [Wb/s] \, [V]$

⑧ 붕괴속도 $R = \dfrac{dN}{dt} = -\lambda N$

2. 베르누이 정리 (기출)

1) 의미 : 일종의 일과 에너지 정리로서 유체의 위치에너지가 일정하다면, 유속이 빠를수록 압력이 감소한다는 정리이다.

2) 수식 : $P + \dfrac{1}{2}\rho v^2 + \rho g h = const.$

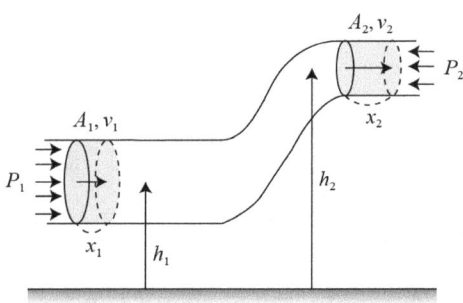

pf. (안 시험)

일과 에너지 정리 $W_{비} = \Delta KE + \Delta PE$

$\Rightarrow P_1 \dfrac{A_1 x_1}{V} \cos 0 + P_2 \dfrac{A_2 x_2}{V} \cos 180 = \dfrac{1}{2}m(v_2^2 - v_1^2) + mg(h_2 - h_1)$

관 속의 물이 전체적으로 이동했다기보다는 아래쪽의 회색칠한 부분이 윗부분으로 순간 이동했다고 볼 수 있다.

$\Rightarrow P_1 + \dfrac{1}{2}\rho v_1^2 + \rho g h_1 = P_2 + \dfrac{1}{2}\rho v_2^2 + \rho g h_2$

$\Rightarrow P + \dfrac{1}{2}\rho v^2 + \rho g h = const.$

Quiz 1 위의 그림에서 v_1과 v_2를 비교하시오.

정답 오개념 : $v_1 > v_2$ ∵ 역에보 성립
　　　정개념 : $v_1 < v_2$ ∵ 연속 정리

* 재미있게 공식 외우기?!
　부력 $F = \rho V g$: 푹잠김
　연속정리 $A_1 v_1 = A_2 v_2$: 아비가 같아
　파스칼의 원리 $\dfrac{F_1}{A_1} = \dfrac{F_2}{A_2}$: 아빠가 같아

Ch 4. 유체역학

3. 양력(lift force)

1) 수식 : if $h_1 = h_2$, then $P + \frac{1}{2}\rho v^2 = const.$

   ⇒ $P_{위} + \frac{1}{2}\rho v_{위}^2 \simeq P_{아래} + \frac{1}{2}\rho v_{아래}^2$

   ⇒ $(P_{아래} - P_{위})S = (\frac{1}{2}\rho v_{위}^2 - \frac{1}{2}\rho v_{아래}^2)S$

2) 실험 : 종이에 바람 불기

3) 생활예 : 대우국민차 티코를 타고 고속도로 주행하기, 축구에서 바나나킥

Quiz 1 다음 그림 중 비행기 날개의 종단면적으로 적절한 것은?

4) 부력과 양력의 차이
   부력 : 정지한 유체 속 물체의 상단과 하단의 압력차
   양력 : 흐르는 유체 속 물체의 상단과 하단의 압력차

4. 토리첼리 정리 (기출)

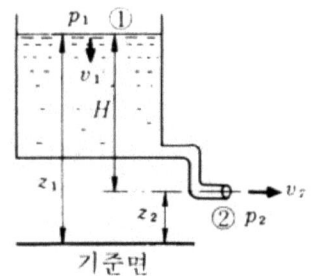

1) 수식 : if $P_1 = P_2$ & $v_1 \simeq 0$, then $P_1 + 0 + \rho g h_1 \simeq P_2 + \frac{1}{2}\rho v_2^2 + \rho g h_2$
에서 $v_2 \simeq \sqrt{2g(h_1 - h_2)}$

2) 주의 : 원칙적으로 동역학 문제에서 역에보 쓰지 말 것. 예외 - 토리첼리 정리

* 정리

유체역학 $\begin{cases} 유체정역학 \begin{cases} 파스칼의\ 원리 - 압력평형 \\ 아르키메데스의\ 원리 - 부력 \end{cases} \\ 유체동역학 \begin{cases} 연속정리 - 질량보존 \\ 베르누이\ 정리 - 일에정 \end{cases} \end{cases}$

Part 1. 역학

ex 1 빙산의 일각 (기출)

북극해에 밀도가 $0.9\,\text{g/cm}^3$인 빙산 하나가 바다에 떠 있다.

이 빙산은 실제 부피 중 몇 %만이 물 밖으로 나와 있는 것인가? (단, 바닷물의 밀도는 $1\,\text{g/cm}^3$이라고 가정한다.)

정답 10%

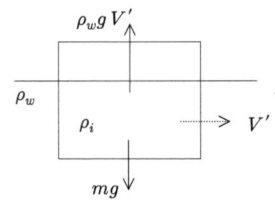 

$mg = \rho_w g V' \Leftrightarrow (\rho_i V)g = \rho_w g V' \quad \therefore \frac{V'}{V} = \frac{\rho_i}{\rho_w} = \frac{0.9}{1}$ 즉, 90%

실제 순수한 얼음이 순수한 물 위에 떠 있으면 얼음은 전체 부피의 90%가 물 아래로 가라앉고 10%만이 물 밖으로 나온다. 이런 유체역학적인 상황을 한자성어로 빙산의 일각이라고 한다. 참고로 물위에 떠 있는 물체들은 자신의 비중만큼 가라앉는다. 예를 들어 비중이 0.4인 물체는 물에 40%만 가라앉는다.

ex 2 그림은 물체가 풍선에 매달려 밀도가 ρ인 액체 속에 뜬 채로 정지해 있는 모습을 나타낸 것이다. 물체와 풍선의 부피는 각각 V와 $4V$이다. (기출)

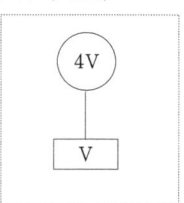

이 물체의 운동에 대한 설명으로 옳은 것을 <보기>에서 모두 고르면? (단, 공기저항과 풍선의 질량은 무시하고, 중력가속도는 g이다.)

──<보 기>──
ㄱ. 이 물체의 질량은 $5\rho V$이다.
ㄴ. 실의 장력은 $4\rho g V$이다.
ㄷ. 실을 끊었을 때 물체의 가속도는 $\frac{4}{5}g$이다.

정답 ㄱ, ㄴ, ㄷ

ㄱ.
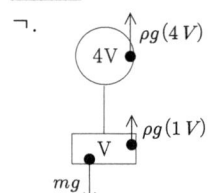

$mg = \rho g(5V)$ 에서 $m = 5\rho V$ ⋯ ①

ㄴ. 풍선에게 작용하는 부력과 장력이 힘의 평형을 이루이므로
$\rho g(4V) = T$ 이다.
<2> 물체에 작용하는 중력, 부력, 장력이 힘의 평형을 이루므로
$mg = \rho g V + T$에서 $T = 4\rho g V$

ㄷ. 물체에 대해서 운동방정식을 세우면 $mg - \rho g V = ma$이고 여기에다가 ①식을 대입해서 정리하면 $a = \frac{4}{5}g$이다.

---

* 부력 계산시 유의점 총정리

1) 완전 잠긴 경우
① 완전 잠긴 경우 깊이에 상관없이 부력은 동일하다.
② 비중이 1인 경우 물체는 물 속에 가만히 정지해 있다.

2) 두 유체의 경계에 있는 경우
① 위쪽 유체에 의한 부력은 위쪽이다.

3) 빙산의 일각
① 일반적으로 공기 부력은 무시한다.
② 잠긴비 = 비중 (기출)
③ 부력에는 대기압이 다 고려되어 있다. 그러므로 운동방정식을 세울 때 대기압을 따로 고려할 필요가 없다.

ex 3 그림과 같이 이상 유체가 단면적이 일정한 관 속에 흐르고 있다. 관 속의 세 점 A, B, C에서 A와 B의 높이 차는 h이고, A와 C의 높이 차는 $2h$이며, A와 B에서의 압력 차는 P_0이다.

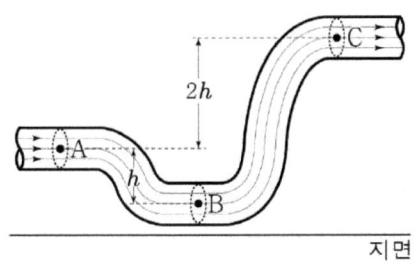

이에 대한 설명으로 옳은 것만을 <보기>에서 있는 대로 고른 것은?

―<보 기>―
ㄱ. 유체의 속력은 A와 B에서 같다.
ㄴ. 압력은 A에서가 C에서보다 작다.
ㄷ. B와 C에서의 압력 차는 $3P_0$이다.

① ㄱ   ② ㄴ   ③ ㄱ, ㄴ
④ ㄱ, ㄷ   ⑤ ㄴ, ㄷ

정답 ④ ㄱ, ㄷ

ㄱ. 연속 방정식 $Sv=c.$에 의해 A, B, C에서 유속은 모두 같다.

ㄴ. 베르누이 정리 $P_A + \frac{1}{2}\rho v_A^2 + \rho g h_A = P_C + \frac{1}{2}\rho v_B^2 + \rho g h_C$에서
$P_A - P_C = \rho g(2h)$이다.

ㄷ. 베르누이 정리 $P_A + \frac{1}{2}\rho v_A^2 + \rho g h_A = P_B + \frac{1}{2}\rho v_B^2 + \rho g h_B$에서
$P_B - P_A = \rho g h = P_0$이므로 $P_B + \frac{1}{2}\rho v_B^2 + \rho g h_B = P_C + \frac{1}{2}\rho v_B^2 + \rho g h_C$
에서 $P_B - P_C = \rho g(3h) = 3P_0$이다.

ex 4 높이가 $l=10m$인 난간에 물탱크가 놓여져 있다. 물탱크에는 바닥으로부터 $H=30m$ 높이까지 물이 차 있다.

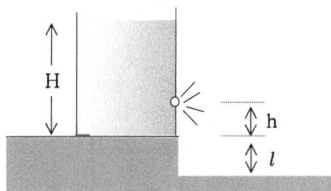

물탱크의 바닥으로부터 $h=10m$ 지점에 생긴 아주 작은 구멍에서 물이 새어 나오고 있다. 새어나온 물이 도달하는 최대 수평 이동거리는 얼마인가? (단 중력가속도는 $10m/s^2$이고, 모든 마찰과 공기 저항은 무시한다.)

정답 40m

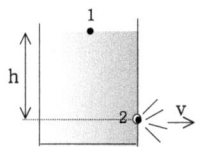

점 1, 2에서 압력은 대기압(P_0)이다. 그러므로 베르누이 방정식을 적용하면 $P_0 + \rho g h + 0 = P_0 + 0 + \frac{1}{2}\rho v^2$이므로
$v = \sqrt{2gh} = \sqrt{2\times 10 \times 16} = 8\sqrt{5}\,m/s$
참고로 새어 나오는 유체의 속력이 $v = \sqrt{2gh}$라는 것을 토리첼리 정리라고 한다.

i) 토리첼리 정리에 의해 새어 나오는 물의 속력은
$v = \sqrt{2g(H-h)} = 20m/s$이다.

ii) 새어 나온 물은 수평투사운동을 하므로 지면까지 낙하시간은 등가속도 공식 2번에서 $t = \sqrt{\dfrac{2(h+l)}{g}} = 2s$이다.

iii) 그러므로 최대 수평 이동거리는 $s = vt = 40m$이다.

Part 1. 역학

* 추론형 문제 엿보기

1. 다음 그림에서 추의 질량이 증가하면 물체는 어떻게 되겠는가?

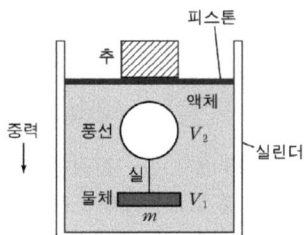

정답 평균 수압의 증가로 인해 풍선의 부피가 감소하고(보일의 법칙), 부력이 감소해서 아래로 가라앉는다.
참고로 이상 유체의 조건 중 하나가 '비압축성'이므로 액체의 밀도는 불변이다.

2. 다음 그림에서 B에서 속력은 얼마인가? 단 $P_A = P_B + \frac{5}{2}\rho g h_0$

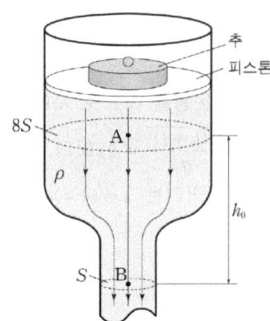

정답
$(P_B + \frac{5}{2}\rho g h_0) + \frac{1}{2}\rho(\frac{1}{8}v_B)^2 + (\rho g h_0) = P_B + \frac{1}{2}\rho v_B^2 + 0$ 에서
$v_B = \frac{8}{3}\sqrt{gh_0}$

* 유체 전체 구조
1. 유체, 넌 누구니
   1) 밀도
   2) 압력

2. 분석 도구
   1) 파스칼의 원리
   2) 아르키메데스의 원리
   3) 연속 정리
   4) 베르누이 정리

3. 운동
   1) 정지한 유체 속 물체의 가속운동, 힘의 평형
   2) 토리첼리 정리, 벤츄리 관, siphon

Memo

PART

02

열

Chapter 5. 열현상

Chapter 6. 열역학

* 인과론으로 정리하는 일반물리1

	질점역학	강체역학	유체역학	열현상
대상	질점(m)	강체($I=mr^2$)	유체($\rho = \dfrac{M}{V}$)	고, 액, 기
원인	$\vec{F}$	$\vec{\tau}(=\vec{r}\times\vec{F})$	$P(=\dfrac{F}{S})$	Q, P
과정			방향 : $P_\text{고} \to P_\text{저}$	방향 : $T_\text{고} \to T_\text{저}$ ($\Delta S > 0$) 이동방법 : 전, 대, 복
결과	$\dfrac{\Delta \vec{v}}{\Delta t}$	$\dfrac{\Delta \vec{w}}{\Delta t}$		열팽창 상변화
관계식	$\vec{F}=m\vec{a}$	$\vec{\tau}=I\vec{\alpha}$	연속정리 베르누이 정리	$\Delta L = L_0 \alpha \Delta T$ $PV=nRT$

§ 1. 원인

1. 열현상의 원인

지금까지는 열에 의한 물리 현상의 변화와 특징에 대해서 따지지 않았다. 이제부터 열을 공급받았을 때 어떤 변화가 일어나는지 알아보겠다.

열현상이 일어나는 원인은 열이다. 그리고 그 열이 누군가에게 전달되는 현상이 열의 이동이고, 그 결과 물체는 팽창한다.

우선 열의 많고 적음을 말해주는 물리량을 먼저 정의하자.

2. 온도

온도는 열의 많고 적음을 말하는 하나의 척도이다.
다만 주의할 점은 온도가 높다고 해서 무조건 열을 많이 가졌다고 할 수는 없다. 예를 들어 40°C의 온탕이 90°C의 사우나실보다 훨씬 더 뜨겁게 느껴지는 것을 생각해보면 된다.

온도의 단위는 섭씨온도, 화씨온도, 절대온도 등이 있다.

섭씨온도는 물의 어는 점을 0°C, 물의 끓는 점을 100°C로 정한 온도체계이다. 그 사이는 100등분되어 있다.

화씨온도는 물의 어는 점을 32°F, 물의 끓는 점을 212°F로 정한 온도체계이다. 그 사이는 180등분되어 있다.

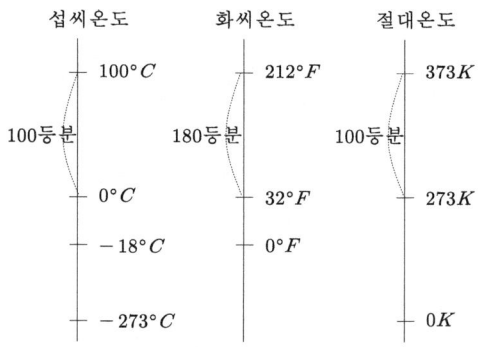

섭씨온도와 화씨온도의 관계는 다음과 같다.

$$°C : °F - 32 = 100 : 180 \quad \text{or} \quad °C = \frac{5}{9}(°F - 32)$$

절대온도는 섭씨온도에서 273을 더한 온도이며, 단위는 $[K]$ (켈빈)을 사용한다. 절대온도 $0K$은 이론상 최저온도이며, 이상기체의 부피가 0이 되는 가상의 온도이다.
온도 간격은 섭씨온도와 동일하다. 그래서 섭씨온도의 변화 크기와 절대온도의 변화 크기는 같다. $\Delta t [°C] = \Delta T [K]$

이제 열의 양을 정의해보자.

3. 열량의 물리적 정의

1) 열량 : 열의 양이라는 뜻이다.

2) 열량의 단위 : 칼로리[cal] 혹은 줄[J]

3) 열량 공식
① 물체가 보유한 열량(Q) : 정의내리지 못함.
② 물체에 출입한 열량(ΔQ) : 정의내림.
 a. 일반적으로 물체가 보유한 열을 계산하지는 못한다. 다만 주거나 받은 열의 양은 계산할 수 있다.
 b. 주거나 받은 열의 양은 다음과 같다.
$$\Delta Q \propto m (물체의 질량)$$
$$\Delta Q \propto \Delta T (물체의 온도변화)$$
이를 비례상수 c를 이용해서 1차 함수로 표현하면 다음과 같다.
$$\Delta Q = mc\Delta T$$
여기서, 비례상수 c는 비열이라고 부른다. 비열은 다음 페이지에서 자세하게 배운다. 그리고 참고로 ΔQ 대신 그냥 Q라고 쓰는 경우가 많다.
 c. 한편 아주 작은 출입열(미소 출입열)은 다음처럼 표현한다.
$$dQ = mcdT$$

Quiz 1 물 1L를 30°C에서 40°C까지 높이려 한다. 필요한 열량은 얼마인가? 단, 물의 밀도는 $1g/cm^3$이고, 비열은 $4.2kJ/kg°C$이다.

sol) $Q = (1kg)(4.2kJ/kg°C)(10°C) = 42kJ$

이제 비열에 대해 알아보자. 그전에 열과 일의 관계를 잠깐 얘기하고 넘어가도록 하겠다.

4) 열과 일의 관계식
18C까지는 열과 일이 서로 다른 물리 현상이라고 생각하였다. 그러나 James Joule은 '줄의 실험'을 통해 $1cal$의 열을 이용하여 $4.2J$의 일을 할 수 있음을 보임으로써 두 현상이 사촌지간임을 증명했다.
오늘날에는 열과 일의 단위를 모두 [J]로 통일해서 쓴다.

cf. 줄의 실험

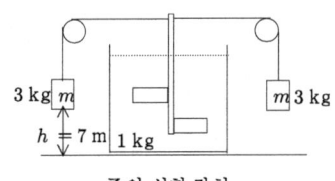

줄의 실험 장치

sol) $\Delta E_P = 2mgh = 2 \cdot (3kg)(10m/s^2)(7m) = 420J$
$Q = Mc\Delta T = (1kg)(1000cal/kg°C)(0.1°C) = 100cal$
∴ $1cal = 4.2J$: 줄의 법칙

Quiz 2 초콜릿을 먹었더니 5cal의 에너지가 생겼다. 이것으로 할 수 있는 일의 크기는 얼마인가?

4. 비열

1) 정의 및 단위 : $c \equiv \dfrac{Q}{m \Delta T} [J/kgK] [J/kg°C]$

   단위질량당 단위온도변화당 출입한 열량

   $1kg$의 물체가 $1K$ 또는 $1°C$ 변하는 데 필요한 열량

Quiz 1 질량이 100kg이고 체온이 37°C인 철수에게 400kJ의 열을 가했더니 체온이 38°C가 되었다. 철수의 비열은 얼마인가?

정답 $c = \dfrac{\Delta Q}{m \Delta t} = \dfrac{400kJ}{100kg \times 1°C} = 4kJ/kg°C$

2) 특징 : 비열이 큰 물질일수록 온도 변화가 잘 안 된다.

   그러므로 비열은 '열적 관성'을 나타내는 물리량이라고 볼 수 있다.

Quiz 2 질량이 같고 비열이 1:2인 두 물질에게 동일한 열을 가한다. 온도 변화는 몇 대 몇인가?

정답 $Q = mc\Delta t$ 에서 $\Delta t = \dfrac{Q}{mc} \propto \dfrac{1}{c}$ 이므로 온도 변화는 2:1

5. 열용량

1) 정의 및 단위 : $C \equiv \dfrac{Q}{\Delta T} [J/K] [J/°C]$

   단위온도변화당 출입한 열량

   어떤 물질을 $1K$ 또는 $1°C$ 변하는 데 필요한 열량

2) 열량 공식 : $Q = C \Delta T$

3) 생활예 : 40°C 온탕 VS 90°C 사우나실

   낮에는 해풍, 밤에는 육풍

Quiz 1 철수의 질량은 $m = 100kg$ 이고, 비열은 $c = 3kJ/kg°C$ 이다. 영희의 질량은 $m = 50kg$ 이고 비열은 $c = 4kJ/kg°C$ 이다. 두 사람의 체온을 36.5°C에서 37.5°C까지 올리는 데 필요한 열은 각각 얼마인가?

정답 $Q_{철수} = (100kg)(3kJ/kg°C)(1°C) = 300kJ$

$Q_{영희} = (50kg)(4kJ/kg°C)(1°C) = 200kJ$

이제 열량과 관련된 법칙을 하나 만들어보자.

6. 열량 보존 법칙

: 온도가 다른 두 물체 사이에서 열교환이 일어났다면, 고온의 물체가 빼앗긴 열은 저온의 물체가 얻은 열과 크기가 같다.
일종의 에너지 보존 법칙이다.

$\sum \Delta Q = 0$

$\Rightarrow m_{저}c_{저}(T_0 - T_{저}) + m_{고}c_{고}(T_0 - T_{고}) = 0$

$\Rightarrow m_{고}c_{고}(T_{고} - T_0) = m_{저}c_{저}(T_0 - T_{저})$

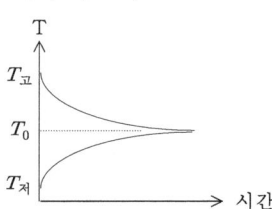

Quiz 1 어떤 금속은 질량이 $m = 2g$ 이고, 비열이 $c = 5cal/g°C$ 이며 온도가 $T = 100°C$ 이다.
열용량이 $C = 5cal/°C$ 인 열량계 속에 있는 물은 질량이 $m_w = 5g$ 이고 비열이 $c_w = 1cal/g°C$ 이며 온도가 $T_w = 20°C$ 이다.
금속을 열량계 속에 집어넣은 후 시간이 한참 지났다면 평형온도는 몇 °C인가? 그리고 금속과 물의 온도 변화를 시간에 따라 나타낸다면? (기출)

정답 60°C

금속이 잃은 열량 = 물이 얻은 열량 + 열량계가 얻은 열량

$(2g)(5cal/g°C)(100 - T) = (5g)(1cal/g°C)(T - 20) + (5cal/°C)(T - 20)$

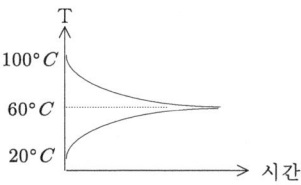

§ 2. 열의 이동

1. 열 이동의 방향성

1) Clausius의 의문과 도전 : 열이 고온에서 저온으로 이동하는 이유를 알고 싶었다. 그래서 연구를 시작했다. 그러나 그것을 밝히는 데 실패했다.
그래서 열이 고온에서 저온으로 이동하는 현상을 '받아들였고', 대신에 이 현상을 나타내는 물리량을 개발하는데 집중했다.
10여 년의 연구 끝에 개발한 물리량이 엔트로피(entropy)다.(1850~1865)
https://goo.gl/kp8bFv
https://goo.gl/EUbyiu

2) 엔트로피란 : 무질서도라고 번역하기도 한다. 물컵 속의 잉크가 퍼지거나 방 안에 쓰레기가 쌓이면 엔트로피가 증가했다고 말한다. 열이 고온에서 저온으로 이동하는 현상을 나타내려고 만든 물리량이다. 기호는 S이다.

3) 엔트로피의 정의
: $S \equiv ??$ (물체가 갖는 엔트로피 정량화 실패)
$\Delta S \equiv \frac{\Delta Q}{T}\ [J/K]$ (물체의 엔트로피 변화 정량화 성공)

4) 특징 : $\Delta Q > 0$이면 $\Delta S > 0$
$\Delta Q < 0$이면 $\Delta S < 0$

cf. 물체가 갖는 엔트로피는 후에 볼츠만에 의해서 정의되었다.
$S \equiv k_B \ln \Omega$ (1877)

5) typeⅠ : 두 열원 사이에서의 엔트로피 변화

① 열원(heat reservoir)이란 : 무한 열저장고.

② 특징 : 열을 무한히 가지고 있다. 그렇기 때문에 열을 조금 뺐기거나, 얻더라도 자신의 온도가 변하지 않는 녀석이다.

③ 예 : 태양, 난로, 사람

④ 온도가 다른 두 열원에서의 엔트로피 변화

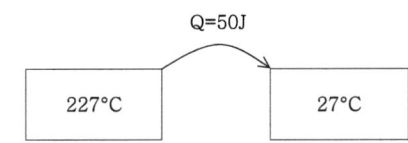

i) $\Delta S_H = \frac{-50J}{500K} = -\frac{1}{10} J/K < 0$

ii) $\Delta S_C = \frac{+50J}{300K} = +\frac{1}{6} J/K > 0$

iii) $\Delta S_{tot} = \Delta S_H + \Delta S_C = +\frac{1}{15} J/K > 0$

⑤ 결과 : 고립계 내부에서, 열이 고열원에서 저열원으로 이동할 때 전체 계의 엔트로피는 증가한다.

⑥ 결론 : 클라우지우스는, 경험상 고립계 내부에서 열이 저온에서 고온으로 이동하는 현상이 발견되지 않았기 때문에, 열은 항상 고온에서 저온으로만 이동한다고 주장하였다. 이 때 계의 엔트로피가 증가하므로, 자연현상은 엔트로피가 증가하는 방향으로만 일어난다고 제안하였다. 이를 '고립계에서의 엔트로피 증가 법칙' 또는 '열역학 2법칙'이라고 한다.
고립계 내부에서 열이 고온에서 저온으로 흐르는 현상이나, 물컵에 떨어뜨린 잉크가 퍼지는 현상은 고립계의 엔트로피 증가를 만족하므로 자연스러운 현상이다.

다만 여기서 주의할 점은 열역학 2법칙은 경험 법칙이므로, 만약 열이 저온에서 고온으로 이동하는 현상이 발견되면($\Delta S < 0$), 무너진다.
다시 한 번 강조하지만 열이 고온에서 저온으로 이동하는 이유는 모른다. 다만 그 현상을 표현한 것이 $\Delta S_{고립계} > 0$이다.

6) typeII : 한 열원과 한 물체 사이의 엔트로피 변화

질량이 m 이고 비열이 c 이며 온도가 $T_C = 23K$ 인 구리가, 온도가 $T_H = 100K$ 로 일정하게 유지되는 난로로부터 열을 받아서 열평형 상태에 도달하였다. 이 경우 총 엔트로피 변화는 다음과 같다.

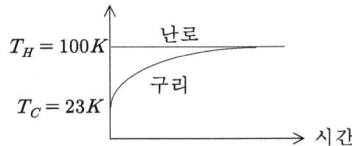

i) $\Delta Q_{구리} = mc\Delta T = mc(100-23)$

ii) $\Delta S_{난로} = \dfrac{\Delta Q_{난로}}{T} = \dfrac{-\Delta Q_{구리}}{T} = \dfrac{-mc(100-23)}{100}$

iii) $\Delta S_{구리} = \dfrac{dQ}{23} + \dfrac{dQ}{24} + \dfrac{dQ}{25} + ... + \dfrac{dQ}{100}$

$= \displaystyle\int \dfrac{1}{T}dQ = \int_{23}^{100} \dfrac{mc\,dT}{T} = mc\ln\dfrac{100}{23}$

cf. 곱하기 = 밑면적 = 적분
1) 그래프 밑면적 = 곱하기 : y축 물리량이 일정할 때
2) 그래프 밑면적 = 적분 : y축 물리량이 변할 때

e.g. 등속상황 : $v-t$ 그래프면적 $= v\Delta t = s$
→ 의미 : v-t 그래프에서 밑면적은 변위이다.

변속상황(가속상황) : 면적 $= \displaystyle\int v\,dt = s$
→ 의미 : 곱하기 공식은 적분으로 고칠 수 있다.

$W = F\Delta s \Rightarrow \displaystyle\int F ds$

$s = v\Delta t \Rightarrow \displaystyle\int v\,dt$

$P = \dfrac{\Delta W}{\Delta t} \Rightarrow \dfrac{dW}{dt}$

$\Delta S = \dfrac{1}{T}\Delta Q \Rightarrow \displaystyle\int \dfrac{1}{T}dQ$

iv) $\Delta S_{tot} = mc\ln\dfrac{100}{23} + \dfrac{-mc(100-23)}{100}$

7) 계의 분류

	입자교환	열교환	예
고립계 (isolated system)	X	X	보온통
닫힌계 (closed system)	X	O	핫팩
열린계 (open system)	O	O	각설탕

→ 고립계는 자급자족하는 계라고 볼 수 있다.

* 주의. 닫힌계, 열린계에서는 엔트로피 감소할 수 있음.

2. 열의 본질에 대한 고찰

사실 엄밀히 말해 열이라는 것은 존재하지 않는다. 흔히 말하는 '열기'나 '냉기'라는 단어는 물리적으로는 오개념(misconception)이다.

우리가 사회적으로 열이라고 하는 것은 물리적으로 다음 세 가지의 에너지를 뜻한다.

첫째, 열의 본질은 빛이다. 일반적으로 난로에서는 굉장히 많은 빛이 한꺼번에 방출된다. 난로 가까이에 얼굴을 대고 1분 정도 지나면 얼굴이 빨갛게 된다.

아인슈타인의 광양자 가설 또는 광자 가설에 의하면 빛은 $E=\frac{hc}{\lambda}$ 라는 에너지를 갖는다. 그러므로 얼굴이 빨개진 이유는 물리적으로 난로로부터 빛에너지를 받아서 얼굴의 온도가 올라간 것이다.
참고로 '선탠'은 일광욕을 하다가 빛 에너지를 너무 많이 받아서 표피 세포의 변형이 온 것이다.

둘째, 열의 본질은 고체 속에서 금속 결합하고 있는 원자들 사이의 진동에너지이다. 금속에 열을 공급하면 원자들 사이에 진동이 커지는데 이것을 보고 금속이 뜨거워졌다고 말한다.

셋째, 열의 본질은 기체 분자나 액체 분자의 운동에너지이다. 에너지를 얻은 기체 분자는 운동에너지가 증가하고 그러면서 우리의 피부를 매우 자주 때리면서 충격량을 주게 된다. 이때 생물학적으로 따스함을 느끼게 된다.

이상의 세 가지가 열의 본질이며, 이런 식으로 에너지가 이동하는 것을 위에서부터 차례대로 복사, 전도, 대류에 의한 열의 이동이라고 부른다.

3. 열의 이동방법 – 대류

학교에 등교한 후 교실 앞에 있던 난로를 켜면 1시간 정도 후에 교실 전체 공기가 훈훈하게 데펴진다. 이는 난로 주위의 따뜻한 공기가 위로 상승하고, 교실 뒤쪽 차가운 공기가 난로 쪽으로 이동하면서 공기의 순환이 일어나기 때문이다.

이렇게 공기의 순환으로 인해 교실 전체가 따뜻해지는 현상을 대류라고 부른다.

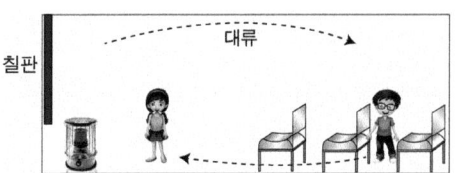

이는 라면을 끓여 먹기 위해 냄비의 물을 데피는 것과 같은 현상이다.

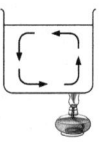

4. 열의 이동방법 – 복사(radiation)

슈테판의 실험과 볼츠만의 이론에 의하면 '단위면적당 단위시간당 복사에너지'는 $\frac{E}{At}=\sigma T^4$ 이다. 단 σ는 슈테판-볼츠만 상수이다. 이를 슈테판-볼츠만 법칙이라고 한다.

5. 열의 이동방법 – 전도(conduction) (기출)

1) 시간당 전도열의 특징 및 구조 공식

$\dfrac{Q}{t} \propto A$(금속의 단면적)

$\dfrac{Q}{t} \propto \dfrac{1}{\Delta x}$(금속의 임의의 두 지점 사이의 간격, 주로 금속의 길이 l로 씀)

$\dfrac{Q}{t} \propto \Delta T$(금속의 임의의 두 지점 사이의 온도차, 주로 금속 양단의 온도차)

⇒ 구조 공식 : 열류(heat current) $= H \equiv \dfrac{Q}{t} = k\dfrac{A\Delta T}{\Delta x}$

　　　　　단 k는 열전도율

참고로 열전도율이 큰 순서는 은 > 구리 > 금 이다.

* 정리
　전도 : 금속 원자들 사이의 진동이 전염/전파
　대류 : 기체들의 진동 증가시 밀도감소와 부력증가로 인해 기체가
　　　　순환
　복사 : 빛이 나오는 현상

Quiz 1 집에서 보일러를 켰더니 $3J/s$ 의 열류가 공급되고 실내 온도는 $20°C$로 유지되었다. 그렇다면 외부로 빠져나가는 열류는 얼마인가?

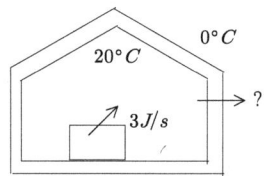

정답 $3J/s$

Quiz 2 $100°C$ 열원과 $0°C$ 열원 사이에 열전도율이 일정한 금속을 두었다. 시간이 한참 지난 후, 가운데 지점의 온도는? 그리고 그 온도가 일정하게 유지되려면? 단 두 열원 사이에서는 열의 전도만 일어난다.

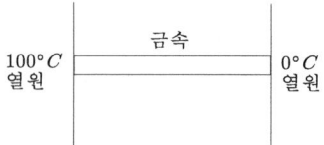

정답 $50°C$, 고열원에서 들어오는 열류와 저열원으로 나가는 열류가 같아야 한다.

Quiz 3 다음 그림과 같이 온도가 각각 $100°C$, $0°C$인 두 열원 사이에 단면적과 길이가 같고 열전도율이 $3k$, k인 두 금속막대 A, B를 연결해놓았다. 시간이 한참 지난 후 두 금속막대의 접촉점에서 온도는 얼마인가? (단 열량보존법칙은 만족하지만, 열량 공식을 쓸 수는 없다.) (기출)

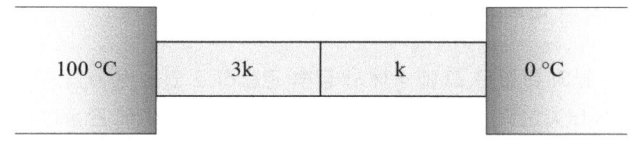

정답 75°C

<1> 연립 :

i) $\left.\dfrac{Q}{t}\right|_A = 3k\dfrac{S(100-T)}{l}$ ⋯ ①

ii) $\left.\dfrac{Q}{t}\right|_B = k\dfrac{S(T-0)}{l}$ ⋯ ②

iii) ①, ②를 연립하면 $T = 75°C$

<2> 비례식 : $\Delta T_A : \Delta T_B = \dfrac{1}{3k} : \dfrac{1}{k} = 1:3$ 이다.

<3> 비례, 반비례

$\dfrac{Q}{t} = k\dfrac{S\Delta T}{l}$ 에서 좌변이 통제변인이고, S와 l이 같으므로 ΔT는 k에 반비례한다. 그러므로 온도차는 1:3이다. 접촉점의 온도는 75°C 임을 추론할 수 있다.

* 추가질문
1) 각 위치별 온도를 그래프로 그려보시오.
2) A, B 중 단열재로 좋은 물질은?

§ 3. 열팽창

1. 기체나 액체의 팽창
: 열을 받은 기체나 액체는 운동에너지가 커져서 용기를 더 자주 때리게 된다. 그러면 압력이 증가하면서 용기의 부피가 커지게 된다. 이것이 기체나 액체의 팽창이다.

2. 고체의 팽창
: 열을 받는 고체는 원자들의 진동 에너지가 증가하면서 개별 원자들 사이의 간격이 조금씩 증가한다. 이것이 고체의 팽창이다.

3. 선팽창 (기출)

1) 가정 : 고체 막대의 팽창이 선팽창이다. 막대의 양 옆으로 팽창이 일어나지만, 한쪽으로 팽창을 몰아서 생각한다.

2) 선팽창시 특징

$$\Delta L \propto L_0 (\text{처음길이})$$

체육시간에 체조하기 위해서 '양팔 간격 좌우로 나란히'를 했던 경험을 떠올리면 된다.

$$\Delta L \propto \Delta T (\text{온도변화})$$

$\Rightarrow \Delta L = L_0 \alpha \Delta T$ 단 $\alpha \equiv \dfrac{\Delta L}{L_0 \Delta T}[/°C][/K]$는 선 팽창계수

cf. $\alpha_{Cu} = 17 \times 10^{-6}/K$ (굉장히 작음)

3) 생활예 : 기차선로, 교량의 이음새

 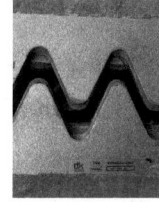 

→ 속담 물리 : 티끌 모아 태산

Quiz 1 $20°C$일 때 어떤 구리 막대의 길이가 $10m$였다. 온도가 $-30°C$가 될 때 막대의 길이는 얼마인가? 단 $\alpha_{Cu} = 17 \times 10^{-6}/K$ 이다.

4) 팽창비 : $L_0 \xrightarrow{\Delta L} L$ 일 때 $\dfrac{\text{변화량}}{\text{처음값}} = \dfrac{\Delta L}{L_0} = \alpha \Delta T$

5) 선팽창 공식 변형 : $L = L_0(1 + \alpha \Delta T)$

Part 2. 열

4. 면팽창

1) 면팽창시 특징

$\Delta A \propto A_0$ (처음면적)

$\Delta A \propto \Delta T$ (온도변화)

$\Rightarrow \Delta A = A_0 \beta \Delta T$ 단 $\beta \equiv \dfrac{\Delta A}{A_0 \Delta T}[/°C][/K]$ 는 면 팽창계수, $\beta \simeq 2\alpha$

Quiz 1 손가락에 낀 반지를 가열하면 어떻게 될까? 외부반지름, 내측반지름, 굵기에 대해 말해보시오.

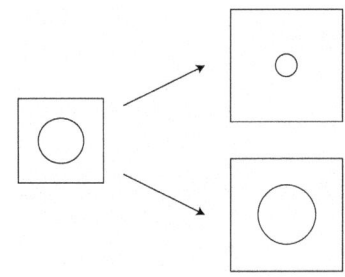

2) 팽창비 : $\dfrac{\text{변화량}}{\text{처음값}} = \dfrac{\Delta A}{A_0} = \beta \Delta T$

3) 면팽창 공식 변형 : $A = A_0(1 + \beta \Delta T)$

pf.(안 시험)

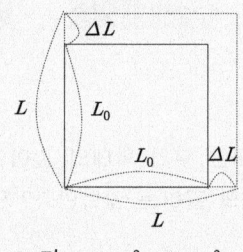

단 $A_0 = L_0^2$, $A = L^2$

$A = L^2$
$= L_0^2(1 + \alpha \Delta T)^2$
$= L_0^2[1 + 2\alpha \Delta T + \alpha^2 (\Delta T)^2]$ ← $\alpha^2 \simeq 0$
$\simeq L_0^2(1 + 2\alpha \Delta T)$ ← $\beta \equiv 2\alpha$
$= A_0(1 + \beta \Delta T)$

cf. 면팽창의 직관적 이해

$A = L_0^2(1 + 2\alpha \Delta T + \alpha^2 \Delta T^2) = L_0^2 + 2L_0 \cdot \underbrace{L_0 \alpha \Delta T}_{=\Delta L} + \underbrace{(L_0 \alpha \Delta T)^2}_{=\Delta L}$

= (처음면적) + 늘어난 모서리 2개 + 늘어난 꼭지점 부분

→ 의미 : 면팽창공식은 근사적으로 모서리의 팽창만 고려하고 꼭지점의 팽창은 무시한 것이다.

5. 부피팽창

1) 부피팽창시 특징

$\Delta V \propto V_0$ (처음부피)

$\Delta V \propto \Delta T$ (온도변화)

$\Rightarrow \Delta V = V_0 \gamma \Delta T$ 단 $\gamma \equiv \dfrac{\Delta V}{V_0 \Delta T}[/°C][/K]$ 는 부피 팽창계수,

$\gamma \simeq 3\alpha$

2) 팽창비 : $\dfrac{\text{변화량}}{\text{처음값}} = \dfrac{\Delta V}{V_0} = \gamma \Delta T$

3) 부피팽창 공식 변형 : $V = V_0(1 + \gamma \Delta T)$

pf. (안 시험)

$V = L^3$
$= L_0^3(1 + \alpha \Delta T)^3$
$= L_0^3[1 + 3\alpha \Delta T + 3\alpha^2(\Delta T)^2 + \alpha^3(\Delta T)^3]$ ← $\alpha^2 \simeq 0$, $\alpha^3 \simeq 0$
$\simeq L_0^3(1 + 3\alpha \Delta T)$ ← $\gamma \equiv 3\alpha$
$= V_0(1 + \gamma \Delta T)$

4) 겉보기 팽창 = 액체의 팽창 − 용기의 팽창

→ 온도계에서 겉보기 팽창 : $\Delta V_{수은} - \Delta V_{유리}$

Quiz 1 액체와 용기의 부피팽창계수가 각각 $\gamma_{liquid} = 10 \times 10^{-6}/°C$, $\gamma_{container} = 17 \times 10^{-6}/°C$ 이고, 처음 부피는 둘 다 $1m^3$이다. 온도가 $20°C$에서 $70°C$로 증가했다면 액체의 겉보기 팽창은 얼마인가?

정답 $-3.5 \times 10^{-4} m^3$

$\Delta V_{liquid} - \Delta V_{container} = V_{0,liquid} \gamma_{liquid} \Delta T - V_{0,container} \gamma_{container} \Delta T$
$= V_0(\gamma_{liquid} - \gamma_{container}) \Delta T$
$= 1 \times (-7 \times 10^{-6}) \times 50$
$= -3.5 \times 10^{-4} m^3$

→ 의미 : 액체가 팽창하더라도 용기의 팽창이 더 크면, 상대적으로 액체가 압축한 것처럼 보인다.

§ 4. 상변화

1. 상변화란?
: 열을 받은 물이 팽창을 하다보면 갑자기 수증기로 상변화가 일어난다.
상변화는 흡열 이후 열팽창의 다음 과정이라고 볼 수 있다.
지킬 박사를 자꾸 놀리면 화가 나서 자기 방을 돌아다닐 것이다 (열팽창). 그러다가 결국에는 하이드로 변할 것이다(상변화).

2. 상변화 도표(diagram)

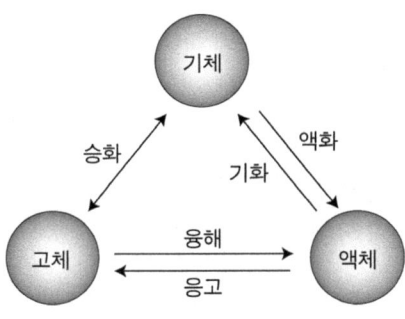

3. (얼음의) 상변화 그래프

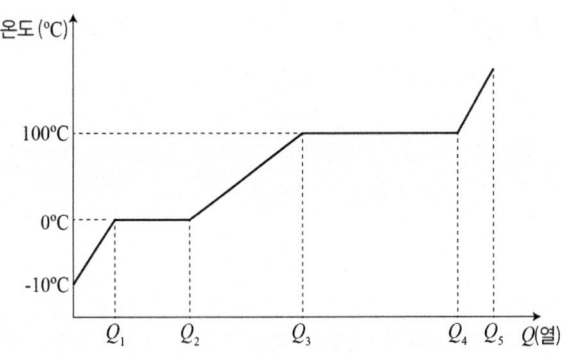

→ 특징1 : 물이 얼음이나 수증기에 비해 비열이 더 커서 기울기가 제일 완만하다.
→ 특징2 : 융해는 구조가 변하는 과정이고, 기화는 결합이 끊어지는 과정이므로, 기화 구간이 더 길다.

4. 잠열(latent heat) (기출)
상이 변하는 동안 열이 공급만 되고, 물체의 온도는 변하지 않는다. 상변화시 공급된 열을 잠열이라고 한다.

얼음의 융해열 : $L = 80\,\text{cal/g}$ → $Q = mL$
물의 기화열 : $L = 540\,\text{cal/g}$ → $Q = mL$

5. 생활예 : 발한(發汗, sweating)작용

Quiz 1 −10°C의 얼음 3g을 10°C의 물로 바꾸기 위해서 공급해야 할 열은 얼마인가? 단 얼음의 비열은 0.5cal/g°C, 물의 비열은 1cal/g°C, 얼음의 융해열은 80cal/g이다.

정답 285cal

i) 얼음이 −10°C에서 0°C가 될 때까지 필요한 열 :
$Q = (3g)(0.5\,cal/g°C)(10°C) = 15\,cal$
ii) 얼음이 융해될 때 필요한 열 : $Q = (3g)(80\,cal/g) = 240\,cal$
iii) 0°C 물이 10°C이 물이 될 때까지 필요한 열 :
$Q = (3g)(1\,cal/g°C)(10°C) = 30\,cal$

§ 5. 기체 분자 운동론

1. 이상기체와 관련 법칙(거시적 관점)

1) 이상기체(ideal gas) : 이상적인 기체
   중력 퍼텐셜 에너지와 전기 퍼텐셜 에너지를 갖지 않음, 상온에서는 병진 운동 에너지와 회전 운동 에너지만 가짐

2) 종류 : 단원자 이상기체, 이원자 이상기체, 삼원자 이상기체

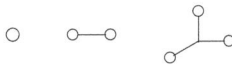

3) 보일의 법칙 : $PV = const.$
   → 주의 : 등온과정일 때만 성립. 예를 들어 단열과정에서는 $PV^\gamma = c.$ 이 성립
   → 의미 : 부피가 감소하면 내부 기체의 압력이 증가 or 외부 압력이 증가하면 기체의 부피가 감소한다.

4) 샤를의 법칙 :
   ① 비례식 형태 : $\frac{V}{T} = const.$ (기출)
   → 주의 : 등압과정일 때만 성립. 예를 들어 단열과정에서는 $TV^{\gamma-1} = c.$ 이 성립
   ② 1차함수 형태 : $V = V_0(1 + \frac{1}{273}t)$ 단 t는 섭씨온도. (기출)

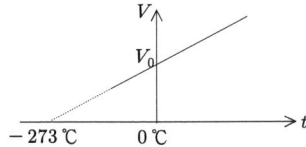

pf. (안 시험)
i) 샤를의 법칙 $\frac{V}{T} = const.$ 또는 $\frac{V}{T} = \frac{V_0}{T_0}$ … ①
ii) T를 $t°C$일 때의 절대온도라고 하자. $T = t°C + 273$ … ②
   T_0를 $0°C$일 때의 절대온도라고 하자. $T_0 = 0°C + 273$ … ③
iii) ②, ③을 ①에 대입하면 $\frac{V}{t°C + 273} = \frac{V_0}{0°C + 273}$
   ⇒ $V = \frac{V_0}{273}(t°C + 273) = V_0(1 + \frac{1}{273}t)$
   단 V는 $t°C$일 때 부피이고 V_0는 $0°C$일 때 부피이다.

참고로 이상기체의 부피팽창계수는 $\frac{1}{273}/°C$ 이다. 구리의 선팽창계수가 $17 \times 10^{-6}/°C$ 이고 구리의 부피팽창계수가 이것의 3배임을 고려한다면, 이상기체의 부피팽창계수는 굉장히 큰 값임을 알 수 있다.

5) 보일-샤를 법칙 : $\frac{PV}{T} = const.$
   ⇒ $\frac{PV}{T} \propto n$
   ⇒ $\frac{PV}{T} = nR$ (상태방정식)

6) 아보가드로 수 : $N_A = 6 \times 10^{23} = 1mol$
   → 의미 : 상자 속 기체의 총질량이 기체 하나의 분자량에 $[g]$을 붙인 질량과 같아지기 위한 기체의 총개수
   예를 들어 수소 분자의 분자량은 2인데, 수소 분자를 6×10^{23}개 정도 모으면 이 기체들의 총질량이 $2g$이 된다.
   → 1mol 이라고 말하기도 한다.

7) 몰(mol)수
   ① 의미 : 기체를 세는 단위 중에 하나
   ② 기호 : n
   ③ 단위 : [mol]
   ④ 관계식 : $n = \frac{N}{N_A}$
   $n = \frac{M}{M_0}$ 단 M_0는 분자량

8) 볼츠만 상수 : $k_B = 1.38 \times 10^{-23} J/K$
   $k_B = \frac{R}{N_A}$ 단 $R = 8.31 J/mol \cdot K$은 기체상수

9) 이상기체 상태방정식 : $PV = nRT$ or $PV = NkT$

pf. (안 시험)
$$PV = nRT = \frac{N}{N_A}RT = Nk_BT$$

→ 의미 : 온도가 높아질수록 부피가 팽창한다.
→ 의의 : 거시적 측면에서 기체팽창 설명

2. 이상기체의 물리량(미시적 관점)

1) 수정된 보일의 법칙 : $PV = \dfrac{1}{3} Nm\overline{v^2}$

→ 의미 : $P \times V \propto v$ 이므로, 기체의 속력이 빨라지면 기체가 용기의 벽을 때리는 횟수가 증가하고 그러면 용기의 부피가 팽창한다.

→ 의의 : 미시적 측면에서 기체팽창 설명

2) 이상기체 하나의 평균 병진운동에너지
$$\overline{KE} = \dfrac{1}{2}m\overline{v^2} = \dfrac{1}{2}\dfrac{3PV}{N} = \dfrac{1}{2}\dfrac{3NkT}{N} = \dfrac{3}{2}kT$$

→ 의의 : 기체 1개의 평균 운동에너지를 찾아냄
미시적 물리량을 거시적 물리량으로 표현함

3) 이상기체 N개의 병진운동에너지
$$U = \overline{KE} \times N = \dfrac{3}{2}NkT = \dfrac{3}{2}nRT$$

ex 1 수정된 보일의 법칙을 유도하시오.

정답

단원자 이상기체 가정

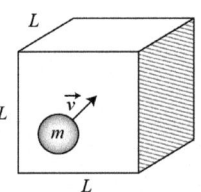

i) 기체 분자 1개의 속력 : $|v_x| \simeq |v_y| \simeq |v_z|$
$$\overline{v^2} = \overline{v_x^2} + \overline{v_y^2} + \overline{v_z^2} = 3\overline{v_x^2} \quad \cdots ①$$

ii) 기체 분자 1개가 오른쪽 벽으로부터 받는 충격량 :
$$\vec{I}_{one} = \Delta\vec{p} = (-mv_x) - (+mv_x) = -2mv_x$$

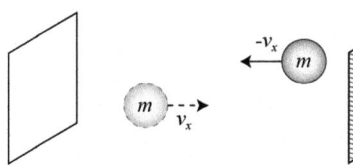

iii) 기체 분자 1개가 오른쪽 벽에 가하는 충격량 :
작용반작용 법칙에 의해 $\vec{I}_{one} = +2mv_x$

iv) 기체 분자 1개의 왕복시간 : $\Delta t_1 = \dfrac{2L}{v_x}$

기체 분자 1개의 벽 접촉 시간 : $\Delta t_2 \simeq 0$

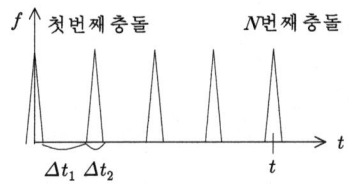

v) 기체분자 1개의 평균 충격력 :
충격량·운동량 정리($I = \Delta p$)에서
$$\overline{f}_{one} = \dfrac{\text{총 충격량}}{\text{총 시간}} = \dfrac{2mv_x \times N}{(\Delta t_1 + \Delta t_2) \times N} \simeq \dfrac{2mv_x}{\Delta t_1} = \dfrac{2mv_x}{2L/v_x} = \dfrac{m\overline{v_x^2}}{L}$$

vi) 기체분자 N개의 충격력 : $F = \overline{f} \times N = \dfrac{m\overline{v_x^2}}{L} \times N = \dfrac{Nm\overline{v^2}}{3L}$

or 좀 더 엄밀한 증명
$$\overline{v_x^2} = \dfrac{\sum v_x^2}{N}, \quad F = \sum \dfrac{mv_x^2}{L} = \dfrac{Nm\overline{v_x^2}}{L} = \dfrac{Nm\overline{v^2}}{3L}$$

vii) 기체분자 N개의 압력 : $P = \dfrac{F}{L^2} = \dfrac{Nm\overline{v^2}}{3L^3} = \dfrac{Nm\overline{v^2}}{3V} = \dfrac{1}{3}\rho v^2$

viii) 수정된 보일의 법칙 : $PV = \dfrac{1}{3}Nm\overline{v^2}$

* m : 기체 1개의 질량
M : 기체들의 총 질량, 단 $M = Nm$
M_0 : 분자량, 단 $M_0 = N_A m$

3. 자유도와 등분배 법칙

1) 자유도(degree of freedom)
: 기체 하나의 평균 운동에너지를 성분별로 나누었을 때, 그 성분의 개수를 자유도라고 부른다.

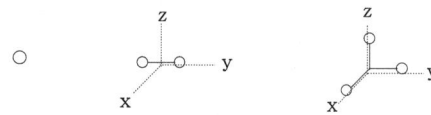

단원자 이상기체의 병진운동에너지는 $\frac{1}{2}m\overline{v_x^2}+\frac{1}{2}m\overline{v_y^2}+\frac{1}{2}m\overline{v_z^2}$ 라고 표현할 수 있고, 자유도는 3이라고 한다.

이원자 이상기체의 병진운동에너지도 $\frac{1}{2}m\overline{v_x^2}+\frac{1}{2}m\overline{v_y^2}+\frac{1}{2}m\overline{v_z^2}$ 이므로 병진자유도가 3이다. 그런데 회전 운동에너지가 $\frac{1}{2}I_x w_x^2 + \frac{1}{2}I_y w_y^2$ 이므로 회전자유도를 2개 더 가질 수 있다. 그러므로 이원자 이상기체의 총자유도는 5개이다.

삼원자 이상기체는
$\frac{1}{2}m\overline{v_x^2}+\frac{1}{2}m\overline{v_y^2}+\frac{1}{2}m\overline{v_z^2}+\frac{1}{2}I_x w_x^2 + \frac{1}{2}I_y w_y^2 + \frac{1}{2}I_z w_z^2$ 이다.

→ 주의 : 단원자 이상기체는 점입자이므로 관성모멘트가 $I = m0^2 = 0$ 이므로 자전을 하지 않는다.

2) 에너지 등분배 법칙
: 대학입시에서는 각 항목별로 가중치가 다 다르다. 예를 들어 수능성적은 40%, 내신성적은 40%, 면접은 20% 등 이런 식이다. 그러나 기체에는 그런 가중치가 없이 자유도 하나당 $\frac{1}{2}kT$씩의 에너지를 갖는다. 예를 들어 병진자유도가 3이고 회전자유도가 2이면 기체 하나의 평균 운동에너지는 $\frac{5}{2}kT$이다. 이런 식으로 자유도 하나당 $\frac{1}{2}kT$씩의 에너지로 고르게 분배된다는 법칙을 '에너지 등분배 법칙'이라고 한다.

Quiz 1 단원자 이상기체의 자유도를 이용하여 평균 운동에너지를 온도에 대해 표현해보시오.

Quiz 2 이원자 이상기체의 자유도는 병진자유도3 + 회전자유도2 이다. 평균 운동에너지를 온도로 표현한다면?

ex 1 에너지 등분배 법칙을 증명하시오.

정답

i) $|v_x| \simeq |v_y| \simeq |v_z|$

ii) $\overline{v^2} = \overline{v_x^2} + \overline{v_y^2} + \overline{v_z^2} = 3\overline{v_x^2} = 3\overline{v_y^2} = 3\overline{v_z^2}$

iii) $\overline{KE_x} = \frac{1}{2}m\overline{v_x^2} = \frac{1}{2}m(\frac{1}{3}\overline{v^2}) = \frac{1}{3}(\frac{1}{2}m\overline{v^2}) = \frac{1}{3}(\frac{3}{2}kT) = \frac{1}{2}k_B T$

$\overline{KE_y} = \frac{1}{2}m\overline{v_y^2} = \frac{1}{2}m(\frac{1}{3}\overline{v^2}) = \frac{1}{3}(\frac{3}{2}kT) = \frac{1}{2}k_B T$

$\overline{KE_z} = \frac{1}{2}m\overline{v_z^2} = \frac{1}{2}m(\frac{1}{3}\overline{v^2}) = \frac{1}{3}(\frac{3}{2}kT) = \frac{1}{2}k_B T$

→ 결과 : 운동에너지의 각 성분은 모두 다 $\frac{1}{2}kT$로 표현할 수 있다. 이는 마치 운동에너지의 각 성분별로 균등하게 $\frac{1}{2}kT$씩 에너지가 분배된 듯하다. 이를 에너지 등분배 법칙이라고 한다.

3) 자유도 정리 (기출)

	예	병진자유도	회전자유도	$\overline{E_k}$	U	c_V	c_P	γ
단원자 이상기체	He, Ne	3	0	$\frac{3}{2}kT$	$\frac{3}{2}Nk_B T$ $=\frac{3}{2}nRT$	$\frac{3}{2}R$	$\frac{5}{2}R$	$\frac{5}{3}$
이원자 이상기체	H_2, O_2	3	2	$\frac{5}{2}kT$	$\frac{5}{2}Nk_B T$ $=\frac{5}{2}nRT$	$\frac{5}{2}R$	$\frac{7}{2}R$	$\frac{7}{5}$
삼원자 이상기체	H_2O	3	3	$\frac{6}{2}kT$	$\frac{6}{2}Nk_B T$ $=\frac{6}{2}nRT$	$\frac{6}{2}$	$\frac{8}{2}R$	$\frac{8}{6}$

4. rms 속력과 맥스웰-볼츠만 분포 (기출)

1) root mean square 속력(rms 속력)

Quiz 1 철수가 동쪽으로 +10m/s의 속도로 달리고, 영희가 서쪽으로 -10m/s의 속도로 달린다. 이 커플의 평균 속도는?

정답 $\frac{(+10)+(-10)}{2}=0 m/s$

→ 이 결과의 문제점 : 철수와 영희가 마치 정지한 것처럼 해석된다. 그 이유는 (-) 부호를 고려해서 계산했기 때문이다.

	철수와 영희	이상기체
평균속도	$\vec{v}=\frac{(+10)+(-10)}{2}=0$	$\vec{v}=0$
평균속력	$\bar{v}=\frac{\|+10\|+\|-10\|}{2}=10$	$\bar{v}=$
제곱평균 제곱근 속도	$\sqrt{\overline{v^2}}=\sqrt{\frac{(+10)^2+(-10)^2}{2}}=\sqrt{100}$	$\frac{1}{2}m\overline{v^2}=\frac{3}{2}kT$ 에서 $\sqrt{\overline{v^2}}=\sqrt{\frac{3kT}{m}}$

평균 병진운동에너지 $\frac{1}{2}m\overline{v^2}=\frac{3}{2}kT$ 에서 $\overline{v^2}=\frac{3kT}{m}$ 이다.
여기서 root mean square 속력은 다음처럼 정의한다.
$v_{rms} \equiv \sqrt{\overline{v^2}} = \sqrt{\frac{3kT}{m}}$

이를 변형하면 다음과 같다.
$v_{rms}=\sqrt{\frac{3kT}{m}}=\sqrt{\frac{3\frac{R}{N_A}T}{m}}=\sqrt{\frac{3RT}{M_0}}$ 단 M_0은 분자량

Quiz 2 이원자 이상기체의 rms 속력은?

정답 평균 병진운동에너지 $\frac{1}{2}m\overline{v^2}=\frac{3}{2}kT$ 에서 $\sqrt{\overline{v^2}}=\sqrt{\frac{3kT}{m}}$ 이다.

2) 그레이엄의 법칙 : 같은 상자 속 두 기체의 속력비를 나타내는 법칙 $\frac{v_B}{v_A}=\sqrt{\frac{m_A}{m_B}}$

3) 맥스웰-볼츠만 분포 : 단열 상자 내부 기체의 속도에 빠른 분포

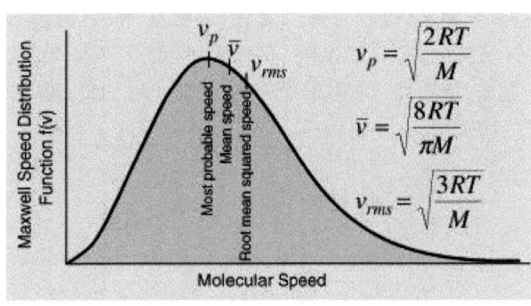

4) 온도가 다른 두 기체계

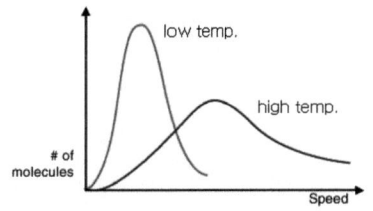

5) 질량이 다른 두 기체계

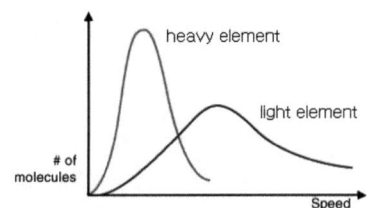

Part 2. 열

ex 1 그림과 같이 단열된 피스톤으로 분리된 단열된 밀폐 용기의 두 부분에 각각 2몰, 1몰인 단원자 분자 이상 기체 A, B가 들어 있다. A, B의 내부 에너지는 각각 U_0, $2U_0$ 이고 피스톤은 힘의 평형을 이루며 정지해 있다. A, B의 절대 온도는 각각 T_A, T_B 이고, 부피는 각각 V_A, V_B 이다.

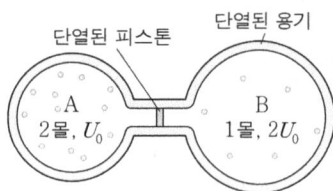

$T_A : T_B$ 와 $V_A : V_B$ 로 옳은 것은? (단, 용기와 피스톤 사이의 마찰은 무시한다.)

	$T_A : T_B$	$V_A : V_B$
①	1 : 2	1 : 2
②	1 : 2	2 : 3
③	1 : 3	2 : 3
④	1 : 4	1 : 2
⑤	1 : 4	3 : 4

정답 ④

[출제의도] 내부 에너지와 이상 기체 상태 방정식 이해하기

$U = \frac{3}{2}nRT$ 에서 $T = \frac{2U}{3nR}$ 이므로, $T_A : T_B = 1 : 4$ 이다. $PV = nRT$ 에서 $V = \frac{nRT}{P}$ 이다. A, B는 힘의 평형을 이루며 정지해 있으므로 압력이 같다. 따라서 $V_A : V_B = 1 : 2$ 이다.

* 추론형 문제 엿보기

1. 다음 그림에서 물리량을 서로 비교하시오. 단 몰수와 온도는 동일하다.

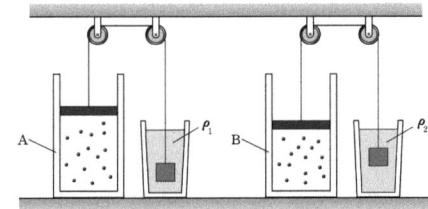

	(가)	(나)
실린더 부피		
기체 압력		
장력		
유체 밀도		

정답 >, <, >, <

2. 다음 그림에서 단열판을 제거한 이후 평형온도를 구하시오.

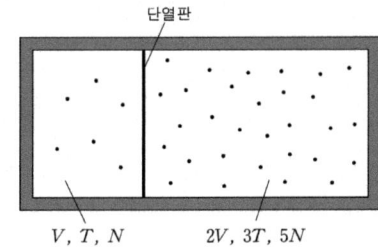

정답 에너지 보존($U=\frac{3}{2}NkT$) : $\frac{3}{2}NkT+\frac{3}{2}\cdot 5Nk\cdot 3T=\frac{3}{2}\cdot 6NkT'$

∴ $T'=\frac{8}{3}T$

Memo

Chapter 5. 열현상

Chapter 6. 열역학

§ 1. 기본 물리량

1. 실린더 속 내부 기체가 한 일과 그래프

1) 압력 : $P \equiv \dfrac{F}{S}[N/m^2][Pa] \Rightarrow F = PS$

2) 내부기체가 피스톤에게 한 일 :
$W = F \Delta x = (PS) \Delta x = P \Delta V [J]$ or $W = nR \Delta T$

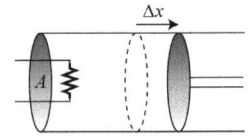

cf. $\underbrace{PV}_{[J]} = \underbrace{nRT}_{[J]}$

3) 등압 팽창 과정에서 PV 그래프와 일

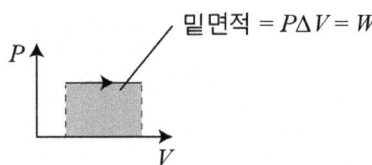

밑면적 $= P \Delta V = W$

* 오개념 : $W = PV$

4) 등온선 : PV 그래프에서 온도가 같은 점들을 연결한 선. $P \times V$값이 같은 지점들을 연결한 선. PV 그래프에서 등온선은 무수히 많음. 바깥쪽 등온선이 온도가 높음.

Quiz 1 다음 그래프에서 기체의 온도 변화는? 그리고 내부기체가 한 일의 부호는?

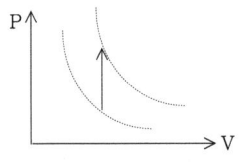 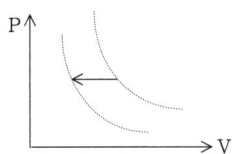

5) 등온 팽창 과정에서 PV 그래프와 일

밑면적 $= \int P dV = W$

$W = \int P dV = \int \dfrac{nRT}{V} dV = nRT \int \dfrac{dV}{V} = nRT \ln \dfrac{V_f}{V_i} = nRT \ln \dfrac{P_i}{P_f}$

2. 내부에너지 변화량 : $\Delta U = \dfrac{3}{2} nR \Delta T = \dfrac{3}{2} \Delta(PV)$

Quiz 2 등압과정과 등적과정일 때 각각 내부에너지 변화량은 어떻게 표현될 수 있는가?

정답 $\Delta U_{등압} = \dfrac{3}{2} P \Delta V$, $\Delta U_{등적} = \dfrac{3}{2} (\Delta P) V$

Q&A
질문 $W = PV$ 라고 할 수 있나요?

답변 아니요, 일의 정의가 $W \equiv \int P dV$ 이므로, 등압인 경우 $W = P \Delta V$ 라고 변형할 수 있습니다.

Q&A
질문 $\Delta U = \dfrac{3}{2} nR \Delta T = \dfrac{3}{2} \Delta(PV)$는 그래프의 밑면적 아닌가요?

답변 아니요, ΔU는 두 지점에서의 온도차에 비례하는 개념입니다.

cf. 전미분 기호
$y = 3x^2$
$y' = 3(x^2)'$
$\dfrac{dy}{dx} = 3 \dfrac{d(x^2)}{dx}$
$dy = 3 d(x^2)$
$\Delta y = 3 \Delta(x^2)$

3. 실린더를 출입한 열 :

1) $\Delta Q = W + \Delta U$ (열역학 1법칙)
   편의상 ΔQ 에서 Δ 는 생략함

2) 미분형 : $dQ = dW + dU$

Quiz 1 다음 PV 그래프에서 실린더 내부의 단원자 이상기체가 한 일, 내부에너지 변화량, 실린더에 출입한 열량 등을 구하시오.

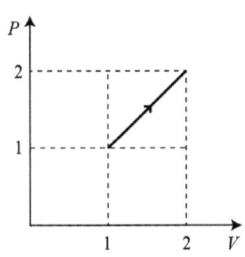

정답 $W = +1.5J$, $\Delta U = +4.5J$, $Q = +6J$

* 부호 정리

	+	-
W	양의 일, 팽창	음의 일, 압축
ΔU	온도 상승	온도 하강
(Δ)Q	흡열	발열

4. 열역학과 열화학의 차이

1) 내부기체의 압력

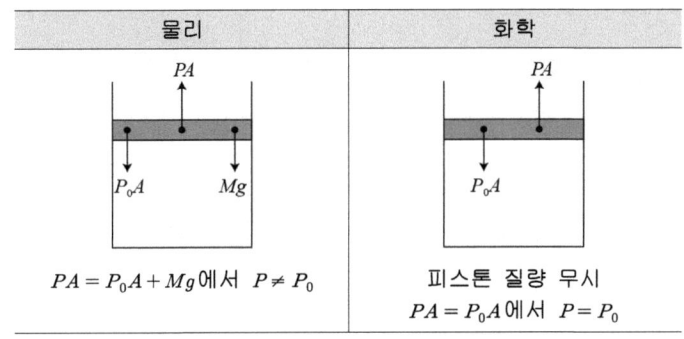

물리	화학
$PA = P_0A + Mg$에서 $P \ne P_0$	피스톤 질량 무시 $PA = P_0A$에서 $P = P_0$

2) 열역학 1법칙

	물리	화학
팽창	$W_{내부기체} = P\Delta V > 0$ 기체가 피스톤에게 가한 충격력의 방향과 피스톤의 변위가 같으므로 $W = Fs\cos 0 = +Fs$에 의해 양의 일을 한 것이다.	$W_{내부기체} = -P\Delta V < 0$ 역학적으로 양의 일은 상대방에게 에너지를 공급하는 행위이다. 그러므로 양의 일을 한 기체의 에너지는 감소한다. 기체가 한 일을 에너지 변화 측면에서 보면 $W < 0$ 라고 보는 게 옳다.
압축	$W_{내부기체} = P\Delta V < 0$ 기체가 피스톤에게 가한 충격력의 방향과 피스톤의 변위가 반대이므로 $W = Fs\cos\pi = -Fs$에 의해 음의 일을 한 것이다.	$W_{내부기체} = -P\Delta V > 0$ 역학적으로 음의 일은 상대방으로부터 에너지를 빼앗는 행위이다. 그러므로 음의 일을 한 기체의 에너지는 증가한다. 기체가 한 일을 에너지 변화 측면에서 보면 $W > 0$ 라고 보는 게 옳다.

3) 일 용어 정리

	물리	화학
팽창	내부 기체가 피스톤에게 '양의 일'을 하였다. or 외부 기체가 피스톤에게 '음의 일'을 하였다.	내부 기체가 외부에 일을 주었다. or 외부 기체가 일을 받았다.
압축	내부 기체가 피스톤에게 '음의 일'을 하였다. or 외부 기체가 피스톤에게 '양의 일'을 하였다.	내부 기체가 일을 받았다. or 외부 기체가 일을 주었다.

Quiz 1 실린더에 100J의 열이 공급되었고, 내부기체의 에너지가 60J 증가했다. 이를 열역학 1법칙으로 설명하시오.

§ 2. 4대 열역학 과정

1. 등적과정(흡열과정)

1) setting

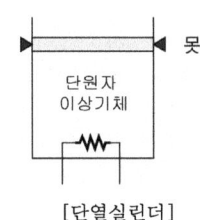
[단열실린더]

여기서 '단열'된 실린더라는 말은, 저항을 통해서만 열을 공급하고 다른 통로를 통한 열 출입은 허용하지 않는다는 의미를 내포한다. 한편 실전 문제에서 저항기를 그리지 않는 경우가 많기 때문에, 반드시 열을 공급하고 있는지를 잘 파악해야 한다.

2) 메커니즘(준정적 과정임) : 열공급 → 기체의 운동에너지 증가 (온도상승) → 피스톤 때리는 횟수 증가(압력증가)

3) PV 그래프

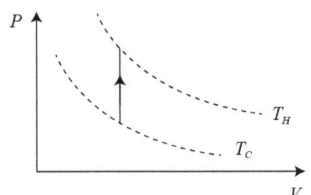

4) 물리량

① 일 : $W=0$ 단 $W \neq (\Delta P)V$

② 내부에너지 변화 : $\begin{cases} U = \dfrac{3}{2}nRT = \dfrac{3}{2}PV \\ \Delta U = \dfrac{3}{2}nR\Delta T = \dfrac{3}{2}(\Delta P)V > 0 \end{cases}$

단, $nR\Delta T = \Delta(PV) = P_f V_f - P_i V_i = P_f V_i - P_i V_i = (\Delta P)V_i$
$nR\Delta T = \int nRdT = \int (PdV + VdP) = \int VdP = (\Delta P)V$
$nR\Delta T \neq P\Delta V + (\Delta P)V = (\Delta P)V$

③ 열량 : $Q = W + \Delta U = \dfrac{3}{2}nR\Delta T = n(\dfrac{3}{2}R)\Delta T \equiv nc_V \Delta T > 0$

참고로 내부에너지 변화와 열량 수식이 동일하므로 편의상 앞으로는 내부에너지 변화를 $\Delta U = nc_V \Delta T$ 라고 쓰도록 하겠다.

④ 엔트로피 변화 : $\Delta S = \int \dfrac{dQ}{T} = \int \dfrac{nc_V dT}{T} = nc_V \ln \dfrac{T_f}{T_i} > 0$

2. 등압 팽창 과정

1) setting

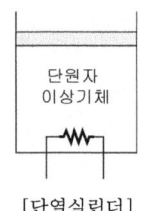
[단열실린더]

2) 메커니즘(준정적 과정임) : 열공급 → 기체의 운동에너지 증가 (온도상승) → 피스톤 때리는 횟수 증가(압력증가) → 피스톤이 밀려남(압력이 원래대로 됨)

3) PV 그래프

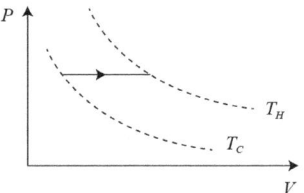

4) 물리량

① 일 : $W = P\Delta V = nR\Delta T > 0$

단, $nR\Delta T = \Delta(PV) = P_f V_f - P_i V_i = P_i V_i - P_i V_i = P_i(\Delta V)$
$nR\Delta T = \int nRdT = \int (PdV + VdP) = \int PdV = P(\Delta V)$
$nR\Delta T \neq P\Delta V + (\Delta P)V = P\Delta V$

② 내부에너지 변화 : $\begin{cases} U = \dfrac{3}{2}nRT = \dfrac{3}{2}PV \\ \Delta U = \dfrac{3}{2}nR\Delta T = \dfrac{3}{2}P(\Delta V) > 0 \end{cases}$

③ 열량 : $Q = W + \Delta U = \dfrac{5}{2}nR\Delta T = n(\dfrac{5}{2}R)\Delta T \equiv nc_P \Delta T > 0$

④ 엔트로피 변화 : $\Delta S = \int \dfrac{dQ}{T} = \int \dfrac{nc_P dT}{T} = nc_P \ln \dfrac{T_f}{T_i} > 0$

3. 단열 팽창 과정(adiabatic expansion)

1) setting

[단열 실린더]

cf. 열 주지 않고 기체를 팽창시키는 방법 : 대기압 감소, 피스톤 질량 감소

2) 메커니즘(준정적 과정임) : 좁쌀제거 → 피스톤이 밀림(부피 증가) → 때리는 횟수가 감소함(압력이 낮아짐)

3) PV 그래프

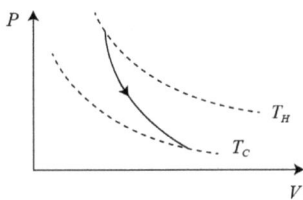

4) 생활예 : 하늬바람

5) 물리량

① 일 : $W = -\Delta U$

참고로 $W = \int PdV = \int \frac{nRT}{V}dV \neq nRT\int \frac{dV}{V}$ 이므로 적분계산을 통해서 직접적으로 일을 계산할 수는 없다.

② 내부에너지 변화 : $\begin{cases} U = \frac{3}{2}nRT = \frac{3}{2}PV \\ \Delta U = \frac{3}{2}nR\Delta T = \frac{3}{2}\Delta(PV) \end{cases}$

단, $nR\Delta T \neq P\Delta V + (\Delta P)V$

③ 열량 : $Q = 0$

④ 엔트로피의 변화량 : $\Delta S = \int \frac{dQ}{T} = 0$ (등엔트로피 과정)

6) 출제 뽀인트

절대 ΔU를 질문하지 않는다. 대신 W를 질문한다. 이때 $W = \int PdV$로 계산하면 안 된다.

7) 단열과정에서 보일법칙, 샤를법칙 : $PV^\gamma = const.$, $TV^{\gamma-1} = const.$

pf1. $PV^\gamma = c.$ 유도 후, $TV^{\gamma-1} = c.$ 유도하기(안 시험)

i) 열역학 1법칙 : $Q = W + \Delta U$
   ⇒ 미분형 : $dQ = PdV + nc_V dT$
   ⇒ 단열이므로 $0 = PdV + nc_V dT$ ⋯ ①

ii) 상태방정식 : $PV = nRT$
   ⇒ 미분형 : $PdV + VdP = nRdT$ ⋯ ②

iii) ①→② : $PdV + VdP = R(-\frac{PdV}{c_V})$
   ⇒ $PdV(1 + \frac{R}{C_V}) = -VdP$
   ⇒ $PdV(\frac{C_V + R}{C_V}) = -VdP$
   ⇒ $PdV(\frac{C_P}{C_V}) = -VdP$
   ⇒ $\gamma PdV = -VdP$
   ⇒ $\gamma \frac{dV}{V} = -\frac{dP}{P}$
   ⇒ $-\gamma \int_{V_i}^{V_f} \frac{dV}{V} = \int_{P_i}^{P_f} \frac{dP}{P}$
   ⇒ $-\gamma \ln\frac{V_f}{V_i} = \ln\frac{P_f}{P_i}$
   ⇒ $\ln(\frac{V_i}{V_f})^\gamma = \ln\frac{P_f}{P_i}$
   ⇒ $(\frac{V_i}{V_f})^\gamma = \frac{P_f}{P_i}$
   ⇒ $P_i V_i^\gamma = P_f V_f^\gamma$
   ⇒ $PV^\gamma = c.$ (단열 보일 법칙)

iv) $PV^\gamma = c.$에 상태방정식 대입 : $(\frac{nRT}{V})V^\gamma = c.$
   ⇒ $TV^{\gamma-1} = c.$ (단열 샤를 법칙)

pf2. $TV^{\gamma-1} = c.$ 유도 후, $PV^\gamma = c.$ 유도하기(안 시험)

i) 열역학 1법칙 : $Q = W + \Delta U$
   ⇒ 미분형 : $dQ = PdV + nc_V dT$
   ⇒ $0 = PdV + nc_V dT$ ← $PV = nRT$
   $= \frac{nRT}{V}dV + nc_V dT$
   ⇒ $-\frac{nRT}{V}dV = nc_V dT$
   ⇒ $-\frac{1}{V}dV = \frac{c_V}{R}\frac{1}{T}dT$
   ⇒ $-\frac{R}{c_V}\frac{1}{V}dV = \frac{1}{T}dT$ ← $\gamma = \frac{c_P}{c_V} = \frac{c_V + R}{c_V} = 1 + \frac{R}{c_V}$
   ⇒ $-(\gamma-1)\frac{1}{V}dV = \frac{1}{T}dT$
   ⇒ $-(\gamma-1)\int_{V_i}^{V_f}\frac{1}{V}dV = \int_{T_i}^{T_f}\frac{1}{T}dT$
   ⇒ $(\gamma-1)\ln\frac{V_i}{V_f} = \ln\frac{T_f}{T_i}$
   ⇒ $\ln(\frac{V_i}{V_f})^{\gamma-1} = \ln\frac{T_f}{T_i}$
   ⇒ $T_i V_i^{\gamma-1} = T_f V_f^{\gamma-1}$
   ⇒ $TV^{\gamma-1} = c.$

ii) $TV^{\gamma-1} = c.$에 상태방정식 대입 : $\frac{PV}{nR}V^{\gamma-1} = c.$
   ⇒ $PV^\gamma = c.$

Part 2. 열

Quiz 1 어떤 단원자 이상기체의 처음 압력과 처음 부피가 각각 $P_i = 64atm$, $V_i = 3m^3$이다. 이 기체가 단열팽창하여 압력이 $P_f = 2atm$이 되었다면 부피는 얼마가 되는가?

정답 $24m^3$

Quiz 2 어떤 단원자 이상기체의 처음 온도와 처음 부피가 각각 $T_i = 4K$, $V_i = 3m^3$이다. 이 기체가 단열팽창하여 온도가 $T_f = 1K$이 되었다면 부피는 얼마가 되는가?

정답 $24m^3$

Quiz 3 $PV^\gamma = c$.과 $PV = nRT$를 이용하여, 압력과 온도 사이의 관계식을 유도하시오.

정답 $T^\gamma \propto P^{\gamma-1}$

$PV^\gamma = c$.에 $PV = nRT$를 대입하면 $P(\frac{T}{P})^\gamma = c$. 이므로 $T^\gamma \propto P^{\gamma-1}$을 얻을 수 있다.

Quiz 4 어떤 단원자 이상기체의 처음 압력과 처음 온도가 각각 $P_i = 1atm$, $T_i = 2K$이다. 이 기체가 단열압축하여 압력이 $P_f = 32atm$이 되었다면 온도는 얼마가 되는가?

정답 $8K$

ex 1 보일의 법칙을 이용하여, 단열과정에서 내부기체가 한 일을 적분을 이용해서 구해보시오.

정답 해설참고

i) $PV^\gamma = k$

ii) $W = \int_{V_i}^{V_f} P dV = \int_{V_i}^{V_f} \frac{k}{V^\gamma} dV = k \int_{V_i}^{V_f} V^{-\gamma} dV$

$= \frac{k}{-\gamma+1} V^{-\gamma+1}\Big|_{V_i}^{V_f} = \frac{k}{-\gamma+1} \frac{V}{V^\gamma}\Big|_{V_i}^{V_f} = \frac{1}{-\gamma+1} PV\Big|_{V_i}^{V_f}$

$\leftarrow -\gamma+1 = -\frac{c_P}{c_V}+1 = -\frac{c_V+R}{c_V}+1 = -\frac{R}{c_V}$

$= -\frac{c_V}{R}\Delta(PV) = -\frac{c_V}{R}nR\Delta T = -nc_V\Delta T = -\Delta U$

4. 등온 팽창 과정(isothermal expansion)

1) setting

[단열 실린더]

2) 메커니즘(준정적 과정임) : 열공급 → 기체의 운동에너지 증가 (온도상승) → 피스톤 때리는 횟수 증가(압력증가)
→ 피스톤이 밀려남(압력이 원래대로 됨)
→ 좁쌀제거 → 피스톤이 더 밀림(압력이 원래 압력보다 더 낮아짐)

3) PV 그래프

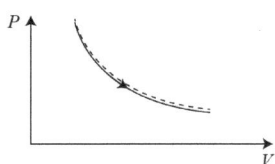

4) 물리량

① 일 : $W = \int P dV = \int \frac{nRT}{V} dV = nRT \int \frac{dV}{V}$
$= nRT \ln \frac{V_f}{V_i} = nRT \ln \frac{P_i}{P_f}$

② 내부에너지 변화 : $\Delta U = \frac{3}{2} nR \Delta T = 0$

③ 열량 : $Q = W + \Delta U = W + 0 = nRT \ln \frac{V_f}{V_i}$

④ 엔트로피의 변화량 : $\Delta S = \frac{\Delta Q}{T} = nR \ln \frac{V_f}{V_i}$

5) 출제 뽀인트
절대 W를 질문하지 않는다. 대신 출입한 열량에 대해서 질문한다.

5. 대각선 과정 I

1) setting(단원자 이상기체)

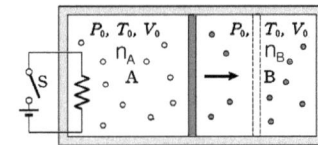

2) 메커니즘 : A는 열을 받아서 일부분을 내부에너지로 저장하고 나머지로 일을 한다. B는 단열압축한다.

3) PV 그래프

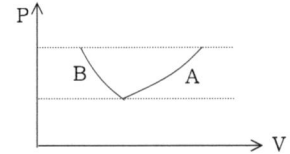

4) 물리량

① 일 : 일과 에너지 정리에 의해 $W_{A·피스} + W_{B·피스} = 0$

② 내부에너지 변화 : $\Delta U_A = \frac{3}{2}n_A R \Delta T_A > 0$

$$\Delta U_B = \frac{3}{2}n_B R \Delta T_B > 0$$

③ 열량 : A : 1법칙 $\underbrace{Q_A}_{10} = \underbrace{W_{A·피}}_{2} + \underbrace{\Delta U_A}_{8}$

B : 1법칙 $0 = \underbrace{W_{B·피}}_{-2} + \Delta U_B$

⇒ 두 식을 더하면 $Q_A = \Delta U_A + \Delta U_B$

→ 결론1 : A가 받은 열은 A와 B의 내부에너지 증가로 쓰인다.
→ 결론2 : A가 피스톤에 한 일은 B의 내부에너지 증가로 쓰인다.

6. 대각선 과정 II

1) setting(단원자 이상기체)

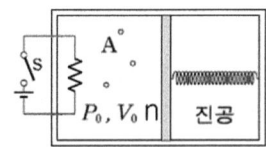

단, 용수철이 자연의 길이일 때 피스톤은 실린더에 닿는다.

2) 메커니즘 : A는 열을 받아서 일부분을 내부에너지로 저장하고 나머지로 일을 한다.

3) PV 그래프

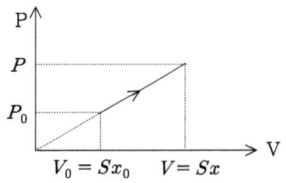

4) (나)의 물리량

① 일 : 일과 에너지 정리에 의해 $W_{A·피스} + W_{용수·피스} = 0$

② 내부에너지 변화 : $\Delta U_A = \frac{3}{2}nR\Delta T = \frac{3}{2}\Delta(PV)$

③ 열량 : A : 1법칙 $\underbrace{Q_A}_{10} = \underbrace{W_{A·피}}_{2} + \underbrace{\Delta U_A}_{8}$

용수철 : 보존력이 한 일 $\underbrace{W_{용수·피}}_{-2} = -\Delta PE$

⇒ 두 식을 더하면 $Q_A = \Delta U_A + \Delta PE$

→ 결론1 : A가 받은 열은 A의 내부에너지 증가와 탄성에너지 증가로 쓰인다.
→ 결론2 : A가 피스톤에 한 일은 용수철의 탄성에너지 증가로 쓰인다.

④ 엔트로피 변화량 :

$$\Delta S = \int \frac{dQ}{T} = \int \frac{PdV + \frac{3}{2}nRdT}{T} = \int \frac{nRdV}{V} + \int \frac{\frac{3}{2}nRdT}{T}$$

$$= nR\ln\frac{V}{V_0} + \frac{3}{2}nR\ln\frac{T}{T_0} = nR\ln\frac{x}{x_0} + \frac{3}{2}nR\ln\frac{x^2}{x_0^2} = 4nR\ln\frac{x}{x_0}$$

Part 2. 열

Quiz 1 다음 표의 빈 칸에 +, -를 하시오.

	등적		등압		등온		단열	
ΔV	0	0	+	−	+	−	+	−
ΔT	+	−						
W								
ΔU								
Q								
ΔS								

cf. 비열, 열용량 용어 정리

	고체, 액체	기체(등적)	기체(등압)
비열	c 질량비열	c_V 등적 몰비열 몰당 등적 열용량	c_P 등압 몰비열 몰당 등압 열용량
열용량	$C \equiv mc$ 질량 열용량	$C_V \equiv nc_V$ 등적 열용량	$C_P \equiv nc_P$ 등압 열용량

정답

	등적		등압		등온		단열	
ΔV	0	0	+	−	+	−	+	−
ΔT	+	−	+	−	0	0	−	+
W	0	0	+	−	+	−	+	−
ΔU	+	−	+	−	0	0	−	+
Q	+	−	+	−	+	−	0	0
ΔS	+	−	+	−	+	−	0	0

ex 1 그림은 절대 온도가 T_0인 1몰의 이상 기체의 상태가 각각 A→B, A→C를 따라 변할 때 압력과 부피의 관계를 나타낸 것이다. B와 C에서 기체의 온도는 모두 $2T_0$이고, A→B 과정과 A→C 과정에서 기체가 받은 열은 각각 Q_1, Q_2이다.

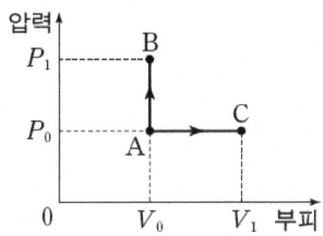

이에 대한 설명으로 옳은 것만을 <보기>에서 있는 대로 고른 것은?

―――――― <보 기> ――――――
ㄱ. $P_1 = 2P_0$이다.
ㄴ. $V_1 = 2V_0$이다.
ㄷ. $Q_2 - Q_1 = P_0 V_0$이다.
――――――――――――――――

① ㄱ ② ㄷ ③ ㄱ, ㄴ
④ ㄴ, ㄷ ⑤ ㄱ, ㄴ, ㄷ

정답 ⑤ ㄱ, ㄴ, ㄷ

ㄱ. A→B 과정은 등적 과정이므로 상태방정식 $PV = nRT$에서 샤를의 법칙 $\frac{P}{T} = c$. 이 성립한다. A→B 과정에서 온도가 2배가 되었으므로 압력도 2배가 된다.

ㄴ. A→C 과정은 등압팽창과정이므로 상태방정식 $PV = nRT$에서 보일의 법칙 $PV = c$. 이 성립한다. A→C 과정에서 온도가 2배가 되었으므로 부피도 2배가 된다.

ㄷ. $Q_1 = nc_V \Delta T = \frac{3}{2}RT_0$, $Q_2 = nc_P \Delta T = \frac{5}{2}RT_0$ 이므로 $Q_2 - Q_1 = P_0 V_0$이다.

ex 2 그림은 실린더에 들어 있는 일정량의 이상 기체에 열을 계속 공급하는 모습을 나타낸 것이다. 실린더와 피스톤은 단열되어 있으며, 실린더 속의 기체는 (가) 과정에서는 부피가, (나) 과정에서는 압력이 일정하였다.

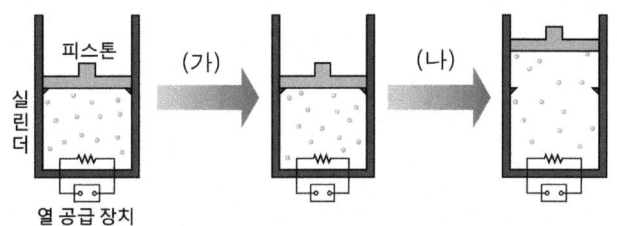

이에 대한 옳은 설명만을 <보기>에서 있는 대로 고른 것은? (단, 피스톤과 실린더 사이의 마찰은 무시한다.)

―――――― <보 기> ――――――
ㄱ. (가)에서 기체가 흡수한 열량은 기체의 내부 에너지 증가량과 같다.
ㄴ. (나)에서 기체는 외부에 일을 한다.
ㄷ. (가)와 (나)에서 기체의 온도는 증가한다.
――――――――――――――――

① ㄱ ② ㄷ ③ ㄱ, ㄴ
④ ㄴ, ㄷ ⑤ ㄱ, ㄴ, ㄷ

정답 ⑤ ㄱ, ㄴ, ㄷ

ㄱ. 열역학 제1법칙에서 외부에 한 일이 0이므로 흡수한 열량은 내부 에너지 증가량과 같다.
ㄴ. 부피가 팽창할 때 기체는 외부에 일을 한다.
ㄷ. 내부 에너지가 증가하므로 기체의 온도는 증가한다.

§ 3. 순환과정

1. 순환과정(cycle)이란?
PV 그래프 상에서 실린더의 기체가 상태 변화가 되었다가 다시 원래 상태로 되돌아오는 과정

2. 순환과정에서 한 일 : 폐곡선의 면적

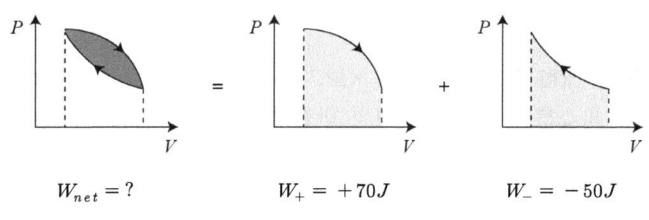

$W_{net} = ?$ $W_+ = +70J$ $W_- = -50J$

단, $W_{net} = W_+ + W_-$

→ 특징 : ① 시계방향 : $W_{net} > 0$ or $W_+ > |W_-|$
　　　　② 반시계방향 : $W_{net} < 0$ or $W_+ < |W_-|$

3. 내부에너지 변화량

$$\Delta U = \frac{3}{2}nR\Delta T = \frac{3}{2}nR(T-T) = 0$$

cf. W : 경로 의존 물리량 → 경로함수
　 U : 경로 독립 물리량 → 상태함수

4. 출입한 열량

1) 편도과정 열역학 1법칙 : $Q = W + \Delta U$
2) 순환과정 열역학 1법칙 : $Q_{net} = W_{net} + \underbrace{\Delta U}_{=0}$

　　　　　　　단, $Q_{net} = Q_+ + Q_-$

3) 특징
 a. 시계방향 : $Q_{net} > 0$ or $Q_+ > |Q_-|$
 b. 반시계방향 : $Q_{net} < 0$ or $Q_+ < |Q_-|$

5. 엔트로피의 변화량
$\Delta S = 0$ ∵ 상태함수라서 경로에 무관함(증명 생략)

Quiz 1 다음 질문에 답하시오.

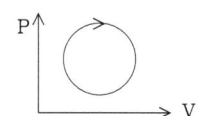

1) W_{net} ?
2) $|W_+|$과 $|W_-|$ 비교
3) Q_{net} ?
4) $|Q_흡|$과 $|Q_방|$ 비교

정답 +, >, +, >

---

ex 1 그림 (가)는 냉각팬을 작동시키는 스털링 기관의 모습을, (나)는 스털링 기관에서 일정량의 이상 기체 상태가 A → B → C → D → A를 따라 변할 때 압력 P와 부피 V 사이의 관계를 나타낸 것이다. A → B와 C → D 과정은 각각 온도가 T_H와 T_L인 등온 과정이며, B → C와 D → A 과정은 정적 과정이다. A → B 과정에서 기체가 흡수한 열량은 Q_H이다.

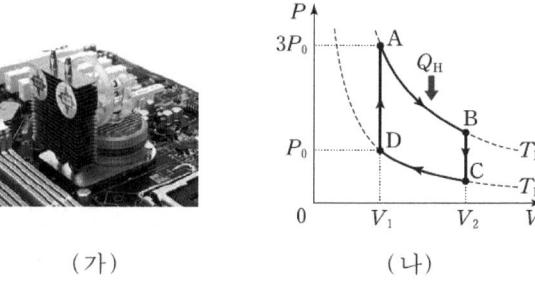

(가)　　　　　(나)

이에 대한 설명으로 옳은 것만을 <보기>에서 있는 대로 고른 것은?

――― <보 기> ―――
ㄱ. $T_H = \frac{3}{2}T_L$
ㄴ. A → B 과정에서 기체가 한 일은 Q_H와 같다.
ㄷ. B → C 과정에서 기체의 내부 에너지 감소량은 D → A 과정에서 기체가 흡수한 열량과 같다.

① ㄴ　　　② ㄷ　　　③ ㄱ, ㄴ
④ ㄱ, ㄷ　　　⑤ ㄴ, ㄷ

정답 ⑤ ㄴ, ㄷ

기체의 내부에너지 증가량은 기체가 받은 열에서 외부에 해준 일을 빼주어야 한다. ΔU=Q-PΔV

ㄱ. PV/T 의 값이 일정해야 하므로 PV ∝ T 이다. 그런데 TH에 해당하는 PV값이 TL에 해당하는 PV값의 3배이므로 TH=3TL이다.

ㄴ. A-B과정에서 내부에너지의 변화량은 0이므로 Q=PΔV에서 기체가 한 일은 받은 열량과 같다.

ㄷ. B→C과정에서 부피의 변화가 없으므로 ΔU=Q이다. 따라서 열을 방출한 만큼 내부에너지가 감소하였다. 마찬가지로 D→A과정에서 받은 열만큼 내부에너지가 증가하였다. 그러므로 B→C과정에서 기체의 내부에너지 감소량은 D→A과정에서 기체가 흡수한 열량과 같다.

§ 4. 자유팽창

1. 가역과정과 비가역과정

1) 비가역과정 : $\Delta S_{계} = 0 J/K$, $\Delta S_{외부} = +5 J/K$
   $\Rightarrow \Delta S_{tot} = +5 J/K > 0$

   e.g. 엎질러진 물을 다시 담음, 물 컵 속 잉크가 퍼졌다가 다시 모임

2) 가역과정 : $\Delta S_{계} = 0 J/K$, $\Delta S_{외부} = 0 J/K$ $\Rightarrow \Delta S_{tot} = 0$

   e.g. 진자

2. 자유팽창(free expansion)

1) 의의 : 물리에서 다루는 유일한 비가역 과정

2) setting

3) 물리량

① 열량 : $Q = 0$

② 일 : $W_{피스톤} = 0$, $W_{실린더} = 0$

③ 내부에너지 변화량 : 열역학 1법칙에 의해 $\Delta U = 0$. 즉 $\Delta T = 0$
   (등온과정임)

④ 압력 : 만약 부피가 2배가 되었다면 압력은 $\frac{1}{2}$배가 됨
   ($\because PV = const.$)

⑤ 엔트로피 변화량 : $\Delta S = \int \frac{dQ}{T} = \int \frac{0}{T} = 0$
   → 이것은 틀렸다. 왜냐하면 자유팽창시 무질서도가 증가했기 때문이다.

(4) 그래프

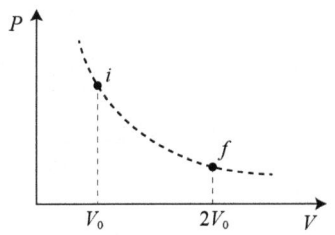

자유팽창과정에서 기체는 일을 하지 않으므로 선을 그을 수 없고, 다만 처음 상태와 나중상태를 점으로 찍는 것만 가능하다.

5) 상태함수와 경로함수

① 상태함수 : 물리량의 변화값이 경로에 무관한 경우. 예를 들어, 내부에너지 변화량이나 엔트로피 변화량

② 경로함수 : 물리량의 변화값이 경로에 따라서 달라지는 경우. 예를 들어, 일이나 열량 등.

6) 자유팽창과정에서 엔트로피의 변화량

위의 PV 그래프에서 자유팽창에 대해서 엔트로피를 직접적으로 계산할 수는 없다. 그러나 엔트로피라는 물리량이 '상태함수'라는 특성을 가지기 때문에, 자유팽창에서 엔트로피 변화량은 i 상태와 f 상태를 연결하는 임의의 가역과정과 엔트로피 변화량이 같다!!!

그러면 i 상태와 f 상태를 연결하는 여러 가지 과정 중에서 우리는 특별히 등온과정을 선택하고자 한다. 왜냐하면 자유팽창 과정에서 온도가 불변이기 때문이다.

즉 자유팽창과정에서의 엔트로피 변화량은 등온팽창과정에서의 엔트로피 변화량을 차용해서 쓴다.

$$\Delta S_{free\ expansion} = \Delta S_{isothermal\ expansion} = nR \ln \frac{V_f}{V_i}$$

Part 2. 열

ex 1 그림 (가)는 칸막이에 의해서 부피가 같은 A와 B두 부분으로 나누어진 상자에 이상기체가 들어있는 모습을 나타낸 것이다. A와 B에 들어있는 기체의 온도는 모두 T_1이고, 압력은 각각 P_1, $0.5P_1$이다. 그림 (나)는 칸막이에 구멍을 내고 충분한 시간이 지난 후 기체의 모습을 나타낸 것이다. 이 때, 기체의 온도는 T_2, 압력은 P_2이다.

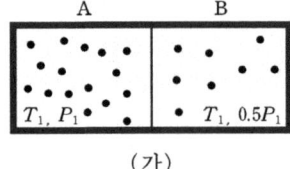
(가)

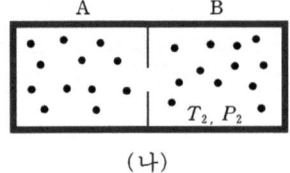
(나)

이에 대한 설명으로 옳은 것을 <보기>에서 모두 고른 것은? (단, 상자 벽을 통한 열 출입은 없고, 구멍을 내는 동안 기체에 해준 일은 없다.)

─────── <보 기> ───────
ㄱ. $T_1 = T_2$
ㄴ. $P_1 = P_2$
ㄷ. 칸막이에 구멍을 낸 후 기체가 섞이는 현상은 비가역 현상이다.

① ㄷ　　　② ㄱ, ㄴ　　　③ ㄱ, ㄷ
④ ㄴ, ㄷ　　⑤ ㄱ, ㄴ, ㄷ

정답 ③ ㄱ, ㄷ

ㄱ. 에너지 보존 법칙 $n_A c_A T_1 + n_B c_B T_1 = n_A c_A T_2 + n_B c_B T_2$ 에서
　$T_2 = T_1$
→ 사실 온도가 같은 두 기체를 섞으면 온도 변화는 없다.

ㄴ. 기체 A 입장에서 온도가 불변이고 부피가 2배가 되었으므로 압력은 1/2 배가 된다.
B도 마찬가지다.
그리고 돌턴의 부분압 법칙에 의해 두 기체가 실린더에 가하는 압력은 $P_2 = \frac{1}{2}P_1 + \frac{1}{4}P_1 = \frac{3}{4}P_1$가 된다.

ㄷ. 확산 현상은 비가역 과정이다.
단, $\Delta S_A = n_A c_A \ln 2$, $\Delta S_B = n_B c_B \ln 2$ 이므로
$\Delta S_{tot} = (n_A c_A + n_B c_B)\ln 2$ 이다.

§ 5. 열기관(engine)

지금부터 4대 열역학 과정을 실제 생활에 적용한 열기관에 대해서 배워보자.

1. 열기관

1) 개략적 PV 그래프 :

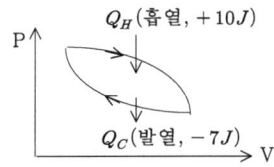

2) 모식도 :

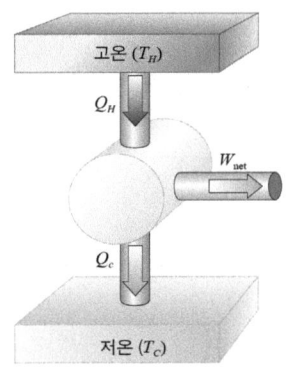

3) 에너지 관계 :

① 순환과정 열역학1법칙 : $Q_{net} = \underbrace{Q_H}_{+10J} + \underbrace{Q_C}_{-7J} = \underbrace{W_{net}}_{+3J}$

② 대소 관계 : $\underbrace{|Q_H|}_{10J} = \underbrace{|Q_C|}_{7J} + \underbrace{|W_{net}|}_{3J}$

4) 열효율 : $e \equiv \dfrac{|W_{net}|}{|Q_H|} = \dfrac{|Q_H|-|Q_C|}{|Q_H|} = 1 - \dfrac{|Q_C|}{|Q_H|}$

5) 특징 :

① $Q_C \neq 0$

② $e < 1$ (열역학 2법칙의 간접 표현)

→ 열기관은 높은 온도에서 열을 받아(Q_H) 그 중의 일부를 동력으로 바꾸고(W_{net}) 나머지 열을 낮은 온도로 방출한다(Q_C). 이때 엔트로피 증가의 법칙이 성립하려면 열기관이 높은 온도의 열원에서 열을 받음으로써 감소시킨 열원의 엔트로피($\dfrac{-|Q_H|}{T_H}$)보다 더 많은 양의 엔트로피를 낮은 온도의 열원에서 증가시켜야 한다($\dfrac{+|Q_C|}{T_C}$). 그러기 위해서는 일정한 양 이상의 열을 낮은 온도로 방출해야 한다. 열효율이 100퍼센트인 열기관을 만들 수 없는 것은 이 때문이다.

Quiz 1 어떤 열기관이 있다. 흡수한 열이 10J이고, 알짜열이 3J이다. Q_H는? Q_C는? W_{net}는? e는?

sol) $\underbrace{Q_{net}}_{+3J} = \underbrace{Q_H}_{+10J} + \underbrace{Q_C}_{-7J} = \underbrace{W_{net}}_{+3J}$, 3/10

2. 냉동기관

1) 개략적 PV 그래프 :

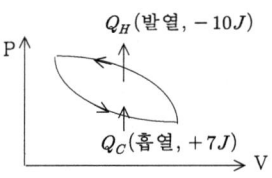

2) 모식도 :

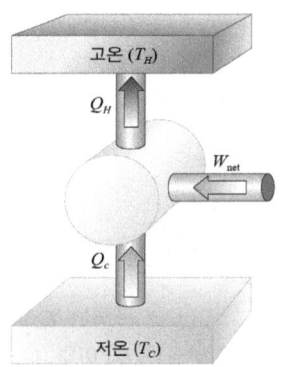

3) 에너지 관계 :

① 순환과정 열역학1법칙 : $Q_{net} = \underbrace{Q_H}_{-10J} + \underbrace{Q_C}_{+7J} = \underbrace{W_{net}}_{-3J}$

② 대소 관계 : $\underbrace{|Q_H|}_{10J} = \underbrace{|Q_C|}_{7J} + \underbrace{|W_{net}|}_{3J}$

→ 역학적으로 양의 일은 외력이 물체에게 에너지를 공급하는 행위이고, 음의 일은 외력이 물체로부터 에너지를 빼앗는 행위이다.

현재, 외부에서 냉동기관 속의 이상기체 쪽으로 '에너지'가 들어오므로, 이상기체가 한 일은 역학적으로 '음의 일'이다.

4) 실행계수 : $k \equiv \dfrac{|Q_C|}{|W_{net}|} = \dfrac{|Q_C|}{|Q_H|-|Q_C|}$

5) 특징 :

① 열이 저온에서 고온으로 이동

→ 열역학 2법칙을 위배하는 것처럼 보이지만, 닫힌계(closed system)이기 때문에 상관없다.

② $W_{net} \neq 0$

③ $k \neq \infty$ (열역학 2법칙의 간접 표현)

cf. 계의 종류 : 고립계, 닫힌계, 열린계

Quiz 1 어떤 냉동기관이 있다. 흡수한 열이 10J이고, 알짜열이 -3J이다. Q_C는? W_{net}는? Q_H는? K는? e는?

sol) $\underbrace{Q_{net}}_{-3J} = \underbrace{Q_H}_{-13J} + \underbrace{Q_C}_{+10J} = \underbrace{W_{net}}_{-3J}$, 10/3, 3/13

3. 카르노 기관 (기출)

1) 의의 : 현재까지 개발된 기관 중 가장 효율이 높은 열기관(증명은 5단계 단원별 문제 풀이 강좌에서...)
   → 별명 : 이상적인 열기관

2) PV 그래프

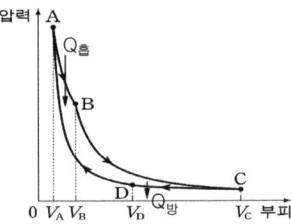

단 A, B의 온도는 T_H, C, D의 온도는 T_C이다.
A→B 과정에서 출입한 열량은 Q_H이며, C→D 과정에서 출입한 열량은 Q_C이다.

3) 카르노 기관의 열효율

① 엔트로피 변화 : $\Delta S = \dfrac{Q_H}{T_H} + 0 + \dfrac{Q_C}{T_C} + 0 = \dfrac{Q_H}{T_H} - \dfrac{|Q_C|}{T_C} = 0$

$\Rightarrow \dfrac{|Q_C|}{|Q_H|} = \dfrac{T_C}{T_H} \Rightarrow |Q| \propto T$

② $e_{Carnot} = 1 - \dfrac{|Q_C|}{|Q_H|} = 1 - \dfrac{T_C}{T_H} > e_{other\ engines}$

Quiz 1 자동차 회사에서 신차를 발표했다. 신차의 엔진은 최고 온도가 400K, 최저 온도가 100K이었다. 이 엔진의 효율은 최대 얼마인가?

4) 부피변화

$\Delta S = \dfrac{Q_H}{T_H} + \dfrac{Q_C}{T_C} = \dfrac{W_{AB}}{T_H} + \dfrac{W_{CD}}{T_C} = nR\ln\dfrac{V_B}{V_A} + nR\ln\dfrac{V_D}{V_C} = 0$ 에서

$nR\ln\dfrac{V_B}{V_A} = nR\ln\dfrac{V_C}{V_D}$, 즉 $\dfrac{V_B}{V_A} = \dfrac{V_C}{V_D}$

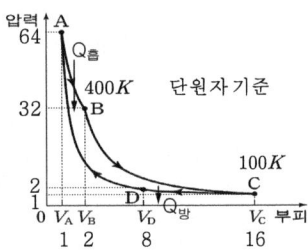

5) TS 그래프

① $\Delta S = \dfrac{\Delta Q}{T}$에서 $\Delta Q = T\Delta S$이다. 이는 TS 그래프에서 밑면적에 해당한다.

② 순환 과정

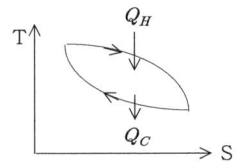

TS그래프의 폐면적 $= Q_{net} = W_{net}$

cf. PV그래프의 폐면적 $= W_{net} = Q_{net}$

③ 카르노 기관의 TS 그래프

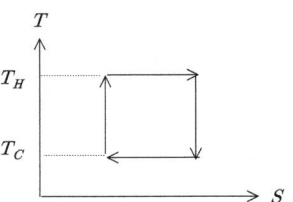

Ch 6. 열역학

6) 가역 기관과 비가역 기관
① 카르노 기관

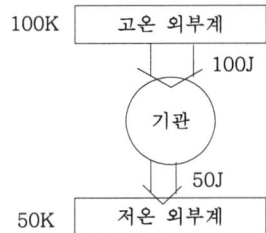

i) $\Delta S_{카르} = 0$

ii) $\Delta S_{외부계} = \Delta S_H + \Delta S_C = \dfrac{-100J}{100K} + \dfrac{+50J}{50K} = 0$

iii) $\Delta S_{전체} = 0$ (가역 기관임)

iv) 카르노 기관의 열효율은 1이 될 수 없다. 1이 되려면

$e = 1 - \dfrac{|Q_C|}{|Q_H|}$ 에서 $Q_C = 0$ 이어야 하는데, 이렇게 되면

$\Delta S_{외부계} = \Delta S_H + \Delta S_C = \dfrac{-100J}{100K} + 0 < 0$ 이고 $\Delta S_{전체} < 0$ 여서

열역학 2법칙을 위배하게 된다.

② 일반 열기관(Stirling 기관, Gasoline 기관, Disel 기관)

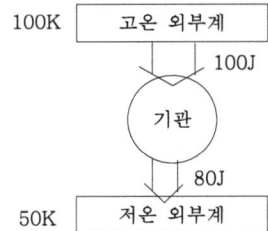

i) $\Delta S_{기관} = 0$

ii) $\Delta S_{외부계} = \Delta S_H + \Delta S_C = \dfrac{-100J}{100K} + \dfrac{+80J}{50K} > 0$

iii) $\Delta S_{전체} > 0$ (비가역 기관임)

iv) 카르노 기관의 열효율은 1이 될 수 없다. 0이 되려면

$e = 1 - \dfrac{|Q_C|}{|Q_H|}$ 에서 $Q_C = 0$ 이어야 하는데, 이렇게 되면

$\Delta S_{외부계} = \Delta S_H + \Delta S_C = \dfrac{-100J}{100K} + 0 < 0$ 이고 $\Delta S_{전체} < 0$ 여서

열역학 2법칙을 위배하게 된다.

Part 2. 열

ex 1 그림은 동일한 열 Q를 흡수하여 일을 하는 가상의 열기관 A, B, C를 모식적으로 나타낸 것이다.

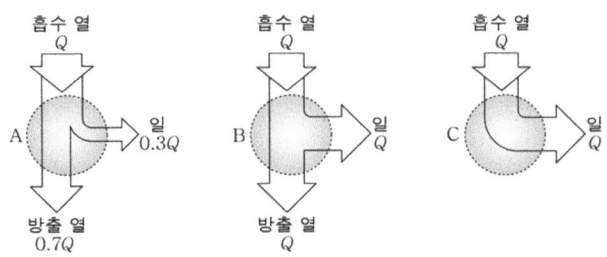

A, B, C 중에서 실현 가능한 열기관만을 있는 대로 고른 것은?

① A ② B ③ C ④ A, B ⑤ A, C

정답 ① A

[출제의도] 영구 기관이 불가능함을 이해한다.
에너지 보존 법칙에 의해 흡수 열은 일과 방출 열의 합과 같다. 또한 흡수 열을 모두 일로 바꾸는 것은 불가능하다.

ex 2 그림 (가)는 일정량의 이상 기체가 A → B → C → D → A를 따라 순환하는 열역학적 과정에서 기체의 상태를 압력 p 와 부피 V 로 나타낸 그래프이다. A → B와 C → D는 등온 과정이고, B → C와 D → A는 단열 과정이다. 그림 (나)는 (가)의 과정에서 기체의 상태를 엔트로피 S 와 온도 T 로 나타낸 그래프이다.

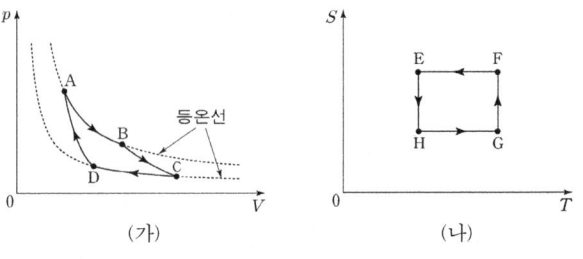

이에 대한 설명으로 옳은 것만을 <보기>에서 있는 대로 고른 것은?

―――― <보 기> ――――
ㄱ. (가)의 B → C 과정은 (나)의 F → E 과정에 해당한다.
ㄴ. (나)의 H → G 과정에서 기체는 팽창한다.
ㄷ. (나)의 G → F 과정에서 흡수한 열량은 E → H 과정에서 방출한 열량과 같다.

① ㄱ   ② ㄴ   ③ ㄱ, ㄷ
④ ㄴ, ㄷ   ⑤ ㄱ, ㄴ, ㄷ

정답 ① ㄱ

ㄱ. B → C 과정은 단열팽창 과정이고, 단열 과정에서는 엔트로피가 변하지 않는다. 그리고 단열팽창에서는 온도가 낮아진다. 그러므로 B → C 과정은 F → E 과정에 해당한다.
ㄴ. H → G 과정은 단열압축 과정이다.
ㄷ. 주어진 순환과정은 시계방향으로 돌아가는 과정이다. 이 때 $W_{net} > 0$, $Q_{net} > 0$ 이다. 그러므로 흡수한 열이 방출한 열보다 많다.

ex 3 다음 그래프에서 나타나지 않은 물리량의 변화에 대해서 말하시오.

1)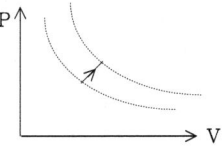

2)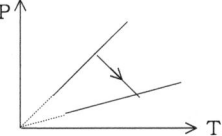

3)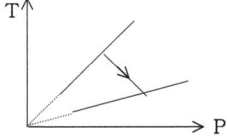

4)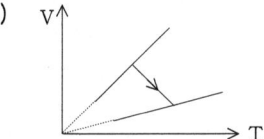

5)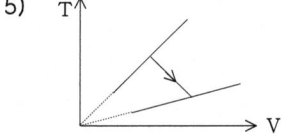

정답

1) 온도 증가

2) 기울기 $= \dfrac{P}{T} = \dfrac{nR}{V}$ 이므로 V가 클수록 기울기가 작다. 그러므로 주어진 그래프는 부피가 증가한다.

3) 기울기 $= \dfrac{T}{P} = \dfrac{V}{nR}$ 이므로 V가 클수록 기울기가 크다. 그러므로 주어진 그래프는 부피가 감소한다.

4) 기울기 $= \dfrac{nR}{P}$ 이므로 P가 클수록 기울기가 작다. 그러므로 주어진 그래프는 압력이 증가한다.

5) 기울기 $= \dfrac{T}{V} = \dfrac{P}{nR}$ 이므로 P가 클수록 기울기가 크다. 그러므로 주어진 그래프는 압력이 감소한다.

* 추론형 문제 엿보기

1. 다음 그래프는 단원자 이상기체가 들어 있는 열기관의 PV 변화를 나타낸 것이다. 열효율은 얼마인가?

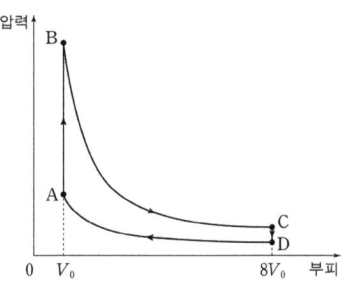

정답

i) A, D 사이에 단열 샤를 법칙을 적용하면
$T_A(V_0)^{\frac{2}{3}} = T_D(2^3 V_0)^{\frac{2}{3}}$ 에서 $T_A = 4T_D$ 이다.
$T_B(V_0)^{\frac{2}{3}} = T_C(2^3 V_0)^{\frac{2}{3}}$ 에서 $T_B = 4T_C$ 이다.

ii) $Q_{AB} = nc_V(T_B - T_A) = nc_V(4T_C - 4T_D)$
$Q_{CD} = nc_V(T_D - T_C)$

iii) $e = \frac{|W_{net}|}{|Q_H|} = \frac{|Q_H| - |Q_C|}{|Q_H|} = 1 - \frac{|Q_C|}{|Q_H|} = 1 - \frac{1}{4} = \frac{3}{4}$

2. 다음은 1몰의 단원자 이상기체의 PV 변화를 나타낸 그래프이다. BC 구간에서 엔트로피 변화량은?

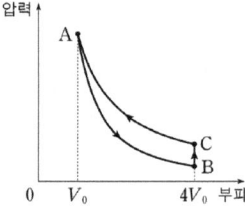

정답

AB 과정이 단열팽창이므로 $(T_A)(V_0)^{\frac{2}{3}} = (T_B)(2^2 V_0)^{\frac{2}{3}}$ 에서 $\frac{T_A}{T_B} = 2^{\frac{4}{3}}$ 이다.

$\therefore \Delta S_{BC} = \int \frac{dQ}{T} = \int_{T_i}^{T_f} \frac{nc_V dT}{T} = nc_V \ln \frac{T_C}{T_B} = \frac{3}{2} R \ln 2^{\frac{4}{3}} = 2R\ln 2$

3. 다음 그래프에서 부피가 가장 작은 지점은?

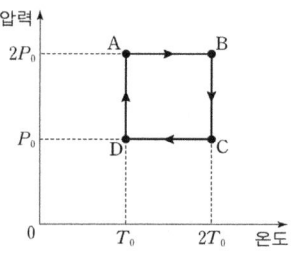

정답 A

4. 다음 그래프는 이원자 이상기체가 들어 있는 열기관의 PV 변화를 나타낸 것이다. 열효율은 얼마인가?

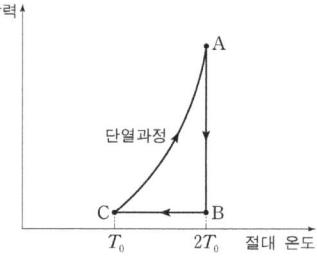

정답 $1 - \frac{1}{2\ln 2}$

i) $TV^{\gamma-1} = c$. 을 이용한다. $(2T_0)(V_A)^{\frac{2}{5}} = (T_0)(V_C)^{\frac{2}{5}}$ 에서 $V_C = 2^{\frac{5}{2}} V_A$ 이다.

한편 B, C는 등압과정이므로 $V_B = 2V_C = 2^{\frac{7}{2}} V_A$ 이다.

$\therefore$ A의 압력은 C보다 $2^{\frac{7}{2}}$ 배 더 크다.

ii) 등압압축과정 $Q = nc_P \Delta T = 1 \cdot \frac{7}{2} R(-T_0)$

iii) AB 등온팽창과정 :
$Q = W = nRT \ln \frac{V_f}{V_i} = nRT \ln \frac{P_i}{P_f} = R(2T_0) \ln \frac{P_A}{P_C} = R(2T_0) \ln 2^{\frac{7}{2}}$
$= 7RT_0 \ln 2$

iv) $e = 1 - \frac{Q_L}{Q_H} = 1 - \frac{\frac{7}{2} RT_0}{7RT_0 \ln 2} = 1 - \frac{1}{2\ln 2}$

5. 다음 그래프는 단원자 이상기체가 들어 있는 카르노기관의 PV 그래프를 나타낸 것이다. $V_C = 16V_A$ 이고 $P_A = 64P_C$ 이다. AB의 엔트로피 변화량을 구하라.

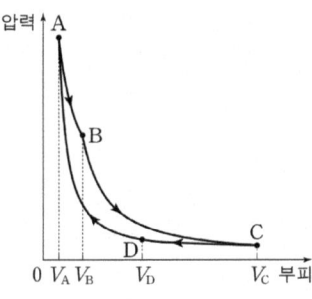

정답

i) $PV = nRT$ 에서 $T \propto PV$ 이므로 A, C점에 대해 적용하면
$T_A : T_C = P_A V_A : P_C V_C = (64P_C)(V_A) : (P_C)(16V_A) = 4 : 1$

ii) BC에서 단열 샤를 법칙을 적용하면 $T_B V_B^{\gamma-1} = T_C V_C^{\gamma-1}$ 에서
$(4T_C)(V_B)^{\frac{2}{3}} = (T_C)(16V_A)^{\frac{2}{3}} \Rightarrow 4^{\frac{3}{2}} V_B = 16V_A \Rightarrow V_B = 2V_A$

$\therefore \Delta S_{AB} = R \ln \frac{V_B}{V_A} = R \ln 2$

6. 다음 그림에서 열을 가하면서 물의 질량을 증가시키면 기체의 부피를 일정하게 유지할 수 있다. $\frac{\Delta M}{\Delta T}$ 는 얼마인가?

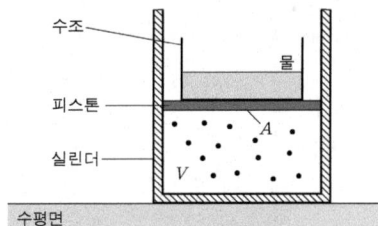

정답

i) 상태방정식 $PV = nRT$ 에서 $(\Delta P)V = nR\Delta T$ 이므로 $\Delta T = \frac{(\Delta P)V}{nR}$

ii) 피스톤에 대해서 자유물체도를 그린 후 운동방정식을 세우면
$PS = P_0 S + mg + Mg$ 이므로 $(\Delta P)S = (\Delta M)g$ 이고, $\Delta M = \frac{(\Delta P)S}{g}$ 이다.

iii) 두 식을 $\frac{\Delta M}{\Delta T}$ 에 대입해서 정리하면 $\frac{\Delta M}{\Delta T} = \frac{RA}{gV}$

7. 다음 그림에서 피스톤의 질량은 무시한다. 두 기체의 물리량을 비교하시오.

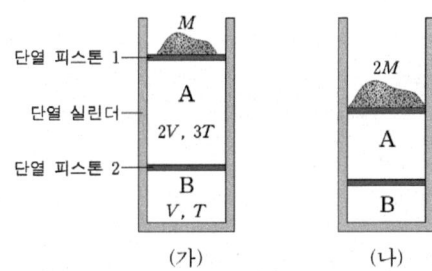

	A	B
기체 압력		
분자수		
나중 부피		
나중 온도		
내부에너지 변화량		

정답

	A		B
기체 압력		=	
분자수	2	<	3
나중 부피	2	>	1
나중 온도	3	>	1
내부에너지 변화량	2	>	1

i) $PV = NkT$ 에서 $N = \frac{PV}{kT}$ 이므로 $N_A : N_B = \frac{2}{3} : \frac{1}{1} = 2 : 3$

ii) A : $(P_A)(2V)^\gamma = (P_A')(V_A')^\gamma$
B : $(P_B)(V)^\gamma = (P_B')(V_B')^\gamma$

$P_A = P_B$, $P_A' = P_B'$ 이므로, 두 식을 나누면 $2^\gamma = \left(\frac{V_A'}{V_B'}\right)^\gamma$ 에서 $\frac{V_A'}{V_B'} = 2$ 이다.

iii) 입자수비(2:3), 나중 압력비(1:1), 나중 부피비(2:1)를 알기 때문에 나중 온도비를 쉽게 찾을 수 있다. 상태방정식에서 온도가 $T = \frac{PV}{Nk}$ 이므로 $T_A' : T_B' = \frac{2}{2} : \frac{1}{3} = 3 : 1$ 이다. 예를 들어 $T_A' = 6T$ 이면 $T_B' = 2T$ 이다.

iv) $\Delta U_A : \Delta U_B = 2 \times 2T : 3 \times 1T = 2 : 1$

PART 03
전자기학

Chapter 7. 정전기학

Chapter 8. 직류회로

Chapter 9. 정자기학

Chapter 10. 전자기유도

Chapter 11. 교류회로

Part 3. 전자기학

전자기학 들어가기 전 필요한 내용 정리

1. 물리 파트

1) 역학(力學 ; 힘 력, 배울 학)

예를 들어, 정지해 있던 물체에게 힘을 가하면, 물체가 움직인다. 즉 속도가 0이었다가 속도가 생긴다.

이처럼 속도가 증가하는 것 을 '가속도(加速度 ; 더할 가, 빠를 속, 법도 도)(acceleration)'가 존재한다고 말한다.

아버지들이 자동차 운전하실 때 '악세레다를 밟는다'라는 표현을 쓰시는데, 여기서 '악세레다'가 영어로 acceleration이다. 악세레다를 밟는다는 것은 자동차의 속도를 증가시키는 행위이다.

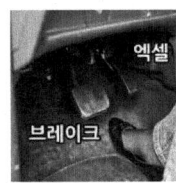

3초 후에 속도가 얼마인지, 그동안 이동거리가 얼마인지 등을 계산하는 방법을 공부한다.

한편 이 단원에서는 힘을 가하면 얼마의 가속도가 생기는가에 대해서 공부한다.

예를 들어, 괘종 시계 추가 좌우로 왔다 갔다 하는 '진동'도 공부하고, 에버랜드 롤러 코스터 같은 '부등속 원운동'도 공부한다.

2) 열역학(熱力學 ; 더울 열)

여름이면 온도가 올라가서 덥다.

이처럼 온도가 올라가면 어떤 현상이 벌어지는 지 공부한다.

예를 들어, 온도가 올라가면 팽창이 일어난다. 육교나 한강 다리 같은 것들도 여름이 되면 팽창이 일어나는데, 사전에 안전 조치를 해 놓지 않으면 다리에 균열이 생겨서 붕괴의 위험이 생긴다. 그래서 다리를 처음 만들 때, 다리 중간에 틈을 만들어서 다리가 팽창할 수 있는 여유 공간을 둔다.

<expansion joint>

'팽창'은 고체, 액체, 기체에서 전부 일어난다. 앞부분에서는 고체와 액체의 팽창을 배우고, 뒷부분에서 기체의 팽창을 배운다. 예를 들어, 풍선을 입으로 분 다음, 뜨거운 물에 담그면 부풀어 오른다. 이것은 풍선 내부의 기체가 열을 받아서 팽창하기 때문에 생기는 현상이다.

자동차의 엔진(engine)은 내부의 휘발유를 분사한 후, 스파크를 발생시켜, 휘발유가 폭발하게 한다. 이때 엔진 내부의 기체가 '팽창'하면서, 피스톤이 위로 올라간다. 그 힘으로 자동차 바퀴가 돌아간다.

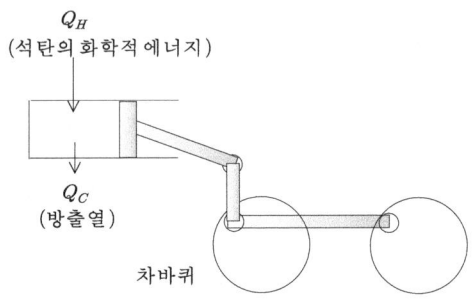

3) 전자기학(전기학+자기학)

우리가 사용하는 가전 제품 중에 백열 전구, 히터, 형광등, LED 등이 있다.

이런 것들을 배우는 파트가 전기학이다. 단, LED는 반도체이므로 현대물리에서 배운다.

자기와 관련한 예로는 '빠삐 자기방'이라는 일종의 '파스' 같은 제품이 있다. 몸에 콩알만한 자석을 붙여놓으면 혈액 흐름이 좋아져서 병이 낫는 원리이다.

그 외에도 아이폰의 충전 단자에 있는 자석이 자기와 관련된 예이다.

4) 파동(소리와 빛)

아이들에게 까꿍을 하면 아이들이 꺄르르 웃는다.

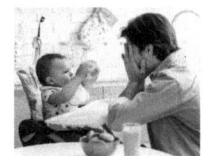 

사라졌던 엄마나 아빠가 다시 나타나서 기쁘기 때문이다. 그렇다면 손으로 얼굴을 가리면 왜 엄마나 아빠의 얼굴이 보이지 않는가? 엄마 얼굴에서 나오는 빛이 손에 의해서 가려지기 때문이다. 이때 엄마 얼굴에서 나오는 빛은 자체 발광일까, 반사된 빛일까? 그렇다, 햇빛이나 조명에서 나온 빛이 반사된 것이다.
빛이 반사될 때 어떤 특징이 있는지 공부할 것이다. 그 빛을 사람 눈이 감지하는 것은 생물학에서 배운다.
이 외에도 거울과 렌즈 등에서 공부한다.
렌즈에는 오목 렌즈와 볼록 렌즈가 있다.

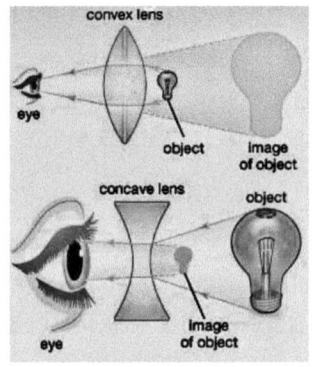

소리와 관련된 예는 다음과 같다.
선생님이 너무 목소리를 작게 하면 학생들은 무슨 말인지 잘 들리지 않는다. 한편 선생님의 목소리가 감미로우면 듣기 좋다.
앰블런스가 지나갈 때 소리의 높이가 높아졌다가, 낮아지는데 이것을 '도플러 효과'라고 하는데, 그것에 대해서도 배운다.

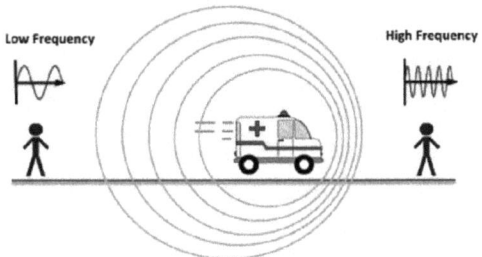

5) 현대물리(1900년 이후)

아인슈타인의 상대성 이론에 대해서 배운다. 엄청 빨리 움직이는 물체의 시간은 천천히 흐른다.

양자역학에 대해서도 배운다. 원자의 구조에 대해서 배운다. 그리고 원자 같은 미시(microscopic) 세계에서는 입자가 파동처럼 행동한다. 그때 특징에 대해서 공부한다.

2. 역학 주요 개념

1) 기본 3대 물리량

① 거리(shift)

강의 진행시 '거리'라는 글자를 적기보다는 간단한 기호로 쓰는 것이 편하다.

그 물리량의 영어 단어의 첫 글자를 그 물리량의 기호로 약속한다. 그래서 shift의 기호는 s 이다.

② 속력(speed, velocity)

이솝 우화 중 토끼와 거북이에서 빠르기를 처음 배운다.

velocity의 기호는 v 이다.

③ 가속도(acceleration)

속도가 증가하는 정도를 의미한다.
acceleration 의 기호는 a 이다.

이 외에도 시간(time), 힘(force), 질량(mass) 등이 있다.

④ 힘(force)

개그맨 김영철의 유행어인 "힘을 내용 슈퍼 파월"은 오개념이다. power는 일률이고, force가 힘이기 때문이다.

⑤ 질량

무게(weight)는 지구가 사람을 당기는 중력을 의미한다. 그러므로 상대방에게 무게가 얼마인지 물으면 안 되고, 질량이 얼마인지 묻는 게 옳은 표현이다.

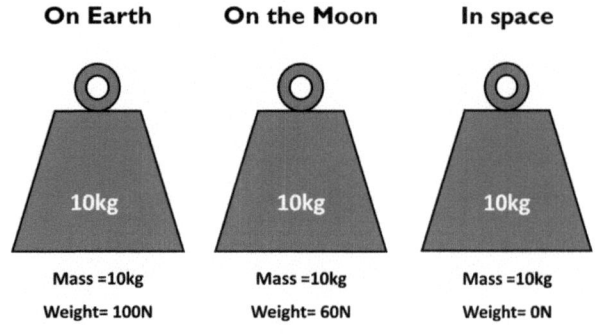

지금까지 물리량의 의미와 그것의 기호에 대해 알아보았다. 이제 물리량의 크기를 표현하는 '단위'에 대해 알아보자.

2) 단위

상대방에서 키가 얼마인지 물었더니, 170 이라고 대답하였다. 만약 170mm 라고 단위를 잘못 붙인다면, 그 사람은 사람이 아니라, 고양이가 될 것이다.

이처럼 정확한 크기를 표현하기 위해서는 옳은 단위를 붙이는 게 중요하다.

① 거리의 단위

[m] : '미터'라고 읽는다.

접두어를 붙여서 더 큰 숫자나 더 작은 숫자를 쉽게 나타내기도 한다. 예를 들어 다음과 같다.

1000m = 1km (킬로미터)

다음과 같이 다양한 접두어가 있다.

지수	12	9	6	3	2	1	-1	-2	-3	-6	-9	-12	-15
접두어	T- (테라)	G- (기가)	M- (메가)	k- (킬로)	h- (헥토)	da- (데카)	d- (데시)	c- (센티)	m- (밀리)	μ- (마이크로)	n- (나노)	p- (피코)	f- (펨토)
예	Tbyte	Gbyte	Mbyte	kg	hPa		dl	cm	mm mg	μm μF	nm	pm	fm

요즘 사용하는 5G 휴대폰의 다운로드 속도는 1.5Gbps 정도이다.

② 시간의 단위

시간은 '시(h)', '분(min)', '초(s)' 등의 단위를 갖는다. '초(s)'가 국제 표준 단위이다.

minute 라는 단위를 써서 히트친 가수는 이효리이다.

[MV] Lee Hyori(이효리) _ 10 Minutes

그리고 '시(h)'는 집집마다 달려 있는 전력량계의 단위인 kWh에 사용되고 있다. '킬로와트시'라고 읽는다.

③ 속력의 단위

어린이 보호 구역에서는 30km/h 이하로 운행해야 한다. km/h 단위를 '시속'이라고 부른다. m/min 단위는 '분속'이라고 부른다. m/s 단위는 '초속'이다.

예를 들어 10m/s 는 '십 미터 퍼 세컨드'라고 읽는다. 또는 '1초당 10m'라고 읽기도 한다.

속력의 표준 단위는 [m/s]이다.

한편 단위를 알면 역으로 공식으로 유추할 수 있다. 속력의 단위가 '미터÷초'이므로, 속력의 공식은 거리÷시간이다. 이것을 속력의 정의라고 부른다.

이를 기호로 쓰면 $v = \frac{s}{t}$ 이다.

다만 속력처럼 흔히 쓰는 물리량은 단위를 먼저 배우고 정의를 나중에 배우는 데 반해, 대부분의 물리량은 정의를 먼저 배우고 단위를 나중에 배운다.

참고로 분수 형태로 된 공식들은 읽는 방법이 있다. $v = \frac{s}{t}$ 는 '단위시간당 이동거리', '초당 이동거리' 또는 '1초 동안 이동거리'라고 읽는다. 보통 첫 번째처럼 읽고, 세 번째처럼 의미를 이해하면 된다.

④ 가속도의 단위

가속도는 '속도의 증가량'을 의미하는데, 분모의 시간이 들어간다. 그러므로 정의는 $a = \frac{\Delta v}{t}$ 이고, 단위는 $[\frac{\frac{m}{s}}{s}] = [\frac{m}{s^2}]$ 이다.

여기서 Δ 는 그리스 알파벳 중 대문자 델타이고, 수학이나 물리학에서는 변화량을 의미한다. 예를 들어 시간의 변화량은 $\Delta t = t_f - t_i$ 로 정의한다. 단, 어차피 시간은 0초부터 측정하기 때문에 $t_i = 0$ 이라서, $\Delta t = t_f$ 라고 간단하게 쓴다.

Quiz 1 처음 속력이 10m/s인 자동차가 2초 동안 가속하여 16m/s가 되었다. 가속도는 얼마인가?

⑤ 힘의 단위

힘을 처음으로 정의한 사람은 뉴턴이다.

$$힘 = 질량 \times 가속도$$

이것을 간단하게 기호로 쓰면 $F = ma$ 이다.
이를 뉴턴 제2법칙이라고 부른다.

이 수식의 의미는 다음과 같다. 우선 동일한 가속도를 만든다고 했을 때 질량이 작을수록 작은 힘이 들고, 질량이 클수록 큰 힘이 든다. 범죄자들이 노약자를 노리는 이유는 뉴턴 제2법칙으로 설명이 가능하다.
한편 동일한 질량을 갖는 물체라면, 큰 힘을 가할수록 가속도가 커져서 속도 변화가 커진다.

뉴턴 제2법칙에서 힘의 단위를 유추할 수 있다. $[kg \cdot m/s^2]$
다만 뉴턴의 업적을 기르기 위해서 간단하게 $[N]$ 이라고 쓰고, '뉴턴'이라고 읽는다.

Quiz 2 2kg의 물체에게 3m/s²의 가속도를 만들어줬다. 내가 물체에게 가한 힘은 얼마인가?

정답 6N

3. 벡터 연산

1) 스칼라 물리량의 연산

질량이 70kg인 사람이 10kg 정도의 햄버거를 먹었다. 이 사람의 질량은 얼마가 되는가?

$$(70kg) + (10kg) = 80kg$$

이처럼 질량끼리는 단순 합산, 즉 사칙연산 또는 대수적 연산이 가능하다.
이런 물리량들을 scalar 물리량이라고 부른다.

2) 벡터 물리량의 연산

① 상황

caseⅠ. 같은 방향의 두 힘

할아버지가 3N의 힘으로 리어카를 끌고 가신다. 철수가 3N의 힘으로 같은 방향으로 도와 드린다. 이때 리어카가 받은 총힘 또는 알짜힘(net force)는 얼마일까?

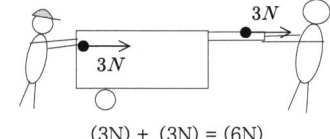

$$(3N) + (3N) = (6N)$$

caseⅡ. 반대 방향의 두 힘

이번에는 할아버지가 리어카를 오른쪽으로 3N의 힘으로 당기시고, 철수는 왼쪽으로 3N의 힘으로 당긴다. 이때 리어카가 받은 총힘 또는 알짜힘(net force)는 얼마일까?

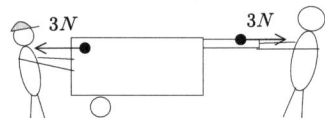

이 경우는 두 힘을 더해서 알짜힘이 6N이라고 말하는 것이 합리적이지 않다. 왜냐하면 리어카는 정지해 있거나, 등속 운동할 것이기 때문이다. 뉴턴 2법칙($F_{net} = ma$)에 의하면 알짜힘이 작용하면 물체는 가속한다. 이것을 감안하면 리어카는 정지하거나 등속 운동 중이라서 알짜힘이 0이다. 이런 경우 알짜힘은 다음처럼 방향을 고려해서 계산하는 게 합리적이다.

$$(-3N) + (+3N) = (0N)$$

이처럼 방향을 고려해서 계산해야 하는 물리량을 vector 물리량이라고 부른다.

벡터 물리량을 계산하는 방법을 벡터 연산이라고 한다.

② 벡터 연산에는 벡터 합, 벡터 차, 벡터 곱 등이 있다.
벡터 합에는 평행 사변형 법, 삼각형 법, 성분별 합산 법 등이 있다. 이 중에서 가장 중요한 것이 평행 사변형 법이다. 방법은 다음과 같다.

두 벡터를 두 변으로 하는 평행 사변형을 그린 후, 대각선을 그으면, 그 대각선이 벡터 합의 결과가 된다.

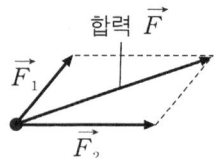

Quiz 1 철수가 수레를 동쪽으로 4N의 힘으로 당기고, 영희가 수레를 북쪽으로 3N의 힘으로 당긴다. 수레가 받는 알짜힘의 크기는 얼마인가?

정답 5N

4. 주요 법칙

1) 뉴턴 2법칙 : $\vec{F}_{net} = m\vec{a}$

앞에서 힘이 벡터 물리량이라고 얘기했다. 뉴턴 2법칙에서 좌변이 벡터이면 우변도 벡터여야 한다. 그런데 질량이 스칼라이므로, 가속도가 벡터여야 한다.

Quiz 1 질량이 100kg인 자동차의 처음 속도가 동쪽으로 10m/s였고, 2초 후 동쪽으로 16m/s가 되었다. 가속도는? 힘은?

정답

$\vec{a} = \dfrac{(+16m/s) - (+10m/s)}{2s} = +3m/s^2$

$\vec{F} = (100kg)(+3m/s^2) = +300 kg \cdot m/s^2 = +300N$

또는 다음처럼 이해해도 좋다.

$\vec{B} = (2,0)$ 이라면, $\vec{A} = 2\vec{B}$ 는 얼마일까?

$\vec{A} = 2\vec{B} = 2(2,0) = (4,0)$ 이므로 다음 그림과 같다.

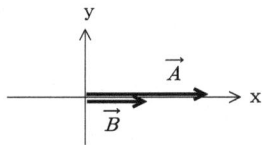

이는 '벡터 = 스칼라×벡터'에서 좌변의 벡터와 우변의 벡터가 같은 방향임을 의미한다. 마찬가지로 $\vec{F}_{net} = m\vec{a}$ 는 좌변의 힘의 방향과 우변의 가속도의 방향이 같음을 의미한다.

그러므로 가속도가 동쪽이면 알짜힘의 방향도 동쪽이다.

2) 에너지 보존 법칙

'독립', '종속, 의존'이라는 표현을 자주 쓴다. independence, dependence라고 쓴다.

여기서 '독립'에는 두 가지가 있다.

시간에 대해 독립인 경우 : 보존(conserve)

위치에 대해 독립인 경우 : 균일

어떤 연예인의 얼굴이 젊어보일 때, 기자들이 "방부제 드시나요?" 또는 "보존제 드시나요?"라고 물어본다. '보존'이라는 말은 시간이 지나도 상태가 변하지 않을 때 쓰는 표현이다.

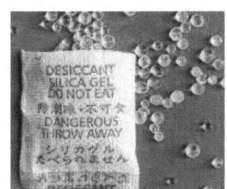

다이소에 가면 1층 물건들도 1,000원에 팔고, 2층 물건들도 1,000원에 판다. 이처럼 위치에 상관없이 같은 가격으로 팔 때 '균일가'라는 표현을 쓴다. '균일'이라는 말은 위치가 바뀌어도 상태가 변하지 않을 때 쓰는 표현이다.

중학교 때 배운 에너지의 종류는 운동 에너지(kinetic energy)와 위치 에너지(potential energy)가 있다. 공식은 다음과 같다.

$$KE = \frac{1}{2}mv^2 [J]$$

$$PE = mgh [J]$$

운동 에너지는 움직이는 물체가 가지고 있는 물리량이다. 운동 에너지가 큰 물체에게 맞으면 다칠 수 있다.

Quiz 2 질량 2kg인 물체가 10m/s의 속력으로 철수에게 날아온다. 이 물체의 운동 에너지는 얼마인가?

위치 에너지는 자유 낙하(free fall)할 가능성과 관련이 있다. 낮은 곳에 있는 물체보다는 높은 곳에 있는 물체가 자유 낙하할 잠재성이 훨씬 크다. 이를 나타낸 물리량이 위치 에너지이다.

Quiz 3 질량 2kg인 물체가 10m 높이에서 자유낙하한다. 처음 높이에서 위치 에너지는 얼마인가? (단, 공기 저항은 무시하고, 중력 가속도는 $g = 9.8m/s^2$ 이다.)

운동 에너지와 위치 에너지를 합한 값을 역학적 에너지(mechanical energy)라고 부른다. 공기 저항이 없다면, 자유 낙하(free fall)할 경우, 물체의 높이가 낮아지더라도 역학적 에너지가 불변이다. 이를 역학적 에너지 보존 법칙이라고 한다.

Quiz 4 질량 2kg인 물체가 10m 높이에서 2m/s의 속력으로 아래로 던져졌다. 바닥에 도달할 때 물체의 속력은 얼마인가? (단, 공기 저항은 무시하고, 중력 가속도는 $g = 9.8m/s^2$ 이다.)

sol) $mgh + \dfrac{1}{2}mv_0^2 = 0 + \dfrac{1}{2}mv^2$

$\Rightarrow 2 \times 10 \times 10 + \dfrac{1}{2} \times 2 \times 2^2 = 0 + \dfrac{1}{2} \times 2 \times v^2$

$\Rightarrow v = \sqrt{204} \approx 14.3 m/s$

3) 힘의 종류 by 접촉 유무
① 접촉력(contact force) : kx, N, μN, T, ρgV, bv
② 원거리 작용력(long distance force) : 만유인력, 전자기력, 강한 핵력, 약한 핵력

4) 힘의 종류 by 역에보 유무
① 보존력(conservative force) : 중력, 전기력, 탄성력, 부력
② 비보존력 : 그 외

5) 일과 에너지 정리
비보존력이 물체에게 일을 하면, 물체의 운동 에너지도 변하고 위치 에너지도 변한다.
$$W_{비} = \Delta K + \Delta U$$

Quiz 5 철수는 빗면에서 수레를 위로 밀었다. 수레가 받은 알짜힘은 10N이고 이동거리는 2m였다. 수레의 운동에너지가 5J 증가했다면 위치에너지는 얼마나 증가하였는가?

§ 1. 전기장(electric field)

1. 서론

1) 이 단원에서는 전기와 자기 현상에 대해서 공부할 것이다. 전기와 자기 현상을 합쳐서 '전자기학'이라고 부른다.

전기에는 '정지한 전기'와 '흐르는 전기'가 있다. 전자를 '정전기', 후자를 '전류'라고 한다. 정전기 현상에 대해서 배우는 학문을 '정전기학'이라고 하고, 전류가 흐르는 회로는 '직류회로'라고 부른다.

자기에는 '정지한 자기'와 '움직이는 자기'가 있다. 전자를 '정자기'라고 부른다. 정자기 현상에 대해서 배우는 학문을 '정자기학'이라고 한다. 한편 자기가 움직이면 전류가 흐르는 데 이를 '전자기 유도'라고 부른다.

그러므로 전체 전자기학에는 '정전기학', '직류회로', '정자기학', '전자기유도' 등의 네 가지 세부 단원이 존재한다.

2) 물리는 대칭성의 학문이다. 즉 역학에서의 원리와 전자기학에서의 원리가 동일하다.

이유1 : 조물주가 1명이라면 당연히 같은 원리로 역학도 만들고, 전자기학도 만들었을 것이다.

이유2 : 역학이 시작된 것은 1687년 뉴턴이 '프린키피아'라는 책을 발간하면서 세상에 뉴턴 법칙과 만유인력 법칙을 발표하면서부터이다. 뉴턴으로 말미암아 자연현상을 분석할 때 수학적인 분석을 하게 되었다. 그리고 1800년대부터 전자기학이 발전하였는데, 이때 뉴턴의 사고 방식을 바탕에 두고 전자기학을 연구하였다. 그렇다 보니 전자기학의 구조나 물리개념들이 역학과 비슷하다.

3) 전자기 공부 tip
이해가 안 될 때 전자기학의 어떤 내용이 역학에 어떤 내용에 대응되는지 찾아본다.

지금부터 정전기학을 공부해보자.

2. 전기장

1) 중력장
질량이 각각 M과 m인 두 물체가 거리 r만큼 떨어져 있으면 서로 인력이 작용한다. 이를 만유인력이라고 한다.
실험결과, 만유인력은 두 물체 사이의 거리의 제곱에 반비례한다.

$$F \propto \frac{1}{r^2} \text{ (역제곱법칙)}$$

그리고 만유인력은 두 물체의 질량의 곱에 비례한다.

$$F \propto Mm$$

한편 이 둘을 동시에 고려하면 다음처럼 쓸 수 있다.

$$F \propto \frac{1}{r^2} \times Mm$$

이를 1차 함수로 표현하면 다음과 같다.

$$F = G\frac{Mm}{r^2}$$

단 $G = 6.67 \times 10^{-11} Nm^2/kg^2$는 만유인력 상수

그런데 이 수식이 복잡하기 때문에 다음처럼 약식으로 쓰기로 하자.

$$\underbrace{\frac{GMm}{r^2}}_{\text{만유인력}} = \underbrace{m}_{\substack{\text{관찰대상의}\\\text{질량}}} \times \underbrace{g}_{\substack{\text{중력마당}\\\text{by 패러데이}}}$$

여기서 g를 중력장이라고 한다. 이는 Michael Faraday가 제안한 개념이다.
WiFi-zone에 들어가야지 인터넷이 팍팍 터지듯이, 질량이 M인 물체 주위에는 눈에 보이지 않는 '중력이 미치는 마당(중력마당)'이 항상 형성되어 있고, 이 공간에 질량이 m인 물체가 들어가면 갑자기 만유인력이 팍팍 작용한다. 이것이 패러데이가 생각한 만유인력의 작용 원리이고 이를 뒷받침하기 위해서 만든 개념이 '중력 마당(중력장)'이다.

cf. 개념 정리
만유인력 : 질량을 갖는 두 질량체 사이에 작용하는 인력
단, G값이 너무 작아서, 두 돌멩이나, 두 사람 사이에 작용하는 만유인력은 무시한다.

중력 : 두 질량체 중 하나가 행성이어서 굉장히 무거운 경우 만유인력은 무시할 수 없다. 이런 만유인력을 중력이라고 부른다.

2) 전기장

전기장은 편의상 전기력을 약식으로 간단하게 표현하기 위해 만든 개념이다.

cf. 개념 정리

대전체 : 전기를 띠는 물체
전하량 : 전기의 양(q or Q)
관찰대상(대전체)이 갖고 있는 물리량 : 전하량

다음 그림처럼 전하량이 각각 $+Q$와 $+q$인 두 대전체가 거리 r 만큼 떨어져 있으면 서로 척력이 작용한다. 이를 전기력이라고 한다.

$$F \leftarrow Q \qquad q \rightarrow F$$
$$\underline{\qquad r \qquad}$$

실험결과, 전기력은 두 물체 사이의 거리의 제곱에 반비례한다.

$$F \propto \frac{1}{r^2} \quad \text{(역제곱법칙)}$$

그리고 전기력은 두 대전체의 전하량의 곱에 비례한다.
$$F \propto Qq$$

한편 이 둘을 동시에 고려하면 다음처럼 쓸 수 있다.
$$F \propto \frac{1}{r^2} \times Qq$$

이를 1차 함수로 표현하면 다음과 같다.
$$F = k_C \frac{Qq}{r^2} \quad \text{단 } k_C = 9 \times 10^9 Nm^2/C^2 \text{는 쿨롱 상수}$$

또는 다음처럼 쓰기도 한다.
$$F = \frac{1}{4\pi\epsilon_0} \frac{Qq}{r^2} \quad \text{단 } \epsilon_0 = 8.85 \times 10^{-12} C^2/N \cdot m^2 \text{은 진공의 유전율}$$

여기서 유전율(誘電率)은 전기를 띠는 정도를 나타내는 물리량이고, 전기력은 발견자인 쿨롱(Coulomb)의 이름을 따서 쿨롱힘이라고 부르기도 한다.

그리고 $+Q$인 물체를 '원천전하'라고 부르고, $+q$인 물체를 '시험전하'라고 부른다.

원천전하(source charge) : 전기 현상을 만들어내는 원천이 되는 전하
시험전하(test charge) : 테스트를 당하는 전하

그런데 이 전기력 수식이 복잡하기 때문에 다음처럼 약식으로 쓰기로 하자.

$$\underbrace{\frac{k_C Qq}{r^2}}_{\text{전기력}} = \underbrace{q}_{\substack{\text{관찰대상의} \\ \text{물리량}}} \times \underbrace{E}_{\substack{\text{전기마당} \\ by \text{ 패러데이}}}$$

여기서 E를 전기장이라고 한다. 이는 Michael Faraday가 제안한 개념이다.

다음 그림처럼 '원천전하'가 공간 상에 혼자 있을 때 그 주위에 나와바리(나와바리)가 형성되고, 이 나와바리에 '시험전하'가 들어오면 갑자기 전기력을 받는다. 이것이 패러데이가 생각한 전기력의 작용 원리이고, 이를 뒷받침하기 위해서 만든 개념이 '전기 마당(전기장)'이다.

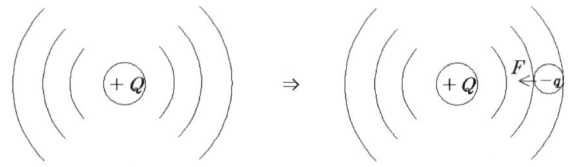

e.g. 시장(물건사기), 광장(외치기), 교수장(인사하기), 방구장(숨막히기), 중력장(자유낙하), …

Quiz 1 어떤 균일한 면전하로부터 50m 떨어진 지점에서 전기장의 크기는 $E = 5N/C$ 이다. 이 지점에 질량이 2kg이고 전하량이 $q = 3C$ 인 시험전하를 놓는다면, 이 시험전하가 면전하로부터 받는 전기력은 몇 [N]인가? 시험전하의 가속도는 얼마인가? 3s 후 속력은 얼마인가?

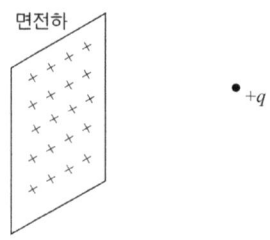

tip. 시험에서 전기력이 출제가 되면 전기장 체크!

3) 가속도

한편 우리는 역학 단원에서 '힘' 계산을 많이 하였다. 그 이유가 무엇이었는가? 그것은 가속도를 구하기 위함이었다. 운동방정식을 세워서 가속도를 찾아야지 그 물체가 얼마나 빠르게, 그리고 어떤 패턴으로 운동하는지 찾을 수 있기 때문이다.

이 단원에서도 마찬가지이다. 우리가 이렇게 한참을 '전기력'에 대해서 얘기한 것도, '가속도를 구하기 위함'이다. 그리고 그 가속도는 다음처럼 쓸 수 있다.

$$a = \frac{qE}{m}$$

이 수식은 시험에 너무너무 자주 나온다. 그러므로 반드시 외워두자.

만약 시험에 다음 그림이 출제가 되었다면 출제자는 무엇을 물어보겠는가? 그렇다, 가속도를 물어볼 것이다. 그러면 여러분들 머릿 속에서는 $a = \frac{qE}{m}$ 이 떠올라야 한다.

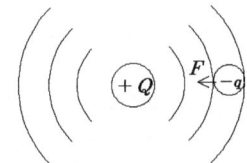

그리고 $a = \frac{qE}{m}$ 을 계산하려면 무엇을 알아야 할까? 그렇다, 전기장을 알아야 한다.

그러므로 이 단원의 핵심 keyword는 단언컨대, '전기장'이라고 할 수 있다.

이제 그토록 중요한 '전기장'에 대해서 자세히 공부해보자.

3. 전기장의 정의

1) 정의 : $E \equiv \dfrac{F}{q}$

2) 단위 : $[N/C]$

3) 읽는 법 : $1C$ 당 받는 힘

4) 원천전하가 '점전하'인 경우, 그 주위에서 전기장 공식 :
$$\dfrac{kQq}{r^2} \equiv qE \text{ 에서 } E = \dfrac{kQ}{r^2}$$
→ 의미 : 특정 지점에서 전기장은 원천전하에 의해 만들어진다.

5) 원천전하가 '점전하'인 경우 전기장 그래프

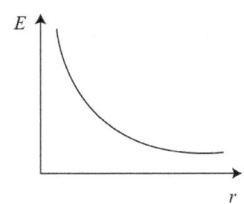

→ 물리적 의미 : 원천전하로부터 멀어질수록 전기장은 작아진다.
→ 속담 물리 : out of sight, out of mind

Quiz 1 전하량이 Q인 점전하로부터 r 만큼 떨어진 A점의 전기장이 E_0 이다. $3r$ 만큼 떨어진 B점에서 전기장의 크기는 얼마인가?

정답 $E_x = \dfrac{1}{9} E_0$

<1> 연립

i) $E_0 = \dfrac{kQ}{r^2}$ ⋯ ①

ii) $E_x = \dfrac{kQ}{(3r)^2}$ ⋯ ②

iii) ①, ②를 연립하면 $E_x = \dfrac{1}{9} E_0$

<2> 비례식 : $E_0 : E_x = \dfrac{1}{r^2} : \dfrac{1}{(3r)^2} = 9 : 1$ 에서 $E_x = \dfrac{1}{9} E_0$

<3> 비례, 반비례 : $E = \dfrac{kQ}{r^2}$ 에서 Q이 동일하므로 $E \propto \dfrac{1}{r^2}$ 이다. 거리가 3배 멀어졌으므로 전기장은 1/9배가 된다.

6) 전기장은 벡터이다.
$\vec{A} = 2\vec{B}$ 은 스칼라인 2와 벡터인 $\vec{B}$ 을 곱하면 벡터($\vec{A}$)가 됨을 의미한다.
마찬가지로 전기장의 정의 $E \equiv \dfrac{F}{q} = \dfrac{1}{q} F$ 에서 $\dfrac{1}{q}$ 가 스칼라이고 $\vec{F}$ 가 벡터이므로 E 는 벡터이다.
즉 $\vec{E} = \dfrac{1}{q} \vec{F}$ 으로 표현하는 것이 정확한 표현이다.

7) 전기장의 의미와 전기장의 방향 :
전기력은 $\vec{F} = q\vec{E}$ 라고 표현한다. 만약 $q = +1C$ 이면 $\vec{F} = \vec{E}$ 가 된다. 즉 전기장은 $+1C$ 인 입자가 받는 힘이다.
그러므로 원천전하가 점전하일 때 전기장의 크기를 물어보면 $E = \dfrac{kQ}{r^2}$ 라고 답을 하고, 전기장의 방향을 물어보면 $+1C$ 인 입자가 받는 힘의 방향으로 답을 한다.

또는 다음처럼 이해해도 된다. 점전하 주위의 전기장 공식 $E = \dfrac{kQ}{r^2}$ 은 $E = \dfrac{k(+Q)(+1)}{r^2}$ 라고 변형할 수 있다. 이는 전하량이 $+Q$인 원천전하로부터 r 만큼 떨어진 위치에서, 전하량이 $+1C$ 인 시험전하가 받는 전기력을 뜻한다.

그러므로 전기장의 크기는 '+1C 인 전하'가 받는 전기력의 크기로 이해할 수 있고, 전기장의 방향은 '+1C 인 전하'가 받는 전기력의 방향으로 약속할 수 있다.

8) 전기장 의미 정리
① 전기력이 미치는 마당
② +1C 인 단위 전하가 받는 전기력

9) 전기장 도입의 의의 : $F = \dfrac{kQq}{r^2}$ 은 전하들의 형태가 점이나 구의 형태인 경우에만 쓸 수 있고, 선이나 면의 형태인 경우에는 쓸 수 없다는 단점이 있다.
그래서 전하의 형태가 어떤 형태인지 상관없이 쓸 수 있는 식을 도입하였는데, 그것이 바로 전기력을 전하와 전기장의 곱으로 표현한 식이다.
$$F = qE$$

Ch 7. 정전기학

ex 1 그림은 정삼각형 ABC의 두 꼭짓점 A, B에 전하량이 각각 $+q$, $-q$인 두 점전하가 고정되어 있는 모습을 나타낸 것이다. D는 선분 AB의 중점이다.

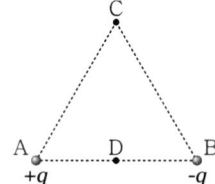

C와 D에서 전기장의 크기를 각각 E_C, E_D라고 할 때, $E_C : E_D$는?

정답 $1:8$

한 변의 길이를 $2d$라 하면 C, D에서 전기장의 크기의 비는
$E_C : E_D = \dfrac{kq}{4d^2} : \dfrac{2kq}{d^2} = 1 : 8$ 이다.

ex 2 다음 질문에 답하시오.

1) typeI. 한 쪽 전하가 시험전하의 역할 : +q가 받는 전기력을 구하시오.

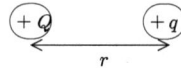

2) typeII. 한 쪽 전하가 원천전하의 역할 : P점에서 전기장을 구하시오.

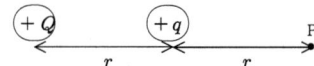

정답 $\dfrac{kQq}{r^2}$, $\dfrac{kQ}{(2r)^2} + \dfrac{kq}{r^2}$

4. 전기력선(electric field line)의 도입

1) 도입이유 : 눈에 보이지 않는 전기장을 시각화하기 위해

차선은 차의 진행 방향을 알려준다.
전기력선은 전기장의 방향을 나타내준다.

2) 전기력선의 정의 : 원천 전하 주위의 모든 지점에서 전기장을 연결한 선

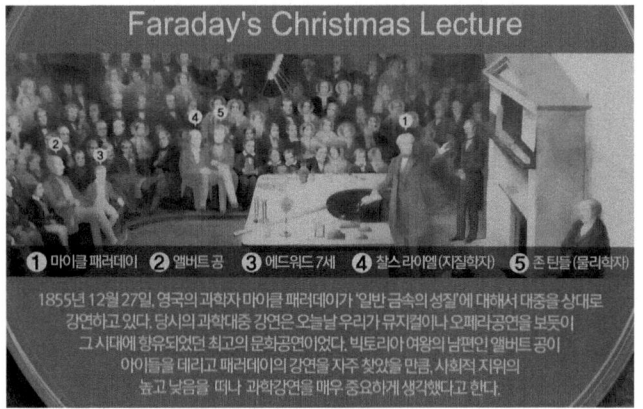

3) 종류
① 양의 원천 전하 주위

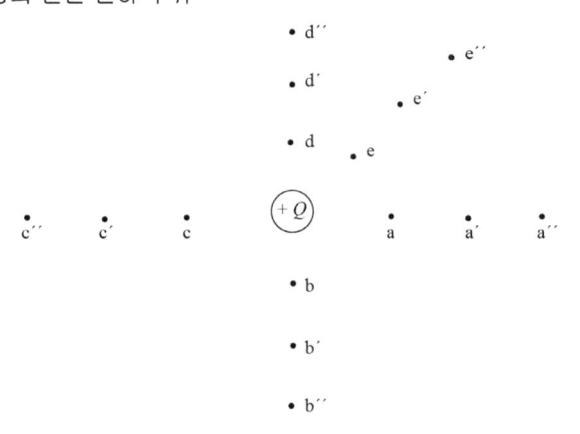

→ 결론 : 양의 원천전하 주위에는 발산하는 전기장이 형성된다.
혹은 양의 원천전하 주위에서 전기장은 발산한다.

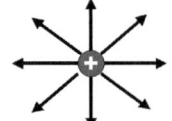

② 음의 원천 전하 주위

→ 결론 : 음의 원천전하 주위에는 수렴하는 전기장이 형성된다.
혹은 음의 원천전하 주위에서 전기장은 수렴한다.

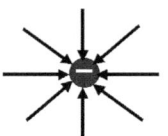

③ 두 원천 전하 주위 : (+) → (−) ; 개곡선임!

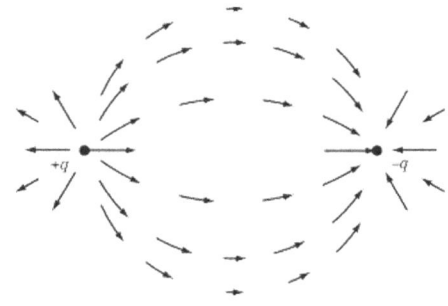

→ 시사점 : 두 원천전하의 전하량이 동일하면 전기력선은 좌우 대칭 형태를 띤다.
임의의 지점에서 전기장의 방향은 전기력선의 접선 방향이다.

Quiz 1 다음 전기력선 그림을 보고 원천전하의 부호와 크기를 말해보시오.

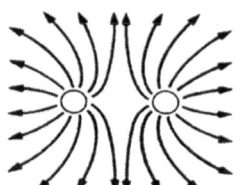

4) 전기력선의 간격에서 전기장의 크기를 유추하는 방법

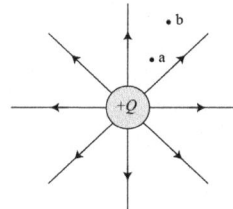

	a	b
전기장 크기		
전기력선 간격		

→ 결론 : 간격이 좁을수록 전기장이 크다.
 or 전기장은 전기력선 밀도에 의존한다.

Quiz 2 다음 그림은 어떤 공간에서 전기력선을 임의로 표현한 것이다.

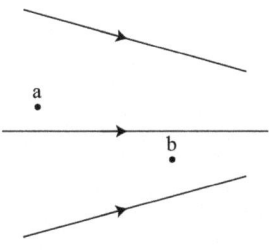

1) 두 점에서 전기장의 방향을 비교하면?
2) 두 점에서 전기장의 크기를 비교하면?
3) a 점에 양의 시험전하를 두면, 전기력의 방향은?

이것으로 전기력선이 어떻게 전기장을 시각화하는지 알게 되었다. 첫째, 전기장의 방향은 전기력선의 접선 방향으로 알 수 있다. 둘째, 전기장의 크기는 전기력선의 간격으로 알 수 있다.

5) 전하량에 따른 전기력선의 개수 : 전하량이 큰 원천전하일수록 전기력선을 많이 그린다.

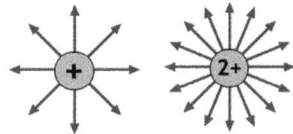

→ 결론 : 간격이 좁을수록 전기장이 크다.
 or 전기장은 전기력선 밀도에 의존한다.

6) 전기장의 크기를 전기력선으로 표현하기
 앞으로 전기력선의 개수는 전기선속(electric flux, 電氣線束)이라고 하겠다. 기호는 Φ_E 이다.

cf. 한자뜻풀이 : 전기선속(electric flux, 電氣線束) : '전기선다발', '전속(電束)'

 묶을 속 : 束 → 묶다, 합치다, 묶음, 다섯 필, 쉰 개

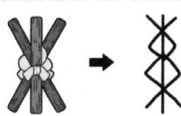

 같은 말 : 約束(약속)하다, 結縛(결박)하다, 束縛(속박)하다
 다른 말 : 速度(속도), 종속(屬)과목강문계
 단, 辶를 함께 사용하게 되면 가다, 길 등의 의미

다음 그림에서 두 점 a, b에서의 물리량을 비교하면 다음과 같다.

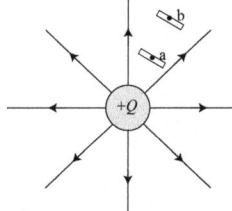

	a점		b점
A	=		A
Φ_E	>		Φ_E
$\dfrac{\Phi_E}{A}$	>		$\dfrac{\Phi_E}{A}$
E	>		E

그러므로 $E \propto \dfrac{\Phi_E}{A}$ 이다. 이를 1차함수 형태로 나타내면 다음과 같다.

$$E \equiv \dfrac{\Phi_E}{A} \text{ or } \Phi_E = EA$$

단 여기서 전기장은 '면 A 에서의 전기장'이다♥♥

이는 $E \equiv \dfrac{F}{q}$ 에 이은 전기장의 새로운 정의이다.

Quiz 3 단면적이 $A = 2m^2$ 인 평면이 있다. 이곳에는 전기장의 크기가 $E = 3N/C$ 로 일정하게 걸려 있다.
그렇다면 이 평면을 관통하는 전기력선 수는 얼마인가? 즉 전기선속 Φ_E 는 얼마인가?

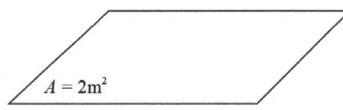

ex 1 그림은 x축 상에 고정되어 있는 점전하 A, B가 만드는 전기장을 전기력선으로 나타낸 것이다. A, B는 각각 $x=0$, $x=3d$에 있고, x축 상의 점 P에서 전기장은 0이다.

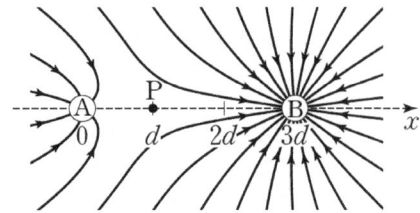

이에 대한 설명으로 옳은 것만을 <보기>에서 있는 대로 고른 것은?

─── <보 기> ───
ㄱ. A는 음(-)전하이다.
ㄴ. 전하량은 B가 A의 4배이다.
ㄷ. 음(-)전하를 $x=2d$에 놓았을 때, 이 전하가 A, B에 의해 받는 전기력의 방향은 $+x$ 방향이다.

① ㄱ 　　② ㄷ 　　③ ㄱ, ㄴ
④ ㄴ, ㄷ 　　⑤ ㄱ, ㄴ, ㄷ

정답 ③ ㄱ, ㄴ

전기장과 전기력선
ㄱ. A와 B 주변의 전기력선의 방향이 각각 A, B로 들어가는 방향이므로 A와 B는 음(-)전하이다.
ㄴ. P에서 전기장이 0이므로 A와 B에 의한 전기장의 세기가 같다. 전기장의 세기는 점전하로부터 떨어진 거리의 제곱에 반비례하고 점전하의 전하량에 비례한다. P까지의 거리는 B에서가 A에서의 2배이므로 전하량은 B가 A의 4배이다.
ㄷ. $x=2d$에서 전기장의 방향은 B에 의한 전기장의 방향과 같으므로 $x=2d$에 음(-)전하를 놓으면 $-x$ 방향으로 전기력을 받는다.

cf. Three typical electric field diagrams.
(a) A dipole. (b) Two identical charges. (c) Two charges with opposite signs and different magnitudes.

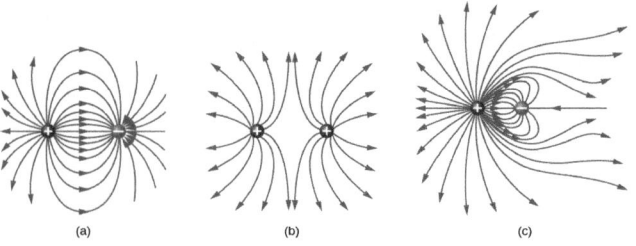

https://bit.ly/3hBfQhP

§ 2. 가우스법칙

1. 전기력선 수(Φ_E)에 대한 논란(story telling)

전하량이 $Q=+2C$인 원천전하가 있다. 그 주위 전기력선을 그려보라.

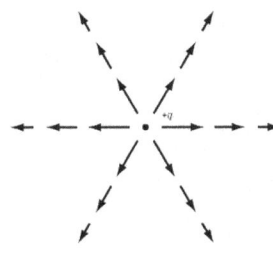

4개만 그릴 것인가? 아니면 6개 또는 8개만 그릴 것인가?

2. 가우스 법칙

이런 논란에 종지부를 찍은 사람이 가우스이다.

그에 의하면 어떤 원천전하가 있을 때, 그 주위의 '폐곡면을 관통하는' 전기력선 수는 다음과 같이 정할 수 있다.

$$\Phi_E = \frac{Q}{\epsilon_0}$$

단 여기서 $\epsilon_0 = 8.85 \times 10^{-12} C^2/N \cdot m^2$이고 '진공의 유전율'이라고 부른다. 유전율은 부도체를 전기장에 두었을 때, 부도체에 정전기가 유도되는 정도를 표현하는 물리량이다. 일반적으로 정전기 유도가 잘 되는 부도체를 유전율이 큰 부도체라고 부른다. 다만 진공의 유전율은 실제로 진공에서 정전기 유도가 일어난다는 의미가 아니라 하나의 가상의 물리상수일 뿐이다.

* 도체의 정전기 유도와 부도체(절연체, 유전체)의 정전기 유도(유전 분극)는 심화에서 다룸

Quiz 1 $Q = +17.7 \times 10^{-11} C$인 원천전하 주위에는 몇 개의 전기력선($\Phi_E$)을 그리면 되는가? 단 진공의 유전율은 $\epsilon_0 = 8.85 \times 10^{-12} C^2/N \cdot m^2$이다.

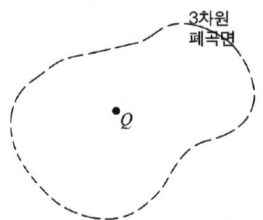

Quiz 2 $+Q$와 $+2Q$인 계에서 폐곡면을 관통하는 전기선속(Φ_E)은 얼마인가? 단 진공의 유전율은 ϵ_0이다.

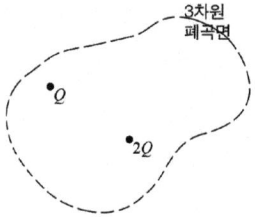

Quiz 3 다음 그림에서 폐곡면을 관통하는 전기선속은 얼마인가? 단 진공의 유전율은 ϵ_0이다.

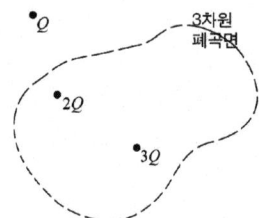

3. 적분형 가우스 법칙

1) $\Phi_E = \dfrac{Q}{\epsilon_0}$ 와 $\Phi_E = EA$ 를 합치면 $EA = \dfrac{Q}{\epsilon_0}$ 라고 쓸 수 있다.

 이를 이용하면 원천전하 주위의 전기장을 쉽게 구할 수 있다. 이것을 발견한 가우스의 업적을 기리기 위해서, 이 공식을 '가우스 법칙'이라고 부른다.

 한편 좌변에 $\cos\theta$를 붙여서 다음처럼 표현한다.

 $EA\cos\theta = \dfrac{Q}{\epsilon_0}$ or $\vec{E}\cdot\vec{A} = \dfrac{Q}{\epsilon_0}$

 그 이유는 다음 그림처럼 전기력선이 면을 비스듬하게 관통할 때, 접선 성분은 면을 관통하지 않고 법선 성분만 면을 관통하기 때문이다.

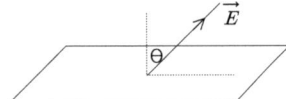

2) 적분형 가우스 법칙

 수학적으로 $x \times y$는 $y-x$ 그래프의 면적을 나타낸다. 그리고 $y-x$ 그래프 면적을 구할 수 있는 일반적인 표현은 $\int y\,dx$ 이다. 기억하라, 물리공식 중 곱하기로 표현된 공식은 적분형태로 표현 가능하다.

 e.g. $W = Fs$ 는 $W = \int F\,ds$ 로 표현가능하다. $s = vt$ 는 $s = \int v\,dt$ 로 표현가능하다.

 $EA = \dfrac{Q}{\epsilon_0}$은 폐곡면이 평면일 때만 쓸 수 있는 한정된 공식이다. 폐곡면이 곡면일 때도 쓰려면 수학적으로 적분형태로 고쳐주면 된다.

$$\int E\,dA = \dfrac{Q}{\epsilon_0}$$

 이를 적분형 가우스 법칙이라고 한다.
 단 ϵ_0는 진공의 유전율이다.

3) 정확한 적분형 가우스 법칙

 $\int E\,dA\cos\theta = \dfrac{Q}{\epsilon_0}$ or $\int \vec{E}\cdot d\vec{A} = \dfrac{Q}{\epsilon_0}$ or $\oint \vec{E}\cdot d\vec{A} = \dfrac{Q_{in}}{\epsilon_0}$

4) 가우스 법칙의 의의 : 우리로 하여금 전기장을 찾을 수 있도록 도와준다.

5) 가우스 법칙의 활용 : 가우스 법칙은 불연속 전하 계나 연속적으로 분포된 전하에 의한 전기장을 구하는 데 이용할 수 있다. 그러나 실제로는 고도의 대칭성을 이루는 몇 가지 한정된 상황에서만 유용하게 쓰인다.

Quiz 1 다음 그림은 +x 방향을 향하는 균일한 전기장 E가 한 면이 A인 정육면체 가우스면을 통과하는 모습을 나타낸 것이다. yz 평면에 있는 앞면, 뒷면, 윗면, 전체면을 통과하는 전기선속을 구하시오.

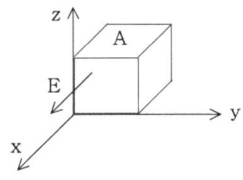

sol) EA, -EA, 0, 0

Ch 7. 정전기학

4. 가우스 법칙 문제 유형 - 기본 상황 4가지

case1. 점전하 상황

ex 1 '적분형 가우스 법칙'을 이용하여 전하량이 q인 점전하 주위의 전기장을 구하고, 그래프를 그리시오. 단, 전하량은 q 이고, 진공의 유전율은 ϵ_0 이다.

1) 오개념 체크 퀴즈 : 다음 그림처럼 가우스면을 그리면 전기장을 구할 수 있는가?

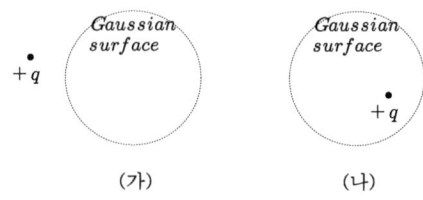

(가) (나)

* 가우스면 그리는 원칙
① 폐곡면 내부에 원천전하가 들어 있게끔
② 동축(coaxial)으로 그려서 가우스 면 상에서 전기장이 상수가 되게끔

2) 가우스 법칙으로 전기장 구하는 순서
   step1. 전기력선 분포 확인
   step2. 가우스면(폐곡면) 그리기
   step3. 가우스면의 면적 계산
   step4. Q_{in} 계산

3) 전기력선과 가우스면 그리기(단 원천전하의 전하량이 q)

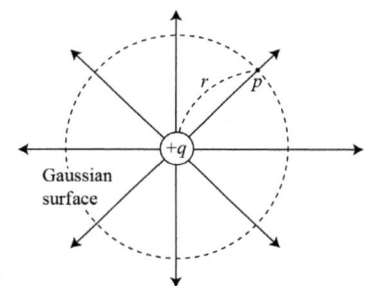

→ 특징 : 점전하에 의한 전기력선은 3차원적으로 발산한다.

4) 전기장 구하기
   i) 좌변 $= \oint \vec{E} \cdot d\vec{A}$ → 특정면에 대한 적분임, 단 적분의 동그라미는 폐곡면에 대한 적분이라는 의미이다.

   $= \oint E \, dA \cos 0$ (∵미소면의 방향과 미소면을 관통하는 전기장의 방향이 나란함)

   $= \oint E \, dA$ ← 가우스면 상의 전기장을 더해야 한다. 그런데 가우스면상에서 전기장은 상수이다.

   $= E \oint dA$ ← $\oint dA =$ 가우스면의 면적

   $= E \cdot 4\pi r^2$ ⋯ ①

   ii) 우변 $= \dfrac{Q_{in}}{\epsilon_0}$

   $= \dfrac{q}{\epsilon_0}$ ⋯ ②

   iii) ①, ②에서 $E \times 4\pi r^2 = \dfrac{q}{\epsilon_0}$ 이므로 $E = \dfrac{1}{4\pi\epsilon_0} \dfrac{q}{r^2}$

5) 그래프 그리기

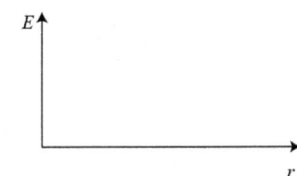

6) 약식 유도 : $E \cdot 4\pi r^2 = \dfrac{q}{\epsilon_0}$ 에서 $E = \dfrac{1}{4\pi\epsilon_0} \dfrac{q}{r^2}$

cf. 원형 전하의 중심축 상에서의 전기장

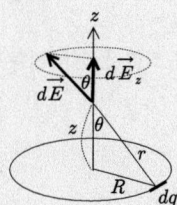

$E = \dfrac{1}{4\pi\epsilon_0} \int \dfrac{dq}{r^2} \cos\theta = \dfrac{1}{4\pi\epsilon_0} \int \dfrac{z \, dq}{r^3} = \dfrac{1}{4\pi\epsilon_0} \dfrac{z}{r^3} \int dq$

Part 3. 전자기학

caseII. 무한 선전하 상황

ex 2 '적분형 가우스 법칙'을 이용하여 골고루 대전된 '가상의' 무한 선전하 주위의 전기장을 구하고, 그래프를 그리시오. (단, 선전하밀도는 λ이고, 진공의 유전율은 ϵ_0이다.) (기출)

cf. 무한 선전하는 도체의 자유전하(Q_f)와 유전체(부도체, 절연체)의 속박전하(Q_b)와는 달리 단순히 점전하들을 붙여서 고정시켜놓은 가상의 물체이다. 그래서 도체의 정전기 유도나 유전체의 유전 분극 같은 현상이 일어나지 않는다!!!

1) 전하밀도

질량밀도	전하밀도
$\lambda = \dfrac{M}{L}$	$\lambda = \dfrac{Q}{L}$
$\sigma = \dfrac{M}{A}$	$\sigma = \dfrac{Q}{A}$
$\rho = \dfrac{M}{V}$	$\rho = \dfrac{Q}{V}$

2) 가우스 법칙으로 전기장 구하는 순서
 step1. 전기력선 분포 확인
 step2. 가우스면(폐곡면) 그리기
 step3. 가우스면의 면적 계산
 step4. Q_{in} 계산

3) 전기력선과 가우스면 그리기

* 가우스면 그리는 원칙
① 폐곡면 내부에 원천전하가 들어 있게끔
② 동축(coaxial)으로 그려서 가우스 면 상에서 전기장이 상수가 되게끔

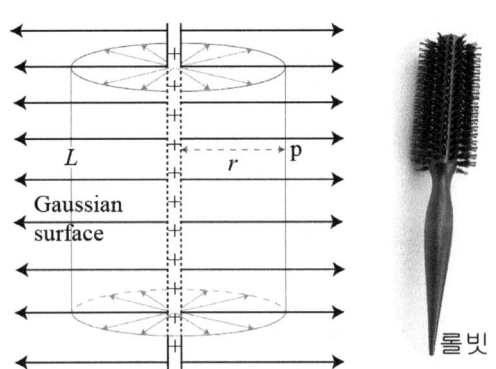

→ 특징 : 무한 선전하에 의한 전기력선은 2차원적으로 발산한다.

4) 전기장 구하기

i) 좌변 $= \int_{\text{위면}} E \, dA \cos 90 + \int_{\text{아래면}} E \, dA \cos 90 + \int_{\text{옆면}} E \, dA \cos 0$
 $= \int_{\text{옆면}} E \, dA$
 $= E \int_{\text{옆면}} dA$
 $= E \cdot 2\pi r L$ ⋯ ①

ii) 우변 $= \dfrac{Q_{in}}{\epsilon_0}$
 $= \dfrac{\lambda L}{\epsilon_0}$ ⋯ ②

mission. 가우스면 내부에 존재하는 전하에 색칠하시오.

iii) ①, ②에서 $E \cdot 2\pi r L = \dfrac{\lambda L}{\epsilon_0}$ 이므로 $E = \dfrac{1}{2\pi\epsilon_0} \dfrac{\lambda}{r}$

5) 그래프 그리기

6) 약식 유도 : $E \cdot 2\pi r l = \dfrac{\lambda l}{\epsilon_0}$ 에서 $E = \dfrac{1}{2\pi\epsilon_0} \dfrac{\lambda}{r}$

7) 주의 : 가우스 법칙에서 유한 선전하를 다룰 수 없는 이유는, 선전하의 끝에서 전기력선이 옆으로만 발산되지 않고 대각선으로도 발산되기 때문이다.

caseIII. 무한 면전하 상황(유일한 균일 전기장)

ex 3 '적분형 가우스 법칙'을 이용하여 골고루 대전된 '가상의' 무한 면전하 주위의 전기장을 구하고, 그래프를 그리시오. (단, 면전하밀도는 σ이고, 진공의 유전율은 ϵ_0이다.) (기출)

cf. 무한 면전하는 도체의 자유전하(Q_f)와 유전체(부도체, 절연체)의 속박전하(Q_b)와는 달리 단순히 점전하들을 붙여서 고정시켜놓은 가상의 물체이다. 그래서 도체의 정전기 유도나 유전체의 유전 분극 같은 현상이 일어나지 않는다!!!

1) 전기력선과 가우스면 그리기

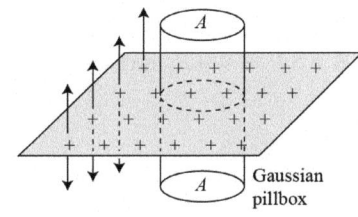

→ 특징 : 무한 면전하에 의한 전기력선은 1차원적으로 발산한다. 그래서 전기력선 간격이 옆으로 벌어지지 않는다. (균일한 전기장 형성)

2) 전기장 구하기

i) 좌변 $= \int_{위면} E\,dA \cos 0 + \int_{아래면} E\,dA \cos 0 + \int_{옆면} E\,dA \cos 90$

$= \int_{위면} E\,dA + \int_{아래면} E\,dA$

$= E\int_{위면} dA + E\int_{아래면} dA$

$= EA + EA$

$= 2EA$ ... ①

ii) 우변 $= \dfrac{Q_{in}}{\epsilon_0}$

$= \dfrac{\sigma A}{\epsilon_0}$ ... ②

mission. 가우스면 내부에 존재하는 전하에 색칠하시오.

iii) ①, ②에서 $2EA = \dfrac{\sigma A}{\epsilon_0}$이므로 $E = \dfrac{\sigma}{2\epsilon_0}$

→ 의미 : 거리에 따라 전기장 크기가 변하지 않는 상황(균일한 전기장)

3) 그래프 그리기

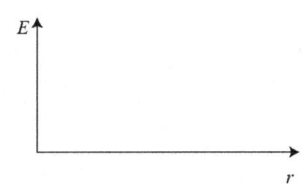

4) 약식 유도 : $EA + EA = \dfrac{\sigma A}{\epsilon_0}$에서 $E = \dfrac{\sigma}{2\epsilon_0}$

cf. 균일 : 위치에 상관없이 값이 동일

> e.g. 무한 면전하 주위 전기장

보존 : 시간에 상관없이 값이 동일

> e.g. 역학적 에너지

지금부터 무한 면전하 관련 응용 문제를 다루어 보자.

Quiz 1 그림과 같이, 두 개의 무한히 큰 판이 단위면적당 전하 밀도가 σ로 균일하게 대전되어 있다. 두 판 사이(영역 II)에서 전기장의 크기와 방향은?

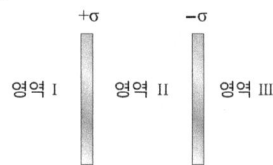

정답 $\frac{\sigma}{\epsilon_0}$, 오른쪽(→)

1) 중첩의 원리
i) $+\sigma$에 의한 전기력선:

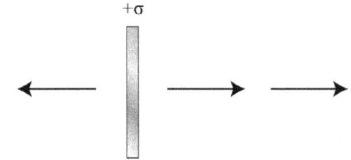

ii) $-\sigma$에 의한 전기력선:

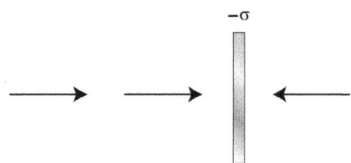

iii) 각 영역별로 전기장을 더하면 $E_I = 0$, $E_{II} = \frac{\sigma}{2\epsilon_0} \times 2$, $E_{III} = 0$

2) 중첩의 원리 II - 전하 합치기
영역 I에서나 영역 III에서 원천전하를 봤을 때, 전하밀도가 0인 것으로 보인다. 그러므로 영역 I과 영역 III에서 전기장은 0이라고 추론할 수 있다.

cf. 일반적으로 원천전하가 2개 이상인 경우 가우스 법칙을 적용하기 힘들다. 그래서 중첩의 원리로 푼다.

Quiz 2 다음 그림처럼 면전하밀도가 각각 $+5\sigma$, -2σ인 두 무한 평판이 서로 마주보고 있다. 각 영역에서의 전기장을 구하시오.

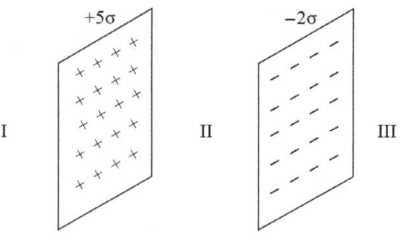

정답 $E_I = -\frac{3\sigma}{2\epsilon_0}$, $E_{II} = +\frac{7\sigma}{2\epsilon_0}$, $E_{III} = +\frac{3\sigma}{2\epsilon_0}$

1) 중첩의 원리
각 영역에서 전기력선을 표시하면 다음과 같다. 단 면전하밀도가 5σ인 경우 화살표를 5개씩 표시하고, 면전하밀도가 2σ인 경우 화살표를 2개씩 표시한다.

i) $+\sigma$에 의한 전기력선:

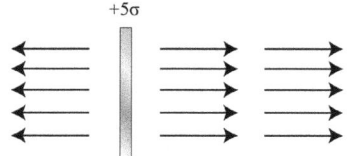

ii) $-\sigma$에 의한 전기력선:

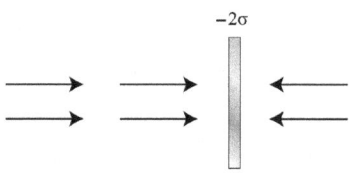

iii) I 영역에서는 상쇄가 일어나서 전기장의 크기는 $E_I = \frac{\sigma}{2\epsilon_0} \times 3$이 된다.

II 영역에서는 보강이 되어 전기장의 크기는 $E_{II} = \frac{\sigma}{2\epsilon_0} \times 7$이 된다.

III 영역에서는 상쇄가 일어나서 전기장의 크기는 $E_{III} = \frac{\sigma}{2\epsilon_0} \times 3$이 된다.

2) 중첩의 원리 II - 전하 합치기
영역 I에서나 영역 III에서 원천전하를 봤을 때, 전하밀도가 $+3\sigma$인 것으로 보인다. 그러므로 영역 I과 영역 III에서 전기장은 $\frac{3\sigma}{2\epsilon_0}$이라고 추론할 수 있다.

caseIV. 구전하 상황

cf. 구전하는 도체의 자유전하(Q_f)와 유전체(부도체, 절연체)의 속박전하(Q_b)와는 달리 단순히 점전하들을 뭉쳐서 고정시켜놓은 가상의 물체이다. 그래서 도체의 정전기 유도나 유전체의 유전분극 같은 현상이 일어나지 않는다!!!

우선 가우스 법칙을 이용하여 구전하 주위의 전기장을 구하기 전에, 구껍질 정리를 이용하여 구전하 주위의 전기장을 구하는 방법을 공부해보자.

＊ 구껍질정리(shell theorem) (기출)

① 의의 : 전기력을 구할 때 점전하가 아닌 경우 매우 유용한 정리이다! 반드시 알아야 한다!

② 균일하게 대전된 구껍질은, 껍질 바깥에 대전입자가 존재할 경우, 마치 그 껍질의 모든 전하가 중심에 집중되어 있는 것처럼 대전입자를 끌어당기거나 밀어낸다. 단, 구껍질의 전하는 균일성을 유지한다고 가정한다!

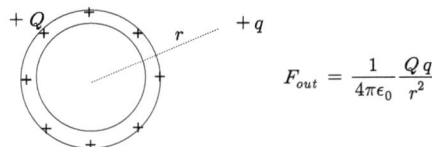

$$F_{out} = \frac{1}{4\pi\epsilon_0}\frac{Qq}{r^2}$$

③ 균일하게 대전된 구껍질 내부에 대전입자가 존재할 경우, 내부 대전입자에 작용하는 알짜 정전기력은 0이다.

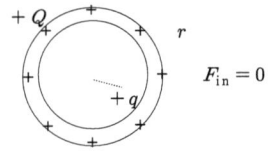

$$F_{in} = 0$$

Quiz 3 다음 각 지점에서 전기력은?

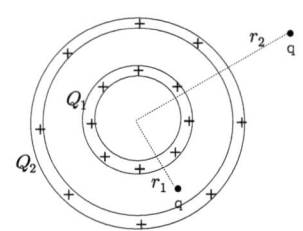

Quiz 4 다음 그림에서 중력진자의 주기는? (기출)

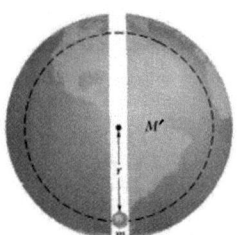

정답

$M : M' = \frac{4}{3}\pi R^3 : \frac{4}{3}\pi r^3$ 에서 $M' = M \times \frac{r^3}{R^3}$ 이므로 중력의 크기는

$F_{in} = \frac{GM'm}{r^2} = \frac{GMm}{R^3}r$ 이다.

운동방정식 $-\frac{GMm}{R^3}r = ma$ 에서 주기는

$T = 2\pi\sqrt{\frac{m}{GMm/R^3}} = 2\pi\sqrt{\frac{R^3}{GM}} \approx 84\text{min}$ 이다.

Quiz 5 다음 그림에서 구전하 안팎의 전기장을 구껍질 정리를 이용하여 구하시오.

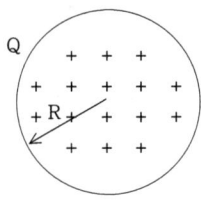

정답

1) 외부
구껍질 정리①에 의해 구전하를 점전하로 간주할 수 있다. 그러므로 외부 전기장은 $E = k\frac{Q}{r^2}$이다.

2) 내부
기하학적으로 구는 구껍질의 결합이다. 그리고 아래 그림에서 P점을 포함하는 동심원을 기준으로 안쪽과 바깥쪽 구껍질들로 구분할 수 있다. 구껍질 정리②에 의해 바깥쪽 구껍질들은 P점에 전기장을 만들지 못하고, 구껍질 정리①에 의해 안쪽 구껍질들은 P점에 전기장을 만들 수 있다.

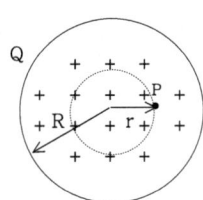

안쪽 구껍질들의 전하량은 부피비를 이용하여 다음처럼 구할 수 있다.
$Q : Q' = \frac{4}{3}\pi R^3 : \frac{4}{3}\pi r^3$ 에서 $Q' = Q \times \frac{r^3}{R^3}$이므로 $E_{in} = \frac{kQ'}{r^2} = \frac{kQ}{R^3}r$ 이다.

지금부터 가우스 법칙을 이용하여 구전하 안팎에서 전기장을 구해보자.

ex 4 '적분형 가우스 법칙'을 이용하여 골고루 대전된 '가상의' 구전하 주위의 전기장을 구하고, 그래프를 그리시오. 단, 총전하량은 Q이고, 반지름은 R이며, 진공의 유전율은 ϵ_0이다. (기출)

1) 외부 전기장(Q가 제시된 경우)($r > R$인 영역)
   i) 전기력선과 가우스면 그리기

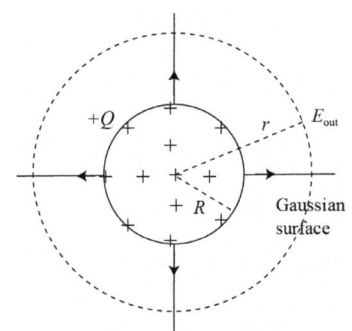

   ii) 가우스 법칙의 우변 계산 : $\dfrac{Q_{in}}{\epsilon_0} = \dfrac{Q}{\epsilon_0}$ ... ①

   mission. 가우스면 내부에 존재하는 전하에 색칠하시오.

   iii) 가우스 법칙의 좌변 계산 :
   구전하에 의한 전기력선이 대칭성을 이루고 있다. 그리고 구전하와 동심원으로 가우스면을 잡아줬기 때문에 가우스 면 상에서 전기장의 크기는 모두 같다.
   $\int E\, dA = E\int dA = E \cdot 4\pi r^2$ ... ②

   iv) ①,②에서 $E \times 4\pi r^2 = \dfrac{Q}{\epsilon_0}$ 이므로 $E_{out} = \dfrac{1}{4\pi\epsilon_0}\dfrac{Q}{r^2}$

   → 의미 : 점전하에 의한 전기장과 동일하다.
   → 직관적 이해 : 구는 기하학적으로 아주 얇은 구껍질들이 결합된 것이다. 그러므로 구껍질 정리(shell theorem)에 의해서 점전하에 의한 전기장과 동일할 수밖에 없다.

* 주의 : R은 구전하의 반지름
         r은 구전하 중심에서 내가 알고 싶은 지점까지의 거리

2) 내부 전기장(Q가 제시된 경우)($r < R$인 영역)
   i) 전기력선과 가우스면 그리기

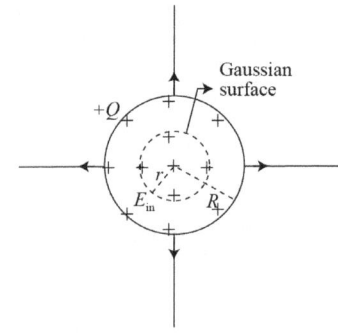

   ii) 좌변 $= \oint \vec{E} \cdot d\vec{A} = E \cdot 4\pi r^2$ ... ①

   iii) $Q \propto V$이므로 $Q : Q_{in} = \dfrac{4}{3}\pi R^3 : \dfrac{4}{3}\pi r^3$에서 $Q_{in} = Q\dfrac{r^3}{R^3}$이다.

   iv) 우변 $= \dfrac{Q_{in}}{\epsilon_0} = \dfrac{Q\dfrac{r^3}{R^3}}{\epsilon_0}$ ... ②

   mission. 가우스면 내부에 존재하는 전하에 색칠하시오.

   v) ①, ②에서 $E_{in} = \dfrac{1}{4\pi\epsilon_0}\dfrac{Q}{R^3}r$

3) 그래프

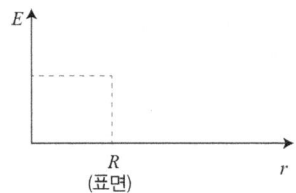

   → 특징 : 표면에서 전기장이 최대이다!

4) 이론의 유사성 – 유전체구(부도체구) 안팎에서 전기장은 각각
   $E_{in} = \dfrac{1}{4\pi\epsilon}\dfrac{Q}{R^3}r$, $E_{out} = \dfrac{1}{4\pi\epsilon_0}\dfrac{Q}{r^2}$이다.

지금부터 구전하 관련 응용 문제를 다루어 보자.

Quiz 6 반지름이 R이고 총전하량이 Q인 구전하 내부에 구멍을 뚫은 후 전하량이 $-q$인 점전하를 집어넣으면 단진동한다. 주기는 얼마인가? 단 쿨롱상수는 k이다.

정답 $T = 2\pi\sqrt{\dfrac{mR^3}{kQq}}$

Quiz 7 다음 그림 (가)는 전하량이 Q인 점전하를 나타낸 것이고, 그림 (나)는 전하량이 Q이고 반지름이 2R인 균일하게 대전된 구를 나타낸 것이다.

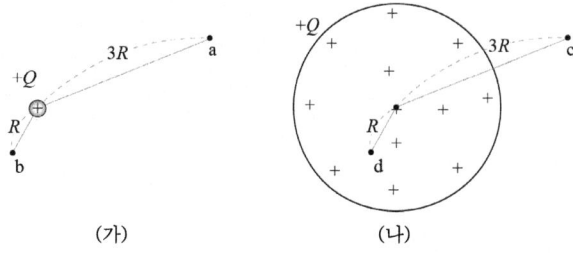

(가)   (나)

이에 대한 <보기>의 설명 중 옳은 것을 모두 고른 것은? (단 a, c에서 전기장의 방향은 서로 같고, b, d에서 전기장의 방향도 서로 같다.)

---<보 기>---
ㄱ. 두 점 a, c 에서 전기장의 크기는 서로 같다.
ㄴ. 두 점 b, d 에서 전기장의 크기는 서로 같다.
ㄷ. 두 점 b, d 에서 전기장의 방향은 서로 같다.

정답 ㄱ, ㄷ

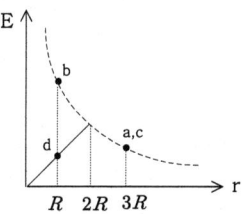

(가)	(나)
$E_a = \dfrac{kQ}{(3R)^2}$	$E_c = \dfrac{kQ}{(3R)^2}$
$E_b = \dfrac{kQ}{R^2}$	$E_d = \dfrac{kQ}{(2R)^3} \times R$

ex 5 '적분형 가우스 법칙'을 이용하여 골고루 대전된 '가상의' 구전하 주위의 전기장을 구하고, 그래프를 그리시오. 단, 부피전하밀도는 ρ이고, 반지름은 R이며, 진공의 유전율은 ϵ_0이다.

1) 외부 전기장 구하기(ρ가 제시된 경우)($r > R$인 영역)
   i) 전기력선과 가우스면 그리기

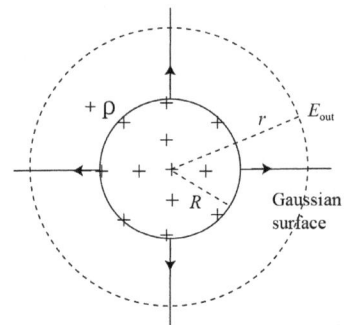

   ii) 가우스 법칙의 우변 계산 : $\dfrac{Q_{in}}{\epsilon_0} = \dfrac{\rho \frac{4}{3}\pi R^3}{\epsilon_0}$ ⋯ ①

   mission. 가우스면 내부에 존재하는 전하에 색칠하시오.

   iii) 가우스 법칙의 좌변 계산 : 구전하에 의한 전기력선이 대칭성을 이루고 있다. 그리고 구전하와 동심원으로 가우스면을 잡아줬기 때문에 가우스 면 상에서 전기장의 크기는 모두 같다.
   $\int E\,dA = E\int dA = E \cdot 4\pi r^2$ ⋯ ②

   iv) ①, ②에서 $E = \dfrac{\rho R^3}{3\epsilon_0 r^2}$

2) 내부 전기장 구하기(ρ가 제시된 경우)($r < R$인 영역)
   i) 전기력선과 가우스면 그리기

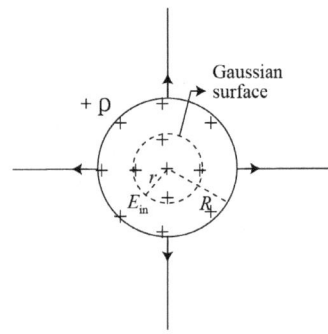

   ii) 우변 계산 : $\dfrac{Q_{in}}{\epsilon_0} = \dfrac{\rho \frac{4}{3}\pi r^3}{\epsilon_0}$ ⋯ ①

   mission. 가우스면 내부에 존재하는 전하에 색칠하시오.

   iii) 좌변 계산 : 전하들이 대칭적으로 분포하고, 구전하와 동심원으로 가우스면을 잡아줬기 때문에 가우스 면 상에서 전기장의 크기는 모두 같다.
   $\int E\,dA = E\underset{\text{가우스면의 면적}}{\int dA} = E \cdot 4\pi r^2$ ⋯ ②

   iv) ①, ②에서 $E = \dfrac{\rho r}{3\epsilon_0}$

3) 그래프 그리기

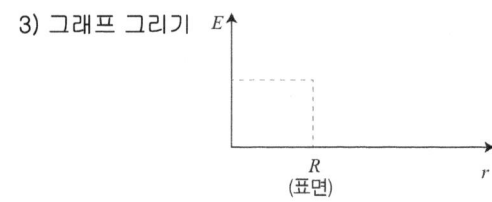

4) 약식 유도 : $E \cdot 4\pi r^2 = \dfrac{\rho \cdot \frac{4}{3}\pi r^3}{\epsilon_0}$ 에서 $E = \dfrac{\rho r}{3\epsilon_0}$

5. 가우스 법칙 문제 유형 - 응용 상황 3가지

caseV. 구껍질전하 상황

ex 1 '적분형 가우스 법칙'을 이용하여 골고루 대전된 '가상의' 구껍질전하 주위의 전기장을 구하고, 그래프를 그리시오. 단, 총전하량은 Q이고, 반지름은 R이며, 진공의 유전율은 ϵ_0이다. (기출)

1) 외부 전기장(Q가 제시된 경우)($r > R$인 영역)
   i) 전기력선과 가우스면 그리기

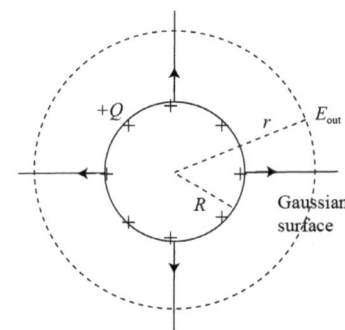

   ii) 가우스 법칙의 우변 계산 : $\dfrac{Q_{in}}{\epsilon_0} = \dfrac{Q}{\epsilon_0}$ … ①

   mission. 가우스면 내부에 존재하는 전하에 색칠하시오.

   iii) 가우스 법칙의 좌변 계산 :
   구전하에 의한 전기력선이 대칭성을 이루고 있다. 그리고 구전하와 동심원으로 가우스면을 잡아줬기 때문에 가우스 면 상에서 전기장의 크기는 모두 같다.
   $$\int E\, dA = E\int dA = E \cdot 4\pi r^2 \quad \cdots ②$$

   iv) ①,②에서 $E \times 4\pi r^2 = \dfrac{Q}{\epsilon_0}$ 이므로 $E_{out} = \dfrac{1}{4\pi\epsilon_0}\dfrac{Q}{r^2}$
   → 의미 : 점전하에 의한 전기장과 동일하다.

2) 내부 전기장(Q가 제시된 경우)($r < R$인 영역)
   i) 전기력선과 가우스면 그리기

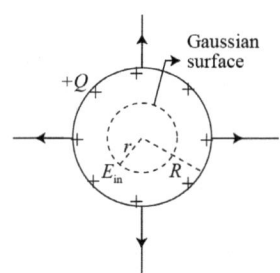

   ii) 우변 $= \dfrac{Q_{in}}{\epsilon_0} = \dfrac{0}{\epsilon_0} = 0$

   mission. 가우스면 내부에 존재하는 전하에 색칠하시오.

   iii) $\oint \vec{E} \cdot d\vec{A} = 0$ 이므로 $E_{in} = 0$

3) 그래프

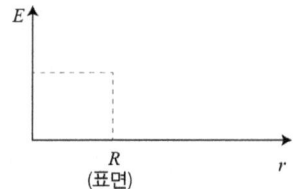

4) 구껍질 정리(shell theorem)를 이용한 풀이 : 구껍질 외부의 전기장은 점전하에 의한 전기장 $E = \dfrac{1}{4\pi\epsilon_0}\dfrac{Q}{r^2}$과 동일하다. 그리고 구껍질 내부의 전기장은 0이다.

5) 이론의 유사성 - 도체구 안팎에서 전기장과 완전 동일하다. 즉 도체구 안팎에서 전기장은 각각 $E_{in} = 0$, $E_{out} = \dfrac{1}{4\pi\epsilon_0}\dfrac{Q}{r^2}$이다.

ex 2 '적분형 가우스 법칙'을 이용하여 골고루 대전된 '가상의' 구껍질전하 주위의 전기장을 구하고, 그래프를 그리시오. 단, 면전하밀도는 σ이고, 반지름은 R이며, 진공의 유전율은 ϵ_0이다.

1) 외부 전기장(σ가 제시된 경우)($r > R$인 영역)
  i) 가우스면 그리기

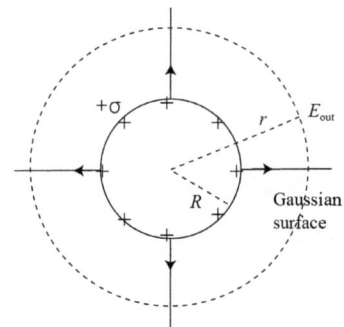

  ii) 가우스 법칙의 우변 계산 : $\dfrac{Q_{in}}{\epsilon_0} = \dfrac{\sigma 4\pi R^2}{\epsilon_0}$ ⋯ ①

  mission. 가우스면 내부에 존재하는 전하에 색칠하시오.

  iii) 가우스 법칙의 좌변 계산 :
  구전하에 의한 전기력선이 대칭성을 이루고 있다. 그리고 구전하와 동심원으로 가우스면을 잡아줬기 때문에 가우스 면 상에서 전기장의 크기는 모두 같다.
  $\int E \, dA = E \int dA = E \cdot 4\pi r^2$ ⋯ ②

  iv) ①,②에서 $E \times 4\pi r^2 = \dfrac{\sigma 4\pi R^2}{\epsilon_0}$ 이므로 $E = \dfrac{\sigma R^2}{\epsilon_0} \dfrac{1}{r^2}$

  단 표면에서는 $E = \dfrac{\sigma}{\epsilon_0}$

2) 내부 전기장(σ가 제시된 경우)($r < R$인 영역)
  i) 가우스면 그리기

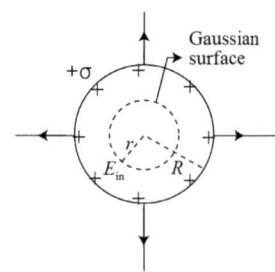

  ii) 우변 $= \dfrac{Q_{in}}{\epsilon_0} = \dfrac{0}{\epsilon_0} = 0$

  mission. 가우스면 내부에 존재하는 전하에 색칠하시오.

  iii) $\oint \vec{E} \cdot d\vec{A} = 0$ 이므로 $E_{in} = 0$

3) 그래프

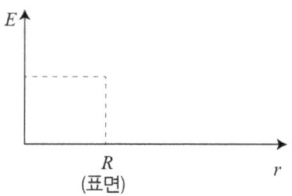

지금부터 구껍질전하 관련 응용 문제를 다루어 보자.

Quiz 1 다음 그림은 반지름이 R이고, 면전하밀도가 σ인 구껍질 중심으로부터 $3R$만큼 떨어진 곳에 선전하밀도가 λ인 무한 선전하가 평행하게 마주보고 있는 것을 나타낸 것이다.

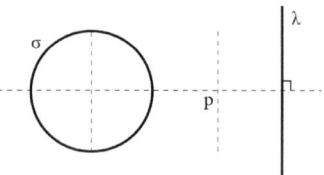

구껍질의 표면과 무한 선전하의 중간 지점 p점에서 알짜 전기장이 0이라면 λ는 σ의 몇 배인가?

정답 $\dfrac{\pi R}{2}$

i) 구껍질에 의한 p점에서 전기장
  $E \times 4\pi (2R)^2 = \dfrac{\sigma \times 4\pi R^2}{\epsilon_0}$ 에서 $E = \dfrac{\sigma}{4\epsilon_0}$

ii) 무한 선전하에 의한 p점에서 전기장
  $E \times 2\pi R l = \dfrac{\lambda l}{\epsilon_0}$ 에서 $E = \dfrac{\lambda}{2\pi \epsilon_0 R}$

iii) 두 전기장의 크기가 같아야 하므로 $\dfrac{\sigma}{4\epsilon_0} = \dfrac{\lambda}{2\pi \epsilon_0 R}$ 에서 $\lambda = \dfrac{\pi R}{2} \sigma$

Ch 7. 정전기학

caseVI. 원통전하 상황

ex 3 '적분형 가우스 법칙'을 이용하여 골고루 대전된 '가상의' 무한 원통 전하 주위의 전기장을 구하고, 그래프를 그리시오. 단, 부피전하밀도는 ρ이고, 반지름은 R이며, 진공의 유전율은 ϵ_0이다.

1) 외부 전기장(ρ가 제시된 경우)($r > R$인 영역)
   i) 가우스면 그리기

   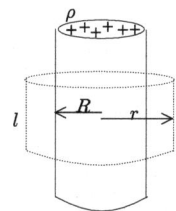

   단 R은 원통전하의 반지름이고 r은 가우스면의 반지름이다. l인 가우스면의 높이이다.

   ii) 좌변 $= \oint \vec{E} \cdot d\vec{A}$ → 특정면에 대한 적분임
   $= \oint E \, dA \cos 0$ (∵미소면의 방향과 미소면을 관통하는 전기장의 방향이 나란함)
   $= \oint E \, dA$ ← 가우스면상에서 전기장은 상수임!
   $= E \oint dA$
   $= E \cdot 2\pi r l$ … ①

   iii) 우변 $= \dfrac{Q_{in}}{\epsilon_0} = \dfrac{\rho \cdot \pi R^2 l}{\epsilon_0}$ … ②

   mission. 가우스면 내부에 존재하는 전하에 색칠하시오.

   iv) ①,②에서 $E \cdot 2\pi r l = \dfrac{\rho \cdot \pi R^2 l}{\epsilon_0}$ 이므로 $E = \dfrac{\rho R^2}{2\epsilon_0} \dfrac{1}{r}$

2) 내부 전기장(ρ가 제시된 경우)($r < R$인 영역)
   i) 가우스면 그리기

   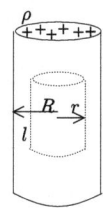

   ii) 좌변 $= \oint \vec{E} \cdot d\vec{A} = E \cdot 2\pi r l$

   ii) 우변 $= \dfrac{Q_{in}}{\epsilon_0} = \dfrac{\rho \cdot \pi r^2 l}{\epsilon_0}$

   mission. 가우스면 내부에 존재하는 전하에 색칠하시오.

   iii) $E \cdot 2\pi r l = \dfrac{\rho \cdot \pi r^2 l}{\epsilon_0}$ 이므로 $E = \dfrac{\rho}{2\epsilon_0} r$

3) 그래프

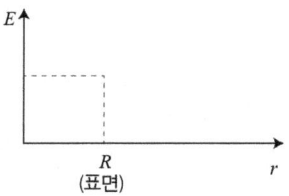

cf. 미소 전기장 적분

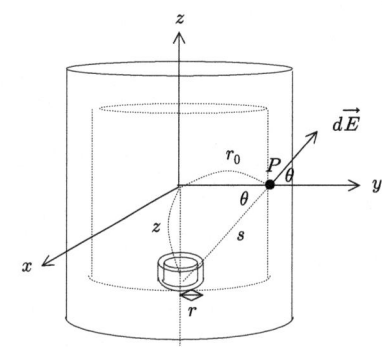

i) $dq = \rho(2\pi r \, dr \, dz)$ … ①

ii) $E = k \iiint \dfrac{\rho(2\pi r \, dr \, dz)}{s^2} \cos\theta$ … ②

iii) $\cos\theta = \dfrac{r_0}{s}$ … ③

$\tan\theta = \dfrac{z}{r_0}$, $dz = r_0 \sec^2\theta \, d\theta$ … ④

iv) ③,④→②: $E = k\rho \iiint (2\pi r \, dr) \dfrac{\cos^2\theta}{r_0^2} (r_0 \sec^2\theta \, d\theta) \cos\theta$

$= k\rho \dfrac{2\pi}{r_0} \int_0^{r_0} r \, dr \int_{-\pi/2}^{\pi/2} d\theta \cos\theta$

$= \dfrac{\rho}{2\epsilon_0 r_0} (\dfrac{r_0^2}{2})(2) = \dfrac{\rho r_0}{2\epsilon_0}$

$= \dfrac{\lambda}{2\pi \epsilon_0 R^2} r_0$

단, $V = \rho \pi R^2 L = \lambda L$ 에서 $\rho = \dfrac{\lambda}{\pi R^2}$

Part 3. 전자기학

caseVII. 얇은 원통껍질전하 상황

ex 4 '적분형 가우스 법칙'을 이용하여 골고루 대전된 '가상의' 얇은 원통 껍질 전하 주위의 전기장을 구하고, 그래프를 그리시오. 단, 면전하밀도는 σ이고, 반지름은 R이며, 진공의 유전율은 ϵ_0이다.

1) 외부 전기장(σ가 제시된 경우)($r > R$인 영역)
    i) 가우스면 그리기

    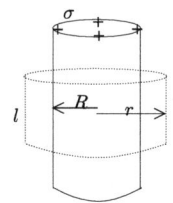

    ii) 좌변 = $\oint \vec{E} \cdot d\vec{A}$ → 특정면에 대한 적분임

    $= \oint E\,dA \cos 0$ (∵ 미소면의 방향과 미소면을 관통하는 전기장의 방향이 나란함)

    $= \oint E\,dA$ ← 가우스면상에서 전기장은 상수임!

    $= E \oint dA$

    $= E \cdot 2\pi r l$ ⋯ ①

    iii) 우변 $= \dfrac{Q_{in}}{\epsilon_0} = \dfrac{\sigma \cdot 2\pi R l}{\epsilon_0}$ ⋯ ②

    mission. 가우스면 내부에 존재하는 전하에 색칠하시오.

    iv) ①,②에서 $E \cdot 2\pi r l = \dfrac{\sigma \cdot 2\pi R l}{\epsilon_0}$ 이므로 $E = \dfrac{\sigma R}{\epsilon_0 r}$

2) 내부 전기장(σ가 제시된 경우)($r < R$인 영역)
    i) 가우스면 그리기

    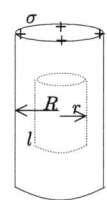

    ii) 우변 $= \dfrac{Q_{in}}{\epsilon_0} = \dfrac{0}{\epsilon_0} = 0$

    iii) $\oint \vec{E} \cdot d\vec{A} = 0$ 이므로 $E_{in} = 0$

3) 그래프

    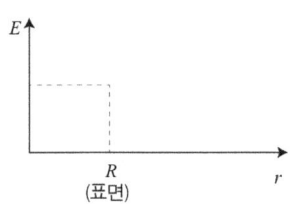

지금부터 원통껍질전하 관련 응용 문제를 다루어 보자.

Quiz 2 다음 그림은 반지름이 각각 a, b이고 면전하밀도가 각각 $+\sigma$인 얇은 두 무한 원통 껍질이 동축(coaxial)을 이루는 모습이다. 각 영역에서 전기장을 구하시오.

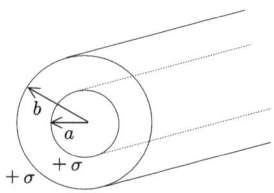

정답

i) $r < a$인 영역

$\oint \vec{E} \cdot d\vec{A} = \dfrac{0}{\epsilon_0}$ 에서 $E_1 = 0$

ii) $a < r < b$인 영역

$E \times 2\pi r L = \dfrac{\sigma \times 2\pi a L}{\epsilon_0}$ 에서 $E_2 = \dfrac{\sigma a}{\epsilon_0 r}$

iii) $r > b$인 영역

$E \times 2\pi r L = \dfrac{\sigma \times 2\pi a L + \sigma \times 2\pi b L}{\epsilon_0}$ 에서 $E_3 = \dfrac{\sigma(a+b)}{\epsilon_0 r}$

Ch 7. 정전기학

* 정리

		A	Q_{in}	$E = \dfrac{Q}{\epsilon_0 A}$
점전하		$4\pi r^2$	Q	
선전하			λl	
면전하				
구전하	외부			
	내부			
구껍질	외부			
	내부			

전기장의 의의 : 시험전하가 이 지점에 들어가면 강한 힘을 받겠구나 또는 약한 힘을 받겠구나 라는 것을 예측하게 해준다.

마치 산성으로 심하게 오염된 들판에 들어가기 전에 미리 리트머스 시험지로 산도를 측정하는 것처럼 말이다.

§ 3. 전기적 위치에너지와 전위

1. 전기적 위치에너지

1) 서론

역학에서 사과가 떨어지는 이유는 중력 때문이라고 한다. 그런데 위치에너지가 낮을수록 안정하니까, 라고 설명하기도 한다. 그러면서 나온 개념이 위치에너지 개념이다.

전기파트에서도 마찬가지다. $+Q$ 위에 $-q$를 두면 낙하가 일어나는데 이를 전기력 때문이라고 하기도 하고 위치에너지가 낮을수록 안정하니까, 라고 설명하기도 한다. 이처럼 전기파트에서도 위치에너지 개념을 쓴다.

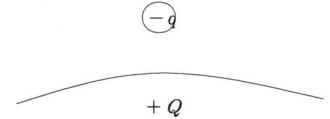

지표에서의 중력 위치에너지는 $U=mgh$로 정의한다. 그렇다면 전기 위치에너지는 어떻게 정의할까? 지금부터 알아보자.

2) 지표에서 중력 위치에너지(potential energy)의 도입

돌쇠가 밥을 많이 먹어서 몸 속에 에너지가 많아지면 밭에 나가서 일을 많이 할 수 있게 된다. 그래서 물리학에서 '에너지'란 말은 '일을 할 수 있는 능력'을 뜻한다.

다음 그림처럼 지표에서 돌을 떨어뜨려서 못을 박는 일을 한다고 하자. 어느 경우가 못을 잘 박겠는가? 그렇다, 높은 곳에서 떨어진 돌 B가 못을 잘 박는다. 즉 높은 곳에서 떨어진 돌이 일을 잘한다. 그러므로 높은 곳에 있는 돌일수록 '일을 할 수 있는 능력'인 '에너지'가 크다고 할 수 있다. 한편 이 에너지는 높이와 관련 있으므로 '위치에너지'라고 부른다. 특히 돌이 떨어지는 이유가 중력 때문이므로 이 에너지를 '중력 위치에너지'라고 부른다.

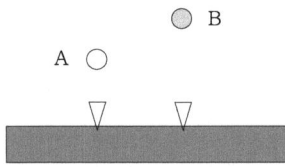

일반적으로 중력 위치에너지는 위치가 높을수록 크고($PE \propto h$), 중력가속도가 클수록 크며($PE \propto g$), 물체의 질량이 클수록 크기 때문에($PE \propto m$), $PE \equiv mgh$로 정의한다. 여기서 꼭 알아두어야 할 것은 위치에너지는 중력 방향으로 갈수록 낮아진다는 것이다! 그러므로 중력은 고위치에너지에서 저위치에너지로 작용한다고 말할 수 있다♥

3) 지표에서 중력 위치에너지 간단 유도

사과를 준정적으로 들어 올리는 상황에 대해 일과 에너지 정리 ($W_\text{비} = \Delta K + \Delta U$)에서 중력위치에너지를 약식으로 유도해보자.

일단 준정적으로 들어올리기 때문에 $\Delta K = 0$ 이다. 그래서 일과 에너지 정리는 $W_\text{비} = \Delta U$라고 쓸 수 있다.

일에정 : $\Delta U = W_\text{비}$

$\Rightarrow \underbrace{U}_{\text{나중 위치 에너지}} - \underbrace{U_0}_{\text{처음 위치 에너지}} = F_\text{비} \times \Delta x$ ← 준정적이므로 $F_\text{비} =$ 중력

$\qquad\qquad\qquad = 중력 \times \Delta x$

$\qquad\qquad\qquad = mg \times h$

$\Rightarrow U = \underbrace{U_0}_{\text{0가정}} + mgh$

$\qquad = mgh$

이를 그래프로 나타내면 다음과 같다.

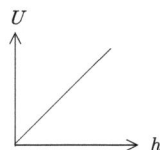

→ 시사점 :

① 일과 에너지 정리에 의해 물체의 위치에너지 변화량은 비보존력이 한 일과 같다.

② 지표에서 위치에너지가 0이 되는 지점은 $h=0$이다. 즉 해발고도 0m 지점에서 위치에너지가 0이다. 앞으로 $U=0$인 지점을 위치에너지의 기준이라고 부르자.♥

③ 중력 방향으로 갈수록 위치에너지는 감소한다. 중력 반대 방향으로 갈수록 위치에너지는 증가한다.

cf. <u>위치에너지의 변화량이 운동에너지로 전환되는 것이지 위치에너지 자체가 운동에너지로 전환되는 것은 아니다!!!!!</u> 그러므로 초기 위치에너지를 우리가 마음대로 0으로 가정하는 것은 문제가 될 게 없다.

4) 지구 밖에서 중력 위치에너지의 도입
한편 지구는 둥글기 때문에 다음 그림처럼 지구 중심에서 멀리 있는 B, B', B'' 등의 돌이 일을 잘 많이 할 수 있다. 즉 지구 중심에서 멀수록 위치에너지가 크다. 반대로 중력 방향으로 갈수록 위치에너지가 낮아진다!

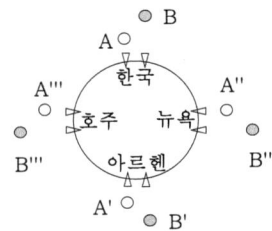

5) 지구 밖에서 중력 위치에너지 간단 유도

질량이 M인 지구의 중심으로부터 r만큼 떨어진 곳에 질량이 m인 사과가 있고, 이를 Δr만큼 준정적으로 들어올린다. 준정적으로 들어올리기 때문에 $\Delta K = 0$이다. 그래서 일과 에너지 정리는 $W_{비} = \Delta U$라고 쓸 수 있다.

일에정 : $\Delta U = W_{비}$

$\Rightarrow \underbrace{U}_{\substack{\text{나중 위치}\\\text{에너지}}} - \underbrace{U_0}_{\substack{\text{처음 위치}\\\text{에너지}}} = F_{비} \times \Delta x$ ← 준정적이므로 $F_{비}$ = 중력

$\qquad\qquad\qquad = 중력 \times \Delta x$

$\qquad\qquad\qquad = \dfrac{GMm}{r^2} \times \Delta r$

$\qquad\qquad\qquad \simeq \dfrac{GMm}{r}$

$\Rightarrow U = \underbrace{U_0}_{\text{0가정}} + \dfrac{GMm}{r}$

$\qquad = \dfrac{GMm}{r}$

이를 그래프로 나타내면 다음과 같다. 그런데 지구로부터 멀어질수록 위치에너지가 낮아지므로 실제 상황과 맞지 않다. 보정이 필요하다.

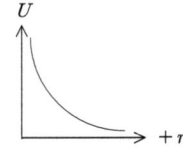

$U = \dfrac{GMm}{r}$ 의 형태를 유지하면서 '멀어질수록 위치에너지가 높아'지는 형태로 만들려면 공식 앞에 (−)를 붙이면 된다.

⇒ 부호 보정 : $U = -\dfrac{GMm}{r}$

이를 그래프로 나타내면 다음과 같다. 멀어질수록 위치에너지가 커지는 것을 잘 나타낸다.

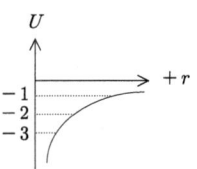

→ 시사점 :
① 일과 에너지 정리에 의해 물체의 위치에너지 변화량은 비보존력이 한 일과 같다.
② 지구 밖에서 위치에너지가 0이 되는 지점은 $r = \infty$ 이다. 그러므로 지구 밖에서 위치에너지의 기준은 $r = \infty$ 이다♥(앞으로 관습적으로 사용)
③ 중력 방향으로 갈수록 위치에너지는 감소한다. 중력 반대 방향으로 갈수록 위치에너지는 증가한다.

6) 전기적 위치에너지의 도입 - 인력 상황

중력 위치에너지와 같은 논리로 전기적 위치에너지를 도입할 수 있다.

다음 그림처럼 점형태의 '양의 원천전하'가 있고 역시나 점형태의 '음의 시험전하'가 있다. 시험전하는 원천전하로부터 인력을 받아서 '못 박는 일'을 할 수 있다. 더 멀리 떨어진 B가 못을 잘 박을 것이므로 B의 위치에너지가 더 크다고 할 수 있다.

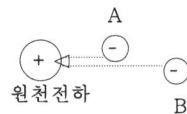

7) 점전하의 전기(적) 위치에너지 간단 유도 - 인력 상황

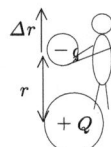

전하량이 $+Q$인 원천전하로부터 r만큼 떨어진 곳에 전하량이 $-q$인 시험전하가 있고, 이를 Δr만큼 준정적으로 들어올린다. 준정적으로 들어올리기 때문에 $\Delta K = 0$이다. 그래서 일과 에너지 정리는 $W_{비} = \Delta U$라고 쓸 수 있다.

일에정 : $\Delta U = W_{비}$

$\Rightarrow \underbrace{U}_{\text{나중 위치 에너지}} - \underbrace{U_0}_{\text{처음 위치 에너지}} = F_{비} \times \Delta x$ ← 준정적이므로 $F_{비}$ = 전기력

$= 전기력 \times \Delta x$

$= \dfrac{kQq}{r^2} \times \Delta r$

$\simeq \dfrac{kQq}{r}$

$\Rightarrow U = \underbrace{U_0}_{0 \text{가정}} + \dfrac{kQq}{r}$

$= \dfrac{kQq}{r}$

이를 그래프로 나타내면 다음과 같다. 그런데 양의 원천전하로부터 멀어질수록 위치에너지가 낮아지므로 실제 상황과 맞지 않다. 보정이 필요하다.

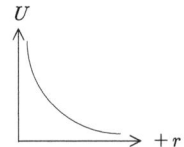

$U = \dfrac{kQq}{r}$의 형태를 유지하면서 '멀어질수록 위치에너지가 높아'지는 형태로 만들려면 공식 앞에 (-)를 붙이면 된다.

⇒ 부호 보정 : $U = -\dfrac{kQq}{r}$

이를 3차원 그래프로 표현하면 다음과 같다. 멀어질수록 위치에너지가 커지는 것을 잘 나타낸다.

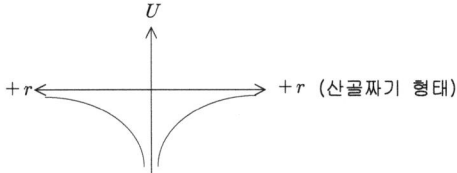

한편 원천전하의 종류와 시험전하의 종류에 대한 정보를 담기 위해서 다음처럼 쓴다.

$$U = \dfrac{k(+Q)(-q)}{r}$$

→ 시사점 :

① 일과 에너지 정리에 의해 물체의 위치에너지 변화량은 비보존력이 한 일과 같다.

② 전기(적) 위치에너지가 0이 되는 지점은 $r = \infty$이다. 그러므로 전기(적) 위치에너지의 기준은 $r = \infty$이다♥(앞으로 관습적으로 사용)

③ 전기력 방향으로 갈수록 위치에너지는 감소한다. 전기력 반대 방향으로 갈수록 위치에너지는 증가한다.

Ch 7. 정전기학

8) 전기적 위치에너지의 도입 - 척력 상황

전기력은 중력과 달리 인력 상황 뿐만 아니라 척력 상황도 존재한다. 이제부터 척력 상황에서의 위치에너지를 정의해보자. 다음 그림처럼 '양의 원천전하'와 '양의 시험 전하'가 있다.

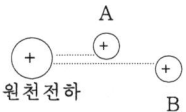

A, B 둘 다 원천전하로부터 척력을 받아서 무한대에 있는 벽에 못을 박는 일을 한다. 누가 일을 잘 하겠는가? 그렇다, 척력을 오래 받는 A가 일을 더 많이 할 것이다. 그러므로 A의 위치에너지가 더 크다고 할 수 있다. 앞에서 다룬 '인력 상황'과 달라진 것 같지만, 이번에도 '전기력 방향으로 위치에너지가 낮고 전기력 반대 방향으로 위치에너지가 높다.'는 사실은 변함없다.

9) 점전하의 전기(적) 위치에너지 간단 유도 - 척력 상황

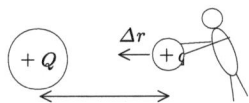

전하량이 $+Q$인 원천전하로부터 r만큼 떨어진 곳에 전하량이 $+q$인 시험전하가 있고, 이를 Δr만큼 준정적으로 민다. 척력 상황이므로 멀어질수록 시험전하의 위치에너지는 낮아지고, 가까워질수록 시험전하의 위치에너지는 증가한다!!! 준정적으로 밀기 때문에 $\Delta K = 0$ 이다. 그래서 일과 에너지 정리는 $W_{비} = \Delta U$ 라고 쓸 수 있다.

일에정 : $\Delta U = W_{비}$

$\Rightarrow \underbrace{U}_{\text{나중위치 에너지}} - \underbrace{U_0}_{\text{처음위치 에너지}} = F_{비} \times \Delta x$ ← 준정적이므로 $F_{비}$ = 전기력

$= 전기력 \times \Delta x$

$= \dfrac{kQq}{r^2} \times \Delta r$

$\simeq \dfrac{kQq}{r}$

$\Rightarrow U = \underbrace{U_0}_{\text{0가정}} + \dfrac{kQq}{r}$

$= +\dfrac{kQq}{r}$

이를 3차원 그래프로 표현하면 다음과 같다. 양의 원천전하로부터 멀어질수록 위치에너지가 낮아지므로 실제 상황과 잘 맞다.

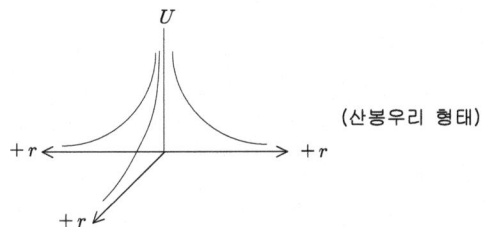

(산봉우리 형태)

한편 원천전하의 종류와 시험전하의 종류에 대한 정보를 담기 위해서 다음처럼 쓴다.

$$U = \dfrac{k(+Q)(+q)}{r}$$

→ 시사점 :

① 일과 에너지 정리에 의해 물체의 위치에너지 변화량은 비보존력이 한 일과 같다.

② 전기(적) 위치에너지가 0이 되는 지점은 $r = \infty$ 이다. 그러므로 전기(적) 위치에너지의 기준은 $r = \infty$ 이다♥(앞으로 관습적으로 사용)

③ 전기력 방향으로 갈수록 위치에너지는 감소한다. 전기력 반대 방향으로 갈수록 위치에너지는 증가한다.

Quiz 1 다음 그래프를 해석하시오.

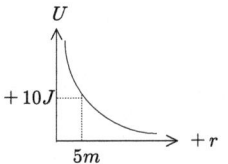

정답

① 비보존력이, 무한대에 있던 시험전하를 원천전하로부터 5m 떨어진 위치까지 끌고왔다.

② 이때 비보존력은 10J의 양의 일을 해 주었다. 그래서 시험전하의 위치에너지가 0J에서 10J까지 증가했다.

10) 전기적 위치에너지의 의미♥♥

지구 표면에서는 해발 고도 0m에서 위치에너지가 0이고, 위로 올라갈수록 위치에너지가 생겨나므로, 사람은 해발 고도 0m에 있던 물체를 들어 올리면서 일을 해 주었다고 볼 수 있다.

전기 척력 파트에서는 무한대에서 위치에너지가 0이고 원천 전하 주변에서 위치에너지가 생겨나므로, 사람은 무한대에 있던 시험전하를 원천전하 근처까지 끌고 오면서 일을 해 주었다고 볼 수 있다.

그러므로 전기적 위치에너지의 정의를 다음처럼 내린다.

'위치에너지란 $r = \infty$에 있던 q를 원천전하로부터 r만큼 떨어진 지점까지, 비보존력(사람)이 끌고 오면서 해 준 일이다.'

단 인력 상황에서도 이 의미는 성립한다. 다만 인력 상황에서는 $r = \infty$에 있던 q를 비보존력(사람)이 끌고 오면서 한 일이 역학적으로 음의 일이기 때문에 위치에너지는 0에서부터 (−)로 점점 낮아진다!

* 암기 point
1. 전기력은 고위치에너지에서 저위치에너지로 작용한다.
2. 위치에너지는 전기력 반대 방향으로 거슬러 올라갈수록 높아진다.
3. 위치에너지의 기준(0J)은 무한대이다.
4. 일과 에너지 정리에 의해 물체의 위치에너지 변화량은 비보존력이 한 일과 같다.
5. 위치에너지란 무한대라는 어떤 기준점에 있는 시험전하를 끌고 오면서 해 준 일이다.
6. 척력 상황 $U = +\dfrac{kQq}{r}$, 인력 상황 $U = -\dfrac{kQq}{r}$

Part 3. 전자기학

Quiz 2 전하량이 $Q=+10C$인 점전하 형태의 원천전하로부터 $r=3m$ 떨어진 곳에 전하량이 $q=+2C$인 점전하 형태의 시험전하가 놓여있다.
이 시험전하의 전기적 위치에너지는 얼마인가?
단, 두 전하 모두 점전하이고 쿨롱상수는 $k=9\times 10^9 Nm^2/C^2$이다.

정답 $U=6\times 10^{10} J$

Quiz 3 질량이 $m=2kg$인 시험전하의 전기적 위치에너지가 $U_i=+20J$에서 $U_f=+10J$로 감소하였다.
시험전하의 초기속력이 0이었다면 나중속력은 얼마인가?
단, 모든 마찰은 무시한다.

정답 $v=\sqrt{10}\,m/s$

11) 위치에너지 부호의 물리적 의미

위치에너지 앞에 +, - 부호가 붙어 있으므로 위치에너지를 벡터로 착각하는 학생들이 많다. 벡터의 부호가 방향을 나타내는 데 반해, 스칼라의 부호는 상태(state)를 나타낸다. 위치에너지가 음수면 인력을 받는 상태, 벗어날 수 없는 상태를 나타낸다. 이를 속박(bound) 상태 또는 구속 상태라고 부른다. 반면 위치에너지가 양수면 척력을 받는 상태, 다가갈 수 없는 상태, 자꾸만 튕겨지는 상태를 나타낸다. 이를 자유 상태 또는 산란(scattering) 상태라고 부른다.
예를 들어 결혼을 한 선생님은 저녁에 집으로부터 인력을 강하게 받으므로 선생님의 가정 위치에너지는 음(-)이라고 할 수 있고, 공부를 해야 하는 여러분들은 부모님으로부터 도서관으로 가라고 강하게 척력을 받으므로 여러분들의 가정 위치에너지는 양(+)이라고 할 수 있다.

12) 상황별 전기적 위치에너지

caseI.

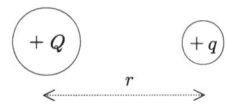

$$U=k\frac{(+Q)(+q)}{r}=+k\frac{Qq}{r}$$

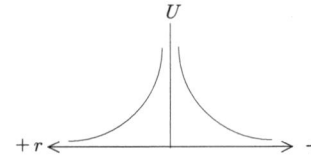

산봉우리 모양 ; 척력

caseII.

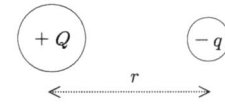

$$U=k\frac{(+Q)(-q)}{r}=-k\frac{Qq}{r}$$

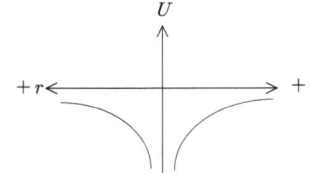

산골짜기 모양 ; 인력

caseIII.

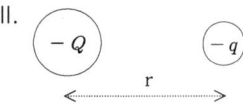

$$U=k\frac{(-Q)(-q)}{r}=+k\frac{Qq}{r}$$

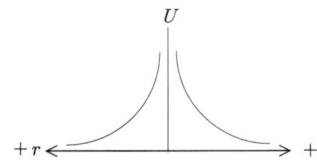

산봉우리 모양 ; 척력

caseIV.

$$U=k\frac{(-Q)(+q)}{r}=-k\frac{Qq}{r}$$

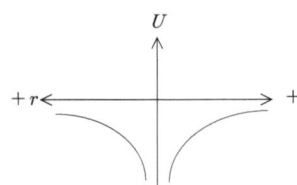

산골짜기 모양 ; 인력

13) 내용 구조

지금까지 배운 내용을 표로 정리하면 다음과 같다.

전기력 $F_{점} = \dfrac{kQq}{r^2}$	$\Delta U = F_{비} \Delta d$ $\Delta U = -F_{보} \Delta d$ $\Rightarrow F_{보} = -\dfrac{\Delta U}{\Delta d}$	전기퍼텐셜에너지 $U_{점} = \dfrac{k(\pm Q)(\pm q)}{r}$
$E \equiv \dfrac{F_E}{q}$ or $F_E = qE$		$V \equiv \dfrac{U}{q}$ or $U = qV$ $\Rightarrow \Delta U = q\Delta V$
전기장 $E_{점} = \dfrac{kQ}{r^2}$ [N/C]	$\Delta V = -E\Delta d$ 약식 : $V = Ed$ $\Rightarrow E = -\dfrac{\Delta V}{\Delta d}$	전기퍼텐셜 $V_{점} = \dfrac{k(\pm Q)}{r}$ [J/C][V]

→ 여기서 $F_E = -\dfrac{\Delta U}{\Delta d}$ 의 의미는, 보존력은 항상 고위치에너지에서 저위치에너지로 작용한다, 이다.

지금부터 정전기학 구조의 마지막 개념인 전기퍼텐셜(전기위치)(전위)에 대해 공부해보자.

* 물리에서 부호의 의미
  1. 수학적인 연산
  2. 벡터의 방향
  3. 논리에서의 추론
  4. 퍼텐셜에너지의 상태

  $\begin{cases} - : bound\,state(속박상태, 구속상태) \rightarrow 인력받을 때 \\ + : scattering\,state(산란상태, 자유상태) \rightarrow 척력 받을 때 \end{cases}$

2. 전위

1) 정의 : $V \equiv \dfrac{U}{q}$

2) 단위 : $[J/C]$ 또는 $[V]$(볼트)

3) 읽는 법 : 단위 전하당 위치 에너지

4) 원천전하가 '점전하'인 경우, 그 주위에서 전위 공식

$$V = \dfrac{U}{q} = \dfrac{\dfrac{k(\pm Q)(\pm q)}{r}}{(\pm q)} = \dfrac{k(\pm Q)}{r}$$

→ 의미 : 특정 지점에서 전위는 원천전하에 의해 만들어진다.
→ 특징 : 전위는 두 가지 상황만 존재한다.

* 전기장과 전위를 도입한 이유 :
다음 그림처럼, 시험 전하가 받는 전기력은 원천 전하의 전하량이 작더라도 시험 전하의 전하량이 크면 상대적으로 큰 힘을 받을 수 있다. 이처럼 시험 전하의 물리량에 의한 영향보다, 원천 전하의 물리량에 의한 영향을 알고 싶을 때 사용하는 개념이 전기장이다.

$Q = +1000C \xleftrightarrow{1m} q = +10C \qquad F = k\dfrac{1000 \times 10}{1^2} = 10000k$

부모 재력 　　　　자식 능력 　　　$E = \dfrac{F}{q} = \dfrac{kQ}{r^2} = k\dfrac{1000}{1^2} = 1000k$

$Q = +10C \xleftrightarrow{1m} q = +1000C \qquad F = k\dfrac{10 \times 1000}{1^2} = 10000k$

부모 재력 　　　　자식 능력 　　　$E = \dfrac{F}{q} = \dfrac{kQ}{r^2} = k\dfrac{10}{1^2} = 10k$

전위도 마찬가지다. 단순히 시험 전하가 갖는 위치 에너지만 가지고는, 원천 전하 주위의 특징을 알 수 없다. 그래서 전위 개념을 도입해서, 원천 전하 주위가 전기적으로 얼마나 센(?) 곳인지 판단한다.

5) 원천전하가 '점전하' 형태일 때, 그 주위에서 전위 그래프

① 양의 원천전하 : $V = k\dfrac{+Q}{r} = +\dfrac{kQ}{r}$

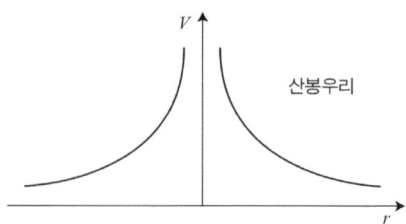
산봉우리

② 음의 원천전하 : $V = k\dfrac{-Q}{r} = -\dfrac{kQ}{r}$

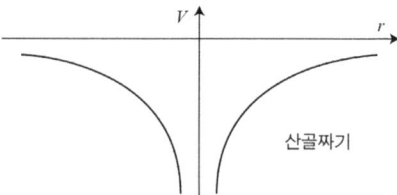
산골짜기

→ 전기장이 힘의 마당이라면 전위는 에너지의 마당이라고 볼 수 있다.

6) '점전하' 계인 경우, 상황별 전기적 위치(전위)

caseⅠ.

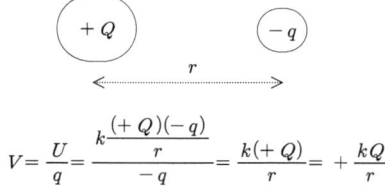

$$V = \dfrac{U}{q} = \dfrac{k\dfrac{(+Q)(+q)}{r}}{+q} = \dfrac{k(+Q)}{r} = +\dfrac{kQ}{r}$$

caseⅡ.

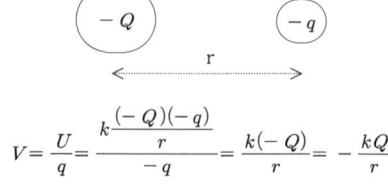

$$V = \dfrac{U}{q} = \dfrac{k\dfrac{(+Q)(-q)}{r}}{-q} = \dfrac{k(+Q)}{r} = +\dfrac{kQ}{r}$$

caseⅢ.

$$V = \dfrac{U}{q} = \dfrac{k\dfrac{(-Q)(-q)}{r}}{-q} = \dfrac{k(-Q)}{r} = -\dfrac{kQ}{r}$$

caseⅣ.

$$V = \dfrac{U}{q} = \dfrac{k\dfrac{(-Q)(+q)}{r}}{+q} = \dfrac{k(-Q)}{r} = -\dfrac{kQ}{r}$$

7) 전위는 스칼라이다.

$A = 2B$은 스칼라인 2와 스칼라인 B를 곱하면 스칼라(A)가 됨을 의미한다.

마찬가지로 전위의 정의 $V = \dfrac{U}{q} = \dfrac{1}{q} U$에서 $\dfrac{1}{q}$가 스칼라이고 U도 스칼라이므로 V는 스칼라이다.

8) 전위의 의미

전위는 $U = qV$라고 표현한다. 만약 $q = +1C$이면 $U = V$가 된다. 즉 전위는 $+1C$인 입자가 가지는 전기적 위치에너지이다. 그러므로 원천전하가 점전하일 때 전위를 물어보면 $V = +\dfrac{kQ}{r}$라고 답을 해야 한다.

또는 다음처럼 이해해도 된다. 점전하 주위의 전위 공식 $V = \dfrac{k(\pm Q)}{r}$은 $V = \dfrac{k(+Q)(+1)}{r}$라고 변형할 수 있다. 이는 전하량이 $+Q$인 원천전하로부터 r만큼 떨어진 위치에서, 전하량이 $+1C$인 시험전하가 가지는 전기 위치에너지를 뜻한다.

그러므로 전위는 '$+1C$인 전하'가 가지는 전위로 이해할 수 있다.

Quiz 1 다음 그림에서 p점에서 알짜 전위는 얼마인가?

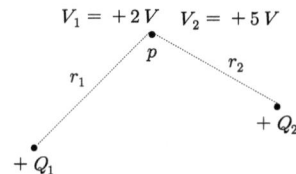

9) 전위 의미 정리

① $+1C$인 단위 전하가 갖고 있는 전기적 위치에너지
② 역학으로 따지면 높이와 비슷
③ 전기장이 힘의 마당이라면, 전위는 에너지의 마당이라고 볼 수 있다. 전위는 전기장의 에너지 버전이다.

10) 전위 도입의 의의: $U = \pm\dfrac{kQq}{r}$은 전하들의 형태가 점이나 구의 형태인 경우에만 쓸 수 있고, 선이나 면의 형태인 경우에는 쓸 수 없다는 단점이 있다.

그래서 전하의 형태가 어떤 형태인지 상관없이 쓸 수 있는 식을 도입하였는데, 그것이 바로 전기적 위치에너지를 전하와 전위의 곱으로 표현한 식이다.

$$U = qV$$

11) 장점: 공간상의 한 점에서 작용하는 힘을 전기장이라는 개념으로 설명하는 것처럼, 공간상의 한 점에서의 에너지를 전위(전기 퍼텐셜)라는 개념으로 설명한다.

벡터인 힘보다는 스칼라인 에너지가 상황을 분석하기 쉬운 것처럼, 벡터인 전기장보다는 스칼라인 전위(전기 퍼텐셜)가 상황을 분석하는 데 도움이 된다.

12) 전위의 기준점: 일반적으로 무한대를 기준으로 한다.

3. 등전위면(equi-potential line)의 도입

1) 도입이유 : 눈에 보이지 않는 전위를 시각화하기 위해

2) 정의 : 3차원 공간에서 전위가 같은 지점을 연결한 면

3) 점전하 주위의 등전위면 : 동심구

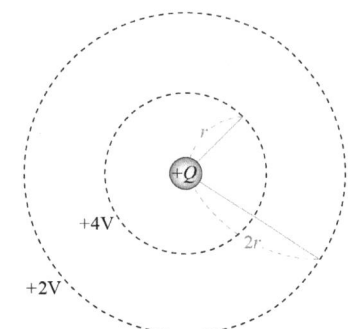

4) 전위 그래프와 등전위선 : 전위 그래프를 아래로 투영하면 등전위선 그림을 그릴 수 있다. 즉, 등전위선은 전위 그래프의 정사영이다.

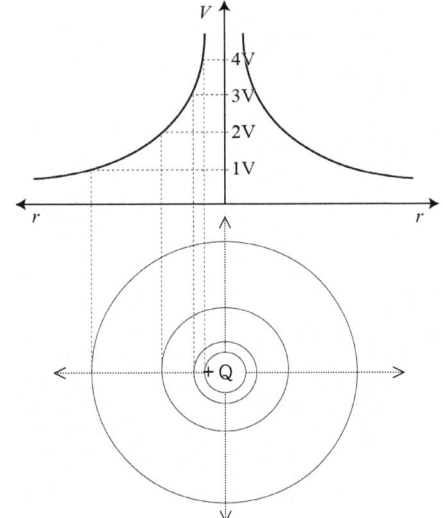

5) 특징 :
① 등전위면 간격이 좁은 곳일수록 전위 그래프의 기울기가 가파르다.
② 등전위면 간격이 좁은 곳일수록 전기장의 크기가 크다.
③ 전기력선과 등전위면은 직교한다.
④ 전기력선은 고전위에서 저전위 쪽을 향한다.
⑤ $E = \frac{kQ}{r^2}$과 $V = \frac{kQ}{r}$에서 $E = -\frac{dV}{dr}$임을 알 수 있다. 즉, 전위 그래프의 기울기의 음수가 전기장이다.

6) 예
caseI. 인력 상황(속박 상태, bound state)

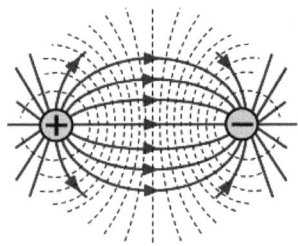

caseII. 척력 상황(산란 상태, scattering state)

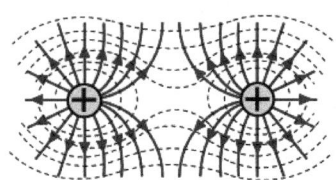

4. 전기장 VS 전위, 전기력선 VS 등전위면

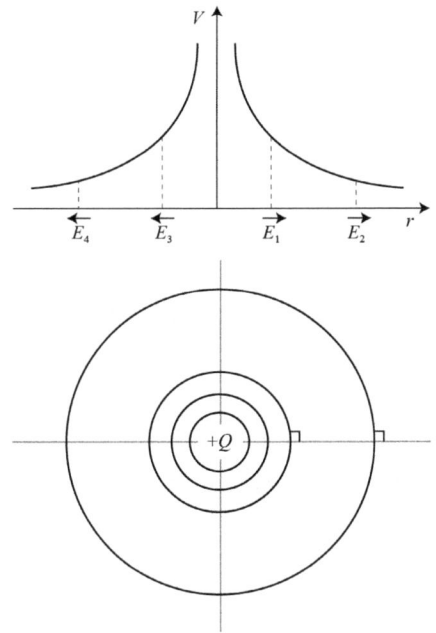

1) 크기 비교
① 등전위면 간격이 좁은 곳일수록 전위 그래프의 기울기가 가파르다.
② 그런데 그런 곳은 원천전하 근처여서 전기장이 큰 곳이다.
③ 그러므로 등전위면 간격이 좁은 곳일수록 전기장이 크다. 동시에 전위 그래프의 기울기가 가파른 곳일수록 전기장이 크다.

2) 방향 비교
① 전기력선과 등전위면은 서로 직교한다.
② 전기장은 양의 원천전하 근처에서 발산한다. 그러므로 전기장은 고전위에서 저전위 쪽을 향한다.
③ 전위 그래프에서 '기울기의 음수'가 전기장이다.

3) 표
앞의 FEUV 표에서 $\Delta V = -E\Delta d$ or $E = -\dfrac{\Delta V}{\Delta d}$

단 약식으로는 $V = Ed$, $E = \dfrac{V}{d}$

$$\Delta U = -F_\text{보}\Delta x$$
$$\Delta U = F_\text{비}\Delta x$$

$E = \dfrac{F}{q}$ $\begin{array}{|c|c|} \hline F & U \\ \hline E & V \\ \hline \end{array}$ $V = \dfrac{U}{q}$

$$\Delta V = -E\Delta x$$

5. 시험 전하의 전기력 방향

	양의 시험전하 $+q$	음의 시험전하 $-q$
전기장 $\vec{E}$	$\vec{E}$ 같은 방향	$\vec{E}$ 반대 방향
전위 V	$V_\text{고} \to V_\text{저}$	$V_\text{저} \to V_\text{고}$
위치에너지 U	$U_\text{고} \to U_\text{저}$	$U_\text{고} \to U_\text{저}$

* 예시

$+Q$　　$q = +1C$　$\xrightarrow{\text{이동}}$　$q = +1C$
　　　　$V = +10V$　　　　　$V = +5V$
　　　　$U = qV = +10J$　　$U = qV = +5J$

$+Q$　　$q = -1C$　$\xleftarrow{\text{이동}}$　$q = -1C$
　　　　$V = +10V$　　　　　$V = +5V$
　　　　$U = qV = -10J$　　$U = qV = -5J$

* 재미있게 공식 외우기?!

$F = \dfrac{GMm}{R^3}r$: R을 3개 던지니 지면(GM)에 맞아(mr)

$V = Ed$: 전기장판 베드

$U = qV$: 유큐브

* 그래프, 그림, 방향 총정리♥

1) 전기장 그래프, 전위 그래프, 전기력선, 등전위면

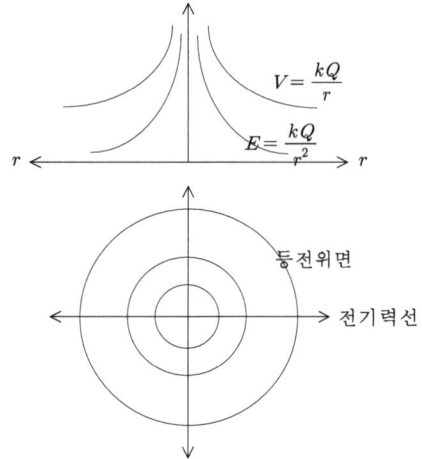

2) 간격과 E,V
① 전기력선 간격이 좁을수록 전기장이 크다.
② 등전위면 간격이 좁을수록 전기장이 크다.
③ 전위 그래프의 경사가 가파를수록 전기장이 크다.

3) 전기장과 등전위면 방향 관계
① 전기장 ⊥ 등전위면
② 전기장의 방향은 고전위에서 저전위 쪽이다.

4) 전기력 방향
① 양의 시험전하는 전기장 방향으로 qE를 받는다.
　음의 시험전하는 전기장 반대 방향으로 qE를 받는다.
② 양의 시험전하는 고전위에서 저전위로 qE를 받는다.
　음의 시험전하는 저전위에서 고전위로 qE를 받는다.
③ 양의 시험전하는 고위치에너지에서 저위치에너지로 qE를 받는다.
　음의 시험전하는 고위치에너지에서 저위치에너지로 qE를 받는다.
④ 지표에서 사과는 고위치에너지에서 저위치에너지로 qE를 받는다.

그러므로 자연계의 모든 물체는 항상! 고위치에너지에서 저위치에너지로 보존력을 받는다.

ex 1
극판 사이의 간격이 $2m$ 인 축전기가 $10V$의 전위차로 충전되었다. 축전기 내부에 $4C$의 대전입자를 놓는다면 이 입자가 받는 전기력의 크기는? (단 축전기 내부의 전기장은 균일하다.)

정답 $20N$

i) $E = \dfrac{\Delta V}{d} = \dfrac{10}{2} = 5\, V/m$

ii) $F = qE = (4)(5) = 20\, N$

ex 2
그림은 원점 O로부터 x축 상에서 같은 거리만큼 떨어진 지점에 고정되어 있는 점전하 q_1, q_2에 의한 xy평면에서의 전위를 등전위선으로 나타낸 것이다. 점 P에 양(+)전하를 가만히 놓으면 양전하는 $-x$ 방향으로 운동한다.

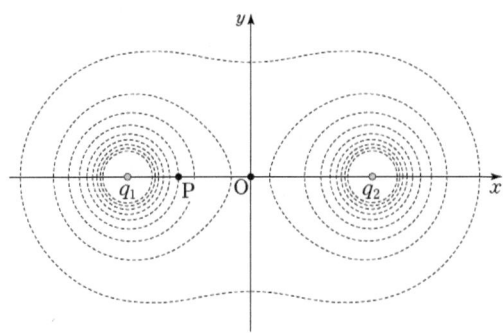

이에 대한 설명으로 옳은 것만을 <보기>에서 있는 대로 고른 것은?

―― <보 기> ――
ㄱ. P에서 전기장의 방향은 $+x$방향이다.
ㄴ. q_1과 q_2는 모두 음(-)으로 대전되어 있다.
ㄷ. P에서의 전위가 O에서의 전위보다 낮다.

① ㄱ　　② ㄷ　　③ ㄱ, ㄴ
④ ㄴ, ㄷ　　⑤ ㄱ, ㄴ, ㄷ

정답 ④ ㄴ, ㄷ

ㄱ. 전기장의 방향은 단위 양(+)전하가 받는 힘의 방향이다. 따라서 점 P에 양(+)전하를 가만히 놓으면 -x방향으로 운동한다. 양(+)전하가 힘을 -x방향으로 받으므로 전기장의 방향은 -x방향이다.

ㄴ. 두 점전하의 부호가 반대이면 전기력선은 어느 한 점전하에서 나와 다른 점전하로 향한다. 등전위선에 수직인 전기력선의 모습을 보면 두 점전하의 부호는 같다. 따라서 q_1, q_2의 부호는 같고 점 P의 양 전하가 -x방향으로 힘을 받기 때문에 음(-)전하이다.

ㄷ. 두 점전하를 감싸고 있는 폐곡선이 등전위선이다. 전위는 양(+)전하 주위는 높고, 음전하 주위는 낮다. 따라서 -점전하 q1으로 부터 O점의 등전위선이 P점의 등전위선보다 바깥쪽에 있으므로 전위는 P점의 전위가 O점에서의 전위보다 낮다.

ex 3
수평면의 전위를 조사하여 그림과 같은 등전위선을 얻었다.

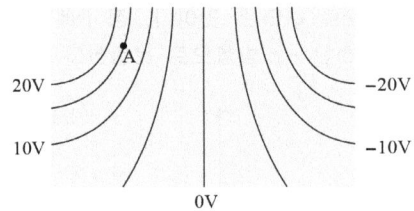

A점에 질량이 아주 작고 양전하를 띤 입자를 놓았을 때, 이 입자 운동 경로를 가장 잘 예상한 것은?

① 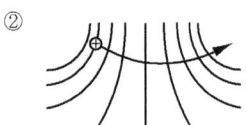 ②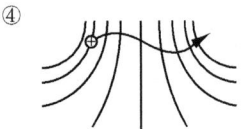

③ ④

⑤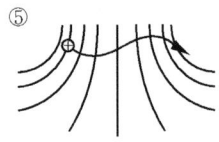

정답 ②

* 전기장과 등전위선 관계
1) 크기 : 등전위선 간격이 촘촘할수록 전기장이 크다.
2) 방향 : 전기장은 등전위선에 수직이다.
　　　　전기장은 고전위에서 저전위를 향한다.

ex 4
그림은 xy 평면의 y축 상의 점 P에서 두 점전하에 의한 전기장의 방향을 나타낸 것이다. 두 점전하는 x축 상의 $x=-d$와 $x=d$인 점에 고정되어 있다.

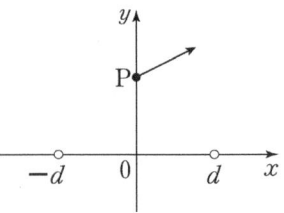

x축 상($-d<x<d$)에서 두 점전하에 의한 전위를 x에 따라 나타낸 것으로 가장 적절한 것은? (단, 점전하로부터 무한히 멀리 떨어진 곳의 전위는 0 이다.)

① 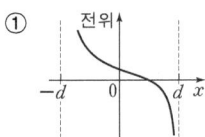 ②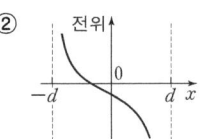

③ 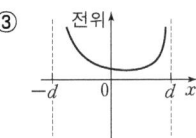 ④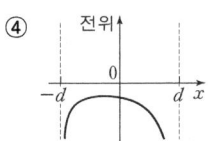

⑤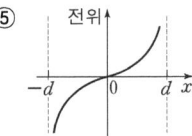

정답 ①

전기장과 전위
P에서 전기장의 방향이 그림과 같이 되기 위해서는 $x=-d$에 놓인 전하는 양(+)전하이고, $x=d$에 놓인 전하는 음(-)전하이면서 전하량의 크기는 $x=-d$에 놓인 전하가 $x=d$에 놓인 전하보다 커야 한다. 따라서 $x=-d$에 놓인 전하에 가까이 갈수록 전위가 높고, $x=d$에 놓인 전하에 가까이 갈수록 전위가 낮다. 전하량의 크기가 $x=-d$에 놓인 전하가 $x=d$에 놓인 전하보다 크므로 $0<x<d$에서 전위가 0인 곳이 있다. 그러므로 전위를 x에 따라 나타낸 것으로 가장 적절한 것은 ①이다.

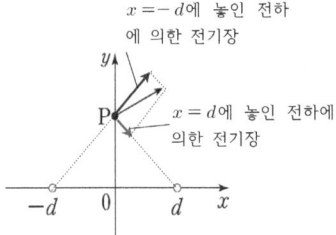

Q&A

질문 0V의 물리적 의미가 무엇인가요?

답변 전기적 위치에너지와 전위는 기준점에 따라서 값이 달라질 수 있기 때문에 물리적 의미가 없습니다. 다만 역학적 에너지 보존 법칙에서는 그 변화량이 의미가 있기 때문에 변화량이 물리적 의미가 있다고 봅니다.

§ 4. 점전하, 면전하, 선전하, 면전하, 구전하 주위 전위 (심화)

1. 전기적 위치에너지 정확한 유도 과정

1) 위치에너지 공식의 정성적 유도

정지해 있던 시험 전하를 이동시키면 일과 에너지 정리 ($W_\text{비} = \Delta K + \Delta U$)에서 $\Delta K = 0$ 이므로 위치에너지의 변화량은 $\Delta U = F_\text{비} \Delta x$ 이다. 좀 더 일반적인 형태로 표현하면 $\Delta U = \int F_\text{비} dr$ 이다. 그리고 $r = \infty$ 에 있던 시험전하를 원천전하 근처(r)까지 끌고 오면서 일을 한다면 $\Delta U = \int_\infty^r F_\text{비} dr$ 이다. 만약 무한대를 위치에너지의 기준으로 삼으면($U(r=\infty)=0$) $U(r) = \int_\infty^r F_\text{비} dr$ 이다.

한편 시험 전하를 이동시킬 때 준정적으로 끌고 오기 때문에 매 순간 비보존력과 보존력은 평형을 이룬다. 그러므로 위치에너지의 변화량은 $\Delta U = -F_\text{보} \Delta x$ 로 표현할 수 있다. 좀 더 일반적인 형태로 표현하면 $\Delta U = -\int_\infty^r F_\text{보} dr$ 이다.

2) 중력 위치에너지 ($U = -\frac{GMm}{r}$)의 엄밀한 유도

pf1. 보존력이 한 일 이용

보존력과 위치에너지의 관계($W_\text{보} = -\Delta U$)를 이용하여 위치에너지 식을 유도해보자. 아래 그림처럼 무한대에 있던 질점이, 원점에 있는 지구로부터 r 만큼 떨어진 곳까지 이동한다.

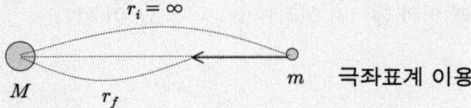
극좌표계 이용

i) $W_\text{보} = \int_{r_0}^r \vec{F}_\text{보} \cdot d\vec{r} = \int_{r_0=\infty}^r (-\frac{GMm}{r^2}\hat{r}) \cdot (dr\hat{r})$

$= \underbrace{\int_{r_0=\infty}^r (-\frac{GMm}{r^2}) dr}_{\star} = \frac{GMm}{r}\Big|_\infty^r$

$= \frac{GMm}{r} > 0$ (양의 일) ... ①

ii) ①식을 $\Delta U = -W_\text{보}$ 에 대입하면

$\Rightarrow U(r) - U(\infty) = -\frac{GMm}{r}$

$\Rightarrow U(r) = -\frac{GMm}{r} + \underbrace{U(\infty)}_{0으로 가정}$ ... ②

단, 역제곱 법칙 힘일 때만, 위치에너지의 기준을 무한대로 한다.

참고로, 일반화된 식은 다음과 같다.

★을 $\Delta U = -W_\text{보}$ 에 대입하면

$\Delta U = -\int_{r_0}^r (-\frac{GMm}{r^2}) dr = -\int_{r_0}^r F_\text{보} dr$

or $U(r) = -\int_{r_0=\infty}^r (-\frac{GMm}{r^2}) dr = -\int_{r_0=\infty}^r F_\text{보} dr$

pf2. 비보존력이 한 일 이용

일과 에너지 정리($W_\text{비} = \Delta K + \Delta U$)를 이용하여 위치에너지 식을 유도해보자. 아래 그림처럼 철수($F_\text{비}$)가 무한대에 있던 질점을, 원점에 있는 지구로부터 r 만큼 떨어진 곳까지 준정적으로 이동시킨다. 이 때 일과 에너지 정리는 $W_\text{비} = +\Delta U$ 가 된다.

극좌표계 이용

i) $W_\text{비} = \int_{r_0}^r \vec{F}_\text{비} \cdot d\vec{r} = -\int_{r_0}^r \vec{F}_\text{보} \cdot d\vec{r}$

$= -\int_{r_0=\infty}^r (-\frac{GMm}{r^2}\hat{r}) \cdot (dr\hat{r}) = \underbrace{-\int_\infty^r (-\frac{GMm}{r^2}) dr}_{\star}$

$= -\frac{GMm}{r}\Big|_\infty^r = -\frac{GMm}{r} < 0$ (음의 일) ... ①

ii) ①식을 $\Delta U = W_\text{비}$ 에 대입하면

$\Rightarrow U(r) - U(\infty) = -\frac{GMm}{r}$

$\Rightarrow U(r) = -\frac{GMm}{r} + \underbrace{U(\infty)}_{0으로 가정}$ ... ②

단, 역제곱 법칙 힘일 때만, 위치에너지의 기준을 무한대로 한다.

참고로, 일반화된 식은 다음과 같다.

★을 $\Delta U = W_\text{비}$ 에 대입하면

$\Delta U = -\int_{r_0}^r (-\frac{GMm}{r^2}) dr = -\int_{r_0}^r F_\text{보} dr$

or $U(r) = -\int_{r_0=\infty}^r (-\frac{GMm}{r^2}) dr = -\int_{r_0=\infty}^r F_\text{보} dr$

* 주의 : 역제곱 법칙 힘이나 장일 때, 위치에너지의 기준을 무한대로 한다. 그리고 보존력 방향으로 접근하면 위치에너지가 낮아진다. 그러므로 아래 그래프처럼 원점으로 갈수록 (-)로 값이 낮아질 수밖에 없다!

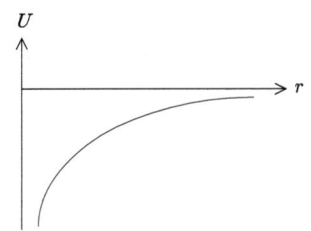

cf. 선질량, 면질량일 때도 쓸 수 있는 식 :

$\Delta U(r) = -\int_{r_0}^r F_\text{보} dr$ or $U(r) = -\int_{r_0}^r F_\text{보} dr$

3) 전기적 위치에너지($U = \frac{k(\pm Q)(\pm q)}{r}$)의 정확한 유도

pf1. 비보존력이 한 일 이용

일과 에너지 정리($W_{비} = \Delta K + \Delta U$)를 이용하여 위치에너지 식을 유도해보자. 아래 그림처럼 철수($F_{비}$)가 무한대에 있던 시험전하를, 원점에 있는 원천전하로부터 r 만큼 떨어진 곳까지 준정적으로 이동시킨다. 이 때 일과 에너지 정리는 $W_{비} = +\Delta U$이 된다.

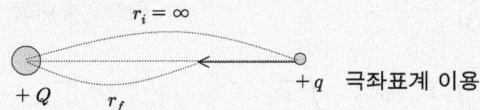 극좌표계 이용

i) $W_{비} = \int_{r_0}^{r} \vec{F_{비}} \cdot d\vec{r} = -\int_{r_0}^{r} \vec{F_{보}} \cdot d\vec{r} = -\int_{\infty}^{r} (\frac{k(+Q)(+q)}{r^2}\hat{r}) \cdot (dr\,\hat{r})$

$= \underbrace{-\int_{\infty}^{r} (\frac{k(+Q)(+q)}{r^2}) dr}_{\bigstar} = \frac{k(+Q)(+q)}{r}\Big|_{\infty}^{r}$

$= \frac{k(+Q)(+q)}{r} > 0$ (양의 일) ... ①

ii) ①식을 $\Delta U = W_{비}$ 에 대입하면

$\Rightarrow U(r) - U(\infty) = \frac{k(+Q)(+q)}{r}$

$\Rightarrow U(r) = \frac{k(+Q)(+q)}{r} + \underbrace{U(\infty)}_{0으로가정}$

단, 역제곱 법칙 힘일 때만, 위치에너지의 기준을 무한대로 한다.

참고로, 일반화된 식은 다음과 같다.

★을 $\Delta U = W_{비}$ 에 대입하면,

$\Delta U = -\int_{r_0}^{r} (\frac{k(+Q)(+q)}{r^2}) dr = -\int_{r_0}^{r} F_{보}\, dr$

or $U(r) = -\int_{r_0 = \infty}^{r} (\frac{k(+Q)(+q)}{r^2}) dr = -\int_{r_0 = \infty}^{r} F_{보}\, dr$

→ 의미 : 위치에너지란 무한대에 있던 시험전하(q)를 원천전하(Q) 근처까지 끌고 오면서 비보존력이 한 일이다.

pf2. 보존력이 한 일 이용

보존력과 위치에너지의 관계($W_{보} = -\Delta U$)를 이용하여 위치에너지 식을 유도해보자. 아래 그림처럼 철수($F_{비}$)가 무한대에 있던 시험전하를, 원점에 있는 원천전하로부터 r 만큼 떨어진 곳까지 준정적으로 이동시킨다.

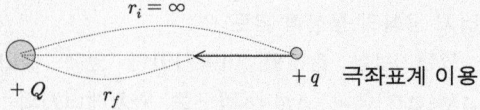 극좌표계 이용

i) $W_{보} = \int_{r_0}^{r} \vec{F_{보}} \cdot d\vec{r} = \int_{r_0 = \infty}^{r} (\frac{k(+Q)(+q)}{r^2}\hat{r}) \cdot (dr\,\hat{r})$

$= \underbrace{\int_{\infty}^{r} \frac{k(+Q)(+q)}{r^2} dr}_{\bigstar} = -\frac{k(+Q)(+q)}{r}\Big|_{\infty}^{r}$

$= -\frac{k(+Q)(+q)}{r} < 0$ (음의 일) ... ①

ii) ①식을 $\Delta U = -W_{보}$ 에 대입하면

$\Rightarrow U(r) - U(\infty) = \frac{k(+Q)(+q)}{r}$

$\Rightarrow U(r) = \frac{k(+Q)(+q)}{r} + \underbrace{U(\infty)}_{0으로가정}$

단, 역제곱 법칙 힘일 때만, 위치에너지의 기준을 무한대로 한다.

참고로, 일반화된 식은 다음과 같다.

★을 $\Delta U = -W_{보}$ 에 대입하면,

$\Delta U = -\int_{r_0}^{r} (\frac{k(+Q)(+q)}{r^2}) dr = -\int_{r_0}^{r} F_{보}\, dr$

or $U(r) = -\int_{r_0 = \infty}^{r} (\frac{k(+Q)(+q)}{r^2}) dr = -\int_{r_0 = \infty}^{r} F_{보}\, dr$

→ 의미 : 위치에너지란 무한대에 있던 시험전하(q)를 원천전하 근처까지 끌고 오면서 전기력이 한 일의 음수다.

* 주의 : 역제곱 법칙 힘이나 장일 때, 위치에너지의 기준을 무한대로 한다. 그리고 보존력 방향으로 접근하면 위치에너지가 낮아진다. 그러므로 아래 그래프처럼 원점으로 갈수록 (+)로 값이 높아질 수밖에 없다!

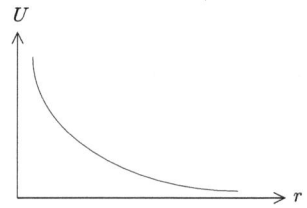

cf. 선전하, 면전하일 때도 쓸 수 있는 식 :

$\Delta U(r) = -\int_{r_0}^{r} F_{보}\, dr$ or $U(r) = -\int_{r_0}^{r} F_{보}\, dr$

2. 전기장과 전위의 관계식

1) 앞에서 전기적 위치에너지를 유도하기 위해 일과 에너지 정리를 이용하였다. 위치에너지 변화량은 $\Delta U = F_{비} \Delta d$ 처럼 쓸 수 있고 이것의 적분형은 $\Delta U = \int F_{비} dr$ 이었다. 그리고 위치에너지는, 무한대에 있던 시험전하($+q$)를 원천전하($+Q$) 근처까지 끌고 오면서 해 준 일이기 때문에 적분구간을 $r = \infty$ 에서 r까지 하였다. 즉 $\Delta U = \int_{\infty}^{r} F_{비} dr$ 으로 표현하였다. 위치에너지의 기준을 무한대로 약속하였기 때문에 $U_0 \equiv 0$ 을 이용하여 $U = \int_{\infty}^{r} F_{비} dr$ 으로 표현하였다.

$$\Delta U = \int_{\infty}^{r} F_{비} dr \quad \text{or} \quad U = \int_{\infty}^{r} F_{비} dr$$

2) 시험전하를 준정적으로 끌고 왔기 때문에 매순간 비보존력과 보존력은 평형이었다. 그러므로 $F_{비} = -F_{보}$ 를 대입하면 다음과 같다.

$$\Delta U = -\int_{\infty}^{r} F_{보} dr \quad \text{or} \quad U = -\int_{\infty}^{r} F_{보} dr$$

3) 양변으로 시험전하의 전하량(q)으로 나누면 다음과 같다.

$$\Delta V = -\int_{\infty}^{r} E dr \quad \text{or} \quad V = -\int_{\infty}^{r} E dr$$

4) 전위의 의미 : 전기장은 단위전하(+1C)가 받는 힘이고 전위는 단위전하의 위치에너지이므로, **전위란 무한대에 있던 단위전하(+1C)를 원천전하 근처까지, 비보존력이 끌고 오면서 해 준 일을** 뜻한다.

5) 위치에너지의 기준이 무한대였듯이 전위의 기준도 무한대로 한다.

3. 가우스 법칙 문제 유형 – 기본 상황 4가지

case1. 점전하 상황

ex 1 '적분형 가우스 법칙'을 이용하여 점전하 주위의 전위를 구하고, 그래프를 그리시오. 단, 전하량은 Q이고, 진공의 유전율은 ϵ_0이다. 전위의 기준은 무한대이다.

1) 전위
극좌표계를 이용하겠다.

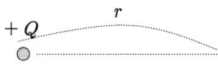

원천전하($+Q$)로부터 무한히 떨어진 지점($r = \infty$)을 전위의 기준, 즉 $0V$로 약속하자. 그리고 무한대 지점에 있던 단위전하를($+1C$)를 원천전하로부터 r 만큼 떨어진 위치까지 끌고 오는 상황이라고 가정하자.

$$\Delta V = -E\Delta r \quad \text{or} \quad \Delta V = -\int_{r_0}^{r} \vec{E} \cdot \vec{dr}$$

$$\Rightarrow V - \underbrace{V_0}_{\equiv 0} = -\int_{\infty}^{r} (+\frac{kQ}{r^2}\hat{r}) \cdot (dr\hat{r})$$

$$= -\int_{\infty}^{r} \frac{kQ}{r^2} dr = \frac{kQ}{r}\Big|_{\infty}^{r} = \frac{k(+Q)}{r}$$

$$\therefore V = \frac{k(+Q)}{r}$$

2) 그래프

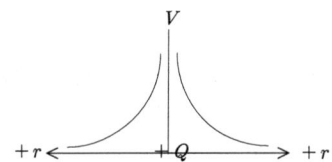

Part 3. 전자기학

caseII. 무한 선전하 상황

ex 2 '적분형 가우스 법칙'을 이용하여 골고루 대전된 '가상의' 무한 선전하 주위의 전위를 구하고, 그래프를 그리시오. 단, 선전하밀도는 λ이고, 진공의 유전율은 ϵ_0이다.

1) 전위

극좌표계를 이용하겠다.

원천전하($+Q$)로부터 무한히 떨어진 지점($r=\infty$)을 전위의 기준, 즉 $0V$로 약속하자. 그리고 무한대 지점에 있던 단위전하를 ($+1C$)를 원천전하로부터 r만큼 떨어진 위치까지 끌고 오는 상황이라고 가정하자.

$$\Delta V = -E\Delta r \text{ or } \Delta V = -\int_{r_0}^{r} \vec{E}\cdot d\vec{r}$$

$$\Rightarrow V - \underbrace{V_0}_{=0} = -\int_{\infty}^{r}(+\frac{1}{2\pi\epsilon_0}\frac{\lambda}{r}\hat{r})\cdot(dr\hat{r})$$

$$= -\int_{\infty}^{r}\frac{1}{2\pi\epsilon_0}\frac{\lambda}{r}dr = \frac{\lambda}{2\pi\epsilon_0}\ln\frac{\infty}{r} = \infty$$

→ 전위란 비보존력이 단위전하한테 해 준 일이다. 그러므로 특정 위치에서 전위가 무한대인 것은 모순이다.

이런 문제가 발생한 이유는 점전하 상황에서의 기준($r=\infty$에서 $0V$)를 무턱대고 도입해서 그렇다. 이것을 해결하려면 무한 선전하인 경우 전위의 기준을 원천전하에서 무한히 떨어진 지점이 아니라, r_0 정도 유한하게 떨어진 지점으로 정하는 수밖에 없다.

다시 적분해보자.

$$V_f - \underbrace{V_i}_{\substack{0\text{으로}\\\text{가정}}} = -\int_{r_0}^{r}(+\frac{1}{2\pi\epsilon_0}\frac{\lambda}{r}\hat{r})\cdot(dr\hat{r})$$

$$= -\int_{r_0}^{r}\frac{1}{2\pi\epsilon_0}\frac{\lambda}{r}dr = -\frac{\lambda}{2\pi\epsilon_0}\ln\frac{r}{r_0}$$

$$\therefore V = -\frac{\lambda}{2\pi\epsilon_0}\ln\frac{r}{r_0}$$

2) 그래프

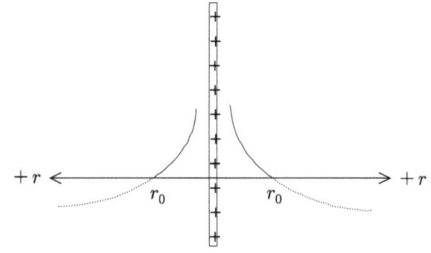

caseIII. 무한 면전하 상황(유일한 균일 전기장 상황임)

ex 3 '적분형 가우스 법칙'을 이용하여 골고루 대전된 '가상의' 무한 면전하 주위의 전위를 구하고, 그래프를 그리시오. 단, 면전하밀도는 σ이고, 진공의 유전율은 ϵ_0이다.

1) 전위

$$\Delta V = -\int_{r_0}^{r} E\,dr$$

$$\Rightarrow V - \underbrace{V_0}_{=0} = -\frac{\sigma}{2\epsilon_0}(r-r_0)$$

$$\Rightarrow V = -\frac{\sigma}{2\epsilon_0}(r-r_0)$$

무한 면전하는 균일한 전기장을 형성하므로 전위 그래프가 1차 함수 형태이다. 전위가 0V로 수렴하지 않는다. 그렇기 때문에 전위의 기준을 r_0 정도 유한하게 떨어진 곳으로 정한다.

2) 그래프

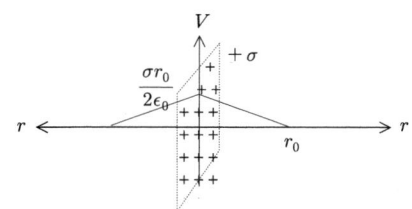

지금부터 무한 면전하 관련 응용 문제를 다루어 보자.

Quiz 1 다음 그림처럼 면전하 밀도가 각각 $+\sigma$, $-\sigma$인 두 무한 평판이 마주보고 있다. 각 영역에서 전위가 어떻게 되겠는가?

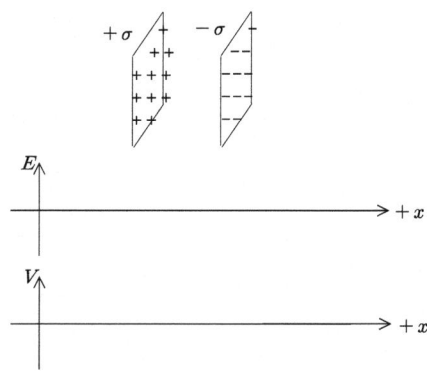

Quiz 2 다음 그림처럼 면전하 밀도가 각각 $+5\sigma$, -2σ인 두 무한 평판이 마주보고 있다. 각 영역에서 전위가 어떻게 되겠는가?

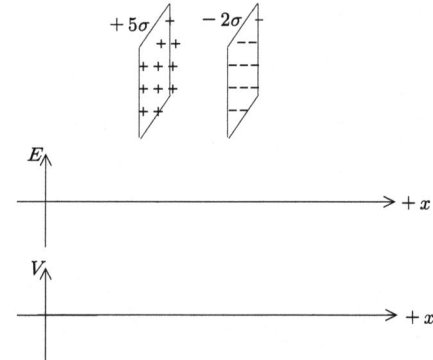

caseIV. 구전하 상황

ex 4 '적분형 가우스 법칙'을 이용하여 골고루 대전된 '가상의' 구전하 주위의 전위를 구하고, 그래프를 그리시오. 단, 총 전하량은 Q, 반지름은 R이며, 진공의 유전율은 ϵ_0이다. 전위의 기준은 무한대이다.

1) 외부 : $V_{\text{out}} = k\dfrac{Q}{r}$

pf. 극좌표계 이용
$$V = -\int_\infty^r E dr = -\int_\infty^r k\frac{Q}{r^2}dr = k\frac{Q}{r}$$

2) 표면 : $V_{\text{표면}} = k\dfrac{Q}{R}$

pf. 극좌표계 이용
$$V = -\int_\infty^R E dr = -\int_\infty^R k\frac{Q}{r^2}dr = k\frac{Q}{R}$$

3) 내부 : $V_{\text{in}} = -\dfrac{kQ}{2R^3}r^2 + \dfrac{3kQ}{2R}$ (기출)

pf. 극좌표계 이용

$V = -\int_\infty^r E\,dr$를 이용한다.

$$V_{\text{in}} = -\int_\infty^R E_{\text{out}} dr - \int_R^r E_{\text{in}} dr = -\int_\infty^R k\frac{Q}{r^2}dr - \int_R^r k\frac{Q}{R^3}r dr$$
$$= k\frac{Q}{R} - \frac{1}{2}k\frac{Q}{R^3}(r^2 - R^2) = \frac{3kQ}{2R} - \frac{kQ}{2R^3}r^2$$

4) 중심 : $V_{\text{중심}} = -\dfrac{3kQ}{2R}$

pf1. 극좌표계 이용

$V = -\int_\infty^r E\,dr$를 이용한다.

$$V_{\text{중심}} = -\int_\infty^R E_{\text{out}} dr - \int_R^0 E_\in dr = -\int_\infty^R k\frac{Q}{r^2}dr - \int_R^0 k\frac{Q}{R^3}r dr$$
$$= k\frac{Q}{R} + \frac{1}{2}k\frac{Q}{R^3}(R^2) = \frac{3kQ}{2R}$$

pf2. E-x 그래프의 면적은 외력이 해 준 일이다.

i) 외부에서 E-x 그래프의 면적은 사람이 단위전하에게 한 일과 같다.

결국 표면에서의 전위와 같다. $V_R = \dfrac{kQ}{R}$

ii) 내부에서 E-x 그래프의 면적은 $\dfrac{1}{2} \times \dfrac{kQ}{R^2} \times R = \dfrac{kQ}{2R}$이다. 이것이 내부에서 사람이 단위전하에게 한 일이다.

그러므로 중심에서 전위는 $\dfrac{kQ}{2R} + \dfrac{kQ}{R} = \dfrac{3kQ}{2R}$

5) 그래프

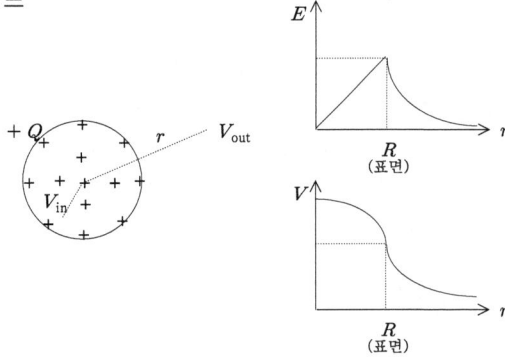

cf. 신박한 풀이 - 경계 조건 이용

i) $V_{out} = -\int E_{out} dr = -\int \dfrac{kQ}{r^2} dr = \dfrac{kQ}{r} + C$

그런데 $V_{out}(r=\infty) = 0 + C = 0$ 에서 $C=0$ 이므로 $V_{out} = k\dfrac{Q}{r}$

ii) $V_{in} = -\int E_{in} dr = -\int \dfrac{kQ}{R^3} r^2 dr = -\dfrac{kQ}{2R^3} r^2 + D$

그런데 $V_{out}(r=R) = V_{in}(r=R)$ 이어야 하므로

$\dfrac{kQ}{R} = -\dfrac{kQ}{2R} + D$ 에서 $D = \dfrac{3kQ}{2R}$ 이다. 결국 $V_{in} = \dfrac{3kQ}{2R} - \dfrac{kQ}{2R^3} r^2$

Ch 7. 정전기학

4. 가우스 법칙 문제 유형 – 응용 상황 1가지

caseV. 구껍질전하 상황

ex 1 '적분형 가우스 법칙'을 이용하여 골고루 대전된 '가상의' 구껍질전하 주위의 전위를 구하고, 그래프를 그리시오. 단, 총전하량은 Q, 반지름은 R이며, 진공의 유전율은 ϵ_0이다. 전위의 기준은 무한대이다.

1) 외부 : $V_{out} = k\dfrac{Q}{r}$

pf. 극좌표계 이용
$$V = -\int_{\infty}^{r} E dr = -\int_{\infty}^{r} k\dfrac{Q}{r^2} dr = k\dfrac{Q}{r}$$

2) 표면 : $V_{surface} = k\dfrac{Q}{R}$

3) 내부 : $V_{in} = k\dfrac{Q}{R}$

4) 그래프

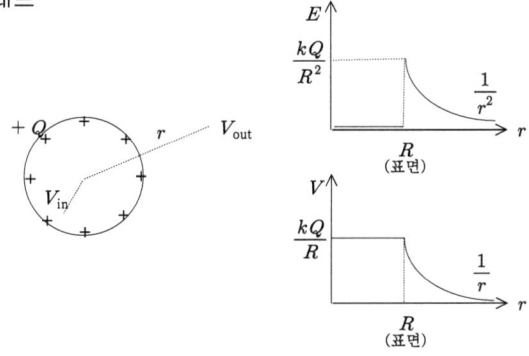

5) 오개념 : 전위 그래프를 그릴 때 원점에서부터 그리기 시작한다.

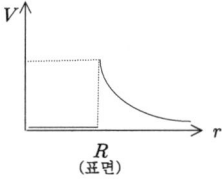

정개념 : 전위 그래프를 그릴 때는 무한대부터 그리기 시작한다.

6) 이론의 유사성 : 도체구 안팎에서 전위와 완전 동일하다. 즉 도체구 안팎에서 전위는 각각 $V_{in} = k\dfrac{Q}{R}$, $V_{out} = k\dfrac{Q}{r}$이다.

★ 암기 point
1. 양의 원천전하 주위에서 전위 그래프 개형은 산봉우리 모양, 음의 원천전하 주위에서 전위 그래프 개형은 산골짜기 모양
2. 구와 구껍질 외부에서 전위는 점전하 전위와 동일하다.
3. 전위 : 기준점에 있던 +1C인 입자에게 비보존력이 해 준 누적된 일과 같다.

Q&A

질문 0V의 물리적 의미가 무엇인가요?

답변 역학적 에너지 보존 법칙에 의해 전기적 위치에너지와 전위는 변화량만 의미가 있고, 그 값 자체는 기준에 따라서 변하는 무의미한 물리량들이다. 그런데 0J이나 0V가 되는 기준점을 정해놓으면, 전기적 위치에너지와 전위 그 값 자체가 변화량이 되므로 역학적 에너지 보존 법칙에 바로 적용할 수 있게 된다. 그래서 문제를 풀기 전 꼭 기준을 확인할 필요가 있다.

Part 3. 전자기학

§ 5. 도체와 유전체

1. 자유전자와 전류

물질의 최소 단위인 원자(atom)는 원자핵(nucleus)과 전자(electron)로 구성되어 있다.

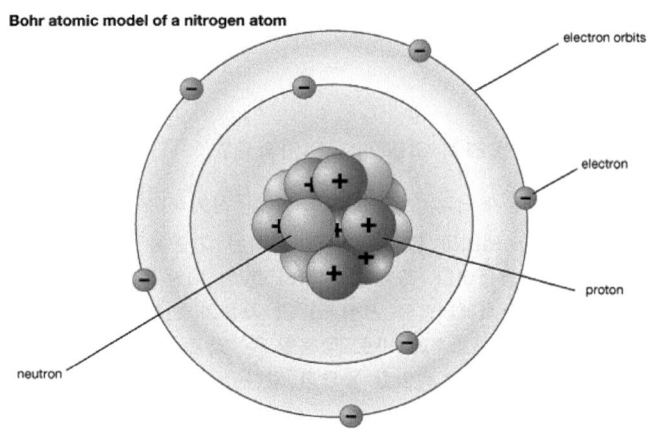

그리고 철이나 구리 같은 종류의 물체들의 원자들은, 서로 모여서 결합하여 고체가 되면 최외각 전자들의 구속력이 약해져서 자신의 원자핵으로부터 자유롭게 이탈하게 된다. 이런 전자를 자유전자(free electron)라고 한다. 자유전자가 많으면 금속 또는 도체라고 부르고, 거의 없으면 부도체, 절연체, 유전체라고 부른다.

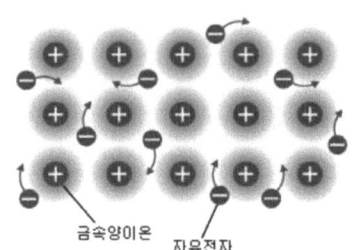

금속에 전기장 또는 전위차를 걸어주면 자유전자들이 한 쪽으로만 움직이게 되는데 이를 전류라고 부른다.

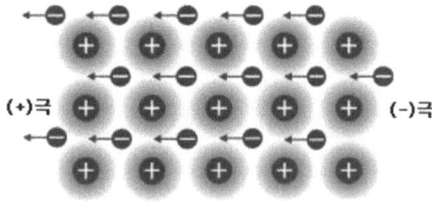

이 전류가 사람 몸에 흐르게 되면 사람은 '감전'되었다, 라고 하고, 심장마비나 화상을 입을 수 있다.

2. 도체(금속)

1) 고립된 도체구

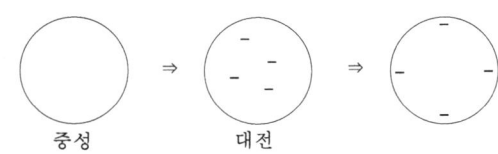

특징1 : 자유전하(과잉전하, 잉여전하)는 항상! 도체표면에만 존재한다.
특징2 : 도체 내부 전기장은 항상! 0이다.
특징3 : 전기장은 도체면에 수직이다.

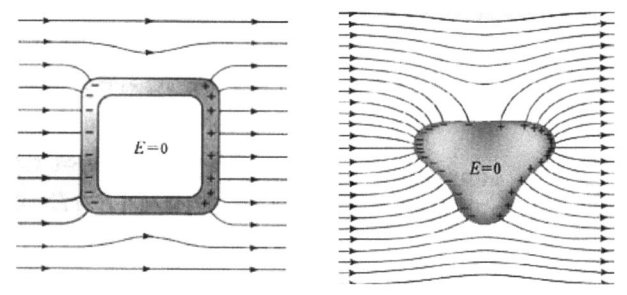

Quiz 1 다음 그림은 $Q=+5C$으로 대전된 두꺼운 구껍질을 나타낸 것이다. 자유전하는 어디에 분포하겠는가?

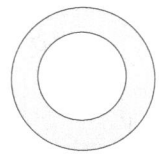

2) 외부 전기장 속 중성 도체구

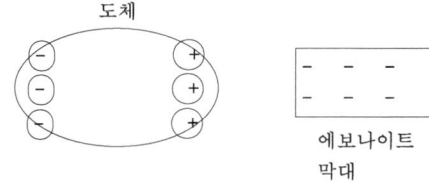

→ 이런 현상을 정전기 유도 현상이라고 한다.
→ 특징 : 도체는 자신의 내부에, 외부 전기장과 크기가 같고 방향이 반대인 전기장을 유도한다.
  그래서 내부 알짜 전기장이 항상 0이 된다.
→ 번개 피하는 방법 : 자동차에 타기

3. 도체 관련 예제들

ex 1 반지름이 R 이고 Q 로 골고루 대전된 고립된 도체구가 있다. 안팎에서 전기장과 전위를 구해보시오. (기출)

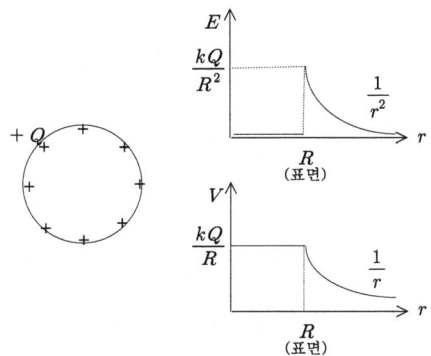

ex 2 다음 그래프는 대전된 금속구 A, B 주위의 전위를 거리에 따라 나타낸 것이다.

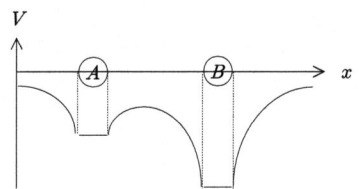

이 그래프에 대한 설명으로 옳은 것을 <보기>에서 모두 고른 것은?

─── <보 기> ───
ㄱ. A, B 둘 다 음(-)전하이다.
ㄴ. A의 전하량의 크기는 B보다 작다.
ㄷ. A, B 사이에 전기장이 0인 지점이 있다.

① ㄱ ② ㄴ ③ ㄷ
④ ㄱ, ㄷ ⑤ ㄱ, ㄴ, ㄷ

정답 ⑤ ㄱ, ㄴ, ㄷ

ㄱ. $V = k\dfrac{Q}{r}$ 이고 그래프에서 A, B의 전위가 모두 0보다 작으므로 A, B 는 둘 다 음전하이다.

ㄷ. $E = -\dfrac{dV}{dx}$ 에서 전위 그래프에서 기울기의 음의 값이 전기장이다. 주어진 그래프를 보면 A, B 사이에 기울기가 0인 지점이 있다.

Part 3. 전자기학

ex 3 점전하 형태의 자유 전하(free charge) q가 있는데, 갑자기 내측 반지름이 a이고 외측 반지름이 b인 두꺼운 중성 도체 구껍질로 점전하를 둘러싸버렸다. 도체 표면에서 면전하 밀도를 각각 구하시오. 그리고 각 영역에서 전기장을 구하시오. 단 진공의 유전율은 ϵ_0이다.

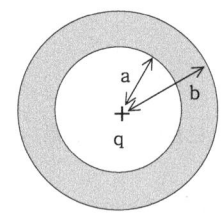

정답

우선 두꺼운 도체 구껍질 내측 표면과 외측 표면에 유도된 전하부터 구한다.

1) 내측 표면에 유도된 전하 구하기

   $a < r < b$인 영역에서 가우스 면을 잡으면 $\oint (0) dA = \frac{q+x}{\epsilon_0}$에서 $x = -q$임을 알 수 있다. 그러므로 내측 표면에서 면전하 밀도는 $\sigma(r=a) = \frac{-q}{4\pi a^2}$이다.
   참고로 x를 유도 전하 혹은 속박 전하(bound charge)라고도 부른다.

2) 외측 표면에 유도된 전하 구하기

   도체 구껍질은 처음에 중성이었으므로 전하량 보존 법칙에 의해 $0 = (-q) + y$이므로 $y = +q$이다. 그러므로 외측 표면에서 면전하 밀도는 $\sigma(r=b) = \frac{q}{4\pi b^2}$이다.

3) $r < a$인 영역에서 전기장 구하기

   $E_1 \cdot 4\pi r^2 = \frac{q}{\epsilon_0}$에서 $E_1 = \frac{1}{4\pi\epsilon_0}\frac{q}{r^2}$

4) $a < r < b$인 영역에서 전기장 구하기

   도체이므로 $E_2 = 0$

   혹은 $E_2 \cdot 4\pi r^2 = \frac{q+x}{\epsilon_0} = 0$에서 $E_2 = 0$

5) $r > b$인 영역에서 전기장 구하기

   $E_3 \cdot 4\pi r^2 = \frac{q}{\epsilon_0}$에서 $E_3 = \frac{1}{4\pi\epsilon_0}\frac{q}{r^2}$

   → 시사점 : 도체는 자신이 차지하는 영역의 전기장만 삭제(delete) 한다.

ex 4 그림처럼 $x < 0$인 영역이 도체이고, $x > 0$인 영역이 진공이다. $x = 0$인 영역에 면전하밀도가 σ인 반무한 도체가 있다. 도체 외부의 한 점 p에서 전기장을 구하시오. 단 진공의 유전율은 ϵ_0이다.

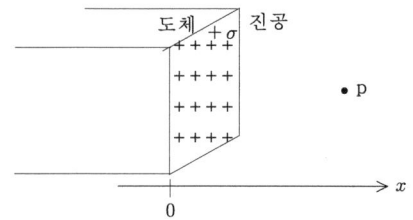

정답 $E = \frac{\sigma}{\epsilon_0}$

도체의 특성상 전하는 면에만 존재하고 내부에 전기장은 0이다. 그러므로 다음 그림처럼 가우스면을 잡아서 가우스법칙을 적용한다.

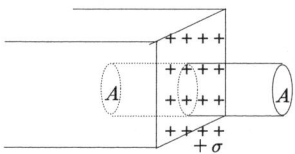

$E \times A \cos 0° + (0) \times A \cos 0° + E \times (옆면적) \cos 90° = \frac{\sigma A}{\epsilon_0}$

ex 5 피뢰침의 끝은 날카롭게 만들어져 있다. [그림]과 같은 모형을 이용하여 이 사실을 알아보고자 한다. 작은 구 쪽과 큰 구 쪽의 근처에서 전기장의 비 E_1/E_2는? (단, 두 구와 중간에 연결된 가는 선은 도체이다.)

① $\dfrac{r}{R}$ ② $\dfrac{r^2}{R^2}$ ③ $\dfrac{R}{r}$ ④ $\dfrac{R^2}{r^2}$

정답 ③ $\dfrac{R}{r}$

i) 두 금속구를 도선으로 연결하면 표면 전위 $V = \dfrac{kQ}{R}$가 같아질 때까지 전하가 이동한다. 그러므로 전하의 이동이 멈춘 후 표면의 전하량은 반지름에 비례한다. 즉 $Q \propto R$ —①

ii) 도체구 표면 전기장은 $E = \dfrac{kQ}{R^2}$이므로 $E \propto \dfrac{Q}{R^2}$ —②

iii) ①, ②에서 $E \propto \dfrac{R}{R^2} = \dfrac{1}{R}$이므로 $E_1 : E_2 = \dfrac{1}{r} : \dfrac{1}{R}$이다.

참고로 이는 피뢰침의 원리를 설명해준다. 피뢰침(곡률반경이 작은 물체)을 빌딩(곡률반경이 큰 물체)에 설치하면, 구름 낀 날 빌딩에는 상대적으로 약한 전기장이 유도되고, 피뢰침에는 상대적으로 강한 전기장이 유도된다. 이 때 번개가 치게 되면 강한 전기장에 의해 피뢰침 쪽으로 끌려가게 되고, 피뢰침에 연결된 도선을 타고 땅 속으로 흡수된다. 같은 맥락에서 번개치는 날 지면에 가만히 서 있는 것보다는 엎드려 있는 것이 안전하다. 마찬가지로 번개치는 날 등산이나 골프를 지양하는 것이 안전하다.

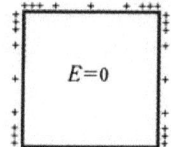
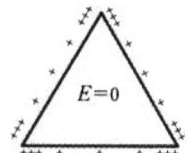

4. 유전체(부도체)

1) 유전체란 : 고무, 유리, 플라스틱 등 자유전자가 거의 없는 물체 또는 전류가 잘 흐르지 않는 물체를 부도체(nonconductor), 절연체(isolator), 유전체(dielectric)라고 한다.

2) 유전분극

부도체에서 일어나는 정전기 유도 현상을 편극, 분극 또는 유전분극이라고 한다. 그리고 유전분극이 잘 될수록 유전율(ϵ)이 크다고 한다.

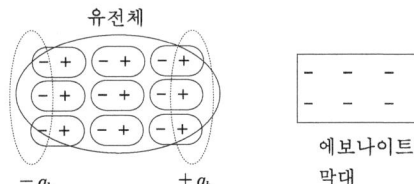

3) 특징 : 유전체는 자신의 내부에, 외부 전기장에 비해 크기는 작고 방향이 반대인 전기장을 유도한다.

또는 내부 알짜 전기장이 $0 < E_{in,net} < E_{ext}$ 이다.

참고로 전기력선이 대칭적인 상황에서는 $E_{in,net} = \frac{1}{k}E_{ext}$ 이 된다. 여기서 k를 유전 상수(dielectric constant)라고 부른다.

ex 1 유전상수가 k인 유전체 구가 자유 전하(free charge) q로 균일하게 대전되었다. 유전체 안팎에서 전기장을 구하시오. 단 Q_f는 자유 전하(free charge)이고, 진공의 유전율은 ϵ_0이며, 진공의 유전상수는 $k=1$이다.

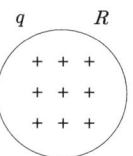

정답

1) 내부

앞에서 다룬 단순 구전하 상황이라면

$E_1 \cdot 4\pi r^2 = \dfrac{q \times \dfrac{r^3}{R^3}}{\epsilon_0}$ 에서 $E_1 = \dfrac{1}{4\pi\epsilon_0}\dfrac{q}{R^3}r$ 이지만

유전체 상황에서는 유전분극에 의해 '외부 전기장'이 $\frac{1}{k}$배로 약화되므로 가우스 법칙은 다음과 같다.

$E_1 \cdot 4\pi r^2 = \dfrac{q \times \dfrac{r^3}{R^3}}{k\epsilon_0}$ 에서 $E_1 = \dfrac{1}{4\pi k\epsilon_0}\dfrac{q}{R^3}r$

2) 외부

$E_2 \cdot 4\pi r^2 = \dfrac{q}{\epsilon_0}$ 에서 $E_2 = \dfrac{1}{4\pi\epsilon_0}\dfrac{q}{r^2}$

→ 시사점 : 유전체는 자신이 차지하는 영역의 전기장만 1/k만큼 감소시킨다.

→ 직관적 이해 : 중성 유전체구가 있는데, 그 내부에 점전하들을 송송 박아놓은 상황이라고 이해하면 된다. 박힌 점전하들이 외부 전기장 ($E_1 = \dfrac{1}{4\pi\epsilon_0}\dfrac{q}{R^3}r$)을 만들고, 이로 인해 유전체 구에 유전분극이 일어나서, 결과적으로 $r<R$ 영역에서 전기장이 $E_{in,net} = \dfrac{1}{k}(\dfrac{1}{4\pi\epsilon_0}\dfrac{q}{R^3}r)$이 된 것이다.

혹은 가상의 구전하가 있을 때, 그 사이 사이에 유전체 물질을 밀어 넣었다고 이해해도 좋다. 그러면 가상의 구전하에 의해 안팎에 전기장($E_1 = \dfrac{1}{4\pi\epsilon_0}\dfrac{q}{R^3}r$)이 존재하였을 텐데, 이로 인해 유전체에 유전분극이 일어나서 $r<R$ 영역에서 전기장이 $E_{in,net} = \dfrac{1}{k}(\dfrac{1}{4\pi\epsilon_0}\dfrac{q}{R^3}r)$이 된 것이라고 이해해도 된다.

4) 가우스 법칙 변형 : $\oint \vec{E} \cdot d\vec{A} = \dfrac{Q_f}{\epsilon} = \dfrac{Q_f}{k\epsilon_0}$ (전공)

Q_b를 몰라도, Q_f만 가지고 전기장을 구할 수 있는 가우스 법칙이다.

여기서 ϵ은 유전체의 유전율이고, k은 유전체의 유전상수이다. 그리고 진공의 유전상수는 $k=1$이다.

수험생들은 두 형태 중 어느 형태로 쓸지 선택을 해서 문제를 풀면 된다.

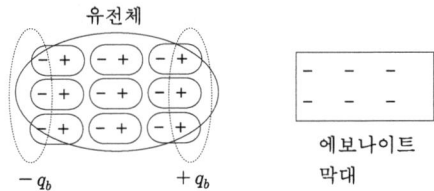

여기서 q_b는 유도 전하 혹은 속박 전하(bound charge)라고 부른다. 앞의 두꺼운 도체 구껍질 예제에서 봤다시피, 도체 구껍질의 내측 표면에서 유도된 전하량이 $-q$였다. 만약 유전체 구껍질이라면 $-q + \dfrac{q}{k}$ 만큼 덜(?) 유도된다. 여기서 k는 유전 상수(dielectric constant)라고 부른다.

5) 일반적인 가우스 법칙 : $\oint \vec{E} \cdot d\vec{A} = \dfrac{Q_f + Q_b}{\epsilon_0}$ (전공)

이는 유전체에서도 적용할 수 있는 좀 더 일반적인 형태이다.
여기서 Q_f는 free charge, 자유 전하, 잉여 전하, 과잉 전하이다.
Q_b는 bound charge, 속박 전하로서, 유전체에 유도된 전하를 의미한다.

ex 2 점전하 q가 있고, 갑자기 내측 반지름이 a이고 외측 반지름이 b인 중성 유전체 구껍질로 점전하를 둘러싸버렸다. 각 영역에서 전기장은 얼마인가? 단 진공의 유전율은 ϵ_0이다.

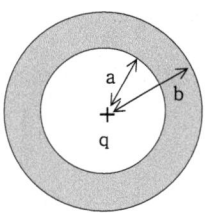

정답

1) $r < a$인 영역

$E_1 \cdot 4\pi r^2 = \dfrac{q}{\epsilon_0}$ 에서 $E_1 = \dfrac{1}{4\pi\epsilon_0}\dfrac{q}{r^2}$

2) $a < r < b$인 영역

$\oint \vec{E} \cdot d\vec{A} = \dfrac{Q_f}{k\epsilon_0}$ 에서 $E_2 \cdot 4\pi r^2 = \dfrac{q}{k\epsilon_0}$ 이므로 $E_2 = \dfrac{1}{4\pi k\epsilon_0}\dfrac{q}{r^2}$

혹은 내측 표면에서 유도되는 속박 전하가 $q_b = -q + \dfrac{q}{k}$ 이므로

$\oint \vec{E} \cdot d\vec{A} = \dfrac{Q_f + Q_b}{\epsilon_0}$ 에서 $E_2 \cdot 4\pi r^2 = \dfrac{q + (-q + \dfrac{q}{k})}{\epsilon_0}$ 이므로

$E_2 = \dfrac{1}{4\pi k\epsilon_0}\dfrac{q}{r^2}$

3) $r > b$인 영역

$\oint \vec{E} \cdot d\vec{A} = \dfrac{Q_f + Q_b}{\epsilon_0}$ 에서 유전체 전체 속박전하는 $Q_b = 0$ 이므로

$E_3 \cdot 4\pi r^2 = \dfrac{q}{\epsilon_0}$ 에서 $E_3 = \dfrac{1}{4\pi\epsilon_0}\dfrac{q}{r^2}$

→ 시사점 : 유전체는 자신이 차지하는 영역의 전기장만 1/k만큼 감소시킨다.

Part 3. 전자기학

ex 3 유전상수가 k이고 반지름이 a인 부도체 구가 전하량 Q로 골고루 대전되어 있고, 내측 반지름이 b이고, 외측 반지름이 c이며 q로 대전된 두꺼운 도체 구껍질이 바깥을 둘러싸고 있다. 각 영역에서 전기장은? 단 진공의 유전율은 ϵ_0이다.

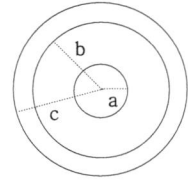

정답

1) $r < a$인 영역 : $\oint \vec{E} \cdot d\vec{A} = \dfrac{Q_f}{k\epsilon_0}$ 에서 $E_1 \cdot 4\pi r^2 = \dfrac{1}{k\epsilon_0}(Q \times \dfrac{r^3}{a^3})$이므로

$E_1 = \dfrac{1}{4\pi k\epsilon_0} \dfrac{Q}{a^3} r$

2) $a < r < b$인 영역 : $\oint \vec{E} \cdot d\vec{A} = \dfrac{Q_f + Q_b}{\epsilon_0}$ 에서 유전체 전체 속박전하는

$Q_b = 0$이므로 $E_2 \cdot 4\pi r^2 = \dfrac{Q}{\epsilon_0}$에서 $E_2 = \dfrac{1}{4\pi\epsilon_0} \dfrac{Q}{r^2}$

3) $b < r < c$인 영역 : 도체 내부($b < r < c$)에서는 항상 $E_3 = 0$

4) $r > c$인 영역 : $\oint \vec{E} \cdot d\vec{A} = \dfrac{Q_f + Q_b}{\epsilon_0}$ 에서 유전체 전체 속박전하는

$Q_b = 0$이므로 $E_4 \cdot 4\pi r^2 = \dfrac{Q + q}{\epsilon_0}$에서 $E_4 = \dfrac{1}{4\pi\epsilon_0} \dfrac{Q+q}{r^2}$

다양한 유전체 예제들은 기출이나 단원별 문제풀이 과정에서 다루어보겠다.

* 추론형 문제 엿보기

1. p에서의 전기장이 0일 때, $\frac{\rho_B}{\rho_A}$는?

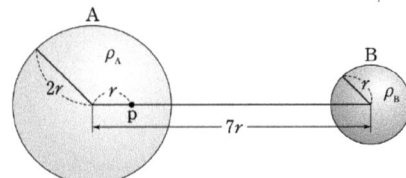

정답

p에서 전기장이 0인 것은 A가 만드는 전기장과 B가 만드는 전기장이 동일하기 때문이다.

i) $E_A \cdot 4\pi r^2 = \frac{1}{\epsilon_0}\rho_A \cdot \frac{4}{3}\pi r^3$

ii) $E_B \cdot 4\pi (6r)^2 = \frac{1}{\epsilon_0}\rho_B \cdot \frac{4}{3}\pi r^3$

iii) 두 식을 나누면 $\frac{1}{36} = \frac{\rho_A}{\rho_B}$ 이므로 $\frac{\rho_B}{\rho_A} = 36$ 이다.

2. 그림은 알짜 전하량이 $3Q$인 속이 빈 도체구의 중심에 전하량이 Q인 양(+)의 점전하가 고정되어 있는 것을 나타낸 것이다. 도체의 안쪽 표면과 바깥쪽 표면의 단위 면적 당 전하량의 크기는?

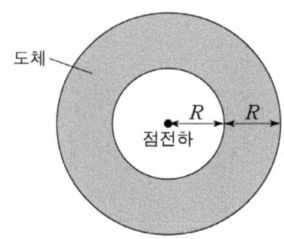

정답 $\sigma_{내측} = \frac{Q}{4\pi R^2}$, $\sigma_{외측} = \frac{4Q}{4\pi (2R)^2} = \frac{Q}{4\pi R^2}$

Memo

Chapter 7. 정전기학

Chapter 8. 직류회로

Chapter 9. 정자기학

Chapter 10. 전자기유도

Chapter 11. 교류회로

Part 3. 전자기학

앞 단원(정전기학) 내용 중 이번 단원(직류회로)와 관련된 내용

① 원천 전하가 주위 공간에 전기장 또는 전위차를 만듦

② 양의 시험전하는 $\vec{E}$ 방향으로 $\vec{F}$ 를 받음 ∵ $\vec{F}=q\vec{E}$

　양의 시험전하는 $V_고 \to V_저$ 로 $\vec{F}$ 를 받음 ∵ $E=-\dfrac{dV}{dr}$

　양의 시험전하는 $U_고 \to U_저$ 로 $\vec{F}$ 를 받음 ∵ $U=qV$

　음의 시험전하는 $-\vec{E}$ 방향으로 $\vec{F}$ 를 받음 ∵ $\vec{F}=-q\vec{E}$

　음의 시험전하는 $U_고 \to U_저$ 로 $\vec{F}$ 를 받음

　음의 시험전하는 $V_저 \to V_고$ 로 $\vec{F}$ 를 받음 ∵ $U=qV$

이번 시간 내용

① 양의 시험전하들이 계속 움직임(전류) - by 플랭클린
　음의 시험전하들이 반대방향으로 계속 움직임(실제 전류)
　단, 음의 시험전하의 본질은, 원자의 최외각 껍질 궤도에 있던 속박 전자들이 옆 원자들로 자유롭게 이동하는 전자들임(자유전자)

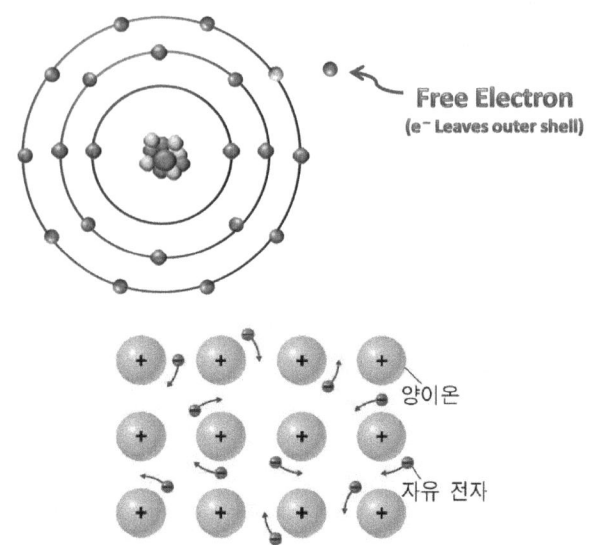

② 전기장($\vec{E}$) 또는 전위차(ΔV)(전압)이 존재해야 전류가 흐름

③ 정전기학에서는 원천 전하가 전기장과 전위차를 걸어주는 데 반해, 직류회로에서는 power supply(전원)가 전기장과 전위차를 걸어줌

④ 회로를 구성하는 요소는 네 가지다.
　전원 : 에너지 공급원
　　e.g. 아빠 월급

　꼬마 전구(저항기) : 에너지 소비원
　　e.g. 자녀 용돈

　휴대폰 배터리(축전기) : 에너지 저장원
　　e.g. 엄마 저축

　인덕터 : 에너지 저장원
　　e.g. 엄마 부동산

Ch 8. 직류회로

§ 1. 전류(electric current)

1. 이 단원을 원활하게 이해하기 위한 필수 tip.

새로운 학문이 만들어질 때 전혀 새로운 개념이나 이론체계를 만드는 것은 매우 힘들다. 그래서 보통은 기존에 통용되는 개념이나 이론체계를 이용해서 새로운 학문을 연구하게 된다. 만약 기존에 쓰이던 개념으로 새로운 현상을 설명하기 힘들 때는 기존 개념을 살짝 보정 또는 수정한다.
전자기학에서 쓰이는 전기력의 '역제곱 법칙'은 만유인력의 '역제곱 법칙'을 계승하였고, 회로에서 전류의 흐름은 역학에서 강물의 흐름을 계승하였다.
한편 자연현상들 사이에 유사성이 존재함을 쉽게 발견할 수 있다. 예를 들어 유체 저항력($f=bv$)은 전자기유도에서 유도자기력($F=\frac{B^2L^2}{R}v$)과 매우 흡사하다.
물리라는 학문의 '대칭성'과 자연현상의 '유사성'을 감안하고 이 파트를 공부해 나가면 큰 거부감없이 이론을 마스터할 수 있다♥

지금부터 꼬마전구에 불이 켜지는 원리를 강물이 흐르는 원리와 비교해서 공부해보자.

2. 강물이 흐르기 위한 조건

1) 방향성 : 산 → 바다

2) 조건1 : 두 지점 사이에 중력위치에너지 차가 존재해야 한다. 만약 산과 바다의 중력위치에너지가 동일하다면 강물은 흐르지 않는다.

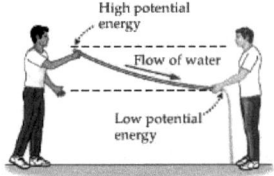 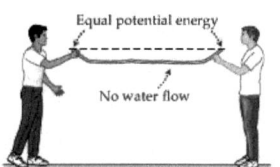

(a) Water flows from high potential energy to low　(b) Equal potential energy → no flow

3) 조건2 : 두 지점 사이에 중력위치 차가 존재해야 한다.

$F=\frac{GMm}{r^2}$	$U=mgh$
$g=\frac{GM}{r^2}$	$V=gh$

4) 흐름의 유지 : 펌프 필요. 펌프는 위치에너지를 공급한다.

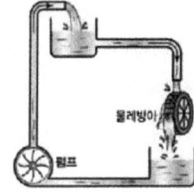

3. Benjamin Franklin의 제안

볼타전지와 꼬마전구를 도선(전선)으로 연결하면, 건전지의 '양극'에서 양(+)의 전기(양전하)들이 나와서 꼬마전구를 지나가면 불이 켜지고, 그 후 양전하들은 건전지의 음극으로 들어간다. 이 때 양전하들의 흐름을 전류(electric current)라고 한다. 그리고 전지, 전구, 도선으로 된 계를 폐회로(closed circuit)라고 한다. 폐회로일 때만 전류가 흐를 수 있다. 바꿔 말해 개회로(open circuit)이면 전류가 흐르지 못한다.

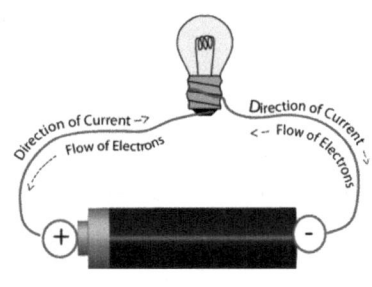

〈회로〉

단 전류는 꼬마전구를 지나면서 전기적 위치에너지가 감소하고 그만큼 꼬마전구에서 열이나 빛이 발생한다. 그래서 <u>꼬마전구에서 열이나 빛이 계속 발생하려면, 건전지가 펌프 역할을 해서 전류의 전기적 위치에너지를 다시 높여줘야 한다.</u>

* 정리

 전류는 양전하의 흐름이다. 전류는 건전지의 양극에서 나와서 건전지의 음극으로 들어간다.
 전기적 위치에너지가 존재한다.
 에너지 보존 법칙이 성립한다.

〈Benjamin Franklin - 피뢰침 발명, Join or Die, 독립선언서 작성 5인 중 한 명〉

지금까지의 내용은 프랭클린의 제안이었고 실제 현상은 조금 차이가 있다. 그 차이를 알아보자.

4. 실제 현상

1) 원자가 대전되는(전기를 띠는) 원리
 ① 전자 추가시 : $-q$
 ② 전가 방출시 : $+q$

2) 전류의 본질

 전지, 전구, 도선은 모두 도체이다. 이들은 자유전자를 갖고 있다. 그러므로 회로 내에서 실제로 움직이는 것은 양전하가 아니라 자유전자(free electron)이다!

 회로 내에서 자유전자는 고위치에너지($U_고$)에서 저위치에너지($U_저$)로 이동한다. 그런데 $\underbrace{U_고}_{+8J} = \underbrace{(-q)}_{-2C} \underbrace{V_저}_{-4V}$, $\underbrace{U_저}_{+6J} = \underbrace{(-q)}_{-2C} \underbrace{V_고}_{-3V}$ 라고 한다면 회로 내에서 자유전자는 저전위($V_저$)에서 고전위($V_고$)로 이동한다고 말할 수 있다. 그리고 건전지의 양극이 $V_고$이고 음극이 $V_저$이므로 자유전자는 건전지의 '음극'에서 나와서 건전지의 '양극'으로 이동한다.

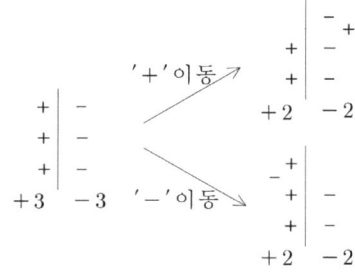

단 프랭클린의 제안은 여전히 유효하다. 왜냐하면 아래 그림처럼 양전하가 오른쪽으로 움직이는 것과 음전하가 왼쪽으로 움직이는 것은 결과적으로 같기 때문이다!

3) 전류의 정의 : $I \equiv \dfrac{\Delta q}{\Delta t}\,[C/s]\,[A]$ 즉 단위시간당 지나간 전하량

 예를 들어 5초 동안 20C의 전하가 흐르는 것보다는 2초 동안 10C의 전하가 흐르는 것이 훨씬 인체에 위험하다.

4) 유동속력(drift velocity)

자유전자가 도선 속에서 움직이면 '역학적 에너지 보존 법칙'에 의해 위치에너지가 감소한 만큼(qΔV) 운동에너지가 증가해야 한다. 그러나 도선을 이루는 구리 원자와의 수많은 충돌로 인해 열이 발생하고 그로 인해 운동에너지가 증가하지 못하고, 사실상 등속력으로 움직이게 된다. 이 속력을 유동속력(v_d)이라고 부른다. 일반적으로 $1\mu m/s \sim 1mm/s$ 안팎의 매우 느린 속력이다. 이를 표현한 공식은 $I = Sev_d n$ 이다. S는 저항기의 단면적이고, e는 전자의 전하량이고, v_d는 전자의 유동속력이고, $n = \dfrac{N}{V}$ 은 단위부피당 자유전자의 개수이다.

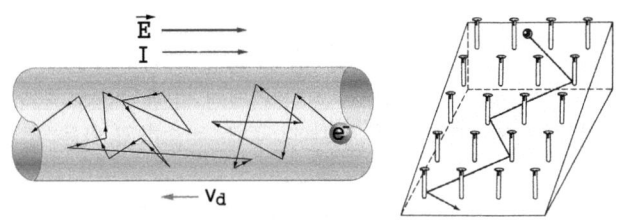

* 도선에서 발생하는 열의 본질 : 자유전자와 구리 원자 간의 충돌

Quiz 1 건전지와 꼬마전구, 그리고 스위치를 전선으로 연결한다. 스위치를 누르면 거의 즉시 꼬마전구에 불이 켜진다. 유동속력이 매우 느리지만, '지체 없이' 불이 켜진 이유를 설명하시오.

정답 스위치를 누르자마자 도선 내부에 전기장이 빛의 속도로 형성되기 때문이다.

5) 전류의 본질과 방향 정리

	플랭클린의 뇌피셜	실제
전류의 본질	양의 시험 전하	음의 시험 전하 (도체의 자유전자)
전류의 방향	$U_고 \to U_저$	$U_고 \to U_저$
	$V_고 \to V_저$	$V_저 \to V_고$
	건전지 양극 → 건전지 음극	건전지 음극 → 건전지 양극

6) 저항(resistance)

한편 자유전자와 구리 원자 간의 **충돌**을 마찰처럼 간주하고 이를 '저항'이라고 부른다. 그리고 도선 전체에 저항이 있지만 편의상 도선의 특정 부분에만 저항이 몰려 있고 나머지에는 없다고 가정한다. 저항이 몰려 있는 곳을 저항기(resistor)라고 부르자! 이를 그림으로 표현하면 다음과 같다.

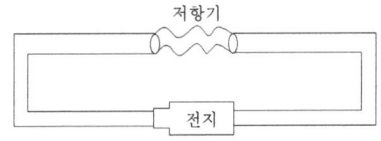

한편 이를 기호로 나타나면 다음과 같다.

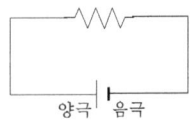

Part 3. 전자기학

5. 도선에서의 전위 변화

다음 그림처럼 전위차(전압, voltage)가 $\epsilon=1.5V$인 전지를 저항기와 연결하였다. 전지 음극의 전위를 $V=0V$라고 가정하면 전지 양극의 전위는 $V=+1.5V$이다. 도선은 저항이 없으므로 전류가 흐르면서 위치에너지가 낮아지지 않는다. $U=qV$에 의해 위치에너지가 낮아지지 않으면 전위도 낮아지지 않는다. 그러므로 저항기 왼쪽의 전위는 $V=+1.5V$이다. 같은 논리로 저항기 오른쪽의 전위는 $V=0V$이다.

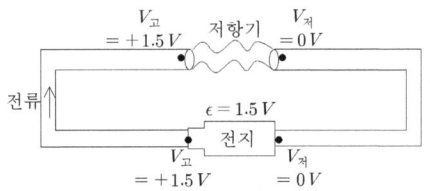

1) 물레방아 역할을 하는 저항기 양단에서 전류는 고전위에서 저전위로 흐름을 알 수 있다.

2) 그리고 펌프 역할을 하는 전지 양단에서는 저전위에서 고전위로 흐름을 알 수 있다.

3) 도선에서는 전위차가 존재하지 않음을 명심하자.
   다같이 외쳐, '도선은 등전위이다.', '나는 조선의 국모다.'

참고로 전지 양단의 전위차(전압)를 특별히 기전력(electro-motive force)이라고 부른다.

cf. 기타 용어 정리

1) 회로(circuit) : 전원장치와 저항기 등으로 이루어진 전기적 길

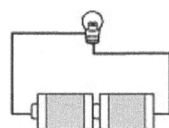

2) 폐회로(closed circuit) : 도선이 끊어짐 없이 연결된 회로

3) 개회로(open circuit) : 도선이 중간에 끊어진 회로. 전류가 흐르지 않음

4) 전위 : 단위 전하당 위치에너지이다. $V=\dfrac{U}{q}[J/C][V]$

   전기적 위치에너지는 $U=qV$로 표현한다. 그렇다 보니 회로파트에서는 전위를 전기적 위치에너지와 비슷하게 사용하기도 한다.
   한편 중력 위치에너지가 $U=mgh$였듯이 회로파트에서는 전위를 높이 개념으로 쓰기도 한다.

5) 전압(voltage) : 회로에서 특정 두 지점 사이의 전위차를 전압이라고 부른다. 원래는 ΔV라고 써야 하지만, 회로에서는 편의상 V라고 쓴다. 단위는 $[V]$.

6) 기전력(electro-motive force) : 건전지 등의 전원장치 양단의 전위차를 특별히 기전력이라고 부른다. 과학이 덜 발달했을 때는, 건전지가 힘을 써서 전류를 밀어낸다고 봤다. 그때 붙여진 이름이 기전력이다. 사실 잘못 붙여진 용어이기도 하다. 기호는 ϵ이고 단위는 $[V]$이다.

7) 전압강하 : 전류가 저항기를 지나가면서 전위가 낮아지는 현상. 사실 전위차 또는 전압과 같은 말이다. 부호는 (+) 처리한다.

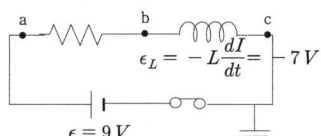

저항기 양단에서 전압강하 : $V_R=V_{ba}=2V$
인덕터 양단에서 전압강하 : $V_L=V_{cb}=7V=-\epsilon_L$

8) 단자전압 : 기전력에서 내부저항에 의한 전압강하를 뺀 값 ($\epsilon-Ir$). 건전지 외부에 걸리는 알짜 전압. 단자(terminal, 端子)라는 말은 전기부품의 양단을 의미한다, 여기서는 건전지의 양단을 의미한다.

§ 2. 저항

1. 저항이란?

1) 저항(resistance)이란?
  진행하던 전자가 구리 원자들과의 충돌로 인해 흐름을 방해받는 현상, 또는 도선의 그런 성질. 쉽게 말해 마찰력의 회로 버전. 기호는 R, 단위는 Ω(옴)

2) 저항기(resistor) : 저항을 갖는 물체, 기호는 -\/\/\/-

참고로 저항기를 말할 때 '기'라는 말을 빼고 저항이라고만 말하기도 한다.

2. 저항의 기하학적 성질 및 구조 공식

1) $R \propto l$ 즉 저항은 저항기의 길이에 비례한다.

2) $R \propto \frac{1}{A}$ 즉 저항은 저항기의 단면적에 반비례한다. 마치 도로가 넓어지면 교통 체증이 완화되는 것처럼.

3) 구조 공식 : 1차 함수 형태 $R = \rho \frac{l}{A}$ 단 ρ는 비저항(단면적이 $1m^2$이고 길이가 $1m$일 때 저항)

3. 옴의 법칙

: 저항에 흐르는 전류(I)는 저항 양단의 전위차(ΔV)에 비례한다. 즉 $\Delta V \propto I$이다. 그리고 전류는 저항에 반비례한다. 이를 1차 함수 형태로 쓰면 다음과 같다.

$$I = \frac{\Delta V}{R}$$

$\Delta V = IR$ 단 편의상 Δ는 생략한다.

4. 소비에너지

1) 소비에너지란? 전류가 저항기를 지나면서 발생하는 열 또는 잃어버린 전기에너지

2) 성질
① $U \propto V$
② $U \propto I$
③ $U \propto t$
④ 1차 함수 형태 : $U = VIt\,[J]$ (줄의 법칙)

⇒ 변형 : $U = I^2Rt$ or $U = \frac{V^2}{R}t$

3) power $\begin{cases} \text{역학 : 일률 } P \equiv \frac{W}{t} \\ \text{전자기 : 전력 } P \equiv \frac{U}{t} \end{cases}$

① 저항 : 소비전력 $P \equiv \frac{U}{t} = VI = I^2R = \frac{V^2}{R}\,[J/s][W]$ (와트)
  → 의미 : 단위 시간당 소비된 전기에너지

② 전지 : 공급전력 $P = \epsilon I$
  → 의미 : 전원장치에서 회로에 공급되는 시간당 전기에너지

★ 정리 : $\begin{cases} \underset{\text{일률}}{power} \equiv \frac{W}{t}[J/s][W] \\ \underset{\text{(소비)전력}}{power} \equiv \frac{U}{t} = VI = I^2R = \frac{V^2}{R}[J/s][W] \\ \underset{\text{(공급)전력}}{power} \equiv \epsilon I \end{cases}$

Part 3. 전자기학

4) 전력량

전력량은 전력×시간, 으로 정의되는 물리량이고, 단위는 [Wh]을 쓴다. 차원상 에너지와 같다.

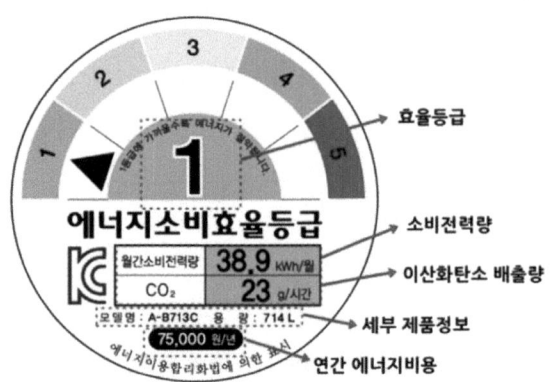

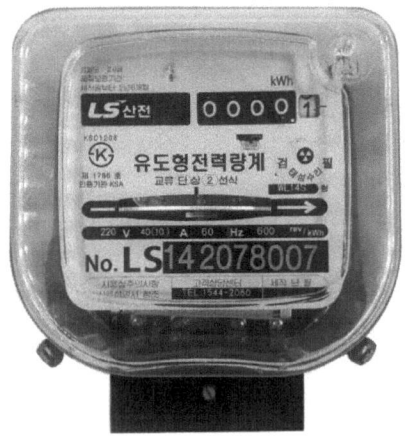

cf. 미분과 단순 나누기

$a = \dfrac{dv}{dt}$

$a = \dfrac{F}{m}$

$I = \dfrac{dq}{dt}$

$I = \dfrac{V}{R}$

5. 저항기의 연결

1) 직렬연결

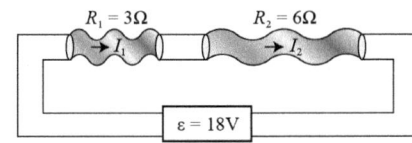

① 키르히호프 1법칙 : $I_1 = I_2$ ... ①
∴ 시간당 지나가는 전하량 동일(전하량 보존법칙)

② 키르히호프 2법칙 : $(+\epsilon)+(-V_1)+(-V_2)=0$ 에서 $\epsilon = V_1 + V_2$ ... ②

③ 옴법칙 : $V_{개별} = I_{개별}R_{개별}$ 에 ①식을 적용하면 $V_{개별} \propto R_{개별}$
즉 $V_1 : V_2 = R_1 : R_2$
혹은 $V_1 = \epsilon \times \dfrac{R_1}{R_1 + R_2}$, $V_2 = \epsilon \times \dfrac{R_2}{R_1 + R_2}$

→ 의미 : 저항이 큰 것은 긴 터널과 같다. 긴 터널을 지날수록 땀이 많이 난다.

④ $I_{tot}R_{tot} = I_1R_1 + I_2R_2$ 에서 $I_{tot} = I_1 = I_2$ 이므로 $R_{tot} = R_1 + R_2$
참고로 총저항(R_{tot})은 등가저항(R_{eq}) 또는 합성저항이라고도 함

* 속담물리 - 우는 아이 떡 하나 더 준다 : 저항의 직렬연결에서 저항이 클수록 전압이 많이 걸린다.

Quiz 1 다음 회로에서 각 저항 양단의 전압, 합성저항, 전류를 각각 구하시오.

2) 병렬연결

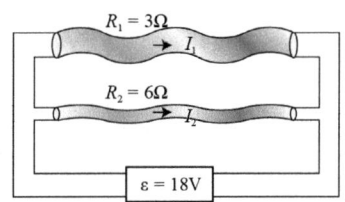

① 키르히호프 1법칙 : $I_{tot} = I_1 + I_2$ ... ①

② 키르히호프 2법칙 : $(+\epsilon)+(-V_1)=0$ 에서 $(+\epsilon)+(-V_2)=0$
이므로 $\epsilon = V_1 = V_2$ ... ②

③ 옴법칙 : $V_{개별} = I_{개별}R_{개별}$ 에 ②식을 적용하면 $I_{개별} \propto \dfrac{1}{R_{개별}}$
즉 $I_1 : I_2 = \dfrac{1}{R_1} : \dfrac{1}{R_2}$
혹은 $I_1 = I \times \dfrac{R_2}{R_1 + R_2}$, $I_2 = I \times \dfrac{R_1}{R_1 + R_2}$

→ 의미 : 저항이 작은 쪽에 전류가 많이 흐른다.
→ 직관적 이해 : 저항이 작은 것은 단면적이 넓은 것과 같다. 그래서 넓은 저항에 전류가 많이 흐르는 것이다.

④ $\dfrac{\epsilon}{R_{tot}} = \dfrac{V_1}{R_1} + \dfrac{V_2}{R_2}$ 에서 $\epsilon = V_1 = V_2$ 이므로 $\dfrac{1}{R_{tot}} = \dfrac{1}{R_1} + \dfrac{1}{R_2}$ (합분의 곱)

Quiz 2 다음 회로의 합성저항은?

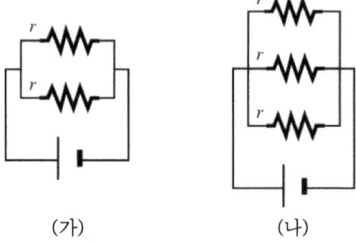

(가)   (나)

Quiz 3 다음 각 회로에서 저항에 흐르는 전류와 전압을 비교하시오.

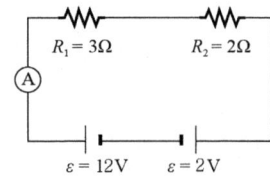 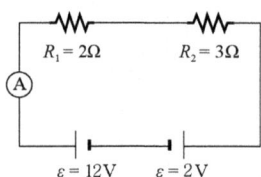

3) 3대 특이 병렬 연결
 typeI. 저항과 도선

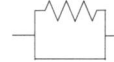

 typeII. 단순 병렬

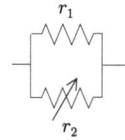

 typeIII. 직병렬 혼합

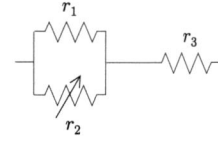

ex 1 저항의 크기가 1Ω 인 4개의 저항기로 만들 수 있는 회로의 합성저항은?

ex 2 그림과 같이 굵기와 길이가 같은 니크롬선을 구부려서 (가)는 마름모 모양, (나)는 정사각형 모양, (다)는 정삼각형 모양으로 만들었다.

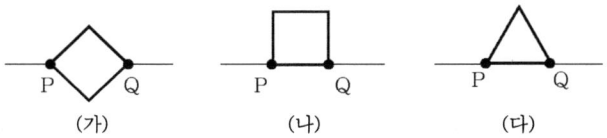

P점과 Q점 사이의 합성 전기 저항의 크기를 순서대로 나타내면?

정답 (가)>(다)>(나)

니크롬선의 전기저항을 R 이라 하면, (가)는 $\frac{R}{2}$ 과 $\frac{R}{2}$ (나)는 $\frac{3R}{4}$ 과 $\frac{R}{4}$ (다)는 $\frac{2R}{3}$ 과 $\frac{R}{3}$ 이 각각 병렬로 연결된 것이다. 따라서 합성 전기저항이 (가)는 $\frac{R}{4}=0.25R$ (나)는 $\frac{3R}{16}≒0.19R$ (다)는 $\frac{2R}{9}≒0.22R$ 이다.

ex 3 다음 회로에 대한 <보기>의 설명으로 옳은 것을 모두 고르면?

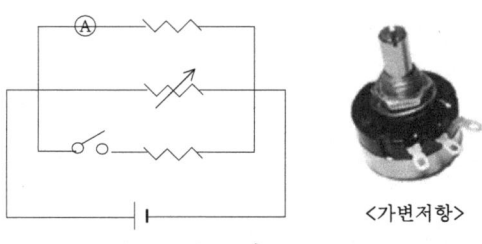

<가변저항>

<보 기>
ㄱ. 스위치를 닫으면 합성저항이 감소한다.
ㄴ. 스위치를 닫으면 전류계의 눈금은 증가한다.
ㄷ. 가변저항의 크기를 증가시키면 합성저항이 증가한다.

정답 ㄱ, ㄷ

ㄱ. 스위치를 닫으면 전체 도선의 단면적이 증가한 효과가 난다.
ㄷ. 가변저항의 크기를 증가시킨다는 것은 도선의 단면적을 줄인다는 의미와 같다.

ex 4 그림은 저항값이 각각 4Ω, 10Ω인 두 저항과 전압이 각각 6V, 4V, 12V인 세 전지를 연결한 전기 회로를 나타낸 것이다.

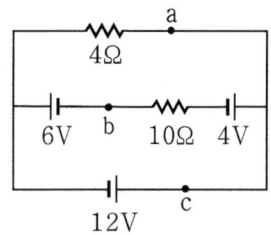

이에 대한 설명으로 옳은 것만을 <보기>에서 있는 대로 고른 것은? (단, 전지의 내부 저항은 무시한다.)

<보 기>
ㄱ. a에 흐르는 전류의 세기는 3A이다.
ㄴ. a와 b 사이의 전위차는 18V이다.
ㄷ. c에 흐르는 전류의 세기는 4A이다.

① ㄴ　　② ㄷ　　③ ㄱ, ㄴ
④ ㄱ, ㄷ　　⑤ ㄱ, ㄴ, ㄷ

정답 ③ ㄱ, ㄴ

ㄱ. 가장 바깥쪽 회로에서 전압이 12V이고 저항은 4Ω이므로 a에 흐르는 전류의 세기는 3A이다.
ㄴ. b 점의 전위를 0V라고 하면 a 점은 b 점보다 18V 높다.
ㄷ. c에 흐르는 전류의 세기는 4.4A이다.

cf. short(합선) - 저항과 도선을 병렬연결하는 것. 이 때 도선으로 전류가 100% 흐름.

cf. 회로에서의 전류
① 저항기 양단에서 전류(+) : $V_고$ → $V_저$
② 저항 양단에서 $\Delta V=0$ 이면 $I=0$
③ 도선에서는 $\Delta V=0$ (등전위)이다. 단 도선에 전류가 흐르는지 안 흐르는지는 다른 측면을 따져봐야 알 수 있다.
④ 두 저항의 병렬연결에서는 저항이 작은 곳으로 전류가 많이 흐른다.

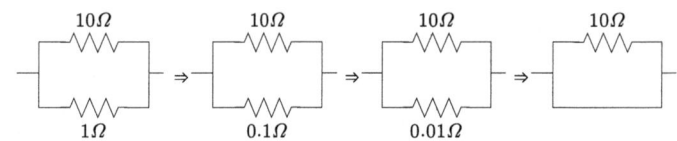

정답 2 개

접점에서 전류는 저항이 없는 도선 쪽으로만 흐르므로(c, d 사이에만 전압이 걸리므로) 도선과 병렬 연결된 전구에는 전류가 흐르지 않아 불이 켜지지 않는다.

ex 5 다음 각 회로에 대한 질문에 답하시오.

1) 단순 직렬 회로

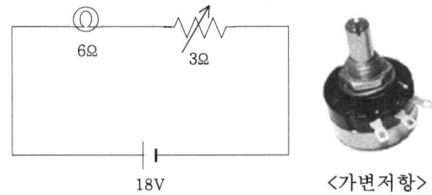

<가변저항>

① 전구와 가변저항의 소비전력을 비교하시오.

② 가변저항이 증가할 때 전구의 밝기 변화에 대해서 서술하시오.

2) 단순 병렬 회로

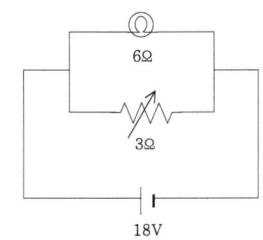

① 전구와 가변저항의 소비전력을 비교하시오.

② 가변저항이 증가할 때 전구의 밝기 변화에 대해서 서술하시오.

3) 직병렬 혼합 회로

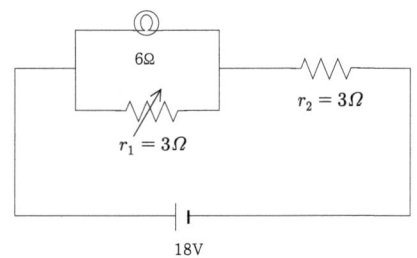

① 전구와 각 저항의 소비전력을 비교하시오.

② 가변저항이 증가할 때 전구의 밝기 변화에 대해서 서술하시오.

4) 직병렬 혼합 회로

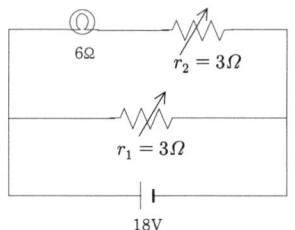

① 전구와 가변저항 r_2의 소비전력을 비교하시오.

② 가변저항 r_2이 증가할 때 전구의 밝기 변화에 대해서 서술하시오.

③ 가변저항 r_1이 증가할 때 전구의 밝기 변화에 대해서 서술하시오.

정답

1)

① $P=I^2R$에서 I가 통제변인이므로 저항이 클수록 소비전력이 크다.

② $V=IR$에서 I가 통제변인이므로 저항이 커지면 전압도 많이 걸린다. 그러므로 상대적으로 전구의 전압은 감소한다. $P=\dfrac{V^2}{R}$에 의해 전구는 어두워진다.

2)

① $P=\dfrac{V^2}{R}$에서 V가 통제변인이므로 저항이 작을수록 소비전력이 크다.

② 저항이 커지더라도 각 저항에 걸리는 전압은 여전히 기전력 18V가 걸린다. 그러므로 전구에 흐르는 전류와 소비전력은 불변이다♥

3) 삼체계 이상인 계는 항상 이체계로 치환한다.
이 회로는 다음처럼 직렬연결로 치환할 수 있다.

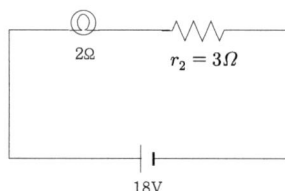

① i) $V=IR$에서 I가 통제변인이므로 $V \propto R$이다. 그러므로 왼쪽에 걸리는 전압은 $18 \times \dfrac{2}{5} V$이고 오른쪽에 걸리는 전압은 $18 \times \dfrac{3}{5} V$이다.

ii) 전구의 소비전력은 $P=\dfrac{V^2}{R}=\dfrac{(18 \times \frac{2}{5})^2}{6}=\dfrac{216}{25}W$

r1의 소비전력은 $P=\dfrac{V^2}{R}=\dfrac{(18 \times \frac{2}{5})^2}{3}=\dfrac{432}{25}W$

r2의 소비전력은 $P=\dfrac{V^2}{R}=\dfrac{(18 \times \frac{3}{5})^2}{3}=\dfrac{972}{25}W$

② 가변저항이 증가하면 전체적으로 왼쪽의 합성저항이 증가한다. 전체적으로 직렬연결이므로 왼쪽으로 전압이 많이 인가된다. 그러므로 $P=\dfrac{V^2}{R}$에 의해 전구는 밝아진다♥

4) 삼체계 이상인 계는 항상 이체계로 치환한다.
이 회로는 다음처럼 직렬연결로 치환할 수 있다.

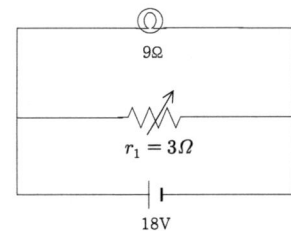

① i) r1에는 18V가 그대로 걸리기 때문에 소비전력은 $P = \dfrac{V^2}{R} = \dfrac{18^2}{3} W$

ii) r2에는 $18 \times \dfrac{3}{6+3} = 6V$의 전압이 걸리므로 소비전력은

$P = \dfrac{V^2}{R} = \dfrac{6^2}{3} W$

iii) 전구에는 $18 \times \dfrac{6}{6+3} = 12V$의 전압이 걸리므로 소비전력은

$P = \dfrac{V^2}{R} = \dfrac{12^2}{3} W$

② 가변저항 r2가 증가하면 전구에 걸리는 전압이 감소해서 $P = \dfrac{V^2}{R}$에 의해 전구가 어두워진다.

③ 가변저항이 r1이 증가하더라도 각자의 전압은 불변이다. 전구의 밝기도 불변이다.

cf. 건전지의 연결(단 내부저항 무시)
1) 직렬연결(크기 동일)

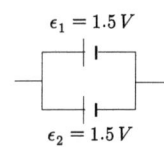

2) 병렬연결(크기 동일)

$\epsilon_1 = 1.5V$

$\epsilon_2 = 1.5V$

3) 직렬연결(크기 다름)

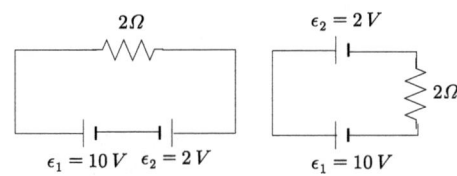

§ 3. 축전기

1. 축전기와 전기용량

1) 축전기(capacitor, condenser)란? 전하를 모아두는 장치. 대표적으로 휴대폰 배터리나 카메라 플래쉬, 제세동기(AED)가 있다. 기호는 ─┤├─

2) 전기용량(capacity) : 축전기가 전하를 모아둘 수 있는 용량. 기호는 C, 단위는 $[F]$(패럿)

3) 축전기의 구조 : 두 금속박(극판)이 마주보는 형태이다. 그 사이에 부도체(유전체, 절연체)를 삽입해서 간격을 유지하기도 한다.

4) 충전(charge) : 축전기에 전하를 저장하는 것.
다음과 같은 과정으로 충전이 일어난다.
건전지의 음극에서 방출된 자유전자가 축전기의 한쪽 극판에 들어간다. 반대편 극판에 있던 자유전자가 척력을 받아서 축전기에서 쫓겨난다. 이런 식으로 전하가 저장된다. 단 건전지의 내부저항은 무시한다.

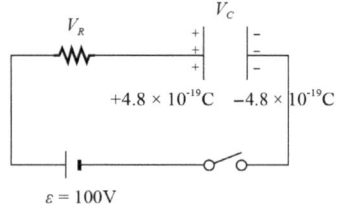

이 때 전하들 사이에 전기장이 형성되므로 $\Delta V = -E\Delta x$ 에 의해 축전기에는 전위차가 생기게 된다. 그리고 키르히호프 2법칙에 의해 $V_R + V_C = \epsilon$ 이 성립한다. 시간이 한참 지나 충전이 완료되면 전류가 흐르지 않으므로 $V_R = IR = 0$이 되고 $V_C = \epsilon$ 이 된다.

충전 중 : $\sum V = (+\epsilon) + (-\underbrace{V_R}_{=IR}) + (-V_C) = 0$

완전 충전 : $\sum V = (+\epsilon) + (0) + (-V_C) = 0$

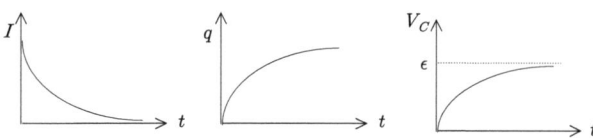

한편 위 그림처럼 축전기에 3개의 양전하가 저장된 경우, 충전된 전하량은 $Q = 4.8 \times 10^{-19} C$ 또는 $Q = 3e$ 이라고 말한다! 당연히 4개의 양전하가 저장된 경우에는 $Q = 6.4 \times 10^{-19} C$ 또는 $Q = 4e$ 이라고 말한다.

★ 속담물리 : 굴러온 돌이 박힌 돌 뺀다 : 축전기를 충전하면 전원에서 공급된 전자에 의해 맞은 편 극판에 있던 전자가 튕겨 나간다.

★ 오개념 : 완충 후 $I = 0$ 이면 $V_C = 0$ 이다.

정개념 : $I = \frac{dq}{dt}$ 이므로 완충이 되면 축전기에 전하가 더 이상 증가하지 않는다는 말이다. 여전히 축전기에 전하는 가득 쌓여 있고, $V_C = \frac{Q}{C}$ 에 의해 축전기 양단의 전위차는 최대이다. $V_R = IR$ 에 의해 $V_R = 0$ 이다. 보통 학생들이 V_R 과 V_C 를 혼동하여 답을 하는 경우가 있다.

2. 축전기 안팎에서 전기장

1) 가정 : 두 극판을 '무한 면전하'라고 가정한다면, 축전기 외부 전기장은 0이고, 축전기 내부 전기장은 $E = \dfrac{\sigma}{\epsilon_0} = \dfrac{Q}{\epsilon_0 A}$ 이다. 그리고 이것은 균일한 전기장이므로 $E = -\dfrac{\Delta V}{\Delta x}$ 또는 $E = \dfrac{V}{d}$ 이라고 한다.

2) 실제 : 축전기 주위에 잔디씨를 뿌려두면 그림에서처럼 일정하게 정렬된다. 이는 전기장 때문에 잔디씨가 '유전분극'이 발생해서 전기력을 받아서 정렬하였기 때문이다.

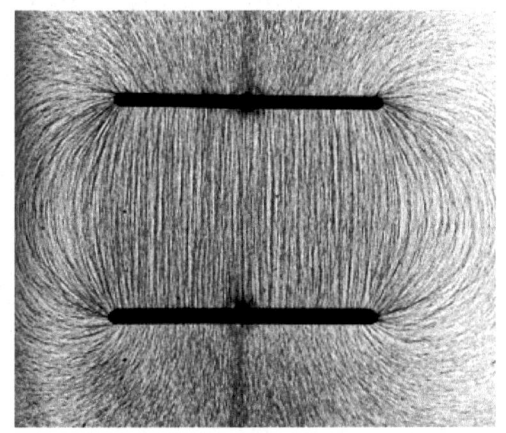

그러므로 잔디씨가 정렬되어 있는 모습을 선으로 그으면, 그 선이 전기력선이 된다.

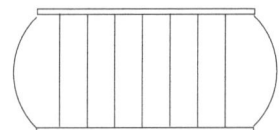

그림을 자세히 보면, 축전기 중앙부분에는 전기력선이 거의 등간격으로 분포하는 것을 확인할 수 있다. 즉 축전기 중앙부분은 거의 균일한 전기장이 형성된다는 것이다. 그에 반해 축전기 양쪽 가장자리(edge)에서는 전기력선이 둥글게 휘어 있는 것을 확인할 수 있다. 즉 축전기 가장자리에서는 불균일한 전기장이 형성된다는 것이다. 이를 가장자리 효과(edge effect)라고 한다. 보통, 축전기 문제를 풀 때는 이 효과를 무시한다. 그러므로 축전기 내부 전기장은 언제나 균일한 전기장 공식 $E = \dfrac{\sigma}{\epsilon_0}$ 또는 $E = \dfrac{V}{d}$ 을 적용한다.

3. 전기용량의 기하학적 성질 및 구조 공식

1) $C \propto A$ 즉 전기용량은 '극판'의 면적에 비례한다.

2) $C \propto \dfrac{1}{d}$ 즉 전기용량은 두 '극판' 사이의 간격에 반비례한다. 두 극판 사이의 간격이 가까워지면 양전하와 음전하 사이의 간격이 가까워지므로 강한 인력이 작용해서 전하를 더 끌어들일 수 있다.

3) $C \propto \epsilon$ 즉 전기용량은 내부에 삽입하는 부도체(유전체, 절연체)의 유전율에 비례한다.

4) 구조 공식 : $C = \epsilon \dfrac{A}{d}$ 단 유전체를 삽입하지 않는 경우는 $C_0 = \epsilon_0 \dfrac{A}{d}$ 이 된다. ϵ_0는 진공의 유전율이다.

5) 유전상수(k) : $k \equiv \dfrac{C}{C_0} = \dfrac{\epsilon \dfrac{A}{d}}{\epsilon_0 \dfrac{A}{d}} = \dfrac{\epsilon}{\epsilon_0}$ 즉 $C = kC_0$ 단 $k > 1$

→ 패러데이의 실험 결과 : 축전기 내부에 유전체를 끼워 넣었더니 전기용량이 증가하더라. 그러므로 축전기 내부에 유전율 또는 유전상수가 큰 걸 삽입하는 게 중요하다.

4. 회로공식

축전기 양단의 전위차(ΔV)는 축전기에 저장되는 전하량(q)에 비례한다. 즉 $q \propto \Delta V$ 이다. 이를 1차 함수 형태로 쓰면 다음과 같다.

$q = C \Delta V$ 단 C는 전기용량이다. 편의상 Δ는 생략한다.

5. 저장 에너지

1) 그래프

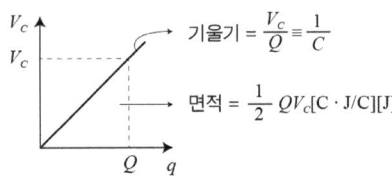

- 기울기 $= \dfrac{V_C}{Q} = \dfrac{1}{C}$
- 면적 $= \dfrac{1}{2}QV_C [C \cdot J/C][J]$

2) 저장 에너지 : 위의 그래프에서 $U = \dfrac{1}{2}QV$

⇒ 변형 : $U = \dfrac{1}{2}QV = \dfrac{1}{2}CV^2 = \dfrac{Q^2}{2C}$

pf. $U = \int V dq = \int \dfrac{q}{C}dq = \dfrac{q^2}{2C}\Big|_0^Q = \dfrac{Q^2}{2C}$

3) 전기에너지 밀도 :

$u_E = \dfrac{\frac{1}{2}CV^2}{Ad} = \dfrac{\frac{1}{2}(\epsilon_0 \frac{A}{d})(Ed)^2}{Ad} = \dfrac{1}{2}\epsilon_0 E^2 \, [J/m^3]$

→ 의미 : 축전기는 전기장의 형태로 에너지를 저장한다.

Quiz 1 다음 그래프는 건전지의 기전력과 방출된 전하량을 나타낸 것이다. 건전지가 한 일은 얼마인가? 그리고 그것의 물리적 의미는?

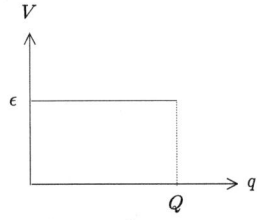

6. 축전기의 연결

1) 직렬연결

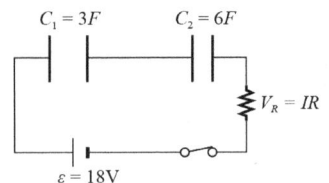

① $Q_1 = Q_2 = Q_{tot}$

② $Q_{개별} = C_{개별} V_{개별}$ 에 의해 $V_{개별} \propto \dfrac{1}{C_{개별}}$ 즉 $V_1 : V_2 = \dfrac{1}{C_1} : \dfrac{1}{C_2}$

③ 완충시 키르히호프 법칙에 의해 $\epsilon = V_1 + V_2$ 단 완충시

④ $\dfrac{Q_{tot}}{C_{tot}} = \dfrac{Q_1}{C_1} + \dfrac{Q_2}{C_2}$ 에서 $Q_1 = Q_2 = Q_{tot}$ 이므로 $\dfrac{1}{C_{tot}} = \dfrac{1}{C_1} + \dfrac{1}{C_2}$

참고로 총전기용량(C_{tot})은 등가 전기용량(C_{eq}) 또는 합성 전기용량 이라고 함

2) 병렬연결

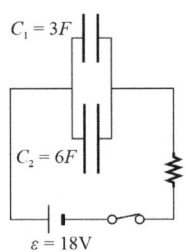

① 완충시 키르히호프 법칙에 의해 $(+\epsilon) + (-V_1) = 0$, $(+\epsilon) + (-V_2) = 0$ 이므로 $\epsilon = V_1 = V_2$

② $Q_{개별} = C_{개별} V_{개별}$ 에 의해 $Q_{개별} \propto C_{개별}$ 즉 $Q_1 : Q_2 = C_1 : C_2$

③ $Q_{tot} = Q_1 + Q_2$

④ $C_{tot} \epsilon = C_1 V_1 + C_2 V_2$ 에서 $\epsilon = V_1 = V_2$ 이므로 $C_{tot} = C_1 + C_2$

caseI. 연결(생략) (기출)

caseII. 충전 완료 이후 물리량 분석 (기출)

ex 1 다음 각 회로에서 전압과 전류, 전하량 등을 분석하시오.

1)

2)
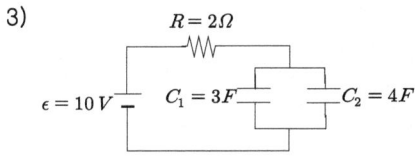

3)
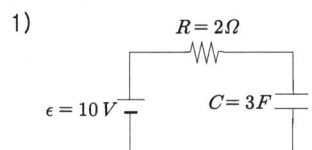
(R=2Ω, C₁=3F, C₂=4F)

Q&A
질문 완충 이후 건전지에서는 계속 전류가 나오고 축전기에만 전류가 안 흐르는 건가요?

답변 위의 회로에서 보시다시피 1) 3)번 회로만 모든 전류가 0이 되고, 2)번 회로는 R2 쪽으로 전류가 흐릅니다^^

ex 2 그림과 같이 저항값이 같은 두 저항과 전기 용량이 같은 두 축전기를 전압이 일정한 전원 장치에 연결하여 회로를 구성하였다. 스위치 S를 a에 연결하여 두 축전기를 완전히 충전시켰을 때 축전기 A에 저장된 전기 에너지는 E_0이다.

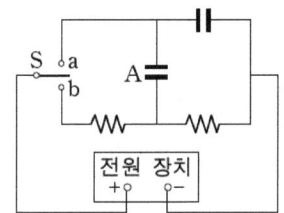

S를 b에 연결하여 두 축전기를 완전히 충전시켰을 때 A에 저장된 전기 에너지는?

① $\frac{1}{16}E_0$ ② $\frac{1}{8}E_0$ ③ $\frac{1}{4}E_0$
④ $\frac{1}{2}E_0$ ⑤ E_0

정답 ① $\frac{1}{16}E_0$

i) 스위치를 a에 연결하면 회로는 다음과 같게 된다.

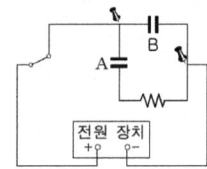

두 '클립'을 기준으로 병렬연결된 회로이며, 총전류가 0이 된다. 이는 단순히 두 축전기가 병렬연결된 회로와 동일하므로 A에 걸리는 전압은 ϵ 이다. 그러므로 A의 전기 에너지는 $E_0 = \frac{1}{2}C\epsilon^2$ 이다.

ii) 스위치를 b에 연결하면 회로는 다음과 같다.

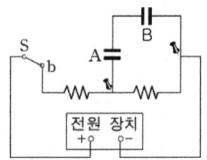

전류는 두 저항으로만 흐른다. 그러므로 각 저항에 걸리는 전압은 $\frac{\epsilon}{2}$ 이다. 한편 두 클립을 기준으로 A+B와 두 번째 저항은 병렬연결되어 있다. 그러므로 A에 걸리는 전압은 $\frac{\epsilon}{4}$ 이다. 결국 A의 전기에너지는 $E_f = \frac{1}{16}E_0$ 가 된다.

caseIII. 전기용량 조작 (기출)

ex 3 다음 각 경우에 대해서 물리량 변화를 논하시오.

1) 전원장치 연결, 두께가 $\frac{1}{2}d$ 인 도체 삽입

완전 충전된 평행판 축전기를 전원장치와 연결한 상태에서, 축전기 내부에 두께가 $\frac{1}{2}d$ 인 도체를 삽입했다. 전기용량, 충전된 전하량, 전위차, 내부 전기장, 전기 에너지는 각각 어떻게 변하는가?

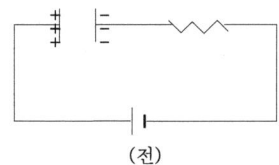
(전)

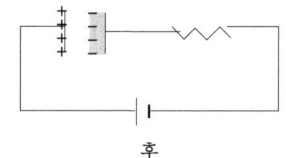
후

2) 전원장치 분리, 유전상수 k 인 부도체 꽉 차게 삽입

완전 충전된 평행판 축전기를 전원장치와 분리한 상태에서, 축전기 내부에 유전상수 k 인 부도체를 꽉 차게 삽입했다. 전기용량, 충전된 전하량, 전위차, 내부 전기장, 전기 에너지는 각각 어떻게 변하는가?

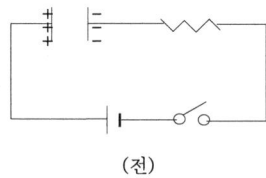
(전)

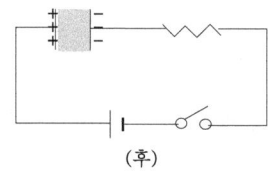
(후)

정답

1)

조작전	조작후
C_0	$C = 2C_0$
V_0	$V = V_0$
Q_0	$Q = 2Q_0$
E_0	$E = V_0/(\frac{1}{2}d) = 2E_0$
U_0	$U = \frac{1}{2}CV^2 = 2U_0$

→ 그림과 같이 삽입된 도체판 앞쪽으로 전자들이 온다. 그러므로 극판 사이의 간격이 좁아진 효과가 난 것이다.

2)

조작전	조작후
C_0	$C = kC_0$
Q_0	$Q = Q_0$
V_0	$V = \frac{1}{k}V_0$
E_0	$E = \frac{1}{k}E_0$
U_0	$U = \frac{1}{2}QV = \frac{1}{k}U_0$

cf. $E = \frac{1}{k}E_0$ 암기!

→ 진공을 유전체(부도체)로 채워 넣으면 전기장은 감소한다. 그만큼 전기력도 감소한다!!!

7. RC 직렬 회로

1) 충전시 시간에 따른 전하량

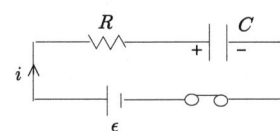

① 키르히호프 2법칙 : $V_R + V_C = \epsilon$ or $iR + \dfrac{q}{C} = \epsilon$

② 시간에 따른 물리량 변화

$t = 0$일 때 : $\begin{cases} q=0, \ V_C = 0 \\ V_R = \epsilon, \ i = \dfrac{\epsilon}{R} (\text{최대}) \end{cases}$

$t > 0$일 때 : $\begin{cases} q \text{증가}, \ V_C \text{증가} \\ V_R \text{감소}, \ i \text{감소} \end{cases}$

$t = \infty$: $\begin{cases} i = 0, \ V_R = 0 \\ V_C = \epsilon, \ q = C\epsilon (\text{최대}) \end{cases}$

③ 그래프

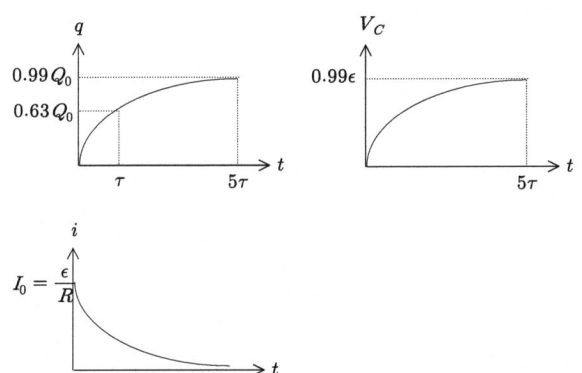

④ 최대 전하량 : $Q_0 = C\epsilon$

⑤ 시간상수(τ) : $\tau \equiv RC$. 포화물리량의 63%에 도달하는 시간. 일반적으로 5τ의 시간이 지나면 포화물리량의 99.3%가 된다.

⑥ 수식 : $q(t) = Q_0(1 - e^{-\frac{1}{\tau}t})$

pf.
스위치를 중립에서 a로 옮긴다.

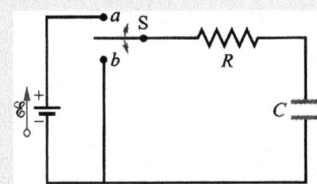

키르히호프법칙에서 $\sum V_i = (+\epsilon) + (-iR) + (-\dfrac{1}{C}q) = 0$ 또는

$\epsilon - \dfrac{1}{C}q = Ri$

$\Rightarrow \epsilon - \dfrac{1}{C}q = R\dfrac{dq}{dt}$

$\Rightarrow dt = \dfrac{R}{\epsilon - \dfrac{1}{C}q}dq = \dfrac{1}{\dfrac{\epsilon}{R} - \dfrac{1}{RC}q}dq$

$\Rightarrow \int_0^t dt = \int_0^q \dfrac{1}{\dfrac{\epsilon}{R} - \dfrac{1}{RC}q}dq$

$\Rightarrow t|_0^t = -RC \ln(\dfrac{\epsilon}{R} - \dfrac{1}{RC}q)|_0^q$

$\Rightarrow t = -RC\left[\ln(\dfrac{\epsilon}{R} - \dfrac{1}{RC}q) - \ln\dfrac{\epsilon}{R}\right] = -RC\ln(1 - \dfrac{q}{C\epsilon})$

$\Rightarrow -\dfrac{1}{RC}t = \ln(1 - \dfrac{q}{C\epsilon})$

$\Rightarrow e^{-\frac{1}{RC}t} = 1 - \dfrac{q}{C\epsilon}$

$\Rightarrow q = C\epsilon(1 - e^{-\frac{1}{RC}t})$

$\Rightarrow q(t) = Q_0(1 - e^{-\frac{1}{\tau}t})$ 단, $\tau \equiv RC$

→ 특징 : $t = \tau$일 때 $q \simeq 0.63 Q_0$
$t = 3\tau$일 때 $q \simeq 0.95 Q_0$
$t = 5\tau$일 때 $q \simeq 0.993 Q_0$
$t = 7\tau$일 때 $q \simeq 0.9991 Q_0$

<2> 키르히호프 법칙 적용시 소자(device)의 부호 통일
전류방향과 고리방향이 같으면 전압 강하이고, (−) 부호
전류방향과 고리방향이 다르면 전압 상승이고, (+) 부호

전류 방향과 고리 방향을 동일하게 설정하면 저항, 축전기 모두에서 전압강하가 일어나고, 전지에서 +V만큼 전압상승이 일어나므로 미방은 $-iR - \dfrac{q}{C} + V = 0$ 이다. 여기서 어떤 보정이나 구체적인 물리적 상황을 더 가정할 필요는 없다.

★ 오개념 : 전류가 0이면 $V_C = 0$ 이다.

2) 충전시 시간에 따른 전류

① 그래프 :

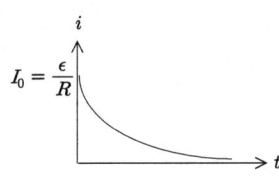

② 수식 : $i(t) = \dfrac{dq}{dt} = \dfrac{Q_0}{RC}e^{-\frac{t}{RC}} = \dfrac{\epsilon}{R}e^{-\frac{t}{RC}} = I_0 e^{-\frac{t}{RC}}$

3) 방전시 시간에 따른 전하량
① 그래프 :

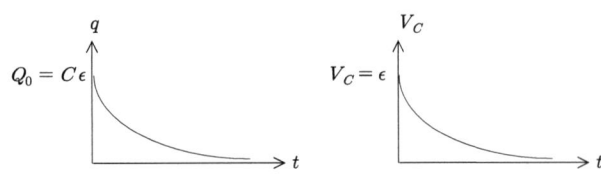

② 수식 : $q(t) = Q_0 e^{-\frac{1}{\tau}t}$ 단 $\tau \equiv RC$

pf.
스위치를 a에서 b로 옮긴다.

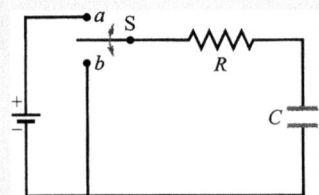

<1> 스위치를 a에서 b로 옮긴다. 이때 축전기에 쌓여 있던 양전하들이 반시계 방향으로 빠져나간다. 전류도 반시계 방향으로 흐르게 된다. 이제 키르히호프 2법칙을 적용해보자. 편의상 폐회로 방향은 반시계 방향으로 약속하자. 이 회로를 우리 동네라고 상상하고, 동사무소 직원이 동네를 한 바퀴 돌면서 각 회로 요소들마다 전위가 낮아지는지 높아지는지 조사한다고 상상하자. 우선 동사무소 직원이 축전기의 음극판에서 양극판으로 지나갈 때는 전위가 높아지니까, (+) 부호를 선택하자. 그 다음으로 저항을 지나갈 때는 전류 흐르는 방향으로 지나가니까 전위가 낮아지는 방향으로 지나가게 되어서 (-)부호를 선택하자.

$\sum V = (+\frac{1}{C}q) + (-iR) = 0 \leftarrow i = \frac{dq}{dt}$

$\Rightarrow \frac{1}{C}q - R\frac{dq}{dt} = 0$

$\Rightarrow R\frac{dq}{dt} = \frac{1}{C}q$ ← 변수분리 후 적분

$\Rightarrow \frac{1}{q}dq = \frac{1}{RC}dt$

$\Rightarrow \ln\frac{q}{Q_0} = \frac{1}{RC}t$

$\Rightarrow q(t) = Q_0 e^{\frac{1}{RC}t}$

→ 모순 : 전하량이 점점 늘어난다.

<2> 부호 보정(티플러, 벤슨, 새대학물리) : 축전기에서 전하가 빠져나가므로 $\frac{dq}{dt} < 0$ 이다. 그러므로 전류와의 관계를 $i = -\frac{dq}{dt}$ 으로 하면

$\sum V = (+\frac{1}{C}q) + (-iR) = 0 \leftarrow i = \frac{dq}{dt}$

$\Rightarrow \frac{1}{C}q + R\frac{dq}{dt} = 0$

$\Rightarrow R\frac{dq}{dt} = -\frac{1}{C}q$ ← 변수분리 후 적분

$\Rightarrow \frac{1}{q}dq = -\frac{1}{RC}dt$

$\Rightarrow \ln\frac{q}{Q_0} = -\frac{1}{RC}t$

$\Rightarrow q(t) = Q_0 e^{-\frac{1}{RC}t}$

<3> 키르히호프 법칙 적용시 소자(device)의 부호 통일
전류방향과 고리방향이 같으면 전압 강하이고, (-) 부호
전류방향과 고리방향이 다르면 전압 상승이고, (+) 부호

전류방향과 고리방향을 둘 다 반시계로 정한 후 키르히호프 법칙을 적용하면,

$\sum V = (-\frac{1}{C}q) + (-iR) = 0 \leftarrow i = \frac{dq}{dt}$

$\Rightarrow -\frac{1}{C}q - R\frac{dq}{dt} = 0$

$\Rightarrow R\frac{dq}{dt} = -\frac{1}{C}q$ ← 변수분리 후 적분

$\Rightarrow \frac{1}{q}dq = -\frac{1}{RC}dt$

$\Rightarrow \ln\frac{q}{Q_0} = -\frac{1}{RC}t$

$\Rightarrow q(t) = Q_0 e^{-\frac{1}{RC}t}$

<4> 충전 상황 응용(할리데이, 영, 서웨이)
'충전시 키르히호프 법칙'에서 기전력만 사라졌다고 보자.

$\sum V = (-iR) + (-\frac{1}{C}q) = 0$

$\Rightarrow -R\frac{dq}{dt} - \frac{1}{C}q = 0$ ← 변수분리 후 적분

$\Rightarrow q(t) = Q_0 e^{-\frac{1}{RC}t}$

4) 방전시 시간에 따른 전류
① 그래프 :

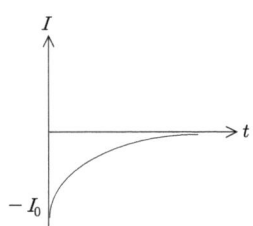

② 수식 : $i(t) = \frac{dq}{dt} = -\frac{Q_0}{RC}e^{-\frac{t}{RC}} = -\frac{\epsilon}{R}e^{-\frac{t}{RC}} = -I_0 e^{-\frac{t}{RC}}$

Ch 8. 직류회로

Quiz 1 전류의 정의는 $I \equiv \frac{dq}{dt}$이다. 다음 q-t 그래프에서 전류는 점점 어떻게 되고 있는지 서술하시오.

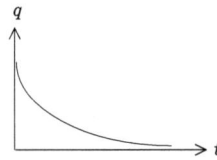

정답 점점 감소

Quiz 2 다음은 RC회로가 충전될 때 시간에 따른 전류의 변화를 나타낸 것이다. 전하량은 $q = \int I dt$이다. 다음 I-t 그래프에서 총면적의 값은?

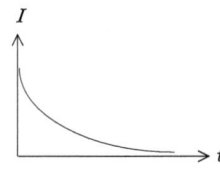

정답 $C\varepsilon$

Part 3. 전자기학

caseIV. 충전시 물리량 분석 및 변화 (기출)

ex 1 다음 회로에 대한 설명 중 틀린 것을 고르면?

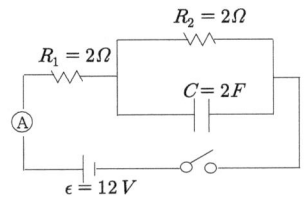

① 스위치를 닫은 직후 전류계의 눈금은 $6A$이다.
② 스위치를 닫은 직후 R_2에 걸린 전압은 $0V$이다.
③ 스위치를 닫은 직후 축전기에 충전된 전하량은 $0C$이다.
④ 전류계의 눈금이 $5A$일 때 축전기에 걸린 전압은 $3V$이다.
⑤ 스위치를 닫은 지 한참 지났을 때 전류계의 눈금은 $3A$이다.

정답 ④

i) 스위치를 닫은 직후 전압의 분포
축전기에 충전이 전혀 안 되어 있으므로 전류는 축전기 쪽으로만 흐른다. 그러므로 R_2에는 전류가 흐르지 않는다. 이는 축전기 위치에 도선만 있는 것과 같은 효과이다. R_2에 걸리는 전압이 0이므로 R_1에는 $12V$가 걸린다.

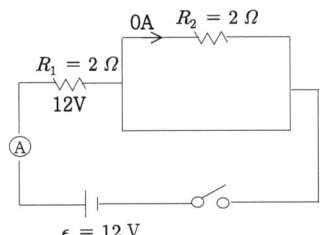

$$I_{tot} = \frac{12V}{2\Omega} = 6A$$

ii) 전류계의 눈금이 $5A$일 때 전압의 분포
R_1에 $5A$의 전류가 흐르므로 R_1에 걸리는 전압은 $10V$, R_2에 걸리는 전압은 $12-10 = 2V$이다.

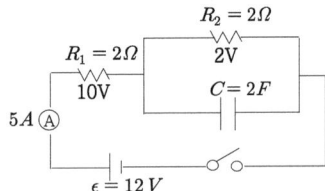

$I_2 = \frac{2V}{2\Omega} = 1A$
$I_C = 5 - 1 = 4A$
$Q = CV_C = (2)(2) = 4C$

iii) 스위치를 닫은 지 한참 지났을 때 전압의 분포
충전이 완료되면 더 이상 전류는 축전기 쪽으로 흐르지 못한다. 모든 전류는 R_2쪽으로 흐른다. 이는 축전기가 '도선이 끊어진 것'과 같은 효과이다.

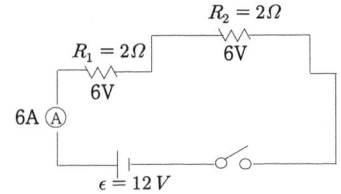

총저항을 $2+2=4\Omega$이라고 하면 총전류는 $I_{tot} = \frac{12V}{4\Omega} = 3A$이다.

* 추가 예제

ex 1 그림은 직류 전원에 전기 용량이 C인 축전기 4개와 스위치 S_1, S_2를 이용하여 구성한 회로이다.

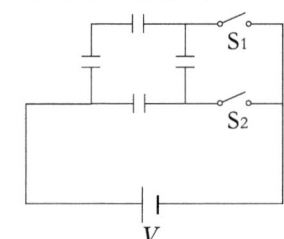

스위치의 조작에 따른 전체 합성 전기 용량을 옳게 짝지은 것은?

	S_1만 닫았을 때	S_2만 닫았을 때	S_1, S_2를 모두 닫았을 때
①	$\dfrac{C}{4}$	C	C
②	$\dfrac{3C}{4}$	$\dfrac{3C}{2}$	$4C$
③	C	$\dfrac{C}{4}$	$\dfrac{4C}{3}$
④	C	$\dfrac{4C}{3}$	$\dfrac{3C}{2}$
⑤	$4C$	$\dfrac{4C}{3}$	$4C$

정답 ④

ex 2 그림 (가), (나)와 같이 전기 용량이 각각 C, $3C$인 축전기 A, B를 전압이 V로 일정한 전원에 연결하였다.

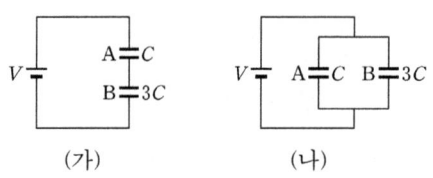

이에 대한 설명으로 옳은 것만을 <보기>에서 있는 대로 고른 것은?

―<보 기>―
ㄱ. (가)에서 축전기에 충전된 전하량은 A와 B가 같다.
ㄴ. (나)에서 축전기 양단의 전위차는 A가 B보다 작다.
ㄷ. A에 저장된 전기 에너지는 (가)에서가 (나)에서보다 크다.

① ㄱ   ② ㄴ   ③ ㄷ
④ ㄱ, ㄷ   ⑤ ㄴ, ㄷ

정답 ① ㄱ

축전기의 연결
ㄱ. 두 축전기의 직렬연결에서 각 축전기에 충전된 전하량은 같다.
ㄴ. 두 축전기의 병렬연결에서 각 축전기 양단의 전위차는 V로 같다.
ㄷ. (가)에서 A에는 V보다 작은 전압이 걸리고 (나)에서 A에 걸리는 전압은 V이다. A의 전기 용량은 같고 축전기에 걸리는 전압은 (나)에서가 (가)에서보다 크므로 A에 저장된 전기 에너지 $\left(\dfrac{1}{2}CV^2\right)$도 (나)에서가 (가)에서보다 크다.

ex 3 그림과 같은 회로에서 전기 저항 R에 $1A$의 전류가 흐르고 있다.

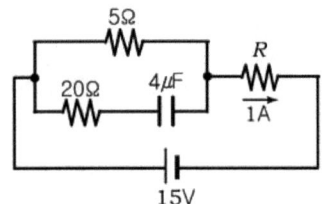

회로에 대한 설명 중 옳은 것을 <보기>에서 모두 고른 것은? (단, $1\mu F = 1 \times 10^{-6} F$이다.)

─────── <보 기> ───────
ㄱ. 전기 저항 R은 10Ω이다.
ㄴ. 축전기 양단간의 전위차는 $5V$이다.
ㄷ. 축전기에 저장된 전기 에너지는 $5 \times 10^{-5} J$이다.

① ㄱ ② ㄴ ③ ㄷ
④ ㄱ, ㄴ ⑤ ㄱ, ㄴ, ㄷ

정답 ⑤ ㄱ, ㄴ, ㄷ

ㄱ. 축전기에 전류가 흐르지 않으므로, 와 은 직렬연결이다. 따라서 옴의 법칙에 의해서, $15V = 1A \times (5+R)\Omega$ ∴ $R = 10\Omega$
ㄴ. 축전기 양단간의 전위차는 (5Ω) 양단간의 전위차와 같으므로
$V_{축전기} = 1A \times 5\Omega = 5V$
ㄷ. 축전기에 저장된 전기 에너지는 다음과 같다.
$W = \frac{1}{2}CV^2 = \frac{1}{2} \times 4 \times 10^{-6} \times 5^2 = 5 \times 10^{-5} J$

ex 4 그림은 평행한 두 금속판 사이에 유전체가 채워진 축전기를 나타낸 것이다.

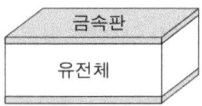

금속판의 면적, 금속판 사이의 간격, 유전체의 유전 상수가 전기 용량의 변인일 때, 전기 용량과 각 변인의 관계로 가장 적절한 그래프를 <보기>에서 찾은 것은?

─────── <보 기> ───────

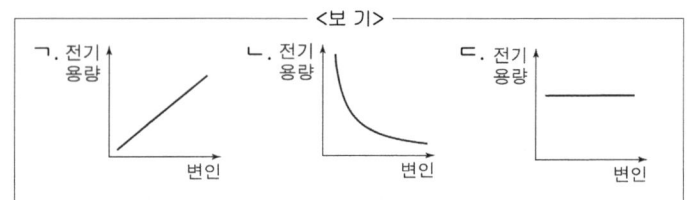

	금속판의 면적	금속판 사이의 간격	유전체의 유전 상수
①	ㄱ	ㄴ	ㄱ
②	ㄱ	ㄴ	ㄷ
③	ㄴ	ㄱ	ㄷ
④	ㄴ	ㄷ	ㄱ
⑤	ㄷ	ㄱ	ㄴ

정답 ①

전기 용량

축전기의 전기 용량은 $C = k\epsilon_0 \frac{S}{d}$ 이다. S는 금속판의 면적, d는 금속판 사이의 간격, k는 유전체의 유전 상수이다. 따라서 <보기> ㄱ의 변인으로는 금속판의 면적과 유전체의 유전 상수이고, <보기> ㄴ의 변인으로는 금속판 사이의 간격이다.

Ch 8. 직류회로

ex 5 그림과 같이 동일한 평행판 축전기에 유전 상수가 κ, 2κ인 유전체를 채운 두 축전기를 (가)는 직렬, (나)는 병렬로 연결하여 완전히 충전시켰다. (가)와 (나)에서 점 P와 Q의 양단에 걸리는 전압은 같다.

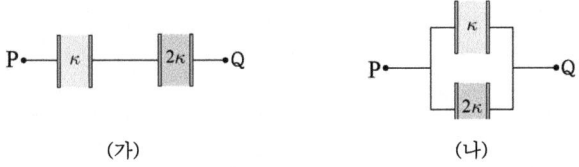

(가)에서 두 축전기에 저장된 총 전기 에너지를 U라고 할 때, (나)에서 두 축전기에 저장된 총 전기 에너지는?

① U ② $\frac{3}{2}U$ ③ $2U$ ④ $4U$ ⑤ $\frac{9}{2}U$

정답 ⑤ $\frac{9}{2}U$

[출제의도] 축전기에 저장된 전기 에너지 결론 도출하기
축전기에 저장된 전기 에너지는 걸린 전압이 일정할 때 전기 용량에 비례한다. (나)에서 전체 전기 용량이 (가)에서 전체 전기 용량의 $\frac{9}{2}$배이므로 (나)에서 두 축전기에 저장된 총 전기 에너지는 $\frac{9}{2}U$이다.

ex 6 다음 직류 RC 직렬회로에 대해 물리량의 변화를 표로 정리해보시오.

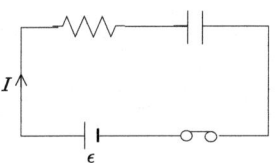

	닫은 직후	닫은 지 한참
Q		
I		

정답

	닫은 직후	닫은 지 한참
Q	0	$Q = C\epsilon$
I	$I = \frac{\epsilon}{R}$	0

Q&A

질문 완충 이후 건전지에서는 계속 전류가 나오고 축전기에만 전류가 안 흐르는 건가요?

답변 다음 세 회로에서 전류와 전압을 답해보세요.

Quiz 1

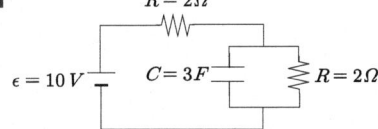

Quiz 2

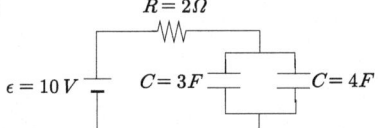

Quiz 3

$\epsilon = 10V$, $R = 2\Omega$, $C = 3F$, $C = 4F$

§ 4. 회로

1. 키르히호프 법칙

1) 키르히호프 1법칙 : 접합점 법칙(junction rule)

→ 수학적 표현 : $\sum_{i=1}^{n} I_i = 0$

Quiz 1

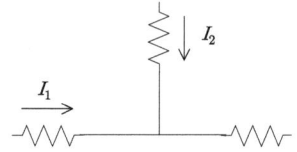

Quiz 2

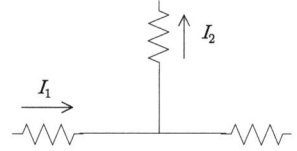

2) 키르히호프 2법칙 : 폐회로 법칙(loop rule)

→ 수학적 표현 : $\sum_{i=1}^{n} V_i = 0$

→ 의미 : 전원장치에서 (+)의 전위차를 공급하고, 저항에서 (−)의 전위차를 가져가는데, 전원장치에서의 전위차는 공급한 에너지 개념이고, 저항에서의 전위차는 소비한 에너지 개념이기 때문에, 회로 전체적으로는 전위의 변화를 모두 더하면 0이 된다.

3) 키르히호프 법칙 문제 푸는 순서
 step1. 분기점 찾기
 step2. 전류 정하기(단 분기점과 분기점 사이에는 같은 크기의 전류가 흐른다.)
 step3. 폐회로 정하기
 step4. 키르히호프 2법칙 적용

ex 1 다음 회로에서 각 도선에 흐르는 전류를 구하시오.

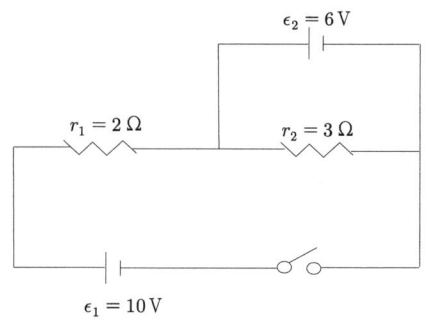

정답 $I_{\text{bottom}} = 2\,\text{A},\ I_{\text{top}} = 0\,\text{A}$

그림 (가)처럼 폐회로 a, b(이중 실선, 굵은 실선)를 잡는다. 폐회로는 자기 마음대로 닫힌회로를 잡아주면 된다. 그 다음 그림 (나)처럼 전류가 흐르는 도선을 세 군데(점선, 굵은 실선, 이중 실선)로 나눈다. 이 때 전류가 흐르는 영역은 두 전류가 합쳐지거나 나누어지는 분기점(junction)을 기준으로 잡아주면 된다.

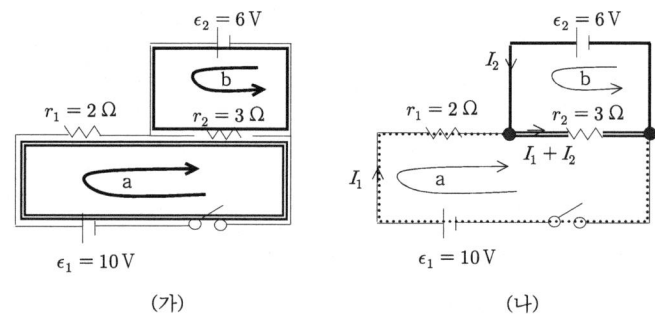

(가)   (나)

폐회로 a와 폐회로 b에 대해서 키르히호프 2법칙을 적용한다.

i) $\sum V_a = +10 - 2I_1 - 3(I_1 + I_2) = 0$ ⋯ ①

ii) $\sum V_b = +6 - 3(I_1 + I_2) = 0$ ⋯ ②

iii) ①, ②에서 $I_1 = +2\,\text{A},\ I_2 = 0\,\text{A}$

tip. 가급적 저항을 지나지 않는 경로로 잡는 것이 편리

tip. 고전위, 저전위 구분 기준 : 내가 정해준 전류의 방향을 따라서 저항에서 전위가 낮아짐. but 건전지에서는 전류의 방향과 무관하게 양극이 고전위임. 축전기에서는 전류의 방향과 무관하게 양전하가 충전된 곳이 고전위임♥

Ch 8. 직류회로

4) 키르히호프 1법칙 적용시 주의 사항 및 팁 총정리
① 키르히호프 법칙 문제를 풀 때는 I_3를 쓰지 말고, 키르히호프 1법칙을 녹여서 $I_1 + I_2$로 표현하는 것이 유리하다.
∵ 미지수가 하나 줄기 때문 & 자연스럽게 키르히호프 1법칙을 적용한 것이기 때문
② 전류의 크기는 분기점을 지날 때만 변한다. 저항이나 건전지를 지날 때 변하지 않는다!

5) 키르히호프 2법칙 적용시 주의 사항 및 팁 총정리
① 폐회로 정할 때 가급적 저항의 개수가 적은 쪽으로, 그리고 건전지의 개수가 많은 쪽으로 정하면 편하다.
② 저항 양단에서는 전류가 흐르는 쪽으로 전위가 낮아진다.
③ 건전지 양단에서는 전류의 방향과 무관하게 항상 양극의 전위가 높고, 음극의 전위가 낮다.
④ 축전기에서도 전류의 방향과 무관하게 양전하가 충전된 곳이 전위가 높고, 음전하가 충전된 곳이 전위가 낮다.
⑤ 전위는 회로 요소들(건전지, 저항, 축전기, 인덕터)의 양단에서 변한다. 분기점에서는 변하지 않는다!

6) 하지 않아도 될 걱정
① 전류의 방향을 어느 방향으로 잡을까? 어차피 맞게 잡았으면 최종 전류의 부호에 (+)가 붙고, 틀리게 잡았으면 최종 전류의 부호에 (-)가 붙는다.
② 폐회로의 방향을 어느 방향으로 잡을까? 어차피 2법칙에 (-)를 곱한 효과 밖에 없다.

2. 휘트스톤 브릿지 (기출)

Quiz 1 다음 회로에서 전류계에 흐르는 전류의 크기는 얼마인가? 합성저항은?

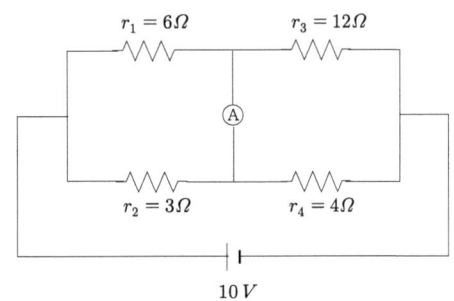

정답 위에서 아래로 1/6 A가 흐름

ex 1 그림에서 a와 b 사이에 전류가 흐르지 않는다. 9V짜리 건전지의 소비전력은 얼마인가?

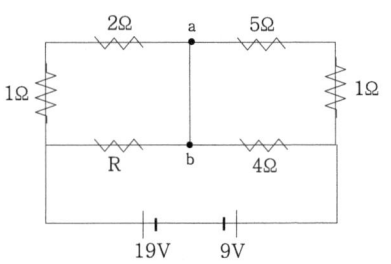

① $3\,W$ ② $10\,W$ ③ $20\,W$
④ $25\,W$ ⑤ $25/19\,W$

정답 ④ $25\,W$

i) 휘트스톤 브릿지이다. $6 \times R = 3 \times 4$

ii) 총 저항은 $\dfrac{1}{R_{tot}} = \dfrac{1}{9} + \dfrac{1}{6}$ 에서 $R_{eq} = \dfrac{18}{5}\,\Omega$ 이다.

iii) 총 전류는 $I_{tot} = \dfrac{10\,V}{18/5\,\Omega} = \dfrac{25}{9}\,A$

iv) 8V 건전지의 소비전력은 $P = \epsilon I = 9 \times \dfrac{25}{9} = 25\,W$

1) 휘트스톤 브릿지의 회로도

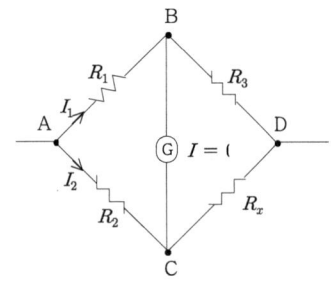

2) 목적 : 미지의 저항을 측정

3) 원리 : B점과 C점의 전위가 같으므로 R_1에 걸리는 전압과 R_2에 걸리는 전압이 같다. R_3에 걸리는 전압과 R_x에 걸리는 전압도 같다. 이를 이용하면 네 저항 사이의 특수한 관계를 이끌어낼 수 있다.

4) 수식 :

i) $V_{AB} = V_{AC}$ 이므로 $I_1 R_1 = I_2 R_2$ $\cdots$ ①

ii) $V_{BD} = V_{CD}$ 이므로 $I_1 R_3 = I_2 R_x$ $\cdots$ ②

iii) ①÷② : $R_1 R_x = R_2 R_3$

→ 의미 : 마주보는 두 저항의 곱이 동일하면 브릿지에 전류가 흐르지 않는다.

* 추론형 문제 엿보기

1. 스위치를 a에 연결하여 축전기를 충분히 충전시켰더니 축전기의 전하량이 Q_0이 되었다. 이때 스위치를 b에 연결하여 축전기를 방전시킨다. 축전기가 방전되는 동안, P에 흐르는 전류의 최댓값은? 축전기의 전하량이 $\frac{Q_0}{2}$일 때 축전기에 저장된 전기 에너지는?

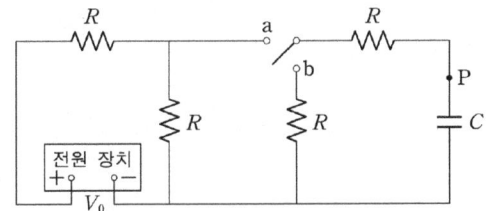

정답

1) 완전 충전시 축전기의 전압이 $V_C = \frac{V_0}{2}$이므로 방전 회로에서 전류의 최댓값은 $\frac{\frac{V_0}{2}}{2R} = \frac{V_0}{4R}$이다.

2) 전하량이 절반이 되면 $U = \frac{Q^2}{2C}$에 의해 에너지가 1/4배가 된다. 초기 에너지가 $U_i = \frac{1}{2}C(\frac{V_0}{2})^2 = \frac{1}{8}CV_0^2$ 이었으므로 에너지는 $U = \frac{1}{32}CV_0^2$가 된다.

2. A, B가 열린 상태에서 축전기에 저장된 전하량은 Q_0이다. 시간 $t=0$일 때 A를 닫고 $t=RC$일 때 B도 닫는다. $t=3RC$일 때 축전기에 저장된 전하량은?

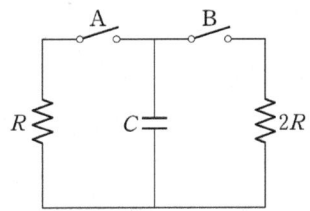

정답

$q = Qe^{-\frac{1}{\tau}t}$ 단 $\tau = RC$를 이용한다.

i) $q = Q_0 e^{-\frac{1}{RC}RC} = Q_0 e^{-1}$

ii) $q = (Q_0 e^{-1})e^{-\frac{1}{\frac{2}{3}RC}2RC} = (Q_0 e^{-1})e^{-3} = Q_0 e^{-4}$

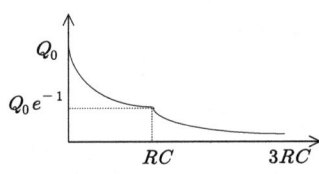

Part 3. 전자기학

3. 저항이 모두 같다. 스위치가 q에 연결되었을 때, R_2와 R_3에서 소비되는 전력의 합은 R_1에서 소비되는 전력비는?

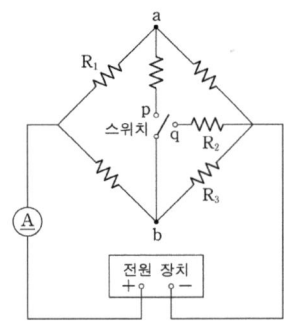

정답

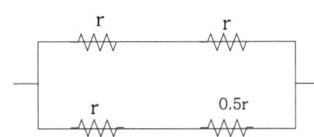

$P = \dfrac{V^2}{R}$ 을 이용한다. R_1에는 $\dfrac{\epsilon}{2}$의 전압이 걸리고, R_2와 R_3에는 $\dfrac{\epsilon}{3}$의 전압이 걸린다. 그러므로 소비전력은 $P_1 : P_{2+3} = \dfrac{(\frac{1}{2}\epsilon)^2}{r} : \dfrac{(\frac{1}{3}\epsilon)^2}{\frac{1}{2}r} = \dfrac{1}{4} : \dfrac{2}{9} = \dfrac{9}{36} : \dfrac{8}{36}$

이다.

4. 저항값이 3Ω인 저항에서 소비되는 전력은?

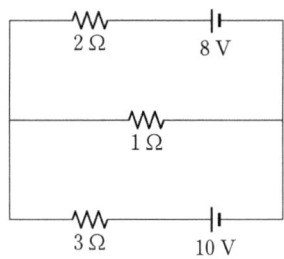

정답

<1> 키르히호프 법칙을 이용한 풀이

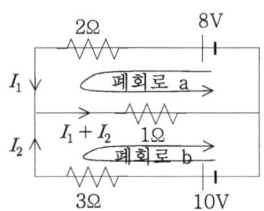

i) 폐회로 a : $\sum V = (+8) + (-2I_1) + (-1)(I_1 + I_2) = 0$
ii) 폐회로 b : $\sum V = (+10) + (-3I_2) + (-1)(I_1 + I_2) = 0$
iii) 두 식을 연립하면 $I_1 = I_2 = +2A$ 이다.

그러므로 3Ω에서 소비전력은 $P = I^2 R = 2^2 \times 3 = 12W$

<2> 등전위를 이용한 풀이 : 도선은 등전위이고, 회로 요소를 지날 때만 전위가 변한다.

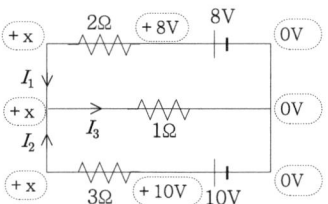

$I_1 = \dfrac{8-x}{2}$, $I_2 = \dfrac{10-x}{3}$, $I_3 = \dfrac{x-0}{1}$ 이므로

키르히호프 1법칙에 의해 $\dfrac{8-x}{2} + \dfrac{10-x}{3} = \dfrac{x-0}{1}$ 이다.

여기서 $x = +4V$ 이므로 $I_2 = 2A$ 이다.

소비전력은 $P = I^2 R = 2^2 \times 3 = 12W$ 이다.

Chapter 7. 정전기학

Chapter 8. 직류회로

Chapter 9. 정자기학

Chapter 10. 전자기유도

Chapter 11. 교류회로

Part 3. 전자기학

§ 1. 자기장

1. 자기장이란?

1) 자기력을 일반적으로 표현하기 위해 도입한 개념

2) 자기력이 미치는 공간

3) 기호는 B, 단위는 $[T]$ (테슬라)
cf. Bio-Savart's law : $\vec{B} = \frac{\mu_0 I}{4\pi} \int \frac{d\vec{l} \times \hat{r}}{r^2}$

4) 자기장의 크기가 B인 영역에서 전하량이 q인 입자가 받는 자기력은 $F=qB$인데, 후에 자기력은 움직이는 입자만 받는다는 사실이 알려지면서 $F=qBv$가 되었다. 이것을 발견한 사람인 로렌츠(Lorentz)의 업적을 기리기 위해 로렌츠힘이라고 부른다.

Quiz 1 크기가 3T이고 지면으로 들어가는 방향의 자기장이 걸려 있는 평면에서 전하량이 +2C인 대전입자가 4m/s의 속력으로 운동하고 있다. 이 입자가 받는 자기력의 크기는 얼마인가?

Quiz 2 미국의 정치인이자 과학자인 벤자민 프랭클린(Benjamin Franklin)은 전류는 건전지 양극에서 음극으로 흐른다고 제안하였다. 그러나 실제로 전류의 본질은 음극에서 양극으로 움직이는 수많은 자유전자들의 흐름임이 밝혀졌다.

길이가 l이고 I의 전류가 흐르는 도선이 자기장 B 속에 놓여 있다. 이 도선에 흐르는 자유전자들의 자기력의 총합이 $F=BIl$이 됨을 증명하시오.

5) 자기장의 방향 : 자기장은 전기장처럼 벡터라고 간주한다.
① 지표에서 자기장

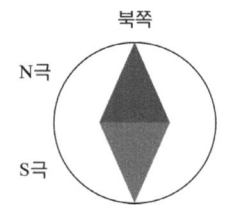

→ 결론 : 지구의 자기력이 나침반의 N극을 북쪽으로 향하게 하였다. 그런데 자기력을 받으려면 자기장에 놓여야 한다. 그러므로 지표에 자기장이 존재함을 유추할 수 있다.

② 자석 주위

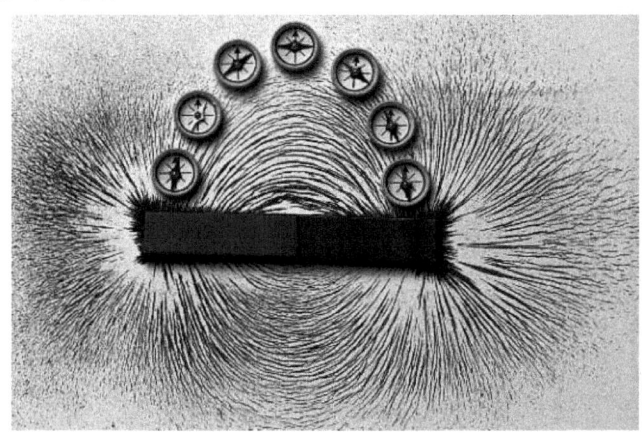

→ 결론 : 자석 주위에는 지구자기장보다 강력한 자기장이 형성!
→ 약속 : 나침반의 N 극이 가리키는 방향을 자기장 방향으로 약속
→ 특징 : 자석 외부에서 자기장의 방향은 N 극에서 S 극으로 향한다.

2. 자기력선의 도입

1) 자기력선(magnetic field line)이란 : 자기장을 시각화하려고 만든 개념

2) 자기력선의 정의 : 공간 상의 각 지점에서 자기장의 방향을 연결한 선

3) 자기력선 그림 예

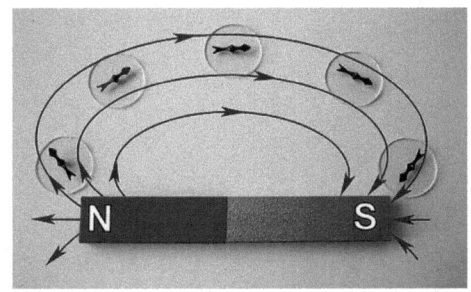

→ 특징 : 특정 지점에서 자기력선의 접선 방향이 자기장의 방향이다.

Quiz 1 다음 그림에서 p점에서 자기장의 방향을 표시하시오.

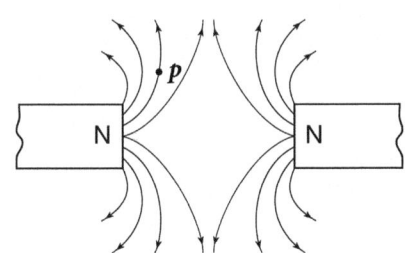

4) 자기력선 간격과 자기장 크기 : 자기력선 간격이 좁을수록 자기장이 센 지점이다.

Quiz 2 다음 그림에서 a점과 b점의 자기장 크기를 비교하면?

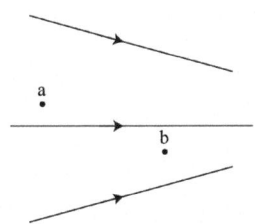

5) 자기장의 크기를 자기력선으로 표현하기 : 그림에서 보듯이 자석 근처에서 자기력선 간격이 조밀하다. 한편 자석 근처에서 자기장이 세다. 그러므로 자기력선 간격이 좁을수록 자기장이 큰 영역이라고 말할 수 있다.

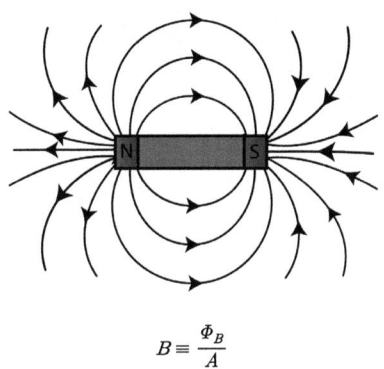

$$B \equiv \frac{\Phi_B}{A}$$

cf. 인구밀도 $\equiv \frac{사람수}{1km^2}$

6) 자기선속(자속)
① 의미 : 자기력선의 개수에 해당하는 개념이다. 실제 자기력선의 개수를 의미하지는 않고, 자기력선 다발이라는 추상적인 개념이다.
② 기호 : Φ_B
③ 단위 : $[Wb]$(웨버)
④ 정의 : $\Phi_B = BA$
　더 정확하게는 $\Phi_B = BA\cos\theta = \vec{B}\cdot\vec{A}$ 혹은 $\Phi_B = \int \vec{B}\cdot d\vec{A}$

Quiz 3 단면적이 $A = 2m^2$인 평면이 있다. 이곳에는 자기장의 크기가 $B = 3T$로 일정하게 걸려 있다.
그렇다면 이 평면을 관통하는 자기력선 수는 얼마인가? 즉 자기선속 Φ_B는 얼마인가?

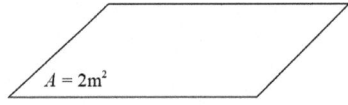

3. 자기력선 수(Φ_B)에 대한 논란

자석이 있다. 그 주위 자기력선을 그려보라.

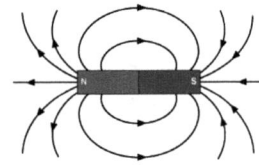

4개만 그릴 것인가? 아니면 6개 또는 8개만 그릴 것인가?

4. (자기장에 관한) 가우스 법칙

1) 자기홀극의 부재(不在, absence) - 막대자석을 반으로 잘라도 다시 N, S극이 만들어지는 현상

이런 논란에 뛰어든 사람 중 한 명이 가우스이다.
그에 의하면 어떤 자석이 있을 때, 그 주위의 '폐곡면을 관통하는' 자기력선 수는 다음과 같이 표현할 수 있다.

$$\Phi_B = BA = 0$$

이는 가우스면을 관통하는 자속은 있을 수 없다고 해석될 수 있다. 그렇다 보니 가우스는 자기력선을 몇 개 그릴지 정량화하지 못했다. 그리고 이 수식은 (자기장에 관한) 가우스 법칙이라고 명명되었다.

한편 이 법칙은 우리에게 의외로 굉장히 중요한 사실을 알려준다. (전기장에 관한) 가우스 법칙 $\Phi_E = \dfrac{Q}{\epsilon_0}$은 다음 그림처럼 전기 홀극(mono-pole)과 전기 쌍극(di-pole)에 대해서 각각 $\Phi_E = \dfrac{q}{\epsilon_0}$과 $\Phi_E = 0$의 값을 준다.

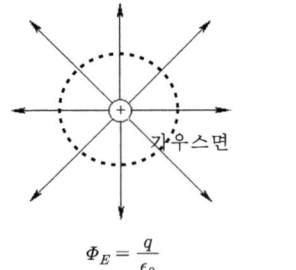

$\Phi_E = \dfrac{q}{\epsilon_0}$

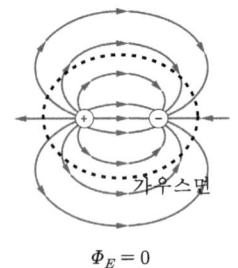

$\Phi_E = 0$

이는, '전기는 홀극형태와 쌍극형태 모두 존재할 수 있음'을 알려준다.

이에 반해, (자기장에 관한) 가우스 법칙 $\Phi_B = BA = 0$은 가우스면을 관통하는 자기선속이 항상 0이기 때문에, 자기 쌍극은 세상에 존재할 수 있지만 자기 홀극은 존재할 수 없음을 알려준다.

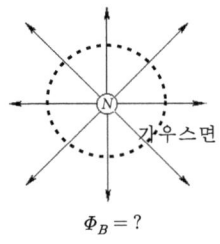

$\Phi_B = ?$

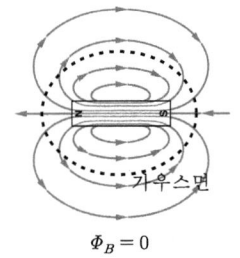

$\Phi_B = 0$

2) 자기장의 원천에 대한 고민

(전기장에 관한) 적분형 가우스 법칙 $\Phi_E = \int E\,dA = \dfrac{Q}{\epsilon_0}$은 전기장의 원천이 '전하(charge)'임을 알려준다.

그에 반해 (자기장에 관한) 적분형 가우스 법칙 $\Phi_B = \int B\,dA = 0$은 아무 것도 알려주지 못한다. 그래서 과학자들은 자기장의 원천이 무엇인지 매우 궁금해 했다. '자석'인지 아니면 '자하(magnetic charge)'인지, 이것도 아니면 또 다른 원천이 있는 것인지 궁금해 했다.

★ 정리

전기	자기
1) $\Phi_E = \dfrac{Q_{in}}{\epsilon_0}$ → 의의 ① 전기력선을 몇 개 그릴지 정량화함 ② 전기는 홀극/쌍극 형태 모두 존재 가능	1) $\Phi_B = 0$ → 의의 ① 자기력선을 몇 개 그릴지 정량화하지 못함 ② 자기는 오직 쌍극 형태로만 존재(홀극 부재)
2) $\Phi_E = EA$ 와 결합 $EA = \dfrac{Q_{in}}{\epsilon_0}$ → 의의 ① 전기장을 구하는 방법을 알아냈다. ② 전기장의 원천은 전하다.	2) $\Phi_B = BA$ 와 결합 $BA = 0$ → 문제점 ① 자기장을 구하는 방법을 알아내지 못했다. ② 자기장의 원천을 찾지 못했다.

Quiz 1 가우스가 정자기학에서 찾은 것과 못 찾은 것은 무엇인가?

정답

1) 못 찾은 것 : 자기력선을 몇 개나 그려야 할지, 자기장을 구하는 방법, 자기장의 원천
2) 찾은 것 : 자기홀극의 부재

5. 도선 주위에서 자기력선

1) 발견 : 1820년 덴마크의 Öersted은 다음 그림처럼 도선 주위에서 자기장이 존재한다는 것을 발견하였다. 이 사실을 들은 암페어는 자기장의 원천이 전류라고 생각하였고 여러 가지 실험을 통해서 전류와 자기장 사이의 관계를 밝혀냈다.

2) 실험 결과 : $B \propto \dfrac{I}{r}$ 즉 $B = \dfrac{\mu_0 I}{2\pi r}[T]$ 단 μ_0은 진공의 투자율

3) 의의 : 자기장은 자석 주위에만 존재하는 것이 아니라, 도선 주위에도 존재한다. 이는 자기장의 원천이 전류임을 의미한다.

4) 방향 : 그는 자기장의 방향 또는 자기력선의 방향을 쉽게 찾을 수 있는 법칙을 제안하였다. 그것을 '암페어의 오른 나사 법칙'이라고 부른다.

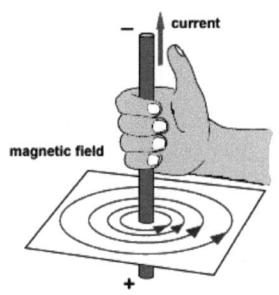

Quiz 1 다음 원형 도선 중심에서 자기장의 방향은? 단 지구 자기장은 무시한다.

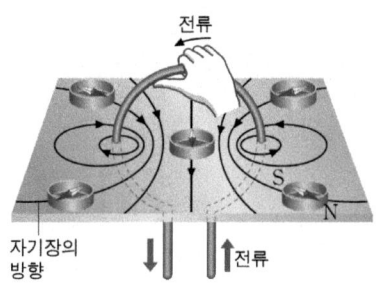

1) 중심에서 자기장 실험 결과 : $B \propto \dfrac{I}{R}$ 즉 $B_{원형중심} = \dfrac{\mu_0 I}{2R}[T]$ 단 μ_0은 진공의 투자율이고 R은 원형 도선의 반지름
   → 주의 : 원형 도선 중심에서의 자기장이다. 즉 중심을 제외한 다른 곳의 자기장은 알 수 없다.

2) 자석과의 유사성 : 그림에서 앞쪽이 N극의 역할을 한다!

3) 중첩의 원리 : 원형도선 2개가 겹쳐지면 원형도선 중심에서 자기장은 $B = \dfrac{\mu_0 I}{2R} \times 2$ 이다.

4) 무한 직선 도선 주위 자기장과의 차이점 : $B_{원형중심} \neq \dfrac{\mu_0 I}{2\pi R}$ 즉 π는 도선의 모양과 관련이 있는 것이 아니라, 자기장의 모양과 관련이 있다.

Quiz 2 전류가 I이고 반지름이 R인 원형 도선 3개가 중첩되어 있다. 중심에서 자기장의 크기는?

Part 3. 전자기학

Quiz 3 솔레노이드 내부에서 자기장의 방향은?

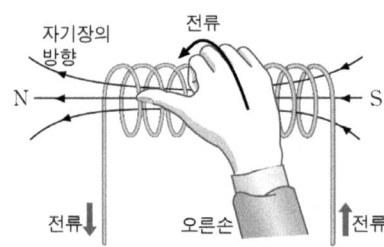

→ 내부에서 자기장 실험 결과 : $B \propto \dfrac{N}{l}$(단위 길이당 감은 수), $B \propto I$

Quiz 4 이상에서 자기장의 원천은 자석이 아니라 전류임을 알아보았다. 그렇다면 왜 막대자석을 반으로 쪼갰을 때 N, S가 분리가 되지 않을지 유추할 수 있을 것 같다. 왜일까?

1. Get magnet
2. Cut magnet in half
3. Magnetic monopole!

정답 아래 그림에서 보다시피 막대 자석을 무한히 잘게 쪼개나가다 보면 결국 원자 scale 까지 내려갈 수 있을 것이다.

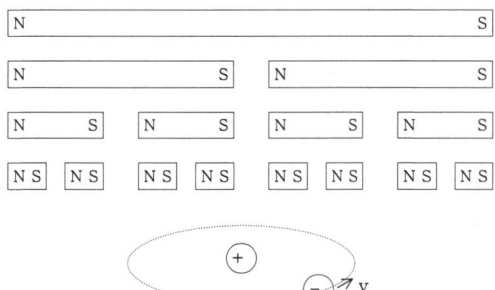

원자는 구조적으로 가운데에 핵이 있고 그것을 중심으로 전자가 원운동한다. 전자 운동의 반대 방향이 전류 방향이므로 결국 전자의 운동은 '원형 도선'에 해당한다.
이 상태에서 N-S 쌍극이 만들어지므로, 더 이상 N극과 S극은 분리가 불가능해짐을 알 수 있다.

cf. 진공의 유전율 VS 진공의 투자율

- 유전율 : 부도체(유전체)를 전기장 속에 두면 부도체 내부에 정전기가 유도된다. 이 때 정전기가 잘 유도될수록 유전율이 좋은 부도체라고 말한다.
- 투자율 : 일반적으로 물질을 자기장 속에 두면 물질이 자성을 띠게 된다. 이를 자화되었다라고 한다. 자화가 잘 될수록 투자율이 좋다고 말한다.
  - 진공의 유전율 : 진공은 아무 것도 없는 공간이다. 그러므로 진공의 유전율이라는 말 자체가 어폐가 있다. 그러므로 진공의 유전율은, 실제로 정전기가 유도된다고 이해하기보다는 그냥 하나의 상수라고 이해하면 된다.
- 진공의 투자율 : 역시나 같은 맥락에서 하나의 상수라고 이해하면 된다.

§ 2. 암페어 법칙

1. 의의
: 가우스가 전기장이 대칭인 경우의 전기장을 가우스법칙을 이용해서 구했듯이, 암페어는 자기장이 대칭인 경우의 자기장을 암페어 법칙을 이용해서 구했다.

2. 적분형 암페어 법칙

면적분 형태로는 자기장을 구할 수 없다는 것을 깨닫고, 선적분 형태의 법칙을 제안하였다.

$\int B\, dl = \mu_0 I_{in}$ 단 $\mu_0 = 4\pi \times 10^{-7}\, \text{Tm/A}$는 진공의 '투자율'

→ 법칙 형태 : 장×차원 = 대표상수×원천

Quiz 1 다음 그림에서 $\oint \vec{B} \cdot d\vec{L}$ 는 얼마인가?

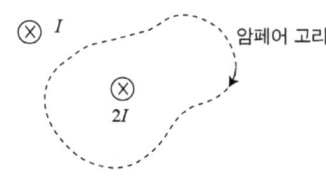

Quiz 2 다음 그림에서 $\oint \vec{B} \cdot d\vec{L}$ 는 얼마인가?

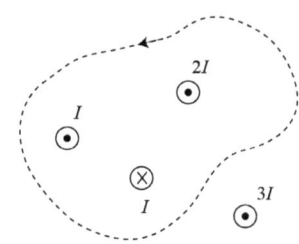

3. 암페어 법칙 문제 유형 - 기본 상황 4가지

case1. 무한 직선 도선 상황

ex 1 '적분형 암페어 법칙'을 이용하여 무한 직선 도선 주위의 자기장을 구하고, 그래프를 그리시오. 단, 전류는 I이고, 진공의 투자율은 μ_0이다. (기출)

1) 자기장

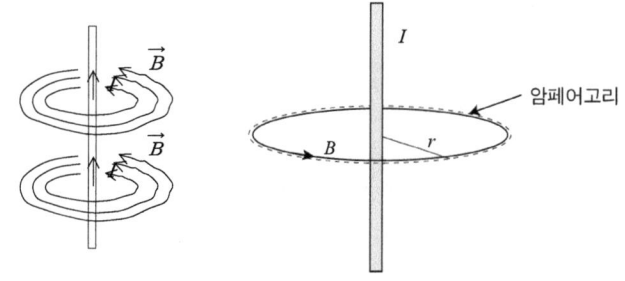

i) 암페어 법칙의 우변 계산 : $\mu_0 I_{in} = \mu_0 I$ ⋯ ①

ii) 암페어 법칙의 좌변 계산 : $\oint \vec{B} \cdot d\vec{L} = B 2\pi r$ ⋯ ②

iii) ① = ②에서 $B = \dfrac{\mu_0 I}{2\pi r}$

2) 그래프

cf. 암페어 고리를 자기장 방향에 대해서 반대로 잡으면 다음과 같이 계산된다.

$B \cdot 2\pi r \cos 180 = \mu_0(-I)$

$\therefore B = \dfrac{\mu_0 I}{2\pi r}$

Part 3. 전자기학

caseII. 무한 원통 도선 주위의 자기장

ex 2 '적분형 암페어 법칙'을 이용하여 골고루 전류가 흐르는 무한 원통 도선 주위의 자기장을 구하고, 그래프를 그리시오. 단, 전류는 I이고, 진공의 투자율은 μ_0이다. (기출)

1) 자기장

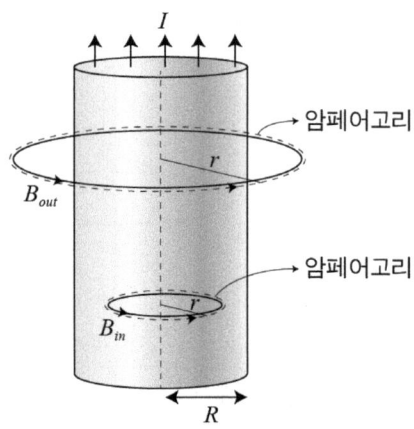

〈국수 다발〉

① 외부($r > R$인 영역)
 i) 암페어 법칙의 우변 계산 : $\mu_0 I_{in} = \mu_0 I$ ⋯ ①
 ii) 암페어 법칙의 좌변 계산 : $\oint \vec{B} \cdot d\vec{L} = B \cdot 2\pi r$ ⋯ ②
 ii) ① = ②에서 $B = \dfrac{\mu_0 I}{2\pi r}$

② 내부($r < R$인 영역)
 i) 암페어 법칙의 좌변 계산 : $\oint \vec{B} \cdot d\vec{L} = B \cdot 2\pi r$ ⋯ ①
 ii) 암페어 법칙의 우변 계산 : $\mu_0 I_{in}$ ⋯ ②
 iii) $I_{in} : I = \pi r^2 : \pi R^2$ ⋯ ③
 iv) ①, ②, ③에서 $B = \dfrac{\mu_0 I}{2\pi R^2} r$

2) 그래프 :

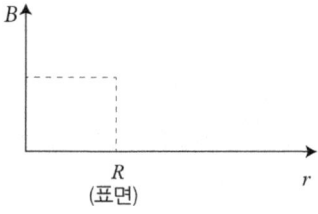

Ch 9. 정자기학

Quiz 3 다음 두 그림은 전류가 I만큼 흐르는 무한 직선 도선을 나타낸 것이다.

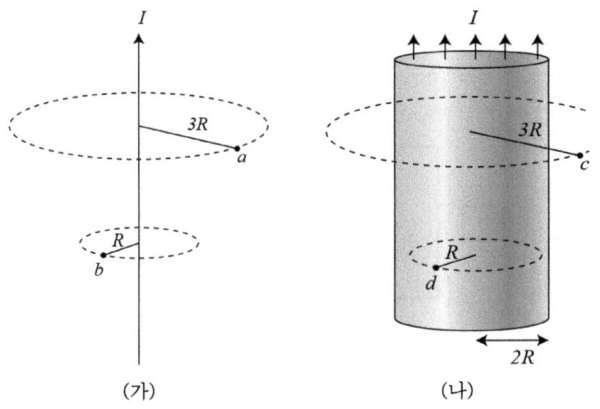

(가)   (나)

이에 대한 <보기>의 설명 중 옳은 것을 모두 고른 것은?

<보 기>
ㄱ. 두 점 a, c 에서 자기장의 크기는 서로 같다.
ㄴ. 두 점 b, d 에서 자기장의 크기는 서로 같다.
ㄷ. 두 점 b, d 에서 자기장의 방향은 서로 같다.

정답 ㄱ, ㄷ

Quiz 4 다음 그림은 반지름이 각각 a, b이고 전류 I가 흐르는 얇은 두 무한 원통 껍질이 동축(coaxial)을 이루는 모습이다. 각 영역에서 자기장을 구하시오. (기출)

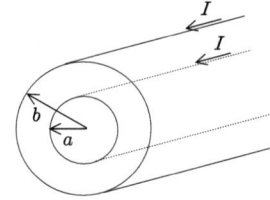

정답

i) $r < a$인 영역

$\oint \vec{B} \cdot d\vec{l} = \mu_0(0)$ 에서 $B_1 = 0$

ii) $a < r < b$인 영역

$B \times 2\pi r = \mu_0 I$ 에서 $B_2 = \dfrac{\mu_0 I}{2\pi r}$

iii) $r > b$인 영역

$B \times 2\pi r = \mu_0(2I)$ 에서 $B_2 = \dfrac{\mu_0(2I)}{2\pi r}$

Part 3. 전자기학

caseIII. 무한 솔레노이드(solenoid) 내부의 자기장

ex 3 '적분형 암페어 법칙'을 이용하여 무한 솔레노이드 내부의 자기장을 구하고, 그래프를 그리시오. 단, 전류는 I이고, 단위길이당 감은 수는 $n = \dfrac{N}{l}$ 이며 진공의 투자율은 μ_0이다. (기출)

1) 유한 솔레노이드 안팎에서 자기장
① 유한 솔레노이드 주위 자기력선의 실제 모습

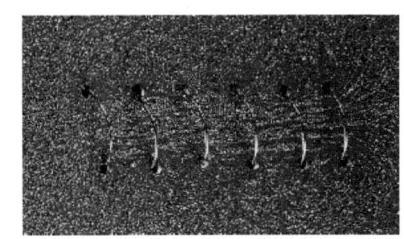

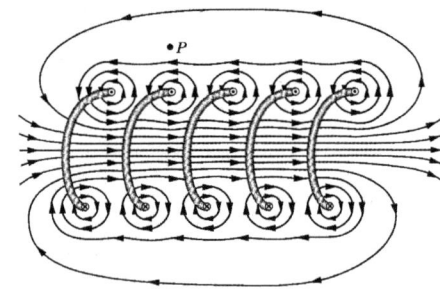

② 내부 : 약간 불균일한 자기장, 사실상 거의 균일한 자기장

③ 외부 : 내부보다 **훨씬 작은**, 불균일한 자기장

④ 특징 : 단위길이당 감은 수($n = \dfrac{N}{l}$)가 클수록 $B_{out} \to 0$ 이고, B_{in} 은 더욱 균일해진다.

⑤ 생활예 : 전자석

2) 무한 솔레노이드 내부에서 자기장
① 외부 : 0

② 내부 : 다음은 무한 솔레노이드의 단면적을 나타낸 것이다. 세 가지 암페어 고리 중에서 적절한 것은 무엇인가?

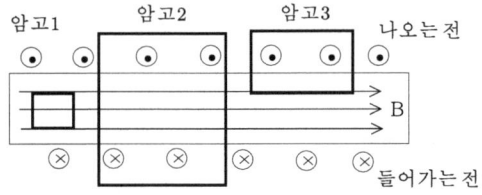

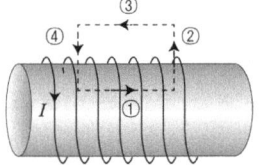

i) (좌변) $= \oint \vec{B} \cdot \vec{dL} = \int_① BdL\cos0° + \int_② BdL\cos90°$
$\qquad + \int_③ \underbrace{B}_{=0} dL\cos\theta + \int_④ BdL\cos90° = BL \quad \cdots ①$

ii) (우변) $= \mu_0 I_{in} = \mu_0(NI) \qquad \cdots ②$

iii) ① = ② 에서 $B_{solenoid} = \mu_0 nI$ 단, $n \equiv \dfrac{N}{l}$ (단위길이당 감은 수)

→ 암페어 고리 그리는 방법 : 자기장과 일치, 닫힌 선, 내부에 전류가 지나가게끔.

③ 그래프 : 따로 없음.

caseIV. 토로이드(toroid) 내부의 자기장

ex 4 '적분형 암페어 법칙'을 이용하여 토로이드 내부의 자기장을 구하고, 그래프를 그리시오. 단, 전류는 I이고, 감은 수는 N이며 진공의 투자율은 μ_0이다. (기출)

1) 토로이드(toroid) : 솔레노이드의 동그라미 버전. 전기제품에 쓰임.

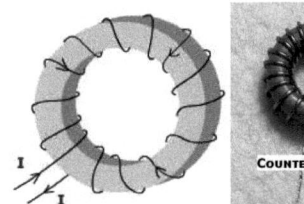
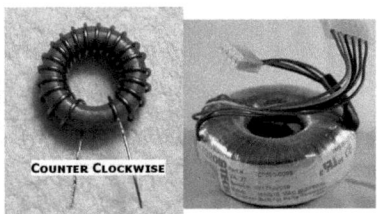

내측반지름이 a, 외측반지름이 b, 총 감은 수가 N이라고 가정

2) 자기장
① 방향 :

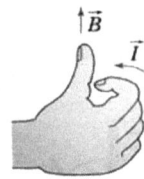

② $a < r < b$인 영역에서 자기장 :

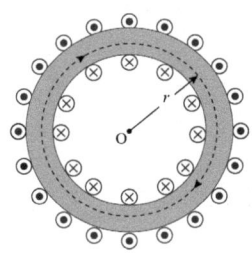

i) (좌변) = $\oint \vec{B} \cdot d\vec{L} = B 2\pi r$ ⋯ ①

ii) (우변) = $\mu_0 I_{in} = \mu_0 NI$ ⋯ ②

iii) ① = ②에서 $B_{\text{toroid}} = \dfrac{\mu_0 NI}{2\pi r}$

③ $r < a$인 영역에서 자기장 :

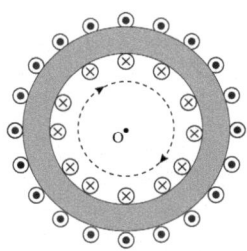

$\oint \vec{B} \cdot d\vec{L} = \mu_0(0)$에서 $B = 0$

④ $r > b$인 영역에서 자기장 :

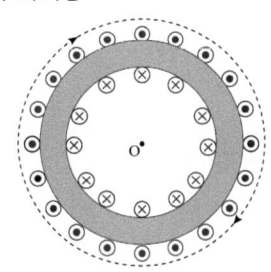

$\oint \vec{B} \cdot d\vec{L} = \mu_0(0)$에서 $B = 0$

3) 그래프 :

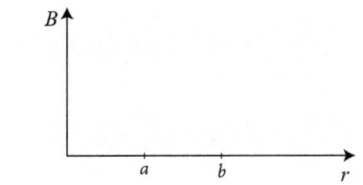

Part 3. 전자기학

§ 3. 입자나 도선이 받는 자기력

1. 자기력의 방향

1) 대전입자가 받는 자기력 : $\vec{F} = q\vec{v} \times \vec{B}$ or $F = qvB\sin\theta$

2) 도선이 받는 자기력 : $\vec{F} = I\vec{l} \times \vec{B}$ or $F = IlB\sin\theta$ 단 l은 외부자기장 속 도선의 길이!

3) 도선이 받는 자기력의 방향 : 플레밍의 왼손 법칙
   전기장 속 양의 시험전하는 전기장 방향으로 힘(qE)을 받는다. 그러나 자기장 속 양의 시험전하는 자기장 방향의 수직으로 힘을 받는다. 자기력의 방향을 밝힌 법칙이 '플레밍의 왼손 법칙'이다.

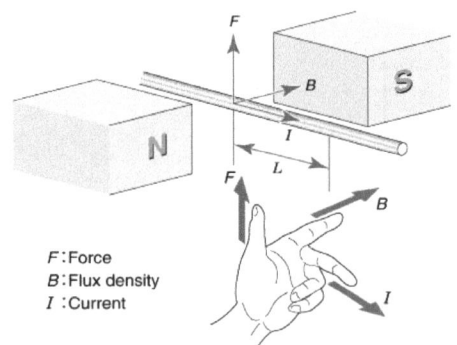

→ 의의 : 플레밍의 왼손 법칙은 다음을 알려준다.
   $\vec{F} \perp \vec{B}$
   $\vec{F} \perp \vec{v}$
   $\vec{v} \perp \vec{B}$

4) 도선이 받는 자기력의 방향 : 오른손바닥

Quiz 1 다음 그림에서 도선이 받는 자기력의 방향은?

Quiz 2 다음 그림에서 도선이 받는 자기력의 방향은?

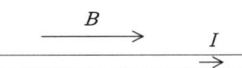

5) 입자가 받는 자기력의 방향 : 플레밍의 왼손 법칙
   전류가 양전하의 흐름임을 이용

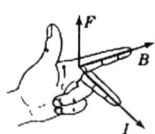

6) 입자가 받는 자기력의 방향 : 오른손바닥

엄지는 시험전하의 운동방향이다.
양전하는 손바닥이 가리키는 방향으로 힘을 받는다.
음전하는 손등이 가리키는 방향으로 힘을 받는다.

Quiz 3 다음 그림에서 입자의 운동 궤적을 그려보시오.

caseI.
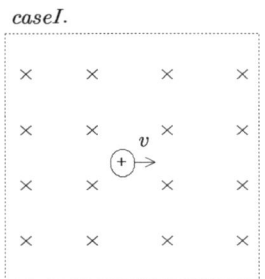

caseII.
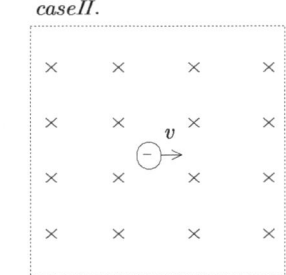

caseIII.
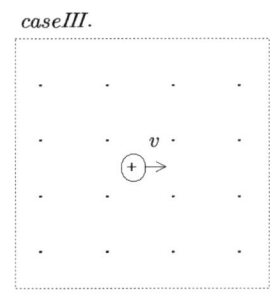

caseIV.
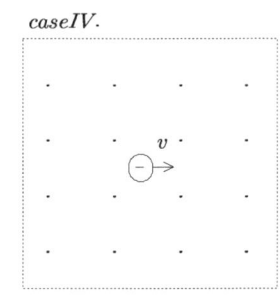

7) 대표 유형
   type1. 다음 그림에서 시험 전하의 종류는 무엇인가?

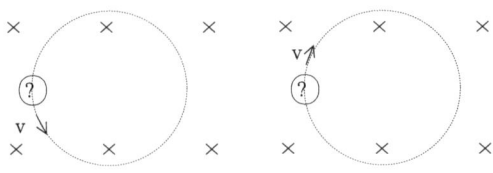

   type2. 다음 그림에서 외부 자기장의 방향은?

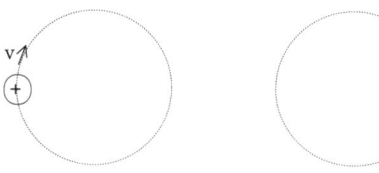

Ch 9. 정자기학

Quiz 4 다음 그림에서 전하량이 q인 입자가 받는 자기력의 크기와 방향은?

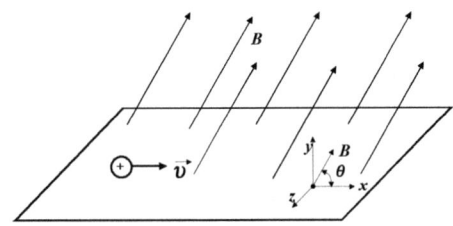

Quiz 5 다음 그림에서 원형 도선이 받는 힘의 방향은?

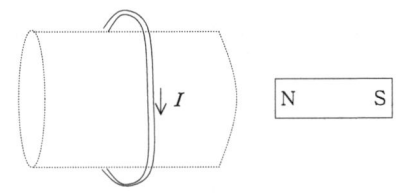

→ 주의 : 자석에 의한 자기장은 정량화하지 못하므로, 자석 주위의 나침반이 받는 자기력 또는 자석 주위의 도선이 받는 자기력은 정확하게 계산할 수 없고, 다만 정성적으로 자기력의 방향만 알 수 있다.

Q&A

질문 자석 앞에 있는 원형도선은, 왜 솔레노이드가 만드는 외부 자기장과 나란한 방향으로 자기력을 받나요?

답변 그건 착각(?)입니다^^ 정확하게 따지면 자석 앞에 있는 원형도선의 '미소전류'는 플레밍의 왼손 법칙에 의해, '자석이 만드는 외부자기장'에 직각인 방향으로 자기력을 받습니다.

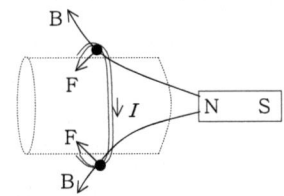

다만 그 힘들의 총합이 '인력'이나 '척력'이 되기 때문에, 마치 외부 자기장과 나란한 방향으로 자기력이 작용하는 것처럼 보이는 것입니다^^

다음 그림에서 솔레노이드 위에서 어느 방향으로 어떤 크기의 자기력을 받는지 분석해보세요^^

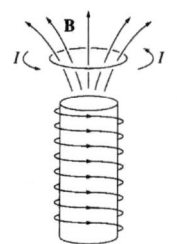
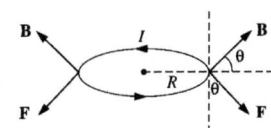

8) 자기선속 밀도를 이용한 자기력의 방향 찾기

Quiz 6 전류가 I로 같고, 간격이 r인 두 평행 도선 사이의 단위 길이당 자기력을 구하시오.

* 숙제 : A4 종이 옆으로 반을 접은 후, 왼쪽 다단에 정전기학 내용을, 오른쪽 다단에 정자기학 내용을 각각 정리하기.

Part 3. 전자기학

ex 1 균일한 자기장 영역에 전류의 세기가 동일한 네 직선 도선 (가), (나), (다), (라)가 놓여 있다. 세 도선이 받는 자기력의 크기를 순서대로 나열하면?

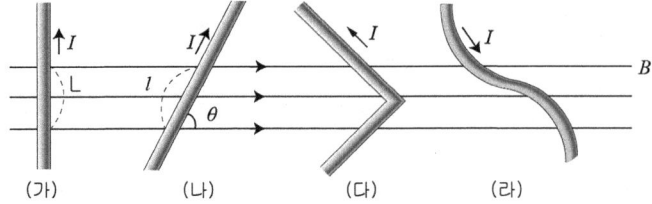

① $F_가 > F_나 > F_다 > F_라$
② $F_라 > F_다 > F_나 > F_가$
③ $F_나 > F_다 > F_가 > F_라$
④ $F_가 > F_나 = F_다 > F_라$
⑤ $F_가 = F_나 = F_다 = F_라$

정답 ⑤

ex 2 균일한 자기장 B에 수직한 평면에서 전하 q, 질량 m인 입자가 원운동을 한다. 이 때 원운동 각속도 ω에 맞는 것은?

① $\dfrac{mB}{q}$
② $\dfrac{m}{qB}$
③ $\dfrac{q}{mB}$
④ $\dfrac{q^2B}{m^2}$
⑤ $\dfrac{qB}{m}$

정답 ⑤ $\dfrac{qB}{m}$

운동방정식 $qvB = m\dfrac{v^2}{r}$에서 $r = \dfrac{mv}{qB}$이므로 $w = \dfrac{v}{r} = \dfrac{qB}{m}$ (cyclotron frequency)

ex 3 $+x$축으로 크기가 B인 자기장이 걸린 공간에, 전하량이 q인 양의 입자가 $+x$축에 대해 θ의 각으로 입사하였더니 그림과 같이 나선운동하였다.

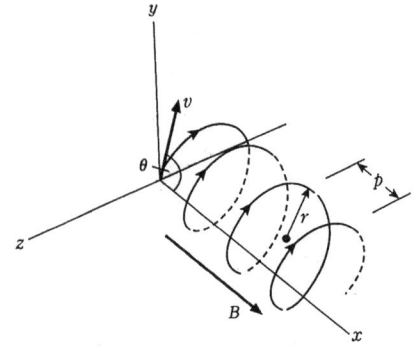

나선운동 반지름을 구하시오. 입자가 xz면과 만나는 주기를 구하시오. 예각 범위에서 pitch가 증가하려면 θ는 어떻게 되어야 하는가?

정답 $r = \dfrac{mv\sin\theta}{qB}$ $T = \dfrac{1}{2} \times \dfrac{2\pi m}{qB}$ 감소

---

*에피소드 – 에디슨 VS 테슬라

1) 교류 모터(motor)를 제일 먼저 개발한 사람은 크로아티아의 니콜라 테슬라이다. 에디슨 전기 회사의 직원이었던 테슬라는 발전기를 디자인하고 5만 달러를 받기로 했으나, 에디슨이 "미국식 농담이었는데"라면서 보너스 지급을 거절하자, 웨스팅하우스(Westinghouse)로 이직하게 된다.

2) 1800년대 말 에디슨이 전구를 상용화한 후, 전기회사들이 많이 생겨났고, 오대호에 짓는 수력발전소의 송전 방식을 직류로 할지, 교류로 할지 논란이 많았다. 웨스팅하우스사에 서서히 밀리게 되자, 에디슨은 브라운(Harold Brown)이라는 전기공학자를 매수해, 교류의 위험성을 홍보하기 시작했다. 브라운은 동물들을 교류로 죽이는 실험을 하기도 했다. 특히 코끼리 죽이는 사진이 악명높다. 심지어 세계 최초의 사형의자도 개발하였는데, 어쩌다 보니 사형수가 죽지 않고 살아나게 되었다. 이 일로 브라운은 에디슨의 신뢰를 잃었고, 두 사람 사이에 부정한 거래가 오고 간 사실이 들어났다.

3) 결국 에디슨은 회사의 회장직에서 쫓겨나게 되었고, 주식을 몽땅 팔아서 광업을 시작했는데 쫄딱 망하게 된다.

§ 4. Biot-Savart's law(심화)

1. 의의 : 자기력선이 비대칭인 경우 자기장을 구할 수 있다.

2. 수식 : $d\vec{B} = \dfrac{\mu_0 I}{4\pi} \dfrac{\vec{dl} \times \hat{r}}{r^2}$

$$|dB| = \dfrac{\mu_0 I}{4\pi} \dfrac{dl}{r^2} \sin\theta$$

$$\vec{dB} = \dfrac{\mu_0 I}{4\pi} \dfrac{\vec{dl} \times \vec{r}}{r^3}$$

I : 전류
dl : 미소도선의 길이
r : 미소도선에서 P점까지의 거리

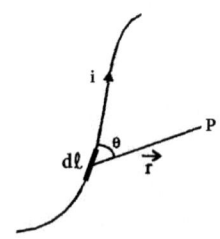

단 $\vec{B} \perp \hat{r}$ & $\vec{B} \perp d\hat{l}$

Quiz 1 다음 반무한 직선 도선 주위 자기장은?

1)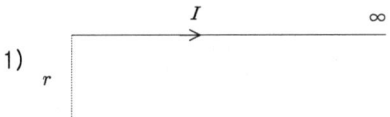

2)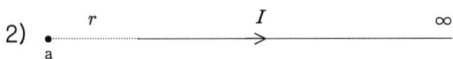

3)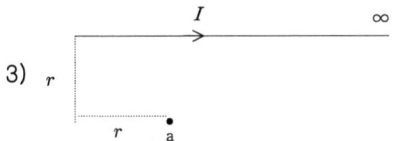

4)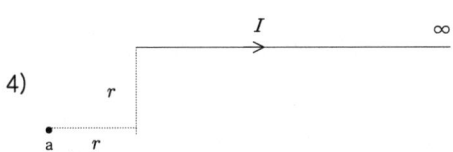

정답 $B_3 > B_1 > B_4 > B_2$

Quiz 2 다음 부채꼴 도선의 중심에서 자기장은?

1)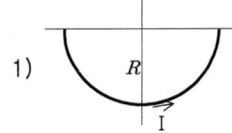

2)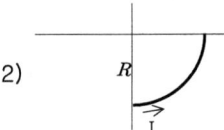

3)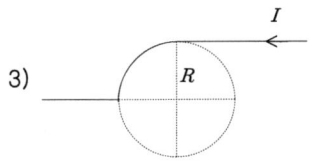

4)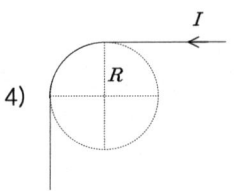

정답
1) $\dfrac{\mu_0 I}{2R} \times \dfrac{1}{2}$ 2) $\dfrac{\mu_0 I}{2R} \times \dfrac{1}{4}$ 3) $\dfrac{\mu_0 I}{2\pi R} \times \dfrac{1}{2} + \dfrac{\mu_0 I}{2R} \times \dfrac{1}{4} + 0$
4) $\dfrac{\mu_0 I}{2\pi R} \times \dfrac{1}{2} + \dfrac{\mu_0 I}{2R} \times \dfrac{1}{4} + \dfrac{\mu_0 I}{2\pi R} \times \dfrac{1}{2}$

§ 5. 수정된 암페어 법칙(심화)

1. 변위 전류의 발견

1) 전도 전류(conduction current) : 그림처럼 RC 회로에서 축전기를 충전하니, 전지에 순간적으로 5A의 전류가 흐르고 저항기에도 순간적으로 5A의 전류가 흘렀다. 이 두 전류는 자유 전하의 이동에 의해 생긴 전류이다. 이런 전류를 전도 전류라고 부르고 정의는 다음과 같다.

전도 전류 : $I_c = \dfrac{dq_{전하}}{dt}[A]$

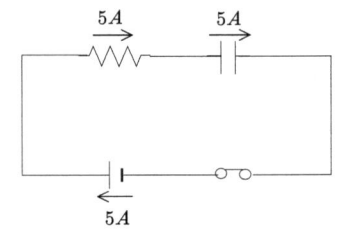

2) 맥스웰의 고민 :
① 키르히호프 1법칙에 의하면 저항에 전류가 흐르면 축전기에도 같은 크기의 전류가 흐른다. 그러므로 충전/방전 중인 축전기 안 팎에서 자기장이 존재한다.
② 그런데 충전/방전 중인 축전기 내부에는 전도 전류가 0이다. 그러므로 축전기 주변에서 전도 전류에 의한 자기장이 0이어야 한다.

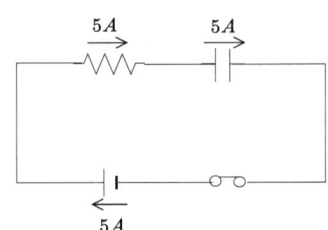

cf. 맥스웰의 고민 : 충전/방전 중인 RC 회로에서 암페어 법칙을 적용하면 모순이 생긴다.

(1) 암페어 고리가 만드는 원판을 관통하는 전도전류에 대해서 암페어 법칙 적용시
 i) (좌변) $= B \cdot 2\pi r$ … ①
 ii) (우변) $= \mu_0(I)$ … ②
 iii) ①=②에서 $B \cdot 2\pi r = \mu_0 I$

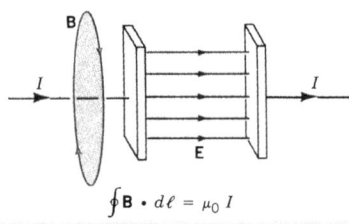

(2) 암페어 고리를 테두리로 하는 반구를 관통하는 전도전류에 대해서 암페어 법칙 적용시
 i) (좌변) $= B \cdot 2\pi r$ … ①
 ii) (우변) $= \mu_0(0)$ … ②
 iii) ①=②에서 $B = 0$ (모순)

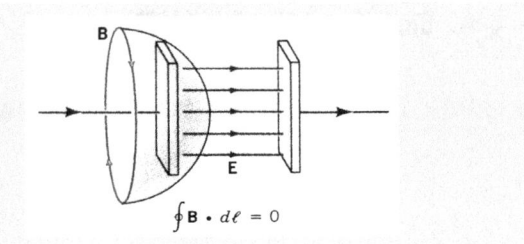

$\oint \vec{B} \cdot d\vec{\ell} = 0$

3) 실험 : 충전 중인 축전기 내부에 나침반을 두었더니, 나침반의 N극이 북극이 아닌 곳을 가리켰다.
이는 축전기 내부에 자기장이 존재함을 의미한다.
즉 축전기 내부에 전류가 흐른다고 봐야 한다.
맥스웰은 이 전류를 변위 전류(displacement current) 혹은 대체 전류라고 명명했다.

cf. 암페어 법칙 $\oint \vec{B} \cdot d\vec{L} = \mu_0 I$에 의하면 자기장의 원천은 전류다 (전류→자기장). 그리고 자기장의 존재 유무는 나침반으로 확인할 수 있다(자기장→나침반). 그러므로 축전기 '충전/방전' 시 축전기 내부에 전류가 흐른다는 것을 증명하려면, 축전기 주위에 나침반을 두고 나침반의 N극이 북쪽이 아닌 다른 방향을 가리키는지 확인하면 된다(나침반→자기장→전류).
과학자들은 이런 간단한 실험을 통해 변위 전류의 존재를 증명하였다.

3) 새로운 법칙
① 기존 법칙 : 암페어 법칙 : $\oint \vec{B} \cdot d\vec{L} = \mu_0 I_c$
② 새로운 법칙 : 맥스웰 법칙 : $\oint \vec{B} \cdot d\vec{L} = \mu_0 I_d$
③ 수정된 암페어 법칙 : $\oint \vec{B} \cdot d\vec{L} = \mu_0 I_c + \mu_0 I_d$

단 키르히호프 1법칙에 의해 매순간 $I_c = I_d$

Ch 9. 정자기학

ex 1 다음 회로에서 '수정된 암페어 법칙'을 이용하여 도선 주위에서 자기장을 구하고, 축전기 외부와 내부에서 자기장을 구하시오. 단, 도선을 무한 직선 도선이라고 가정한다.

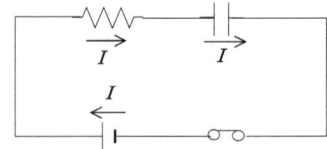

sol)

i) 도선 주위 : $B \cdot 2\pi r = \mu_0(I+0)$ 에서 $B = \dfrac{\mu_0 I}{2\pi r}$

ii) 축전기 외부 : $B \cdot 2\pi r = \mu_0(0+I)$ 에서 $B = \dfrac{\mu_0 I}{2\pi r}$

iii) 축전기 내부 : $B \cdot 2\pi r = \mu_0(0+I \times \dfrac{\pi r^2}{\pi R^2})$ 에서 $B = \dfrac{\mu_0 I}{2\pi R^2}r$

Q&A

질문 무한직선도선 주위에서 $\oint \vec{B} \cdot d\vec{L} = \mu_0 I_c + \mu_0 I_d$ 을 적용할 수 있나요? 무한직선도선에는 변위전류가 흐르지 않잖아요.

답변 질문자께서 말씀하신 것처럼 무한직선도선에는 전도전류만 흐르지 변위전류는 흐르지 않습니다. 그러므로 수정된 암페어 법칙은 $\oint \vec{B} \cdot d\vec{L} = \mu_0 I_c + \mu_0 \cdot 0$ 이 되므로 그냥 암페어 법칙과 동일해집니다.

Quiz 1 다음 그림에서 저항에 $5A$의 전류가 흐르고 있다.

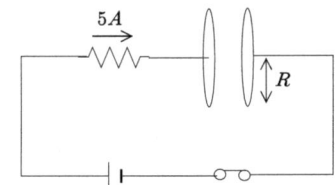

1) 반지름이 R인 원형 축전기에 흐르는 변위 전류는?

2) 축전기 중심에서 반지름이 $\dfrac{R}{2}$인 암페어 고리 내부에 흐르는 변위 전류는?

정답 1) 5A   2) 5/4 A

ex 2 그림은 초기에 저장된 전하량이 0인 원형 평행판 축전기에 전류 I가 흘러 충전되고 있는 것을 나타낸 것이다. 점 a는 축전기 외부에 있고, 점 b는 반지름이 r인 두 도체판 사이에 있다.

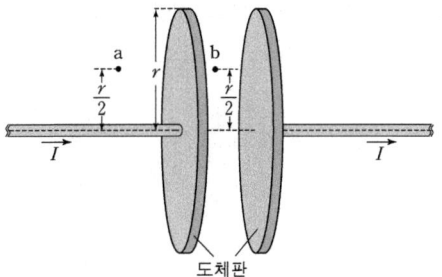

충전되는 동안 a, b에서의 자기장과 전기장에 대한 설명으로 옳은 것을 <보기>에서 모두 고른 것은? (단, 지구 자기장의 영향은 무시하며, 각 도체판의 중심에 수직으로 연결된 두 도선은 일직선 상에 있다.)

―――――― <보 기> ――――――
ㄱ. a에서 자기장의 방향은 도선과 평행하다.
ㄴ. b에서 자기장의 크기는 0이다.
ㄷ. b에서 전기장의 세기는 증가하고 있다.

정답 ㄷ

ㄱ. a에서 자기장의 방향은 암페어의 오른나사법칙에 의해 도선과 수직하다.

ㄴ. 충전되는 상황이므로 b에서 자기장은 수정된 암페어 법칙에 의해 구할 수 있다.

$$\oint \vec{B} \cdot d\vec{L} = \mu_0 \epsilon_0 \frac{d\Phi_E}{dt} \Leftrightarrow B(2\pi \frac{r}{2}) = \mu_0 \epsilon_0 \times \pi \times (\frac{r}{2})^2 \frac{dE}{dt}$$

$$\Leftrightarrow B = \mu_0 \epsilon_0 \frac{r}{4} \frac{dE}{dt}$$

ㄷ. 충전되는 상황이므로 전기장의 세기는 증가하고 있다.

* 추가질문1. a점과 b점에서 자기장은 어디가 더 큰가?

* 추가질문2. c점과 d점에서 자기장은 어디가 더 큰가? 단 c점은 도선에서 $2r$ 떨어진 지점이고, d점은 축전기의 중심축에서 $2r$ 떨어진 지점이다.

4) 맥스웰의 제안 : 변위 전류의 정의

충전/방전시 축전기 내부에 전기선속이 변한다. 이 현상에 주목한 맥스웰은 가우스 법칙 $\Phi_E = \dfrac{Q}{\epsilon_0}$ 또는 $Q = \epsilon_0 \Phi_E$ 을 이용하여 다음과 같은 새로운 개념의 전류를 제안한다.

변위(displacement) 전류 : $I_d \equiv \dfrac{dQ}{dt} = \dfrac{d(\epsilon_0 \Phi_E)}{dt} = \epsilon_0 \dfrac{d\Phi_E}{dt} \;[A]$

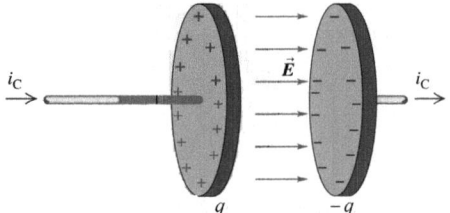

5) 오개념 Quiz

① 충전 중일 때 축전기의 Q 는?

② E 는?

③ Φ_E ?

④ I_c ?

⑤ I_d ?

⑥ $\dfrac{d\Phi_E}{dt}$?

⑦ E 의 방향은?

⑧ Φ_E 의 방향은?

⑨ I_c 의 방향은?

⑩ I_d 의 방향은?

Q&A

질문 위에서 전기선속의 방향이 오른쪽이라고 하셨는데, 그러면 전기선속은 벡터인가요?

답변 아니요, 전기선속의 정의가 $\Phi_E = \vec{E} \cdot \vec{A}$ (균일한 전기장 기준)이므로 스칼라입니다. 편의상 전기선속의 방향이라는 표현을 쓴 것이지, 원래는 전기력선의 방향을 물어보는 게 옳습니다.

2. 충전/방전 중인 축전기 주위의 자기장 & 그래프

caseI. 전도 전류가 제시된 상황

ex 1 다음처럼 저항과 반지름이 R인 원형 축전기가 직렬 연결되어 있고, 회로에는 순간 전류 I가 흐르고 있다. '수정된 암페어 법칙'을 이용하여 축전기 안팎에서 자기장을 구하시오.

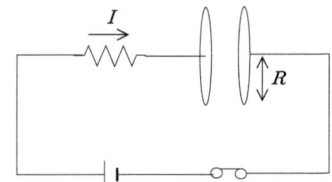

정답

1) 외부

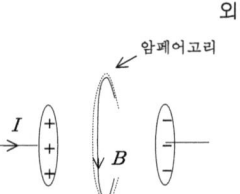

i) (좌변) $= \oint \vec{B} \cdot d\vec{L} = B \cdot 2\pi r$ ··· ①

ii) (우변) $= \mu_0 I_{in} = \mu_0 I$ ··· ②

iii) ①=②에서 $B = \dfrac{\mu_0 I}{2\pi r}$

2) 내부

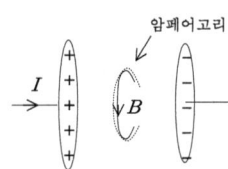

i) (좌변) $= \oint \vec{B} \cdot d\vec{L} = B \cdot 2\pi r$ ··· ①

ii) (우변) $= \mu_0 I_{in} = \mu_0 (I \times \dfrac{\pi r^2}{\pi R^2})$ ··· ②

iii) ①=②에서 $B = \dfrac{\mu_0 I}{2\pi R^2} r$

3) 그래프 :

caseII. $\dfrac{dE}{dt} = K$가 제시된 상황

ex 2 다음처럼 저항과 반지름이 R인 원형 축전기가 직렬 연결되어 있고, 축전기 내부의 전기장은 시간에 따라 $\dfrac{dE}{dt} = K$로 변하고 있다. '수정된 암페어 법칙'을 이용하여 축전기 안팎에서 자기장을 구하시오.

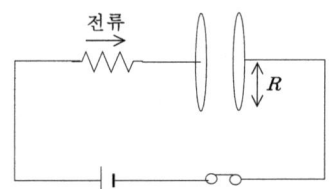

정답

1) 외부

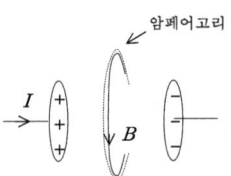

i) (좌변) $= \oint \vec{B} \cdot d\vec{L} = B \cdot 2\pi r$ ··· ①

ii) (우변) $= \mu_0 I_{in} = \mu_0 (\epsilon_0 \dfrac{d\Phi_E}{dt}) = \mu_0 (\epsilon_0 \pi R^2 \dfrac{dE}{dt})$ ··· ②

iii) ①=②에서 $B = \dfrac{\mu_0 \epsilon_0 R^2}{2r} \dfrac{dE}{dt} = \dfrac{\mu_0 \epsilon_0 R^2}{2r} K$

2) 내부

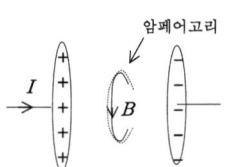

i) (좌변) $= \oint \vec{B} \cdot d\vec{L} = B \cdot 2\pi r$ ··· ①

ii) (우변) $= \mu_0 I_{in} = \mu_0 (\epsilon_0 \dfrac{d\Phi_E}{dt}) = \mu_0 (\epsilon_0 \pi r^2 \dfrac{dE}{dt})$ ··· ②

iii) ①=②에서 $B = \dfrac{\mu_0 \epsilon_0}{2} r \dfrac{dE}{dt} = \dfrac{\mu_0 \epsilon_0}{2} r K$

3) 그래프 :

Part 3. 전자기학

3. 변위 전류의 여러 가지 표현

1) 총 변위 전류를 $\frac{dE}{dt}$로 표현해 보기

$$I_{d,tot} = \epsilon_0 \frac{d\Phi_E}{dt} \qquad \leftarrow \Phi_E = EA$$

$$= \epsilon_0 A \frac{dE}{dt} \qquad \cdots \text{①} \quad \leftarrow A = \pi R^2$$

$$= \epsilon_0 (\pi R^2) \frac{dE}{dt} \qquad \cdots \text{②}$$

2) 축전기 내부 변위 전류를 $\frac{dE}{dt}$로 표현해 보기

①에서 $I_{d,in} = \epsilon_0 A \frac{dE}{dt} \qquad \leftarrow A = \pi r^2$

$$= \epsilon_0 (\pi r^2) \frac{dE}{dt} \qquad \cdots \text{③}$$

3) 총 변위 전류가 전도 전류와 동일함을 증명

②에서 $I_{d,tot} = \epsilon_0 (\pi R^2) \frac{dE}{dt} \qquad \leftarrow$ 가법 $E \cdot \pi R^2 = \frac{Q}{\epsilon_0}$

$$= \epsilon_0 (\pi R^2) \frac{1}{\epsilon_0 \pi R^2} \frac{dQ}{dt} \qquad \leftarrow I_c = \frac{dQ}{dt}$$

$$= I_c$$

4) 축전기 내부 변위 전류를 전도 전류에 대해서 표현해 보기

③에서 $I_{d,in} = \epsilon_0 (\pi r^2) \frac{dE}{dt} \qquad \leftarrow$ 가법 $E \cdot \pi R^2 = \frac{Q}{\epsilon_0}$

$$= \epsilon_0 (\pi r^2) \frac{1}{\epsilon_0 \pi R^2} \frac{dQ}{dt} \leftarrow I_c = \frac{dQ}{dt}$$

$$= \frac{r^2}{R^2} I_c$$

★ 암페어 법칙 VS 맥스웰 법칙

	암페어 법칙	맥스웰 법칙
상황	도선 주위	충전·방전 중인 축전기 주위
원인	전도전류($I = \frac{q}{t}$)	변위전류($I_d \equiv \epsilon_0 \frac{d\Phi_E}{dt}$)
수식	$\oint \vec{B} \cdot d\vec{L} = \mu_0 I_{in}$	$\oint \vec{B} \cdot d\vec{L} = \mu_0 I_d$
결과	$B_{out} = \frac{\mu_0 I}{2\pi r}$ $B_{in} = \frac{\mu_0 I}{2\pi R^2} r$	$B_{out} = \frac{\mu_0 I_d}{2\pi r} = \mu_0 \epsilon_0 \frac{R^2}{2r} \frac{dE}{dt}$ $B_{in} = \frac{\mu_0 I_d}{2\pi R^2} r = \mu_0 \epsilon_0 \frac{r}{2} \frac{dE}{dt}$
그래프	(내부/외부, R에서 최대, r에 따라)	(내부/외부, R에서 최대, r에 따라)

§ 6. 홀효과(Hall effect)(심화)

1. 반도체 기본 이론

1) 오비탈 : $_{20}Ca$

수헬리베붕탄질 산플네나마알규인 황염아칼칼

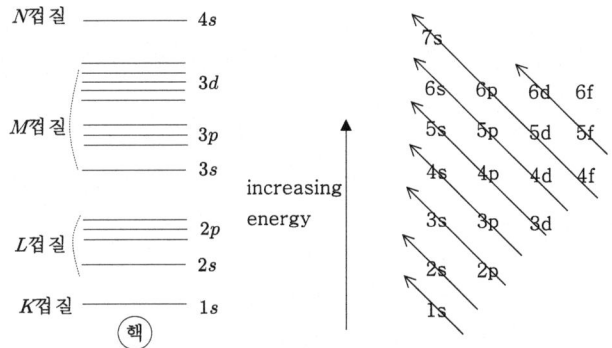

2) 띠 이론

① 수소분자 : 원자 2개가 근접하면 최외각전자들부터 시작해 서로의 파동함수(궤도)가 겹치기 시작한다. 각 에너지 준위는 파울리의 배타원리 때문에 2개씩 갈라진다.

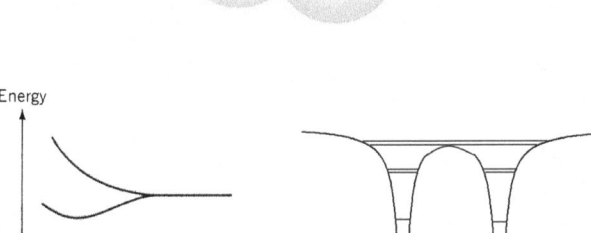

② 구리도선 : 만약 N 개의 원자가 모인다면 각 에너지 준위가 N 개씩 미세하게 갈라진다.

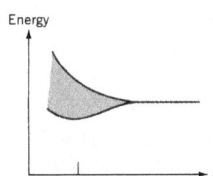

이렇게 되면 각 에너지 준위는 본질적으로 연속인 하나의 띠(band)처럼 된다. 결국 고체 원자는 무수히 많은 에너지 띠(energy band)들로 이루어진 구조로 이해할 수 있다.

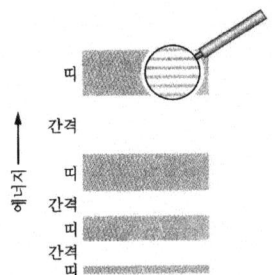

3) 도체, 반도체, 부도체 분류

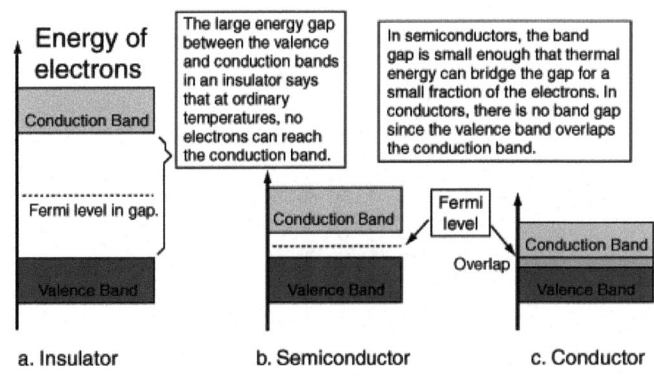

4) 진성반도체

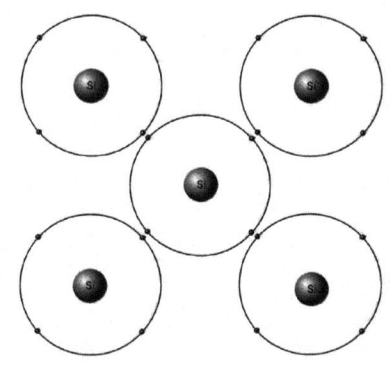

5) 불순물 반도체
① N형 반도체 : Si + P

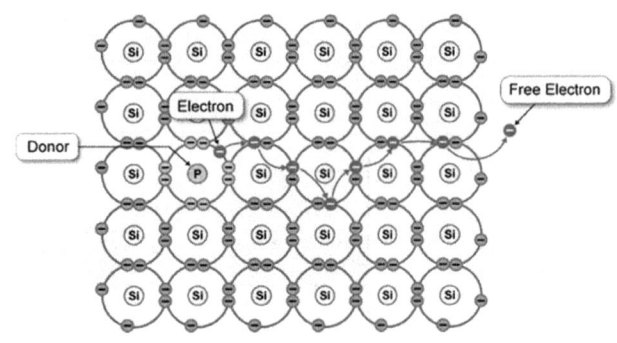

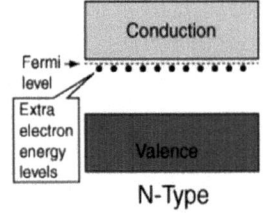

전하운반자 : 자유전자

② P형 반도체 : Si + Al

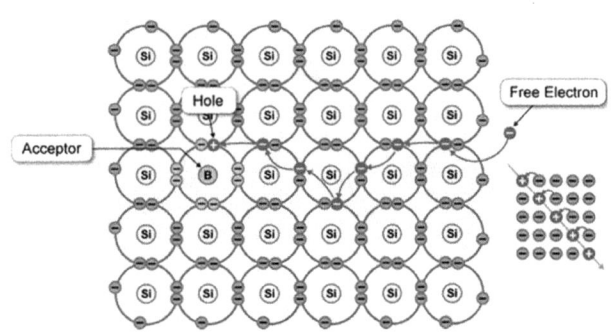

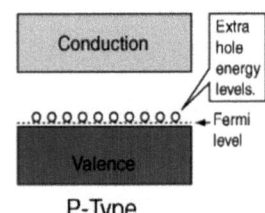

전하운반자 : 홀(양공, hole)

2. 홀효과(Hall effect)의 의의

1) 목적 : 반도체의 전하운반자(hole, electron) 식별, 단위부피당 전하운반자의 개수 측정

2) 반도체 전하운반자 식별

cf. 전류가 흐를 때 전하 운반자 : 전자

caseI. P형 반도체 & 지면으로 들어가는 방향의 자기장

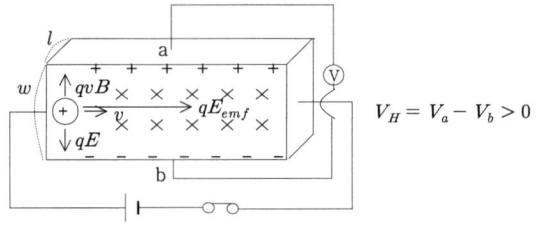

caseII. P형 반도체 & 지면에서 나오는 방향의 자기장

caseIII. N형 반도체 & 지면으로 들어가는 방향의 자기장

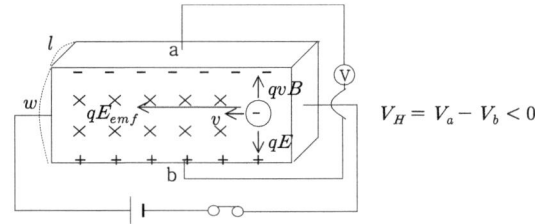

caseIV. N형 반도체 & 지면에서 나오는 방향의 자기장

Q&A

질문 전하 운반자가 자기장 속에서 원운동하지 않나요?

답변 원운동을 하려면 자기력만 받아야 합니다. 그러나 엄밀히 따지면 전하 운반자는 기전력이 만든 전기장을 따라서 전기력을 받으면서 흐르고 있습니다. 그 와중에 자기력을 '살짝' 받는 것이라서 원운동을 할 수 없답니다^^

3) 단위부피당 전하운반자 수 : $n = \dfrac{BI}{V_H le}$ (기출)

pf.

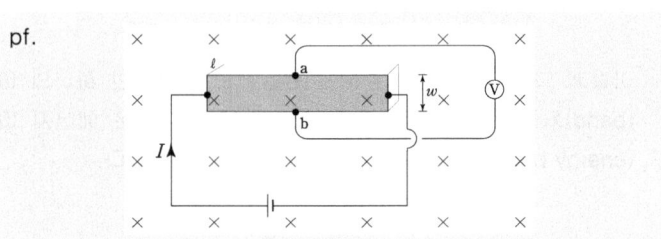

i) $qv_d B = qE = q\left(\dfrac{V_H}{w}\right)$ ⋯ ① 단, v_d 는 유동속력, V_H 는 홀전압

ii) $I = Sev_d n$ 에서 $n = \dfrac{I}{Sev_d}$ ⋯ ②

iii) ①→② : $n = \dfrac{I}{Sev_d} = \dfrac{I}{Se(V_H/Bw)} = \dfrac{BwI}{SeV_H}$

* 추론형 문제 엿보기

1. a와 b가 P에 만드는 자기장의 크기는? b가 a의 $x<0$인 영역에 작용하는 힘의 방향은?

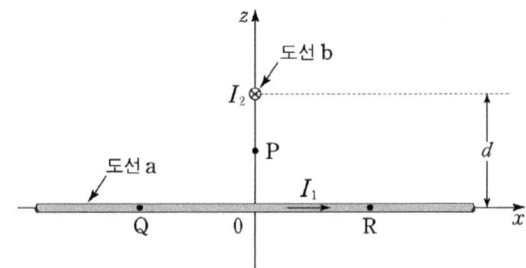

정답

1) 도선 a에서 P점까지의 직교 거리가 $d/2$이므로 도선 a가 P점에 만드는 자기장은 $-\frac{\mu_0 I_1}{2\pi d/2}\hat{y}$이고, 도선 b가 P점에 만드는 자기장은 $-\frac{\mu_0 I_2}{2\pi d/2}\hat{x}$이다. 그러므로 합성자기장의 크기는 $\frac{\mu_0}{2\pi d/2}\sqrt{I_1^2+I_2^2}$이다.

2) 힘의 방향은 $-y$방향이다.

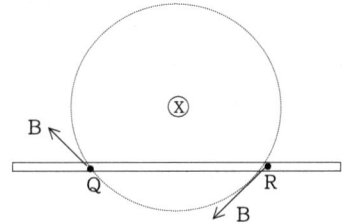

2. p, q, r에서 자기장의 방향을 말하고, 크기순으로 나열하시오.

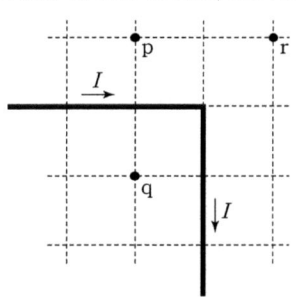

정답

p : 나오는 방향, q : 들어가는 방향, r : 나오는 방향
q > p > r

$B_q = \frac{\mu_0 I}{4\pi d}[(1+\frac{\sqrt{2}}{2})+(1+\frac{\sqrt{2}}{2})] = \frac{\mu_0 I}{4\pi d}(2+\sqrt{2})$

$B_p = \frac{\mu_0 I}{4\pi d}[(1+\frac{\sqrt{2}}{2})-(1-\frac{\sqrt{2}}{2})] = \frac{\mu_0 I}{4\pi d}(\sqrt{2})$

$B_r = \frac{\mu_0 I}{4\pi d}[(1-\frac{\sqrt{2}}{2})+(1-\frac{\sqrt{2}}{2})] = \frac{\mu_0 I}{4\pi d}(2-\sqrt{2})$

3. 이 실험은 자기장 B에 의해 c와 d 사이의 구리띠가 받는 힘에 의한 돌림힘(토크)과 가는 철사줄의 무게에 의한 돌림힘이 평형을 이루는 조건을 이용한다. 공기의 투자율 μ를 구하기 위해 더 측정해야 하는 물리량이 아닌 것은?

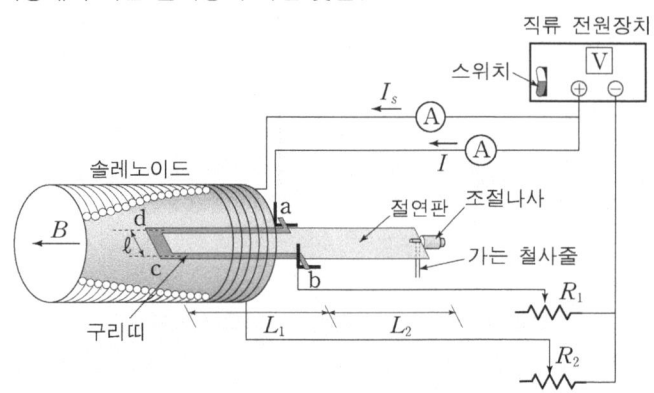

① c와 d 사이의 거리 l
② 절연판의 질량 M
③ 구리띠에 흐르는 전류 I
④ 선분 ab에서 선분 cd까지의 거리 L_1
⑤ 선분 ab에서 가는 철사줄까지의 거리 L_2

정답 ②

i) 자기력 : $F = IlB_{\text{solenoid}} = Il(\mu n I_s)$
ii) 회전평형을 이루므로 $Il(\mu n I_s) \times L_1 = mg \times L_2$ (시소의 원리)
실험과정 (1)에서 절연판이 수평이 되게 했으므로 이 실험에서는 전혀 고려할 필요가 없다.

4. 입자의 전하의 종류와 운동에너지 K?

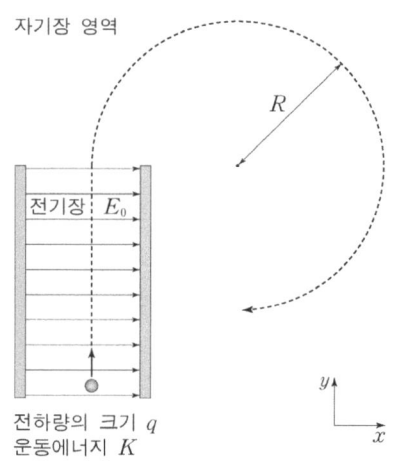

정답 음(-)전하, $\frac{1}{2}qE_0R$

i) 양전하인 경우 : 교차장 영역에서는 전기력을 전기장 방향으로(오른쪽) 받고, 자기력을 왼쪽으로 받아서 직진하고, 교차장 영역을 벗어나면 자기력만 받아서 반시계방향으로 원운동을 한다.

음전하인 경우 : 교차장 영역에서는 전기력을 전기장 반대 방향으로(왼쪽) 받고, 자기력을 오른쪽으로 받아서 직진하고, 교차장 영역을 벗어나면 자기력만 받아서 시계방향으로 원운동을 한다.

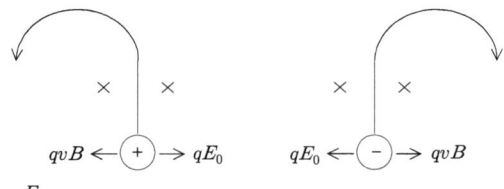

단 $v = \frac{E_0}{B}$

ii) 원운동 방정식 $qvB = m\frac{v^2}{R}$ 에서
$\frac{1}{2}mv^2 = \frac{1}{2}qvBR = \frac{1}{2}q\frac{E_0}{B}BR = \frac{1}{2}qE_0R$ 이다.

Chapter 7. 정전기학

Chapter 8. 직류회로

Chapter 9. 정자기학

Chapter 10. 전자기유도

Chapter 11. 교류회로

Part 3. 전자기학

§1. 전자기유도 현상

1. 전자기 유도현상의 발견

: 전원이 연결되어 있지 않은 솔레노이드 앞에서 자석을 움직였더니, 솔레노이드에 전류가 흐르는 것을 발견하였다.

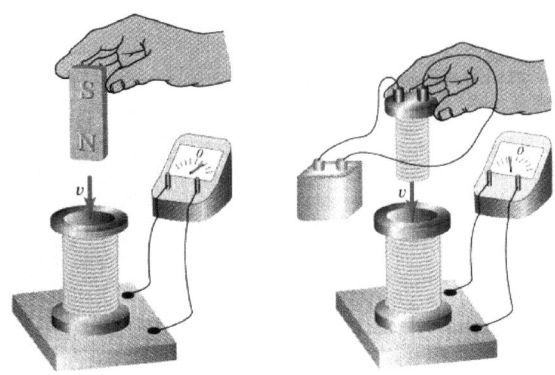

이 현상을 '자기에 의한 전기 유도 현상'이라고 한다. 또는 간단하게 '전자기 유도 현상'이라고 한다.

→ 원인 : 폐회로를 '관통'하는 외부 자속의 변화를 상쇄시키기 위해서 전류가 유도된다(렌츠의 법칙).

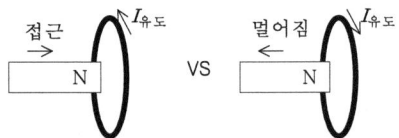

→ 특징1 : 자속 변화가 빠르게($\frac{\Delta \Phi_B}{\Delta t}$) 일어날수록, 또는 자석이 빠르게 접근할수록 더 큰 전류가 유도된다.

→ 특징2 : 폐회로의 단면을 '관통'하는 '자기력선 개수(자기선속)'의 변화가 있을 때만 전류가 유도된다. 그래서 (가)에서는 전자기 유도가 일어나지만, (나)에서는 일어나지 않는다.

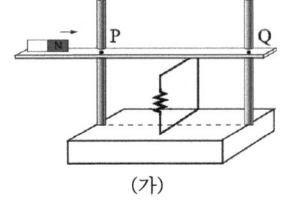 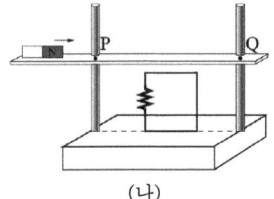

(가)   (나)

2. 패러데이의 자석 실험

typeI. N극이 접근하는 경우

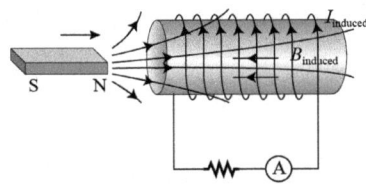

step1. 우측방향의 외부 자속 증가($\Delta\Phi > 0$)

step2. 이를 상쇄하려고 외부 자기장의 반대 방향으로 B 유도 (Lenz's law)

step3. 넘어가는 방향으로 I 유도(암페어 오른나사 법칙)

step4. 넘어가는 방향으로 ϵ 유도(키르히호프 2법칙)

단 $\epsilon_{induced} \propto N v \therefore \epsilon = -N\dfrac{d\Phi}{dt}$ [Wb/s][V](패러데이 법칙)

step5. 자석의 운동을 방해하는 방향으로 F 유도
단 자석에 의한 자기력은 정량화하지 못하였다.

cf. 패러데이 장 : 앞으로 전자기 유도에 의해서 생긴 전기장을 유도 전기장 또는 패러데이 장이라고 부르자. 그래서 정전기장하고 구분 짓자.

typeII. N극이 멀어지는 경우

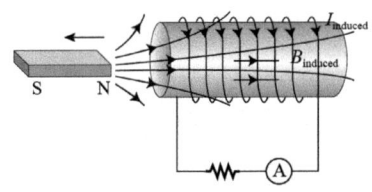

step1. 우측방향의 외부 자속 감소($\Delta\Phi < 0$)

step2. 이를 보강하려고 외부 자기장과 같은 방향으로 자기장 유도 ($B_{induced}$)

step3. 넘어오는 방향으로 전류 유도($I_{induced}$)

step4. 넘어오는 방향으로 기전력 유도($\epsilon_{induced}$)

step5. 자석의 운동을 방해하는 방향으로 자기력 유도($F_{induced}$)

* 정리

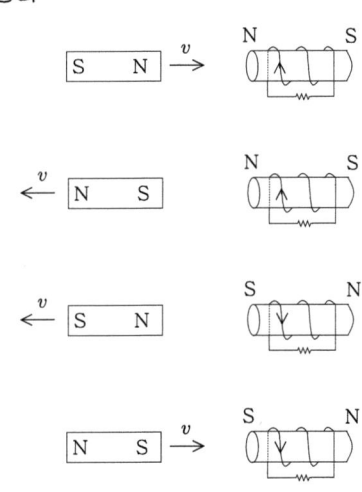

* 전자기 유도가 일어날 조건
  조건1 : 폐회로 존재
  조건2 : 외부 자속 존재
  조건3 : 외부 자속이 폐회로를 관통
  조건4 : 외부 자속이 변함

Part 3. 전자기학

Quiz 1 ★위의 각 경우에 대해 step5부터 거꾸로 분석해보시오.

Quiz 2 다음 두 경우 중 유도기전력이 더 큰 경우는 무엇인가?

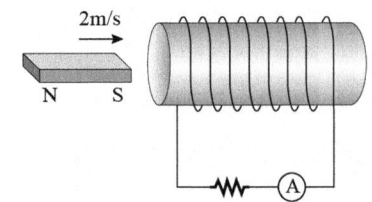

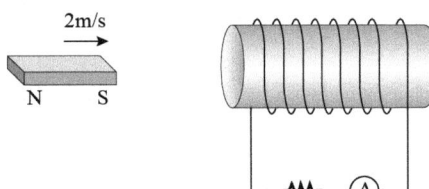

ex 1 그림 (가)와 같이 연직 위 방향의 균일한 자기장 영역에 자기화 되어 있지 않은 강자성체를 놓아 자기화 시킨다. A는 강자성체의 윗면이다. 그림 (나)와 같이 다이오드, 전구, 코일을 이용하여 회로를 구성하고, 코일에 (가)의 강자성체를 b방향으로 움직이는 동안 전구에 불이 켜졌다. X, Y는 p형 반도체와 n형 반도체를 순서 없이 나타낸 것이다.

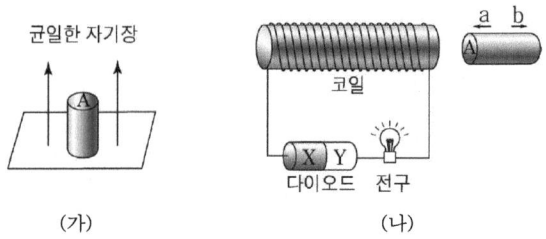

이에 대한 설명으로 옳은 것만을 <보기>에서 있는 대로 고른 것은?

―――――― <보 기> ――――――
ㄱ. A는 N극으로 자기화 된다.
ㄴ. X는 p형 반도체이다.
ㄷ. (나)에서 강자성체를 a방향으로 움직여도 전구에 불이 켜진다.

① ㄱ　　　② ㄴ　　　③ ㄷ
④ ㄱ, ㄴ　　⑤ ㄴ, ㄷ

정답 ④ ㄱ, ㄴ

[출제의도] 물질의 자성과 전자기 유도 현상 가설 설정하기
ㄱ. 강자성체는 외부 자기장의 방향과 같은 방향으로 자기화 된다. 따라서 A는 N극이다.
ㄴ. A가 b방향으로 운동하면 회로에는 코일→다이오드→전구의 방향으로 전류가 흐르므로 X는 p형 반도체이다.
ㄷ. 강자성체가 a방향으로 운동하면 다이오드에는 역방향의 전압이 걸리므로 전구에 불이 들어오지 않는다.

Ch 10. 전자기유도

3. 균일한 외부 자기장이 변하는 실험 ($\frac{dB}{dt} \neq 0$) (기출)

1) 상황 : 외부자기장의 변화로 인해 폐회로에 기전력이 유도되고, 유도전류가 흐름

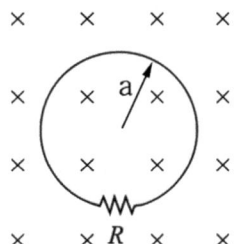 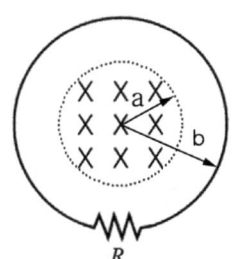

2) 정성적 분석 – 물리량의 방향

   typeI. 외부 자속 증가

   step1. 지면으로 들어가는 방향의 외부 자속 증가
   step2. 외부 자기장의 반대 방향으로 B 유도(렌츠의 법칙)
   step3. 반시계 방향으로 I 유도(암페어의 오른 나사 법칙)
   step4. 반시계 방향으로 ϵ 유도(키르히호프 2법칙)

   typeII. 외부 자속 감소

   step1. 지면으로 들어가는 방향의 외부 자속 감소
   step2. 외부 자기장과 같은 방향으로 B 유도(렌츠의 법칙)
   step3. 시계 방향으로 I 유도(암페어의 오른 나사 법칙)
   step4. 시계 방향으로 ϵ 유도(키르히호프 2법칙)

   typeIII. 외부 자속 일정
   전자기 유도가 일어나지 않음

3) 정량적 분석 – 물리량의 크기

   ① 총자속 : $\Phi_{ext} = B_{ext} A$

   ② 유도기전력 : $\epsilon = \frac{d\Phi_{ext}}{dt} = \frac{d(B_{ext}A)}{dt} = A\frac{dB_{ext}}{dt} = \pi a^2 \frac{dB_{ext}}{dt}$

   or $\epsilon = -N\frac{d\Phi}{dt} = -(\frac{dB}{dt})A - B\underbrace{\frac{dA}{dt}}_{=0} = -B\frac{ldx}{dt} = -\frac{\mu_0 I}{2\pi r}lv = -Blv$

   ③ 유도전류 : $I_\text{유} = \frac{V_R}{R}$ ← 키르히호프 2법칙

   $\sum V = (+\epsilon_\text{유}) + (-V_R) = 0 \Rightarrow \frac{\epsilon_\text{유}}{R} = \frac{\pi a^2}{R}\frac{dB_{ext}}{dt}$

4) 대표 예제
   typeI. 외부 자기장 그래프 제시, 단 지면에서 나오는 방향이면 (+), 반시계 방향이면 (+)

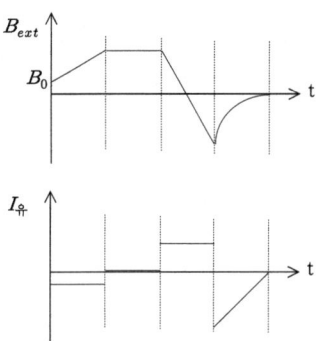

   typeII. 유도 전류 그래프 제시, 단 지면에서 나오는 방향이면 (+), 반시계 방향이면 (+)

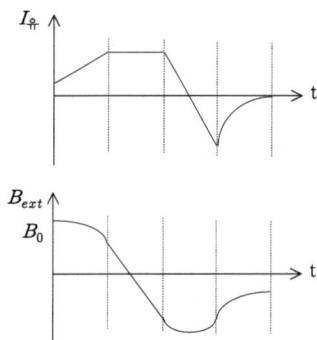

ex 1 그림은 종이면과 수직한 방향의 균일한 자기장 영역에 직사각형 도선이 종이면에 고정되어 있는 모습을 나타낸 것이다. 그래프는 자기장 영역의 자기장을 시간에 따라 나타낸 것으로, 종이면에서 나오는 방향을 양(+)으로 한다.

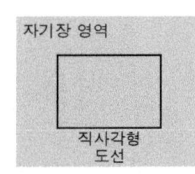 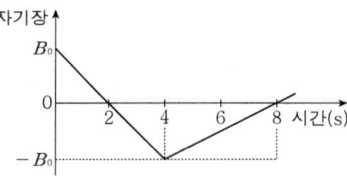

도선에 흐르는 유도 전류에 대한 옳은 설명만을 <보기>에서 있는 대로 고른 것은?

─── <보 기> ───
ㄱ. 1초일 때와 3초일 때 유도 전류의 방향은 서로 같다.
ㄴ. 유도 전류의 세기는 2초일 때가 6초일 때보다 크다.
ㄷ. 6초일 때 유도 전류는 시계 방향으로 흐른다.

정답 ㄱ, ㄴ, ㄷ

ㄱ. 1, 3초에서 모두 반시계 방향으로 흐른다.
ㄴ. 자기장의 변화는 2초일 때가 더 크다.
ㄷ. 유도 전류는 종이면으로 들어가는 방향의 자기장을 만든다.

Part 3. 전자기학

4. 운동기전력 실험 ($\frac{dB}{dt}=0$) (기출)

1) 상황 : 너비(폭)가 l이고 저항이 R인 ㄷ자형 도선에 막대도선을 놓고 F_{man}의 일정한 힘으로 잡아당긴다. (단 자기장 B는 균일하고, ㄷ자형 도선과의 마찰은 무시한다.)

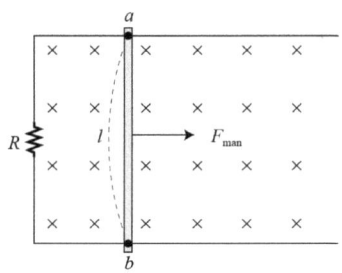

2) 정성적 분석 – 물리량의 방향
 step1. 폐회로를 관통하는 외부 자속 증가
 step2. 외부 자기장의 반대 방향으로 B 유도(렌츠의 법칙)
 step3. 반시계 방향으로 I 유도(암페어 법칙)
 step4. 반시계 방향으로 ϵ 유도(키르히호프 2법칙)
 step5. 막대도선의 운동을 방해하는 방향으로 F 유도

3) 정량적 분석 – 물리량의 크기
① 총자속 : $\Phi_{ext} = B_{ext}A = B_{ext}(lx)$

② 유도기전력 : $\epsilon_{유} = -N\frac{d\Phi_{ext}}{dt} = -1\frac{d(B_{ext}lx)}{dt} = B_{ext}lv$

  단 l은 막대 도선의 길이가 아니라 ㄷ자형 도선의 너비(폭)임.

  or $\epsilon = -N\frac{d\Phi}{dt} = -\underbrace{(\frac{dB}{dt})}_{=0}A - B\frac{dA}{dt} = -B\frac{ldx}{dt} = -\frac{\mu_0 I}{2\pi r}lv = -Blv$

③ 유도전류 : $I_{유} = \frac{V_R}{R}$

  ← 키르히호프 2법칙 $\sum V = (+\epsilon_{유}) + (-V_R) = 0$

  $= \frac{\epsilon_{유}}{R} = \frac{B_{ext}lv}{R}$

④ 유도자기력 : $F_{유} = B_{ext}Il = (B_{ext})(\frac{B_{ext}lv}{R})(l) = \frac{B_{ext}^2 l^2 v}{R}$ 에서

  $\vec{F_{유}} = -\frac{B_{ext}^2 l^2}{R}\vec{v}$

⑤ 소비전력 : $P = V_R I = \epsilon_{유} I = (B_{ext}lv)\left(\frac{B_{ext}lv}{R}\right) = \frac{B_{ext}^2 l^2 v^2}{R}$

  or $P = I_{유}^2 R = \left(\frac{B_{ext}lv}{R}\right)^2 R = \frac{B_{ext}^2 l^2 v^2}{R}$

  or $P = \frac{V_R^2}{R} = \frac{\epsilon_{유}^2}{R} = \frac{(B_{ext}lv)^2}{R} = \frac{B_{ext}^2 l^2 v^2}{R}$

  단, $P = \frac{W}{t} = \frac{Fs}{t} = Fv$

⑥ 막대도선에서 전위가 높은 지점 : a(양극으로 약속)

Q&A

질문 막대도선의 a가 양극이라고 하셨는데 그렇게 되면 '저전위인 b'에서 '고전위인 a'로 전류가 흐르는 모순이 발생하는데요?

답변 ㄷ자형 도선에서 막대도선이 건전지의 역할을 합니다. 원래 폐회로에서의 전류는 건전지의 음극에서 양극으로 흐르므로, 질문하신 내용은 전혀 모순이 아닙니다^^

cf. $power \begin{cases} \text{역학 : 일률} \\ \text{전자기 : 전력} \begin{cases} \text{저항 : 소비전력} \\ \text{전원 : 공급전력} \end{cases} \end{cases}$

4) 막대도선의 운동변화
① 운동방정식 : $\sum F = +F_{man} - \frac{B^2 l^2 v}{R} = ma$

② 그래프 :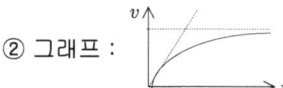

③ 종단속도 : $F_{man} = F_B = \frac{B^2 l^2 v_t}{R}$ 에서 $v_t = \frac{F_{man}R}{B^2 l^2}$

cf. 공기 저항력과 유도자기력 비교

	공기 저항력	유도 자기력
크기	$F = bv$	$F_{운동방향성분} = \frac{B_\perp^2 l^2}{R}v$
방향	운동 반대방향	운동 반대방향
종단속도	$v_t = \frac{mg}{b}$	$v_t = \frac{F_{man}R}{B^2 l^2}$

5) 종단 속도 이후 사람의 일률 :

$P_{man} = F_{man}v = F_{유도}v = \frac{B^2 l^2 v}{R}v = \frac{B^2 l^2 v^2}{R} = P_{소비}$

→ 외력이 공급한 에너지는 저항에서 모두 소비된다.

6) 오개념 : 유도된 자기장에 의해 도선이 힘을 받는다♥

Quiz 1 폐회로의 면벡터와 자기장이 0°가 아닌 경우 유도기전력의 크기는?

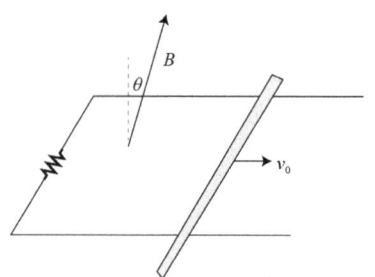

ex 1 그림 (가)는 질량이 m이고 굵기가 일정하며 한 변의 길이가 L인 정사각형 모양의 금속 고리를 나타낸 것이다. 고리 위의 두 점 a와 b 사이의 저항값을 측정하였더니 R이었다. 그림 (나)는 이 금속 고리가 연직 방향으로 낙하하여 균일한 자기장 영역으로 들어가는 모습을 나타낸 것이다. 자기장은 세기가 B이고 금속 고리가 이루는 면에 수직으로 들어가는 방향이다. 금속 고리가 자기장 영역의 경계면을 통과하는 동안 금속 고리의 속력은 v로 일정하였다.

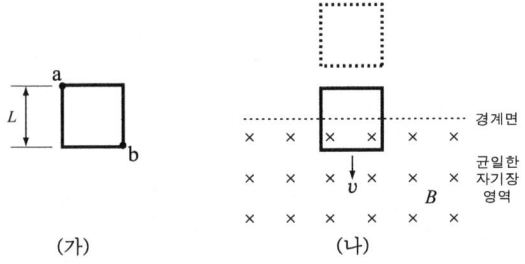

B는? (단, 중력 가속도는 g이고, 공기 저항은 무시한다.)

① $\sqrt{\dfrac{mgR}{2vL^2}}$ ② $\sqrt{\dfrac{mgR}{vL^2}}$ ③ $\sqrt{\dfrac{4mgR}{vL^2}}$

④ $\sqrt{\dfrac{mgR}{2vL}}$ ⑤ $\sqrt{\dfrac{2mgR}{vL}}$

정답 ③

전류가 금속 고리를 따라 흐를 때 저항은 $4R$이다. 고리가 자기장의 경계면을 $I=\dfrac{BLv}{4R}$ 통과하는 동안 등속 운동을 하므로 합력은 0이고, 고리에는 전류가 흐른다. 따라서 $B=\sqrt{\dfrac{4mgR}{vL^2}}$ 이다.

ex 2 그림은 균일한 자기장 속에서 코일이 자기장의 방향에 수직인 회전축을 중심으로 일정한 각속도 ω로 회전하는 모습을 나타낸 것이다. P는 코일 위의 한 점이다. 그래프는 코일면을 통과하는 자기력선속의 변화를 시간에 따라 나타낸 것이다.

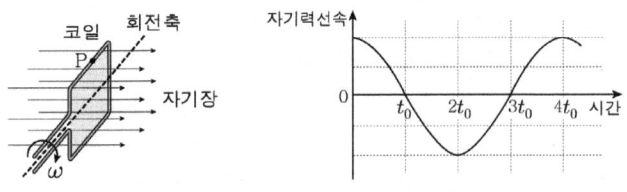

이에 대한 옳은 설명만을 <보기>에서 있는 대로 고른 것은?

─── <보 기> ───
ㄱ. $\omega=\dfrac{\pi}{t_0}$ 이다.

ㄴ. $2t_0$일 때 코일에 유도되는 기전력은 0이다.

ㄷ. P에 흐르는 유도 전류의 방향은 t_0일 때와 $3t_0$일 때가 서로 반대이다.

① ㄱ ② ㄷ ③ ㄱ, ㄴ
④ ㄴ, ㄷ ⑤ ㄱ, ㄴ, ㄷ

정답 ④ ㄴ, ㄷ

ㄱ. $w=\dfrac{2\pi}{T}=\dfrac{2\pi}{4t_0}$

ㄴ. $2t_0$일 때 자기선속의 변화율이 0이므로 유도기전력은 0이다.

ㄷ. t_0와 $3t_0$일 때 자기선속의 변화가 반대이므로 유도 전류의 방향도 반대이다.

---

* 에피소드 – 패러데이

1) 아인슈타인은 패러데이의 초상을 벽에 걸어둘 정도로 존경했다.
2) 패러데이는 가난한 대장장이의 아들로 태어나 제대로 교육을 받지 못했다. 특히 수학을 배우지 못했다. 인쇄소에서 일하다가 틈틈이 책을 읽으면서 과학을 독학했다. 그리고 종종 과학자들의 과학 공연장에 영화 보러 가듯이 놀러 다녔다. 그러다가 화학자인 험프리 데이비의 강연에 감동을 받아서, 그의 강연 내용을 깔끔하게 정리한 것을 그에게 선물로 건네고, 운좋게 그의 조수로 채용되었다.
3) 그의 출신 때문에 과학계에서 홀대도 많이 받았다. 특히 수학을 잘 몰랐기 때문에 무시를 많이 받았다.
4) 화학 분야에서는 벤젠을 발견하는 등 업적이 많다.
5) 물리 분야에서는 전자기 유도 현상을 발견하였다.
6) 매년 크리스마스 이브에는 '어린이들을 위한 과학 강연'을 열었다. 영국의 지폐인 20파운드에 이 강연 장면이 있다. 요즘도 진행되고 있다. 칼 세이건 등이 강연자로 나서기도 했다.

§ 2. 인덕터

1. 자체유도

1) 자체유도현상이란?

머리카락을 드라이기로 말린 후, 콘센트에서 플러그를 뽑을 때 스파크가 튀는 것을 종종 보게 된다. 이는 전류가 흐르는 도선을 끊을 때, 계속 전류가 흐르게끔 기전력이 유도되기 때문이다. 이를 자체유도 현상이라고 한다. 한편 이때 유도된 기전력을 자체유도 기전력 ϵ_L or V_L 이라고 한다.

자체유도 기전력은 처음에만 가장 크게 유도되고 시간이 흐를수록 점점 감소해서 나중에는 자연적으로 소멸되는 특징이 있다. 단 코일은 단순히 도선을 감은 거라서 자체적으로 저항은 따로 없다.

cf. 용어 짚어보기
  coil = solenoid = inductor

2) 정성적 분석

① 인덕터(코일)가 없는 경우 회로

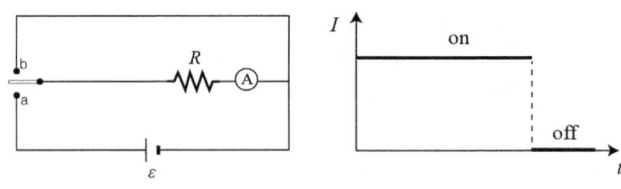

a. switch on : 저항기에 갑자기 $I = \frac{\epsilon}{R}$ 의 전류가 일정하게 흐른다.

b. switch off : 저항기에 흐르는 전류가 갑자기 0이 된다.

② 인덕터(코일)가 있는 회로와 그래프

a. switch on

step1. 스위치를 중립에서 a로 옮긴다. 코일에 '넘어오는 방향'의 전류가 흐르려고 한다.

step2. 코일이 '넘어가는 방향'의 기전력(역방향 기전력, 자체유도기전력) $\epsilon_L = -N\frac{\Delta \Phi_B}{\Delta t}$ 을 만든다.

step3. 저항기에 $I = \frac{\epsilon - |\epsilon_L|}{R}$ 의 전류가 흐른다.

step4. 시간이 흐르면서 $|\epsilon_L|$이 점점 감소한다. 전류는 점점 증가한다. 결국 일정한 전류(정상전류, steady current) $I = \frac{\epsilon}{R}$ 이 흐른다.

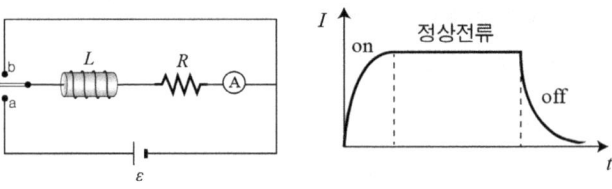

b. switch off

step1. 스위치를 b로 옮긴다. 코일에 '넘어오는 방향'의 전류가 없어지려고 한다.

step2. 코일이 '넘어오는 방향'의 기전력 $\epsilon_L = -N\frac{\Delta \Phi_B}{\Delta t}$ 을 만든다.

step3. 저항기에 $I = \frac{|\epsilon_L|}{R}$ 의 전류가 '계속' 흐른다.

step4. 시간이 흐르면서 $|\epsilon_L|$이 점점 감소한다. 전류도 점점 감소한다.

정량적 분석 : 뒷 장에서.

3) 인덕턴스 : 인덕터의 물리량, 기호는 L, 단위는 [H](헨리)
   인덕턴스는 단위 전류에 대한 쇄교자속(flux linkage per unit current), 즉 전류 1A에 대한 쇄교자속을 의미하기 때문에 linkage의 머릿자 L을 이용하여 기호화하였다.

   쇄교(鎖交) : 코일에 흐르는 전류에 의해서 생긴 자기력선이 코일과 교차하는 것.

4) 자체 유도 기전력 : $V_L = L\frac{\Delta I}{\Delta t}$

   pf. (안 시험)
   $V_L = -N\frac{\Delta \Phi_B}{\Delta t} = -N\frac{\Delta (BA)}{\Delta t} = -N\frac{\Delta (\mu_0 n I A)}{\Delta t}$
   $= -(nl)\mu_0 n A \frac{\Delta I}{\Delta t} \equiv -L\frac{\Delta I}{\Delta t}$
   단 $L \equiv \mu_0 n^2 l A$

5) 자체유도계수 : $L \equiv \mu_0 n^2 l A$

Quiz 1 자체유도계수가 L=2H인 코일(inductor)에 5초 동안 전류가 0A에서 10A로 증가하였다. 코일에서 평균 유도기전력은 얼마인가?

6) 자속과 전류 관계 : $N\Phi_B \propto I$ 에서 $N\Phi_B = LI$

7) 자기에너지 : $U = \frac{1}{2}LI^2$

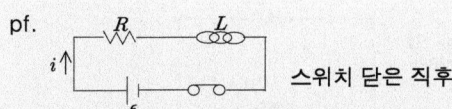
스위치 닫은 직후

i) RL 회로에서 키르히호프법칙 적용 :
   $\sum V_i = (+\epsilon) + (-IR) + (-L\frac{dI}{dt}) = 0$

ii) 양변에 I를 곱함 : $+\epsilon I - I^2 R - LI\frac{dI}{dt} = 0$

iii) 각 항의 물리적 의미 : ϵI은 기전력이 공급한 시간당 에너지(일률, 전력), $I^2 R$은 저항에서 손실된 시간당 열에너지(일률,전력), $LI\frac{dI}{dt}$은 인덕터가 저장하는 시간당 에너지(일률,전력)

iv) $P_L(t) = LI\frac{dI}{dt} = V_L(t)I(t)$

v) $P_L = \frac{dU}{dt} = LI\frac{dI}{dt}$ 에서 $U = \int_0^I LI dI = \frac{1}{2}LI^2$: 자기에너지

8) 자기에너지 밀도 : $u_B = \frac{\frac{1}{2}LI^2}{Al} = \frac{\frac{1}{2}(\mu_0 n^2 l A)\left(\frac{B}{\mu_0 n}\right)^2}{Al} = \frac{1}{2\mu_0}B^2$

   → 의미 : 인덕터는 자기장의 형태로 에너지를 저장한다.

9) 물리량 정리

	저항기의 저항	축전기의 전기용량	인덕터의 자기용량 (자체유도계수)
문자 기호	R	C	L
회로 기호	—⋀⋀—	—∣∣—	—⟁⟁⟁—
기하학적 공식	$R = \rho\frac{l}{A}$	$C = \epsilon_0\frac{A}{d}$	$L \equiv \mu_0 n^2 l A$
회로공식	$V_R = IR$	$V_C = \frac{1}{C}q$	$V_L = N\frac{\Delta \Phi_B}{\Delta t}$ or $V_L = L\frac{\Delta I}{\Delta t}$
특징	$R\uparrow, I\downarrow$	$C\uparrow, q\uparrow$	$L\uparrow, t\uparrow$

* 스위치를 on 했을 때 전압과 전류의 변화 예시

	0s	0.0001s	0.5s
전압변화	$\epsilon = 10V$ $\epsilon_유 = 0V$ $V_R = 0V$	$\epsilon = 10V$ $\epsilon_유 = -9.9V$ $V_R = 0.1V$	$\epsilon = 10V$ $\epsilon_유 = -9.7V$ $V_R = 0.3V$
전류변화	$I_\epsilon = 0A$ $I_유 = 0A$ $I_{net} = 0A$	$I_\epsilon = 10A$ $I_유 = -9.9A$ $I_{net} = 0.1A$	$I_\epsilon = 10A$ $I_유 = -9.7A$ $I_{net} = 0.3A$
	$\epsilon_유 = 0$	$\epsilon_유 = -N\frac{d\Phi_{net}}{dt}$ $= -L\frac{dI_{net}}{dt}$ $= -9.9V$	$\epsilon_유 = -N\frac{d\Phi_{net}}{dt}$ $= -L\frac{dI_{net}}{dt}$ $= -9.7V$

ex 1 다음 회로에 대한 설명 중 틀린 것을 고르면?

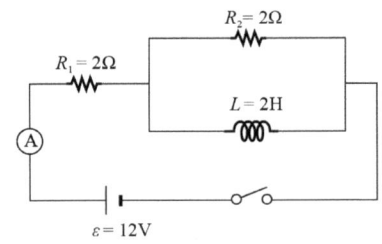

① 스위치를 닫은 직후 전류계의 눈금은 3 A이다.
② 스위치를 닫은 직후 R_2에 걸린 전압은 6 V이다.
③ 스위치를 닫은 직후 인덕터에 흐르는 전류는 0 A이다.
④ 전류계의 눈금이 5 A일 때 인덕터에 걸린 전압은 3 V이다.
⑤ 스위치를 닫은 지 한참 지났을 때 전류계의 눈금은 6 A이다.

정답 ④

i) 스위치를 닫은 직후 전압의 분포
　스위치를 닫은 직후 인덕터에 걸린 역전압 때문에 인덕터 쪽으로 전류가 흐르지 못한다. 그래서 모든 전류는 R_2쪽으로 흐른다. 이는 인덕터가 '도선이 끊어진 것'과 같은 효과이다.

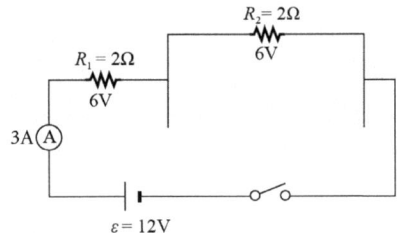

총저항을 $2+2=4\,\Omega$이라고 하면 총전류는 $I_{\text{tot}} = \dfrac{12\,\text{V}}{4\,\Omega} = 3\,\text{A}$이다.

ii) 전류계의 눈금이 5 A일 때 전압의 분포
　R_1에 5 A의 전류가 흐르므로 R_1에 걸리는 전압은 10 V, R_2에 걸리는 전압은 $12-10=2$ V이다.

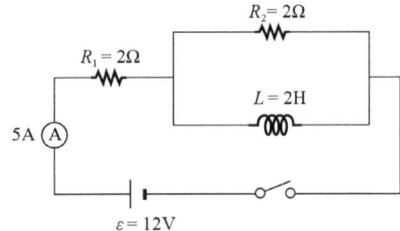

$I_2 = \dfrac{2\,\text{V}}{2\,\Omega} = 1\,\text{A}$
$I_L = 5-1 = 4\,\text{A}$

iii) 스위치를 닫은 지 한참 지났을 때 전압의 분포
　스위치를 닫은 지 한참이 지나면 인덕터의 역전압이 0 V가 되므로 전류는 인덕터 쪽으로만 흐른다. 그러므로 R_2쪽으로는 전류가 흐르지 않는다. 이는 인덕터 위치에 도선만 있는 것과 같은 효과이다. R_2에 걸리는 전압이 0이므로 R_1에는 12 V가 걸린다.

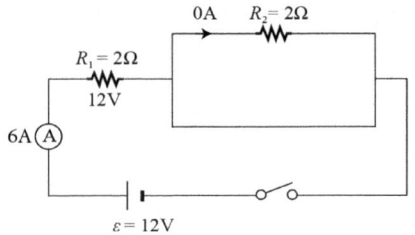

$I_{\text{tot}} = \dfrac{12\,\text{V}}{2\,\Omega} = 6\,\text{A}$

2. RL 직렬 회로

1) 스위치 on 이후 전류의 변화

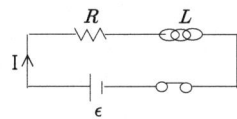

① 키르히호프 2법칙 : $V_R + V_L = \epsilon$ or $iR + L\dfrac{di}{dt} = \epsilon$

② 시간에 따른 물리량 변화

$t = 0$일 때 : $\begin{cases} i = 0, V_R = 0 \\ V_L = \epsilon (\text{최대}) \end{cases}$

$t > 0$일 때 : $\begin{cases} V_L \text{ 감소} \\ V_R \text{증가}, i \text{증가} \end{cases}$

$t = \infty$: $\begin{cases} V_L = 0 \\ V_R = \epsilon, i = \dfrac{\epsilon}{R}(\text{최대}) \end{cases}$

③ 그래프 :

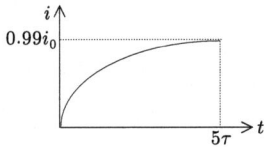

④ 정상 전류(steady current) : $i_0 = \dfrac{\epsilon}{R}$

⑤ 시간상수(τ) : 포화물리량의 63%에 도달하는 시간. 일반적으로 5τ의 시간이 지나면 포화물리량의 99.3%가 된다. $\tau \equiv \dfrac{L}{R}$

⑥ 수식 : $i(t) = i_0(1 - e^{-\frac{1}{\tau}t})$ (기출)

pf.
스위치를 중립에서 a로 옮긴다.

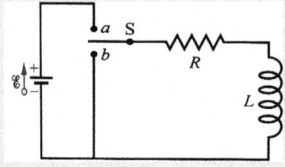

단 저항에서 전압강하는 $V_R = Ri$이고, 유도기에서 전압강하는 $V_L = L\dfrac{di}{dt}$이다.

키르히호프법칙에서 $\sum V_i = \epsilon - Ri - L\dfrac{di}{dt} = 0$

$\epsilon - Ri - L\dfrac{di}{dt} = 0 \Leftrightarrow L\dfrac{di}{dt} = \epsilon - Ri$

변수분리 하면, $\dfrac{L}{\epsilon - Ri}di = dt$

양변 적분, $\int_0^i \dfrac{L}{\epsilon - Ri}di = \int_0^t dt \Leftrightarrow -\dfrac{L}{R}\ln\dfrac{\epsilon - Ri}{\epsilon} = t$

$\Leftrightarrow \dfrac{\epsilon - Ri}{\epsilon} = e^{-\frac{1}{L/R}t}$

$\Leftrightarrow i(t) = \dfrac{\epsilon}{R}(1 - e^{-\frac{1}{L/R}t})$ 단, $\tau \equiv \dfrac{L}{R}$

→ 특징 : $t = \tau$일 때 $i \approx 0.63I_0$
$t = 3\tau$일 때 $i \approx 0.95I_0$
$t = 5\tau$일 때 $i \approx 0.993I_0$
$t = 7\tau$일 때 $i \approx 0.9991I_0$

<2> 키르히호프 법칙 적용시 소자(device)의 부호 통일
전류방향과 고리방향이 같으면 전압 강하이고, (-) 부호
전류방향과 고리방향이 다르면 전압 상승이고, (+) 부호

전류 방향과 고리 방향을 동일하게 설정하면 저항, 유도기 모두에서 전압강하가 일어나고, 전지에서 +V만큼 전압상승이 일어나므로 미방은 $-iR - L\dfrac{di}{dt} + V = 0$이다. 여기서 어떤 보정이나 구체적인 물리적 상황을 더 가정할 필요는 없다.

Part 3. 전자기학

2) 스위치 off 이후 전류의 변화

① 그래프 :

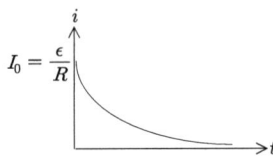

② 수식 : $i(t) = i_0 e^{-\frac{1}{L/R}t}$

pf.
스위치를 a에서 b로 옮긴다.

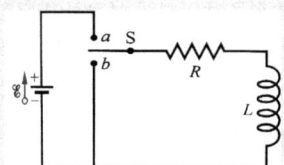

<1> 계속 전류가 시계 방향으로 흐르게 하기 위해 코일의 아래쪽이 (+)극을 띤다. 폐회로 방향을 시계 방향으로 정한다면 키르히호프 2법칙은 다음과 같다.

$\sum V = (+L\frac{di}{dt}) + (-Ri) = 0$

$\Rightarrow L\frac{di}{dt} = Ri$ ← 변수분리 후 적분

$\Rightarrow \frac{1}{i}di = \frac{R}{L}dt$

$\Rightarrow \ln\frac{i}{I_0} = \frac{R}{L}t$

$\Rightarrow i(t) = I_0 e^{\frac{1}{L/R}t}$

→ 모순 : 전류가 점점 늘어난다.

<2> 부호보정 : 전류가 점점 감소하므로 $\frac{di}{dt} < 0$ 이다.

$\sum V = (-L\frac{di}{dt}) + (-Ri) = 0$

$-L\frac{di}{dt} = Ri$

$\Rightarrow \frac{1}{i}di = -\frac{R}{L}dt$

$\Rightarrow \ln\frac{i}{I_0} = -\frac{R}{L}t$

$\Rightarrow i(t) = I_0 e^{-\frac{1}{L/R}t}$

<3> 키르히호프 법칙 적용시 소자(device)의 부호 통일
전류방향과 고리방향이 같으면 전압 강하이고, (-) 부호
전류방향과 고리방향이 다르면 전압 상승이고, (+) 부호

전류방향과 고리방향을 둘 다 시계로 정한 후 키르히호프 법칙을 적용하면,

$\sum V = (-Ri) + (-L\frac{di}{dt}) = 0$

$-L\frac{di}{dt} = Ri$

$\Rightarrow \frac{1}{i}di = -\frac{R}{L}dt$

$\Rightarrow \ln\frac{i}{I_0} = -\frac{R}{L}t$

$\Rightarrow i(t) = I_0 e^{-\frac{1}{L/R}t}$

<4> on 상황 응용 (할리데이, 영, 서웨이)
'스위치 on 이후 키르히호프 법칙'에서 기전력만 사라졌다고 보자.

$\sum V_i = -Ri - L\frac{di}{dt} = 0$

$\Rightarrow -\frac{R}{L}dt = \frac{1}{i}di$ ← 양변 적분

$\Rightarrow -\int_0^t \frac{R}{L}dt = \int_{i_0}^i \frac{1}{i}di$

$\Rightarrow -\frac{R}{L}t = \ln\frac{i}{i_0}$

$\Rightarrow i(t) = i_0 e^{-\frac{1}{L/R}t}$

3) 스위치 on/off 시 유도기전력의 변화

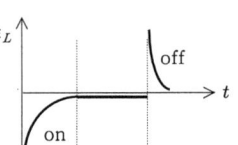

3. 상호유도(mutual induction)

1) 상황 (단, 코일 내부 자기장은 무한 솔레노이드 내부 자기장이라고 가정, l, A 동일 가정))

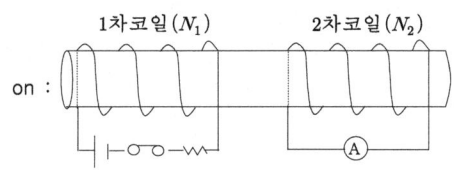

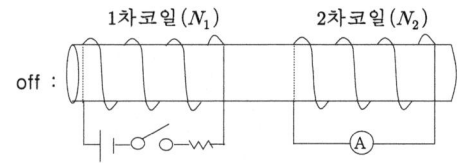

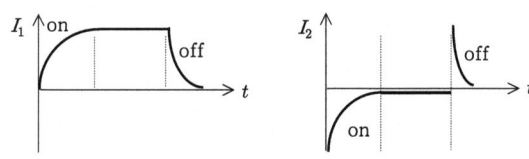

2) 정성적 분석

① switch on
  step1. 1차코일의 스위치를 닫으면, 2차코일에는 우측 방향의 외부 자속이 생긴다.
  step2. 2차코일은 외부 자속의 반대 방향으로 B 유도
  step3. 2차코일에는 '넘어가는 방향'의 I 유도
  step4. 2차코일에는 '넘어가는 방향'의 ϵ 유도

② switch off
  step1. 1차코일의 스위치를 열면, 2차코일에는 우측 방향의 외부 자속이 없어짐
  step2. 2차코일은 외부 자속과 같은 방향으로 B 유도
  step3. 2차코일에는 '넘어오는 방향'의 I 유도
  step4. 2차코일에는 '넘어오는 방향'의 ϵ 유도

3) 관계식: $N_2\Phi_2 \propto I_1$에서 $N_2\Phi_2 = M_{12}I_1$

4) 상호유도기전력: $\epsilon_2 = -N_2\dfrac{\Delta\Phi_2}{\Delta t} = -\dfrac{d(M_{12}I_1)}{dt} = -M_{12}\dfrac{dI_1}{dt}$

단, M_{12}: 상호유도계수

pf. (안 시험)

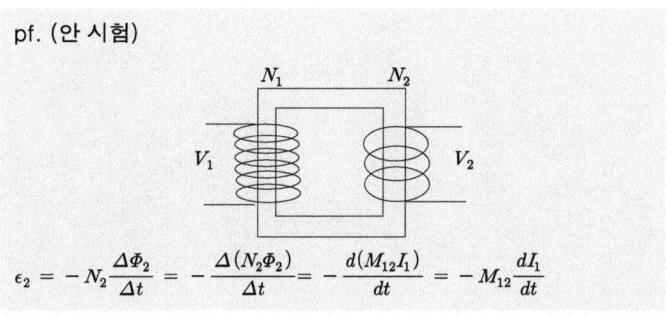

$\epsilon_2 = -N_2\dfrac{\Delta\Phi_2}{\Delta t} = -\dfrac{\Delta(N_2\Phi_2)}{\Delta t} = -\dfrac{d(M_{12}I_1)}{dt} = -M_{12}\dfrac{dI_1}{dt}$

5) 솔레노이드의 상호유도계수(mutual inductance):
$M_{12} = \mu_0 n_1 n_2 l A$

pf. (안 시험)

$\epsilon_2 = -N_2\dfrac{d\Phi_{2,net}}{dt} = -N_2\dfrac{d\Phi_{1,net}}{dt} = -N_2\dfrac{d(B_{1,net}A_1)}{dt}$

$= -(n_2 l)\dfrac{d\{(\mu_0 n_1 I_1)A\}}{dt} = -(\mu_0 n_1 n_2 l A)\dfrac{dI_1}{dt}$ 이므로

$M_{12} = \mu_0 n_1 n_2 l A$

<2> $N_2\Phi_2 = M_{12}I_1$에서
좌변이 $N_2\Phi_2 = N_2 B_2 A_2 = (n_2 l)(\mu_0 n_1 I_1)A$이므로,
$M_{12} = \mu_0 n_1 n_2 l A$

4. 변압기(transformer)

1) 용도 : 전압 변경

   e.g. 220V → 110V

2) 변압기 원리 : $\dfrac{V_1}{V_2} = \dfrac{N_1}{N_2}$

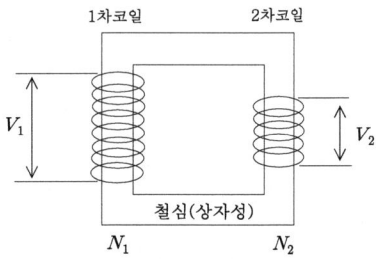

ps.

i) $V_1 = N_1 \dfrac{d\Phi_1}{dt}$ ⋯ ①

ii) $V_2 = N_2 \dfrac{d\Phi_2}{dt}$ ⋯ ②

iii) $\Phi_1 = \Phi_2$ 라고 가정하면

   $\dfrac{d\Phi_1}{dt} = \dfrac{d\Phi_2}{dt}$ ⋯ ③

iv) ①, ② → ③ : $\dfrac{V_1}{N_1} = \dfrac{V_2}{N_2}$

   ⇒ $\dfrac{V_1}{V_2} = \dfrac{N_1}{N_2}$

Quiz 1 1차 코일의 감은 수가 1000번이고, 2차 코일의 감은 수가 500번인 변압기가 있다. 1차 코일 쪽에 걸린 전압이 200 V라면 2차 코일 쪽에 유도되는 전압은 얼마인가?

* 추론형 문제 엿보기

1. 시간에 따른 유도 기전력의 크기를 그래프로 개략적으로 그려보시오. (단, 유도 전류에 의한 자기장은 무시한다.)

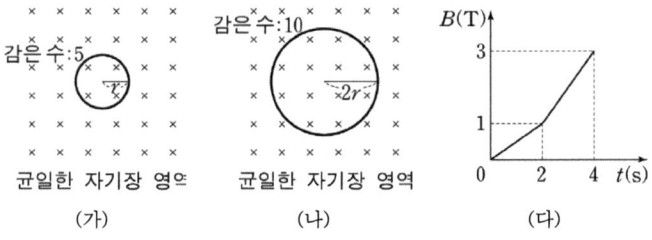

정답
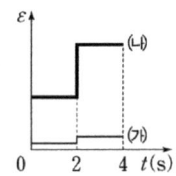

2. 막대도선이 P에서 O로 운동할 때 전위가 더 높은 곳은? a와 b 사이의 전위차를 진동수에 대해 유도하시오. (단, 용수철은 부도체이고, 막대도선의 운동에 따른 전자기파 발생은 무시한다.)

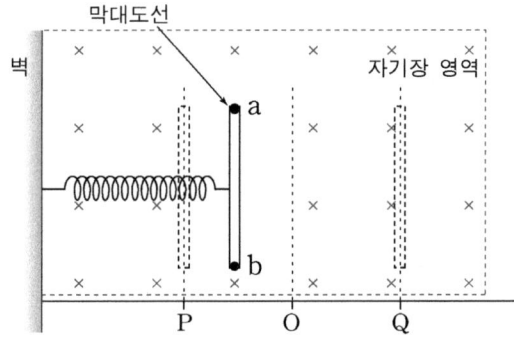

정답 $V_a > V_b$, $V = Blv = Bl(-A\omega\sin\omega t)$

3. P에 흐르는 유도 전류를 거리 x 에 관해 개략적으로 그려보시오. (단, 금속 고리는 회전하지 않고 모양을 그대로 유지한다.)

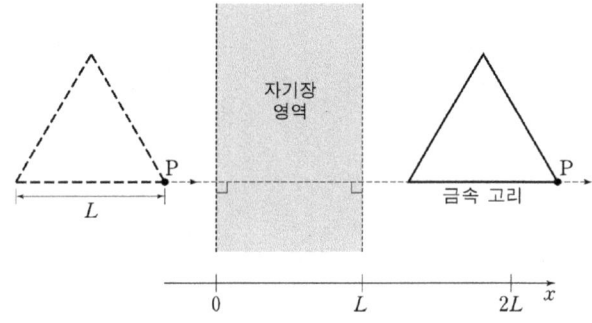

정답
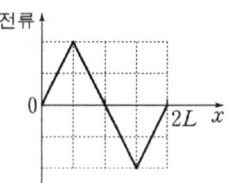

<1> 정성적 분석
사각도선을 변형한 문제이다. 사각도선에서는 자기선속의 변화가 일정하므로 유도기전력과 유도전류가 일정하다.
그러나 삼각도선은 자기선속의 변화가 일정하게 증가하므로 유도기전력과 유도전류가 일정하게 증가한다.

<2> 정량적 계산
$y = \tan 60\, x = \sqrt{3}\, x$ 이므로 미소면적 변화는 $dA = y\, dx = \sqrt{3}\, x\, dx$ 이다.
유도기전력은 $\epsilon = \dfrac{d\Phi}{dt} = B\sqrt{3}\dfrac{x\, dx}{dt} = B\sqrt{3}\, xv$ 이다. 즉 v가 일정하면, 유도기전력은 x에 관한 1차 함수이다.

4. $R_A < R_B$일 때, $\dfrac{R_A}{R_B}$는?

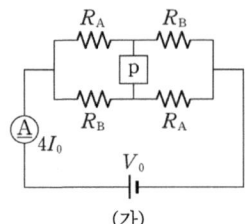
(가)

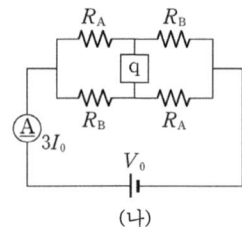
(나)

* 추가질문 : R_A, R_B는? 2Ω, 6Ω

정답

i) 만약 브릿지(bridge)에 코일이 있다면 코일 양단의 전위차가 0이므로 전체적으로 병렬과 병렬이 직렬연결된 회로로 간주할 수 있다.

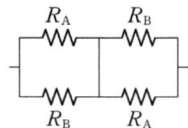

합성저항은 $\dfrac{R_A R_B}{R_A + R_B} \times 2$ 이다.

ii) 만약 브릿지(bridge)에 축전기가 있다면 브릿지에는 전류가 흐를 수가 없기 때문에 브릿지를 지우고 해석을 하면 된다.

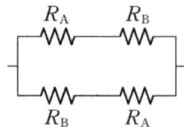

합성저항은 $\dfrac{R_A + R_B}{2}$ 이다.

iii) 만약 $R_A = 1\Omega$, $R_B = 2\Omega$ 이라면

코일이 있던 회로의 합성저항은 $\dfrac{2}{3} \times 2 \Omega$ 이다.

축전기가 있던 회로의 합성저항은 $\dfrac{3}{2} \Omega$ 이다.

그러므로 (가)가 코일이 있던 회로이고, (나)가 축전기가 있던 회로이다.

또는 전자는 조화평균이고 후자는 산술평균이므로 산술평균이 더 크다는 성질에 의해 후자의 합성저항이 더 크다는 것을 유추할 수 있다.

iv) 마지막으로 합성저항은 총전류에 반비례하므로

$$\dfrac{R_A R_B}{R_A + R_B} \times 2 : \dfrac{R_A + R_B}{2} = \dfrac{1}{4} : \dfrac{1}{3}$$

가 성립한다.

이를 정리하면 $3R_A^2 - 10R_A R_B + 3R_B^2 = 0$ 이므로 인수분해하면 $(R_A - 3R_B)(3R_A - R_B) = 0$ 이므로

$R_A = \dfrac{1}{3} R_B$ 이다. $\because R_A < R_B$

or $\dfrac{2R_A R_B}{R_A + R_B} = 3$, $\dfrac{R_A + R_B}{2} = 4$ 이라고 하면 두 식에서 $R_A R_B = 12$ 이고 이것을 두 번씩 산술평균 식에 대입해서 정리해서 인수분해하면 $(R_A - 6)(R_A - 2) = 0$ 에서 $R_A = 6\Omega$ or 2Ω 이다. 이것으로부터 $R_B = 2\Omega$ or 6Ω 을 얻을 수 있다. $R_A < R_B$여야 하므로 최종 $R_A = 2\Omega$ 이고 $R_B = 6\Omega$ 이다.

Chapter 7. 정전기학

Chapter 8. 직류회로

Chapter 9. 정자기학

Chapter 10. 전자기유도

Chapter 11. 교류회로

§ 1. 교류의 발생

1. 교류전압의 생성 – by 전자기 유도

1) 정성적 접근(단 등속 원운동 가정)

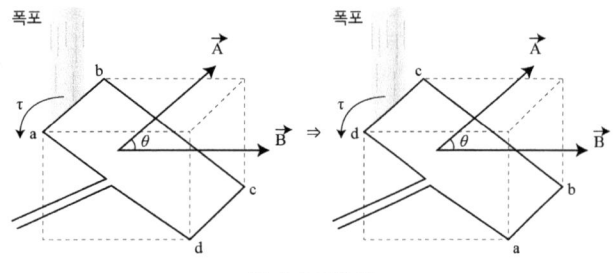

<발전기 모식도>

기전력의 방향이 +방향에서 -방향으로 주기적으로 변한다. 그러면 회로에 흐르는 전류의 방향도 +방향에서 -방향으로 주기적으로 변하게 된다. 이런 전류를 교류 전류라고 부른다. 단 θ는 자기장 $\vec{B}$과 면벡터 $\vec{A}$ 사이의 각도이다.

2) 정량적 접근

$$\Phi_B = BA\cos\theta \quad \leftarrow w = \frac{\theta}{t} \text{ or } \theta = \underbrace{w}_{\text{상수}} t$$

$$= BA\cos wt$$

$$\Rightarrow \epsilon = -N\frac{d\Phi_B}{dt} = -N(-wBA\sin wt) = wNBA\sin wt = \epsilon_0 \sin wt$$

3) 시간에 따른 기전력 그래프

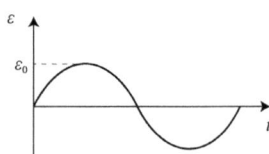

여기서 ϵ_0는 기전력의 최댓값 또는 기전력 진폭이라고 부른다.

4) 시간에 따른 전류 그래프

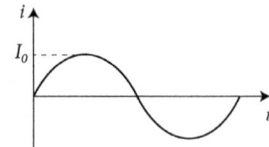

여기서 I_0는 전류의 최댓값 또는 전류 진폭이라고 부른다.
그리고 일반적으로 $i = I_0 \sin wt$로 표현한다.

---

* 물리에 필요한 삼각 함수 공식들

1) 삼각함수의 덧셈 정리
$$\sin(\alpha \pm \beta) = \sin\alpha\cos\beta \pm \cos\alpha\sin\beta$$
$$\cos(\alpha \pm \beta) = \cos\alpha\cos\beta \mp \sin\alpha\sin\beta$$

2) 2배각 공식
$$\sin 2\theta = \sin(\theta + \theta) = \sin\theta\cos\theta + \cos\theta\sin\theta = 2\sin\theta\cos\theta$$
$$\cos 2\theta = \cos(\theta + \theta) = \cos\theta\cos\theta - \sin\theta\sin\theta$$
$$= \cos^2\theta - \sin^2\theta \quad \leftarrow \sin^2\theta + \cos^2\theta = 1$$
$$= 2\cos^2\theta - 1 \quad \cdots \text{①}$$
$$= 1 - 2\sin^2\theta \quad \cdots \text{②}$$

3) 반각 공식

①식에서 $\cos^2\theta = \dfrac{1+\cos 2\theta}{2}$ 혹은 $\cos^2\dfrac{\theta}{2} = \dfrac{1+\cos\theta}{2}$

②식에서 $\sin^2\theta = \dfrac{1-\cos 2\theta}{2}$ 혹은 $\sin^2\dfrac{\theta}{2} = \dfrac{1-\cos\theta}{2}$

2. 실효값(effective values) or rms(root mean square)

Quiz 1 철수가 동쪽으로 +10m/s의 속도로 달리고, 영희가 서쪽으로 -10m/s의 속도로 달린다. 이 커플의 평균 속도는?

정답 $\frac{(+10)+(-10)}{2} = 0 m/s$

→ 보완 : $\sqrt{\frac{(+10)^2 + (-10)^2}{2}} = 10 m/s$

1) 한 주기 동안의 평균전압 : $\bar{\epsilon} = 0$

> pf. (안 시험)
> 평균 = 전체 변량의 총 합을 변량의 개수로 나눈 값
>
> 다음 그래프처럼 교류 기전력은 매시각마다 값이 변한다. 그러므로 한 주기 동안 평균 기전력을 계산하면 0이 나온다.
>
>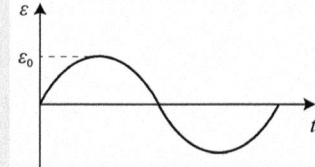
>
> $\bar{\epsilon} = \frac{1}{T}\int_0^T \epsilon_0 \sin\omega t\, dt = \frac{\epsilon_0}{T}\left[-\frac{1}{\omega}\cos\omega t\right]_0^T = \frac{\epsilon_0}{wT}(1-\cos wT) = 0$
>
> ∵ $w = \frac{2\pi}{T}$

→ 교류전압의 한 주기 평균전압은 의미가 없다. 그래서 새로운 개념의 평균값이 필요하다.

2) 실효값 : 어떤 물리량의 평균이 0인 경우, 그 물리량을 제곱해서 평균을 낸 다음 다시 root 를 취해서 얻은 값

주로 기체분자운동론($v_{rms} = \sqrt{\frac{3kT}{m}}$)이나 교류회로($\epsilon_{rms} = \frac{\epsilon_{max}}{\sqrt{2}}$)에서 사용한다.

3) 실효기전력 : $\epsilon_{rms} = \frac{\epsilon_0}{\sqrt{2}}$

Part 3. 전자기학

ex 1 실효 기전력을 유도하시오.

정답

1) 정석 유도

   한 주기 동안에 대해 '기전력의 제곱의 평균'을 낸 후 root를 취한다.

   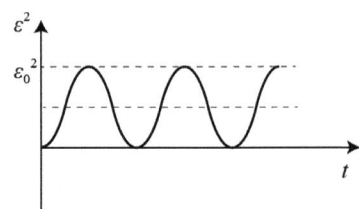

$$\sqrt{\frac{면적}{x축 길이}} = \sqrt{\frac{\int_0^T \epsilon^2 dt}{T}} = \sqrt{\frac{\int_0^T \epsilon_0^2 \sin^2 wt\, dt}{T}} = \sqrt{\frac{\epsilon_0^2}{T} \int_0^T \sin^2 wt\, dt}$$

$$= \sqrt{\frac{\epsilon_0^2}{T} \int_0^T \frac{1 - \cos 2wt}{2} dt} = \sqrt{\frac{\epsilon_0^2}{2T} [t - \frac{1}{2w} \sin 2wt]_0^T}$$

$$= \sqrt{\frac{\epsilon_0^2}{2T}(T)} = \sqrt{\frac{\epsilon_0^2}{2}} = \frac{\epsilon_0}{\sqrt{2}}$$

2) 간단 유도

   ϵ_0^2은 상수이므로 $\sin^2$의 평균만 구하면 된다. 아래 그림에서 보듯이 $\sin^2$의 평균은 $\frac{1}{2}$이다.

   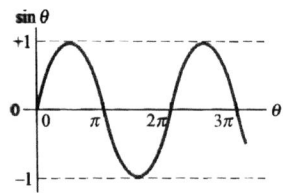 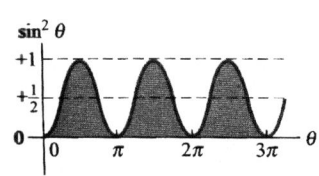

   그러므로 다음처럼 계산할 수 있다.

$$\sqrt{\overline{\epsilon^2}} = \sqrt{\overline{\epsilon_0^2 \sin^2 wt}} = \sqrt{\epsilon_0^2 \cdot \overline{\sin^2 wt}} = \sqrt{\epsilon_0^2 \cdot \frac{1}{2}} = \frac{\epsilon_0}{\sqrt{2}}$$

cf. 싸인 제곱의 평균이 1/2임을 증명

pf1.

$$\overline{\sin^2 \theta} = \frac{1}{2\pi} \int_0^{2\pi} \sin^2 \theta\, d\theta = \frac{1}{2\pi} \int_0^{2\pi} \frac{1 - \cos 2\theta}{2} d\theta$$

$$= \frac{1}{4\pi} [\theta - \frac{1}{2} \sin 2\theta]_0^{2\pi} = \frac{1}{4\pi}(2\pi - \frac{1}{2}\sin 4\pi) = \frac{1}{2}$$

pf2.

i) $\int_0^{2\pi} \sin^2 \theta\, d\theta = \int_0^{2\pi} \cos^2 \theta\, d\theta$ ⋯ ①

ii) $\int_0^{2\pi} (\sin^2 \theta + \cos^2 \theta) d\theta = \int_0^{2\pi} (1) d\theta = 2\pi$ ⋯ ②

iii) ① → ② : $\int_0^{2\pi} \sin^2 \theta\, d\theta = \int_0^{2\pi} \cos^2 \theta\, d\theta = \pi$

iv) $\overline{\sin^2 \theta} = \frac{1}{2\pi} \int_0^{2\pi} \sin^2 \theta\, d\theta = \frac{1}{2\pi} \times \pi = \frac{1}{2}$

* rms 구하는 방법 정리

  step1. 제곱을 한다.

  step2. 평균을 구한다.

  step3. 루트를 씌운다.

3) 김병수 스킬(?) : 삼각함수 제곱 적분 결과의 수학적 직관적 이해

①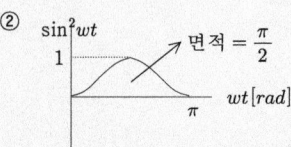

② $\sin^2 wt$ 면적 = $\frac{\pi}{2}$

③ $\sin^2 wt$ 면적 = $\frac{\pi}{2} \times \frac{1}{w}$

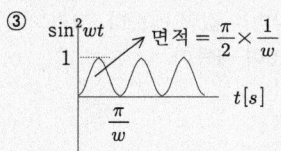

$$\therefore \int_0^\pi \sin^2 \theta\, d\theta = \int_0^\pi \frac{1 - \cos 2\theta}{2} d\theta = \frac{1}{2}(\theta - \frac{1}{2}\sin 2\theta)|_0^\pi = \frac{\pi}{2}$$

or $\overline{\sin^2 t} = \frac{1}{\pi} \int_0^\pi \sin^2 t\, dt = \frac{1}{2}$ 에서 $\int_0^\pi \sin^2 t\, dt = \frac{\pi}{2}$

⇒ 한주기 동안 총면적 $= (\frac{\pi}{2} \times \frac{1}{w}) \times$ 갯수 $= (\frac{\pi}{2} \times \frac{1}{w}) \times \frac{T}{\frac{\pi}{w}} = \frac{T}{2}$

$$\epsilon_{rms} = \sqrt{\frac{면적}{x축 길이}} = \sqrt{\frac{\int_0^T \epsilon^2 dt}{T}} = \sqrt{\frac{\int_0^T \epsilon_0^2 \sin^2 wt\, dt}{T}}$$

$$= \sqrt{\frac{\epsilon_0^2}{T} \int_0^T \sin^2 wt\, dt} = \sqrt{\frac{\epsilon_0^2}{T} \times \frac{\pi}{2} \times \frac{1}{w} \times \frac{T}{\frac{\pi}{w}}} = \sqrt{\frac{\epsilon_0^2}{T} \times \frac{T}{2}}$$

Ch 11. 교류회로

4) rms 전류(실효전류)

교류전압에서와 마찬가지로 교류전류에서도 '제곱의 평균에 루트를 씌운' rms 전류 개념을 쓴다. 결과는 다음과 같다.

$I_{rms} = \dfrac{I_0}{\sqrt{2}}$ 단 I_0는 전류 최대값 또는 전류 진폭

5) 기호

	전압	전류	전력
최대	V_0	I_0	P_0
순간	v, $V(t)$	i, $I(t)$	$P(t)$
rms	V_{rms}	I_{rms}	없음
평균	0	0	$\overline{P}$

→ 쉽게 말해 소문자는 변수, 대문자는 상수이다. 단, 대소문자 상관없이 시간에 대한 함수($P(t)$, $V_R(t)$, $I(t)$)면 변수임

★ 정리

$V_0 \xrightleftharpoons[\times \sqrt{2}]{\div \sqrt{2}} V_{rms}$

$I_0 \xrightleftharpoons[\times \sqrt{2}]{\div \sqrt{2}} I_{rms}$

$P_0 \xrightleftharpoons[\times 2]{\div 2} \overline{P}$

6) 순간 전력, 평균 전력 정리 (증명 생략)

① 순간 공급 전력 : $P_\epsilon = \epsilon i$ 혹은 $P_\epsilon(t) = \epsilon(t) i(t)$
② 순간 소비 전력 : $P_R = v_R i$ 혹은 $P_R(t) = v_R(t) i(t)$
③ 순간 저장 전력 : $P_C = v_C i$ 혹은 $P_C(t) = v_C(t) i(t)$
④ 순간 저장 전력 : $P_L = v_L i$ 혹은 $P_L(t) = v_L(t) i(t)$
⑤ 평균 공급 전력 : $\overline{P}_\epsilon = \overline{P}_\epsilon(t) = \ldots = V_{R,rms} I_{rms} = I_{rms}^2 R$
⑥ 평균 소비 전력 : $\overline{P}_R = \overline{P}_R(t) = \ldots = V_{R,rms} I_{rms} = I_{rms}^2 R$
⑦ 평균 저장 전력 : $\overline{P}_C = \overline{P}_C(t) = \ldots = 0$
⑧ 평균 저장 전력 : $\overline{P}_L = \overline{P}_L(t) = \ldots = 0$

→ 정리 :

첫째, 순간전력은 전원과 저항과 축전기와 인덕터에서 모두 $P(t) = vi$의 형태를 띤다.

둘째, 최대전력은 $P(t) = vi$의 최댓값에 해당하는데, 전원의 최대전력은 $P_\epsilon \neq \epsilon_0 I_0$ 이지만, 저항과 축전기와 인덕터에서는 $P_0 = V_0 I_0$의 형태를 띤다.

셋째, 평균전력은 전원과 저항에서는 $\overline{P} = I_{R,rms}^2 R$로 동일하고, 축전기와 인덕터에서는 0이다.

넷째, rms전력은 물리적으로 의미가 없어서 다루지 않는다.

7) 주의 : 특별한 언급이 없으면 교류에서는 rms 값을 의미한다.

8) 정격 전압, 정격 전력

아래 사진처럼 가전 제품 혹은 휴대폰 충전기에 붙어 있는 제원을 자세히 보면 찾을 수 있는 말이다.

정격 전압은 제조사에서 추천하는 전압이고, 정격 전력은 정격 전압에 연결되었을 때 제품의 소비 전력이다.

교류 회로에서는 정격 전압은 rms 전압이고, 정격 전력은 평균 전력이다.

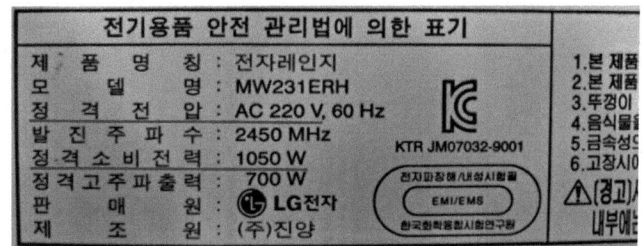

Part 3. 전자기학

Quiz 2 대한민국의 가정용 교류전압은 220V이다. 이것이 의미하는 바는?

Quiz 3 축전기에 걸리는 전압 진폭이 100V라고 한다. 그렇다면 축전기에 걸리는 rms 전압값은?

Quiz 4 전자렌지에 흐르는 교류 전류가 2A라고 한다. 이것이 의미하는 바는?

Quiz 5 다음 질문에 답하시오.

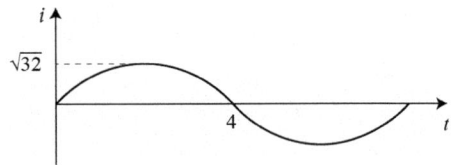

1) T?
2) f?
3) I_{rms}?

→ 단진동과 그래프가 동일하므로 단진동에서 쓰는 T, f, w 모두 다 교류에서도 동일하게 씀

ex 2 다음은 교류회로에 대한 설명이다. 틀린 것은?
① 가정에 들어가는 전류는 60cycle의 교류이다. 이 전류는 1초 동안 O점을 120번 지난다.
② 가정에서 사용하는 $220\,V$의 교류전압의 최대전압은 약 $310\,V$이다.
③ 기전력이 $v = 50\sqrt{2}\sin 100\pi t$ 인 교류의 실효 전압은 $50\,V$이다.
④ $100\,V$, $400\,W$의 전열기를 $100\,V$의 교류전원에 연결하여 사용할 때, 전열기에 흐르는 전류의 최댓값은 $4\sqrt{2}\,A$이다.
⑤ 전원에 연결된 도선 속에서의 자유전자는 한쪽 방향으로만 이동한다.

cf. 직류와 교류의 구분 : f
→ 교류 회로 문제는 f와 관련된 문제 출제!!!

정답 ⑤
일본에서는 도쿄를 중심으로 한 50Hz 교류계통과 오사카를 중심으로 한 60Hz 교류계통이 있다.

§ 2. 단독회로

1. 저항만 있는 교류회로

1) 회로도 :

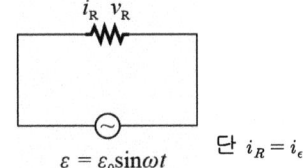

w를 구동 각진동수라고 부른다.

2) 저항에 걸리는 전압 : $v_R = V_R \sin wt$

pf. (안 시험)
위 회로에 키르히호프 2법칙을 적용하면 다음과 같다. 단 순간 전압끼리!
$\sum v = \epsilon - v_R = 0$
$\Rightarrow v_R = \epsilon$
$\quad\quad = \epsilon_0 \sin wt$
$\Rightarrow v_R \equiv V_R \sin wt$ 여기서 V_R을 전압진폭이라고 부른다.

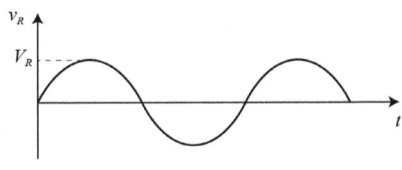

3) 저항에 흐르는 전류 : $i_R = I_R \sin wt$

pf. (안 시험)
옴의 법칙에서 $i_R = \dfrac{v_R}{R} = \dfrac{V_R}{R} \sin wt \equiv I_R \sin wt$

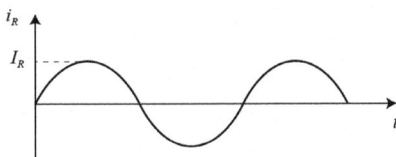

단 직렬연결된 회로이므로 매순간 모든 지점에는 동일한 전류가 흐른다. 그러므로 저항에 흐르는 전류진폭 I_R과 전원장치에 흐르는 전류진폭 I_0도 같다. $I_R = I_0$. 그러므로 이 둘을 혼용해서 써도 상관없다.

4) 저항기 양단에서 전압진폭과 전류진폭 관계 :
$\dfrac{V_R}{R} \sin wt \equiv I_R \sin wt$ 에서 $\underbrace{V_R}_{\text{전압진폭}} = \underbrace{I_R}_{\text{전류진폭}} \underbrace{R}_{\text{저항}}$
이는 진폭끼리의 관계식일 뿐이다. 또는 옴법칙의 진폭버전이라고 부를 수 있다. 그러나 옴 법칙은 아니다!

5) rms 관계식 : $V_R = I_R R$의 양변을 $\sqrt{2}$ 로 나누면
$V_{R,rms} = I_{R,rms} R$ (이것은 옴의 법칙 아님)

6) 평균 소비전력 : $\overline{P} = V_{R,rms} I_{rms} \leftarrow V_{R,rms} = I_{rms} R$
$\quad\quad\quad\quad\quad\quad = I_{rms}^2 R$

Quiz 1 다음 회로에서 시간에 따라서 측정한 전류와 전압은 그래프와 같다.

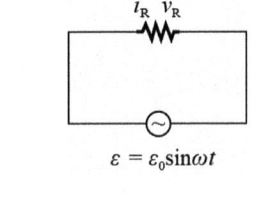

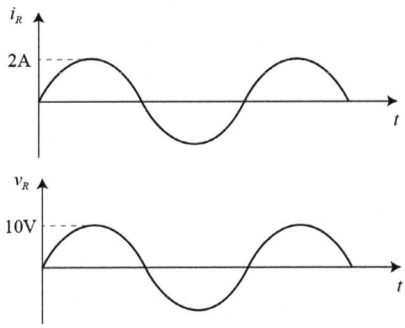

저항의 크기는 얼마인가? 그리고 평균 소비전력은 얼마인가?

7) 위상관계

① **위상차** : 위 그래프에서 보는 것처럼 v_R과 i_R은 진폭만 조금 다를 뿐, 위상은 동일하다!! $v_R \ominus i_R$

② **위상자** : 삼각함수로 표현할 수 있는 물리량들은, 다음 그림처럼 그래프 앞에 있는 화살표가 반시계 방향으로 회전하면서 y축에 만드는 정사영의 값으로 이해될 수 있다.

여기서 그래프 앞에 있는 화살표를 위상자(phasor)라고 한다.

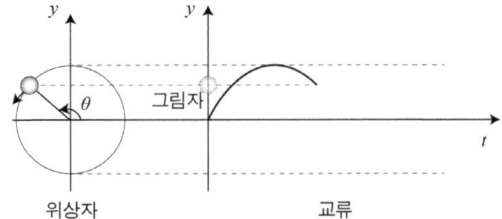

* **위상자 특징**
  위상자는 반시계방향으로 회전한다.
  위상자의 y축 성분이 순간 교류값이다.
  위상자의 길이가 최대 교류값 또는 진폭이다.

③ 전류 위상자와 전압 위상자

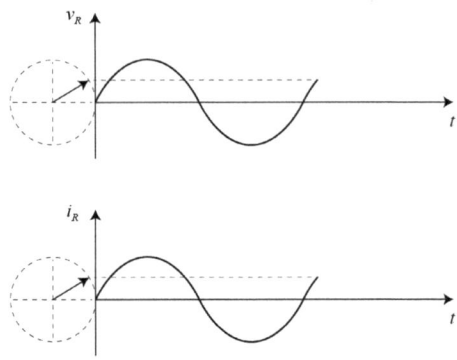

위상자가 반시계 방향으로 회전하면서 y축에 만드는 정사영의 값이 매순간 교류전류 또는 교류전압의 값이다!! 단 위상자는 벡터취급한다.

Quiz 2 다음은 저항만 있는 회로에서 어느 순간 '전압 위상자'를 나타낸 것이다. 전압 진폭이 20V이고 저항의 크기가 2Ω이라면 현재 회로에 흐르는 순간 전류는 얼마인가?

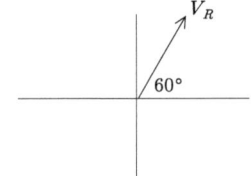

* **저항기와 교류전원만 있는 회로 이론정리**

1. 위상

$$v_R = V_R \sin wt$$
$$i_R = I_R \sin wt$$

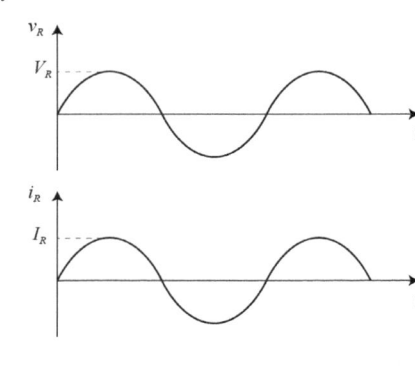

$$\rightarrow v_R \ominus i_R$$

2. 옴의 법칙 형태 : $V_R = I_R R$ or $V_{R,rms} = I_{R,rms} R$

3. 위상자

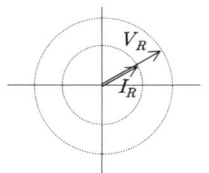

2. 축전기만 있는 교류회로

1) 회로도 :

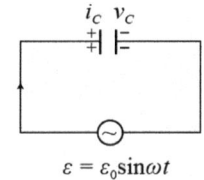

$\varepsilon = \varepsilon_0 \sin\omega t$

2) 축전기에 걸리는 전압 : $v_C = V_C \sin wt$

pf. (안 시험)
위 회로에 키르히호프 2법칙을 적용하면 다음과 같다. 단 순간 전압 끼리!

$\sum v = \epsilon - v_C = 0$

$\Rightarrow v_C = \epsilon$
$\quad\quad = \epsilon_0 \sin wt$

$\Rightarrow v_C \equiv V_C \sin wt$ 여기서 V_C을 전압진폭이라고 부른다.
그리고 v_C는 축전기에서 전압강하이다.

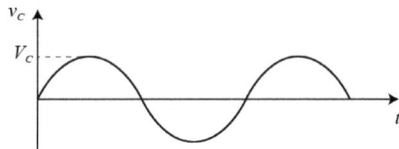

→ 결론 : 축전기 양단의 전압은 매순간 바뀐다.
참고로 그렇기 때문에 교류로는 축전기를 충전할 수 없다.

3) 축전기에 흐르는 전류 : $i_C = I_C \sin(wt + 90)$

pf. (안 시험)
i) $v_C = V_C \sin wt$에서 축전기의 전하량은 다음과 같다.
ii) $q_C = C \cdot v_C = C V_C \sin wt$
iii) 축전기에 흐르는 전류는 다음과 같다.

$i_C = \dfrac{dq_C}{dt}$ ← 전류 = $\dfrac{전압}{저항}$

$\quad = wCV_C \cos wt$

$\quad = \dfrac{V_C}{1/wC} \sin(90 + wt)$

* 주의 : 축전기에 흐르는 전류는 옴의 법칙으로 구할 수 없다. 옴의 법칙은 저항 양단에서 성립하는 공식이다.

iv) 여기서 전류 = $\dfrac{전압}{저항}$을 떠올리면 $\dfrac{1}{wC}$이 저항에 해당하는 물리량임을 눈치 챌 수 있다. $\dfrac{1}{wC}$가 교류회로에서 어떤 역할을 하는지 지금은 잘 모르겠지만, 어쨌든 $\dfrac{1}{wC}$은 수식적으로 저항의 의미를 지닌다. 그래서 $\dfrac{1}{wC}$을 가상의 저항이라고 이해하고, 이를 부를 때는 용량 리액턴스(X_C)라고 부르자.

v) 축전기에 흐르는 전류 : $i_C = \dfrac{V_C}{X_C} \sin(90 + wt) \equiv I_C \sin(90 + wt)$ 여기서 I_C를 전류진폭이라고 부른다.

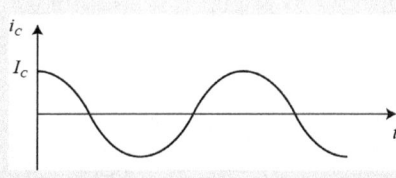

→ 의미 : v_C가 i_C보다 90° 느리다.
→ 직관적 이해 :

참고로 $i_C = \dfrac{V_C}{1/wC} \sin(90 - wt) = -\dfrac{V_C}{1/wC} \sin(wt - 90)$라고 해도 됨

단 직렬연결된 회로이므로 매순간 모든 지점에는 동일한 전류가 흐른다. 그러므로 축전기에 흐르는 전류진폭 I_C과 전원장치에 흐르는 전류진폭 I_0도 같다. $I_C = I_0$. 그러므로 이 둘을 혼용해서 써도 상관없다.

4) 용량 리액턴스(X_C)
① 의미 : 교류회로에서 축전기는 열을 발생시키지는 못하지만 충전이 되기 때문에 매순간 전류 흐름을 방해한다. 그래서 교류회로에서는 축전기가 가상의 저항 역할을 한다고 본다. 이런 성질을 리액턴스라고 부른다.

② 용량 리액턴스 정의 : $X_C \equiv \dfrac{1}{\omega C} = \dfrac{1}{2\pi f C}$ [Ω]

③ 그래프 :

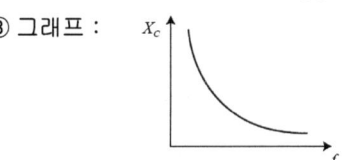

Quiz 1 교류전원의 각진동수가 $w = 100/s$ 이고, 축전기의 전기용량이 $C = 1\mu F$이다. 이 축전기에 의한 용량 리액턴스는 얼마인가?

5) 진폭 관계식 : 위의 유도과정에서 $\dfrac{V_C}{X_C} = I_C$이었는데 이를 이용하면 $\underbrace{V_C}_{전압진폭} = \underbrace{I_C}_{전류진폭} \underbrace{X_C}_{저항}$ 임을 알 수 있다.
이는 진폭끼리의 관계식일 뿐이다. 또는 옴법칙의 진폭버전이라고 부를 수 있다. 그러나 옴 법칙은 아니다!

6) rms 관계식 : $V_C = I_C X_C$의 양변을 $\sqrt{2}$로 나누면

$V_{C, rms} = I_{C, rms} X_C$

Part 3. 전자기학

Quiz 2 축전기 양단의 전압이 $v_C = 10\sin wt$ 이고, 회로에 흐르는 전류가 $i_C = 2\cos wt$ 이다. 용량 리액턴스는 얼마인가?

→ 오개념 : 축전기에서 옴의 법칙이 성립한다. $v_C = i_C\, X_C$

그러므로 $X_C = \dfrac{10\sin wt}{2\cos wt} = 5\tan wt$

→ 정개념 : 축전기에서 성립하는 회로공식은 $v_C = \dfrac{1}{C}q$

축전기에서 성립하는 옴의 법칙 형태는 $V_C = I_C X_C$

7) 오개념 : 리액턴스도 r m s 값이 있다.
   정개념 : r m s 물리량은 시간에 따라서 변하는 경우에 사용하는 개념이다.
   리액턴스는 f에 따라서 변하는 물리량이므로 r m s 개념 자체가 없다.

8) 축전기의 평균 소비전력 : 0

Quiz 3 가정용 교류전류를 이용해서 배터리 충전이 가능한 이유?

Quiz 4 다음 회로에서 시간에 따라서 측정한 전류와 전압은 그래프와 같다.

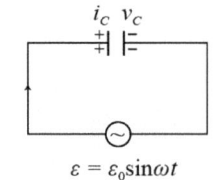

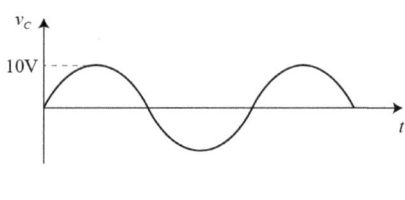

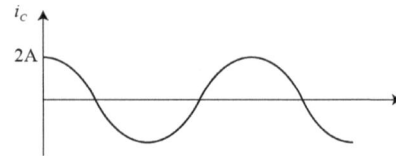

용량 리액턴스의 크기는 얼마인가? 그리고 평균 소비전력은 얼마인가?

9) 위상관계
① 그래프 및 위상자

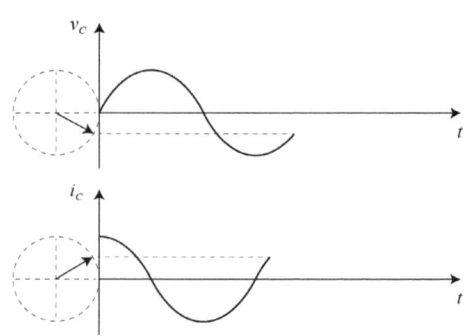

② 위상관계 : 전압이 전류보다 위상이 90° 느리다.
참고로 운동시작하는 순간($t=0$), 그래프가 peak인 것이 위상이 빠른 것이다.

$$v_C \lessdot i_C$$

Ch 11. 교류회로

10) high pass filter(고주파 통과 필터) : 교류 회로에 축전기가 연결되어 있을 때 고주파 신호가 들어가면 X_C이 작아지면서 전류가 증가한다. 반면에 저주파 신호가 들어가면 X_C이 커지면서 전류가 작아진다. 이를 이용한 스피커가 트위터 스피커(tweeter speaker)이다.

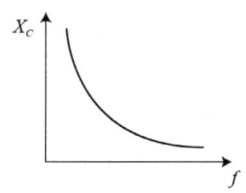

★ 축전기와 교류전원만 있는 회로 이론정리
1. 위상

$v_C = V_C \sin wt$
$i_C = I_C \sin(wt + 90)$

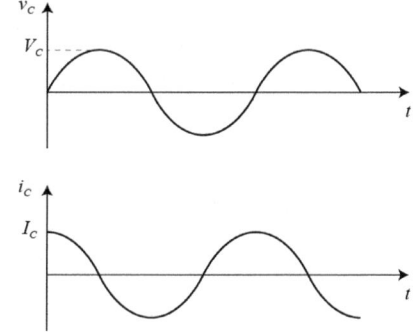

$\rightarrow v_C \bigcirc\!\!\!<\, i_C$

2. 옴의 법칙 형태 : $V_C = I_C X_C$ or $V_{C,rms} = I_{C,rms} X_C$

단 $X_C = \dfrac{1}{\omega C}$ (high pass filter)

3. 위상자

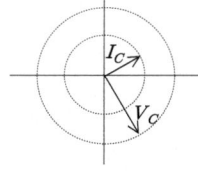

ex 1 그림 (가), (나)와 같이 판의 면적과 두 판 사이의 거리가 같은 평행판 축전기가 교류 전원에 연결되어 있다. 교류 전원의 진동수는 f이고, 전압의 실효값은 V이다.

이에 대한 설명으로 옳은 것만을 <보기>에서 있는 대로 고른 것은?

<보 기>
ㄱ. 축전기의 전기 용량은 (가)가 (나)보다 크다.
ㄴ. 회로에 흐르는 전류의 실효값은 (가)가 (나)보다 작다.
ㄷ. (가)에서 교류 전원의 진동수를 증가시키면 회로에 흐르는 전류의 실효값은 감소한다.

정답 ㄴ

ㄱ. 진공일 때에 비해 극판 사이에 유전체가 삽입되면 축전기의 전기용량이 커진다.

ㄴ. 축전기의 용량 리액턴스가 $X_c = \dfrac{1}{wC}$ 이므로 전기용량이 클수록 작다. 따라서 전기용량이 더 큰 (나)에서 전류의 실효값이 더 크다.

ㄷ. 교류의 진동수를 증가시키면 $X_c = \dfrac{1}{wC}$ 에서 용량 리액턴스가 감소한다. 따라서 회로에 흐르는 전류의 실훗값은 증가한다.

3. 인덕터(코일)만 있는 교류회로 (기출)

1) 회로도 :

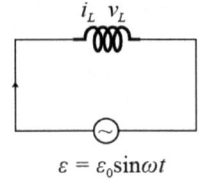

$\varepsilon = \varepsilon_0 \sin\omega t$

2) 인덕터에 걸리는 전압 : $v_L = V_L \sin wt$

pf. (안 시험)
위 회로에 키르히호프 2법칙을 적용하면 다음과 같다. 단 순간 전압끼리!

$\sum v = \epsilon - v_L = 0$
$\Rightarrow v_L = \epsilon$
$\quad\quad = \epsilon_0 \sin wt$
$\Rightarrow v_L \equiv V_L \sin wt$ 여기서 V_L을 전압진폭이라고 부른다.
그리고 v_L은 인덕터에서 전압강하이다.

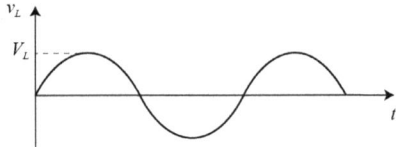

3) 인덕터에 흐르는 전류 : $i_L = I_L \sin(wt - 90)$

pf1. 변수 분리(안 시험)

i) $v_L = L\frac{di_L}{dt}$ 에서 $di_L = \frac{v_L}{L}dt$ 이고 양변을 적분하면
$\int di_L = \int \frac{v_L}{L}dt$ 이다. 여기에 $v_L = V_L \sin wt$ 을 대입해서 정리한다.

ii) $\int di_L = \int \frac{V_L}{L} \sin wt \, dt$ 을 부정적분한다.

$\Rightarrow i_L = -\frac{V_L}{wL}\cos wt + C$ ← 편의상 상수 무시
$\quad\quad = -\frac{V_L}{wL}\cos wt = \frac{V_L}{X_L}\sin(wt-90) = I_L \sin(wt-90)$

or 정적분

$i_L(t) - i_L(0) = \int \frac{v_L}{L}dt = \frac{V_L}{L}\int \sin wt\, dt = -\frac{V_L}{wL}\cos wt + \frac{V_L}{wL}$

$\quad\quad$ ← 초기조건 : $i_L(0) = -\frac{V_L}{wL}$

$\Rightarrow i_L(t) = \frac{V_L}{wL}\sin(-90°+wt) = \frac{V_L}{X_L}\sin(wt-90°) = I_L \sin(wt-90°)$

pf2. 시도해, 삼각함수

i) 키르히호프 제 2법칙 : $\sum V = \epsilon + (-L\frac{di}{dt}) = 0$
$\Rightarrow \epsilon_0 \sin wt = L\frac{di}{dt}$

ii) 시도해 : $i = I_0 \sin(wt - \delta)$

iii) 대입 : $\epsilon_0 \sin wt = L(wI_0)\cos(wt - \delta)$

$\Rightarrow$ 등식이 성립하려면 $I_0 = \frac{\epsilon_0}{wL}, \delta = \frac{\pi}{2}$

$\Rightarrow i = \frac{\epsilon_0}{wL}\sin(wt - \frac{\pi}{2})$

pf3. 시도해, 지수함수, 실수 진폭

i) 키르히호프 제 2법칙 : $\sum V = \epsilon + (-L\frac{di}{dt}) = 0$
$\Rightarrow \epsilon_0 \sin wt = L\frac{di}{dt}$
$\Rightarrow$ 복소 미방으로 확장 : $\epsilon_0 e^{iwt} = L\frac{d\tilde{i}}{dt}$

ii) 시도해 : $\tilde{i} = I_0 e^{i(wt - \delta)}$

iii) 대입 : $\epsilon_0 e^{iwt} = L(iwI_0)e^{i(wt-\delta)}$
$\quad\quad = iwLI_0 e^{iwt}(\cos\delta - i\sin\delta)$
$\quad\quad = wLI_0 e^{iwt}(i\cos\delta + \sin\delta)$

$\Rightarrow$ 등식이 성립하려면 $I_0 = \frac{\epsilon_0}{wL}, \delta = \frac{\pi}{2}$

$\Rightarrow \tilde{i} = \frac{\epsilon_0}{wL}e^{i(wt-\frac{\pi}{2})}$

$\Rightarrow$ 허수부만 취하면, $i = \frac{\epsilon_0}{wL}\sin(wt - \frac{\pi}{2})$

pf4. 시도해, 지수함수, 복소 진폭(안 시험)

i) 키르히호프 제 2법칙 : $\sum V = \epsilon + (-L\frac{di}{dt}) = 0$
$\Rightarrow \epsilon_0 \sin wt = L\frac{di}{dt}$
$\Rightarrow$ 복소 미방으로 확장 : $\epsilon_0 e^{iwt} = L\frac{d\tilde{i}}{dt}$

ii) 시도해 : $\tilde{i} = I_0 e^{i(wt-\delta)} = I_0 e^{-i\delta}e^{iwt} \equiv \tilde{I}_0 e^{iwt}$

iii) 대입 : $\epsilon_0 e^{iwt} = L(iw\tilde{I}_0)e^{iwt}$

$\Rightarrow \tilde{I}_0 = -i\frac{\epsilon_0}{wL}$

$\Rightarrow \tilde{i} = -i\frac{\epsilon_0}{wL}e^{iwt}$

$\Rightarrow$ 허수부만 취하면 : $i = -\frac{\epsilon_0}{wL}\cos wt = \frac{\epsilon_0}{wL}\sin(wt - \frac{\pi}{2})$

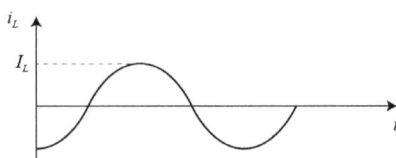

→ 의미 : v_L은 i_L보다 90° 위상이 빠르다.

→ 직관적 이해 :

Ch 11. 교류회로

Quiz 1 다음은 인덕터만 있는 회로에서 인덕터 양단의 전압을 시간에 따라서 표현한 그래프이다. 시간에 따른 전류를 표현하시오.

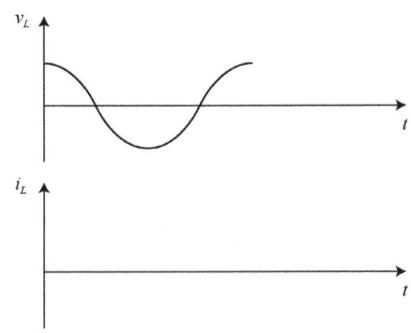

4) 유도 리액턴스(X_L)

① 의미 : 인덕터는 전류의 흐름을 방행하려는 성질이 있다. 그래서 교류에서는 그것을 일종의 저항으로 간주한다. 특히 그 원인이 자체유도이므로, '유도' 리액턴스라고 부른다. 이는 열을 발생하는 실제 저항이 아니라, 가상의 저항이다. 그리고 리액턴스의 값에 따라 전류 진폭을 증가 또는 감소시킬 수 있다.

② 정의 : $X_L \equiv \omega L = 2\pi f L$ [Ω]

③ 그래프 :

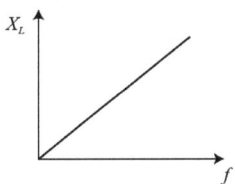

Quiz 2 $f = 10/s$ 이고, $L = 10H$ 이라면 유도 리액턴스는?

5) 진폭 관계식 : $V_L = I_L X_L$ (옴 법칙 아님!)

6) rms 관계식 : $V_{L,rms} = I_{L,rms} X_L$

7) 인덕터의 평균 소비전력 : 0

8) 위상관계
① 그래프 및 위상자 도표

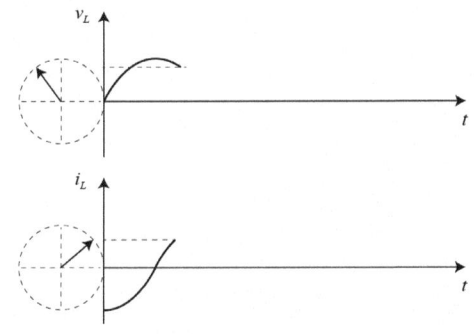

② 위상관계 : 전압이 전류보다 위상이 90° 빠르다.
운동시작하는 순간($t = 0$), 그래프가 peak인 것이 위상이 빠른 것이다. 또는 peak가 되는 시간이 짧을수록 위상이 빠른 것이다.

$$v_L \:\textcircled{>}\: i_L$$

9) low pass filter : 교류 회로에 코일이 연결되어 있을 때 고주파 신호가 들어가면 X_L이 커지면서 전류가 감소한다. 반면에 저주파 신호가 들어가면 X_L이 작아지면서 전류가 커진다. 이를 이용한 스피커가 우퍼 스피커(woofer speaker)이다.

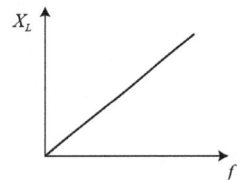

cf. 스피커 구조

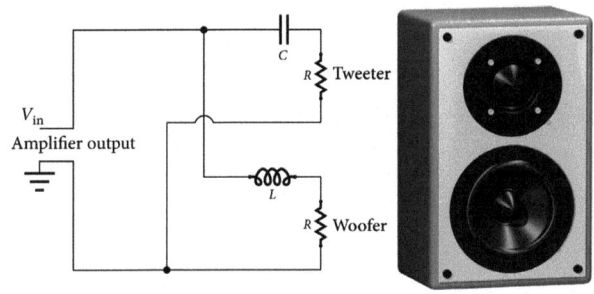

* 인덕터와 교류전원만 있는 회로 이론정리

1. 위상

$v_L = V_L \sin\omega t$
$i_L = I_L \sin(\omega t - 90)$

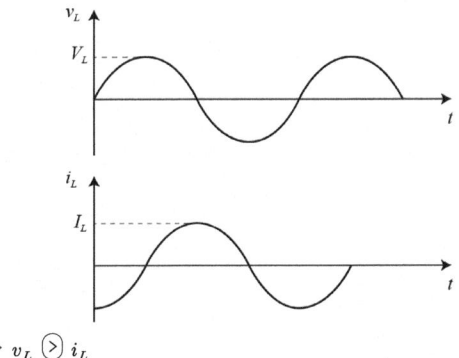

→ $v_L \:\textcircled{>}\: i_L$

2. 옴의 법칙 형태 : $V_L = I_L X_L$ or $V_{L,rms} = I_{L,rms} X_L$
단 $X_L = \omega L$ (low pass filter)

3. 위상자

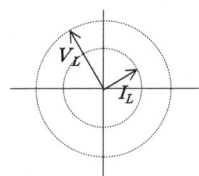

Part 3. 전자기학

* 정리

	저항기	인덕터	축전기
리액턴스	×		
진폭 관계식			
평균 소비전력			
V, I 그래프 위상차			
위상자 도표			
X-f 그래프	×		
filter	×		

§ 3. 두 개만 있는 회로

1. RC 직렬 교류회로

1) 벡터합 복습 : 평행사변형법, 삼각형법, 성분별 합

Quiz 1 $\vec{A} = (1, \sqrt{3})$과 $\vec{B} = (\sqrt{3}, 1)$의 벡터합

→ 의미 : 두 벡터를 평행사변형법으로 더한 결과와 성분별로 더한 결과는 동일하다.
바꾸어 말해 만약 $A_y + B_y = C_y$나 $A_x + B_x = C_x$이 성립하면, $\vec{A} + \vec{B} = \vec{C}$라고 할 수 있다.

2) 회로

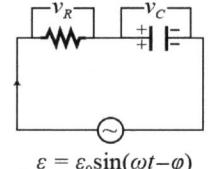 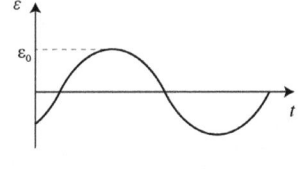

$\varepsilon = \varepsilon_0 \sin(\omega t - \varphi)$

단 ϕ는 ε과 i 사이의 위상차를 의미한다. 뒤에서 자세히 다룰 것이다.

3) 키르히호프 법칙

① $\sum v = \varepsilon - v_R - v_C = 0$에서 $\varepsilon = v_R + v_C$

② v_R은 V_R의 정사영값이고, v_C는 V_C의 정사영값이며, ε은 ε_0의 정사영값이다. 그러므로 키르히호프법칙 $v_R + v_C = \varepsilon$은 벡터합성이라는 측면에서 보면, 두 벡터의 '수직 성분별 합'을 의미한다. 즉 다음과 같다.

$$V_{Ry} + V_{Cy} = \varepsilon_{0y}$$

③ 이는 수학적으로 $\vec{V_R} + \vec{V_C} = \vec{\varepsilon_0}$ 와 동일하다.

그래서 이제부터는 위상자 V_R과 V_C을 벡터로 간주하고 이들을 벡터합하면, 기전력의 진폭인 ε_0이 된다고 이론을 정립하자.

$$\varepsilon = v_R + v_C \xrightarrow{\text{동치}} \vec{\varepsilon_0} = \vec{V_R} + \vec{V_C}$$

4) 그래프와 위상자

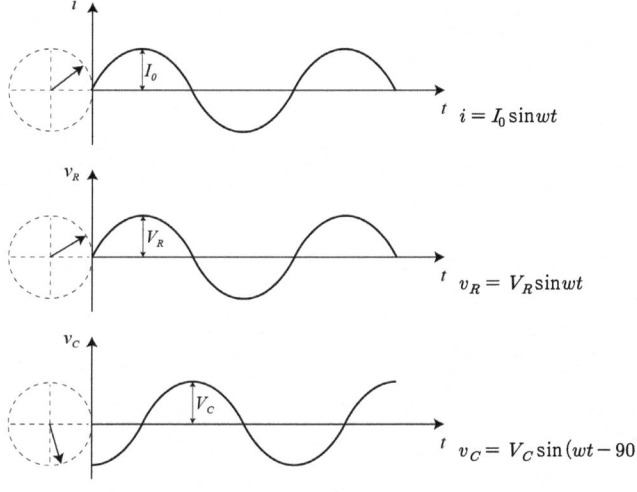

$i = I_0 \sin\omega t$

$v_R = V_R \sin\omega t$

$v_C = V_C \sin(\omega t - 90)$

5) 위상자 도표(phase diagram), 전압진폭들 사이 관계

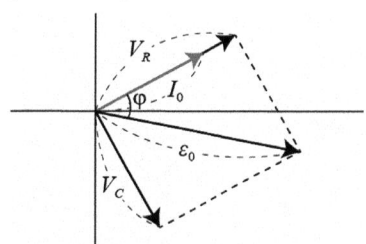

$\varepsilon_0 = \sqrt{V_R^2 + V_C^2}$
or $\varepsilon_{rms} = \sqrt{V_{R,rms}^2 + V_{C,rms}^2}$

pf. (안 시험)
$\varepsilon_0 = \sqrt{V_R^2 + V_C^2}$의 양변을 $\sqrt{2}$로 나누면

$$\frac{\varepsilon_0}{\sqrt{2}} = \sqrt{\frac{V_R^2}{2} + \frac{V_C^2}{2}}$$
$$= \sqrt{\left(\frac{V_R}{\sqrt{2}}\right)^2 + \left(\frac{V_C}{\sqrt{2}}\right)^2}$$
$$= \sqrt{V_{R,rms}^2 + V_{C,rms}^2}$$

Quiz 2 다음 그래프를 참고하여 기전력의 진폭을 구하시오.

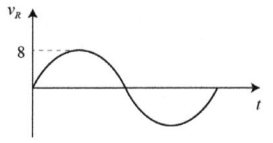 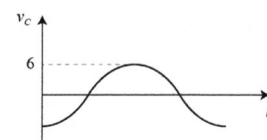

6) 진폭관계(옴의 법칙 형태)와 임피던스 :

$\varepsilon_0 = I_0 Z$ or $\varepsilon_{rms} = I_{rms} Z$
$Z = \sqrt{R^2 + X_C^2}$ [Ω]

pf. (안 시험)
$\varepsilon_0 = \sqrt{V_R^2 + V_C^2}$
$= \sqrt{(I_0 R)^2 + (I_0 X_C)^2}$
$= I_0 \sqrt{R^2 + X_C^2}$
$\equiv I_0 Z$
여기서 $Z \equiv \sqrt{R^2 + X_C^2}$

Quiz 3 $R = 3\Omega$, $X_C = 4\Omega$일 때 임피던스는?

7) 특징 : 기전력의 진폭을 유지하면서, 전원의 진동수가 증가하면 임피던스가 감소해서 실효전류가 증가한다. 그래서 저항의 소비전력이 증가한다.

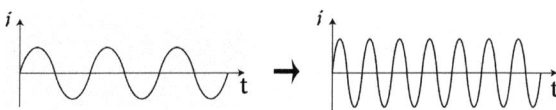

Quiz 4 $i(t) = I_0 \sin\omega t$ 라면 $v_R(t)$, $v_C(t)$, $\varepsilon(t)$은?

sol) $v_R(t) = V_R \sin\omega t$, $v_C(t) = -V_C \cos\omega t$, $\varepsilon(t) = \varepsilon_0 \sin(\omega t - \phi)$

2. RL 직렬 교류회로 (기출)

1) 회로

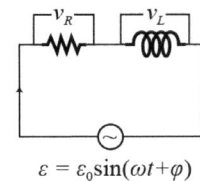 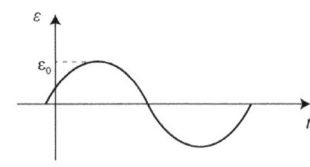

$$\varepsilon = \varepsilon_0 \sin(\omega t + \varphi)$$

2) 키르히호프법칙

$$\sum v = (+\epsilon) + (-v_R) + (-v_L) = 0$$
$$\Rightarrow v_R + v_L = \epsilon$$
$$\Rightarrow V_{Ry} + V_{Ly} = \epsilon_{0y}$$
$$\Rightarrow \vec{V_R} + \vec{V_L} = \vec{\epsilon_0}$$

3) 그래프와 위상자

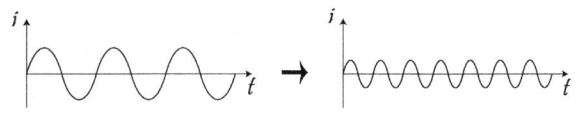

$i = I_0 \sin wt$

$v_R = V_R \sin wt$

$v_L = V_L \sin(wt + 90)$

4) 위상자 도표(phase diagram), 전압진폭들 사이 관계

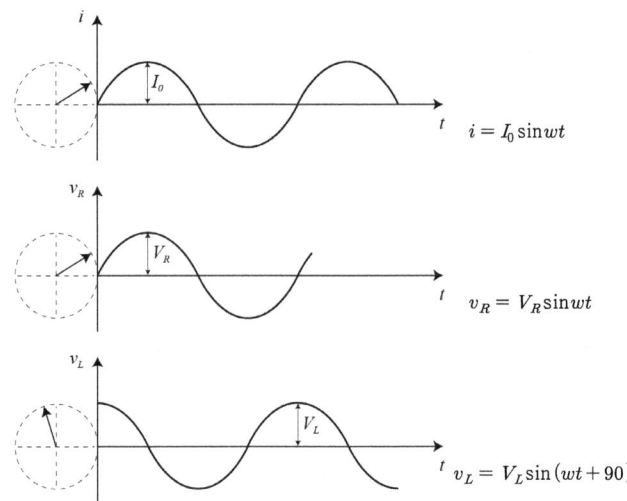

$\epsilon_0 = \sqrt{V_R^2 + V_L^2}$

or $\epsilon_{0, rms} = \sqrt{V_{R, rms}^2 + V_{L, rms}^2}$

Quiz 1 다음 그래프를 참고하여 기전력의 진폭을 구하시오.

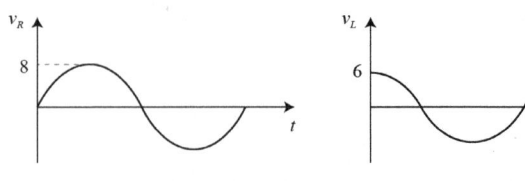

5) 진폭관계(옴의 법칙 형태)와 임피던스 :

$$\epsilon_0 = I_0 Z \quad \text{or} \quad \epsilon_{rms} = I_{rms} Z$$
$$Z = \sqrt{R^2 + X_L^2} \ [\Omega]$$

pf. (안 시험)
$\epsilon_0 = \sqrt{V_R^2 + V_L^2}$
$= \sqrt{(I_0 R)^2 + (I_0 X_L)^2}$
$= I_0 \sqrt{R^2 + X_L^2}$
$= I_0 Z$

여기서 $Z \equiv \sqrt{R^2 + X_L^2}$

6) 특징 : 전원의 진동수가 증가할수록 임피던스가 증가해서 실효전류가 감소한다. 그래서 저항의 소비전력이 감소한다.

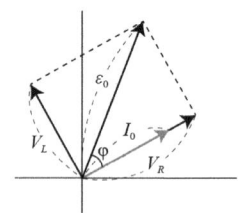

Quiz 2 $i(t) = I_0 \sin wt$ 라면 $v_R(t)$, $v_L(t)$, $\epsilon(t)$ 은?

sol) $v_R(t) = V_R \sin wt$, $v_L(t) = V_L \cos wt$, $\epsilon(t) = \epsilon_0 \sin(wt + \phi)$

tip. 교류회로 문제에서는 전원의 진폭 $\epsilon_0 \simeq 310\,V$ 는 변화시키지 않는다!!! 조작변인은 전원의 주파수다.

3. LC 직렬 교류회로

1) 회로

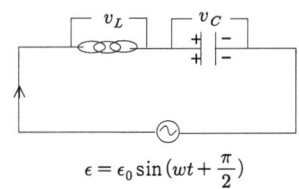

$\epsilon = \epsilon_0 \sin(wt + \frac{\pi}{2})$

2) 키르히호프 법칙

$\sum v = (+\epsilon) + (-v_L) + (-v_C) = 0$
$\Rightarrow v_L + v_C = \epsilon$
$\Rightarrow V_{Ly} + V_{Cy} = \epsilon_{0y}$
$\Rightarrow \vec{V_L} + \vec{V_C} = \vec{\epsilon_0}$

3) 그래프 및 위상자(phasor)

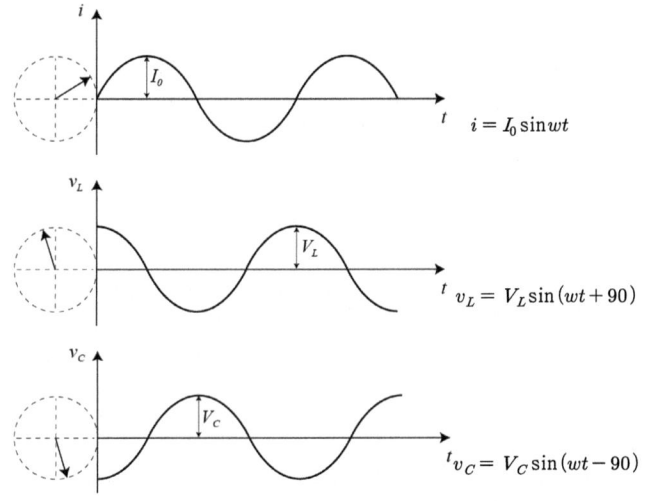

$i = I_0 \sin wt$

$v_L = V_L \sin(wt + 90)$

$v_C = V_C \sin(wt - 90)$

4) 위상자 도표(phase diagram), 전압진폭들 사이 관계

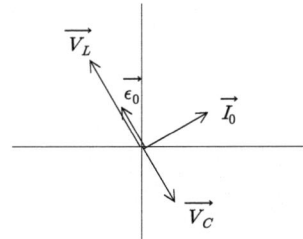

$\epsilon_0 = |V_L - V_C|$
or $\epsilon_{0,rms} = |V_{L,rms} - V_{C,rms}|$

5) 진폭관계(옴의 법칙 형태)와 임피던스 :

$\epsilon_0 = I_0 Z$ or $\epsilon_{rms} = I_{rms} Z$
$Z = |X_L - X_C|$

pf. (안 시험)
$\epsilon_0 = |V_L - V_C|$
$= |(I_0 X_L) - (I_0 X_C)|$
$= I_0 |X_L - X_C|$
$\equiv I_0 Z$
여기서 $Z \equiv |X_L - X_C|$

Quiz 1 $i(t) = I_0 \sin wt$ 라면 $v_L(t)$, $v_C(t)$, $\epsilon(t)$ 은?

sol) $v_L(t) = V_L \cos wt$, $v_C(t) = -V_C \cos wt$, $\epsilon(t) = \epsilon_0 \cos wt$

4. 특별한 회로 - LC 진동회로 : LC 교류회로에서 전원을 제거한 회로 (기출)

1) 용수철 진동 VS LC 진동회로
① 진동 모습

용수철 진동	LC 진동회로
k ⟋⟋⟋ m	
⟋⟋⟋ m	↓I
⟋⟋⟋ m	
⟋⟋⟋ m	↑I
⟋⟋⟋ m	

② 미분횟수별 역학과 전자기학 공식 정리

	역학	전자기학
0차 미분	$F = kx$	$V = \frac{1}{C}q$
1차 미분	$F = bv$	$V = RI$
2차 미분	$F = ma$	$V = L\frac{dI}{dt}$

③ 주기와 에너지전환 비교

용수철 진동	LC 진동
k ⟋⟋⟋ m $\frac{1}{2}kx^2 = \frac{1}{2}mv^2$ $T = 2\pi\sqrt{\frac{m}{k}}$	$\frac{Q^2}{2C} = \frac{1}{2}LI^2$ $T = 2\pi\sqrt{LC}$

2) 회로

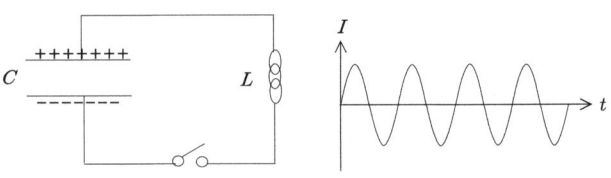

3) 키르히호프 2법칙

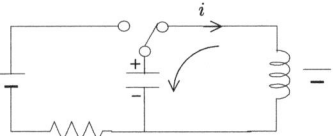

① 전류의 값 자체를 양수로 두고 키르히호프 2법칙을 적용하면 다음과 같다. 단 폐회로를 반시계 방향으로 돌리자.

$$\sum V = (-\frac{q}{C}) + (+L\frac{di}{dt}) = 0 \quad \cdots ①$$

② 모순 : 아래 전류-시간 그래프에서 초기에 $\frac{di}{dt} < 0$ 임을 알 수 있다. 그러므로 위의 수식은 (음수)+(음수)=0 이 되어 모순이다.

③ 보정
  a. 모순을 해결하려면 (−) 부호 보정을 해야 한다.
    즉 $\sum V = (-\frac{q}{C}) + (-L\frac{di}{dt}) = 0$ 으로 써야 옳다.
  b. 혹은 이렇게 접근해도 좋다. 초기에 전하량이 감소하므로 $i = -\frac{dq}{dt}$ 라고 해야 '전류를 양수로 둔다.'는 가정이 성립한다. 이를 대입하면 ①식은 $-\frac{q}{C} - L\frac{d^2q}{dt^2} = 0$ 이 되어 진동해를 얻을 수 있다.
  c. 공대에서는, 전원 장치에서는 전압 상승이 일어나고, R, L, C에서는 전압 강하가 일어나므로, 무조건 $(-\frac{q}{C}) + (-L\frac{di}{dt}) = 0$ 로 표현해야 한다고 가르친다. 여기에 $i \equiv \frac{dq}{dt}$ 을 대입하면 $-\frac{q}{C} - L\frac{d^2q}{dt^2} = 0$ 이 되어 진동해를 얻을 수 있다. (추천)

4) 축전기의 전하량이 시간에 따라서 변하는 주기

pf.

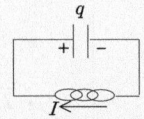

i) 키르히호프법칙 : 전류방향을 시계방향으로 정하고, 폐회로 방향을 시계방향으로 정하면 $\sum v = -L\frac{dI}{dt} - \frac{q}{C} = 0$

$\Rightarrow \frac{d^2q}{dt^2} + \frac{q}{LC} = 0$

$\Rightarrow \ddot{q} + \frac{1}{LC}q = 0$, 여기서 $\omega^2 = \frac{1}{LC}$

$\Rightarrow \ddot{q} + \omega^2 q = 0$

ii) 해 : $q(t) = Q\cos\omega t$ 단 축전기가 꽉 차 있는 상태부터 진동을 시작한다고 가정하고 코싸인으로 표현.

iii) 진동주기 : $T = \frac{2\pi}{\omega} = 2\pi\sqrt{LC}$

Ch 11. 교류회로

5) 시간에 따른 각 물리량

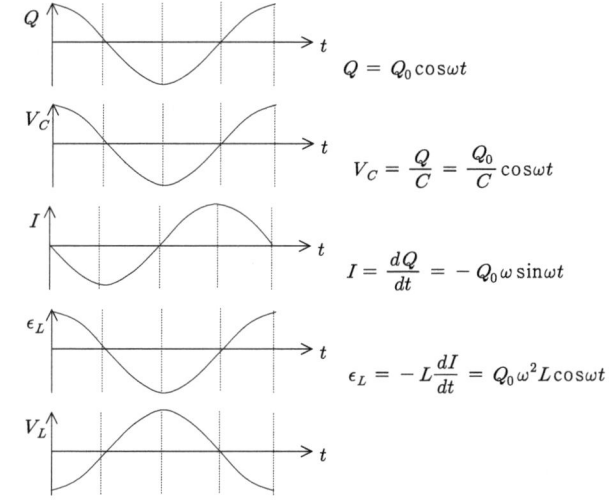

$Q = Q_0 \cos\omega t$

$V_C = \dfrac{Q}{C} = \dfrac{Q_0}{C}\cos\omega t$

$I = \dfrac{dQ}{dt} = -Q_0\omega\sin\omega t$

$\epsilon_L = -L\dfrac{dI}{dt} = Q_0\omega^2 L\cos\omega t$

코일에서 전압강하 : $V_L = -\epsilon_L = -Q_0\omega^2 L\cos\omega t$

ex 1 LC 진동회로에서 축전기에 저장된 전하량이 Q였다. 스위치를 닫자 전류가 흐르기 시작했다. 축전기(C)와 코일(L)에 저장된 에너지가 같은 순간 축전기에 남아있는 전하량은?

정답 $\dfrac{Q}{\sqrt{2}}$

$\dfrac{Q^2}{2C} = \dfrac{q^2}{2C} + \dfrac{1}{2}Li^2$

$\quad = \left(\dfrac{q^2}{2C}\right)\times 2 \text{ or } = \left(\dfrac{1}{2}Li^2\right)\times 2$

$\therefore q = \dfrac{Q}{\sqrt{2}}$

ex 2 그림과 같이 기전력 ϵ인 기전력원, 저항값 R인 저항, 자체인덕턴스 L인 인덕터, 전기용량 C인 축전기로 이루어진 회로를 구성하였다. 회로에서 스위치 S를 a로 연결하여 축전기를 전하량 Q_0로 충전한 후, 스위치 S를 a에서 b로 연결하였다.

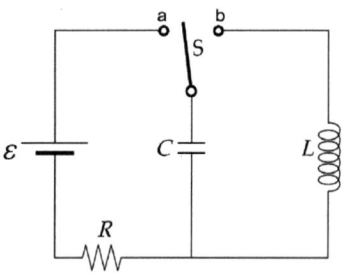

이에 대한 설명으로 옳은 것을 <보기>에서 모두 고른 것은?
(단, 전자기파의 방출은 무시한다.)

<보기>
ㄱ. RC 회로에서 충전하는 동안, 축전기에 저장된 에너지는 기전력원이 한 일과 같다.
ㄴ. LC 회로에서 전기에너지와 자기에너지의 합은 일정하다.
ㄷ. LC 회로에서 전류의 진폭은 $\dfrac{Q_0}{\sqrt{LC}}$이다.

① ㄱ ② ㄴ ③ ㄱ, ㄴ
④ ㄴ, ㄷ ⑤ ㄱ, ㄴ, ㄷ

정답 ④ ㄴ, ㄷ

ㄱ. 전원에서는 $Q\epsilon$만큼의 일을 하고, 축전기에서는 $\dfrac{1}{2}Q\epsilon$만큼의 에너지만 저장된다.

ㄷ. 전류의 진폭은 전류의 최대값을 의미한다.

역학적 에너지 보존법칙 $\dfrac{Q_0^2}{2C} = \dfrac{1}{2}LI_0^2$에서 $I_0 = \dfrac{Q_0}{\sqrt{LC}}$

<2> $q = Q_0 \cos wt$에서 $I = \dfrac{dq}{dt} = -wQ_0\sin wt = -\dfrac{Q_0}{\sqrt{LC}}\sin wt$

Part 3. 전자기학

* 교류회로 총정리

	저항기	인덕터	축전기	RL	RC	LC
위상자 도표						
전류방해요소						
진폭 관계식						
rms 관계식						
평균 소비전력						
X-f 그래프	×			×	×	×

§3. 세 개만 있는 회로

1. RLC 직렬 회로 (기출)

1) 회로

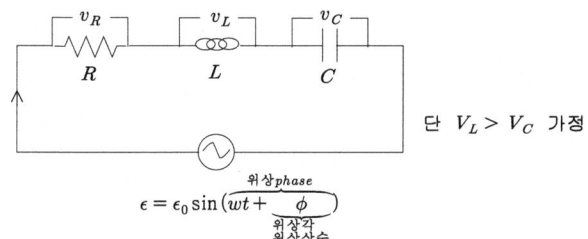

단 $V_L > V_C$ 가정

$\epsilon = \epsilon_0 \sin(wt + \underset{\text{위상각/위상상수}}{\underbrace{\phi}}^{\text{위상 phase}})$

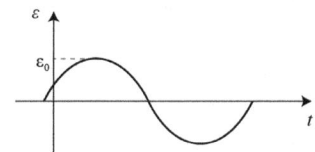

→ 저항기, 인덕터, 축전기에 흐르는 전류는 동일하다!!!

2) 키르히호프 법칙

$\sum v = (+\epsilon) + (-v_R) + (-v_L) + (-v_C) = 0$

$\Rightarrow v_R + v_L + v_C = \epsilon$

$\Rightarrow V_{Ry} + V_{Ly} + V_{Cy} = \epsilon_{0y}$

$\Rightarrow \vec{V_R} + \vec{V_L} + \vec{V_C} = \vec{\epsilon_0}$

3) 그래프 및 위상자(phasor)

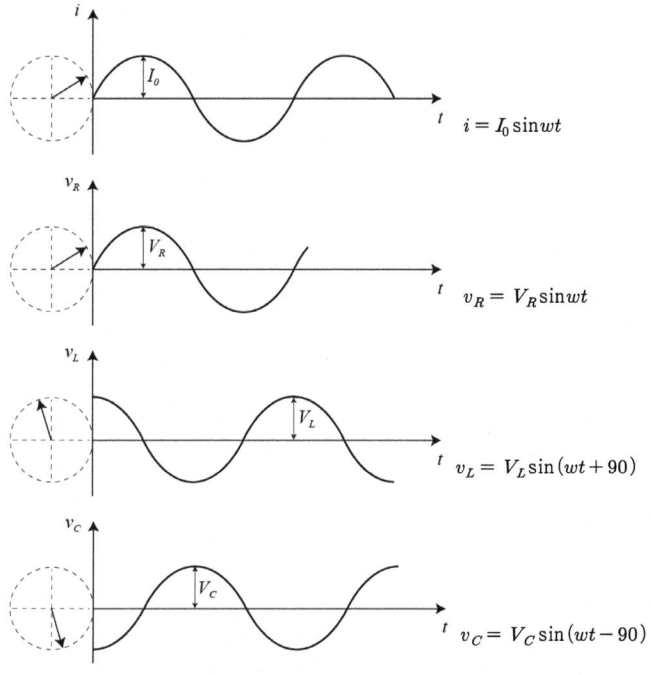

$i = I_0 \sin wt$

$v_R = V_R \sin wt$

$v_L = V_L \sin(wt + 90)$

$v_C = V_C \sin(wt - 90)$

4) 위상자 도표(phase diagram), 전압진폭들 사이 관계

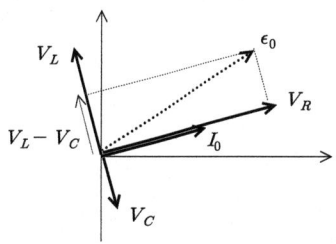

$\epsilon_0 = \sqrt{V_R^2 + (V_L - V_C)^2}$

or $\epsilon_{rms} = \sqrt{V_{R,rms}^2 + (V_{L,rms} - V_{C,rms})^2}$

http://ngsir.netfirms.com/englishhtm/RLC.htm

5) 진폭관계(옴의 법칙 형태)와 임피던스 :

$\epsilon_0 = I_0 Z$ or $\epsilon_{rms} = I_{rms} Z$

$Z = \sqrt{R^2 + (X_L - X_C)^2}\ [\Omega]$

pf. (안 시험)
$\epsilon_0 = \sqrt{V_R^2 + (V_L - V_C)^2}$
$= \sqrt{(I_0 R)^2 + (I_0 X_L - I_0 X_C)^2}$
$= I_0 \sqrt{R^2 + (X_L - X_C)^2}$
$\equiv I_0 Z$

여기서 $Z \equiv \sqrt{R^2 + (X_L - X_C)^2} = \sqrt{R^2 + (2\pi f L - \frac{1}{2\pi f C})^2}$

6) 위상각 : $\tan\phi = \dfrac{V_L - V_C}{V_R} = \dfrac{X_L - X_C}{R}$

7) RLC 직렬연결 회로에서 평균 소비전력 : 저항기만 소비함.

$\overline{P} = V_{R,rms} I_{rms} = (\epsilon_{rms} \cos\phi) I_{rms}$

$\overline{P} = I_{rms}^2 R$

$\overline{P} = \dfrac{V_{R,rms}^2}{R} = \dfrac{(\epsilon_{rms} \cos\phi)^2}{R}$ 단 $\cos\phi$는 전력인자

Quiz 1 $i(t) = I_0 \sin wt$ 라면 $v_R(t)$, $v_L(t)$, $v_C(t)$, $\epsilon(t)$ 은?

sol) $v_R(t) = V_R \sin wt$, $v_L(t) = V_L \cos wt$, $v_C(t) = -V_C \cos wt$,
$\epsilon(t) = \epsilon_0 \sin(wt + \phi)$

Part 3. 전자기학

* 정리

$P_0 = V_R I_0 = I_0^2 R$	$P_0 = \epsilon_0 I_0 \cos\phi$
$\overline{P} = V_{R,rms} I_{rms} = I_{rms}^2 R$	$\overline{P} = \epsilon_{rms} I_{rms} \cos\phi$

Quiz 2 다음 그림을 참고하여 평균 소비전력을 구하시오. 단 $\epsilon_{rms} = 10\,V$ 이다.

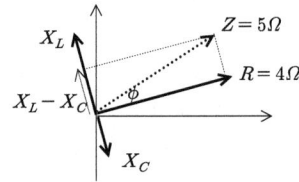

Quiz 3 전압 진폭이 다음과 같다.

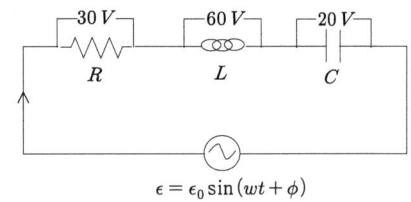

1) V_{RL} 의 크기는?
2) V_{RL} 과 $V_R + V_L$ 의 크기 비교
3) V_{RL} 과 ϵ_0 의 크기 비교
4) v_{RL} 과 ϵ 의 위상 비교
5) V_{LC} ?

정답   1) $V_{RL} = 30\sqrt{5}\,V$ 2) $V_{RL} < V_R + V_L$ 3) $V_{RL} > \epsilon_0$
       4) $v_{RL} \,\textcircled{>}\, \epsilon$ 5) $V_{LC} = 40\,V$

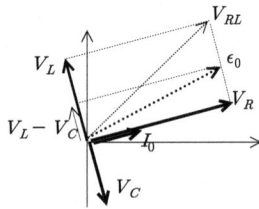

2. 위상자 도표 종류

1) type Ⅰ. 유도형 회로 : $V_L > V_C$

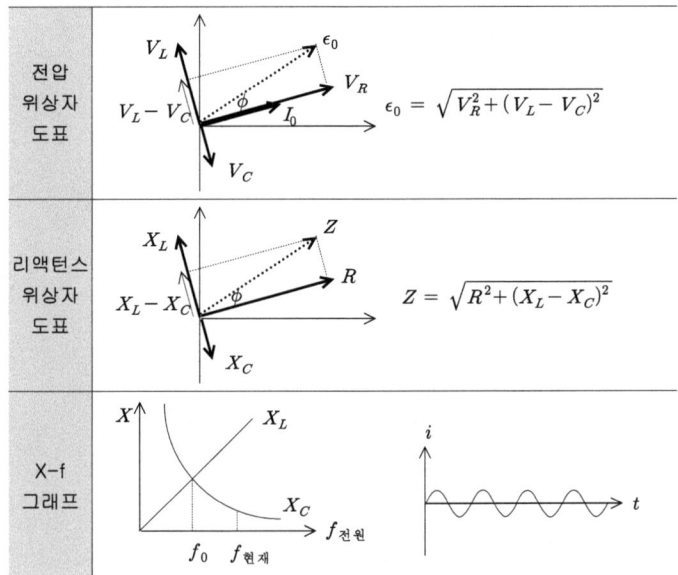

특징 ① $\epsilon \,⊙\, i$, $\phi > 0$
　　② $X_L > X_C$
　　③ $f_{현재} > f_0$

2) type Ⅱ. 용량형 회로 : $V_L < V_C$

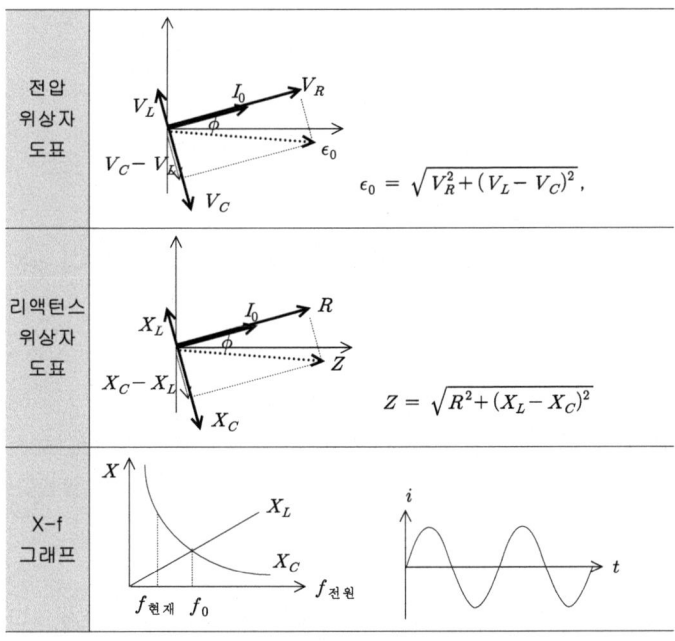

특징 ① $\epsilon \,⊙\, i$, $\phi < 0$
　　② $X_L < X_C$
　　③ $f_{현재} < f_0$

3) type Ⅲ. 공명(공진) 회로 : $V_L = V_C$

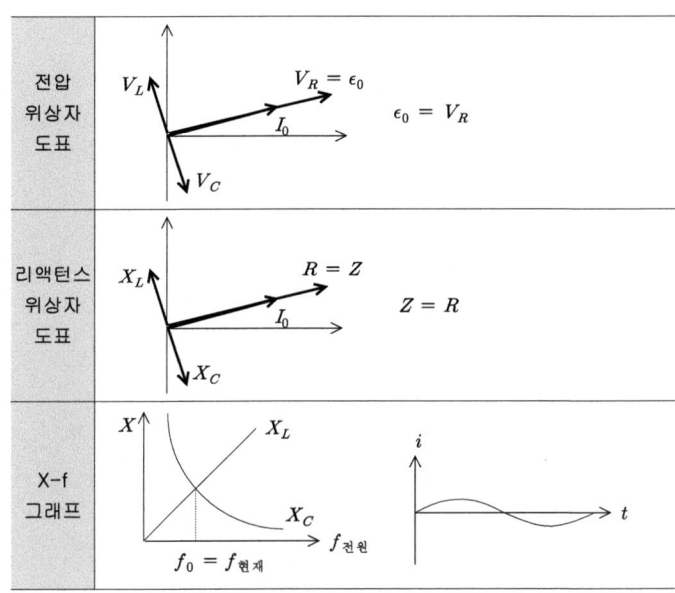

특징 ① $\epsilon \,⊖\, i$, $\phi = 0$
　　② $X_L = X_C$
　　③ $f_{현재} = f_0$

Quiz 1 공진회로에서 ϕ, V_R, Z, I_0, $\overline{P}$는 각각 얼마인가?

정답

1) $\phi = 0$
2) $\epsilon_0 = \sqrt{V_R^2 + (V_L - V_C)^2} = V_R$
3) $Z = \sqrt{R^2 + (X_L - X_C)^2} = R$
4) $I_0 = \dfrac{\epsilon_0}{Z} = \dfrac{V_R}{R}$
5) $\overline{P} = \dfrac{\epsilon_{rms}^2}{R}$

3. 공진회로

1) 그래프

① X-f 그래프 : $X_L = wL$, $X_C = \dfrac{1}{wC}$

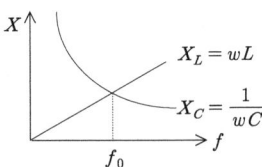

② Z-f 그래프 : $Z = \sqrt{R^2 + (2\pi fL - \dfrac{1}{2\pi fC})^2}$

$f = 40Hz$ 일 때 $Z \simeq \sqrt{40^2 + (25-60)^2} \simeq 50\Omega$

$f = 50Hz$ 일 때 $Z \simeq \sqrt{40^2 + (30-50)^2} \simeq 45\Omega$

$f = 60Hz$ 일 때 $Z \simeq \sqrt{40^2 + (40-40)^2} \simeq 40\Omega$

$f = 70Hz$ 일 때 $Z \simeq \sqrt{40^2 + (45-35)^2} \simeq 42\Omega$

$f = 80Hz$ 일 때 $Z \simeq \sqrt{40^2 + (50-30)^2} \simeq 45\Omega$

$f = 90Hz$ 일 때 $Z \simeq \sqrt{40^2 + (60-25)^2} \simeq 50\Omega$

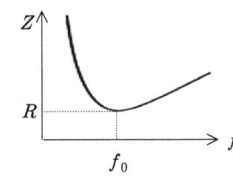

$f \ll f_0$ 일 때 $Z \simeq \sqrt{R^2 + (0 - \dfrac{1}{2\pi fC})^2} \simeq \dfrac{1}{2\pi fC}$ (유리함수)

$f \gg f_0$ 일 때 $Z \simeq \sqrt{R^2 + (2\pi fL)^2} \simeq 2\pi fL$ (1차함수)

③ $I_0 - f$ 그래프 : $I_0 = \dfrac{\epsilon_0}{Z}$ 단 공진시 $I_0 = \dfrac{\epsilon_0}{R}$

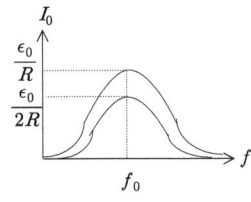

④ 공진시 $i-t$ 그래프

유도형 회로　　　　　용량형 회로

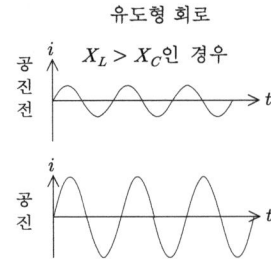 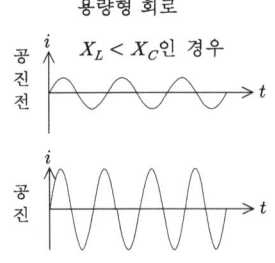

Quiz 1 공진회로에서 v_L이 다음과 같다면 v_C는 어떤지 그리시오.

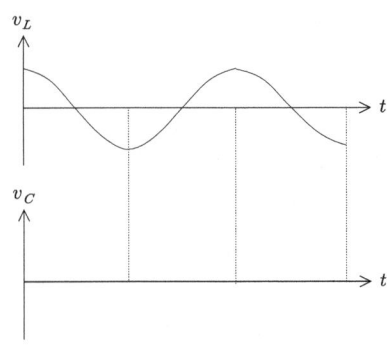

2) 고유주파수(공진주파수)

$2\pi fL = \dfrac{1}{2\pi fC}$ 에서 $f = \dfrac{1}{2\pi\sqrt{LC}} \equiv f_0$

즉, $f_0 = \dfrac{1}{2\pi\sqrt{\text{자기용량} \times \text{전기용량}}}$

Quiz 2 자기용량이 $8L$, 전기용량이 $4C$인 RLC 직렬 교류회로에서 고유주파수는 얼마인가?

→ 저항에 의해서 전류 진폭이 감소하지 않으려면, '저항이 없을 때의' LC 진동 주기와 같은 주기로 전원에서 에너지가 공급되면 된다.

3) 특징

① $X_L = X_C \Rightarrow Z = R$; 임피던스가 최소가 됨
② $V_L = V_C \Rightarrow \epsilon = V_R$; 전원의 전압이 모두 저항에 걸림
③ $I_0 = \dfrac{\epsilon_0}{Z} = \dfrac{\epsilon_0}{R}$; 전류진폭 최대
④ $\overline{P} = V_{R,rms} I_{rms} = I_{rms}^2 R = \dfrac{V_{R,rms}^2}{R} = \epsilon_{rms} I_{rms} = \dfrac{\epsilon_{rms}^2}{R}$; 평균 소비전력 최대

4) 주의 : R, L, C 각각에 흐르는 전류의 크기는 모두 동일하다고 말하고, 직렬 교류회로에서 전류의 위상은 매순간 변한다고 말한다.

5) 생활예 : 라디오 수신 - 라디오에는 가변 축전기가 있어서 라디오의 고유주파수를 조절한다. 그것이 방송국 주파수와 일치하면 청취가 가능하다.

Ch 11. 교류회로

6) 교류회로의 대칭성

Quiz 3 RLC 직렬 교류회로에서 전원의 진동수에 따른 리액턴스의 변화가 다음과 같다. $f=4f_0$ 와 $f=\frac{1}{4}f_0$ 일 때 임피던스와 전류 진폭을 비교하시오. (기출)

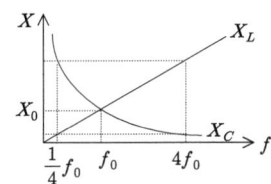

→ 결론 : $f_1 = cf_0$ 인 유도형 회로와 $f_2 = \frac{1}{c}f_0$ 인 용량형 회로의 임피던스는 동일하다. 그러므로 I_0 도 동일하다.

☞ 유도형 회로 – V가 제시된 문제

ex 1 그림은 교류 전원에 저항값이 R인 저항, 자체 유도계수가 L인 코일, 전기용량이 C인 축전기를 직렬로 연결한 RLC 회로를 나타낸 것이다. 이때 저항, 코일, 축전기에는 각각 30V, 80V, 60V의 전압이 걸린다.

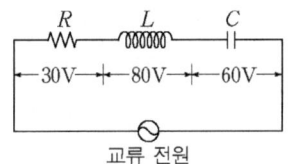

이 회로에 대한 설명으로 옳은 것을 <보기>에서 모두 고른 것은?

―――――――― <보 기> ――――――――
ㄱ. 저항에 흐르는 전류가 가장 크다.
ㄴ. 고유(공진)주파수는 $\frac{1}{2\pi\sqrt{LC}}$ 이다.
ㄷ. 이 회로에 걸린 전체 전압의 크기는 170V이다.

① ㄱ ② ㄴ ③ ㄷ
④ ㄱ, ㄴ ⑤ ㄴ, ㄷ

정답 ② ㄴ

ㄱ. R, L, C 는 직렬연결되어 있으므로 흐르는 전류는 모두 동일하다.
ㄴ. $f = \frac{1}{2\pi\sqrt{LC}}$
ㄷ. $V = \sqrt{V_R^2 + (V_L - V_C)^2} = 10\sqrt{13}\ V$ 이다.

Part 3. 전자기학

☞ 용량형 회로 - f, R, L, C 제시된 문제

ex 2 그림은 자체 유도 계수가 L인 코일과 전기용량이 C인 축전기, 그리고 저항값이 R인 저항을 연결한 것을 나타낸 것이다. 교류 전원의 진동수는 $\frac{1}{2\pi\sqrt{LC}}$이다.

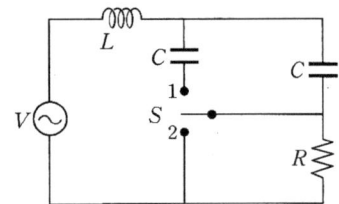

이에 대한 설명으로 옳은 것만을 <보기>에서 있는 대로 고른 것은? (단, 교류 전원에서 전압의 실효값은 V로 일정하다.)

─── <보 기> ───
ㄱ. 스위치를 1에 연결하면 임피던스 값은 $\sqrt{R^2+\frac{L}{4C}}$이다.
ㄴ. 스위치를 2에 연결하면 임피던스 값은 R이다.
ㄷ. 저항의 평균 소비 전력은 스위치를 1에 연결했을 때가 2에 연결했을 때보다 크다.

① ㄱ ② ㄴ ③ ㄱ, ㄷ
④ ㄴ, ㄷ ⑤ ㄱ, ㄴ, ㄷ

정답 ③ ㄱ, ㄷ

ㄱ. $X_L = 2\pi f L = 2\pi \frac{1}{2\pi\sqrt{LC}} L = \sqrt{\frac{L}{C}}$

$X_C = \frac{1}{2\pi \frac{1}{2\pi\sqrt{LC}} 2C} = \frac{1}{2}\sqrt{\frac{L}{C}}$

$Z = \sqrt{R^2+(X_L-X_C)^2} = \sqrt{R^2+\frac{L}{4C}}$

ㄴ. $X_L = 2\pi f L = 2\pi \frac{1}{2\pi\sqrt{LC}} L = \sqrt{\frac{L}{C}}$

$X_C = \frac{1}{2\pi \frac{1}{2\pi\sqrt{LC}} C} = \sqrt{\frac{L}{C}}$

$Z = \sqrt{0^2+(X_L-X_C)^2} = 0$

ㄷ. 스위치를 2에 연결하면 저항에 전류가 흐르지 않는다.

* 추론형 문제 엿보기

1. 두 교류 전원의 진동수는 f이다. $f = \frac{1}{2\pi RC}$이면 $\frac{V_{출력}}{V_0}$은 누가 더 큰가? $f \ll \frac{1}{2\pi RC}$일 때 $V_{출력} \ll V_0$인 회로는 누구인가?

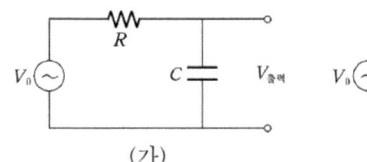　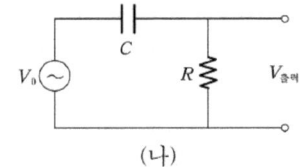

(가)　　　　　　　(나)

정답　같다, (나)

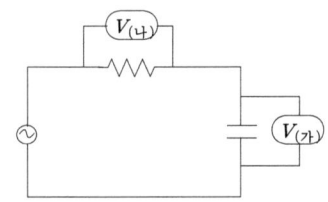

$\underline{\epsilon_0 = \sqrt{V_R^2 + V_C^2}}_{①}$ 단 $\underline{\epsilon_0 = I_0 Z}_{②}$, $\underline{V_R = I_0 R}_{③}$, $\underline{V_C = I_0 X_C}_{④}$

$\underline{Z = \sqrt{R^2 + X_C^2}}_{⑤}$ 단 $\underline{X_C = \frac{1}{wC} = \frac{1}{2\pi f C}}_{⑥}$

1) $f = \frac{1}{2\pi RC}$이면 $X_C = \frac{1}{(1/RC)C} = R$이므로 $V_C = IX_C = IR$이 된다. 이는 $V_R = IR$와 동일하다. 결국 (가)와 (나)의 $\frac{V_{출력}}{V_0}$은 서로 같다.

2) $f \ll \frac{1}{2\pi RC}$이면 $X_C = \frac{1}{2\pi f C}$가 급격하게 증가하고 $Z = \sqrt{R^2 + X_C^2}$도 급격하게 증가하게 되고 $I = \frac{V_0}{Z}$는 급격하게 감소하게 된다. $V_R = IR$이 급격하게 감소하므로 $V_{(나)} \ll V_0$가 된다.

2. 두 전원은 서로 같다. $\frac{\overline{P}_{가}}{\overline{P}_{나}}$? V_L과 V_C를 대소비교하면?

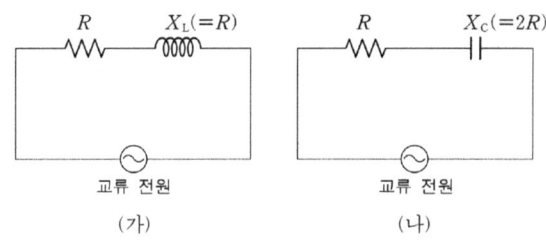

(가)　　　　　　　(나)

정답　$\frac{\overline{P}_{가}}{\overline{P}_{나}} = \frac{5}{2}$, $V_L < V_C$

(가):
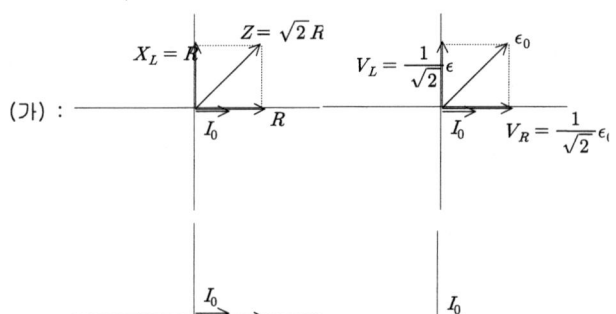

(나):
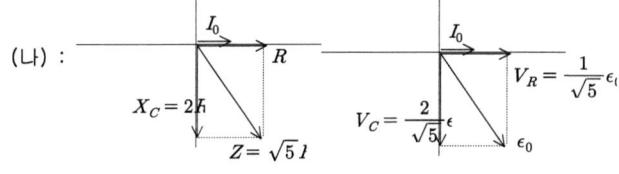

$\underline{\epsilon_0 = \sqrt{V_R^2 + V_X^2}}_{①}$ 단 $\underline{\epsilon_0 = I_0 Z}_{②}$, $\underline{V_R = I_0 R}_{③}$, $\underline{V_X = I_0 X}_{④}$

$\underline{Z = \sqrt{R^2 + X^2}}_{⑤}$

1) $\overline{P} = \frac{1}{2} P_0 = \frac{1}{2} I_0^2 R = \frac{1}{2} \frac{\epsilon_0^2}{Z^2} R = \frac{\epsilon_0^2 R}{2(R^2+X^2)}$ 에서 $\frac{\overline{P}_{가}}{\overline{P}_{나}} = \frac{\frac{1}{2R^2}}{\frac{1}{5R^2}} = \frac{5}{2}$

이다.

2) 위상자 도표에서 $V_L < V_C$임을 알 수 있다.

or

물리량	(가)		(나)
X	R	<	$2R$
⑤식 $Z = \sqrt{R^2+X^2}$	$\sqrt{2}R$	<	$\sqrt{5}R$
②식 $I_0 = \frac{\epsilon_0}{Z}$		>	
③식 $V_R = I_0 R$		>	
①식 $\epsilon_0 = \sqrt{V_R^2+V_X^2}$ 에서 $V_X =$		<	

Part 3. 전자기학

3. 두 전원이 서로 같고, 저항에서 소모되는 평균 전력도 서로 같다. 전원의 진동수는?

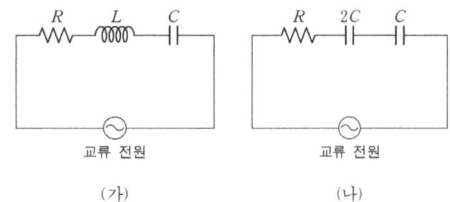

(가)   (나)

정답

평균 소비전력($\overline{P} = I_{rms}^2 R$)이 동일하려면 I_{rms}가 동일해야 한다.
실효전류($\epsilon_{rms} = I_{rms}Z$)가 동일하려면 Z가 동일해야 한다.

$$\sqrt{R^2 + (2\pi f_0 L - \frac{1}{2\pi f_0 C})^2} = \sqrt{R^2 + (\frac{1}{2\pi f_0 \times \frac{2}{3}C})^2}$$

$\Rightarrow |2\pi f_0 L - \frac{1}{2\pi f_0 C}| = \frac{1}{2\pi f_0 \times \frac{2}{3}C}$

$\Rightarrow 4\pi^2 f_0^2 L - \frac{1}{C} = \pm \frac{3}{2C}$

$\Rightarrow 4\pi^2 f_0^2 L = \frac{5}{2C}$ or $-\frac{1}{2C}$

$\Rightarrow f_0 = \frac{1}{2\pi}\sqrt{\frac{5}{2LC}}$

---

4. 교류 전원의 진동수가 f_1일 때, 코일의 유도 리액턴스는?

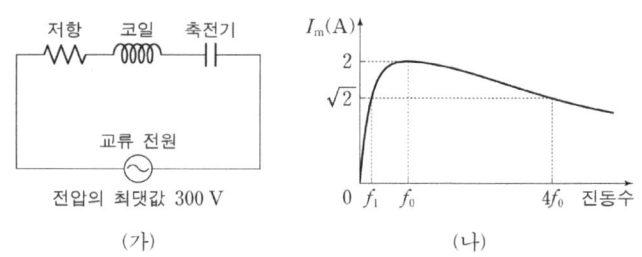

(가) 전압의 최댓값 300 V   (나)

정답 10Ω

* 사전지식

$f = 4f_0$ 와 $f = \frac{1}{4}f_0$ 일 때 임피던스와 전류를 비교하기

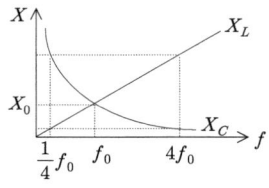

공진회로일 때 : $Z_0^2 = R^2 + (X_{L0} - X_{C0})^2$ 단 $X_{L0} = X_{C0} \equiv X$

유도형회로일 때($f_2 = 4f_0$) : $Z_2^2 = R^2 + (\underbrace{4X}_{X_{L2}} - \underbrace{\frac{X}{4}}_{X_{C2}})^2$

용량형회로일 때($f_1 = \frac{1}{4}f_0$) : $Z_1^2 = R^2 + (\underbrace{\frac{X}{4}}_{X_{L1}} - \underbrace{4X}_{X_{C1}})^2$

이 조건에서 $Z_1 = Z_2$이며 동일한 전류 진폭을 가짐

→ 결론 : $f_1 = cf_0$인 유도형 회로와 $f_2 = \frac{1}{c}f_0$인 용량형 회로의 임피던스는 동일하다. 그러므로 I_0도 동일하다.

해설 :
필요한 이론은 다음과 같다.

$\underbrace{\epsilon_0 = \sqrt{V_R^2 + (V_L - V_C)^2}}_{①}$ 단 $\underbrace{\epsilon_0 = I_0 Z}_{②}, \underbrace{V_R = I_0 R}_{③}, \underbrace{V_L = I_0 X_L}_{④}, \underbrace{V_C = I_0 X_C}_{⑤}$

$\underbrace{Z = \sqrt{R^2 + (X_L - X_C)^2}}_{⑥}$ 단 $\underbrace{X_L = wL = 2\pi fL}_{⑦}, \underbrace{X_C = \frac{1}{wC} = \frac{1}{2\pi fC}}_{⑧}$

i) 우선 f_1일 때와 $4f_0$일 때 전류가 동일하므로 $f_1 = \frac{1}{4}f_0$이다.

ii) f_0일 때 $X_L = X_C$이므로 $Z = R$이다. 그러므로 ②식에서
$R = \frac{\epsilon_m}{I_m} = 150\Omega$이다.

iii) $4f_0$일 때 ②와 ⑥에서 $Z = \frac{300}{\sqrt{2}} = \sqrt{150^2 + (4X - \frac{X}{4})^2}$ 단 X는 f_0일 때 리액턴스
$\Rightarrow X = 40\Omega$

iv) $\frac{1}{4}f_0$일 때 $X_L = \frac{1}{4}X = 10\Omega$

5. 두 전원의 최대 전압은 100V로 서로 같다. 그림 (나)는 스위치를 a에 연결했을 때 그래프이다.

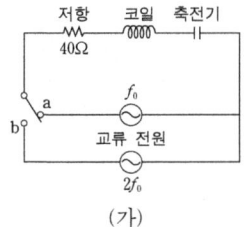
(가)

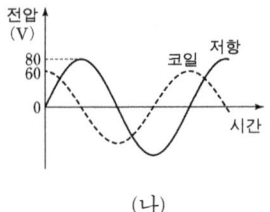
(나)

스위치를 b에 연결했을 때 전류 진폭과 코일 전압 진폭은 얼마인가? 공명 진동수는 f_0의 몇 배인가?

정답 2A, 120V, $\sqrt{2}$

용량형 회로라고 가정하고 위상자 도표를 그리면 다음과 같다.

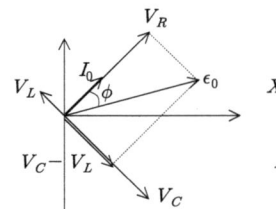 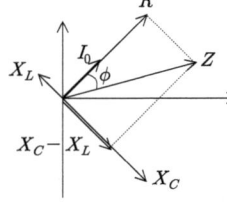

f에 대한 X와 Z의 그래프는 다음과 같다.

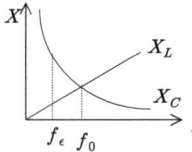 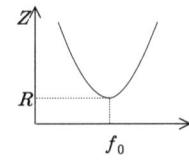 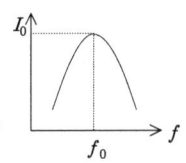

필요한 이론은 다음과 같다.

$\underbrace{\epsilon_0 = \sqrt{V_R^2 + (V_L - V_C)^2}}_{①}$ 단 $\underbrace{\epsilon_0 = I_0 Z}_{②}$, $\underbrace{V_R = I_0 R}_{③}$, $\underbrace{V_L = I_0 X_L}_{④}$, $\underbrace{V_C = I_0 X_C}_{⑤}$

$\underbrace{Z = \sqrt{R^2 + (X_L - X_C)^2}}_{⑥}$ 단 $\underbrace{X_L = wL = 2\pi f L}_{⑦}$, $\underbrace{X_C = \frac{1}{wC} = \frac{1}{2\pi f C}}_{⑧}$

1) switch a

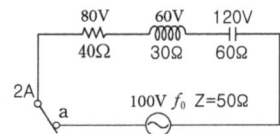

i) $V_R = I_0 R$에서 $I_0 = \frac{80V}{40\Omega} = 2A$이다.

ii) $V_L = I_0 X_L$에서 $X_L = \frac{V_L}{I_0} = \frac{60V}{2A} = 30\Omega$이다.

iii) $\epsilon_0^2 = V_R^2 + (V_L - V_C)^2$에서 $100^2 = 80^2 + (60 - V_C)^2$이므로 $60 - V_C = \pm 60$이다. $V_C = 0$ or $V_C = 120V$인데, $V_C = 0$이면 $C = \infty$이므로 모순이다.

iv) $V_C = I_0 X_C$에서 $X_C = \frac{V_C}{I_0} = \frac{120V}{2A} = 60\Omega$이다.

단 $Z^2 = R^2 + (X_L - X_C)^2$에서 $Z = \sqrt{40^2 + (30-60)^2} = 50\Omega$이다.

2) switch b

전원의 진동수가 2배가 되면 $X_L = wL$은 2배가 되고, $X_C = \frac{1}{wL}$은 1/2배가 된다.

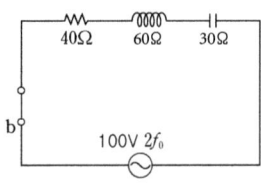

i) 임피던스가 $Z = \sqrt{40^2 + (30-60)^2} = 50\Omega$으로 동일하므로 전류는 $\epsilon_0 = I_0 Z$에서 $I_0 = \frac{\epsilon_0}{Z} = \frac{100V}{50\Omega} = 2A$로 동일하다.

ii) $V_R = I_0 R = 80V$
$V_L = I_0 X_L = 120V$
$V_C = I_0 X_C = 60V$

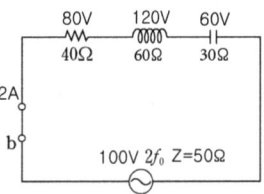

ㄱ. 옳다.
ㄴ. 옳다.
ㄷ. $f_{공} = \frac{1}{2\pi \sqrt{LC}}$이므로 L과 C를 구해서 대입한다.

전원의 진동수가 f_0일 때, $X_L = 2\pi f_0 L = 30$에서 $L = \frac{15}{\pi f_0}$이고, $X_C = \frac{1}{2\pi f_0 C} = 60$에서 $C = \frac{1}{120 \pi f_0}$이다.

그러므로 $f_{공} = \frac{1}{2\pi \sqrt{\frac{15}{\pi f_0} \cdot \frac{1}{120 \pi f_0}}} = \frac{1}{2\pi \sqrt{\frac{1}{8\pi^2 f_0^2}}} = \sqrt{2} f_0$

<보충 강의>

맥스웰은 기존에 있던 가우스 법칙과 패러데이 법칙, 그리고 암페어 법칙 등을 다음과 같이 정리하였다.

전기장에 관한 가우스 법칙(적분형) : $\Phi_E = \oint \vec{E} \cdot d\vec{A} = \dfrac{Q_{tot}}{\epsilon_0}$

자기장에 관한 가우스 법칙(적분형) : $\Phi_B = \oint \vec{B} \cdot d\vec{A} = 0$

패러데이 법칙(적분형) : $\oint \vec{E} \cdot d\vec{L} = -\dfrac{d\Phi_B}{dt}$

수정된 암페어 법칙(적분형) : $\oint \vec{B} \cdot d\vec{L} = \mu_0 I_C + \mu_0 \epsilon_0 \dfrac{d\Phi_E}{dt}$

그리고 네 식을 수학적으로 적절하게 변형해서 다음과 같이 전기장에 관한 방정식과 자기장에 관한 방정식을 발견하였다.

전기장에 관한 방정식 : $\dfrac{\partial^2 E}{\partial x^2} = \epsilon_0 \mu_0 \dfrac{\partial^2 E}{\partial t^2}$

자기장에 관한 방정식 : $\dfrac{\partial^2 B}{\partial x^2} = \epsilon_0 \mu_0 \dfrac{\partial^2 B}{\partial t^2}$

그런데 이들은 파동방정식 $\dfrac{\partial^2 y}{\partial x^2} = \dfrac{1}{v^2} \dfrac{\partial^2 y}{\partial t^2}$ 과 같은 형태이다. 그래서 맥스웰은 전기장과 자기장은 어떤 정지한 현상이 아니라, 파동처럼 공간 상에서 퍼져나가는 현상일지도 모른다고 생각하였다. 그리고 그 파동을 각각 전기파, 자기파라고 불렀고, 이들의 속력이 $v = \dfrac{1}{\sqrt{\epsilon_0 \mu_0}}$ 이라고 생각하였다.

한편 수학적인 trick을 써보면 전기장과 자기장은 서로 직교하는 파동임을 알 수 있다. 그리고 맥스웰 방정식 세 번째와 네 번째는 전기장과 자기장이 서로가 서로를 유도함을 의미한다. 그래서 맥스웰은 다음 그림처럼 전기장과 자기장이 서로가 서로를 유도하면서 공간 상에서 퍼져 나가는 새로운 파동을 제안하였다. 그는 이 새로운 파동을 전자기파(electro magnetic wave)라고 명명하였다.

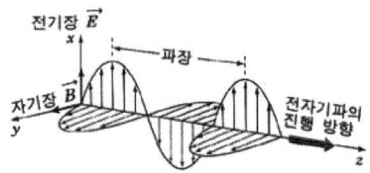 

진공의 유전율과 진공의 투자율을 윗 식에 대입 해보면 $v = \dfrac{1}{\sqrt{\epsilon_0 \mu_0}} \simeq 3 \times 10^8 m/s$ 임을 알 수 있다. 이는 19C 당시 많은 물리학자들이 찾아낸 진공 속 빛의 속력과 일치하였다. 맥스웰은 빛의 본질은 '전기장과 자기장이 동시에 공간 상에서 진행하는 것'이라고 과감하게 제안하였다. 드디어 인간은 천지창조의 비밀을 한 꺼풀 벗기게 되었다.

Memo

PART 04
파동

Chapter 12. 파동역학

Chapter 13. 기하광학

Chapter 14. 파동광학

§ 1. 파동의 표현

1. 기본 용어들

1) 파동이란?
주로 유체(액체, 기체)가 출렁거리는 현상.
대표적으로 파도, 음파 등이 있음.
파도가 칠 때에는 물이라는 매개물질이 있어야 하는데, 이를 매질(medium)이라고 함.
소리의 매질은 공기이고, 바이올린 줄의 매질은 줄임.
단 빛은 매질이 없이도 전파되는 파동임.
매질이 필요한 파동을 '역학적 파동'이라고 부름.
일반적으로 파동은 매질이 제자리에서 단진동하고, 에너지만 이동하는 현상이라고 정의함. (파동의 본질은 매질의 단진동과 파동에너지의 등속도이다.)

* 파동의 종류
  - ① 줄 : 원자들이 공유결합으로 연결
  - ② 물 : 분자들이 수소결합으로 연결
  - ③ 소리 : 공기가 압력에 의해 모아져 있음

  ∴ 힘이 필요 : 역학적 파동 ⇒ 파동역학

  - ④ 빛 : 전기장과 자기장이 상호간 전자기 유도를 일으키며 공간상에 전파

  : 전자기파 ⇒ 광학

2) y-x 그래프 : 전체 매질의 순간 포착 모습

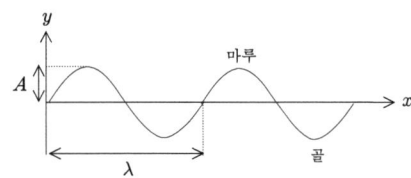

3) y-t 그래프 : 특정 매질 하나의 시간에 따른 진동 모습

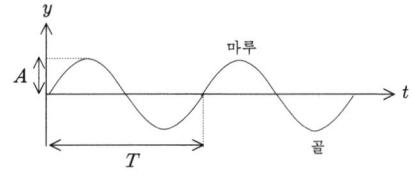

Quiz 1 다음 그림에서 파장과 주기는 얼마인가?

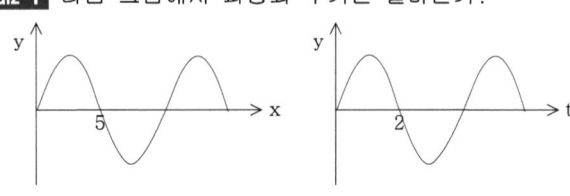

4) 마루(crest), 골(trough) : 마루는 횡파의 가장 높은 지점, 골은 횡파의 가장 낮은 지점을 의미한다.

5) 진폭(amplitude) : 진동중심에서 마루/골까지 거리, 기호는 A

6) 파장(wave length) : 파의 길이, 마루~마루 거리, 기호는 λ

7) 주기(period) : 매질이 한 번 출렁일 때 걸리는 시간 or 에너지가 한 파장 이동하는 데 걸린 시간

8) 주파수(frequency) : 주기의 역수. $f = \frac{1}{T}[/s][Hz]$

9) 각주파수(angular frequency) : $w \equiv \frac{\theta}{t}$, $w = \frac{2\pi}{T}[/s][rad/s]$

10) 파면 : 마루의 모임

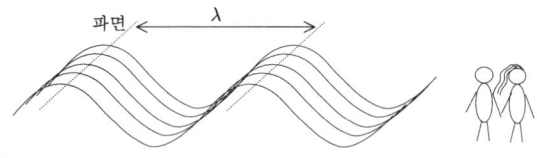

단 이 경우는 파면이 평평해서 평면파라고 부름

tip. 파면으로 출제가 되면 진행방향을 그려서 품

11) 평면파 VS 구면파 - 파면의 모양에 따른 분류

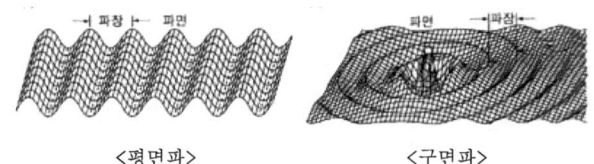

〈평면파〉 　　　　　　〈구면파〉

12) 횡파 VS 종파 - 진동방향과 진행방향에 따른 분류

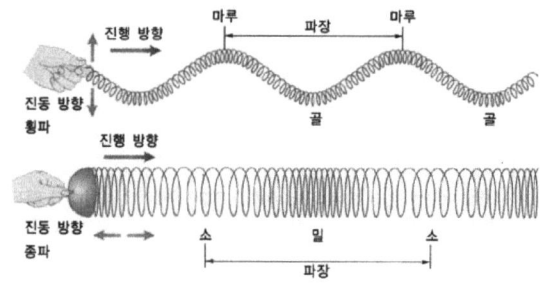

단 종파의 파장은 소~소 또는 밀~밀 간격이다.

참고로 종파를 소밀파(疏密波)라고 부르기도 한다.
　疏密 : 疏 소통할 소 密 빽빽할 밀
　疏遠 : 疏 소통할 소 遠 멀 원
　親疏 : 親 친할 친 疏 소통할 소

13) 횡파의 파면과 진행 방향 : 서로 직각이다.

e.g. 물결파

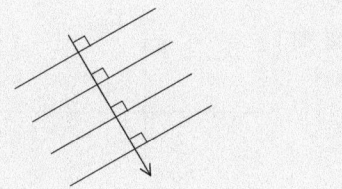

14) 진동속력 VS 전파속력
- 진동속력 : $y = A\sin wt$ 에서 $v_y = wA\cos wt$
- 전파속력 : $v_x = \dfrac{\lambda}{T}$, $v_x = f\lambda$

Quiz 2 물결파의 파장이 10m이고, 진동 주기가 2s 이다. 전파속력은 얼마인가?

Quiz 3 물결파의 전파 속력이 20m/s 이고, 파장이 4m이다. 진동수는 얼마인가?

15) 세기(intensity) : $I = \dfrac{U}{St}[J/m^2 s][W/m^2]$

→ 의미 : 파동이 전파될 때 파동 에너지는 보존되지만, 구면파인 경우는 파면이 점점 증가하기 때문에 단위면적당 에너지가 감소한다. 일반적으로 폭탄이 터졌을 때 멀리 떨어져 있던 사람이 상대적으로 안전한 것은 이것과 관련이 있다.

16) 세기의 변형
① 역학적 파동 : $I \propto A^2 f^2$ (유도과정 생략)
② 전자기파 : $I = \dfrac{1}{2}\epsilon_0 c E_0^2$ 에서 $I \propto A^2$

Quiz 4 기타줄의 진폭이 2배가 되면 세기는 몇 배가 되는가?

Quiz 5 빛의 전기장 진폭이 3배가 되면 세기는 몇 배가 되는가?

cf. 1900년 이후 빛의 에너지와 세기에 대한 관점

아인슈타인은 빛을 파동이 아니라 광양자 또는 광자라고 불리는 빛 알갱이라고 생각했다. 즉 빛을 입자라고 봤다.

그는 광자의 에너지를 $E = hf$ 라고 가정했다.

만약 $P = 100 J/s$ 인 전구에서 $E = 2J$ 인 빛 알갱이들이 방출된다면, 1초에 50개씩 광자가 방출된다고 본다.

그러므로 일반적으로 밝은 전구는 방출되는 광자의 개수가 많은 전구이다. 세기는 $I \propto E_{광자} \times \dfrac{N}{t}$ 으로 표현된다. 또는 $I = \dfrac{E_{광자} \times N/t}{S}$ 이다.

참고로 종파를 횡파로 표현하는 방법은 다음과 같다.

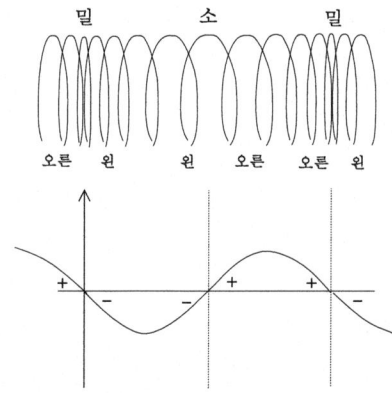

17) 파동함수 (심화)

① y-x 그래프 : $y = A\sin\theta = A\sin kx$

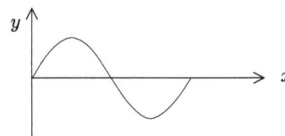

② y-t 그래프 : $y = A\sin\theta = A\sin wt$

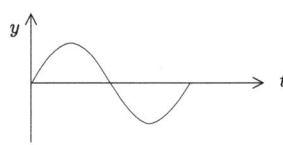

③ 일반화 : $y = A\sin(kx - wt)$

pf. (안 시험)

다음 그림처럼 $t=0$일 때 $y = A\sin kx$였던 파동이, t가 되었을 때 오른쪽으로 vt만큼 이동했다고 하자. 이 파동의 함수는 $y = A\sin k(x-vt)$이다.

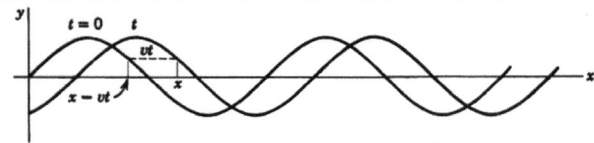

이를 다음과 같이 쓸 수 있다.

$y = A\sin(kx - kvt) = A\sin(kx - wt)$ ∴ $w = kv$

이것이 오른쪽으로 진행하는 파동을 나타내는 함수이다. 보통 '파동함수(wave function)'라고 부른다.
참고로 삼각함수 괄호 안의 wt와 kx는 자리가 바뀌어도 상관없다.

④ 부호 규약

  a. 우측(+x) 진행 파동 : kx와 wt의 부호 반대.
  $y = A\sin(kx - wt)$
  $y = A\sin(-kx + wt)$
  $y = A\cos(kx - wt)$
  $y = A\cos(-kx + wt)$

  b. 좌측(-x) 진행 파동 : kx와 wt의 부호 동일
  $y = A\sin(kx + wt)$
  $y = A\sin(-kx - wt)$
  $y = A\cos(kx + wt)$
  $y = A\cos(-kx - wt)$

cf. $y = A\sin(kx - wt)$이 오른쪽으로 전파되는 파동임을 개략적으로 확인하기

$t = 0$일 때 :

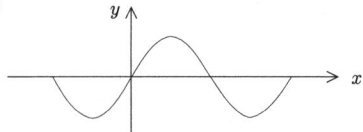

$t = 0.01s$일 때 원점의 변위는 음(-)의 값을 지니므로 다음처럼 변한다.

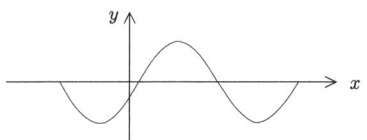

파동이 +x 방향으로 전파됨을 알 수 있다.

Q&A

질문 각주파수와 파수는 어떤 물리적 의미를 지니나요?

답변 파동에서 각주파수와 파수는 특별한 물리적 의미를 지니지는 않습니다. 오히려 단순히 수학적인 편리함 때문에 만든 개념이라고 보는 것이 편합니다. 예를 들면 파동함수를 시간에 대해서 표현하고 싶을 때 $y = A\sin\theta$ 대신 $y = A\sin wt$라고 쓸 수 있으니 편리합니다.

18) 파동방정식 : $\dfrac{\partial^2 y}{\partial x^2} = \dfrac{1}{v^2}\dfrac{\partial^2 y}{\partial t^2}$

pf. (안 시험)

$y = A\sin(wt - kx)$에서 $\dfrac{\partial^2 y}{\partial x^2} = -k^2 y$, $\dfrac{\partial^2 y}{\partial t^2} = -w^2 y$ 이므로

$y = -\dfrac{1}{k^2}\dfrac{\partial^2 y}{\partial x^2} = -\dfrac{1}{w^2}\dfrac{\partial^2 y}{\partial t^2}$, 즉 $\dfrac{\partial^2 y}{\partial x^2} = \dfrac{k^2}{w^2}\dfrac{\partial^2 y}{\partial t^2} = \dfrac{1}{v^2}\dfrac{\partial^2 y}{\partial t^2}$

Quiz 6 다음 그림은 우측진행 횡파의 y-x 그래프이다. 주어진 그림에서 P점의 운동방향은 위인가, 아래인가?

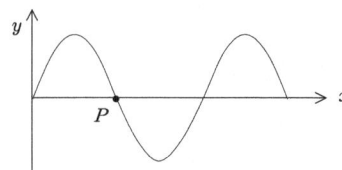

정답 위

2. 파동의 전파 속력

	일반식	고유식	비고
줄	$v_x = f\lambda$	$v = \sqrt{\dfrac{T}{\mu}} = \sqrt{\dfrac{장력}{선밀도}}$	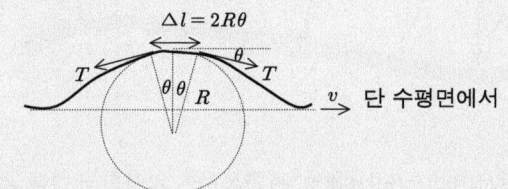 1m, 1kg / 1m, 2kg
물	$v_x = f\lambda$	$v = \sqrt{gh}$	
소리(기체)	$v_x = f\lambda$	$v = 331 + 0.6t$ 단 t는 섭씨온도	
소리(물)	$v_x = f\lambda$	1533m/s 이상	
빛(진공)	$v_x = f\lambda$	$c = 3 \times 10^8 m/s$	
빛(물질)	$v_x = f\lambda$	$v = \dfrac{c}{n}$	n은 굴절률

pf. 밧줄에서의 전파속도 (기출)

$\Delta l = 2R\theta$, 단 수평면에서

i) $\Delta m = \mu \cdot \Delta l = \mu \cdot 2R\theta$

ii) 운동방정식 : $2T\sin\theta = \Delta m \cdot \dfrac{v^2}{R}$

$\Rightarrow 2T\theta \simeq (\mu \cdot 2R\theta) \cdot \dfrac{v^2}{R}$

$\Rightarrow v = \sqrt{\dfrac{T}{\mu}}$

<2> 차원 비교 : $F = ma$에서 힘의 차원은 $[M\dfrac{L}{T^2}] = [\dfrac{M}{L}\dfrac{L^2}{T^2}]$ 즉 선밀도와 속력 제곱의 차원을 가진다. $F = \mu v^2$에서 $v = \sqrt{\dfrac{T}{\mu}}$

3. 밀(密)한 매질 VS 소(疏)한 매질

밀한 매질 : 파동이 진행하다가 상대적으로 느리게 진행하는 매질. 일반적으로 밀도가 높다.

소한 매질 : 파동이 진행하다가 상대적으로 빠르게 진행하는 매질. 일반적으로 밀도가 낮다.

	소한 매질 (속력이 상대적으로 빠른 매질)	밀한 매질 (속력이 상대적으로 느린 매질)
줄	얇은 줄	굵은 줄
물(수면)	깊은 곳	얕은 곳
소리(공기 중)	고온	저온
소리	액체	기체

→ 주의1 : 밀, 소의 구분은 상대적이다.
→ 주의2 : 밀도가 높은 매질이 항상 밀한 매질인 것은 아니다.

Quiz 1 굵은 줄과 얇은 줄이 연결되어 있고, 굵은 줄에서 얇은 줄 쪽으로 파동이 입사되고 있다.

현재 파동은 어떤 매질에서 어떤 매질로 입사하고 있는가?

Quiz 2 영희가 낮에 아스팔트 길 위에서 위로 소리를 지르고 있다. 현재 음파는 어떤 매질에서 어떤 매질로 입사하고 있는가?

4. 소리의 3요소 : 높낮이, 세기(I), 맵시

1) 높낮이 $\propto f$
2) 세기 $\propto A^2 f^2$
   (같은 진폭이라도 진동수가 크면 세기가 약간 더 커진다.)
3) 음색(맵시) $\propto$ 파형

5. 데시벨 : 소리의 세기를 표현하는 단위

$\beta = (10dB)\log\dfrac{I}{I_0}$ 단 $I_0 = 10^{-12} W/m^2$ (최소 가청 세기) (기출)

Quiz 1 $I = 10^{-6} W/m^2$의 세기는 몇 데시벨에 해당하는가?

§ 2. 파동의 4대 성질

1. 반사

1) 반사란?
파동이 진행하다가 벽을 만나면 되튕겨서 나오는 현상.
역학에서 물체가 벽에서 탄성 충돌하는 것과 비슷한 현상이다.
다만 역학적 충돌에서는 속력 변화가 있을 수 있지만, 파동의 반사에서는 속력 변화가 없다는 차이점이 있다.

2) 반사의 법칙
입사각과 동일한 반사각으로 튕겨 나온다는 법칙

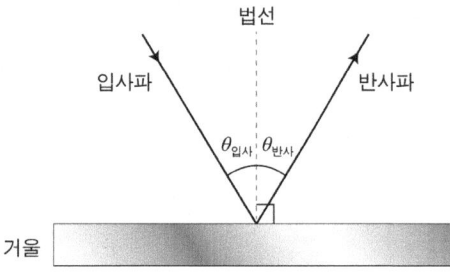

반사의 법칙 : $\theta_{입사} = \theta_{반사}$
→ 빛 뿐만이 아니라 줄, 물, 소리에서도 성립한다.
→ 파동에서는 θ의 기준을 법선(normal line)으로 한다!

Quiz 1 지면에 직각으로 입사하는 빛의 입사각과 반사각은?

Quiz 2 수면파가 30°로 입사한 뒤 반사하는 모습을 그려보시오. 단, 진행방향⊥파면, 이다.

3) 반사의 종류

① 정반사(regular reflection) : 평평한 면에 평행하게 입사된 빛들은 반사의 법칙을 만족하면서 다시 평행하게 반사된다.

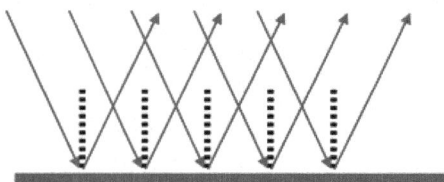

② 난반사(diffuse reflection) : 울퉁불퉁한 면에 평행하게 입사된 빛들은 반사의 법칙을 만족하면서 모든 방향으로 반사된다.

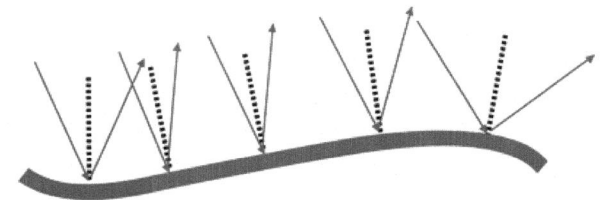

③ 재귀반사(retro-reflection, 再歸反射) : 입사한 광선을 광원으로 그대로 되돌려 보내는 반사이다. 이 현상은 빛이 어느 방향에서 어느 각도로 들어오더라도 광원의 방향으로 빛을 반사한다. 이를 이용하여 자동차의 전조등에서 나온 빛이 도로의 표지판 등에 비춰졌을 때 그 빛이 운전자에게 반사되도록 하여 쉽게 표지판을 알아보도록 하고 있다.

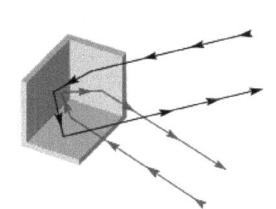 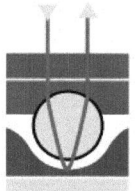 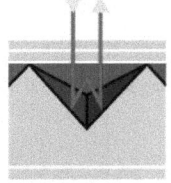
Glass Bead Retroreflection / Cube Corner Retroreflection

4) 역진의 원리
진행한 경로에 대해 빛을 역으로 입사시키면, 왔던 경로 그대로 다시 되돌아간다.

5) 고정단(固定端, fixed end) 반사

그림과 같이 줄을 기둥에 묶어 놓고 pulse를 입사시키면, pulse가 기둥에 맞고 반사되어서 나올 때 위상(phase)이 180° 뒤집어진다.

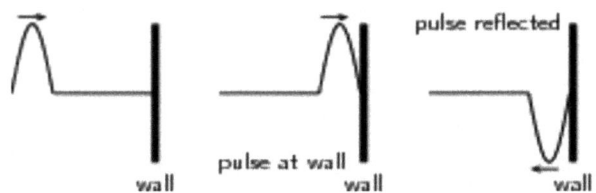

이는 입사된 파동이 반사될 때 작용 반작용 법칙에 의해, 매듭은 위로 힘을 받고, 줄은 아래로 힘을 받기 때문이다. 일반적으로 '고정된 매듭(고정단)에서 반사가 일어날 때는 위상이 180° 변한다.'라고 말한다. 또는 위상이 180° 변하는 반사가 일어나면 '고정단 반사'가 일어났다, 고 말한다.

한편 얇은 줄과 굵은 줄을 연결하고 얇은 줄에서 굵은 줄로 파동을 입사시키면, 경계지점에서 반사와 투과가 동시에 일어나는데, 투과파의 위상은 입사파의 위상과 동일하지만, 반사파의 위상이 입사파의 위상과 반대가 된다. 즉 고정단 반사가 일어난다.

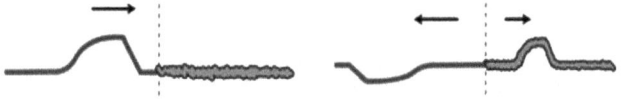

이를 일반화해서 소한 매질에서 밀한 매질로 파동이 입사하면 고정단 반사가 일어난다고 한다. 이는 물이나 소리, 빛에서도 동일하게 적용할 수 있다.

6) 자유단(自由端, free end) 반사

그림과 같이 줄을 기둥의 고리에 묶어 놓으면 입사된 pulse가 반사되어서 나올 때 위상이 변하지 않는다.

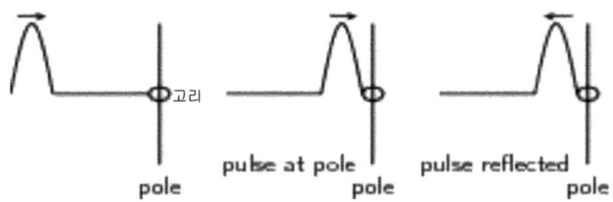

일반적으로 '자유로운 매듭(자유단)에서 반사가 일어날 때는 위상이 변하지 않는다.'라고 말한다. 또는 위상이 변하지 않는 반사가 일어나면 '자유단 반사'가 일어났다, 고 말한다.

한편 굵은 줄과 얇은 줄을 연결하고 굵은 줄에서 얇은 줄로 파동을 입사시키면, 경계지점에서 반사와 투과가 동시에 일어나는데, 투과파의 위상은 입사파의 위상과 동일하고, 반사파의 위상도 입사파의 위상과 동일하다. 즉 자유단 반사가 일어난다.

이를 일반화해서 밀한 매질에서 소한 매질로 파동이 입사하면 자유단 반사가 일어난다고 한다. 이는 물이나 소리, 빛에서도 동일하게 적용할 수 있다.

ex 1 재질과 길이가 같고, 굵기가 서로 다른 두 줄 A, B를 ㉰점에서 연결하여 [그림1]과 같이 벽 ㉮, ㉯에 고정시켰다. 줄의 어떤 부분에 순간적인 충격을 가하여 펄스(pulse)를 발생시켰더니 어떤 순간에 [그림2]와 같은 모양의 펄스가 나타났다. 벽 ㉮, ㉯에서는 반사가 전혀 일어나지 않는다고 할 때, 다음 설명 중 옳은 것은?

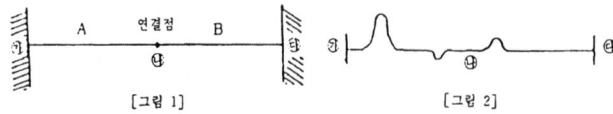

① A가 B보다 가늘고, ㉮와 ㉯ 사이에서 펄스를 발생시켰다.
② A가 B보다 가늘고, ㉮에서 펄스를 발생시켰다.
③ A가 B보다 굵고, ㉮, ㉯ 사이에서 펄스를 발생시켰다.
④ A가 B보다 굵고, ㉮에서 펄스를 발생시켰다.

정답 ①

2. 굴절

1) 굴절이란?

파동이 진행하다가 소한 매질과 밀한 매질의 경계면에서 경로가 살짝 꺾이는 현상이다.

다음 그림은 깊은 물에서 얕은 물로 진행하던 물결파(수면파)의 진행 경로가 살짝 꺾이는 것을 나타낸 것이다.

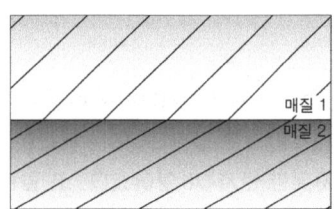

단 주의할 점은 굴절은 경계면에 비스듬하게 입사할 때 일어나는 현상이고, 정면으로 입사하면 일어나지 않는 현상이다.

한편 굴절이 일어날 때 입사된 파동의 100%가 굴절되는 것은 아니고, 일부 파동은 반사가 되기도 한다(일부 반사, 일부 굴절).

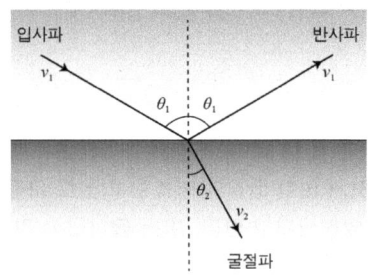

2) 굴절의 법칙 : $\dfrac{\sin\theta_1}{\sin\theta_2} = \dfrac{v_1}{v_2}$

→ 물, 소리, 빛에서 성립한다.

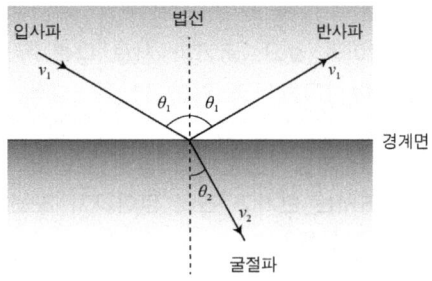

pf.

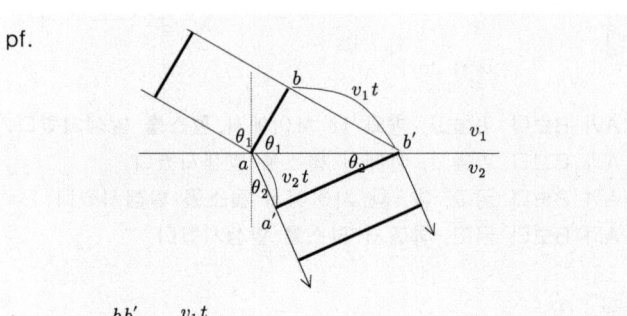

i) $\sin\theta_1 = \dfrac{bb'}{ab'} = \dfrac{v_1 t}{ab'}$

ii) $\sin\theta_2 = \dfrac{aa'}{ab'} = \dfrac{v_2 t}{ab'}$

iii) 두 식의 양변을 서로서로 나누면 $\dfrac{\sin\theta_1}{\sin\theta_2} = \dfrac{v_1}{v_2}$

cf. 비례 형태, 반비례 형태

$$y = ax \qquad y = \dfrac{a}{x}$$

$$a = \dfrac{y}{x} \qquad a = xy$$

$$\dfrac{y_1}{x_1} = \dfrac{y_2}{x_2} \qquad x_1 y_1 = x_2 y_2$$

$$\dfrac{x_2}{x_1} = \dfrac{y_2}{y_1} \qquad \dfrac{x_2}{x_1} = \dfrac{y_1}{y_2}$$

Quiz 1 다음 각 경우에 빛의 굴절 경로를 그려보시오.

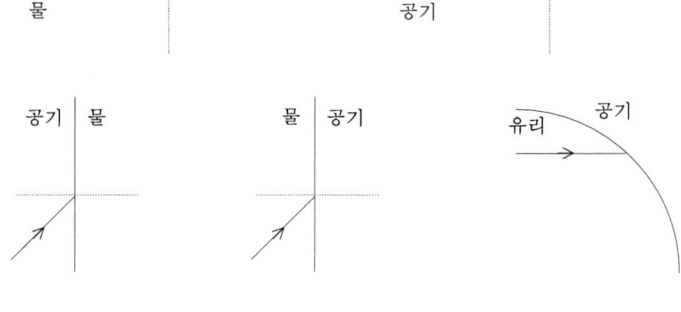

Quiz 2 다음 그림은 깊은 곳에서 얕은 곳으로 물결파(수면파)가 진행하는 모습을 위에서 촬영한 것이다. 매질1의 깊이는 16m이고, 매질2의 깊이는 4m이다.

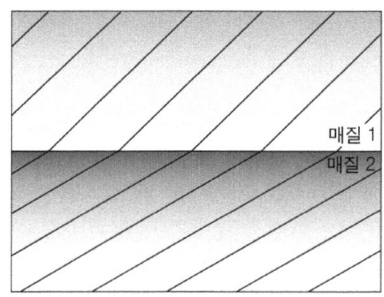

1) 입사각이 60°라면 굴절각은 몇 도이겠는가? 25°
2) 경계면에서 반사가 일어나는가? 그렇다면 반사의 종류는?

cf. 진동수가 불변인 이유?

3. 회절

1) 회절이란?
파동이 진행하다가 장애물을 만나면 장애물 안쪽으로 파동이 휘어서 들어가는 현상

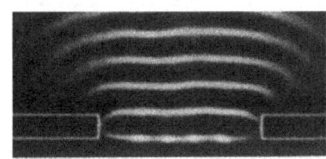

빌딩 뒤쪽에 있는 사람이 회절된 전파를 수신해서 휴대전화를 사용할 수 있다. 이는 파동이 직진성만 갖고 있다면 불가능한 현상이다.

2) Huygens의 원리
① 점파원은 구면파를 만든다.
② 파면의 각 매질들은 제2의 점파원들이 된다.

 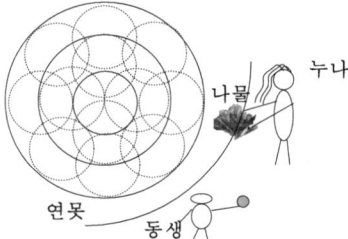

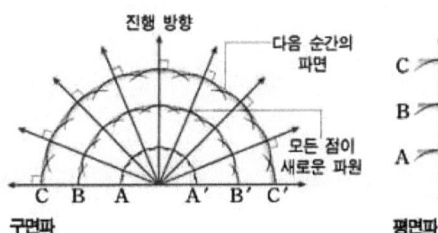 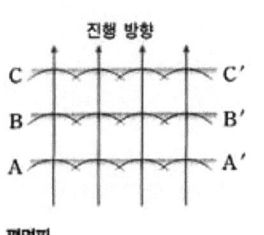

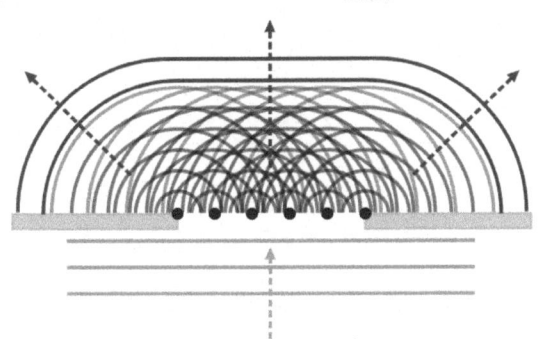

3) 회절 특징 : 회절성 $\propto \lambda$, 회절성 $\propto \dfrac{1}{d}$

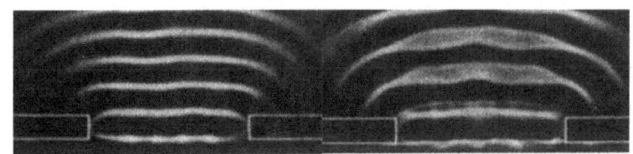

(가) 파장이 짧다.   (나) 슬릿의 폭은 (가)와 같고, 파장은 (가)보다 길다.

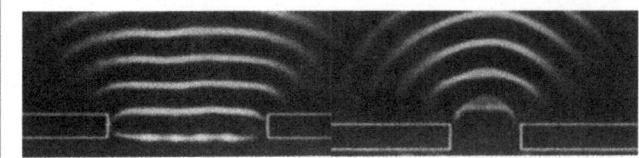

(다) 슬릿의 폭이 넓다.   (라) 파장은 (다)와 같고, 슬릿의 폭은 (다)보다 작다.

4) 직진, 회절, 굴절의 차이

직진	동일 매질	모든 파동
회절	동일 매질 + 장애물	회절 $\propto \lambda$
굴절	두 매질의 경계면	굴절 $\propto \dfrac{1}{\lambda_{진공}}$

ex 1 그림은 물결파의 회절 실험을 보며 학생 A ~ C가 대화하는 모습을 나타낸 것이다.

제시한 내용이 옳은 학생만을 있는 대로 고른 것은?

① A   ② B   ③ A, C
④ B, C   ⑤ A, B, C

정답 ⑤ A, B, C

파동의 회절
물결파가 좁은 틈을 지나갈 때 회절 현상이 나타나고, 이 회절 현상은 파동의 성질이다. 틈의 폭이 좁을수록 회절은 더 잘 일어난다.

※ 진행시 VS 생성시 물리량 변화

$\begin{cases} \text{진행시}: \sqrt{gh}=v=f\lambda \text{에서 } h\text{가 깊어지면 } v\text{가 증가해서 } \lambda\text{가 증가한다.} \\ \text{생성시}: \sqrt{gh}=v=f\lambda \text{에서 수면파 발생장치의 } f\text{가 증가하면} \\ \qquad\qquad h\text{가 동일하면 } v\text{가 안 변하므로 } \lambda\text{가 감소한다.} \end{cases}$

4. 간섭

1) 간섭이란?
두 파동이 만나서 진폭이 2배가 되기도 하고, 0이 되기도 한다. 전자를 보강간섭, 후자를 상쇄간섭이라고 한다.

Quiz 1 다음 세 경우에서 두 파동이 만나면 진폭이 어떻게 되겠는지 말해 보시오.

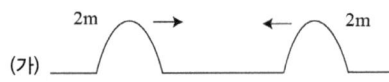

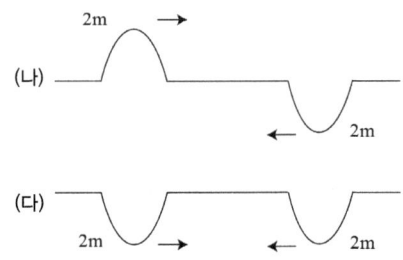

정답

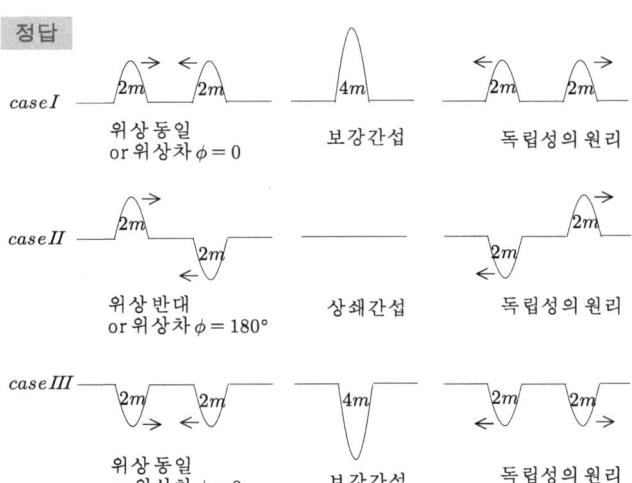

→ 결론 : 만나는 두 파동의 위상이 같으면 보강간섭이 일어나고, 만나는 두 파동의 위상이 반대이면 상쇄간섭이 일어난다.

2) 독립성의 원리
진행하던 두 파동이 만나서 간섭을 하고 난 뒤, 원래의 진폭으로 계속 진행을 하는 성질

3) 간섭 현상의 수학적 조건 – 보강간섭 조건(동위상으로 만날 조건)

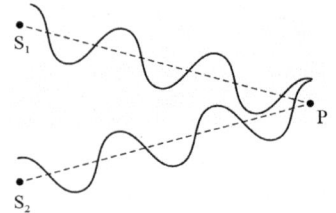

① 첫 번째 보강 간섭 조건

경로차 $\Delta = 3\lambda - 3\lambda = 0\lambda = \frac{\lambda}{2}(0)$

위상차 $\phi = 6\pi - 6\pi = 0\pi$

② 두 번째 보강 간섭 조건

경로차 $\Delta = 4\lambda - 3\lambda = 1\lambda = \frac{\lambda}{2}(2)$

위상차 $\phi = 8\pi - 6\pi = 2\pi$

③ 세 번째 보강 간섭 조건

경로차 $\Delta = 5\lambda - 3\lambda = 2\lambda = \frac{\lambda}{2}(4)$

위상차 $\phi = 10\pi - 6\pi = 4\pi$

④ m 번째 보강 간섭 조건

경로차 $\Delta = m\lambda = \frac{\lambda}{2}(2m)$ 단 $m = 0, 1, 2, ...$

위상차 $\phi = 2m\pi$ 단 $m = 0, 1, 2, ...$

단 $\Delta : \phi = \lambda : 2\pi$

4) 간섭 현상의 수학적 조건 – 상쇄간섭 조건(역위상으로 만날 조건)

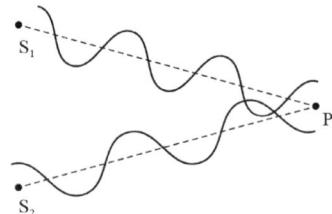

① 첫 번째 상쇄 간섭 조건

경로차 $\Delta = 3\lambda - 2.5\lambda = 0.5\lambda = \frac{\lambda}{2}(1)$

위상차 $\phi = 6\pi - 5\pi = 1\pi$

② 두 번째 상쇄 간섭 조건

경로차 $\Delta = 4\lambda - 2.5\lambda = 1.5\lambda = \frac{\lambda}{2}(3)$

위상차 $\phi = 8\pi - 5\pi = 3\pi$

③ m 번째 상쇄 간섭 조건

경로차 $\Delta = \frac{\lambda}{2}(2m+1)$ 단 $m = 0, 1, 2, ...$

위상차 $\phi = (2m+1)\pi$ 단 $m = 0, 1, 2, ...$

단 $\Delta : \phi = \lambda : 2\pi$

Quiz 2 두 파동 A, B의 파장은 각각 30m이다. A의 파원에서 P점까지의 거리는 90m이고, B의 파원에서 P점까지의 거리는 60m이다. 두 파동은 보강간섭될까, 상쇄간섭될까? 단 두 파원의 위상은 동일하다.

tip. 간섭 문제에서 중요한 전제
　① 결맞음(가간섭성, coherent)
　② 만나는 두 파동의 진폭이 동일
　③ 만나는 두 파동의 파장(진동수,주기) 동일 → 다르면 맥놀이
　④ 두 파원의 위상이 동일 → 달라지면 위에서 배운 간섭 조건도 변함

ex 1 다음 그림은 진폭이 같고, 위상이 반대인 파동이 서로를 향하여 진행하고 있는 모습을 그린 것이다. 이에 대한 설명 중 옳은 것은?

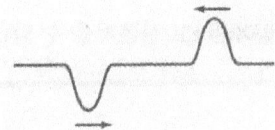

① 보강 간섭이 일어날 것이다.
② 진폭이 0이 되는 순간이 존재한다.
③ 최대 진폭은 기존 진폭의 두 배가 된다.
④ 중첩되어 상쇄 간섭을 일으킨 후에 파동은 사라진다.
⑤ 중첩된 후에 어느 정도 진폭이 줄어든 파동 두 개가 진행한다.

정답 ②

두 파동은 상쇄 간섭이 일어나 순간적으로 진폭이 0이 된다. 그 후에는 파동의 독립성에 의해 진폭을 그대로 유지한 파동 두 개가 반대 방향으로 진행하게 된다.

Part 4. 파동

§ 3. 정상파(定常波, standing wave)

1. 기본 이론

1) 정상파란 : 진행하지 않고 제자리에서 떨기만 하는 것처럼 보이는 파동
가장 대표적으로 기타줄에서 줄의 진동이다.

2) 소리의 전파 원리

	v	f	λ
줄	440m/s	440Hz	
공기	330m/s		
고막			
대뇌			

→ 결론 : 소리가 만들어지려면 줄이 일정하게 진동해야 한다. 즉 정상파가 형성되어야 한다.

→ 특징 : 소리가 전파되는 과정에서 파장이 아니라, 진동수가 유지된다. 그래서 음정의 분류 기준은 f이다.

e.g. 평균율
도 $440 \div 2^{9/12} \approx 261.6 Hz$
레 $440 \div 2^{7/12} \approx 293.7 Hz$
미 $440 \div 2^{5/12} \approx 329.6 Hz$
파 $440 \div 2^{4/12} \approx 349.2 Hz$
솔 $440 \div 2^{2/12} \approx 392.0 Hz$
라 440Hz
시 $440 \times 2^{2/12} \approx 493.9 Hz$
도 $440 \times 2^{3/12} \approx 523.3 Hz$

3) 명칭
정상파는 진동을 하는 부분과 하지 않는 부분, 두 부분으로 나눈다.
배 : 진동을 하는 부분
마디 : 진동을 하지 않는 부분

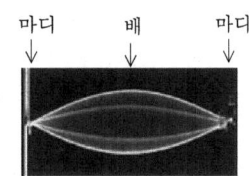

4) 표현

여기서 점선은 반주기 이후의 모습이다.

5) 원리 : 정상파는 간섭의 결과로 본다. 그래서 두 파동이 만나는 것으로 간주한다.
한편 다음 그림처럼 진폭과 진동수(파장이)가 동일한!!! 두 파동이 서로 접근해서 간섭을 일으키면 제자리에서 떠는 파동처럼 관찰된다.

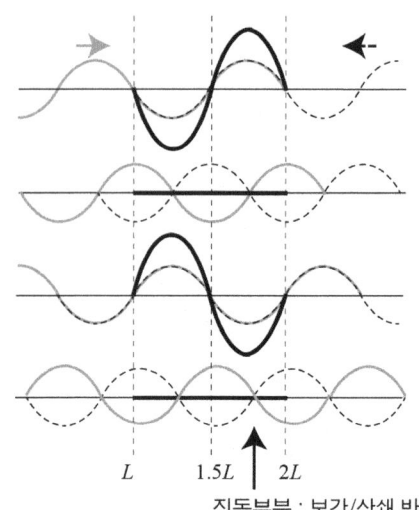

진동부분 : 보강/상쇄 반복

⇒ 연속그림

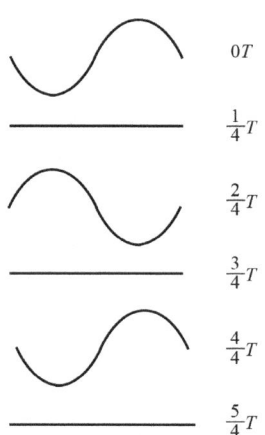

Quiz 1 위 그림에서 배와 마디를 표시한다면?

6) 특징
① 배-마디-배-마디 등 연속적으로 배와 마디가 연결되어 있음
② 어미파의 파장과 정상파의 파장 동일
③ 정상파의 진폭은 어미파 진폭의 2배
④ 정상파의 파장은 (배~배)×2, (마디~마디)×2, 또는 (마디~배)×4

* 주의 : 두 어미파의 파장과 진동수, 진폭은 동일해야 함.

Quiz 2 튕기기 전 줄의 길이가 L이었다. 정상파의 파장은 얼마인가?

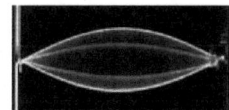

정답   2L

Quiz 3 튕기기 전 줄의 길이가 L이었다. 정상파의 파장은 얼마인가?

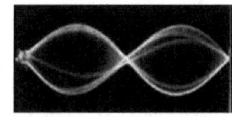

정답   L

Quiz 4 튕기기 전 줄의 길이가 L이었다. 정상파의 파장은 얼마인가?

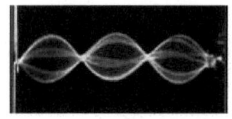

정답   2/3 L

7) 정상파의 예 : 현악기, 관악기, 타악기

Q&A

질문   줄의 진동수와 공기 중 음파의 진동수가 같아서 음파의 파장을 구할 때 줄의 진동수를 넣어 구하셨는데,
둘의 진동수가 같은 이유가 혹시 줄이 공기를 때리니 이로 인해 공기에 진동이 생기고 그 진동은 줄의 진동을 따르므로 둘의 진동이 같은 것이라고 본 것일까요?

답변   네

ex 1 그림 (가)는 진폭이 A이고 주기가 8 초인 두 파동이 같은 속력으로 서로 반대 방향으로 진행하여 만든 정상파의 어느 순간의 변위를 위치에 따라 나타낸 것이다. 그림 (나)는 (가)로부터 3초가 지난 순간의 정상파의 변위를 위치에 따라 나타낸 것이다. 점 P는 위치가 5m인 지점이다.

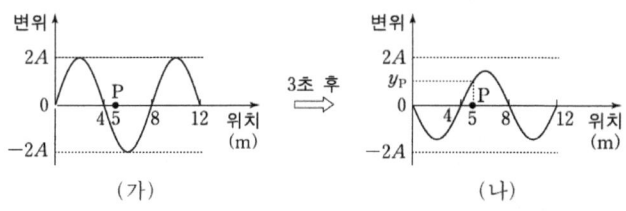

이에 대한 설명으로 옳은 것만을 <보기>에서 있는 대로 고른 것은?

―――――<보 기>―――――
ㄱ. 정상파의 주기는 4초이다.
ㄴ. (나)로부터 1 초가 지난 순간, P에서 정상파의 변위는 y_P보다 크다.
ㄷ. P에서 정상파 변위의 최댓값은 2A이다.

① ㄱ   ② ㄴ   ③ ㄱ, ㄷ
④ ㄴ, ㄷ   ⑤ ㄱ, ㄴ, ㄷ

정답   ② ㄴ

ㄱ. 정상파의 주기는 어미파의 주기와 같다. 그러므로 주기는 8초이다. (×)
ㄴ. 주기가 8초인데, (가)에서 (나)까지 3초가 지났으므로, 1초가 더 지나면 x=6m인 지점이 마루가 된다. 그러므로 P점의 변위는 y_P보다 좀 더 크다. (O)
ㄷ. P점은 배가 아니라므로 최대 변위가 2A보다 작다.(×)

2. 정상파의 첫 번째 예 : 현의 진동 (기출)

1) 물리량

파형	배,마디	파장	진동수	명칭
	배1, 마디2	$\lambda_1 = 2L$	$f_1 = \dfrac{v}{2L}$	1차 조화모드 기본진동
	배2, 마디3	$\lambda_2 = L$	$f_2 = \dfrac{v}{L}$	2차 조화모드 2배진동
	배3, 마디4	$\lambda_3 = \dfrac{2}{3}L$	$f_3 = \dfrac{3v}{2L}$	3차 조화모드 3배진동
일반화		$\lambda_n = \dfrac{2L}{n}$ 단 $n = 1, 2, 3 \ldots$	$f = \dfrac{v}{\lambda} = \dfrac{n}{2L}\sqrt{\dfrac{T}{\mu}}$	n차 조화모드

Quiz 1 다음 그림에서 정상파의 전파속력은? 단 중력가속도는 g 이고, 선질량밀도는 μ 이다. 줄을 튕길 때 장력 변화는 무시한다.

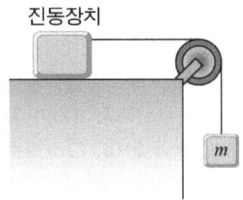

2) 원리

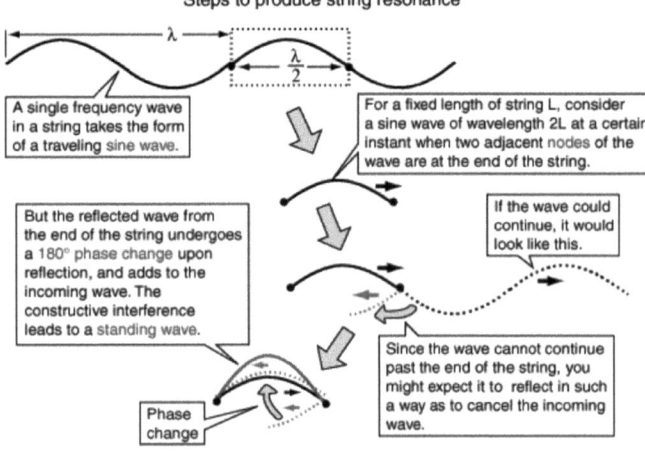

3) 특징 : 정상파의 진동수가 두 배가 될 때마다 한 옥타브씩 높은 음이 발생한다. 예를 들어 $f_1 = \dfrac{v}{2L}$ 이 1옥타브 도이면 $f_2 = \dfrac{2v}{2L}$ 는 2옥타브 도이고, $f_4 = \dfrac{4v}{2L}$ 가 3옥타브 도이다.

---

ex 1 그림은 기타에서 굵기가 다른 두 줄 S_1, S_2를 이용하여 발생시킨 세 개의 정상파 A, B, C를 모식적으로 나타낸 것이다. S_1, S_2에서 발생된 A와 B의 진동수는 각각 $2f_0$, f_0 이고, S_2에서 발생된 B와 C는 파장이 다르다. S_1, S_2에서 파동의 전파 속력은 각각 v_1, v_2 이다.

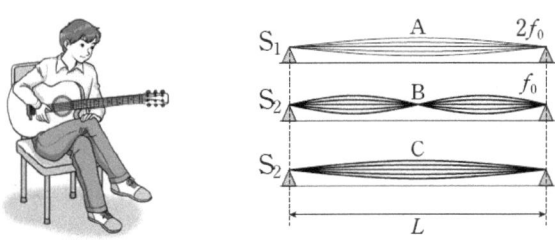

이에 대한 설명으로 옳은 것만을 <보기>에서 있는 대로 고른 것은?

― <보 기> ―
ㄱ. 줄에서 정상파의 파장은 A가 B의 2 배이다.
ㄴ. $v_1 = 2v_2$ 이다.
ㄷ. A는 C보다 두 옥타브 높은 음을 발생시킨다.

① ㄱ   ② ㄷ   ③ ㄱ, ㄴ
④ ㄱ, ㄷ   ⑤ ㄴ, ㄷ

정답 ④ ㄱ, ㄷ

ㄱ. A에서 정상파의 파장은 $2L$이고 B에서 정상파의 파장은 L이므로 줄에서 정상파의 파장은 A가 B의 2배이다.

ㄴ. S_1에서 파동의 전파 속력 $v_1 = 2f_0 \cdot 2L = 4f_0L$이고, S_2에서 파동의 전파 속력 $v_2 = f_0 L$이므로 $v_1 = 4v_2$ 이다.

ㄷ. B와 C의 전파속력은 같고, C의 파장이 B의 2배이므로 C의 진동수는 $\dfrac{1}{2}f_0$ 이다. 그러므로 A와 C의 진동수의 비는 4:1이다. 진동수의 비가 2:1인 두 음을 한 옥타브라고 하므로 A는 C보다 두 옥타브 높은 음을 발생시킨다.

3. 정상파의 두 번째 예 : 개관(open pipe) (기출)

1) 예 : 리코더, 플룻

2) 물리량

파형	배,마디	파장	진동수	명칭
	배2, 마디1	$\lambda_1 = 2L$	$f_1 = \dfrac{v}{2L}$	1차 조화모드 기본진동
	배3, 마디2	$\lambda_2 = L$	$f_2 = \dfrac{v}{L}$	2차 조화모드 2배진동
	배4, 마디3	$\lambda_3 = \dfrac{2}{3}L$	$f_3 = \dfrac{3v}{2L}$	3차 조화모드 3배진동
일반화		$\lambda_n = \dfrac{2L}{n}$ 단 $n = 1, 2, 3 \cdots$	$f = \dfrac{v}{\lambda}$ $= \dfrac{n}{2L}v$	n차 조화모드

단 $v = 331 + 0.6t$

3) 주의 : 소리는 종파이므로 '배'에서 상하 진동하는 것이 아니라, 앞뒤 진동한다.

4) 특징 : 개방된 곳은 항상 '배'이다.
참고로 개방된 곳에 정확하게 배가 생기는 것은 아니고, 살짝 더 바깥쪽에 생긴다. 편의상 실험할 때를 빼고는 이런 오차는 무시한다.

Quiz 1 길이가 1m인 리코더에 다음과 같은 정상파가 만들어 졌다. 파장은 얼마인가?

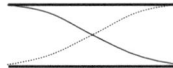

정답 2m

Quiz 2 길이가 5m인 대금에 다음과 같은 정상파가 만들어졌다. 파장은 얼마인가?

정답 5m

Quiz 3 길이가 15m인 파이프 오르간에 다음과 같은 정상파가 만들어졌다. 진동수는 얼마인가? 단 음속은 300m/s이다.

정답 30Hz

Q&A

질문 관의 열린 끝에서 매질의 변화가 없는데, 어떻게 음파가 반사될 수 있는가요?

답변 음파가 전파되는 관의 내부와 외부의 공기는 같은 공기가 맞다. 그러나 음파는 압력파로 나타낼 수 있고, 음파의 압축 영역이 관의 내부에서는 관의 옆면에 의해 제한된다. 압축된 부분이 관의 열린 끝의 바깥으로 나오면 관의 구속 조건은 없어지고, 압축된 공기는 대기 중으로 자유로이 팽창할 수 있다. 따라서 관의 내부와 외부에서 매질이 다르지 않지만, 매질의 특성은 변화하는 것이다. 특성의 변화는 반사를 일으키기에 충분하다.

Part 4. 파동

4. 정상파의 세 번째 예 : 폐관(closed pipe) (기출)

1) 예 : 팬플룻, zamponia, 인따라

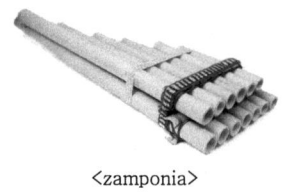

\<zamponia\>

2) 물리량

파형	배,마디	파장	진동수	명칭
	배1, 마디1	$\lambda_1 = 4L$	$f_1 = \dfrac{v}{4L}$	1차 조화모드 기본진동
	배2, 마디2	$\lambda_2 = \dfrac{4}{3}L$	$f_2 = \dfrac{3v}{4L}$	3차 조화모드 3배진동
	배3, 마디3	$\lambda_3 = \dfrac{4}{5}L$	$f_3 = \dfrac{5v}{4L}$	5차 조화모드 5배진동
일반화		$\lambda_n = \dfrac{4L}{n}$ 단 $n=1,3,5\cdots$	$f = \dfrac{v}{\lambda} = \dfrac{n}{4L}v$	n차 조화모드

3) 특징 : 열린 곳은 배, 닫힌 곳은 마디가 형성된다. 짝수배 진동이 없다.

4) 참고 : 앞에서 배운 상쇄 간섭 조건은 $\Delta = \dfrac{\lambda}{2}(2m+1)$ 이었다. 여기서 차수(order)는 음이 아닌 정수였다($m = 0, 1, 2, \ldots$).

Quiz 1 길이가 5cm인 팬플룻을 불었더니 다음과 같은 정상파가 만들어졌다. 파장은 얼마인가?

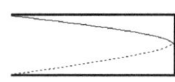

정답 20cm

Quiz 2 길이가 3m인 보신각 종을 쳤더니 다음과 같은 정상파가 만들어졌다. 파장은 얼마인가?

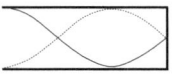

정답 4m

Quiz 3 길이가 2.5m인 삼포니아를 불었더니 다음과 같은 정상파가 만들어졌다. 진동수는 얼마인가? 단 음속은 320m/s이다.

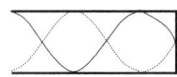

정답 160Hz

5. 공명(resonance)

1) 공명이란 : 외부에서 유입된 파동의 진동수가 악기나 교량의 고유한 진동수와 동일한 경우, 악기나 교량이 파동에너지를 흡수해서 진동하게 되는 현상.

2) 공명의 예
① 마림바 공명, 목소리로 와인잔 깨기
https://youtu.be/axHODq2bZIQ

2006년 KBS 프로그램 '스펀지'에서 가수 김종서가 목소리만으로 와인잔 깨기에 도전해서 성공했다.

② 1985년 9월 멕시코 서부 해안에서 발생한 지진의 진동수가 중간 높이 빌딩의 진동수와 동일해서 중간 높이 빌딩만 붕괴되었다. 공명진동수($f = \frac{1}{2\pi}\sqrt{\frac{Mgd}{I_0}} = \frac{1}{2\pi}\sqrt{\frac{g}{\frac{2}{3}l}}$)가 작은 대형 빌딩과 공명진동수가 큰 소형 빌딩은 붕괴되지 않았다.

③ 1940년 워싱턴 D.C.의 타코마 내로우(Tacoma Narrows) 다리 붕괴

④ 1831년 4월 12일 맨체스터 근처의 브로턴 현수교(Broughton Suspension Bridge)를 지나던 영국 보병의 행진 때문에 다리 붕괴

1850년 4월 16일 현수교인 프랑스 앙제다리(Anger bridge)를 지나던 프랑스군이 발을 맞춰 행진하다가 다리가 붕괴되어 483명 중 226명 사망

Part 4. 파동

ex 1 스피커에서 일정한 주파수의 음파가 발생되고 있고, 스피커 앞에는 원통형 관이 놓여 있다.

스피커에서 0Hz부터 3000Hz까지 서서히 주파수를 증가시키면 원통형 관에서 공명현상이 일어난다. 공명현상이 일어난 두 연속된 주파수는 각각 900Hz와 1500Hz였다. (기출)

1) 이 원통형 관은 개관인가, 폐관인가?

2) 이 원통형 관의 기본 진동수는 얼마인가?

3) 1500Hz 이후 원통형 관에서 공명현상이 일어나는 주파수는 얼마인가?

정답 1) 폐관 2) 300Hz 3) 2100Hz

최소공배수를 구하는 과정에서 최대공약수는 기본진동수에 해당하고, 서로소가 되는 마지막 몫은 배진동에 해당한다.

```
100 ) 900  1500
   3 )  9    15
         3    5
```

ex 2 그림은 소리굽쇠를 이용하여 음속을 측정하는 장치이다. 유리관의 입구에서 소리굽쇠를 진동시키면서 유리관의 수면을 내렸더니, 수면이 유리관의 입구로부터 $5.8cm$인 곳에 다다랐을 때 소리가 크게 들렸고, $17.8cm$인 곳에 다다랐을 때 다시 소리가 크게 들렸다고 한다. 이와 관련된 내용으로 옳은 것을 다음 보기에서 모두 고른 것은?

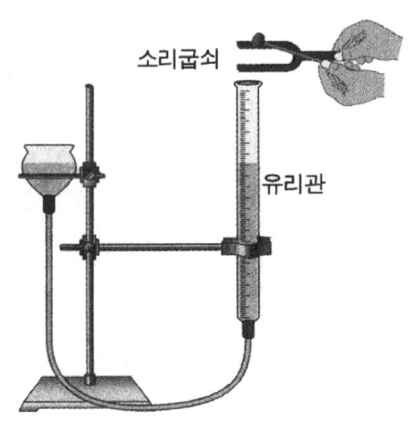

<보 기>
ㄱ. 유리관에서 나는 소리의 진동수는 소리굽쇠의 진동수와 같다.
ㄴ. 정상파가 만들어질 때 수면에서는 마디가 형성되고, 유리관의 입구에서 배가 형성된다.
ㄷ. 이 파동의 파장은 $5.8cm \times 4 = 23.2cm$이다.

정답 ㄱ

ㄱ. 파동역학에서는 진동수가 변하지 않는다는 것이 일종의 에너지보존 법칙이다.
ㄴ. 유리관은 폐관과 동일한 구조이다. 그러므로 닫힌 부분은 마디가 형성되고, 열린 부분은 배가 형성된다.
ㄷ. $5.8cm$인 지점에서 하나의 정상파가 형성되었고, $17.8cm$인 지점에서 또 하나의 정상파가 형성되었으므로 $17.8 - 5.8 = 12.0cm$인 반파장이 된다. 그러므로 파장은 $24cm$가 된다.

§ 4. 수면파 간섭실험

1. 실험 세팅

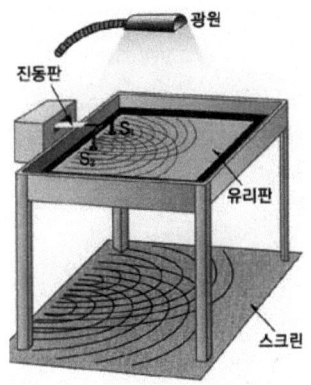
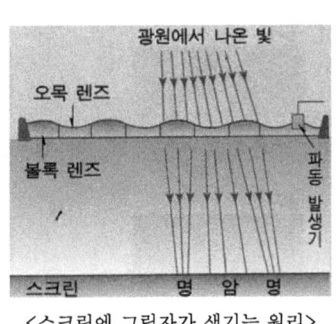

<스크린에 그림자가 생기는 원리>

2. 스크린 관찰결과

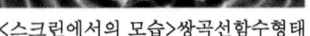
<스크린에서의 모습>쌍곡선함수형태

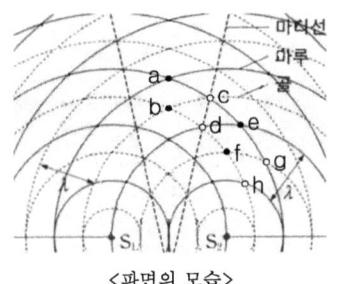
<파면의 모습>

3. 간섭조건

위치	경로차	만나는부분	수면	간섭종류	밝기
a	$\Delta = 3\lambda - 3\lambda = 0$	마루+마루	위로볼록	보강간섭	밝음
b	$\Delta = 2.5\lambda - 2.5\lambda = 0$	골+골	아래로오목	보강간섭	어두움
c	$\Delta = 3\lambda - 2.5\lambda = 0.5\lambda$	마루+골	수면잔잔	상쇄간섭	보통
d	$\Delta = 2.5\lambda - 2\lambda = 0.5\lambda$	골+마루	수면잔잔	상쇄간섭	보통
e	$\Delta = 3\lambda - 2\lambda = 1\lambda$	마루+마루	위로볼록	보강간섭	밝음
f	$\Delta = 2.5\lambda - 1.5\lambda = 1\lambda$	골+골	아래로오목	보강간섭	어두움
g	$\Delta = 3\lambda - 1.5\lambda = 1.5\lambda$	마루+골	수면잔잔	상쇄간섭	보통
h	$\Delta = 2.5\lambda - 1\lambda = 1.5\lambda$	골+마루	수면잔잔	상쇄간섭	보통

단 c, d를 지나는 쌍곡선을 첫 번째 마디선, g, h를 지나는 쌍곡선을 두 번째 마디선이라고 한다.

→ 일반화 : 보강간섭조건 : $\Delta = \dfrac{\lambda}{2}(2m)$

　　　　　상쇄간섭조건 : $\Delta = \dfrac{\lambda}{2}(2m+1)$

4. 물리적 특징

1) a점과 b점을 연결한 선상에 존재하는 영역은 진동하기 때문에 밝기가 변한다.

2) c점과 d점을 연결한 선(마디선)상에 존재하는 영역은 진동하지 않기 때문에 밝기가 일정하다.

3) S_1과 S_2의 위상이 반대가 되면, 보강라인 지점들은 마디선으로 바뀐다.

5. 오개념

오개념 : 마디선과 마디선 사이의 간격이 파원의 파장이다.
정개념 : 두 파원 사이에서는 정상파가 형성되므로 두 마디선 사이 간격은 반파장이다.

Quiz 1 다음 그림에서 '명'과 '암'이 생기는 이유를 빛의 굴절을 이용해서 설명해보시오.

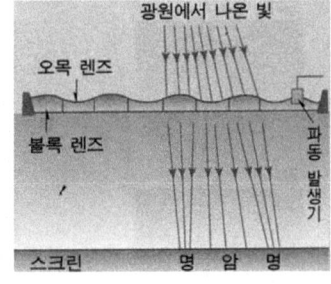

6. 여러 상황에서 마디선의 모습

typeI. 두 점파원 사이의 간격이 반파장의 짝수배

$d = 210cm$, $\lambda = 105cm$, $d = \dfrac{\lambda}{2}(4)$

typeII. 두 점파원 사이의 간격이 반파장의 홀수배

$d = 210cm$, $\lambda = 140cm$, $d = \dfrac{\lambda}{2}(3)$

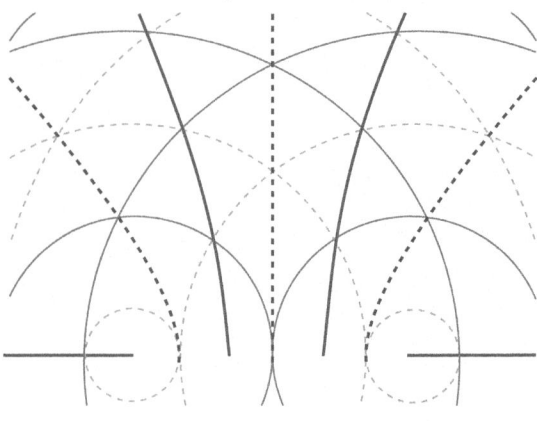

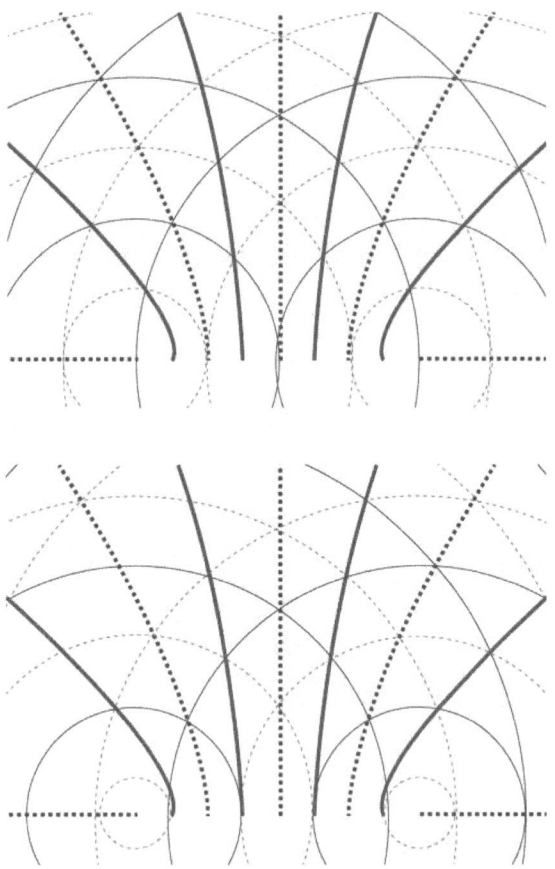

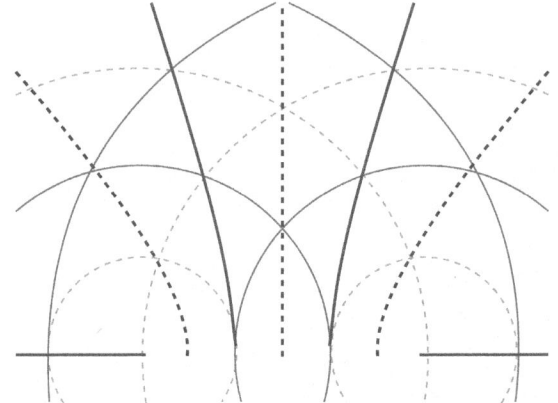

ex 1 그림과 같이 파원 S_1, S_2에서 진동수와 진폭이 같은 물결파를 같은 위상으로 발생시켰다. 점 P는 S_1과 S_2로부터 각각 45cm, 40cm 떨어져 있다. 두 물결파의 진동수는 2Hz이며 속력은 20cm/s 이다.

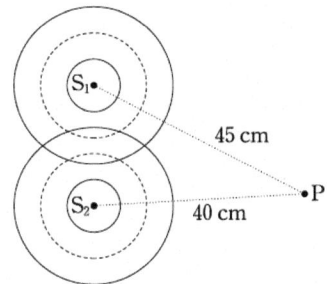

이에 대한 설명으로 옳은 것만을 <보기>에서 있는 대로 고른 것은?

―――――<보 기>―――――
ㄱ. 물결파의 파장은 10cm이다.
ㄴ. P에서 상쇄 간섭이 일어난다.
ㄷ. S_1, S_2에서 같은 위상으로 파장이 2cm인 물결파를 발생 시키면, P에서 보강 간섭이 일어난다.

① ㄴ   ② ㄷ   ③ ㄱ, ㄴ
④ ㄱ, ㄷ   ⑤ ㄱ, ㄴ, ㄷ

정답 ③ ㄱ, ㄴ

ㄱ. $\lambda = \dfrac{v}{f} = \dfrac{20cm/s}{2/s} = 10cm$

ㄴ. $\Delta = 4.5\lambda - 4\lambda = 0.5\lambda$

ㄷ. 파장이 1/5배가 되면 경로차는 5배가 되므로 $\Delta' = 2.5\lambda$

Part 4. 파동

§ 5. 맥놀이 (기출)

1. 맥놀이란?
: 보신각 타종시 들리는 소리의 변화. 보신각 타종시 종소리를 잘 들어보면, 웅~웅~웅~하면서 소리가 커졌다가 작아지는 것을 발견할 수 있다. 이를 맥박이 뛰는 것과 비슷하다고 해서 맥놀이 (beat)라고 부르게 되었다.

2. 원리
1) 진폭도 같고 진동수(주파수)도 같은 두 파동이 만났을 때의 모습

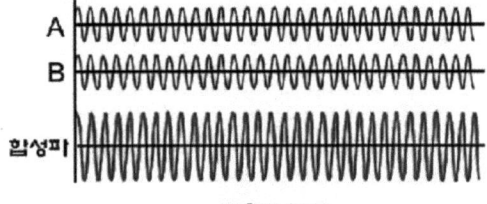

2) 진폭은 같지만 진동수(주파수)만 살짝 다른 두 파동이 만났을 때의 모습

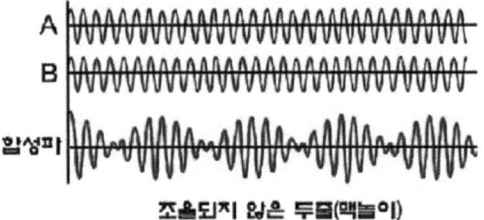

3. 특징
1) 들리는 소리의 주파수 : $\dfrac{f_1+f_2}{2}$ (평균 주파수)
   → 최대 진폭 : $2A$, 최소 진폭 : 0

2) 진폭이 커지고 작아지는 주파수 : $f_{beat}=|f_1-f_2|$
   → 진폭 : $2A$

pf. 안시험

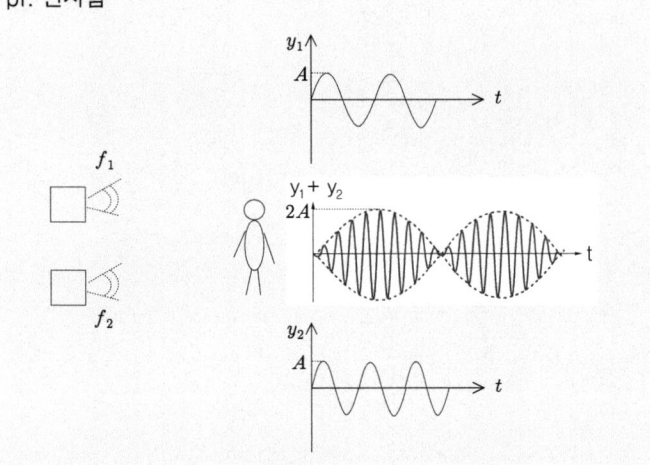

i) 맥놀이진폭 :
$$\begin{aligned} y &= y_1 + y_2 \\ &= A\sin w_1 t + A\sin w_2 t \\ &= A\sin 2\pi f_1 t + A\sin 2\pi f_2 t \\ &\leftarrow \sin\alpha+\sin\beta = 2\sin\tfrac{1}{2}(\alpha+\beta)\cos\tfrac{1}{2}(\alpha-\beta) \\ &= 2A\sin\left(\dfrac{2\pi f_1 t + 2\pi f_2 t}{2}\right)\times\cos\left(\dfrac{2\pi f_1 t - 2\pi f_2 t}{2}\right) \\ &= 2A\sin\left[2\pi(\dfrac{f_1+f_2}{2})t\right]\times\cos\left[2\pi(\dfrac{f_1-f_2}{2})t\right] \end{aligned}$$

ii) 맥놀이 파형 : 편의상 sin × sin 형태 가정

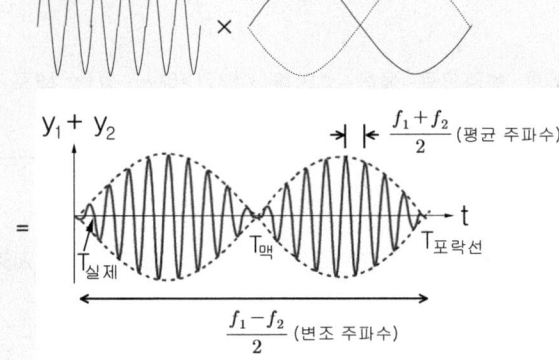

iii) 맥놀이의 주기가 포락선(envolope) 주기의 절반이므로 맥놀이의 주파수는 포락선 주파수의 2배이다.
즉 $f_b = |\dfrac{f_1-f_2}{2}|\times 2 = |f_1-f_2|$ 이 된다.

참고로 소프트웨어를 이용해서 그래프를 정확하게 그리면 다음과 같다.

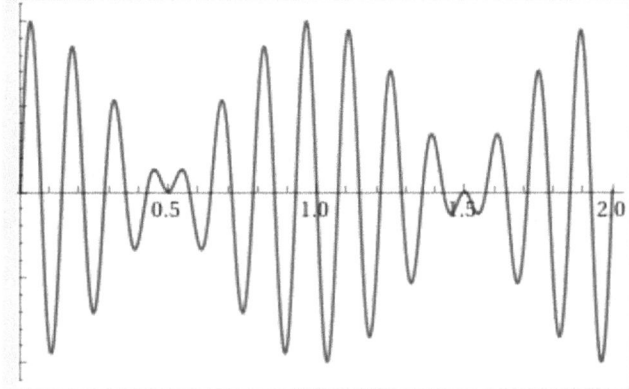

https://goo.gl/kBWGc7

Quiz 1 다음 그림에서 파속(포락선)의 주기는? 파속(포락선)의 진동수는? 그리고 맥놀이 주기는? 맥놀이 주파수는?

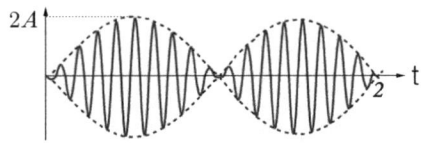

ex 1 440Hz의 기본 진동수를 갖도록 조정되어야 하는 바이올린 줄이 약간 팽팽하다. 정확히 440Hz의 진동수를 갖는 소리굽쇠와 바이올린 줄을 동시에 울렸더니 초당 4번의 맥놀이가 생겼다. 이 바이올린 줄의 진동수는 얼마인가? (기출)

① 436Hz　　② 438Hz　　③ 442Hz
④ 444Hz　　⑤ 448Hz

정답 ④ 444Hz

맥놀이 주파수가 4Hz이므로, 436Hz 또는 444Hz가 답이 될 수 있다. 그런데 바이올린이 약간 팽팽했기 때문에 444Hz가 답이다.

ex 2 진폭이 같고 진동수가 약간 다른 두 음파를 동시에 발생시켰더니 다음 그림처럼 맥놀이 현상이 발생했다. 두 음파의 진동수는 얼마인가?

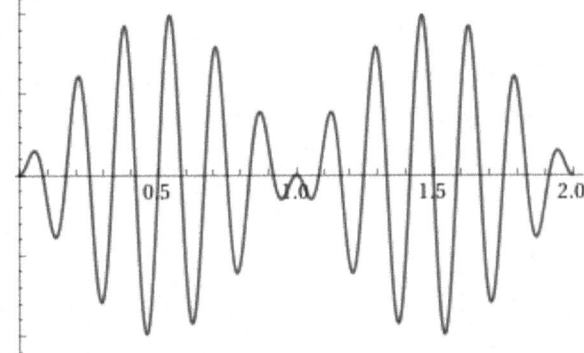

정답 3.5Hz, 2.5Hz

i) 맥놀이 주기가 1초이므로 $f_{맥} = f_1 - f_2 = 1$ 이다.

ii) 실제 나는 소리는 0.5초 동안 3번 진동하였으므로 $f_{실제} = \dfrac{f_1 + f_2}{2} = 3$ 이다.

iii) 두 식을 연립하면 $f_1 = 3.5Hz$, $f_2 = 2.5Hz$ 이다.

§ 6. 도플러 효과 (기출)

1. 도플러 효과란
: 움직이는 음원(wave source)에 의해 더 높은 진동수로 들리는 현상
예 : 앰뷸런스에서 원래 나는 소리가 '솔'이라고 하면, 빠르게 접근하면서 나는 앰뷸런스의 소리는 '라'라고 들릴 수 있다.

2. 주의
: 도플러 효과는 소리가 크게 들리는 현상이 아니라, 소리의 옥타브 자체가 더 높게 들리는 현상이다. 그리고 이 현상은 간섭현상이 아니다!

3. 상황별 공식

typeI. 음원(source) 접근시 : $v_s = 100m/s$, $f_0 = 1000Hz$, $V = 300m/s$

$$f' = f_0 \times \frac{V}{V-v_s} = \frac{전파속력}{파장} = 1000 \times \frac{300}{300-100} = 1500Hz$$

$$\begin{cases} f' > f_0 \\ f' = f_0 \times 도플러\ 인자 = f_0 \frac{V}{V-v_s} \end{cases}$$

단 f_0는 소리의 진동수, V는 음속, v_s는 음원의 속력

typeII. 검출기(detector) 접근시 : $v_s = 0$, $v_d = 100m/s$, $f_0 = 1000Hz$, $V = 300m/s$

$$f' = f_0 \times \frac{V+v_d}{V} = \frac{전파속력}{파장} = 1000 \times \frac{300+100}{300} = 1333Hz$$

$$\begin{cases} f' > f_0 \\ f' = f_0 \times 도플러\ 인자 = f_0 \frac{V+v_d}{V} \end{cases}$$

단 f_0는 소리의 진동수, V는 음속, v_d는 검출기의 속력

 (detective, 탐정)

typeIII. 혼합 상황 : 음원과 검출기가 동시에 접근시

$$\begin{cases} f' > f_0 \\ f' = f_0 \times 도플러\ 인자 \times 도플러\ 인자 = f_0 \frac{V}{V-v_s} \times \frac{V+v_d}{V} = f_0 \frac{V+v_d}{V-v_s} \end{cases}$$

→ 변형 : 멀어지는 경우는 부호를 반대로 바꾼다!

→ 일반화 : $f = f_0 \frac{V \pm v_d}{V \mp v_s}$

4. 직관적 이해

$v = f\lambda$에 의해 $f = \frac{v}{\lambda}$이다. 그러므로 음원 접근시 공식은 파장이 감소함을 의미하고, 검출기 접근시 공식은 음속의 상대속도가 증가함을 의미한다.

5. 유도

1) 음원(source) 접근시 : $f = f_0 \dfrac{V}{V-v_s}$

   단 f_0는 소리의 진동수, V는 음속, v_s는 음원의 속력

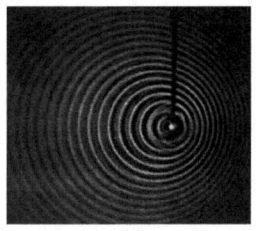

pf1.

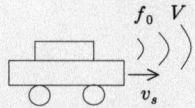

차이동거리
$= v_s T_0 = \dfrac{v_s}{f_0}$ $\lambda = VT = \dfrac{V}{f}$

$\lambda_0 = VT_0 = \dfrac{V}{f_0}$

$\lambda = \lambda_0 -$ 이동거리 관계가 성립하므로 $\dfrac{V}{f} = \dfrac{V}{f_0} - \dfrac{v_s}{f_0}$ 라고 쓸 수 있고,

이를 정리하면 $f = f_0 \dfrac{V}{V-v_s}$ 이 된다.

pf2.
음파가 도달하는 시간이 감소했다.
$T = T_0 - \dfrac{\text{차이동거리}}{V} = T_0 - \dfrac{v_s T_0}{V} = \dfrac{V-v_s}{V} T_0$

$\therefore f = f_0 \dfrac{V}{V-v_s}$

2) 검출기(detector) 접근시 : $f = f_0 \dfrac{V+v_d}{V}$

pf.

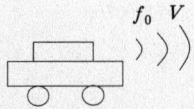

1) 정지한 음원에서 주파수가 1Hz인 음파가 발생되고 있다. 음속이 100m/s라면 정지한 검출기에 검출되는 1초당 파면의 수는?

2) 정지한 음원에서 주파수가 1Hz인 음파가 발생되고 있다. 음속이 100m/s이다.
검출기가 음원 쪽으로 100m/s의 속력으로 접근한다면 검출기에 검출되는 1초당 파면의 수는?

3) 정지한 음원에서 주파수가 1Hz인 음파가 발생되고 있다. 음속이 100m/s이다.
검출기가 음원 쪽으로 200m/s의 속력으로 접근한다면 검출기에 검출되는 1초당 파면의 수는?

→ 결론 : 검출기에 검출되는 1초당 파면의 개수는 '검출기에 대한 음속의 상대속력'에 비례한다.

$V : f_0 = V + v_d : f$ 에서 $f = f_0 \dfrac{V+v_d}{V}$ 이다.

단 음원이 정지해 있으므로 소리의 파장이 변한 것은 아니다.

Part 4. 파동

Quiz 1 다음 그림에서 진동수는?

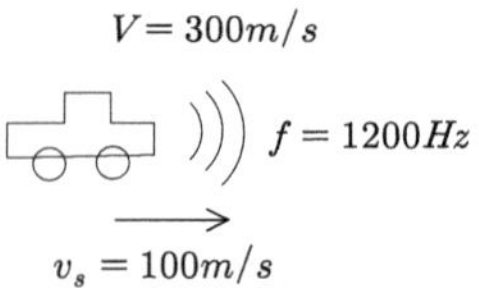

$V = 300m/s$
$f = 1200Hz$
$v_s = 100m/s$

정답 $f = 1200 \dfrac{300}{300-100} = 1800Hz$

Quiz 2 다음 그림에서 진동수는?

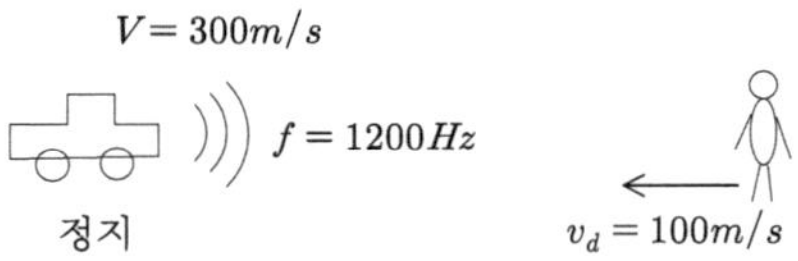

$V = 300m/s$
$f = 1200Hz$ 정지
$v_d = 100m/s$

정답 $f = 1200 \dfrac{300+100}{300} = 1600Hz$

Quiz 3 다음 그림에서 진동수는?

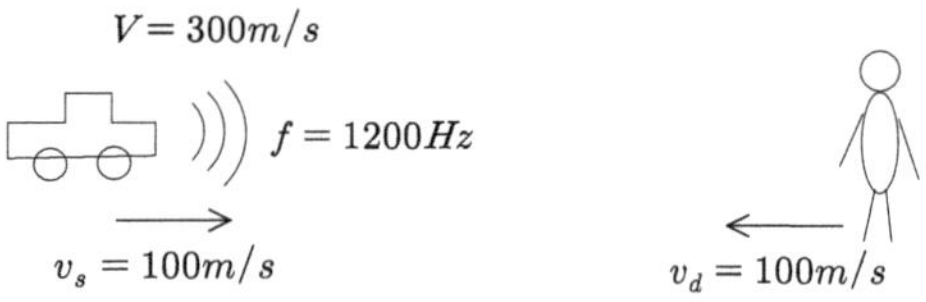

$V = 300m/s$
$f = 1200Hz$
$v_s = 100m/s$
$v_d = 100m/s$

정답 $f = 1200 \dfrac{300+100}{300-100} = 2400Hz$

Quiz 4 소방차의 속력이 $v_s = 200m/s$ 이고 소방차에서 나는 소리의 주파수는 $f_0 = 1200Hz$ 이다. 사람이 $v_d = 100m/s$ 의 속력으로 도망가고 있다. 사람이 듣는 소리의 주파수는 얼마인가? 단 음속은 $V = 300m/s$ 이다.

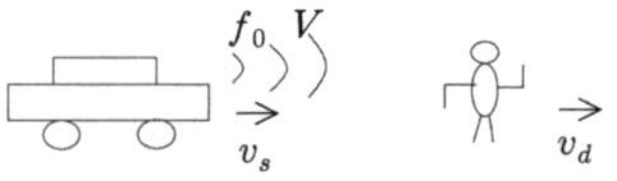

f_0, V
v_s
v_d

정답 $f = 1200 \times \dfrac{300-100}{300-200} = 2400Hz$

Quiz 5 음원이 10m/s로 도망가고, 검출기가 20m/s로 접근한다. 도플러 효과 공식은?

정답 $f = f_0 \dfrac{V+20}{V+10}$

→ ★★시사점 : 둘 사이의 간격이 가까워지면, $f > f_0$ 라고 일반화 할 수 있지만, $f = f_0 \dfrac{V+v_d}{V-v_s}$ 가 성립하지는 않는다.

* 주의★★ : 소리의 도플러 효과에서 음원이 움직이는 경우는 음파의 파장이 짧아지는 실제 도플러 효과인데 반해, 검출기가 움직이는 경우는 검출기에서만 도플러 효과가 느껴지는 '생물학적인 도플러 효과'이다. 즉 두 현상이 완전 다른 현상이다. 그러므로 소리의 도플러 효과 공식에 상대 속도를 대입하면 안 된다.

ex 1 그림 (가)는 소방차가 정지해 있는 자동차를 향해 일정한 속도로 다가가는 모습을, (나)는 자동차가 정지해 있는 소방차를 향해 일정한 속도로 다가가는 모습을 나타낸 것이다. (가)와 (나)에서 소방차는 진동수가 f_0인 소리를 내고 있다.

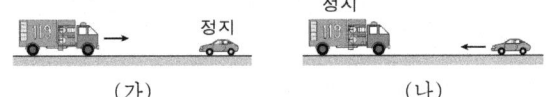

(가)와 (나)에서 자동차에 탄 사람이 듣는 소리의 진동수를 각각 f_1, f_2라고 할 때, f_1과 f_2를 f_0과 옳게 비교한 것은?

① $f_1 > f_0$, $f_2 > f_0$ ② $f_1 > f_0$, $f_2 = f_0$ ③ $f_1 > f_0$, $f_2 < f_0$
④ $f_1 < f_0$, $f_2 > f_0$ ⑤ $f_1 < f_0$, $f_2 < f_0$

정답 ①

관측자가 듣는 소리의 진동수는 음원과 관측자 사이의 거리가 가까워질 때 커지고 멀어질 때 작아진다.

ex 2 다음은 영희가 도플러 효과에 대해 정리한 내용이다.

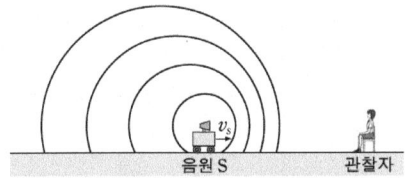

음원 S가 주기 T인 소리를 발생하면서 정지해 있는 관찰자를 향해 속력 v_s로 다가가고 있다. 공기 중에서 소리의 속력은 v이다. 이때, 한 주기 동안 파면이 이동한 거리와 음원 S가 이동한 거리로부터 관찰자가 듣게 되는 소리의 파장 λ를 구하면, $\lambda = \boxed{(가)}$ 이다. 따라서 관찰자가 측정한 소리의 진동수를 $f = \boxed{(나)}$ 이다.

(가)와 (나)에 들어갈 것으로 옳은 것은?

	(가)	(나)		(가)	(나)
①	$vT - v_sT$	$\dfrac{1}{T}\left(\dfrac{v}{v - v_s}\right)$	②	$vT - v_sT$	$\dfrac{1}{T}\left(\dfrac{v - v_s}{v}\right)$
③	$v_sT - vT$	$\dfrac{1}{T}\left(\dfrac{v}{v_s - v}\right)$	④	$v_sT - vT$	$\dfrac{1}{T}\left(\dfrac{v_s - v}{v}\right)$
⑤	$vT + v_sT$	$\dfrac{1}{T}\left(\dfrac{v + v_s}{v}\right)$			

정답 ① $vT - v_sT$ $\dfrac{1}{T}\left(\dfrac{v}{v - v_s}\right)$

(가) 음원이 정지했을 때 파장은 vT이다. 음원의 속력이 v_s일 때 한 주기 동안 음원이 이동한 거리는 v_sT이다. 따라서 음원이 관찰자를 향해 다가올 때 소리의 파장은 $vT - v_sT$이다.

(나) 소리의 진동수는 $\dfrac{v}{파장} = \dfrac{1}{T}\left(\dfrac{v}{v - v_s}\right)$ 이다.

★ 정리

	줄	물	소리	빛
반사	자, 고		메아리	
굴절	X	굴절법칙	낮말새	
회절	X	회절성	뒷담화	
간섭	현의 진동	수면파 간섭실험	개관 폐관 맥놀이	
기타			도플러	

Part 4. 파동

* 추론형 문제 엿보기

1. y는 평형점을 기준으로 나타낸 추의 위치이고, 추가 운동하는 동안 줄의 길이는 변하지 않고 장력만 변한다. 줄을 가볍게 튕겨 생긴 횡파(가로 파동)의 속력이 가장 빠를 때, 그림 (나)의 점 $a \sim e$ 중에서 추가 있는 곳은?

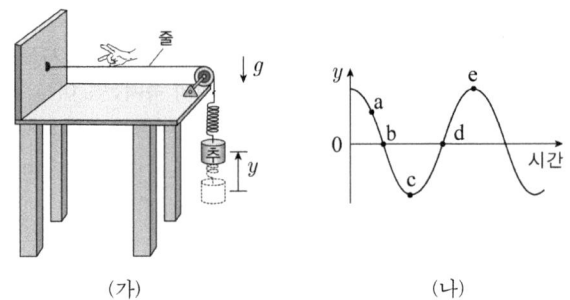

(가) (나)

정답

$v = \sqrt{\dfrac{T}{\rho}}$ 이므로 줄이 제일 많이 늘어난 c에서 장력이 제일 크고, 파동의 전파 속력도 제일 크다.

2. 이 파동의 속력은?

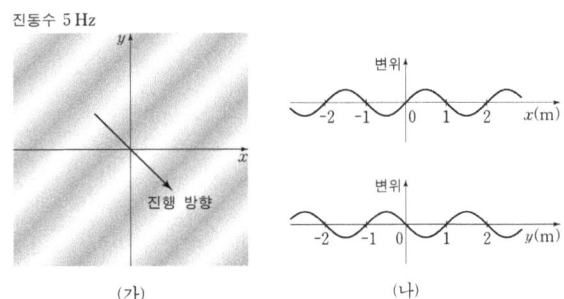

(가) (나)

정답

$v_x = f\lambda_x = 5 \times 2 = 10 m/s$
$v_y = f\lambda_y = 5 \times 2 = 10 m/s$
다음 그림과 같다.

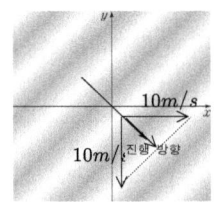

$\therefore v = \dfrac{10}{\sqrt{2}} = 5\sqrt{2}\, m/s$

3. 그림은 $30Hz$의 진동수로 진동하는 1 개의 현을 일정한 시간 간격 T로 1초 동안 찍은 다중섬광사진을 나타낸 것이다. T의 최솟값부터 3개만 써 보시오.

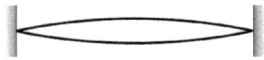

정답

i) 주기가 $\dfrac{1}{30}s$인 현을 다중섬광사진으로 찍었을 때 2개의 선이 나타났다는 것은 사진을 찍는 주기가 $\dfrac{1}{60}s$라는 의미이다.

ii) 만약 사진을 찍는 주기가 $\dfrac{1}{60} \times 3s$ 라도 위와 같은 사진으로 찍힐 것이다. 또한 $\dfrac{1}{60} \times 5s, \dfrac{1}{60} \times 7s, \dfrac{1}{60} \times 9s, \ldots$일 때도 위와 같은 사진이 찍힐 것이다.

4. 표에서 f는? 매질에서 음파의 속력은 $340m/s$ 이다.

음파 발생기의 속력	음파 발생기의 진행 방향	음파 측정기에 관측된 진동수
v_0	왼쪽	110Hz
v_0	오른쪽	90Hz
$\dfrac{5}{4}v_0$	오른쪽	f

정답

i) $110 = f_0 \dfrac{340}{340 - v_0}$ … ①

ii) $90 = f_0 \dfrac{340}{340 + v_0}$ … ②

iii) ①÷② : $\dfrac{11}{9} = \dfrac{340 + v_0}{340 - v_0}$

$\Rightarrow 340 \times 11 - 11v_0 = 340 \times 9 + 9v_0$
$\Rightarrow 340 \times 2 = 20v_0$
$\Rightarrow v_0 = 34 m/s$ … ③

iv) ③→① : $f_0 = 110 \times \dfrac{340 - 34}{340} = \dfrac{11}{34} \times 306 = 99Hz$ … ④

v) $f = f_0 \dfrac{340}{340 + \dfrac{5}{4}v_0} = \left(\dfrac{11}{34} \times 306\right)\dfrac{340}{340 + \dfrac{5}{4} \times 34} = 88Hz$

5. 스피커에서 $200Hz$의 음파가 방출되고 영희는 $2Hz$의 맥놀이를 듣는다.

다음 표의 세 가지 상황 중 영희가 듣는 맥놀이 주파수가 $2Hz$보다 큰 경우는?

	스피커가 방출하는 음파의 진동수	자동차의 속력	자동차의 진행 방향
ㄱ	$200Hz$	$2v$	벽을 향해
ㄴ	$200Hz$	v	영희를 향해
ㄷ	$300Hz$	v	벽을 향해

정답   ㄱ, ㄷ

i) 스피커가 멀어지면서 나는 소리는 $f_1 = f_0 \dfrac{v_0}{v_0+v}$ 이므로 영희는 저음을 듣게 된다. 단 v_0 : 음속

ii) 스피커가 벽에 접근하면서 나는 소리는 $f_2 = f_0 \dfrac{v_0}{v_0-v}$ 이고 이 소리가 벽에 반사하면서 영희 귀에 들리므로 영희는 고음을 듣게 된다.

iii) 위의 두 소리가 맥놀이를 일으키므로 $f_b = |f_1 - f_2| = \left| f_0 \dfrac{2v_0 v}{v_0^2 - v^2} \right|$ $\approx \left| f_0 \dfrac{2v_0 v}{v_0^2} \right|$ 단 음속은 자동차의 속력 v 보다 크다고 가정.

ㄱ. 자동차의 속력이 커지면 맥놀이 진동수가 증가한다.
ㄴ. 자동차의 방향을 바꾸면 f_1, f_2 가 서로 바뀌기만 할 뿐 맥놀이 진동수는 그대로이다.
ㄷ. 음파의 진동수 f_0가 증가하면 맥놀이 진동수가 증가한다.

Chapter 12. 파동역학

Chapter 13. 기하광학

Chapter 14. 파동광학

Part 4. 파동

§ 1. 빛의 굴절

이 단원에서는 빛의 굴절 현상에 대해서 다룬다. 그러나 굴절률이라는 물리량을 빼고는 모든 내용이 역학적 파동에서도 동일하다!

1. 빛의 기본 성질

1) 빛은 앞서 다루었던 줄의 파동이나 소리 또는 물결파처럼 반사, 굴절, 회절, 간섭 성질을 지닌다.

2) 진공에서 빛의 속도(광속)는 항상 $c = 3 \times 10^8 m/s$로 일정하다. 단 물질 속에서 빛의 속도는 $v = \frac{c}{n}$만큼 감소한다.

Quiz 1 n=3 인 물질 속에서 빛의 속력은?

3) 빛의 분류

2. 굴절률

1) 정의 및 의미 :

모든 빛은 물질 속에서 느려진다.
그 이유는 빛이 물질을 통과하면서 원자들에게 계속해서 흡수와 방출을 당하기 때문이다.

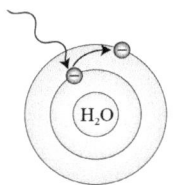

마치 연예인이 길거리를 지나갈 때 팬들에게 싸인을 해주느라 약속 장소에 지각하는 것처럼 말이다.
이 때 느려지는 정도를 이용하여 만든 물리량이 굴절률이다. 굴절률의 정의는 다음과 같다.

$$n \equiv \frac{c}{v} \text{ (기출)}$$

단 굴절률을 $n = \frac{v}{c}$로 착각하지는 말아야 한다.

2) 물질에 따른 굴절률의 차이 :

한편 너무나 당연한 얘기이지만, 밀도가 큰 물질일수록 광속은 더욱 느려진다. 왜냐하면 팬이 많을수록 싸인을 해주는데 시간이 많이 걸리니깐 더더욱 약속 장소에 늦게 도착하게 될 것이기 때문이다.
그래서 일반적으로 공기보다는 물 속에서 광속이 더 느려지고, 물 속보다는 유리 속에서 더 느려진다. 즉 물질마다 느려지는 정도가 다 다르다. 혹은 굴절률이 다 다르다. 일반적으로 $\lambda \approx 589.3nm$를 기준으로 했을 때 물질의 굴절률은 다음과 같다.

$$n_{공기} \approx 1.00029$$
$$n_{물} \approx \frac{4}{3} \approx 1.333$$
$$n_{유리} \approx \frac{3}{2} = 1.5$$

→ 결론 : 빛 진행시 밀도가 큰 물질일수록 더 많이 느려지고(밀한 매질이 되고) 굴절률이 크다.
참고로 나트륨의 D-line은 589nm(D2)와 589.6nm(D1)이고, 이것이 간섭하면 589.3nm가 된다.

3) 빛의 진동수에 따른 굴절률의 차이

아인슈타인의 '광양자 가설'에 의하면 진동수가 큰 빛일수록 에너지가 크다. 진동수가 큰 빛이 물 속에 들어가면 물분자가 빛을 흡수해서 전자가 더 높은 궤도로 올라가고, 그 후 다시 원래 궤도로 내려오면서 빛을 방출하게 된다. 이는 진동수가 작은 빛을 흡수했을 때의 과정보다 상대적으로 시간이 많이 걸린다.

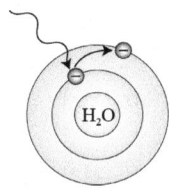

그렇다 보니 같은 물 속 이라고 하더라도 진동수가 큰 빛일수록 광속이 더 느려서 굴절률이 더 크게 측정이 된다.

예를 들어 같은 길거리에서 싸인을 하면서 지나가는 연예인이라도, 단순히 이름만 쓰는 연예인보다는 좋은 문구까지 써주는 연예인이 약속 장소에 더 늦게 도착하는 것과 비슷하다.

일반적으로 가시광선 중에서는 진동수가 크고 단파장인 보라색(violet) 빛이 물 속에서 가장 느리다.

그러므로 다음처럼 가시광선 중에서는 보라색의 굴절률이 가장 크다고 말할 수 있다.

$$n_{물,보라} > n_{물,빨강}$$

* 정리

단파장으로 굴절률 측정 실험을 하면, 매질의 굴절률이 더 크게 측정된다.

yame. 단파장의 굴절률이 더 크다.

Quiz 2 진공에서 빨간색 빛의 속도(c_R), 진공에서 보라색 빛의 속도(c_V), 물 속에서 빨간색 빛의 속도(v_R), 물 속에서 보라색 빛의 속도(v_V)를 순서대로 나열하면? $c_R = c_V > v_R > v_V$

3. 굴절의 원리

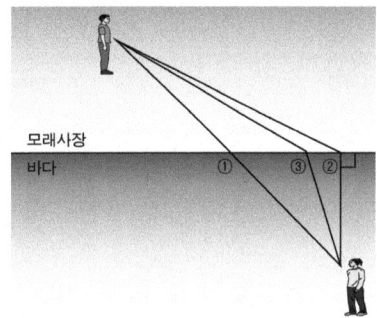

물에 빠진 사람을 구하기 위한 최선의 경로는 몇 번인가?

①번 경로는 모래사장의 길이가 제일 짧아서 다른 경로보다 시간 단축이 많이 되겠지만 바다에서 수영하는 거리가 제일 길어서 오히려 도착시간이 더 오래 걸릴 것이다.

②번 경로는 바다에서 수영하는 거리가 제일 짧아서 가장 먼저 도착할 것 같지만, 전체 경로가 제일 길어서 도착시간이 가장 짧지는 않다.

정답은 수영하는 거리가 적당히 짧으면서 전체 경로도 적당히 짧은 ③번 경로이다.

이렇듯 빛은 서로 다른 두 매질을 이동할 때 최단거리 경로를 선택하는 것이 아니라 최단시간 경로를 선택한다는 것이 페르마의 생각이었다. 이를 페르마의 최소 시간의 원리라고 부른다.

이는 빛이 굴절이 일어나는 이유이기도 하다.

* 페르마의 원리, 최소 시간의 원리 : 두 매질에서 파동의 전파 속력이 다를 때, 살짝 굴절된 경로가 최단 시간 경로이다.

4. 굴절의 법칙

1) 기본형태

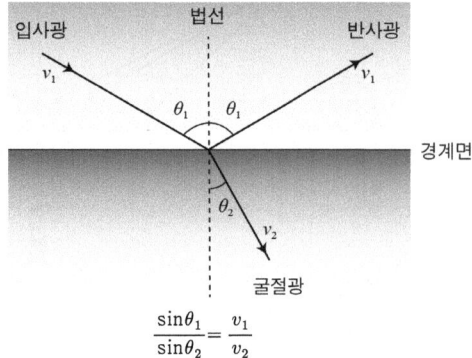

$$\frac{\sin\theta_1}{\sin\theta_2} = \frac{v_1}{v_2}$$

→ 의미 : $\theta \propto v$. 즉 느린 매질(밀한 매질, 굴절률이 큰 매질) 쪽 각도는 작다.

2) 확장형태

그리고 $v = f\lambda$에서 빛의 진동수가 불변이므로 $v \propto \lambda$이다. 굴절의 법칙은 다음처럼 확장해서 쓰기도 한다.

$$\frac{\sin\theta_1}{\sin\theta_2} = \frac{v_1}{v_2} = \frac{\lambda_1}{\lambda_2}$$

3) full version

한편 굴절률의 정의 $n \equiv \frac{c}{v}$에서 $n \propto \frac{1}{v}$이므로 $\frac{v_1}{v_2} = \frac{n_2}{n_1}$이다. 굴절의 법칙은 다음처럼 full version으로 쓸 수 있다.

$$\frac{n_2}{n_1} = \frac{\sin\theta_1}{\sin\theta_2} = \frac{v_1}{v_2} = \frac{\lambda_1}{\lambda_2}$$

여기서 $n_{12} \equiv \frac{n_2}{n_1}$을 1번 매질에 대한 2번 매질의 상대 굴절률이라고 정의한다.

4) 스넬의 법칙(Snell's law)

굴절의 법칙에서 다음처럼 쓸 수 있다.
$$n_1 \sin\theta_1 = n_2 \sin\theta_2$$
이를 스넬의 법칙이라고 한다. 이는 수학적으로 $x_1 y_1 = x_2 y_2$와 같다. 즉 반비례를 나타낸다.

굴절률이 큰 물질일수록 또는 밀한 매질일수록 각도가 작다, 라고 기억하면 된다.

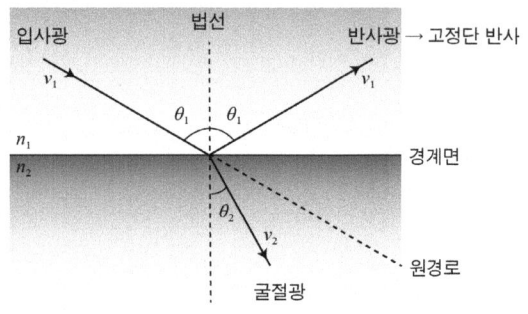

pf.

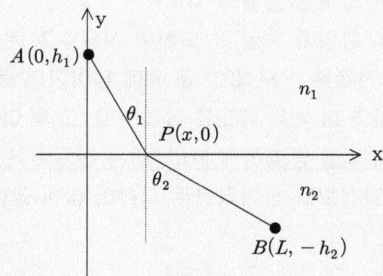

i) $y > 0$인 물질에서 빛의 이동 시간 : $t_1 = \dfrac{\sqrt{x^2 + h_1^2}}{c/n_1}$

ii) $y < 0$인 물질에서 빛의 이동 시간 : $t_2 = \dfrac{\sqrt{(L-x)^2 + h_2^2}}{c/n_2}$

iii) 총 이동 시간 : $t = \dfrac{n_1}{c}\sqrt{x^2 + h_1^2} + \dfrac{n_2}{c}\sqrt{(L-x)^2 + h_2^2}$

iv) 페르마의 최소 시간의 원리를 이용하면

$$\frac{d}{dx}t = \frac{n_1}{c}\frac{1}{2}\frac{2x}{\sqrt{x^2+h_1^2}} + \frac{n_2}{c}\frac{1}{2}\frac{2(L-x)(-1)}{\sqrt{(L-x)^2+h_2^2}} = 0$$

$$\Rightarrow n_1 \sin\theta_1 = n_2 \sin\theta_2$$

단, 아래와 같이 $\dfrac{d^2 t}{dx^2} > 0$이므로 위에서 구한 결과는 극대 조건이다.

$$\frac{d}{dx}t = \frac{n_1}{c}\frac{x}{\sqrt{x^2+h_1^2}} + \frac{n_2}{c}\frac{x-L}{\sqrt{(L-x)^2+h_2^2}}$$에서

$$\frac{d^2}{dx^2}t = \frac{n_1}{c}\frac{1}{\sqrt{x^2+h_1^2}} + \frac{n_1}{c}\frac{1}{-2}\frac{x \times 2x}{[x^2+h_1^2]^{3/2}}$$
$$+ \frac{n_2}{c}\frac{1}{\sqrt{(L-x)^2+h_2^2}} + \frac{n_2}{c}\frac{1}{-2}\frac{(x-L)\times 2(L-x)(-1)}{[(L-x)^2+h_2^2]^{3/2}}$$
$$= \frac{n_1}{c}\frac{x^2+h_1^2-x^2}{[x^2+h_1^2]^{3/2}} + \frac{n_2}{c}\frac{(L-x)^2+h_2^2-(L-x)^2}{[(L-x)^2+h_2^2]^{3/2}}$$
$$= \frac{n_1}{c}\frac{h_1^2}{[x^2+h_1^2]^{3/2}} + \frac{n_2}{c}\frac{h_2^2}{[(L-x)^2+h_2^2]^{3/2}} > 0$$

Quiz 1 빛이 공기에서 소금물로 45°의 각으로 입사한 후 30°로 굴절한다. 소금물의 굴절률은 얼마인가? 만약 입사각이 60°로 증가한다면 굴절각은 몇 도가 되는가?

정답

1) $1 \times \sin 45° = n \times \sin 30°$에서 $n = \sqrt{2}$
2) $1 \times \sin 60° = \sqrt{2} \times \sin\theta$에서 $\theta \approx 37.8°$

5. 굴절 경로의 특징 정리

1) 밀한 매질 쪽 각도는 작다.

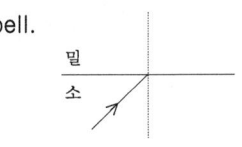

2) 입사각이 증가하면 굴절각도 증가한다.
$n_1 \sin\theta_1 = n_2 \sin\theta_2$ 에 의하면 n_1과 n_2가 동일하다면, θ_1과 θ_2는 비례관계에 있다.

3) 두 매질의 굴절률 차이에 따른 굴절 정도의 차이 : 두 매질의 굴절률 차가 클수록 '원경로'에서 많이 벗어난다.
만약 동일한 n_1과 동일한 θ_1이라면, n_2가 클수록 θ_2가 작다.
그렇다 보니 일반적으로 두 매질의 굴절률 차가 클수록 굴절이 많이 되는 경향이 있다.

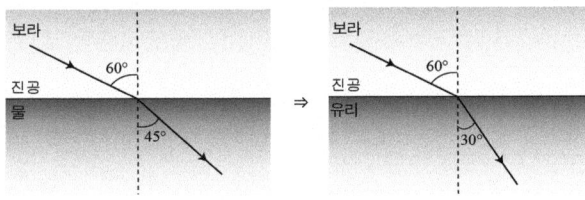

* 오개념 : 굴절각이 작을수록 굴절이 많이 된 것이다.
정개념 : 원경로에서 많이 벗어날수록 굴절이 많이 된 것이다.

Quiz 1 다음 그림에서 굴절 경로를 그려보시오.

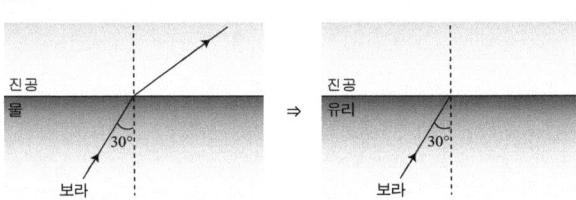

4) 진동수에 따른 굴절 정도의 차이 : 진동수가 큰 빛일수록(단파장일수록) '원경로'에서 많이 벗어난다.

일반인과 박태환 선수가 경주를 한다. 시합 내용은 다음 그림처럼 물에 빠진 사람을 구하는 것. 단 두 사람이 동시에 도착해야 한다. 그렇다면 일반인과 박태환 선수는 어떤 경로를 선택할까? 모래사장에서의 속력은 동일하다고 가정한다.

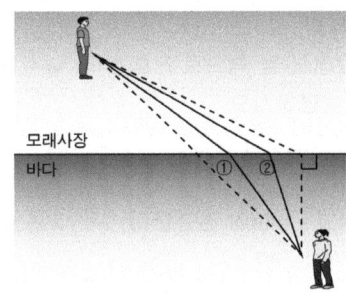

상대적으로 수영에 자신 있는 박태환 선수는 수영 거리가 긴 경로가 유리할 것이다. 그러므로 ①번 경로를 선택할 것이다. 일반인은 수영에 자신이 없으므로 수영 거리가 짧은 경로인 ②번을 선택할 것이다.

이처럼 자연은 '밀한 매질에서 상대적으로 느린 파동일수록' 굴절이 많이 되는 경로를 선택한다.

빛도 마찬가지다. 진동수가 커서 물 속에서 느린 보라색일수록 굴절이 많이 되는 경로를 선택한다.

이제 기억해두자. 진동수가 크고 단파장인 보라색이 굴절이 많이 된다는 것을!

Quiz 2 다음 그림에서 굴절 경로를 그려보시오.

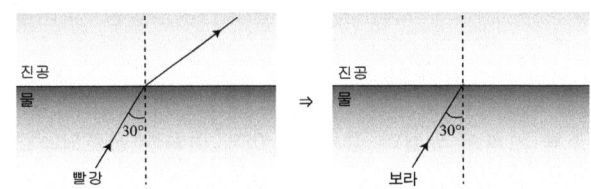

cf. 분산(dispersion)

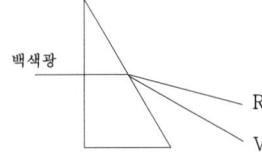

cf. $v = f\lambda$ 활용 방법
1) 보라색이 진공에서 물 속으로 진행한다. $v = f\lambda$를 이용하여 물리량 변화를 설명하시오.
2) 진공에서 red와 violet이 진행한다. $v = f\lambda$를 이용하여 물리량을 비교하시오.
3) 물 속에서 red와 violet이 진행한다. $v = f\lambda$를 이용하여 물리량을 비교할 수 있는가?

Q&A
질문 빨간색 빛이 물 속에 들어가면 파장이 짧아지는데, 그러면 파랗게 보이나요?

답변 그렇지는 않습니다. 빛을 분류하는 기준은 진동수입니다. 빨간색 빛이 물 속에 들어가더라도 진동수는 불변입니다. 그러므로 여전히 빨갛게 보입니다^^

Q&A
질문 빛의 속력이 진공에서는 c, 매질에서는 c/n인데 단파장일수록 느려서 굴절이 잘 된다, 이게 어떻게 관련되나요?

답변 강의 때 드린 말씀은 다음과 같습니다.
step1. 빛이 물질 속으로 들어가면 느려진다.
step2. 특히 단파장일수록 많이 느려진다.
step3. n = c/v 에 의해 같은 물질이라도 단파장일수록 굴절률이 크게 측정된다.

그런데 보통 다음처럼 말하는 경우가 있습니다.
1) '단파장일수록 물질 속에서 상대적으로 더 느리다.
2) 결국 페르마의 원리에 의해 굴절이 잘 된다.
3) 같은 물질이라도 n = c/v 에 의해 단파장에 대해 굴절률이 더 크다.

여기서 2)와 3)을 연결해서 '단파장일수록 굴절률이 커서 굴절이 잘된다.'라는 표현을 씁니다.
근데 너무 헷갈리는 표현이니깐 지양하는 게 좋을 것 같아요^^

ex 1 그림과 같이 단색광이 매질 A와 B를 지나 진행한다. A, B의 굴절률은 각각 n_1, n_2이다.

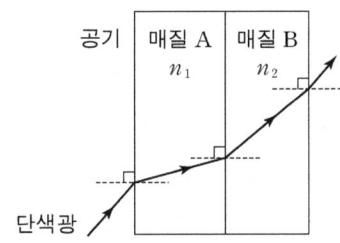

이에 대한 설명으로 옳은 것만을 <보기>에서 있는 대로 고른 것은?

―――――――― <보 기> ――――――――
ㄱ. 단색광의 속력은 공기 중에서가 A에서보다 작다.
ㄴ. $n_1 > n_2$이다.
ㄷ. 단색광의 파장은 A에서가 B에서보다 크다.

① ㄱ ② ㄴ ③ ㄷ
④ ㄱ, ㄴ ⑤ ㄴ, ㄷ

정답 ② ㄴ

---

ex 2 그림 (가)와 같이 단색광 A가 있고 입사각 θ로 매질 I에서 매질 II로 진행하고, (나)와 같이 A가 입사각 θ로 매질 II에서 매질 III으로 진행한다. 원의 중심 O는 A의 경로와 매질의 경계면이 만나는 점이고, a < b < c이다.

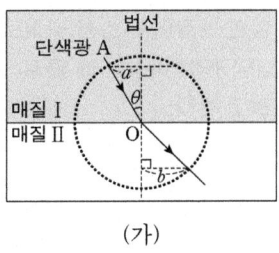 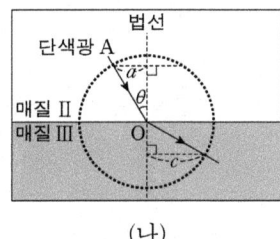

(가)   (나)

I, II, III의 굴절률을 각각 n_I, n_{II}, n_{III}이라 할 때, 굴절률을 비교한 것으로 옳은 것은?

① $n_I < n_{II} < n_{III}$ ② $n_I < n_{III} < n_{II}$ ③ $n_{II} < n_I < n_{III}$
④ $n_{II} < n_I < n_{III}$ ⑤ $n_{III} < n_{II} < n_I$

정답 ⑤ $n_{III} < n_{II} < n_I$

굴절 법칙

원의 반지름을 r 라고 하면, (가)에서 $n_I \left(\dfrac{a}{r}\right) = n_{II}\left(\dfrac{b}{r}\right)$ 이고, $a < b$ 이므로 $n_{II} < n_I$ 이다. (나)에서 $n_{II}\left(\dfrac{a}{r}\right) = n_{III}\left(\dfrac{c}{r}\right)$ 이고, $a < c$ 이므로 $n_{III} < n_{II}$ 이다. 따라서 굴절률은 $n_{III} < n_{II} < n_I$ 이다.

§ 2. 전반사(total reflection)

1. 전반사란
: 일반적으로 소한 매질에서 밀한 매질로 빛이 입사하면, 항상 반사와 굴절이 동시에 일어난다. 그러나 밀한 매질에서 소한 매질로 입사한 빛이 특정 입사각(critical angle, 임계각) 이상일 때 굴절 없이 반사만 일어날 수 있다. 이를 전반사라고 한다.

2. 생활예 : 광섬유(fiber cable)

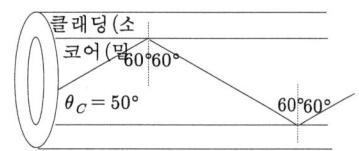

한 번 보낸 빛 신호는 진행 도중 에너지 손실 없이 목적지까지 도달한다.

3. 실험 1 : 소 → 밀

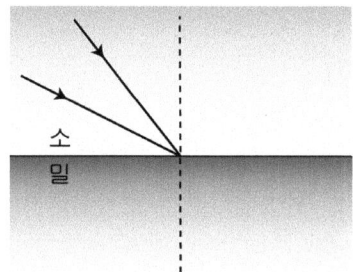

→ 결과 :

① $0° \leq \theta_{입사} < 90°$

② 굴절시 사각지대가 존재한다.

③ 소한 매질에서 밀한 매질로 빛이 입사한 경우는 항상 일부 반사, 일부 굴절이 일어난다.

4. 실험 2 : 밀 → 소

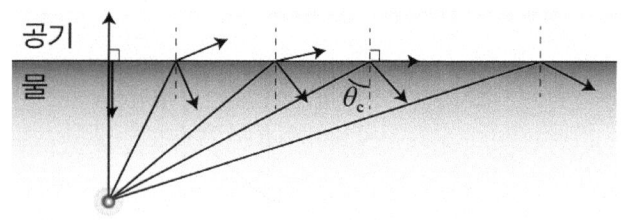

단 굴절각이 90°가 되는 입사각을 임계각(critical angle ; θ_C)라고 하자.

→ 결과 :

① $0° < \theta_{굴절} \leq 90°$

② 굴절시 사각지대가 존재하지 않는다.

③ 밀한 매질에서 소한 매질로 빛이 입사한 경우,
$\begin{cases} \theta_2 \leq \theta_c : \text{일부 반사, 일부 굴절} \\ \theta_2 > \theta_c : \text{전반사} \end{cases}$

Quiz 1 빛이 물에서 진공으로 입사한다. 이 때 임계각이 49°이다. 이 말의 의미는?

정답

i) 밀한 매질에서 소한 매질로 빛을 입사시키는 실험을 할 때, 입사각을 0°부터 서서히 증가시키면 굴절광의 세기가 감소하고, 반사광의 세기가 증가한다.

ii) 입사각이 48.9999°일 때 굴절각은 89.9999°가 된다. 이때 굴절광의 세기는 0.0000001이다.

iii) 입사각이 49°가 되는 순간 굴절광의 세기는 0이 되어, 굴절각이 90°인 굴절광은 존재하지 않는다. 이 때 반사광만 존재난다.

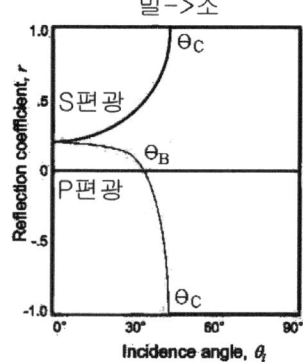

5. 전반사 수식

1) 입사각이 임계각일 때 : $n_2 \sin\theta_c = n_1 \sin 90$ (기출)

2) 전반사 조건 : $\theta_2 > \theta_c$
$$\Rightarrow \sin\theta_2 > \sin\theta_c$$
$$\Rightarrow n_2 \sin\theta_2 > n_2 \sin\theta_c$$
$$\Rightarrow n_2 \sin\theta_2 > n_1 \sin 90$$

6. 전반사 특징

1) 두 매질의 굴절률 차가 클수록 임계각이 작다. 또는 전반사가 쉽게 일어난다.

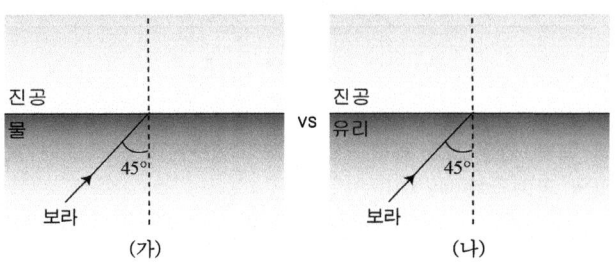

2) 진동수가 큰 빛일수록(단파장일수록) 임계각이 작다. 또는 전반사가 쉽게 일어난다.

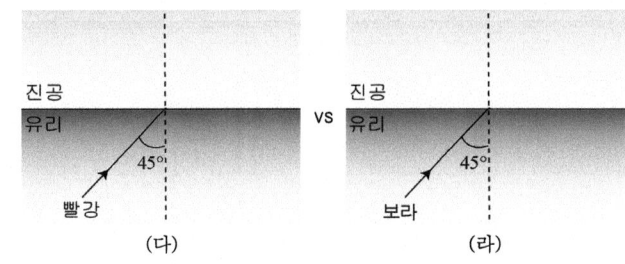

Quiz 1 다음 두 그림에서 굴절률 비가 더 큰 쪽은? 그리고 I, II, III 매질의 굴절률 순서는?

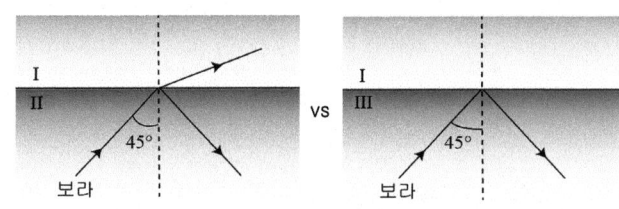

Quiz 2 다음 그림에서 전반사 시킬 수 있는 방법 4가지를 말해보시오.

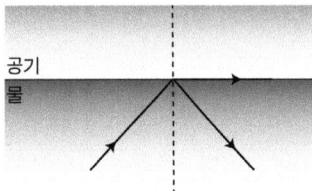

cf. 앞으로는 공기를 진공과 동일하게 취급하겠다.

Part 4. 파동

ex 1 그림은 레이저 광선이 법선과 30°의 각으로 O점을 향해 입사한 광선의 진행 경로를 나타낸 것이다.

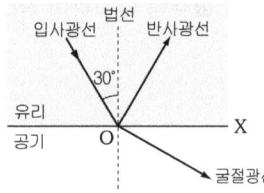

이에 대한 설명으로 옳은 것을 <보기>에서 모두 고르면? (단, 유리의 임계각은 42°이다.)

─── <보 기> ───
ㄱ. 반사각은 30°이다.
ㄴ. 입사각이 42°이면 굴절광선은 OX를 따라 진행한다.
ㄷ. 유리의 굴절률은 공기의 굴절률보다 크다.

① ㄱ　　② ㄴ　　③ ㄱ, ㄷ
④ ㄴ, ㄷ　　⑤ ㄱ, ㄴ, ㄷ

정답 ⑤ ㄱ, ㄴ, ㄷ

---

ex 2 오른쪽 그림과 같이 굴절율 $n_1 = \sqrt{3}$의 유리섬유 표면에 굴절율 $n_2 = \frac{3}{2}$의 물질이 입혀진 광섬유에서 광선이 전파될 수 있는 중심축에 대한 입사각 θ의 최대 크기는? (단, 공기의 굴절율은 1이다.)

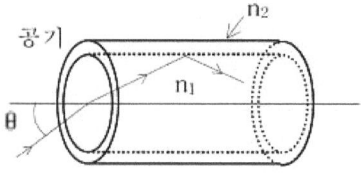

정답 60°

다음 그림처럼 굴절각이 90도가 되는 '임계각 상황'을 고려하자.

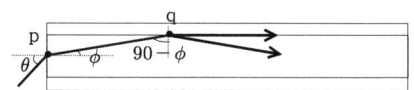

i) $1 \cdot \sin\theta = n_1 \sin\phi$　　⋯ ①

ii) $n_1 \sin(90-\phi) > n_1 \sin\theta_c = n_2 \sin 90$　⇔　$n_1 \cos\phi > n_2$　⋯ ②

iii) ①² + ②² : $\sin^2\theta + n_2^2 < n_1^2$　　∴ $\sin\theta < \sqrt{n_1^2 - n_2^2}$

§ 3. 겉보기 깊이(심화)

1. 겉보기 깊이란?
: 연못 근처에서 쳐다본 연못의 바닥은 실제보다 얕게 보인다. 또는 바닥이 좀 떠 보인다.

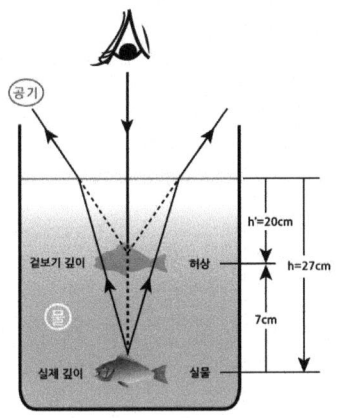
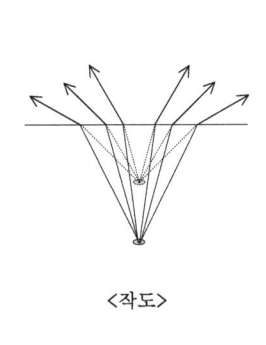

2. 수식
: $h' = \dfrac{h}{n}$ 단 수직 아래로 쳐다봤을 때!

pf.

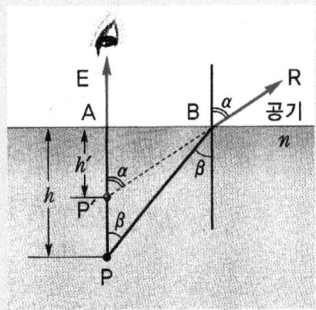

i) $\sin\beta \simeq \tan\beta = \dfrac{AB}{h}$

ii) $\sin\alpha \simeq \tan\alpha = \dfrac{AB}{h'}$

iii) 스넬 법칙 $1 \cdot \sin\alpha = n \cdot \sin\beta$에서 $n = \dfrac{\sin\alpha}{\sin\beta} \simeq \dfrac{\tan\alpha}{\tan\beta} = \dfrac{h}{h'}$이므로

$h' = \dfrac{h}{n}$

Quiz 1 깊이가 2m인 연못이 있다. 물의 굴절률이 4/3이라면 겉보기 깊이는 얼마인가?

3. 생활예

1) 물컵 속 꺾여 보이는 연필 : 살짝 꺾여 보인다.

2) 보이지 않는 컵 속 동전

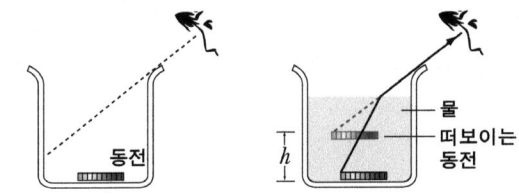

3) 물고기 잡는 방법

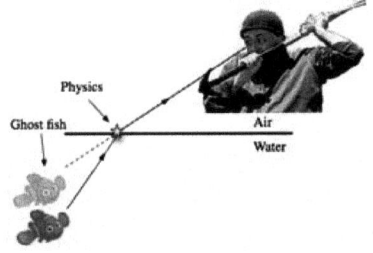

§ 4. 구면거울과 구면렌즈(심화)

* 숟가락 실험

	볼록 거울 or 오목 렌즈	오목 거울 or 볼록 렌즈	
		멀 때	가까울 때
배율	확대 VS 축소	확대 VS 축소	확대 VS 축소
위상	정립 VS 도립	정립 VS 도립	정립 VS 도립
상 종류	실상 VS 허상	실상 VS 허상	실상 VS 허상
생활예	굽은 길, 편의점, 옷가게		면도거울, 돋보기

1. 평면거울

1) 평면경에 의한 상
   다음처럼 거울 속에 image가 보인다. 이를 virtual image(허상)이라고 한다.

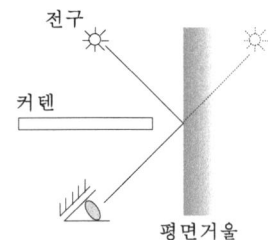

→ 빛이 반사시 자신의 경로를 최단 거리로 선택한다. 그렇다보니 허상과 관찰자를 연결한 직선이 반사광의 경로가 된다!

2) 거울에서의 실상과 허상의 차이 :
   실상 - 빛이 실제로 모여서 생긴 상
   허상 - 빛이 실제로 모이지는 않았지만 대뇌에서 상으로 인식

3) 평면거울 속 허상의 특징
① 물체와 크기가 같다 : 등배
② 물체가 서 있으면 상도 서 있다 : 정립
   → 등배 정립 허상

③ 깊이 반전(depth inversion) : 흔히 평면 거울에서의 상은 좌우가 바뀐 상이라고 말한다. 그러나 실제로는 아래 그림에서 보듯이, $\hat{i} \times \hat{j} = \hat{k}$인 우수계(right-handed coordinate system)는 거울에 의해 $\hat{i} \times \hat{j} = -\hat{k}$인 좌수계(left-handed coordinate system)로 바뀐다. 즉 앞뒤가 바뀐다고 말하는 것이 옳다.

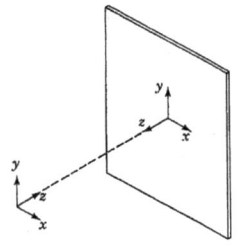

4) 정립상과 도립상
① 정립상(erect image, 正立像) :
   a. 正立 : 바를 정, 설 립
   b. 의미 : 상과 물체의 위상이 같은 경우
   c. 예 : 물체가 하늘을 향해 있는데, 상도 하늘을 향해 있거나, 혹은 물체가 물구나무 서 있는데, 상도 물구나무 서 있을 때.

② 도립상(inverted image, 倒立像)
   a. 倒立 : 넘어질 도(뒤집을 도), 설 립
   → 회사가 도산(倒産)하다.
   b. 의미 : 상과 물체의 위상이 반대인 경우
   c. 예 : 물체가 하늘을 향해 있는데, 상은 땅을 향해 거꾸로 서 있거나,
   혹은 물체가 땅을 향해 거꾸로 서 있는데, 상은 하늘을 향해 있을 때.

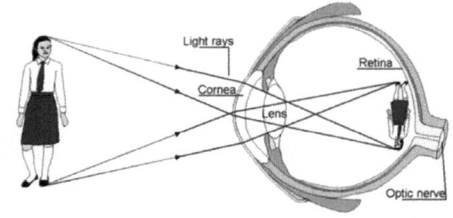

The image formed on the retina is inverted, but your brain interprets the image as being right side up.

<평행봉 운동에서 '도립(물구나무)' 자세>

5) 상의 이동

① 거울에서 물체까지의 거리(a)와 거울에서 상까지의 거리(b)가 같다. $a=b$

② 그러므로 물체가 거울에 접근하면 상도 거울에 접근한다(허상은 물체를 좋~허해~♬).

③ 더불어 물체가 거울에 접근하는 속력(V_x)과 허상이 거울에 접근하는 속력이 동일하다(v_x).

$a=b$의 양변을 미분하면 $\dfrac{da}{dt}=\dfrac{db}{dt}$ 이다. 즉 V_x(물체)$=v_x$(상)

Quiz 1 다음 그림처럼 두 개의 거울 A, B를 90°로 붙여 놓았다.

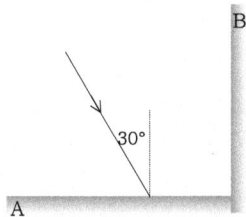

레이저를 A거울에 대해 30°의 각도로 입사시키면 최종 반사방향은 어디인지 작도하라.

정답

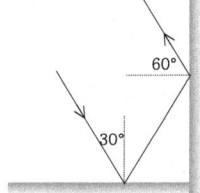

cf. 아폴로 11호가 달에 설치한 큐빅 거울

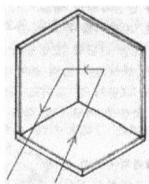

원근법의 교과서 : 미델하르니스의 가로수길
(네덜란드, 1689년 작)

2. 볼록거울

1) 특징 : 면이 구의 일부이므로 구면거울이라고 부른다. 다음 그림처럼 입사한 평행광선이 거울 뒷면 특정 지점에서 방출되는 것처럼 발산한다. 이 점을 허초점(virtual focus)이라고 부른다.

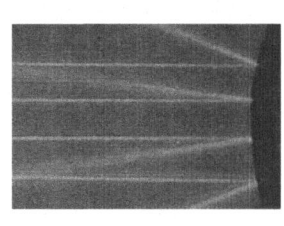 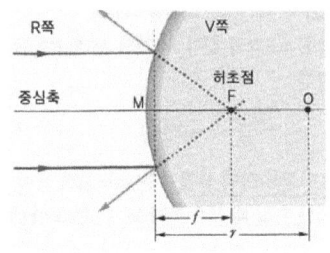

평행광선 입사시, 허초점에서 빛이 나오는 것처럼 반사가 일어난다.

2) 생활예 : 볼록거울은 커버(cover)할 수 있는 곳이 넓어서 도로가 굽은 곳에 설치하거나, '감시용'으로 편의점 천장에 설치한다.

3) 주요광선 : 평행광선, 초점광선, 중심광선, 구심광선

Quiz 1 다음과 같이 볼록 거울에 빛을 입사시킬 때 반사된 빛의 경로를 그리시오.

1) 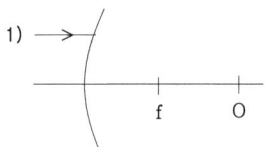   2)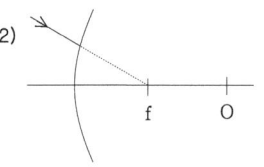

3) 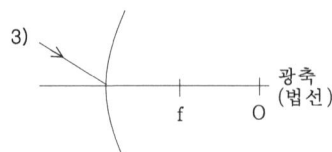   4)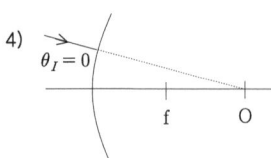

* 주의 : 볼록거울에서 반사광의 경로를 찾으려면 법선을 먼저 찾아야 하는데, 법선은 구심에서부터 그은 반지름의 연장선에 해당하므로, 반드시 반지름부터 그어본다.

4) 상의 특징 : 항상 축소 정립 허상만 만들어진다.

5) 작도(광선추적법)를 통한 상의 이해
   단 근축광선 가정, 구면수차(spherical aberration) 무시, $O \approx 2f$

볼록거울	상의 종류

6) 상의 이동 : 물체가 거울에 접근하면 허상도 거울에 접근한다 (허상은 물체를 *좋~아해~♪*). 상이 점점 커지다가 등배가 됨.

Quiz 2 자동차 사이드 미러에 붙어 있는 '사물이 거울에 보이는 것보다 가까이 있습니다.'라는 경고문구의 의미는?

7) 고난이도 질문
① 볼록거울에서 물체가 거울에 접근시 허상의 위치 변화는?
② 볼록거울에서 물체가 거울에 접근시 허상의 크기 변화는?
③ 볼록거울에서 물체와 상의 수평 이동 속력을 비교하면?

정답 ① 접근한다. ② 커진다. ③ $V_{물체} > v_{허상}$

3. 오목거울 (기출)

1) 특징 : 면이 구의 일부이므로 구면거울이라고 부른다. 다음 그림처럼 입사한 평행광선이 특정 지점을 지나간다. 이 점을 초점 또는 실초점(real focus)이라고 부른다.

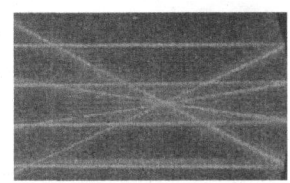 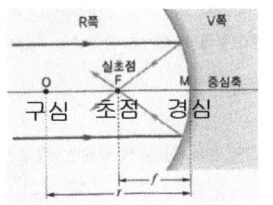

포물경은 구면 수차가 없는데, 구면경은 구면 수차가 있다. 그래서 근축광선(축 근처로 입사하는 빛)을 가정한다. 또한 근사적으로 $O \simeq 2f$ 이 성립한다.

2) 생활예 : 오목거울은 위와 같이 빛을 모으는 특징이 있다. 그래서 올림픽 성화 채화할 때 쓴다. 자동차의 헤드라이트 뒷면도 오목거울로 되어 있다.

 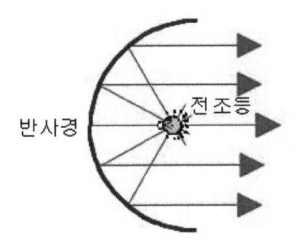

3) 주요 광선
① 평행하게 입사한 광선(parallel ray, 평행광선)은 반사 후 초점을 지나간다.
② 초점을 지나간 광선(focal ray, 초점광선)은 반사 후 평행하게 지나간다.
③ 경심으로 입사한 빛(central ray, 중심광선)은 광축에 대칭으로 반사해서 나간다.
④ 구심을 지나간 광선(radial ray, 방사광선)은 반사 후 다시 구심을 지나간다.

Quiz 1 다음과 같이 오목 거울에 빛을 입사시킬 때 반사된 빛의 경로를 그리시오.

1) 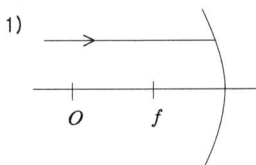　　2)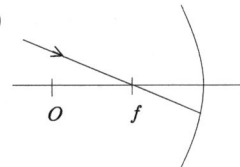

3) 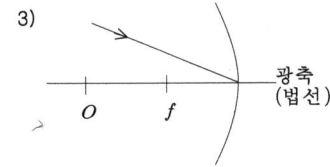　　4)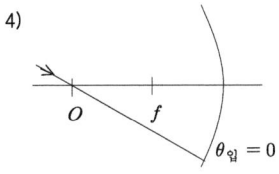

4) 상의 특징 : 축소 도립 실상, 확대 도립 실상, 확대 정립 허상 등이 만들어진다.

Part 4. 파동

5) 작도(광선추적법)를 통한 상의 이해
   단 근축광선 가정, 구면수차(spherical aberration) 무시, $O \approx 2f$

오목거울	상의 종류
	축소 도립 실상
	등배 도립 실상
	확대 도립 실상
	확대 정립 허상
	확대 정립 허상

* 한 번에 그리기

→ 주의2 : 입사한 빛이 거울에서 반사한 쪽에 상이 생기면 실상, 반대편에 생기면 허상이라고 약속한다. (빛이 당연히 가야할 곳에 생기는 게 실상, 그렇지 않은 곳에 생기면 허상)

〈실상 동영상〉

Quiz 2 다음 그림을 통해 거울에 대한 사람의 위치를 추론하면?

6) 상의 이동 : 물체가 거울에 접근하면 허상도 거울에 접근한다 (허상은 물체를 *좋~아해~*♪). 상이 점점 작아져서 등배가 됨. 물체가 거울에 접근하면 실상은 도망간다(실상은 물체를 *싫~어해~*♪). 상이 점점 커지다가 발산함.

7) 실험숙제 : 집에서 숟가락에 생긴 상의 이동을 관찰해보기

8) 고난이도 질문
① 오목거울에서 물체가 거울에 접근시 실상의 위치 변화는?
② 오목거울에서 물체가 거울에 접근시 실상의 크기 변화는?
③ 오목거울에서 a>2f라면 물체와 상의 수평 이동 속력을 비교하면?
④ 오목거울에서 2f>a>f라면 물체와 상의 수평 이동 속력을 비교하면?
⑤ 오목거울에서 물체가 거울에 접근시 허상의 위치 변화는?
⑥ 오목거울에서 물체가 거울에 접근시 허상의 크기 변화는?
⑦ 오목거울에서 a<f라면 물체와 상의 수평 이동 속력을 비교하면?

정답 ① 멀어진다. ② 커진다. ③ $V_{물체} > v_{실상}$
④ $V_{물체} < v_{실상}$ ⑤ 접근한다. ⑥ 작아진다.
⑦ $V_{물체} < v_{허상}$

4. 구면거울에서 가로배율(lateral magnification)과 거울 공식

1) 가로배율 정의 : $m = -\dfrac{b}{a}$

pf. (안 시험)

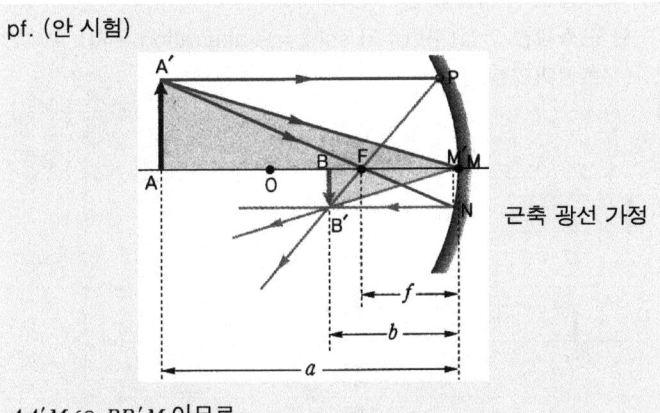

$AA'M \backsim BB'M$ 이므로

$|m| = \dfrac{\text{상의 길이}}{\text{물체의 길이}} = \dfrac{BB'}{AA'} = \dfrac{BM}{AM} = \dfrac{b}{a}$

단 $|m| > 1$ 이면 확대, $|m| < 1$ 이면 축소

2) 부호 규약 :

m의 부호	+	−
상	정립	도립

3) 거울공식 : $\dfrac{1}{a} + \dfrac{1}{b} = \dfrac{1}{f}$ (기출)

pf. (안 시험)

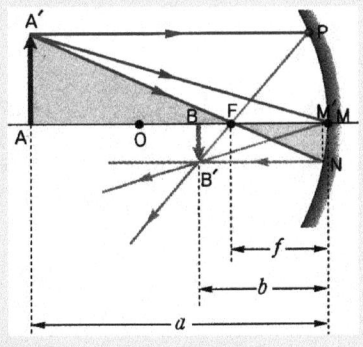

여기서 $\overline{MN}$ 은 호이고, $\overline{M'N}$은 수선이다.

i) $AA'F \backsim M'NF$ 이므로

$|m| = \dfrac{BB'}{AA'} = \dfrac{M'N}{AA'} = (\text{닮음}) = \dfrac{M'F}{AF} \simeq \dfrac{MF}{AF} = \dfrac{f}{a-f}$

ii) 이 식에 $|m| = \dfrac{b}{a}$ 을 대입해서 정리한다.

$\Rightarrow \dfrac{b}{a} = \dfrac{f}{a-f}$ ← 역수

$\Rightarrow \dfrac{a}{b} = \dfrac{a-f}{f} = \dfrac{a}{f} - 1$

$\Rightarrow \dfrac{a}{f} = 1 + \dfrac{a}{b}$ ← 양변을 a로 나눔

$\Rightarrow \dfrac{1}{f} = \dfrac{1}{a} + \dfrac{1}{b}$

4) 부호 규약 :

	+	−
a	실물체	허물체
b	실상	허상
f	실초점	허초점

Quiz 1 곡률반지름이 10 cm 인 오목 거울 앞 7 cm 지점에 물체가 놓여 있다. 이 물체에 대한 상의 위치, 종류, 배율을 각각 구하시오.

정답 거울 앞 17.5cm, 확대 도립 실상(2.5배)

i) $2f = R$ 이므로 $f = 5cm$

ii) $\dfrac{1}{+7} + \dfrac{1}{+b} = \dfrac{1}{+5}$ 에서 $b = +17.5cm$: 거울 앞 17.5cm, 도립 실상

iii) $m = -\dfrac{b}{a} = -\dfrac{+17.5}{+7} = -2.5$: 확대, 도립

* 부호 규약 정리

	위치	명칭	부호
물체	관찰자 쪽	실물체	+
	관찰자 반대쪽	허물체	−
상	관찰자 쪽	실상	+
	관찰자 반대쪽	허상	−
초점	오목거울	실초점	+
	볼록거울	허초점	−
배율		정립	+
		도립	−

5. 볼록렌즈 (기출)

1) 특징 : 면이 구의 일부이므로 구면렌즈라고 부른다. 다음 그림처럼 입사한 평행광선이 특정 지점을 지나간다. 이 점을 초점 또는 실초점(real focus)이라고 부른다.

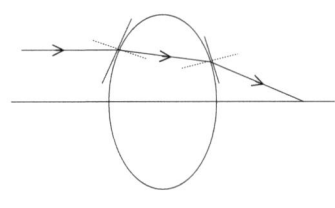 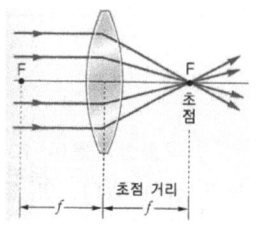

볼록렌즈는 이와 같이 빛을 모으는 특징이 있다(수렴렌즈). 초등학교 때 돋보기로 먹지 태우기 실험할 때 이용한 적이 있을 것이다. 주로 망원경이나 원시용 안경에 쓰인다.

2) 주요광선 : 평행광선, 초점광선, 중심광선, 구심광선

Quiz 1 다음과 같이 렌즈에 빛을 입사시킬 때 굴절된 빛의 경로를 그리시오.

1)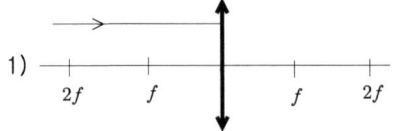

2)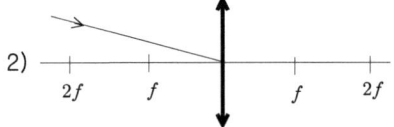

3)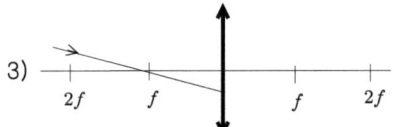

4)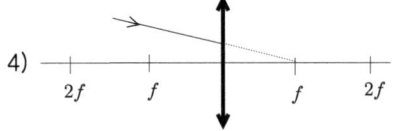

5)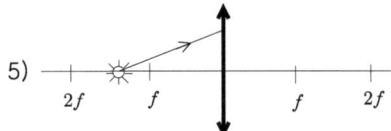

6)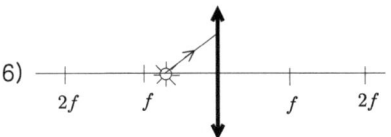

3) 상의 특징 : 축소 도립 실상, 확대 도립 실상, 확대 정립 허상 등이 만들어진다.

4) 작도(광선추적법)를 통한 상의 이해
   단 근축광선 가정(구면수차 spherical aberration 무시), $O \neq 2f$
   (∵ 초점거리는 렌즈제작자 공식으로 결정)

볼록렌즈	상의 종류

* 한 번에 그리기

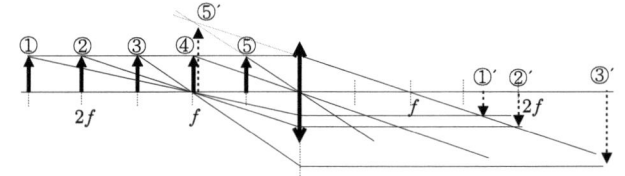

5) 주의

① 구면거울에서는 $O \approx 2f$가 성립했지만 렌즈에서는 이 관계가 전혀 성립하지 않는다! 매질에 대한 렌즈의 상대 굴절률에 따라서 초점이 달라지기 때문이다. 단 초점은 렌즈 제작자 공식으로 구한다.

② 입사한 빛이 렌즈에서 굴절한 쪽에 상이 생기면 실상, 반대편에 생기면 허상이라고 약속한다. (빛이 당연히 가야할 곳에 생기는 게 실상, 그렇지 않은 곳에 생기면 허상)

6) 생활예 : '초점이 안 맞다.'라는 말은 실상이 생기는 위치에 필름이나 스크린이 없어서 상이 흐릿하게 보일 때!

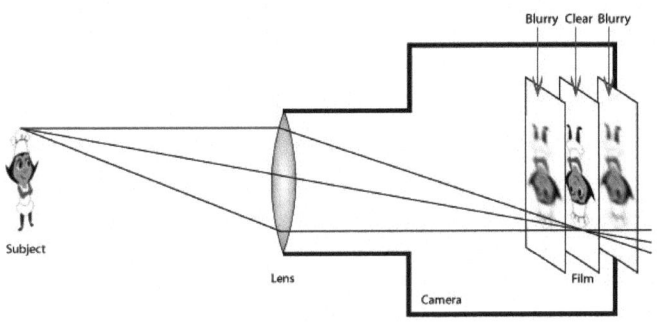

7) 깨진 렌즈에서의 작도

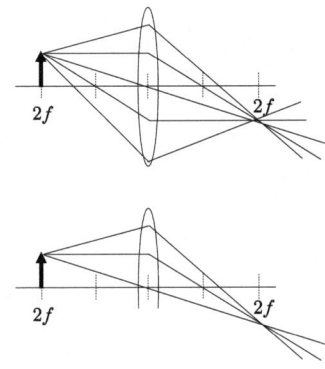

8) 상의 이동 : 물체가 렌즈에 접근하면 허상도 렌즈에 접근한다 (허상은 물체를 *좋~아해~♪*).
   물체가 렌즈에 접근하면 실상은 도망간다(실상은 물체를 *싫~어해~♪*).

9) 고난이도 질문
① 볼록렌즈에서 물체가 렌즈에 접근시 실상의 위치 변화는?
② 볼록렌즈에서 물체가 렌즈에 접근시 실상의 크기 변화는?
③ 볼록렌즈에서 a>2f라면 물체와 상의 수평 이동 속력을 비교하면?
④ 볼록렌즈에서 2f>a>f라면 물체와 상의 수평 이동 속력을 비교하면?
⑤ 볼록렌즈에서 물체가 렌즈에 접근시 허상의 위치 변화는?
⑥ 볼록렌즈에서 물체가 렌즈에 접근시 허상의 크기 변화는?
⑦ 볼록렌즈에서 a<f라면 물체와 상의 수평 이동 속력을 비교하면?

정답 ① 멀어진다. ② 커진다. ③ $V_{물체} > v_{실상}$
④ $V_{물체} < v_{실상}$ ⑤ 접근한다. ⑥ 작아진다.
⑦ $V_{물체} < v_{허상}$

Part 4. 파동

6. 오목렌즈 (기출)

1) 특징 : 면이 구의 일부이므로 구면렌즈라고 부른다. 다음 그림처럼 입사한 평행광선이 특정 지점에서 방출되는 것처럼 발산한다. 이 점을 허초점(virtual focus)이라고 부른다.

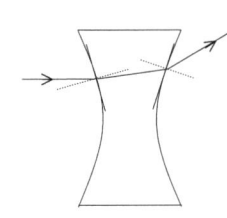 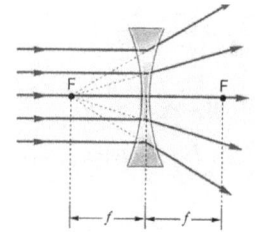

오목렌즈는 빛을 발산시키는 특징이 있다(발산렌즈). 주로 근시용 안경이나 망원경, 현미경 등에 주로 쓰인다.

2) 주요광선 : 평행광선, 초점광선, 중심광선, 구심광선

Quiz 1 다음과 같이 렌즈에 빛을 입사시킬 때 굴절된 빛의 경로를 그리시오.

1)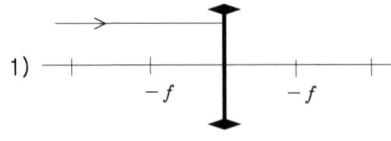

2)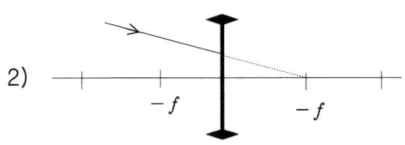

3)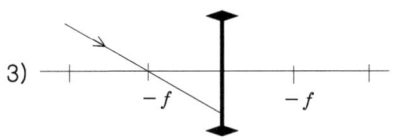

* 주의
볼록렌즈에서 평행광선은 상대방 초점을 지나가고,
오목렌즈에서 평행광선은 자기쪽 초점에서 나온다.

3) 상의 특징 : 항상 축소 정립 허상만 만들어진다.

4) 작도(광선추적법)를 통한 상의 이해
단 근축광선 가정(구면수차 spherical aberration 무시), $O \neq 2f$
(∵ 초점거리는 렌즈제작자 공식으로 결정)

오목렌즈	상의 종류

5) 상의 이동 : 물체가 렌즈에 접근하면 허상도 렌즈에 접근한다(허상은 물체를 좋~허해~♪).

6) 고난이도 질문
① 오목렌즈에서 물체가 렌즈에 접근시 허상의 위치 변화는?
② 오목렌즈에서 물체가 렌즈에 접근시 허상의 크기 변화는?
③ 오목렌즈에서 물체와 상의 수평 이동 속력을 비교하면?

정답 ① 접근한다.   ② 커진다.   ③ $V_{물체} > v_{허상}$

7) 렌즈 모양

볼록렌즈는 중앙이 가장자리보다 두껍다.	오목렌즈는 중앙이 가장자리보다 얇다.
Bi-convex Planar convex Meniscus convex	Bi-concave Planar concave Meniscus concave

7. 구면렌즈에서 가로배율(lateral magnification)과 렌즈 공식

1) 굴절면 공식 : $\dfrac{n_1}{a}+\dfrac{n_2}{b}=\dfrac{n_2-n_1}{r}$

pf. (안 시험)

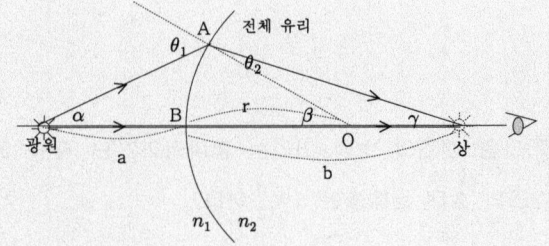

i) 굴절의 법칙 : $n_1\sin\theta_1 = n_2\sin\theta_2$
  여기서 근축광선($\theta_1 \simeq 0$)이라고 가정하면 위 식은 다음이 된다.
  $$n_1\theta_1 \simeq n_2\theta_2 \quad \cdots \text{①}$$

ii) 근축광선이므로 $\alpha, \beta, \gamma \simeq 0$이다. 그러므로 부채꼴 호의 길이를 다음처럼 표현할 수 있다.
  $$\widehat{AB} \simeq a\alpha \simeq r\beta \simeq b\gamma \quad \cdots \text{②}$$

iii) 각도 관계 $\alpha+\beta=\theta_1$ $\qquad \cdots$ ③
  $\theta_2+\gamma=\beta$ $\qquad \cdots$ ④

iv) ③,④→①: $n_1(\alpha+\beta) \simeq n_2(\beta-\gamma)$
  이 식에 ②를 대입하면 다음과 같다.
  $$n_1\left(\dfrac{\widehat{AB}}{a}+\dfrac{\widehat{AB}}{r}\right) \simeq n_2\left(\dfrac{\widehat{AB}}{r}-\dfrac{\widehat{AB}}{b}\right)$$
  $$\Rightarrow \dfrac{n_2-n_1}{r} = \dfrac{n_1}{a}+\dfrac{n_2}{b}$$

2) 부호 규약

	+	−
a	실물체	허물체
b	실상	허상
r	볼록면	오목면

3) 얇은 렌즈에 의한 상 및 렌즈 관계식 : $\dfrac{1}{a}+\dfrac{1}{b}=(n_{12}-1)\left(\dfrac{1}{r_1}-\dfrac{1}{r_2}\right)$

(안 나옴)

pf. (안 시험)

i) 광원에서 나온 빛이 다음 그림처럼 이동한다고 하자.

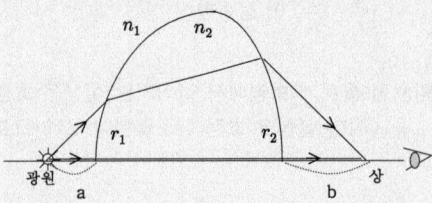

ii) 왼쪽 면에서의 굴절만 따져보자.

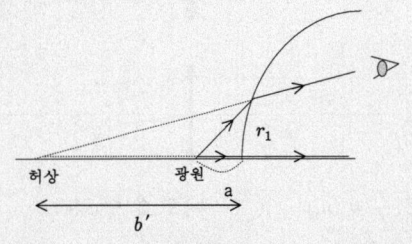

절면 공식 : $\dfrac{n_1}{+a}+\dfrac{n_2}{-b'}=\dfrac{n_2-n_1}{+r_1} \quad \cdots$ ①

iii) 오른쪽 면에서의 굴절을 따져보자.

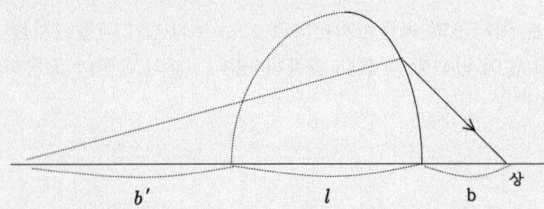

굴절면 공식 : $\dfrac{n_2}{b'+l}+\dfrac{n_1}{+b}=\dfrac{n_1-n_2}{+r_2}$ 단 실상, 볼록면 가정!!!

여기서 $l \simeq 0$이라고 하면 $\dfrac{n_2}{b'}+\dfrac{n_1}{+b}=\dfrac{n_1-n_2}{+r_2} \quad \cdots$ ②

iv) ①, ②를 서로 더함 : $\dfrac{n_1}{a}+\dfrac{n_1}{b}=(n_2-n_1)\left(\dfrac{1}{r_1}-\dfrac{1}{r_2}\right)$
  $$\Rightarrow \dfrac{1}{a}+\dfrac{1}{b}=(n_{12}-1)\left(\dfrac{1}{r_1}-\dfrac{1}{r_2}\right)$$

→ 실제 문제를 풀 때 오목면인 경우 r_2에 음(−)의 부호만 붙여주면 된다.
  그리고 최종 계산 결과 $b<0$이면 허상으로 해석

Part 4. 파동

4) 렌즈 제작자 공식과 렌즈 공식 : $\frac{1}{f} = (n_{12}-1)(\frac{1}{r_1}-\frac{1}{r_2})$

pf.

i) $\frac{1}{a}+\frac{1}{b} = (n_{12}-1)(\frac{1}{r_1}-\frac{1}{r_2})$ 에서 만약 $a=\infty$ 라면

$\frac{1}{b} = (n_{12}-1)(\frac{1}{r_1}-\frac{1}{r_2})$ 이 성립한다.

ii) 다음 그림처럼 물체가 초점에서 멀어지면 실상은 초점 근처에서 맺힌다. $a=\infty$ 이면 실상은 초점에서 맺힌다. 그러므로 이 경우 $b=f$ 이다.

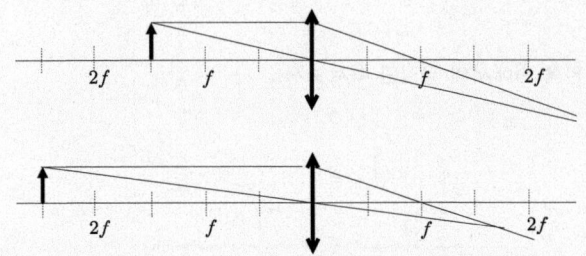

결국 위 식은 $\frac{1}{f} = (n_{12}-1)(\frac{1}{r_1}-\frac{1}{r_2})$ 로 쓸 수 있다.
일반적으로 이 식을 렌즈 제작자 공식이라고 한다.

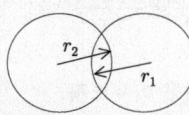

단 r_1 은 입사면의 곡률반지름이고 r_2 는 투과면의 곡률반지름이다. 그리고 빛이 입사할 때 면이 볼록하다면 $r>0$ 이고 면이 오목하다면 $r<0$ 이다.

5) 렌즈 공식 : $\frac{1}{a}+\frac{1}{b} = \frac{1}{f}$ (기출)

pf.
렌즈 제작자 공식 $\frac{1}{f} = (n_{12}-1)(\frac{1}{r_1}-\frac{1}{r_2})$ 을 앞에서 구한 관계식
$\frac{1}{a}+\frac{1}{b} = (n_{12}-1)(\frac{1}{r_1}-\frac{1}{r_2})$ 에 대입하면
$\frac{1}{a}+\frac{1}{b} = \frac{1}{f}$ 을 얻을 수 있다. 이를 렌즈 공식이라고 한다.

보통 볼록렌즈의 초점거리는 $f>0$ 이고, 오목렌즈의 초점거리는 $f<0$ 이다.

6) 가로 배율(lateral magnification) : $m = -\frac{b}{a}$

단 $|m|>1$ 이면 확대, $|m|<1$ 이면 축소

7) 부호 규약

m의 부호	+	-
상	정립	도립

Quiz 1 초점거리가 20cm인 볼록렌즈 앞 40cm 위치에 물체가 놓여 있다. 상의 위치와 종류는?

정답 렌즈 뒤 40cm, 등배 도립 실상

Quiz 2 다음 렌즈의 초점 거리는 얼마인가? 단 주위 매질에 대한 렌즈의 상대 굴절률은 $n=\frac{3}{2}$ 이다.

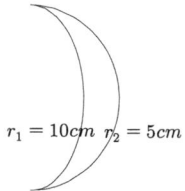

정답

i) 빛이 왼쪽에서 오른쪽으로 입사한다면
$\frac{1}{f} = (\frac{3}{2}-1)(\frac{1}{-10}-\frac{1}{-5})$ 에서 $f=+20cm$

ii) 빛이 오른쪽에서 왼쪽으로 입사한다면
$\frac{1}{f} = (\frac{3}{2}-1)(\frac{1}{+5}-\frac{1}{+10})$ 에서 $f=+20cm$

Quiz 3 다음 렌즈의 초점 거리는 얼마인가? 단 주위 매질에 대한 렌즈의 상대 굴절률은 $n=\frac{3}{2}$ 이다.

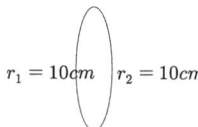

정답
step1. 렌즈 제작자 공식
step2. 렌즈 공식
step3. 배율

i) 빛이 왼쪽에서 오른쪽으로 입사한다면
$\frac{1}{f} = (\frac{3}{2}-1)(\frac{1}{10}-\frac{1}{-10})$ 에서 $f=+10cm$

ii) 빛이 오른쪽에서 왼쪽으로 입사한다면
$\frac{1}{f} = (\frac{3}{2}-1)(\frac{1}{10}-\frac{1}{-10})$ 에서 $f=+10cm$

→ 시사점 : 렌즈에서는 렌즈 제작자 공식에 의해 초점 거리가 정해지기 때문에 초점 거리가 곡률반지름과 일치할 수도 있다. 그러므로 구면 거울에서처럼 $O=2f$ 라고 생각하면 오개념이다.

ex 1
오목 거울과 볼록 렌즈의 초점 거리는 물 속에서 어떻게 변하는가?

정답 오목거울 : 불변, 볼록렌즈 : 길어진다

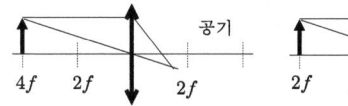
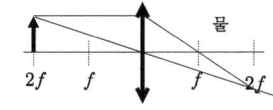

ex 2
초점거리가 8cm인 볼록렌즈에 실물의 2배에 해당하는 허상이 생겼다. 렌즈에서 물체까지의 거리는 얼마인가?

정답 4cm

역추론 문제이다.

i) $m = -\dfrac{b}{a} = +2$ 에서 $b = -2a$

ii) $\dfrac{1}{a} + \dfrac{1}{b} = \dfrac{1}{8}$ 에서 $\dfrac{1}{a} + \dfrac{1}{-2a} = \dfrac{1}{8}$ 이므로 $a=4$

<2>

i) $|m| = \left|\dfrac{b}{a}\right| = 2$ 에서 $|b| = 2|a|$ 단, $b<0 !!!$

ii) $\dfrac{1}{a} + \dfrac{1}{b} = \dfrac{1}{8}$ 에서 $\dfrac{1}{a} + \dfrac{1}{-2a} = \dfrac{1}{8}$ 이므로 $a=4$

ex 3
초점거리가 각각 10cm, 20cm인 두 개의 얇은 볼록렌즈가 70cm의 간격을 두고 세팅되어 있다. 물체가 첫 번째 볼록렌즈의 앞쪽 15cm 위치에 있다면 최종상은?

정답 두 번째 렌즈 오른쪽 40cm 위치에 확대정립실상

i) 첫 번째 렌즈에 의한 상 : $\dfrac{1}{+15} + \dfrac{1}{+b} = \dfrac{1}{+10}$ 에서 $b = +30cm$ 그리고 배율은 $m_1 = -\dfrac{b_1}{a_1} = -\dfrac{+30}{+15} = -2$

ii) 두 번째 렌즈에 의한 상 : $\dfrac{1}{+40} + \dfrac{1}{+b'} = \dfrac{1}{+20}$ 에서 $b' = +40cm$(실상) 그리고 배율은 $m_2 = -\dfrac{b_2}{a_2} = -\dfrac{+40}{+40} = -1$

iii) $m = m_1 m_2 = +2$(확대정립)

→ 주의 : 한 렌즈에 의한 상은 '도립실상', '정립허상'이지만, 두 렌즈에 의한 상은 '도립실상', '정립허상'이 아닐 수도 있다.

ex 4
상의 위치, 종류, 배율을 각각 찾으시오.

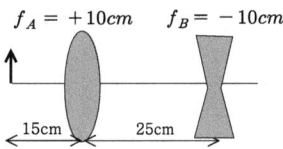

정답 확대도립실상

i) 렌즈 A에 의한 상 : $\dfrac{1}{a} + \dfrac{1}{b} = \dfrac{1}{f}$ 에서 $\dfrac{1}{+15} + \dfrac{1}{+b} = \dfrac{1}{+10}$ 이므로, $b = +30cm$ 이고, $m_A = -\dfrac{+30}{+15} = -2$(확대도립)

ii) 렌즈 B에 의한 상 : $a = 25 - 30 = -5$(허물체)이므로

$\dfrac{1}{-5} + \dfrac{1}{+b} = \dfrac{1}{-10}$ 이므로 $b = +10cm$(실상)이고 $m_B = -\dfrac{+10}{-5} = +2$ (확대정립)

iii) $m = m_A \times m_B = (-2)(+2) = -4$(확대도립), 실상임!

→ 주의 : 한 렌즈에 의한 상은 '도립실상', '정립허상'이지만, 두 렌즈에 의한 상은 '도립실상', '정립허상'이 아닐 수도 있다.

8. 다중렌즈(얇은 렌즈의 결합) : $\frac{1}{f_{eq}} = \frac{1}{f_1} + \frac{1}{f_2}$

단 두 렌즈 붙어있음

pf. 첫 번째 렌즈에 의한 상을 편의상 실상이라고 가정하자.

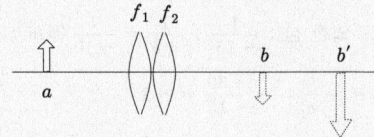

i) 첫 번째 렌즈에 의한 상 : $\frac{1}{+a} + \frac{1}{+b} = \frac{1}{+f_1}$

ii) 두 번째 렌즈에 의한 상 : 첫 번째 렌즈에 의한 상은 두 번째 렌즈에 대해 허물체가 된다. 이것을 고려하면 $\frac{1}{-b} + \frac{1}{+b'} = \frac{1}{+f_2}$

단 편의상 허물체에 의한 상을 실상이라고 가정하였다.

iii) 두 식을 더하면 $\frac{1}{+a} + \frac{1}{+b'} = \frac{1}{+f_1} + \frac{1}{+f_2}$

여기서 복합렌즈의 초점을 f_{eq}라고 하면 $\frac{1}{f_{eq}} = \frac{1}{f_1} + \frac{1}{f_2}$

Q&A

질문 허물체에 의한 상이 실상인지, 허상인지 어떻게 알 수 있나요?

답변 어차피 여기서 원하는 것은 초점거리 사이의 관계일 뿐이라서, 허물체에 의한 상을 실상으로 가정하든, 허상으로 가정하든, 초점 관계식을 찾는 데는 영향이 없어요

* 거울과 렌즈에서 상의 종류 정리

 실초점 - 오목거울, 볼록렌즈 : 축도실, 확도실, 확정허

 허초점 - 볼록거울, 오목렌즈 : 축정허

* 렌즈 주요 공식 정리

 굴절면의 공식 : $\frac{n_1}{a} + \frac{n_2}{b} = \frac{n_2 - n_1}{r}$

 렌즈 관계식 : $\frac{1}{a} + \frac{1}{b} = \frac{1}{f} = (n_{12} - 1)(\frac{1}{r_1} - \frac{1}{r_2})$

 앞부분은 렌즈 공식, 뒷부분은 렌즈 제작자 공식

9. 렌즈의 대칭성(심화)

1) 실상이 존재할 조건 : $L \geq 4f$

pf.
i) 물체와 실상 사이의 거리를 L이라고 가정하자.
$\frac{1}{a} + \frac{1}{L-a} = \frac{1}{f}$
$\Rightarrow \frac{L}{a(L-a)} = \frac{1}{f}$
$\Rightarrow fL = aL - a^2$
$\Rightarrow a^2 - La + fL = 0$
$\Rightarrow$ 근의 공식 : $a = \frac{L \pm \sqrt{L^2 - 4fL}}{2}$

ii) 판별식 : $L^2 - 4fL \geq 0$
$\Rightarrow L(L - 4f) \geq 0$
$\Rightarrow L \leq 0$ or $L \geq 4f$
→ 의미 : 실상이 존재할 조건 : $L \geq 4f$

→ 직관적 이해 : 작도를 보면 알겠지만, $a = 2f$일 때, 물체와 상 사이의 거리가 최소이고, $a > 2f$이면 $L > 4f$이며, $2f > a > f$이어도 $L > 4f$이다.

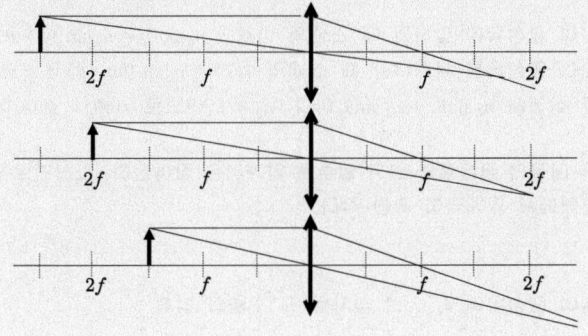

2) 렌즈의 대칭성(실상의 대칭성) : 물체와 실상의 자리를 서로 바꿀 수 있다. 예를 들어 실상의 자리에 물체를 두면, 물체가 있던 자리에 실상이 맺힌다.

pf.
i) 물체와 실상 사이의 거리를 L이라고 가정하자.
$\frac{1}{a} + \frac{1}{L-a} = \frac{1}{f}$
$\Rightarrow \frac{L}{a(L-a)} = \frac{1}{f}$
$\Rightarrow fL = aL - a^2$
$\Rightarrow a^2 - La + fL = 0$

ii) 근의 공식 : $a = \frac{L \pm \sqrt{L^2 - 4fL}}{2}$
→ 의미 :
$a_① = \frac{L + \sqrt{L^2 - 4fL}}{2}$ 이면 $b_① = L - a = \frac{L - \sqrt{L^2 - 4fL}}{2}$ 이고,
$a_② = \frac{L - \sqrt{L^2 - 4fL}}{2}$ 이면 $b_② = L - a = \frac{L + \sqrt{L^2 - 4fL}}{2}$ 이다.

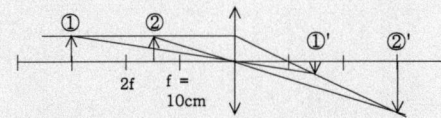

$a_① = 30cm \quad a_② = 15cm \quad b_{①'} = 15cm \quad b_{②'} = 30cm$
$\frac{L+\sqrt{L^2-4\downarrow}}{2} \quad \frac{L-\sqrt{L^2-4\downarrow}}{2} \quad \frac{L-\sqrt{L^2-4fL}}{2} \quad \frac{L+\sqrt{L^2-4fL}}{2}$

iii) 배율 : $m_① = -\frac{b_①}{a_①} = -\frac{L - \sqrt{L^2-4fL}}{L + \sqrt{L^2-4fL}}$

$m_② = -\frac{b_②}{a_②} = -\frac{L + \sqrt{L^2-4fL}}{L - \sqrt{L^2-4fL}}$

그러므로 두 배율은 역수 관계이다.

Part 4. 파동

* 추론형 문제 엿보기

1. 그림에서 P로 입사한 빛은 Q에 도달한다.

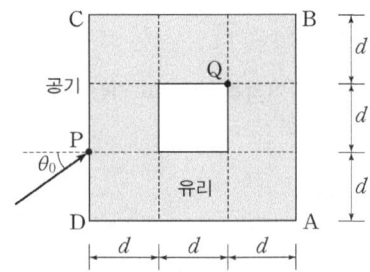

다음 세 가지 경우 중 P에 입사한 빛이 선분 AB에 도달하는 경우는?

─────────────── <보 기> ───────────────
ㄱ. 입사각이 $0.5\theta_0$ 로 작아졌을 때
ㄴ. 입사광선의 파장이 $1.5\lambda_0$ 로 길어졌을 때
ㄷ. 유리의 재질이 바뀌어 굴절률이 1.2배로 커졌을 때

정답   ㄱ, ㄷ

ㄱ. 입사각이 감소하면 굴절광은 법선에 접근하므로 빛은 A, B 사이를 통과할 것이다.
ㄴ. 파장이 길어지면 굴절이 덜 되므로 빛은 Q 의 왼쪽으로 진행할 것이다.
ㄷ. 굴절률이 증가하면 굴절이 잘 되므로 빛은 Q 의 오른쪽으로 진행할 것이다.

2. $n_0 < n_1 < n_2$ 이다.

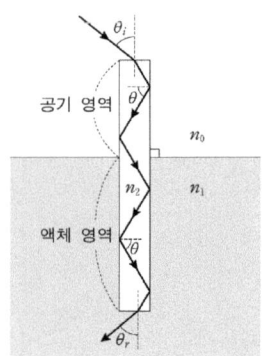

1) θ_i 와 θ_r 을 비교하면?

2) 광섬유 내부에서 공기 영역 임계각과 액체 영역 임계각을 비교하면?

3) n_1 이 감소하면 액체 영역의 광섬유 내부에서 전반사가 일어나기 위한 θ_i 의 최댓값은 어떻게 되는가?

정답   1) 같다   2) 액체 영역이 더 큼   3) 증가

1)
i) 빛이 광섬유에 입사될 때 스넬의 법칙 : $n_0 \sin\theta_i = n_2 \sin(90-\theta)$
ii) 빛이 광섬유를 빠져나갈 때 스넬의 법칙 : $n_2 \sin(90-\theta) = n_1 \sin\theta_r$
iii) 두 식에서 $n_0 \sin\theta_i = n_1 \sin\theta_r$ 이다. $n_0 < n_1$ 이므로 $\sin\theta_i > \sin\theta_r$ 이다.

2) 두 매질의 굴절률의 비가 클수록 임계각은 작아진다. 그러므로 공기 영역에서 임계각이 훨씬 작다.

3)
i) 빛이 광섬유에 $\theta_{i,\max}$ 로 입사될 때 스넬의 법칙 :
$n_0 \sin\theta_{i,\max} = n_2 \underbrace{\sin\phi}_{=\cos\theta_C}$
ii) 액체 영역에서 전반사 조건 : $n_2 \sin(90-\phi) > n_1$
$\Rightarrow n_1 < n_2 \cos\phi$
iii) 두 식의 양변을 제곱해서 더하면 $n_0^2 \sin^2\theta_{i,\max} + n_1^2 < n_2^2$ 이다.
그러므로 n_1 이 감소하면 $\theta_{i,\max}$ 는 증가한다.

<2> 정성적 분석
n_1 이 감소하면 광섬유와 액체의 굴절률비가 커진다. 그러면 임계각은 작아진다. 결국 ϕ 가 증가하므로 θ_i 가 커진다.

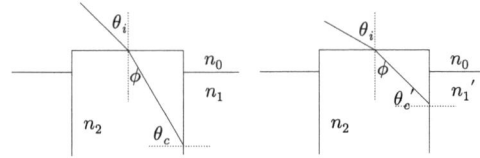

3. d_c일 때 전반사가 일어난다. d_c?

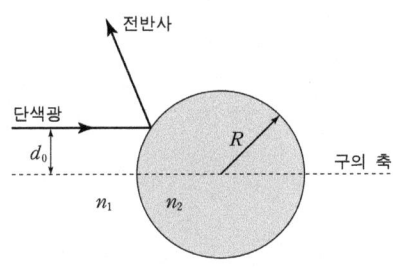

정답

임계각에서 스넬의 법칙을 적용하자. $n_1 \sin\theta_C = n_2 \sin 90$이다. 한편 기하학적으로 $\sin\theta_C = \dfrac{d_c}{R}$이므로 두 식을 연립하면 $d_c = \dfrac{n_2}{n_1}R$

4. $\dfrac{2}{3}a \leq h \leq a$일 때 전반사가 일어난다. x_0?

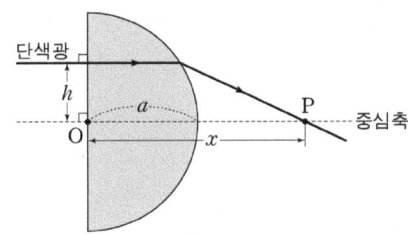

정답

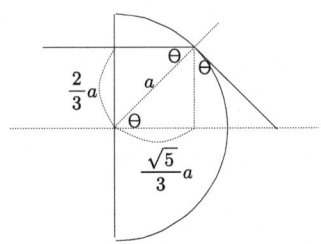

$x_0 = \dfrac{\sqrt{5}}{3}a + \dfrac{2}{3}a \underbrace{\tan\theta}_{=2/\sqrt{5}} = \dfrac{3}{5}\sqrt{5}\,a$

<2> 빠른 풀이

$x = \dfrac{a}{\cos\theta} = \dfrac{a}{\sqrt{5}/3} = \dfrac{3a}{\sqrt{5}}$

5. 광원에서 나온 빛이 시료에 집속되어 직경 a인 형광을 발생시키며, 이 형광은 초점거리 f인 렌즈에 의해 검출기 표면에 직경 $5a$인 상을 맺는다. d?

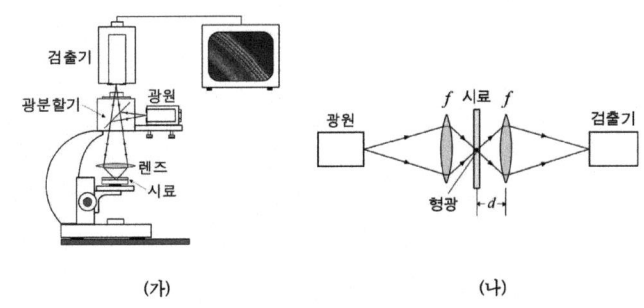

(가) (나)

정답

i) 배율 공식 : 검출기 표면(스크린)에 상이 맺혔으므로 실상이다. 실상은 도립상이다. 도립상의 배율은 음수이다. 그러므로 배율은 $m = -5$이다.

배율공식을 적용하면 $-5 = -\dfrac{(+b)}{(+a)}$에서 $b = +5a$이다. 여기서 $a > 0$이므로 $b > 0$은 나의 첫 가정(실상)이 옳았다고 해석하면 된다.

ii) 렌즈 공식 : $\dfrac{1}{a} + \dfrac{1}{b} = \dfrac{1}{f}$에서 $\dfrac{1}{(+d)} + \dfrac{1}{(+5d)} = \dfrac{1}{(+f)}$이므로 $f = +1.2f$이다. 여기서 $f > 0$은 나의 첫 가정(실초점)이 옳았다고 해석한다.

Chapter 12. 파동역학

Chapter 13. 기하광학

Chapter 14. 파동광학

Part 4. 파동

§1. 이중슬릿 실험 (기출)

1. 빛의 본질에 대한 논쟁

1) 17C : Newton - 빛의 입자설 주장
     Huygens, Snell - 빛의 파동설 주장

2) 1801. Young - double slits 실험을 통해 빛의 파동설을 증명

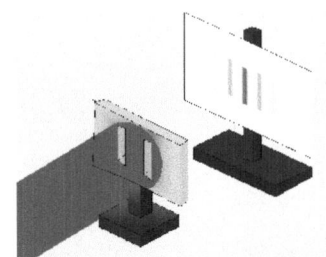

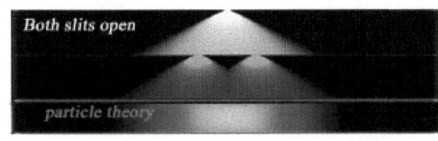

3) 출제 포인트 : 간섭 조건, 무늬 간격, 무늬 밝기

2. 간섭조건

1) 실제 무늬와 경로차

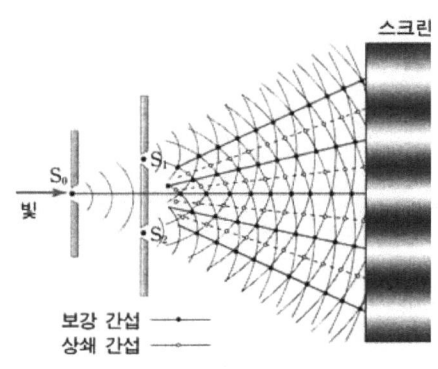

명칭	경로차(Δ)	차수
세 번째 어두운 무늬	$2.5\lambda = \frac{\lambda}{2}(5) = \frac{\lambda}{2}(2 \times 2 + 1)$	$m = 2$
두 번째 밝은 무늬	$2\lambda = \frac{\lambda}{2}(4) = \frac{\lambda}{2}(2 \times 2)$	$m = 2$
두 번째 어두운 무늬	$1.5\lambda = \frac{\lambda}{2}(3) = \frac{\lambda}{2}(2 \times 1 + 1)$	$m = 1$
첫 번째 밝은 무늬	$1\lambda = \frac{\lambda}{2}(2) = \frac{\lambda}{2}(2 \times 1)$	$m = 1$
첫 번째 어두운 무늬	$0.5\lambda = \frac{\lambda}{2}(1) = \frac{\lambda}{2}(2 \times 0 + 1)$	$m = 0$
가운데 밝은 무늬	$0\lambda = \frac{\lambda}{2}(0) = \frac{\lambda}{2}(2 \times 0)$	$m = 0$

단 λ는 진공 속 파장이고, 진폭은 불변이라고 가정!

2) 간섭 조건 정리

① 보강간섭 조건 : $\Delta = 0\lambda,\ 1\lambda,\ 2\lambda,\ \ldots,\ m\lambda$ 단 $m = 0, 1, 2, \ldots$

  or $\Delta = \frac{\lambda}{2} \cdot 0,\ \frac{\lambda}{2} \cdot 2,\ \frac{\lambda}{2} \cdot 4,\ \ldots,\ \frac{\lambda}{2}(2m)$

② 상쇄간섭 조건 : $\Delta = 0.5\lambda,\ 1.5\lambda,\ 3.5\lambda,\ \ldots$

  or $\Delta = \frac{\lambda}{2} \cdot 1,\ \frac{\lambda}{2} \cdot 3,\ \frac{\lambda}{2} \cdot 5,\ \ldots,\ \frac{\lambda}{2}(2m+1)$ 단 $m = 0, 1, 2, \ldots$

tip1. 밝은 무늬의 명칭과 차수(order) m 은 일치한다.

tip2. 배수 직선

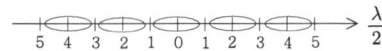

Quiz 1 두 번째 어두운 무늬의 경로차는?

Quiz 2 경로차가 $\Delta = 15\lambda$인 지점에는 어떤 무늬가 있는가?

* 주의 : 이중슬릿에서 각 슬릿의 너비는 빛알갱이(광자) 하나가 지나갈 수 있을 정도로 좁다고 가정한다.
그리고 슬릿을 통과한 빛알갱이는 점광원이라고 볼 수 있다. 그러므로 구면파를 만든다.
이중슬릿 실험 자체는 수면파 간섭 실험의 광학 버전이다.

Ch 14. 파동광학

3. 무늬간격 : $\triangle x = \dfrac{L\lambda}{d}$ (프라운호퍼 회절 가정)
(작은 각 근사 가능) (기출)

pf.

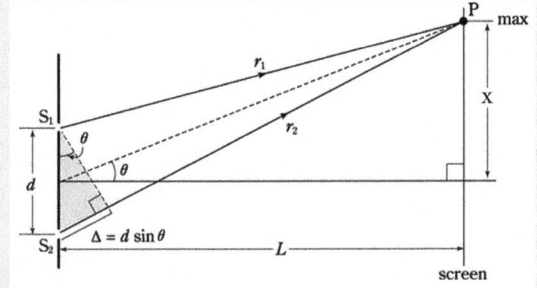

i) m번째 밝은 무늬의 경로차(기하학적 측면) :

$$\Delta_m \equiv \overline{S_2P} - \overline{S_1P} \simeq d\sin\theta \simeq d\tan\theta = d\dfrac{x_m}{L} \quad \cdots \text{①}$$

$\uparrow L \gg d \quad \uparrow \theta \simeq 0$ (작은각 근사)

단 가운데 밝은 무늬에서 m번째 밝은 무늬까지의 거리가 x_m이다.

ii) m번째 밝은 무늬의 보강조건(파동적 측면) :

$$\Delta_m = m\lambda \quad \cdots \text{②}$$

iii) ①, ②에서 $x_m = \dfrac{L}{d} \times m\lambda \quad \cdots \text{③}$

iv) $m+1$번째 밝은 무늬 경로차(기하학적 측면) :

$$\Delta_{m+1} \simeq d\sin\theta' \simeq d\tan\theta' = d\dfrac{x_{m+1}}{L} \quad \cdots \text{④}$$

v) $m+1$번째 밝은 무늬 보강조건(파동적 측면) :

$$\Delta_{m+1} = (m+1)\lambda \quad \cdots \text{⑤}$$

vi) ④, ⑤에서 $x_{m+1} = \dfrac{L}{d} \times (m+1)\lambda \quad \cdots \text{⑥}$

vii) 임의의 두 이웃한 밝은 무늬 사이의 간격 :

⑥-③ : $\triangle x = x_{m+1} - x_m = \dfrac{L}{d} \times (m+1)\lambda - \dfrac{L}{d} \times m\lambda = \dfrac{L\lambda}{d}$

→ 의미 : 이웃한 두 밝은 무늬 사이의 간격이 일정하다.
또는 이웃한 두 어두운 무늬 사이의 간격이 일정하다.

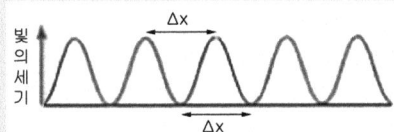

단, 여기서 간격은 빛의 세기가 가장 큰 두 지점, 혹은 빛의 세기가 0인 두 지점 사이를 의미한다.

<2> 고등 수준 : 삼각형의 닮음

위의 그림에서 $d : \Delta_m = L : x_m$ 이므로 $x_m = \dfrac{L}{d}\Delta_m = \dfrac{L}{d}m\lambda$

마찬가지로, $x_{m+1} = \dfrac{L}{d}\Delta_{m+1} = \dfrac{L}{d}(m+1)\lambda$

그러므로 두 식을 빼면 $\triangle x = \dfrac{L\lambda}{d}$

* 주의 : $\triangle x = \dfrac{L\lambda}{d}$ 은 육안으로 봤을 때 밝은 무늬 하나의 너비가 아니라, 어떤 밝은 무늬의 제일 밝은 지점과 이웃한 밝은 무늬의 제일 밝은 지점 사이의 간격으로 정의한다. 또는 가장 어두운 부분과 그 바로 옆 가장 어두운 부분 사이의 간격으로 정의한다♥

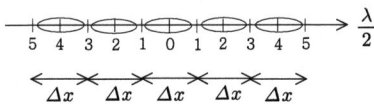

Quiz 3 λ가 2배가 되면, $\triangle x$는 몇 배가 되는가?

Quiz 4 d가 1/2배가 되면, $\triangle x$는 몇 배가 되는가?

Quiz 5 L이 2배가 되면, $\triangle x$는 몇 배가 되는가?

→ 직관적 이해 : 회절성 $\propto \dfrac{\lambda}{d}$

* 오개념

① 다섯 번째 밝은 무늬와 네 번째 밝은 무늬 사이의 간격은 $\triangle x = 5\lambda - 4\lambda = 1\lambda$ 이다.

→ 정개념 : $\triangle x = \dfrac{L\lambda}{d}$

② Δ VS $\triangle x$ 헷갈림

→ 정개념 : Δ는 경로차의 기호이고, $\triangle x$은 두 밝은 무늬 사이의 간격이다.

4. 무늬의 세기

1) 공식 : $I = 4I_0 \cos^2 \dfrac{\phi}{2}$

pf. (안 시험)

i) $y_1 = A\sin(kx - wt + \phi)$
   $y_2 = A\sin(kx - wt)$
   cf. $\sin X + \sin Y = 2\sin\dfrac{X+Y}{2}\cos\dfrac{X-Y}{2}$

ii) $y_1 + y_2 = 2A\sin(kx - wt + \dfrac{\phi}{2})\cos\dfrac{\phi}{2}$
   $= \left[2A\cos\dfrac{\phi}{2}\right]\sin(kx - wt + \dfrac{\phi}{2})$

iii) 진폭 : $2A\cos\dfrac{\phi}{2}$ (암기)

iv) $I = \dfrac{1}{2}\epsilon_0 c E_0^2$ 에 의해 세기는 진폭의 제곱에 비례한다.
   그러므로 $I_0 : I = A^2 : (2A\cos\dfrac{\phi}{2})^2$ 에서
   $I = \dfrac{(2A\cos\dfrac{\phi}{2})^2}{A^2} I_0 = 4I_0 \cos^2\dfrac{\phi}{2}$ 이 성립한다.

2) 그래프 : $I = 4I_0 \cos^2\dfrac{\phi}{2}$ 를 그래프로 표현하면 다음과 같다.

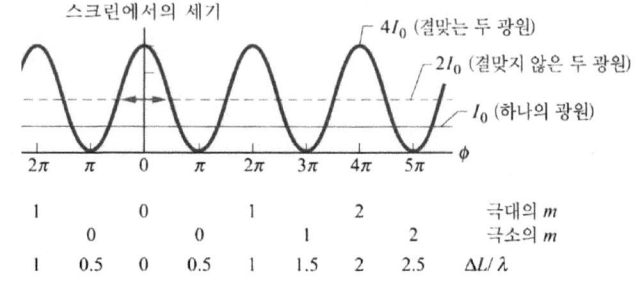

1		0		1		2	극대의 m
	0		0		1		2	극소의 m
1	0.5	0	0.5	1	1.5	2	2.5	$\Delta L/\lambda$

★ 에피소드 – 영

1) 업적
   빛이 파동임을 증명하였다.

   야구공 VS 파도
   투수가 포수에게 1시간 동안 연속으로 야구공을 던진다면, 포수 주위에는 야구공이 엄청 많이 쌓일 것이다.
   그런데 파도가 1시간 동안 해변으로 온다면, 해변에 물이 쌓이지 않는다. 왜냐하면 파도의 본질은 물의 이동이 아니라 파동에너지의 이동이기 때문이다.
   단, 방구는 파동이 아니라 입자의 확산 현상이므로 본질적으로 파동과는 다른 현상이다. 오히려 열역학에서 다루는 자유팽창과 비슷하다고 할 수 있다.

2) 대학교 교수였던 영은 이중슬릿 실험을 통해 뉴턴의 입자설이 틀렸음을 증명하였다. 그러나 동료 과학자들이 그의 업적을 인정하기는커녕 오히려 비판을 하여서 물리학계를 떠나게 된다.
   학계를 떠난 그는 본업이었던 의사가 된다. 그러나 그것도 우여곡절 끝에 그만두고, 이집트 상형문자 해독을 연구한다. 많은 업적을 남겼지만, 라이벌이었던 샹폴리옹에게 빼앗겼다.

ex 1 그림은 단색광이 이중 슬릿을 통과하여 스크린에 간섭 무늬가 생기는 것을 나타낸 것이다. s는 이중 슬릿의 A, B를 통과한 단색광이 스크린 상의 임의의 점 P에서 만났을 때의 경로차이다.

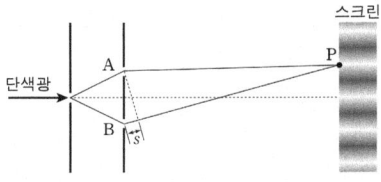

단색광의 파형과 경로차를 모식적으로 나타낼 때, A, B를 통과한 단색광이 스크린에서 만나 보강 간섭을 일으키는 경우를 <보기>에서 모두 고른 것은?

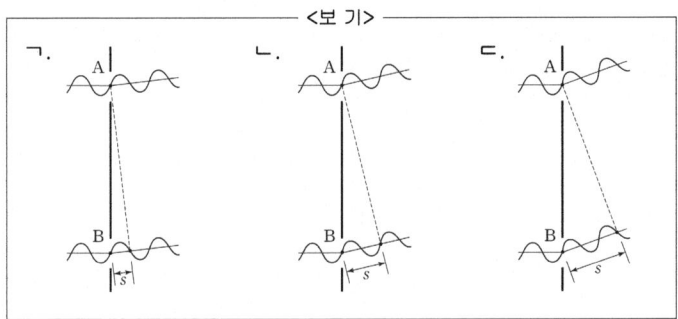

정답 ㄴ

i) 이중슬릿의 무늬별 경로차는 아래 배수직선에서 쉽게 찾을 수 있다.

배수직선: 5 4 3 2 1 0 1 2 3 4 5   단 밝은 무늬는 원.

첫 번째 밝은 무늬는 1이라고 적힌 부분이다. 그러므로 첫 번째 밝은 무늬의 경로차는 $\triangle = \frac{\lambda}{2}(2) = 1\lambda$ 이다.

ii) 어두운 무늬는 1, 3, 5 ... 이라고 적힌 부분이다. 그러므로 첫 번째 어두운 무늬의 경로차는 $\triangle = \frac{\lambda}{2}(1)$이고 두 번째 어두운 무늬의 경로차는 $\triangle = \frac{\lambda}{2}(3)$이다. 결국 보기에서 ㄱ과 ㄷ은 상쇄 간섭을 일으키는 경우이다.

ex 2 $d = 100\mu m$ 이고, $\lambda = 500 nm$ 이고, 이중슬릿의 중심과 스크린의 중심을 연결한 축에 대해 30° 각도인 지점에 생긴 무늬는 몇 번째 밝은 무늬인가?

정답 100

$d\sin\theta = m\lambda$ 에서 $m = \frac{d\sin\theta}{\lambda} = \frac{100}{0.5}\sin 30 = 100$

참고로 각도가 큰 경우 싸인을 탄젠트로 치환할 수 없다.

§ 2. 단일슬릿 실험 (기출)

1. 서론

1) 빛의 회절 현상이란?

빛이 작은 틈새를 지나면서 옆으로 퍼지는 현상.
다음 그림처럼 나뭇잎의 그림자가 선명하지 않은 이유는, 빛이 나뭇잎의 경계면을 지날 때 직진하면서 동시에 회절하기 때문이다.

2) 단일슬릿(single slit) 실험

: 햇빛은 가간섭성(coherent)을 갖지 않으므로 규칙적인 무늬를 관찰할 수 없다. 그러므로 레이저 같은 가간섭성 빛을 단일슬릿에 비추면 다음 사진 같은 규칙적인 패턴을 관찰할 수 있다.

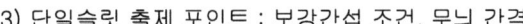

3) 단일슬릿 출제 포인트 : 보강간섭 조건, 무늬 간격

2. 간섭조건

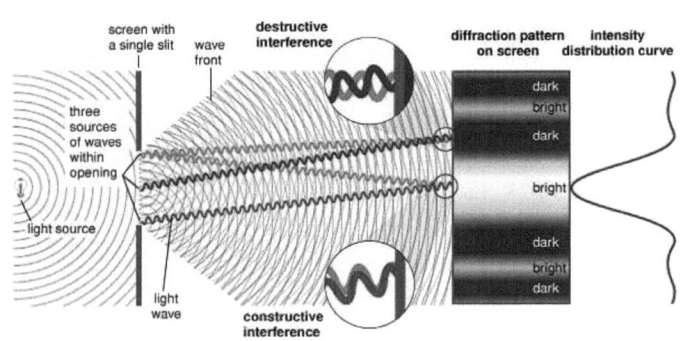

명칭	경로차(Δ)	차수
두 번째 밝은 무늬	$2.5\lambda = \frac{\lambda}{2}(5) = \frac{\lambda}{2}(2 \times 2 + 1)$	$m = 2$
두 번째 어두운 무늬	$2\lambda = \frac{\lambda}{2}(4) = \frac{\lambda}{2}(2 \times 2)$	$m = 2$
첫 번째 밝은 무늬	$1.5\lambda = \frac{\lambda}{2}(3) = \frac{\lambda}{2}(2 \times 1 + 1)$	$m = 1$
첫 번째 어두운 무늬	$1\lambda = \frac{\lambda}{2}(2) = \frac{\lambda}{2}(2 \times 1)$	$m = 1$
중앙극대	$0.5\lambda = \frac{\lambda}{2}(1) = \frac{\lambda}{2}(2 \times 0 + 1)$	$m = 0$
중앙극대	$0\lambda = \frac{\lambda}{2}(0) = \frac{\lambda}{2}(2 \times 0)$	$m = 0$

→ 정리

보강간섭 조건 : $\Delta = \frac{\lambda}{2}(2m+1)$, 단 $m = 1, 2, \ldots$, $m = 0$은 제외

상쇄간섭 조건 : $\Delta = \frac{\lambda}{2}(2m) = m\lambda$

cf. 배수 직선 :
$\underset{5\ 4\ 3\ 2\ 1\ 0\ 1\ 2\ 3\ 4\ 5}{\longrightarrow} \frac{\lambda}{2}$

Quiz 1 경로차가 $\Delta = 15\lambda$인 지점에는 어떤 무늬가 있는가?

Quiz 2 단일슬릿 가장자리에서 입사한 빛과 단일슬릿 중앙에서 입사한 빛이 간섭하여 첫 번째 어두운 무늬를 만든다. 두 빛의 경로차는?

tip. 어두운 무늬의 명칭과 차수(order) m 은 일치한다.

3. 간섭조건 원리

① 첫 번째 어두운 무늬에서의 간섭조건

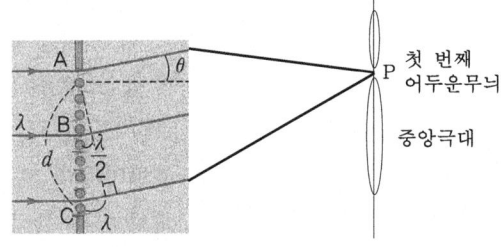

i) 위의 그림처럼 단일 슬릿에 N개의 점광원이 있다고 가정하자. 또는 60개의 점광원이 있다고 가정하자.
그리고 첫 번째 광원과 60번째 광원에서 각각 진행한 빛이 P점에 도달했을 때 경로차가 1λ라고 하자.

ii) 이제 60개의 점광원 중 1~30번 광원들을 상단, 31~60번 광원들을 하단으로 각각 분류하자.
위의 그림에서 보듯이 '삼각형의 닮음'을 고려한다면, 1번 광원에서 P까지 경로와 31번 광원에서 P까지 경로는 그 차이가 $\frac{\lambda}{2}$일 것이다. 이렇게 되면 1번 광원에서 나온 빛과 31번 광원에서 나온 빛들은 P점에서 상쇄될 것이다.
한편 2번 광원과 32번 광원도 '삼각형의 닮음'을 고려한다면, P점까지의 경로차가 $\frac{\lambda}{2}$일 것이다. 역시 두 광원에서 나온 빛들은 P점에서 상쇄될 것이다.
3번 광원과 33번 광원도 경로차가 $\frac{\lambda}{2}$라서 두 광원에서 나온 빛들은 P점에서 상쇄될 것이다.

iii) 결국 이런 식으로 계속 따지다 보면 상단의 광원들(1~30번)과 하단의 광원들(31~60번)은 모두 P점에서 상쇄되므로 P점은 어둡게 된다(완전상쇄). 결론적으로 단일슬릿 실험에서는 $\overline{AP} - \overline{CP}$의 차이가 1λ일 때, 이중슬릿 실험과는 달리, 상쇄간섭이 일어난다. 또는 $\overline{AP} - \overline{BP}$의 차이가 $\frac{\lambda}{2}$일 때, 상쇄간섭이 일어난다.

② 첫 번째 밝은 무늬에서의 간섭조건

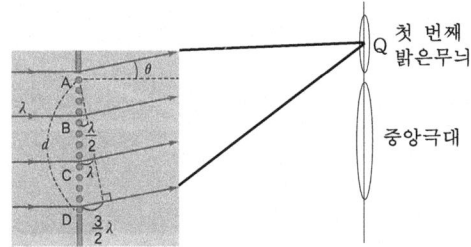

i) 위의 그림처럼 단일 슬릿에 N개의 점광원이 있다고 가정하자. 또는 60개의 점광원이 있다고 가정하자.
그리고 첫 번째 광원과 60번째 광원에서 각각 진행한 빛들이 P점에 도달했을 때 경로차가 1.5λ라고 하자.

ii) 이제 60개의 점광원 중 1~20번 광원들을 상단, 21~40번 광원들을 중단, 41~60번 광원들을 하단으로 각각 분류하자.
위의 그림에서 보듯이 '삼각형의 닮음'을 고려한다면, 1번 광원에서 Q까지 경로와 21번 광원에서 Q까지 경로는 그 차이가 $\frac{\lambda}{2}$일 것이다. 이렇게 되면 1번 광원에서 나온 빛과 21번 광원에서 나온 빛은 Q점에서 상쇄될 것이다.
한편 2번 광원과 22번 광원도 '삼각형의 닮음'을 고려한다면, Q점까지의 경로차가 $\frac{\lambda}{2}$일 것이다. 역시 두 광원에서 나온 빛은 Q점에서 상쇄될 것이다.
이런 식으로 따져보면 1~20번 광원들과 21~40번 광원들은 Q점에서 서로를 상쇄시킬 것이다.

iii) 41~60번 광원들은 Q점에 도달했을 때 다른 광원들에 의해 상쇄되지 않고 살아남는다. 그래서 Q점은 완전 어두워지지 않게 약간 밝게 보이게 된다(부분보강). 결론적으로 단일슬릿 실험에서는 $\overline{AP} - \overline{CP}$의 차이가 1.5λ일 때, 이중슬릿 실험과는 달리, 보강간섭이 일어난다. 또는 $\overline{AP} - \overline{BP}$의 차이가 $\frac{\lambda}{2}$일 때, 보강간섭이 일어난다.
참고로 위에서 상단과 중단의 광원들이 모두 상쇄되고 하단의 광원들만 살아남기 때문에(전체의 $\frac{1}{3}$정도), 이중슬릿 실험과는 달리, 첫 번째 밝은 무늬가 가운데 밝은 무늬에 비해서 덜 밝다.

③ 두 번째 어두운 무늬에서의 간섭조건

i) 위에서 펼쳤던 논리와 비슷하다. 단일 슬릿에 60개의 점광원이 있다고 가정할 때 1~15번, 16~30번, 31~45번, 46~60번 등 총 네 부분의 광원으로 나누어서 생각할 수 있다.

ii) 1번 광원과 60번 광원의 경로차가 2λ라고 하면 1번 광원과 16번 광원의 경로차는 $\frac{\lambda}{2}$일 것이다. 그렇게 되면, 1~15번 광원들과 16~30번 광원들은 서로 상쇄시키게 된다.

iii) 마찬가지로 31번 광원과 46번 광원의 경로차도 $\frac{\lambda}{2}$이므로 31, 46번이 서로 상쇄되고, 32, 47번이 서로 상쇄되어 결국 31~45번 광원들과 46~60번 광원들도 서로가 서로를 상쇄시키게 된다. 결국 1번 광원과 60번 광원의 경로차가 2λ이면 상쇄간섭이 일어난다(완전상쇄).

④ 두 번째 밝은 무늬에서의 간섭조건
단일 슬릿상의 점광원 60개를 다섯 부분으로 분류한다. 1번 광원과 60번 광원이 P점에 도달했을 때 경로차를 2.5λ라면 1~12, 13~24은 서로를 상쇄시키고, 25~36, 37~48번도 서로 상쇄시킨다. 결국 49~60번 빛만 P점에서 살아남는다(부분보강). 이때 전체 60개의 광원 중 단 12개의 광원만 살아남기 때문에 두 번째 밝은 무늬는 첫 번째 밝은 무늬보다 더욱 어둡게 된다.

같은 논리에 의해 세 번째 밝은 무늬는 전체 빛의 $\frac{1}{5}$정도만 살아남기 때문에 가운데 밝은 무늬에 비해 훨씬 어두워진다. 결국 단일슬릿에서는 밝은 무늬들의 세기가 일정하지 않고 점점 어두워지는 경향이 있다.

Part 4. 파동

4. 무늬간격 : $\triangle x = \dfrac{L\lambda}{a}$ (프라운호퍼 회절 가정) (작은 각 근사 가능) (기출)

pf.

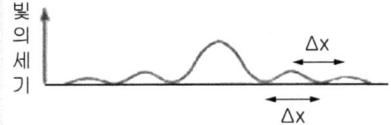

$\triangle$(경로차) $\equiv S_2P - S_1P$

i) m번째 어두운 무늬의 경로차(기하학적 측면) :
   $\triangle \simeq a\sin\theta \simeq a\tan\theta = a\dfrac{x}{L}$ ⋯ ①

ii) m번째 어두운 무늬의 상쇄 간섭 조건(파동적 측면) :
   m번째 어두운 무늬 $\triangle = m\lambda$ ⋯ ②

iii) ①, ②에서 $x = \dfrac{L}{a} \times m\lambda$ ⋯ ③

iv) $m+1$번째 어두운 무늬의 경로차(기하학적 측면) :
   $\triangle \simeq a\sin\theta' \simeq a\tan\theta' = a\dfrac{x'}{L}$ ⋯ ④

v) $m+1$번째 어두운 무늬의 상쇄 간섭 조건(파동적 측면) :
   $\triangle = (m+1)\lambda$ ⋯ ⑤

vi) ④, ⑤에서 $x' = \dfrac{L}{a} \times m\lambda$ ⋯ ⑥

vii) $m+1$번째 어두운 무늬와 m번째 어두운 무늬 사이의 간격 :
   ③, ⑥에서 $\triangle x = x_2 - x_1 = \dfrac{L}{a} \times (m+1)\lambda - \dfrac{L}{a} \times m\lambda = \dfrac{L\lambda}{a}$

→ 의미 : 밝은 무늬와 밝은 무늬 사이의 간격이 일정하다(중앙극대 제외).
또는 어두운 무늬와 어두운 무늬 사이의 간격이 일정하다.

* 주의 : $\triangle x = \dfrac{L\lambda}{a}$은 육안으로 봤을 때 밝은 무늬 하나의 너비가 아니라, 어떤 밝은 무늬의 제일 밝은 지점과 이웃한 밝은 무늬의 제일 밝은 지점 사이의 간격이다.

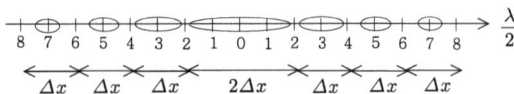

Quiz 1 λ가 2배가 되면, $\triangle x$는 몇 배가 되는가? 중앙극대 너비는?

Quiz 2 a가 1/2배가 되면, $\triangle x$는 몇 배가 되는가?

Quiz 3 L이 2배가 되면, $\triangle x$는 몇 배가 되는가?

→ 직관적 이해 : 회절성 $\propto \dfrac{\lambda}{d}$

5. 무늬의 세기

1) 공식 : $I_\theta = I_m \dfrac{\sin^2 \dfrac{\phi}{2}}{(\dfrac{\phi}{2})^2}$

pf. (안 시험)

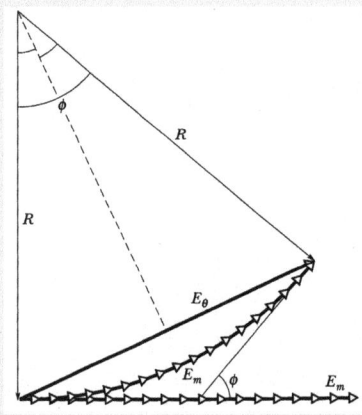

→ : 단일슬릿에서 방출되는 광원들의 위상자들
E_m : 위상자들의 단순합 또는 중앙극대의 진폭
E_θ : 슬릿축에서 θ인 지점의 진폭(phasor들의 벡터합)
ϕ : 첫 phasor와 마지막 phasor 사이의 위상차
R : E_m의 곡률반경

ii) 부채꼴 호의 길이 관계 : $E_m = R\phi$

iii) 이등변 삼각형의 대변 길이 : $E_\theta = 2(R\sin\dfrac{\phi}{2})$

iv) $I \propto E^2$ 임을 고려하면 $I_\theta : I_m = (2R\sin\dfrac{\phi}{2})^2 : (R\phi)^2$ 에서

$$I_\theta = I_m \dfrac{4\sin^2\dfrac{\phi}{2}}{\phi^2} = I_m \dfrac{\sin^2\dfrac{\phi}{2}}{(\dfrac{\phi}{2})^2}$$

단 I_θ는 θ인 곳에서 세기, I_m은 중앙극대의 세기

2) 그래프 : $I = 4I_0 \cos^2 \dfrac{\phi}{2}$ 를 그래프로 표현하면 다음과 같다.

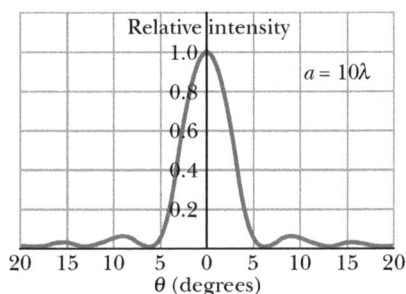

Quiz 1 첫 번째 밝은 무늬의 세기는?

정답 $\dfrac{I_1}{I_m} = \dfrac{\sin^2(\dfrac{3\pi}{2})}{(\dfrac{3\pi}{2})^2} \simeq 0.045 = 4.5\%$

6. 생활예

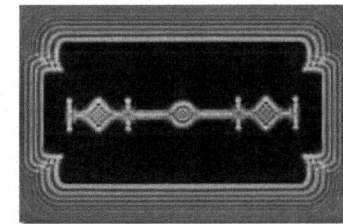 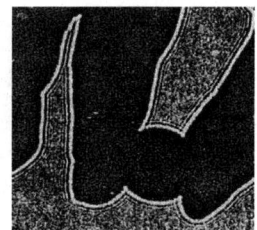

Part 4. 파동

ex 1 다음 그림은 단일 슬릿을 통과한 단색광의 회절 무늬를 찍은 사진이다.

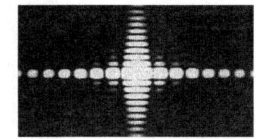

단일 슬릿의 모양으로 가장 적당한 것은?

① 　　② 　　③

④ 　　⑤

정답 ⑤

옆무늬의 폭(↔)이 윗무늬의 폭(↕)보다 넓다. 상대적으로 좌우로 회절이 잘 일어났다는 의미이다. 그러므로 상대적으로 좌우의 폭이 좁은 ⑤번 슬릿이 적당하다.

cf. 간섭 무늬와 회절 무늬

1) 회절과 간섭의 구분

① 회절 : 파동이 장애물을 지나가면서 옆으로 퍼지는 현상

② 간섭 : 두 파동이 만나서 진폭이 커지거나 작아지는 현상

2) 간섭 무늬와 회절 무늬의 구분

① 간섭 무늬 : 이중슬릿에 의한 무늬, 단 회절 후 간섭

② 회절 무늬 : 단일슬릿에 의한 무늬, 단 회절 후 간섭

	이중슬릿 실험	단일슬릿 실험
간섭 조건	보강조건 $\Delta = \dfrac{\lambda}{2}(2m)$	보강조건 $\Delta = \dfrac{\lambda}{2}(2m+1)$ 단 중앙극대와 $\Delta = \dfrac{\lambda}{2}$ 제외
무늬 간격	$\Delta x = \dfrac{L\lambda}{d}$	$\Delta x = \dfrac{L\lambda}{a}$
무늬 밝기	(그래프: 균일한 간격의 봉우리들, Δx)	(그래프: 중앙이 크고 주변은 작은 봉우리들, Δx)

§ 3. 박막간섭 (기출)

1. 박막간섭이란?

1) setting 및 관찰결과 : 얇은 비누거품막에 밝고 어두운 무늬가 나타난다. 이 현상을 얇은 막 간섭 또는 박막 간섭이라고 한다. 그리고 박막간섭이론을 이용하면 박막의 두께를 알아낼 수 있다.

2) 우리의 관심 : 간섭조건, 박막 두께

2. 소밀소 구조의 박막에서 간섭조건 및 박막의 최소 두께 (기출)

1) 상황 : 비누거품막 표면에서 밝은 무늬가 보인다.

2) 원리(박막 두께 일정 가정)

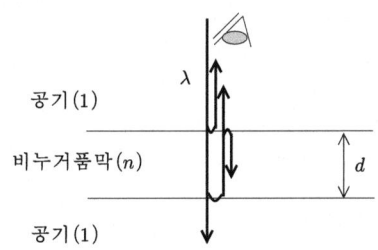

3) 광로 & 광로차
다음 그림에서 진공 속 파장이 $\lambda_0 = 10m$ 인 두 빛이 매질을 통과한 후 만난다면 보강간섭을 할까, 상쇄간섭을 할까?

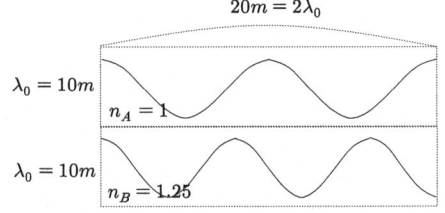

물리량	위상	경로	파장수	광로
A	마루	경로$_A = 2\lambda_0$	2개	광로$_A = 2\lambda_0$
B	골	경로$_B = 2\lambda_0$ 경로$_B = 2.5\lambda'$	2.5개	광로$_B = 2.5\lambda_0$
차		$\Delta_{경로} = 0$	0.5개	$\Delta_{광로} = 0.5\lambda_0$
결과	상쇄	보강		상쇄

→ 시사점 : 빛이 매질을 통과해서 만나는 간섭 상황에서는 경로차로 분석하면 오류가 생긴다.
→ 결론 : 빛이 매질을 통과해서 만나는 간섭 상황에서는 파장수차 또는 광로차로 분석해야 정확하다.
→ 특징 : 광로 ≡ 매질속 파장수 $\times \lambda_0$ or 광로 ≡ 경로 $\times n$

Quiz 1 진공 속 파장이 λ_0인 두 빛이 각각 동일한 위상으로 굴절률이 1.2, 1.25인 두 매질을 통과한다. 두 매질의 경로가 $10\lambda_0$이라면 두 빛이 만날 때 어떤 간섭을 일으키겠는가?

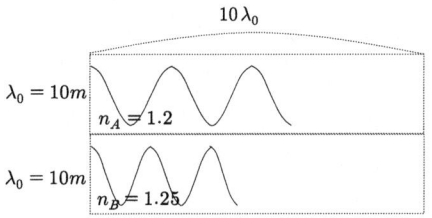

정답 상쇄

물리량	위상	경로	파장수	광로
A	알 수 없음	경로$_A = 10\lambda_0$	$\frac{10\lambda_0}{\frac{\lambda_0}{1.2}} = 12$개	광로$_A = 10\lambda_0 \times 1.2 = 12\lambda_0$
B	알 수 없음	경로$_B = 10\lambda_0$	$\frac{10\lambda_0}{\frac{\lambda_0}{1.25}} = 12.5$개	광로$_A = 10\lambda_0 \times 1.25 = 12.5$
차		$\Delta_{경로} = 0$	0.5개	$\Delta_{광로} = 0.5\lambda_0$
결과		보강	상쇄	상쇄

4) 광로차로 표현하는 간섭조건(고정단 반사 1회)
① 기하학적 측면에서 광로차 : $\Delta = 2nd$
② 파동적 측면에서 광로차 :

보강 조건 : $\Delta = \frac{\lambda}{2}(2m+1)$ 단, $m=0,1,2,...$

상쇄 조건 : $\Delta = \frac{\lambda}{2}(2m) = m\lambda$ 단, $m=1,2,...$

③ 배수직선 : ⊕—⊖—⊕—⊖—⊕—⊖—⊕—⊖—⊕—⊖—⊕—⊖
　　　　　　1　2　3　4　5　6　7　8　9　10　11　12
단 λ는 진공 속 파장

5) 박막 두께 수학적 최소값 : $d = \frac{\lambda}{4n}$

pf.
i) 기하학적 측면 : $\Delta = 2nd$　　　　…①
ii) 파동적 측면 : 보강간섭 $\Delta = \frac{\lambda}{2}(2m+1)$　…②
iii) ①, ②에서 $d = \frac{\lambda}{4n}(2m+1) = \frac{\lambda}{4n}$

Part 4. 파동

3. 소밀밀 구조의 박막에서 간섭조건 및 박막의 최소 두께 (기출)

1) 상황 : 사진관에서 사진 찍을 때 카메라 플래쉬가 손님의 안경에서 반사되지 않고 상쇄되기를 바란다.

2) 원리($1 < n < N$)(박막 두께 일정 가정)

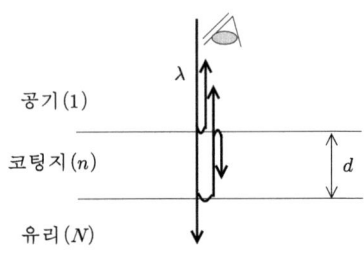

3) 광로차로 표현하는 간섭조건(고정단 반사 2회)
① 기하학적 측면에서 광로차 : $\Delta = 2nd$
② 파동적 측면에서 광로차 :

   보강 조건 : $\Delta = \dfrac{\lambda}{2}(2m) = m\lambda$ 단, $m = 1, 2, ...$

   상쇄 조건 : $\Delta = \dfrac{\lambda}{2}(2m+1)$ 단, $m = 0, 1, 2, ...$

4) 박막 최소 두께 : $d = \dfrac{\lambda}{4n}$

   pf.
   i) 기하학적 측면 : $\Delta = 2nd$ ⋯ ①
      cf. 오개념 : $\Delta = 2Nd$
   ii) 파동적 측면 : 상쇄간섭 $\Delta = \dfrac{\lambda}{2}(2m+1)$ ⋯ ②
   iii) ①,②에서 $d = \dfrac{\lambda}{4n}(2m+1) = \dfrac{\lambda}{4n}$

e.g. 행인이 커피숍 내부를 볼 수 없는 이유

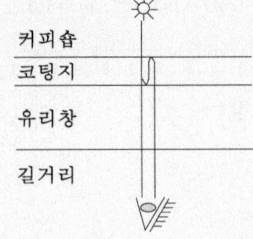

5) 박막간섭과 정상파의 유사성

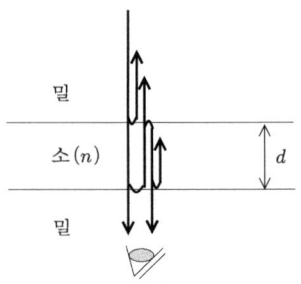

밀-소-밀 구조의 박막간섭에서 투과하는 빛이 보강간섭이 될 조건이 $2nd = \dfrac{\lambda}{2}(2m)$이다. 여기서 n은 중간 매질의 굴절률이고, m은 $1, 2, 3, ...$이다. $n = 1$이라고 했을 때 각 차수마다 파장과 소한 매질의 두께 사이 관계는 다음과 같다.

$m = 1$일 때 $\lambda = 2d$

$m = 2$일 때 $\lambda = 1d$

$m = 3$일 때 $\lambda = \dfrac{2d}{3}$

...

m 일 때 $\lambda = \dfrac{2d}{m}$

즉 박막간섭에서 투과광이 보강간섭될 조건은 길이가 d 인 정상파 파장과 일치한다.

6) 이중슬릿 실험과 박막간섭 비교

광원에서 방출된 빛이 이중슬릿을 지나면서 2개의 빛이 됨	광원에서 방출된 빛이 박막의 상하 경계면에서 각각 반사되면서 2개의 빛이 됨
진공을 여행함	물질을 여행함
경로차로 간섭 분석	광로차로 간섭 분석
$\Delta = d\sin\theta$	$\Delta = 2nd$
보강 $\Delta = \dfrac{\lambda}{2}$(짝)	보강 $\Delta = \dfrac{\lambda}{2}$(홀) or $\dfrac{\lambda}{2}$(짝)

Ch 14. 파동광학

ex 1 그림과 같이 안경렌즈에 굴절률이 n 인 박막을 코팅했다. 공기 중에서 유리로 입사한 빛이 반사되지 않으려면 최소 얼마의 두께나 되는 박막을 코팅해야 하는가? (단, 입사광의 파장은 λ이고 유리의 굴절률은 박막의 굴절률보다 크다.)

① $\dfrac{\lambda}{n}$ ② $\dfrac{\lambda}{2n}$ ③ $\dfrac{\lambda}{4n}$ ④ $\dfrac{3\lambda}{4n}$ ⑤ $\dfrac{5\lambda}{4n}$

정답 ③ $\dfrac{\lambda}{4n}$

상쇄간섭조건이 $2nd = \dfrac{\lambda}{2}(m+1)$ 이므로 $d = \dfrac{\lambda}{4n}$

ex 2 물 위에 뜬 기름막이 가시광선을 받으면, 간섭 현상으로 여러 색깔이 나타나는 것을 쉽게 볼 수 있다. 가시광선의 파장이 5000Å 정도인 사실로부터 예상되는 기름막의 두께는 다음의 어느 것에 가장 가까운가?

① 5Å   ② 50Å   ③ 5000Å
④ 5×10^5 Å   ⑤ 5×10^9 Å

정답 ③ 5000Å

박막간섭은 막의 두께가 빛의 파장과 비슷한 경우에만 관찰이 된다.

ex 3 $\lambda = 700nm, 690nm, 680nm \ldots$ 등의 파장을 차례대로 비누막에 수직으로 입사하였더니 $\lambda = 600nm$인 빛이 입사되었을 때 처음으로 보강간섭이 일어났다. 이 박막의 최소 두께는 얼마인가?

① $80nm$ ② $100nm$ ③ $120nm$
④ $200nm$ ⑤ $600nm$

정답 ③ $120nm$

i) 기하학적 측면 : $\triangle = 2nd$

ii) 파동적 측면 : 보강간섭 : $\triangle = \dfrac{\lambda}{2}(1)$

iii) 위의 두 식 $2nd = \dfrac{\lambda}{2}(1)$에서 $d = \dfrac{\lambda}{4n} = 120nm$

* 추가질문.

실험을 계속 진행해서 $\lambda = 590nm, 580nm, 570nm, \ldots$ 의 빛을 차례로 비추었더니 특정 파장에서 다시 보강간섭이 일어났다. 그 빛의 파장은 얼마이겠는가?

정답 200nm

* 박막간섭 실험에 대한 자세한 설명 :

막의 두께가 엄청 작으면 박막의 위에서 반사된 빛(R1)과 박막의 아래에서 반사된 빛(R2) 사이에 광로차가 거의 0λ 이고, 소밀소 구조의 특성상 R1이 고정단 반사를 하기 때문에, R1과 R2는 반대 위상으로 만나서 결국 상쇄간섭을 일으킨다. 그런데 막이 점점 두꺼워져서 입사광이 $d = \dfrac{\lambda}{4n}$ 을 만족하면 완전 보강 간섭이 일어난다. 한편 실제 실험에서는 막의 두께를 인위적으로 바꿀 수 없기 때문에, 장파장부터 단파장까지 입사시키다가, $d = \dfrac{\lambda}{4n}$ 이 되면 첫 완전 보강 간섭을 관찰할 수 있다.

Part 4. 파동

* 이중슬릿 VS 박막간섭

	이중슬릿	박막간섭
두 빛 생성	회절에 의해 두 빛이 생김	반사에 의해 두 빛이 생김
매질 유무	진공에서 진행	매질에서 진행
무늬 유무	스크린의 위치에 따라서 경로차가 다름 → 첫밝, 두밝 등의 명칭 존재	박막의 두께가 동일하므로, 박막의 위치에 무관하게 경로차 동일 → 첫밝, 두밝 등의 명칭 없음

§ 4. 편광

편식?
편애?
편견?
편광?
이제부터는 빛의 진동방향과 관련 있는 현상들에 대해서 알아보자.

1. 전자기파(빛)

1) 빛이란 : 전기장과 자기장이 서로가 서로를 유도하면서 공간 상에서 전파되는 현상

2) 구조

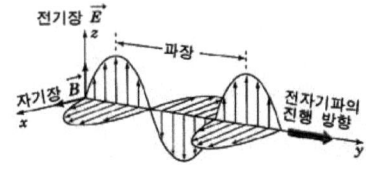

→ 의의 : 전기장과 자기장은 특정 지점에서 힘의 크기를 판단하는 척도이기도 하지만, 파동처럼 공간 상에서 전파되는 물리현상이기도 하다.

3) 전자기파의 속력 : $v = \frac{1}{\sqrt{\epsilon_0 \mu_0}} = 3.0 \times 10^8 m/s \equiv c$

→ 맥스웰의 제안 : 전자기파가 곧 빛이다.

4) 전기장, 자기장 관계 : $E = cB$
→ 전자기파는 주로 전기장의 전파로 표현한다.

5) 전자기파의 세기 : $I = \frac{1}{2} c \epsilon_0 E_0^2$ 에서 $I \propto E_0^2$

2. 편광

1) 비편광된 빛 : 진동방향이 무작위인 빛들의 모임(✱). 자연광이나 백열등에서 나오는 빛들이 이에 해당한다.
아래 그림처럼 표시한다.

→ 기호 : 정면 ↕ ✕
  측면 •↕

2) 편광된 빛 : 진동방향이 한쪽으로 정렬되어 있는 빛. 아래 그림처럼 표현할 수 있다.

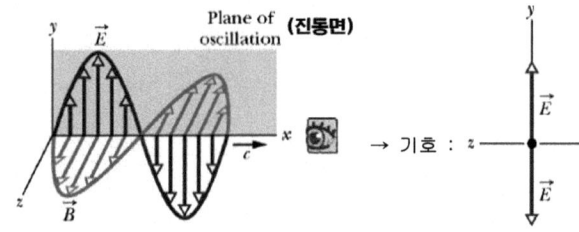

→ 기호 : z —•—

3) 편광현상 : 비편광된 빛이 편광판을 투과하면서 진동방향이 한쪽으로 정렬되는 현상

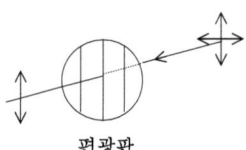

편광판

4) 편광의 원리

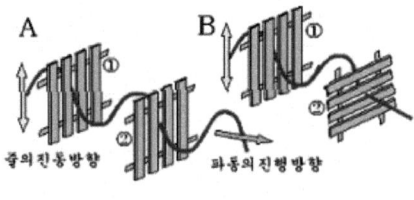

〈편광판의 원리〉

3. 편광판에 의한 편광 (기출)

1) 비편광된 빛 입사 : $I_2 = \frac{1}{2}I_1$

① 현상 :

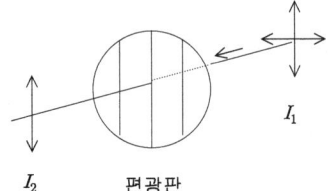

② 특징 : 전기장의 두 성분 중 한 성분만 통과할 수 있으므로 세기가 절반으로 줄어든다.

pf1. 정석 유도
i) 비편광된 입사광은, 진폭이 E_i 이고 세기가 I_i 인 각각의 빛들이 모여서 합성 진폭이 E_1 이고 세기가 I_1 이 된 것이다.

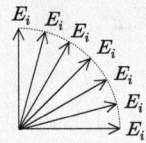

ii) 이들의 합성 진폭을 구해보자.

$E_{1y} = \int_0^{90°} E_i \cos\theta\, d\theta = E_i[\sin\theta]_0^{90°} = E_i$

$E_{1x} = \int_0^{90°} E_i \sin\theta\, d\theta = E_i[-\cos\theta]_0^{90°} = E_i$

$E_1 = \sqrt{E_{1x}^2 + E_{1y}^2} = \sqrt{2}\, E_i$

iii) 입사파의 세기 : $I_1 = \frac{1}{2}c\epsilon_0 E_1^2 = \frac{1}{2}c\epsilon_0(2E_i^2)$ ⋯ ①

iv) 투과파의 진폭 :
$E_2 = E_{1y} = \int_0^{90°} E_i \cos\theta\, d\theta = E_i[\sin\theta]_0^{90°} = E_i$

v) 투과파의 세기 : $I_2 = \frac{1}{2}c\epsilon_0 E_2^2 = \frac{1}{2}c\epsilon_0(E_i^2)$ ⋯ ②

vi) ①, ②에서 $I_2 = \frac{1}{2}I_1$

pf2. yame
비편광된 개별 입사광들의 진폭이 E_i, 세기가 I_i 라고 가정하자. 개별 투과광들의 진폭이 $E_f = E_i \cos\theta$ 이므로 세기 그래프를 그리면 다음과 같다.

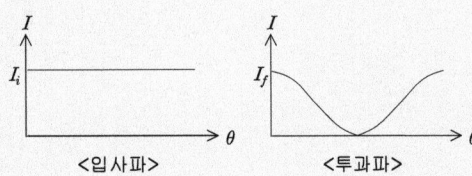

이것의 평균이 $\frac{1}{2}I_f$ 이므로 개별 투과광들의 세기는 개별 입사광들의 $\frac{1}{2}$ 배이다.

그러므로 입사광의 세기가 I_1 이고, 투과광의 세기가 I_2 라면, $I_2 = \frac{1}{2}I_1$ 이다.

pf3. 간단 유도
i) 비편광된 입사광은, 진폭이 E_i 이고 세기가 I_i 인 각각의 빛들이 모여서 합성 진폭이 E_1 이고 세기가 I_1 이 된 것이다. 그러므로 합성 진폭은 그림상 45° 방향을 향할 것이다.

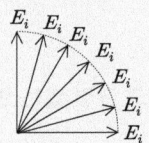

ii) 비편광된 입사파의 합성 진폭을 E_1이라고 하자. 이것을 벡터 분해 했을 때 수직 성분만 편광판을 통과할 수 있다.

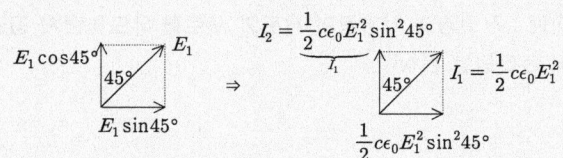

iii) 결국 $I_2 = \frac{1}{2}I_1$ 임을 알 수 있다.

Quiz 1 연직 방향에 대해서 반시계방향으로 30° 돌아간 편광판에 대해서 입사한 비편광된 빛은 세기가 어떻게 되겠는가?

→ 시사점 : 비편광된 빛이 편광판에 입사하면, 편광판의 각도와 무관하게 세기는 절반이 된다.

③ 그래프

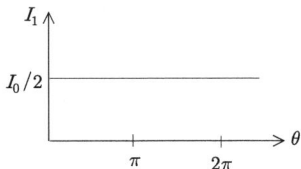

2) 편광된 빛 입사 : $I_2 = I_1 \cos^2 \theta$ (말뤼스의 법칙)

① 현상 :

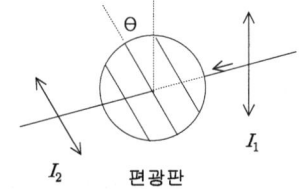

② 특징

  진폭 : $\cos \theta$ 배

  세기 : $\cos^2 \theta$ 배

pf.

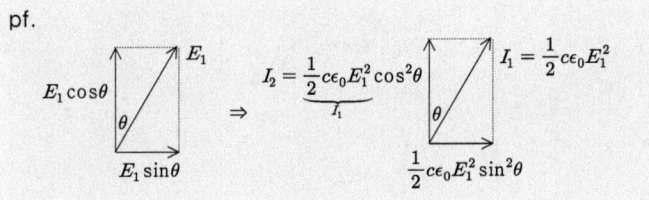

Quiz 2 다음 질문에 답하시오.

1) $\theta = 0°$ 일 때 I_2?
2) $\theta = 30°$ 일 때 I_2?
3) $\theta = 45°$ 일 때 I_2?
4) $\theta = 60°$ 일 때 I_2?
5) $\theta = 90°$ 일 때 I_2?
6) $\theta = 180°$ 일 때 I_2?

③ 그래프

Quiz 3 다음 그림에서 I_2 를 I_0 에 대해 표현하면?

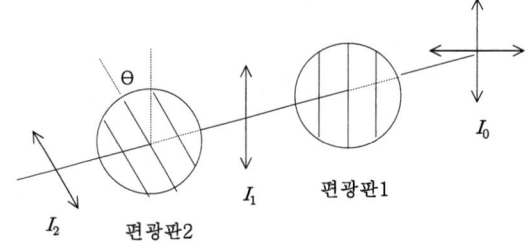

정답 $I_2 = \frac{1}{2} \cos^2 \theta \, I_0$

4. 반사에 의한 편광 (기출)

1) 의미 : 자연광(비편광빛)이 물질의 표면에 입사하면, 입사평면에 수직으로 진동하는 빛(s 편광)은 일부 반사, 일부 굴절 되고, 입사평면에 평행하게 진동하는 빛(p 편광)은 주로 굴절된다(부분편광).

이 때 입사각이 특정각(브루스터각, θ_B)이 될 때 입사평면에 평행하게 진동하는 빛(p 편광)이 100% 굴절만하고 반사가 되지 않아 반사광의 세기가 최소가 되는 현상이 일어난다.
반사광은 입사평면에 수직으로 진동하는 빛만으로 이루어져 있으므로 편광현상이 일어났다고 볼 수 있다(완전편광).

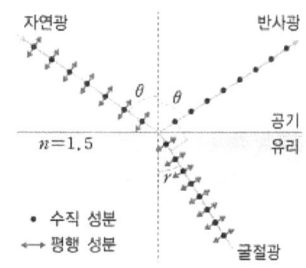

2) s 편광 : 편광빛의 진동방향이 입사평면에 수직인 경우
   p 편광 : 편광빛의 진동방향이 입사평면에 평행인 경우

cf. 어원
   p-편광 : parallel(독일어, 평행)
   s-편광 : senkrecht(독일어, 수직)

3) 물리적 특징 : 브루스터각인 경우 반사광과 굴절광 사이의 각이 90°가 된다. 즉 $\theta_I + \theta_R = \dfrac{\pi}{2}$ 이다.

4) 브루스터 법칙(Brewster's law, 1812) : $n_{12} = \tan\theta_B$

pf. (안 시험)
스넬 법칙을 적용하면 $n_1 \sin\theta_1 = n_2 \sin(90 - \theta_1)$ 에서 $n_{12} = \tan\theta_1$

5) 생활예 : 편광 선글라스

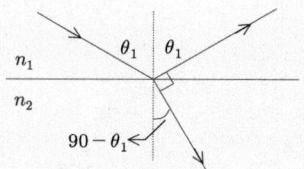

→ 반사광이 눈에 덜 들어오게 하려면 편광판의 편광축을 입사평면에 평행하게 setting한다.

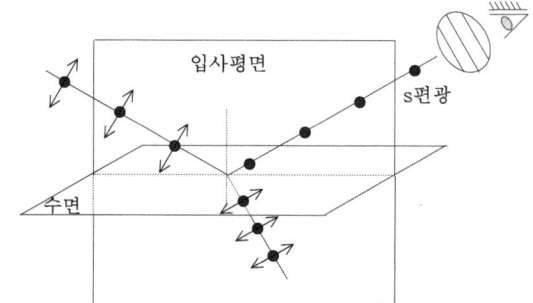

ex 1 '편광된 빛'을 2개의 편광판에 입사시켰다. 두 번째 편광판이 입사광에 대해서 90°의 각도를 이루고 있고 최종 투과된 빛이 입사광의 1/16 이었다면, 첫 번째 편광판과 입사광 사이의 각은? (단 $0 < \theta < 90$ 이다.)

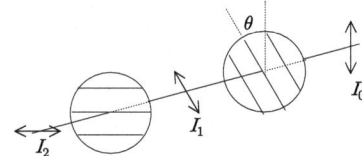

정답 15°, 75°

i) $I_1 = I_0 \cos^2\theta$

ii) $I_2 = I_1 \cos^2(90-\theta) = (I_0\cos^2\theta)\sin^2\theta = I_0(\frac{1}{2}\sin2\theta)^2$

iii) $I_2 = \frac{1}{16}I_0$ 을 대입하면 $\frac{1}{2}\sin2\theta = \frac{1}{4}$ 이므로 $2\theta = 30°, 150°$ 에서 $\theta = 15°, 75°$

ex 2 다음 그림 (가)는 굴절률을 알 수 없는 어떤 물질의 브루스터 각을 측정하는 실험이다. 그림 (나)는 p-편광된 빛이 입사되었을 때, 입사각에 따른 반사광의 세기를 나타낸 그래프이다.

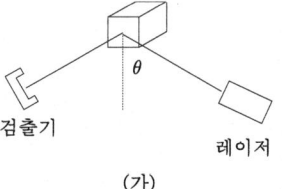 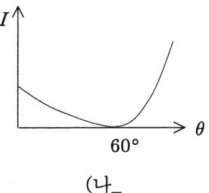

(가)   (나)

이를 바탕으로 이 물질의 굴절률을 계산하면?

정답 $\sqrt{3}$

$n = \tan\theta_B = \tan60 = \sqrt{3}$

Part 4. 파동

* 추론형 문제 엿보기

1. 다음 그림에서 스크린의 중심에서 P점까지의 거리를 구하시오.

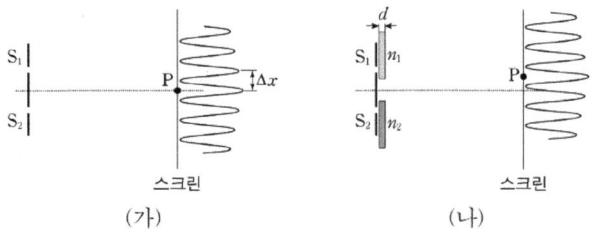

(가)   (나)

정답

i) 기하학적 측면에서 광로차 :
$$\Delta = (n_1 d + s_0) - (n_2 d + D\sin\theta + s_0)$$
$$\simeq [(n_1 - n_2)d - D\tan\theta] = [(n_1 - n_2)d - D\frac{x}{L}]$$

ii) 파동적 측면에서 광로차 : $\Delta = 0$

iii) 두 식에서 $x = \frac{L}{D}(n_1 - n_2)d$

2. 거울의 위치를 $+y$방향으로 얼마만큼 이동시키면 어두운 무늬가 생기는가? 단, d와 λ는 L보다 매우 작다.

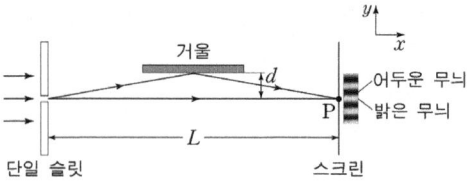

정답

<1>
$$\Delta = (2d)\sin\theta \simeq (2d)\tan\theta = (2d)\frac{d}{L} = \frac{2d^2}{L} \quad \leftarrow \text{양변 미분}$$
$$\Rightarrow \delta\Delta = \frac{(4d)(\delta d)}{L} \geq \frac{\lambda}{2}$$
$$\Rightarrow \delta d \geq \frac{L\lambda}{8d}$$

<2> 정석 풀이
$$\Delta_i = \sqrt{L^2 + (2d)^2} - L$$
$$= L\left[1 + \frac{(2d)^2}{L^2}\right]^{\frac{1}{2}} - L \quad \leftarrow x \ll 1 \text{일 때 } (1+x)^n \simeq 1 + nx$$
$$= L\left[1 + \frac{2d^2}{L^2} + \ldots\right] - L$$
$$\simeq \frac{2d^2}{L}$$
$$\Rightarrow \delta\Delta = \frac{4d}{L}\delta d = \frac{\lambda}{2}$$
$$\Rightarrow \delta d \geq \frac{L\lambda}{8d}$$

<3> 정성적 풀이

$\Delta_i = 2d \underbrace{\sin\theta}_{\substack{1/100 \\ \text{가정}}} = \underbrace{\frac{\lambda}{2}}_{\text{가정}}(1)$ 이라면 $d = 25\lambda$ 이다.

이 경우 밝은 무늬가 되려면 $\Delta_f = 2d' \underbrace{\sin\theta}_{\substack{1/100 \\ \text{가정}}} = \frac{\lambda}{2}(2)$가 되어야 한다. 즉

$d' = 50\lambda$이어야 한다. 그러므로 지문은 옳지 않다.

단 $\sin\theta = \frac{2d}{\sqrt{L^2 + (2d)^2}}$에서 $L \gg d$이므로 거의 변하지 않는다.

3. $\frac{d}{a}$를 구하시오.

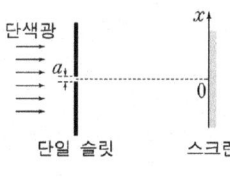
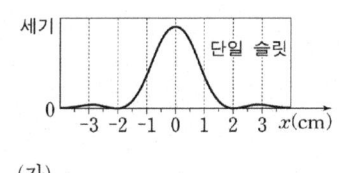

(가)

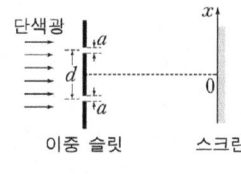
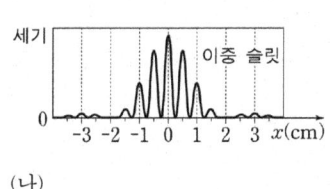

(나)

정답

i) (가)에서 $\Delta x = 2cm = \frac{L\lambda}{a}$ 이므로 $a = \frac{L\lambda}{2cm}$ 이다.

ii) (나)에서 $\Delta x = 0.5cm = \frac{L\lambda}{d}$ 이므로 $d = \frac{L\lambda}{0.5cm}$ 이다.

iii) 두 식에서 $\frac{d}{a} = 4$ 이다.

<2> 단일슬릿 경로차 $\Delta = a\sin\theta = 1\lambda$와 이중슬릿 경로차 $\Delta = d\sin\theta = 4\lambda$에서 $\frac{d}{a} = 4$

---

4. $\theta = 0°$ 일 때, R_1과 R_2가 상쇄되는 조건과 T_1과 T_2가 보강되는 조건을 각각 찾으시오.

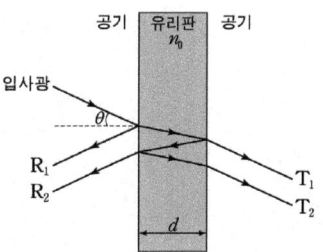

정답

1) 소-밀-소 구조의 박막 간섭에서 반사광의 간섭 조건은 다음과 같다.
i) 기하학적인 관점에서 $\Delta = 2n_0 d$
ii) 파동적 관점에서, 보강 : $\Delta = \frac{\lambda}{2}$(홀수)

　　　　　　　　　상쇄 : $\Delta = \frac{\lambda}{2}$(짝수)

iii) 상쇄 간섭 최소 조건은 $2n_0 d = \frac{\lambda}{2}(2)$ 이다. 그러므로 $d = \frac{\lambda}{2n_0}$ 이다.

2) 투과광의 간섭 조건은 다음과 같다.
i) 기하학적인 관점에서 $\Delta = 3n_0 d - n_0 d = 2n_0 d$
ii) 파동적 관점에서, 보강 : $\Delta = \frac{\lambda}{2}$(짝수)

　　　　　　　　　상쇄 : $\Delta = \frac{\lambda}{2}$(홀수) ∵ T_2만 자유단 2회!

iii) 보강 간섭 최소 조건은 $2n_0 d = \frac{\lambda}{2}(2)$이다. 그러므로 $d = \frac{\lambda}{2n_0}$ 이다.

PART 05
현대물리

Chapter 15. 이중성

Chapter 16. 원자모형

Chapter 17. 핵물리

Part 5. 현대물리

§ 1. 흑체복사 (기출)

1. 서론

현대물리란 : 말 그대로 '현대'에 만들어진 물리. 구체적으로는 1900년 이후.

1900년에 어떤 사건이 일어나려면 그것의 원인이 되는 사건이 이전에 발생했을 것이다. 그 사건에 대해서 얘기해보자.

2. 시대적 배경(1800년대)

1) 전세계적으로 제국주의의 유행으로 서구열강이 아프리카와 아시아에서 침략전쟁을 일으켰고(아편전쟁), 심지어 서구열강들끼리의 다툼도 있었다(파쇼다 사건, 크림전쟁, 러일전쟁).

2) 기차와 물리 : 철강업 발달(카네기, 1865), 에펠탑(1889), 스티븐슨 증기기관차 발명(1814), 맨체스터-리버풀 철도 개통(1830), 서울 노량진에서 인천 제물포까지 철도 개통(1899.9.18)

철강 산업이 발달하면서 철광석을 녹이고 탄소를 빼내기 위해 1000°C 이상의 온도를 측정할 필요가 생겼다.
그 무렵 물체의 온도에 따라서 보이는 색이 달라진다는 것을 알게 되었다. 뜨거워지면 빨간색, 더 뜨거워지면 노란색, 그보다 더 뜨거워지면 초록색을 띤다는 것을 알게 되었다. 그러면서 소위 말하는 '색온도'에 대한 연구가 시작되었다.

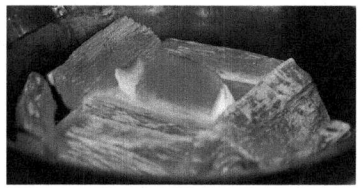

물리에서는 빛을 방출하는 물체를 흑체(blackbody)라고 부르고, 흑체가 빛을 방출하는 현상을 복사(radiation) 또는 흑체복사라고 한다.

3. 흑체복사에 대한 연구

육안으로 보았을 때 빨갛게 보이는 숯이 분광기(spectrometer)로 관찰하였을 때도 '빨간색'만 보이는지 궁금하였다.

다음 그림처럼 다양한 파장대의 빛이 방출됨을 알게 되었다.

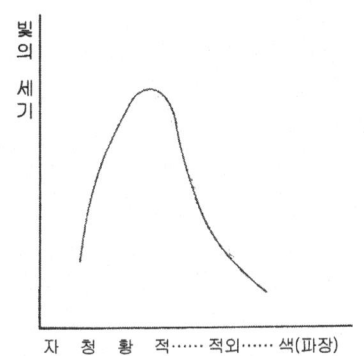

다만 숯이 빨갛게 보이는 것은, 모든 빛이 다 방출되지만 그 중에서 빨간색이 가장 많이 방출되기 때문이었음을 알게 되었다.

결과 : ① 모든 파장대 빛 복사
② λ_{max} 존재

4. 흑체복사 이론

1) 공동

실험실에서는 흑체 대신 공동(cavity)을 만들어서 실험한다. 작은 구멍으로 입사된 빛은 공동 내부에서 계속되는 반사로 인해 결국 100% 흡수되고 흑체가 뜨거워져서 열적 평형상태가 되면, 100% 흡수되고 100% 방출되는 가상의 이상적인 복사체가 된다.

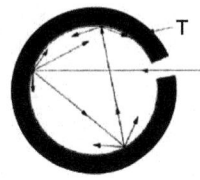

2) 빈(Wien)의 변위 법칙

빈은 다음 그래프처럼 온도가 증가함에 따라 main 파장(λ_{max})이 반비례로 짧아짐을 밝혀냈다.

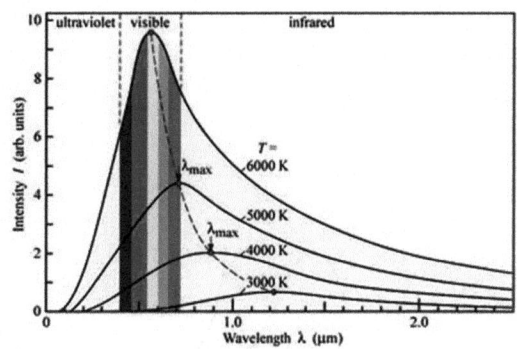

이를 식으로 나타내면 다음과 같다.

$$\lambda_{max} \cdot T = 2898 \mu m \cdot K$$

Quiz 1 표면 온도가 $5800 K$인 태양의 λ_{max}은 얼마인가?

Quiz 2 체온이 $37°C$인 사람의 λ_{max}은 얼마인가?

3) 슈테판-볼츠만의 법칙 (기출)

슈테판(Stepan)과 볼츠만(Boltzmann)은 온도가 증가함에 따라 총 복사 세기(그래프 면적)가 증가함을 발견하였다.

$$\frac{E}{St} = \sigma T^4 \ [J/sm^2][W/m^2] \quad \text{단 } \sigma : \text{슈-볼 상수}$$

Quiz 3 태양의 표면온도가 2배가 되면 복사 세기는 몇 배가 되는가?

Quiz 4 반지름이 R이고 온도가 T인 구형 흑체에서 방출되는 시간당 에너지는 얼마인가?

정답 $\dfrac{U}{t} = \sigma(4\pi R^2) T^4$

5. 플랑크의 흑체복사 법칙

1) 1900년 독일의 막스 플랑크(Max Planck)는 연속 스펙트럼 함수를 찾았다.

단위 파장당 세기 : $\dfrac{dI}{d\lambda} = \dfrac{2\pi hc^2}{\lambda^5} \dfrac{1}{e^{\beta hc/\lambda}-1} \left[\dfrac{W/m^2}{m}\right]$ 단 $\beta \equiv \dfrac{1}{kT}$

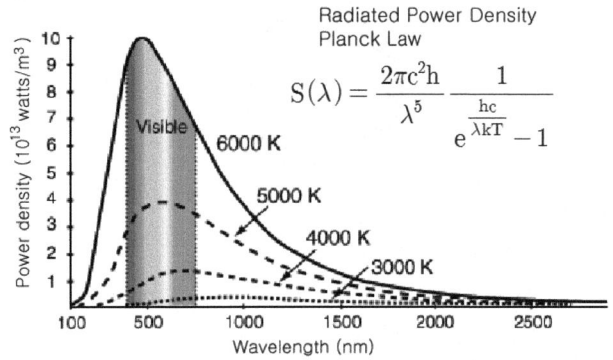

이 그래프의 면적이 슈테판-볼츠만 법칙이 된다.

cf. 단위 파장당 에너지 밀도 : $\left|\dfrac{du}{d\lambda}\right| = \dfrac{8\pi hc}{\lambda^5} \dfrac{1}{e^{\beta hc/\lambda}-1} \left[\dfrac{J/m^3}{m}\right]$

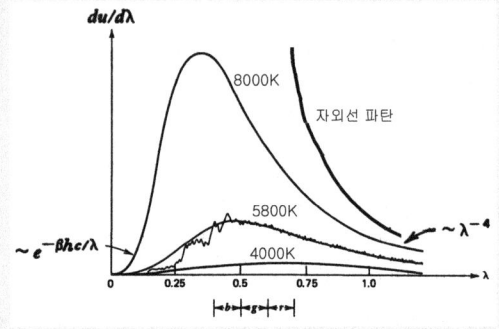

이 함수에다가 $\dfrac{c}{4}$ 를 곱하면 단위 파장당 에너지 세기 $\dfrac{dI}{d\lambda}$ 가 된다.

또는 이 함수의 면적을 구하고 $\dfrac{c}{4}$ 를 곱하면 슈테판-볼츠만 법칙이 된다.

$\left|\dfrac{du}{d\lambda}\right| \times \dfrac{c}{4} = \dfrac{2\pi hc^2}{\lambda^5} \dfrac{1}{e^{\beta hc/\lambda}-1} \ [W/m^3]$

참고로 Rayleigh-Jeans의 자외선 파탄은 다음과 같다.

$E = \dfrac{8\pi}{c\lambda^2} kT \quad E = \dfrac{8\pi f^2}{c^3} kT$

2) 그는 이 수식을 유도하기 위해서 중대한 가정을 하였다.

$$E = nhf \ : \text{에너지 양자 가설}$$

단 $n = 1, 2, 3, \ldots$,
f 는 원자의 진동수,
$h \approx 6.6 \times 10^{-34} Js$ (플랑크 상수)

3) 에너지 양자 가설의 물리적 의미
상식적으로, 빛 에너지는 연속적인 자연현상이다.
그런데 플랑크가 발견한 수식에 의하면, 흑체가 흡수하거나 방출하는 빛 에너지는 $1hf$, $2hf$, $3hf$ 등 불연속이다.
당시 물리학회는 대혼란에 빠지게 되었다.
어떤 물리학자들은 현이 진동하면 정상파가 만들어지듯이, 흑체 내부에 빛이 존재하면 정상파처럼 존재하기 때문에 $E = nhf$ 라는 수식이 나오지 않았을까 라고 제안하기도 하였다.
즉 흑체 내부에서는 정상파 형태의 에너지가 존재하고 정상파 형태의 에너지를 방출한다고 생각하였다.

여하튼 이런 식으로 불연속적인 값을 갖는 것을 '양자화되었다.' 라고 말한다.
일상 생활에서 비슷한 예를 찾아보면 사람의 나이가 있다. 사람이 나이를 먹을 때 21살, 22살, 23살 등 한 살씩 먹게 되는 데, 이처럼 나이는 불연속적이다. 이를 '나이가 양자화되어 있다.'라고 말한다.

한자로 양자화(量子化)라는 것은 무언가 '덩어리져 있을 때' 쓰는 표현이다. 그러므로 어떤 자연 현상이 양자화되어 있다면 그것은 파동적인 현상이 아니라 입자적인 현상이라고 볼 수 있다.
결국 플랑크가 찾아낸 에너지 양자화는 에너지나 빛이 입자적인 성질을 가질 수 있음을 내포하고 있다.
이런 이유로 물리학자들은 플랑크를 '양자역학의 아버지'라고 부른다.

Quiz 5 나이 21살, 22살, 23살, ... 이런 것을 물리적으로 뭐라고 부를 수 있는가?

Quiz 6 신발치수 225mm, 230mm, 235mm, 240mm, ... 이런 것을 물리적으로 뭐라고 부를 수 있는가?

Quiz 7 플랑크의 양자 가설의 의의는 무엇인가?

정답 양자 가설은 거시(macroscopic) 세계에서 연속적인 물리량인 에너지가, 미시(microscopic) 세계에서는 입자처럼 불연속적인 물리량(양자)일 수 있음을 최초로 제안한 이론이다. 이는 나아가 파동 현상이 입자 현상처럼 발생할 수 있음을 예언하는 놀라운 이론이다. 기존의 패러다임을 바꾼 획기적인 이론의 탄생(양자 역학)을 알리는 서막이 올랐다.

Quiz 8 흑체가 빛을 방출하지 않으려면 온도가 몇 K이면 되는가?

정답 0K

ex 1 다음은 표면 온도가 서로 다른 두 흑체 A, B의 복사 스펙트럼을 나타낸 것이다.

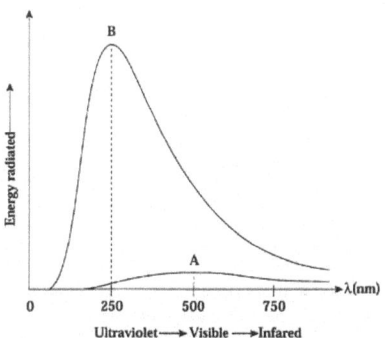

이에 대한 <보기>의 설명 중 옳은 것을 모두 고르면?

─────── <보 기> ───────
ㄱ. A의 표면에서 가장 많이 방출되는 빛의 파장은 B에서 가장 많이 방출되는 빛의 파장의 2배이다.
ㄴ. 표면온도는 B가 A보다 더 높다.
ㄷ. B에서 방출되는 단위면적당 복사량은 A에서 방출되는 단위면적당 복사량의 16배이다.

정답 ㄱ, ㄴ, ㄷ

ㄱ. 그래프에서 A의 최대방출 빛의 파장은 $500nm$이고 B는 $250nm$이다.
ㄴ. 빈의 법칙 $\lambda_{max} \cdot T = 2898$에서 최대방출 빛의 파장과 흑체의 표면온도는 반비례한다. 그러므로 B의 표면온도는 A의 2배이다.
ㄷ. B의 표면온도가 A의 2배이므로, 볼츠만-슈테판 법칙 $E = \sigma T^4$에 의해 B에서 방출되는 빛의 양은 A의 $2^4 = 16$배이다.

§ 2. 광전효과 (기출)

1. 서론

1) 광전효과란 : 금속에 빛을 비추면 전자가 방출되는 현상
→ 자동문이나 소변기의 센서로 쓰임

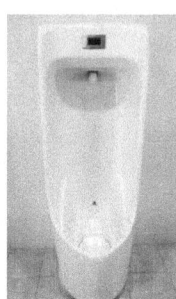

2. 광전효과 실험

1) 1887년 헤르츠가 발견

음극으로 대전된 검전기에 자외선을 비추면 금속박이 오므라든다. 이는 검전기에 있던 전자들이 자외선을 흡수한 후 방출되었다고 볼 수 있다.
이처럼 금속에 빛을 비추었을 때 전자가 방출되는 현상을 광전효과라고 부른다.

2) 다양한 조작변인에 대한 광전효과 실험 결과

① 아무리 센 빛이라도 특정 진동수(임계 진동수) 이하인 빛을 비추면 광전효과가 일어나지 않는다.
② 아무리 약한 빛이라도 특정 진동수(임계 진동수) 이상인 빛을 비추면 '즉시' 광전효과가 일어난다.

실험	세기 큼	세기 작음
진동수 큼(단파장)	O	O
진동수 작음(장파장)	X	X

→ 결과 : 광전효과는 세기와 무관, 진동수에 의존

→ 시사점 : Young의 이중슬릿 실험에서 빛이 파동성을 가짐이 밝혀졌다. 그리고 빛이 파동이라면 진폭을 갖는다. 빛의 세기는 진폭의 제곱에 비례하므로 $I \propto A^2$, 광전효과 실험이 빛의 세기에 의존(dependent)하였다면 광전효과 실험은 빛의 파동성을 다시 한 번 증명한 평범한 실험이 되고 말았을 것이다.

그러나 실제로는 광전효과 실험이 진동수에 의존하였다. 이는 빛이 파동성이 아닌 다른 성질을 가질 수 있음을 내포한다. 아인슈타인은 프랑크의 에너지 양자 가설 $E=nhf$ 에 착안하여 기존에 알려진 빛의 세기 식인 $I=\frac{1}{2}\epsilon_0 c E_0^2$ 을 대신하여 $E=1hf$ 라는 새로운 빛 에너지 식을 제안하였다. 이는 빛의 에너지가 불연속적이다, 또는 양자화되었음을 내포한다. 그래서 그는 빛을 입자성을 갖는 물체로 상상하였다. 그리고 빛을 '빛 알갱이' 또는 '광양자' 또는 '광자(photon)'라고 명명하였다.

빛의 입자성을 규명한 공로로 Einstein은 1921년 자기 인생의 처음이자 마지막 노벨물리학상을 수상하게 된다.

cf. 파동의 에너지

소리 : $I=\frac{1}{2}\sqrt{\rho B}w^2 A^2$ 단 B는 부피탄성률

빛 : $I=\frac{1}{2}\epsilon_0 c E_0^2$ 단 E_0는 전기장 진폭

광자 : $E=1hf$

3. 아인슈타인의 광전효과 관련 이론들

1) 광양자 가설 : 1905년 아인슈타인은 플랑크가 제안한 양자 가설을 이용하여 "빛은 진동수에 비례하는 에너지를 갖는 광양자(광자, 빛알갱이, photon)라고 하는 입자들의 흐름이다."라는 주장을 함

$$E_빛 = hf \leftarrow c = f\lambda$$
$$= \frac{hc}{\lambda}$$

Quiz 1 파장이 400nm인 보라색 빛의 에너지는 얼마인가? 즉 보라색 광자 한 개의 에너지는 얼마인가? 단, 플랑크 상수는 $h = 6.6 \times 10^{-34} Js$ 이고, $1eV = 1.6 \times 10^{-19} J$ 이다.

정답 $E = \frac{hc}{\lambda} = \frac{6.6 \times 10^{34} \times 3 \times 10^8}{4 \times 10^{-7}} = 4.95 \times 10^{-19} J \simeq 3.1 eV$

문제변형 1 $hc = 1240 eV \cdot nm$ 라면?

정답 $E = \frac{hc}{\lambda} = \frac{1240 eV \cdot nm}{400 nm} = 3.1 eV$

Quiz 2 파장이 500nm인 빛의 에너지는 얼마인가? 단, $hc = 1200 eV \cdot nm$ 이다.

정답 $E = \frac{hc}{\lambda} = \frac{1200 eVnm}{500 nm} = 2.4 eV$

Quiz 3 어떤 전구의 세기가 $I = 10^4 eV/sm^2$ 이다. 여기서 방출되는 빛 알갱이 하나의 에너지가 $10 eV$ 라면, 단위 면적당 1초에 몇 개의 빛 알갱이가 방출되고 있는가?

정답 $\frac{10^4}{10} = 10^3$ 개

→ 시사점 : 광전효과에서는 전구의 세기를 방출되는 광자의 개수에 비례하는 물리량으로 본다. 그러므로 밝은 전구일수록 방출되는 광자의 개수가 많은 것이다.

Quiz 4 겨울에도 썬크림을 발라야 하는 이유는?

sol) 여름과 겨울은 기온차만 있을 뿐, 자외선 광자의 개수는 동일하다. 그러므로 겨울에도 썬크림을 발라야 한다.

Quiz 5 흐린 날에도 썬크림을 발라야 하는 이유는?

sol) 구름은 가시광선과 적외선을 흡수하거나 반사하지만, 자외선은 통과시킨다. 그러므로 흐린 날에도 썬크림을 발라야 한다.

Quiz 6 유리창 내부에 있으면 얼굴이 타지 않는 이유?

sol) 유리는 가시광선과 적외선을 통과시킨다. 자외선을 흡수한 후 적외선으로 방출한다.

Quiz7 철수가 감자밭에서 감자를 캔다. 표면으로 살짝 노출된 감자를 캐려면 3J의 에너지가 필요하다. 더 아래쪽에 묻혀 있는 감자를 캐려면 4J의 에너지가 필요하고, 좀 더 아래쪽에 있는 감자를 캐려면 5J의 에너지가 필요하다.

만약 철수가 하나의 감자를 캘 때마다 5J의 에너지를 투입한다면, 어떻게 되겠는가?

정답 표면 감자는 2J의 운동 에너지를 갖고 튀어나옴, 그 아래 감자는 1J의 운동 에너지를 갖고 튀어나옴, 더 아래 쪽 감자는 그냥 캐짐, 더 깊은 곳에 있는 감자는 캘 수 없음.

Part 5. 현대물리

2) 속박에너지(bound energy)와 광전효과

빛 알갱이 한 개의 에너지를 $E = 10eV$, 단 $1eV \equiv 1.6 \times 10^{-19}J$ 라고 가정하고, 1초마다 300개의 빛 알갱이가 금속판에 입사된다고 가정하자.

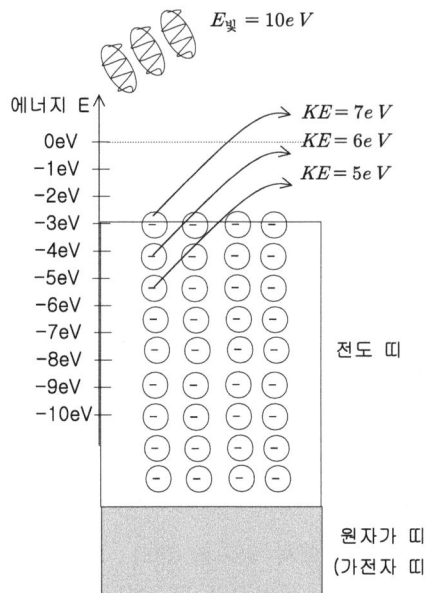

전도띠 상단의 에너지가 $-3eV$ 라고 가정하자. 이 때 전자의 에너지가 0eV 이상이면 금속판으로부터 탈출한 것이다. 금속을 탈출시키기 위해서는 $3eV$ 의 에너지가 필요한데, 이를 속박에너지(bound energy) $E_b = 3eV$ 라고 한다. 그리고 그 아래에 있는 전자들의 속박에너지는 차례대로 $E_b = 4eV$, $E_b = 5eV$ $E_b = 6, 7, 8, 9, 10eV...$ 라고 가정하자.

전도 띠 상단에 있던 전자들은 $KE = 7eV$ 의 운동에너지를 가지고 방출할 것이다. 그 아래에 있는 전자들은 차례대로 $KE = 6eV$, $KE = 5eV$, $KE = 4, 3, 2, 1, 0eV$ 의 운동에너지를 가지고 방출할 것이다.

cf. 전자볼트(eV)의 유래

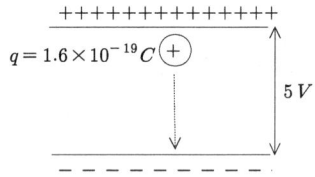

$\Delta KE = |\Delta PE| = q|\Delta V| = (1.6 \times 10^{-19}C)(5J/C) = 8 \times 10^{-19}J \equiv 5eV$

∴ $1eV \equiv 1.6 \times 10^{-19}C$

if $6V$, then $\Delta KE = |\Delta PE| = 6eV$

3) 방출된 전자(광전자)의 운동에너지 : $KE = E_빛 - E_b$
단 E_b 는 구속에너지

4) 일함수(work function, W) : 최소 속박에너지 or 표면전자의 속박에너지, $W > 0$

5) 오개념 : 금속 표면에 있는 전자를 떼어내는 것이 가장 쉽고, 금속 안쪽에 있는 전자를 떼어내는 것이 어렵다고 설명하는 것은, 에너지띠(energy band) 그림을 금속의 실제 모습으로 착각한 것이다.

6) 방출된 전자(광전자)의 최대 운동에너지 : 금속 표면에서 방출된 전자의 운동에너지와 동일함.

$$KE_{max} = E_빛 - W$$

7) 광전효과가 일어나기 위한 조건 : $E_빛 \geq W$ 특히 등호일 때 $W = hf_0$ 라고 쓴다. 여기서 f_0 를 한계 진동수 또는 임계 진동수라고 한다. 그러므로 $f_빛 \geq f_0$ 도 광전효과가 일어날 조건이다.

pf. (안 시험)

i) 앞에서 다룬 상황($E_빛 = 10eV$)에서, 입사 광자의 에너지를 조금씩 감소시키면 금속 표면 깊은 곳에 속박되어 있던 전자들은 금속 외부로 방출되지 못한다.

ii) 그리고 결국 $E_빛 = W$ 이 되면 금속 표면에 있던 전자도 방출되지 못하거나, 또는 방출되더라도 운동에너지가 0이 된다.

$$0eV = \underbrace{3eV}_{E_빛} - \underbrace{3eV}_{W}$$

iii) 그러므로 광전효과가 일어나려면 '입사 광자의 에너지가 표면 전자의 구속에너지(일함수)'보다 크면 된다.

$$E_빛 \geq W \text{ 또는 } hf_빛 \geq W$$

여기서 '등호'인 경우, 광자의 진동수를 f_0 라고 쓰고, 이를 한계 진동수 또는 임계 진동수 또는 문턱 진동수, 라고 부른다.

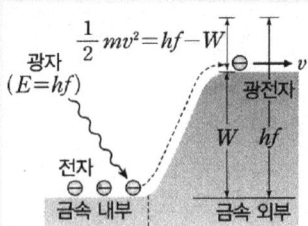

iv) 한편 $W = hf_0$ 라고 쓰고, 광전효과가 일어날 조건을 $f_빛 \geq f_0$ 라고 쓴다.

cf. 각종 금속들의 일함수

Cs	K	Na	Li	Ca	Cu	Ag	Pt
1.9eV	2.2eV	2.3eV	2.5eV	3.2eV	4.7eV	4.7eV	6.4eV

8) 그래프Ⅰ: $KE_{max} = hf - W$

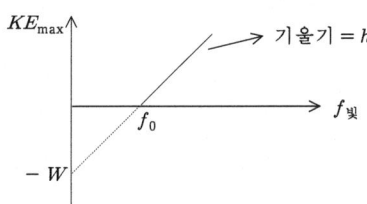

ex 1 진동수가 f인 빛을 입사시켜 광전효과 실험을 한다. 다음 그래프를 보고 질문에 답하시오.

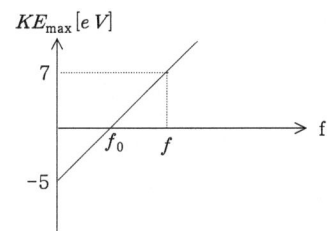

1) 금속의 일함수는 얼마인가?

2) 광전효과가 일어나는가?

3) 입사 광자의 에너지는 얼마인가?

ex 2 다음 광전효과 그래프에 대한 <보기>의 해석으로 옳은 것을 모두 고른 것은? (단 동일한 진동수의 빛으로 실험하였다.)

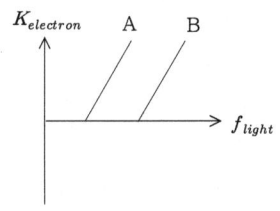

―――― <보 기> ――――
ㄱ. 일함수는 B가 더 크다.
ㄴ. 임계진동수는 B가 더 크다.
ㄷ. 기울기는 A가 더 크다.

ex 3 다음 질문에 답하시오.

1) 빛의 진동수에 따른 광전자의 최대 운동에너지를 그래프로 표현하시오.

2) 이 그래프에서 x 절편, y 절편, 기울기가 나타내는 물리량을 쓰시오.

3) x 절편에 대해 광전효과 공식을 써보고, 일함수를 나타내는 식을 정의하시오.

4) 광전효과가 일어나기 위한 조건을 에너지와 진동수에 대해서 각각 써보시오.

5) 금속을 교체해서 광전효과 실험을 다시 하면, KE_{max} 그래프가 완만해질 수 있는가?

정답
1), 2)

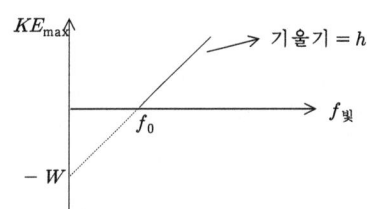

3) $0 = hf_0 - W$에서 $W = hf_0$
4) $hf \geq W$, $f \geq f_0$
5) no

ex 4 그림은 절대 온도 0K에서 어떤 물질의 에너지 띠 구조를 나타낸 것이다. 에너지가 E<0일 때는 전자가 물질에 속박된 상태를 E=0일 때는 전자가 속박 상태를 가까스로 벗어난 상태를 나타낸다. 11.4eV의 에너지를 가진 빛을 비추었을 때 물질로부터 방출된 광전자의 최대 운동에너지를 구하시오. 그리고 상온이라면 답이 어떻게 되는가? (단, 온도 변화에 따른 에너지 띠 변화는 무시한다.)

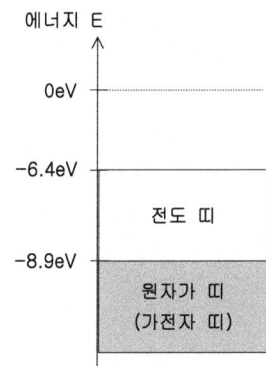

정답
1) 0K에서는 모든 전자들이 원자가 띠에 존재한다. 그러므로 광전자는 11.4eV-8.9eV=2.5eV의 최대 운동 에너지를 가지고 방출될 수 있다.
2) 실온에서는 전자들이 전도띠까지 존재한다. 그러므로 광전자는 11.4eV-6.4eV=5.0eV의 최대 운동 에너지를 가지고 방출될 수 있다.

Part 5. 현대물리

Q&A

질문 온도를 높여서 바닥 상태의 전자를 들뜨게 하는 것보다 빛을 입사시켜서 바닥 상태의 전자를 들뜨게 하는 게 쉽다는 게 와닿지 않습니다.

답변 열역학에서 배운 평균 운동에너지 공식 $\overline{KE} = \frac{3}{2}kT$을 이용하면 겨우 $1eV$의 에너지만 공급하는 데도 얼마나 높은 온도가 필요한지 알 수 있습니다.

$\frac{3}{2}kT = 1eV$에서 $T = \frac{2(1eV)}{3k} = \frac{2 \times 1.6 \times 10^{-19}}{3 \times 1.67 \times 10^{-23}} \simeq 10^4 K$ 입니다.

4. 광전자의 최대 운동에너지 측정

1) 금속 표면에 있던 광전자의 최대 운동에너지(KE_{max})

① 사고실험1

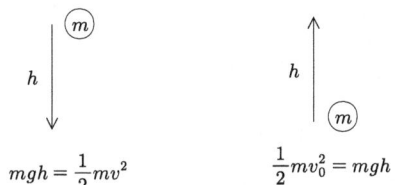

자유낙하를 하면 위치에너지 변화량이 운동에너지가 된다.
연직상방을 하면 나중 위치에너지가 최초 운동에너지와 같다.
→ 시사점 : 내가 어떤 물체의 초기 운동에너지를 알고 싶다면 그 물체의 최종 위치에너지를 찾으면 된다.

② 사고실험2

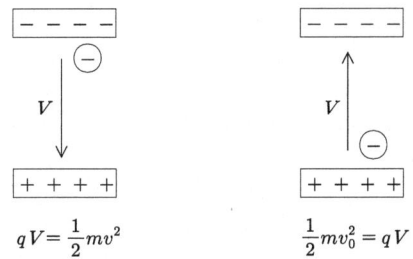

전기장 속에서 전자가 자유낙하하면 위치에너지 변화량이 운동에너지가 된다.
연직상방을 하면 나중 위치에너지 qV가 최초 운동에너지이다.
→ 시사점 : 광전자의 최대운동에너지는 정지전압을 이용해 $KE_{max} = qV_0$ 처럼 표현할 수 있다.

Quiz 1 양단의 전위차가 10V인 축전기의 한 쪽 극판에서 다른 쪽 극판으로 전자가 자유롭게 이동하였다. 전자의 최대 운동 에너지는 얼마인가?

정답 10eV

Quiz 2 운동 에너지가 30eV인 전자를 멈추게 하기 위해서 필요한 전압은 얼마인가?

정답 30V

2) setting : 금속판과 전류계 사이에 역전압을 걸어서 광전자가 전류계에 도달하는 것을 억제한다. 단 광자와 전자는 1:1 충돌한다고 가정한다. 그러므로 만약 1초마다 300개의 광자 or 빛 알갱이가 입사되면, 1초 마다 전자가 300개씩 방출된다.

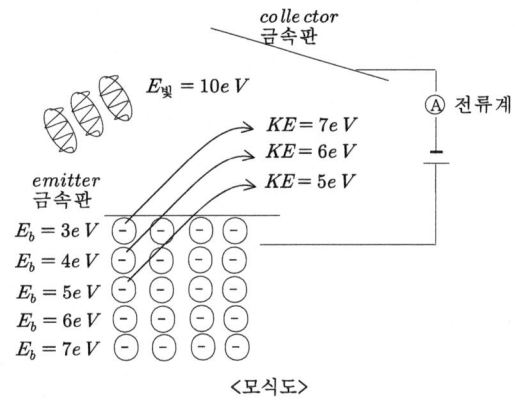
<모식도>

3) 그래프 II

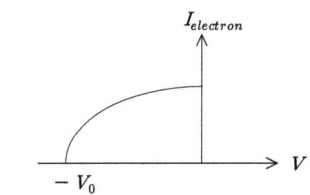

금속판과 전류계 사이에 아무런 전압이 걸리지 않으면 전류가 가장 많이 흐른다. 그러나 역전압을 조금씩 걸어주면 금속판 깊은 곳에서 방출된 전자들은 전류계에 도달하지 못하고 전류계 눈금은 감소한다.
결국 특정한 전압이 되면 금속판 표면에서 방출된 전자까지 전류계에 도달하지 못하게 되는데 이 전압을 정지전압(stopping voltage)라고 한다.

Quiz 3 OX 퀴즈. 금속판과 전류계 사이에 정지전압이 걸려 있으면 광전효과가 전혀 일어나지 않는다.

정답 (X)

Part 5. 현대물리

4) 광전효과 실험 세 가지 유형

① typeI. 진동수 증가

광전효과에서는 $E=hf$, $KE_{max} = E_빛 - W$, $KE_{max} = eV_0$ 가 성립한다. 금속의 일함수가 동일하고, 진동수가 더 큰 광자를 입사한다면 I-V 그래프는 어떻게 변하는가? 단 광자수는 동일하다고 가정한다.

정답 빛의 진동수 증가 → 광전자의 최대운동에너지 증가 → 저지전압 증가

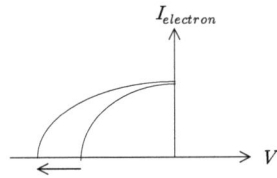

② typeII. 일함수 증가

광전효과에서는 $E=hf$, $KE_{max} = E_빛 - W$, $KE_{max} = eV_0$ 가 성립한다. 광자의 진동수와 광자 개수가 동일한데, 일함수가 큰 금속으로 바꾸어서 실험하면 I-V 그래프는 어떻게 변하는가?

정답 금속의 일함수 증가 → 광전자의 운동에너지 감소 → 저지전압 감소

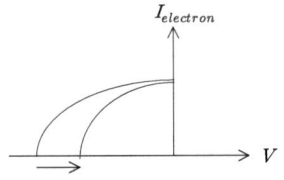

③ typeIII. 밝기 증가

광자의 진동수와 금속의 일함수가 동일한데, 광자수를 크게 해서 실험한다면 I-V 그래프는?

정답 빛의 세기 증가 → 광전자의 개수 증가 → 광전류 증가. 단 정지전압 일정

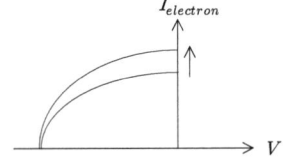

ex 1 금속박 검전기를 이용하여 광전효과 실험을 하려고 한다. 처음에는 검전기를 양(+)으로 대전시킨 상태에서 실험을 하였고 나중에는 검전기를 음(-)으로 대전시킨 상태에서 실험하였다. 세 종류의 빛을 아연으로 된 금속판에 오랫동안 비추었을 때 금속박의 벌어지는 정도가 <표>와 같았다. <보기>의 설명 중 옳은 것을 모두 고른 것은?

빛의 종류	검전기를 양으로 대전시켰을 때	검전기를 음으로 대전시켰을 때
자외선	ⓐ 더욱 벌어진다.	ⓓ 오므라든다.
노란 광선	ⓑ 변함없다.	ⓔ 변함없다.
적외선	ⓒ 변함없다.	ⓕ 변함없다.

―― <보 기> ――

ㄱ. 위 실험결과는 빛이 입자임을 보여 준다.
ㄴ. 표에서 ⓐ, ⓓ 와 같은 결과가 나온 이유는 아연판으로부터 전자가 튀어나오기 때문이다.
ㄷ. 표에서 ⓕ와 같이 금속박에 아무런 변화가 없는 이유는 적외선의 진동수가 아연판의 한계진동수보다 작기 때문이다.

정답 ㄱ, ㄴ, ㄷ

ㄱ. 맞는 표현이다.
ㄴ. 광전효과는 전자가 방출되는 현상이다.
ㄷ. 맞는 표현이다.

ex 2 어떤 물체에서 6.6W의 일률로 파장이 600nm인 빛이 진공 중에서 방사되고 있다. 매 초 방출되는 광자의 수는? (단 광속은 $3.0\times10^8 m/s$, 플랑크 상수는 $6.6\times10^{34}J\cdot s$이다) (기출)

① 1.0×10^{18} ② 2.0×10^{18} ③ 1.0×10^{19}
④ 2.0×10^{19} ⑤ 1.0×10^{20}

정답 ④ 2.0×10^{19}

$$\frac{6.6 J/s}{\frac{hc}{\lambda}} = \frac{6.6 J/s}{\frac{(6.6\times10^{-34})(3\times10^8)}{6\times10^{-7}}} = 2\times10^{19}/s$$

* 광전 효과 실험이 고전적 예측과 다른 4가지 현상 정리
① 빛의 입사와 광전자 방출 사이의 시간 간격 : 약한 입사광인 경우 전자가 금속판을 탈출하기에 충분한 에너지를 얻는 데 시간이 걸려야 하지만, 시간 지체 없이 광전자가 바로 방출된다.
② 빛의 진동수에 따른 광전자의 수 : 센 입사광이라도 진동수가 임계 진동수보다 낮으면 광전자가 방출되지 않는다.
③ 빛의 진동수에 따른 광전자 운동 에너지 : 고전적으로는 빛의 진동수와 전자의 운동 에너지 사이의 선형 관계가 있지는 않다. 그러나 실험적으로는 광전자의 최대 운동 에너지가 빛의 진동수가 증가함에 따라 선형적으로 증가한다.

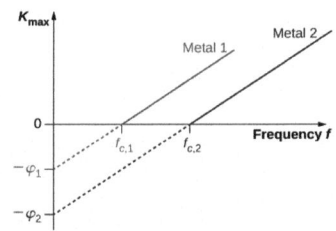

④ 빛의 세기와 광전자의 운동에너지 : 광전자의 최대 운동에너지는 입사광의 세기와 무관하다.

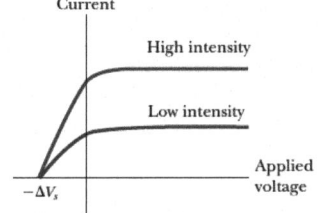

Q&A

질문 진동수에만 영향을 받는 광전효과...
이게 왜 입자성을 보여주는 예인지 모르겠습니다,. 진동수와 입자와 어떠한 관계가 있는지요?

답변 안녕하세요^^

1. 빛의 세기는 I = 1/2 c ε0 E0^2 입니다.
   그러므로 진폭이 커지면 세기도 커지죠.

2. 플랑크의 흑체복사에서 흡수/방출되는 에너지가 E = nhf 로 표현됩니다.
   이것은 에너지 자체가 입자적인 성질이 있음을 암시합니다.

3. 광전효과는 빛의 세기와 무관합니다. 그리고 오직 진동수에만 의존합니다.
   100년 전 수 많은 과학자들이, 이 현상 자체를 이해하지 못했습니다. 빛의 세기가 세진다면 광전효과가 일어나야 하는데, 그렇지 않았기 때문입니다.

4. 아인슈타인은 빛의 본질에 대한 패러다임을 바꿉니다.
   우리가 생각하고 있는 빛에 대한 고정관념 때문에, 광전효과가 이해되지 않는 건 아닐까라고요...

그래서 위의 1번과 2번을 자세히 들여다본 아인슈타인에게 불현듯 이런 생각이 들었습니다.

"그래, 광전효과에서 빛은 파동적으로 행동한 것이 아니라, 입자적으로 행동한 것이다."라고요.

왜냐하면 빛이 파동적으로 행동했다면, 진폭이 커질수록 또는 세기가 커질수록(I = 1/2 c ε0 E0^2) 광전효과가 잘 일어나야 하니까요.

그런데 빛의 진동수가 변할 때만 광전효과가 일어났다는 것은, 플랑크의 흑체복사에서 암시된 바와 같이, 자연에서는 경우에 따라서 기존에 파동적이라고 알려진 현상이 입자적인 성질을 띠기도 하는 것처럼(E = nhf), 광전효과에서도 빛이 입자적으로 행동한 것이 아닐까, 라고 추론하게 된 것이죠.

이것이 바로 인류 최초로 빛의 입자적인 측면을 발견한 사건입니다^^

§ 3. 컴프턴 효과

1. X 선 충돌 실험

1) setting

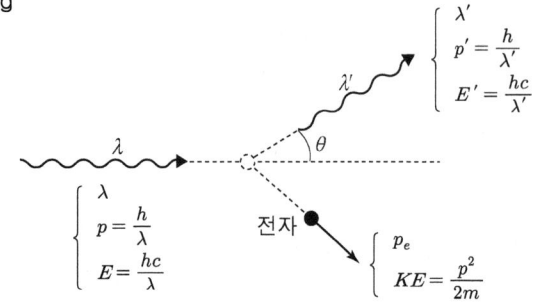

X 선을 흑연판에다가 입사시킴. 그 주위에 있던 검출기 한 대가 튕겨나간(산란된) X 선의 파장을 측정함. 단 검출기 한 대!!!로 실험함.

2) graph

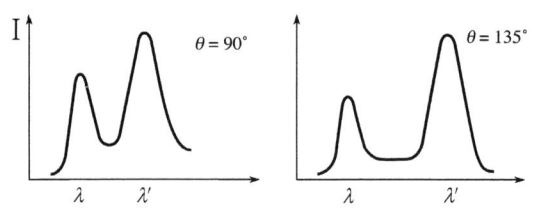

2. 컴프턴의 제안

1) X 선의 운동량 정의

특수 상대성 이론에서 총에너지와 운동량 관계는 $E = \sqrt{(pc)^2 + (mc^2)^2}$ 이다. X 선의 질량이 0이므로 $E = pc$ 이 된다. 여기서 다음을 얻을 수 있다.

$p = \dfrac{E}{c} = \dfrac{hf}{c}$ 또는 $p = \dfrac{E}{c} = \dfrac{h}{\lambda}$

2) 운동량 보존 성립 가정

x : $\dfrac{h}{\lambda} + 0 = \dfrac{h}{\lambda'}\cos\theta + p_e\cos\phi$

y : $0 + 0 = \dfrac{h}{\lambda'}\sin\theta - p_e\sin\phi$

3) 에너지 보존 성립 가정(전자의 질량은 m)

비상대론 : $\dfrac{hc}{\lambda} + 0 = \dfrac{hc}{\lambda'} + \dfrac{p_e^2}{2m}$ or $\dfrac{p_e^2}{2m} = \dfrac{hc}{\lambda} - \dfrac{hc}{\lambda'}$

상대론 : $\dfrac{hc}{\lambda} + mc^2 = \dfrac{hc}{\lambda'} + \sqrt{p_e^2 c^2 + m^2 c^4}$

4) X 선 산란시 파장 변화 :

$\lambda' - \lambda = \dfrac{h}{mc}(1 - \cos\theta)$ or $\lambda' - \lambda = \lambda_C(1 - \cos\theta)$

단 $\lambda_C \equiv \dfrac{h}{mc} \approx 2.43 pm$ (컴프턴 파장)

e.g. $\theta = 90°$일 때 $\Delta\lambda = \dfrac{h}{mc}$

$\theta = 180°$일 때 $\Delta\lambda = \dfrac{2h}{mc}$

→ 이것은 실험 결과와 잘 일치하였다.

* 암기팁 : 한/창민은 일이 만코

cf. 컴프턴의 실험에서 사용하는 빛은 X 선일 때 관찰이 용이하다. 만약 가시광선이나 자외선을 사용하면 $\Delta\lambda$가 너무 작아서 변화를 관찰하기 힘들다. 대신 광전효과를 관찰할 수는 있을 것이다.

pf1. 비상대론적 접근 + 성분별 운동량 보존 법칙, 단 탄성충돌 가정, 전자은 질량은 m

* 유도하는 요령 : p_e^2 에 대해서 정리한다.

i) x축 운동량 보존 : $\dfrac{h}{\lambda} + 0 = \dfrac{h}{\lambda'}\cos\theta + p_e\cos\phi$

$\Rightarrow \dfrac{h}{\lambda} - \dfrac{h}{\lambda'}\cos\theta = p_e\cos\phi$ ⋯ ①

ii) y축 운동량 보존 : $0 + 0 = \dfrac{h}{\lambda'}\sin\theta - p_e\sin\phi$

$\Rightarrow \dfrac{h}{\lambda'}\sin\theta = p_e\sin\phi$ ⋯ ②

iii) ①² + ②² : $p_e^2 = (\dfrac{h}{\lambda} - \dfrac{h}{\lambda'}\cos\theta)^2 + \dfrac{h^2}{\lambda'^2}\sin^2\theta$

$= \dfrac{h^2}{\lambda^2} - \dfrac{2h^2}{\lambda\lambda'}\cos\theta + \dfrac{h^2}{\lambda'^2}\cos^2\theta + \dfrac{h^2}{\lambda'^2}\sin^2\theta$

$= \dfrac{h^2}{\lambda^2} - \dfrac{2h^2}{\lambda\lambda'}\cos\theta + \dfrac{h^2}{\lambda'^2}$

$\simeq \dfrac{h^2}{\lambda\lambda'} - \dfrac{2h^2}{\lambda\lambda'}\cos\theta + \dfrac{h^2}{\lambda\lambda'}$

$= \dfrac{2h^2}{\lambda\lambda'}(1 - \cos\theta)$ ⋯ ③

iv) 에너지 보존 : $\dfrac{hc}{\lambda} = \dfrac{hc}{\lambda'} + \dfrac{p_e^2}{2m}$

$\Rightarrow \dfrac{p_e^2}{2m} = \dfrac{hc}{\lambda} - \dfrac{hc}{\lambda'}$

$\Rightarrow p_e^2 = 2mhc\dfrac{\lambda' - \lambda}{\lambda\lambda'}$ ⋯ ④

v) ③=④ : $2mhc\dfrac{\lambda' - \lambda}{\lambda\lambda'} = \dfrac{2h^2}{\lambda\lambda'}(1 - \cos\theta)$

$\Rightarrow \lambda' - \lambda = \dfrac{h}{mc}(1 - \cos\theta)$

pf2. 상대론적 접근 + 성분별 운동량 보존 법칙, 단 탄성충돌 가정, 전자의 질량은 m

i) X축 운동량 보존 : $\dfrac{h}{\lambda} + 0 = \dfrac{h}{\lambda'}\cos\theta + p_e\cos\phi$

$$\Rightarrow p_e\cos\phi = \dfrac{h}{\lambda} - \dfrac{h}{\lambda'}\cos\theta \quad \cdots ①$$

ii) Y축 운동량 보존 : $0 + 0 = \dfrac{h}{\lambda'}\sin\theta - p_e\sin\phi$

$$\Rightarrow p_e\sin\phi = \dfrac{h}{\lambda'}\sin\theta \quad \cdots ②$$

iii) $①^2 + ②^2$: $p_e^2 = (\dfrac{h}{\lambda} - \dfrac{h}{\lambda'}\cos\theta)^2 + \dfrac{h^2}{\lambda'^2}\sin^2\theta$

$$= \dfrac{h^2}{\lambda^2} - \dfrac{2h^2}{\lambda\lambda'}\cos\theta + \dfrac{h^2}{\lambda'^2}\cos^2\theta + \dfrac{h^2}{\lambda'^2}\sin^2\theta$$

$$= \dfrac{h^2}{\lambda^2} - \dfrac{2h^2}{\lambda\lambda'}\cos\theta + \dfrac{h^2}{\lambda'^2} \quad \cdots ③$$

iv) 에너지 보존 : $\dfrac{hc}{\lambda} + mc^2 = \dfrac{hc}{\lambda'} + \sqrt{p_e^2c^2 + m^2c^4}$

$$\Rightarrow p_e^2 = \dfrac{1}{c^2}(\dfrac{hc}{\lambda} - \dfrac{hc}{\lambda'} + mc^2)^2 - m^2c^2$$

$$= \cdots\cdots$$

$$= \dfrac{h^2}{\lambda^2} + \dfrac{h^2}{\lambda'^2} - \dfrac{2h^2}{\lambda\lambda'} + \dfrac{2hmc}{\lambda} - \dfrac{2hmc}{\lambda'} \quad \cdots ④$$

v) $③=④$:

$$\dfrac{h^2}{\lambda^2} + \dfrac{h^2}{\lambda'^2} - \dfrac{2h^2}{\lambda\lambda'} + \dfrac{2hmc}{\lambda} - \dfrac{2hmc}{\lambda'} = \dfrac{h^2}{\lambda^2} - \dfrac{2h^2}{\lambda\lambda'}\cos\theta + \dfrac{h^2}{\lambda'^2}$$

$$\Rightarrow -\dfrac{2h^2}{\lambda\lambda'} + \dfrac{2hmc}{\lambda} - \dfrac{2hmc}{\lambda'} = -\dfrac{2h^2}{\lambda\lambda'}\cos\theta$$

$$\Rightarrow 2hmc\dfrac{\lambda'-\lambda}{\lambda\lambda'} = \dfrac{2h^2}{\lambda\lambda'}(1-\cos\theta)$$

$$\Rightarrow \lambda' - \lambda = \dfrac{h}{mc}(1-\cos\theta)$$

pf3. 상대론적 접근 + 운동량 보존 법칙, 단 탄성충돌 가정, 전자의 질량은 m

i) 운동량보존 : $\vec{p} + 0 = \vec{p'} + \vec{p_e}$ 단 $p = \dfrac{h}{\lambda}, p' = \dfrac{h}{\lambda'}$

$$\Rightarrow \vec{p} - \vec{p'} = \vec{p_e} \quad \leftarrow 양변 제곱$$

$$\Rightarrow (\vec{p}-\vec{p'})\cdot(\vec{p}-\vec{p'}) = \vec{p_e}\cdot\vec{p_e}$$

$$\Rightarrow p^2 + p'^2 - 2\vec{p}\cdot\vec{p'} = p_e^2$$

$$\Rightarrow p^2 + p'^2 - 2pp'\cos\theta = p_e^2 \quad \cdots ①$$

ii) 에너지 보존 :

$pc + mc^2 = p'c + \sqrt{p_e^2c^2 + m^2c^4}$

$$\Rightarrow (pc - p'c + mc^2)^2 = p_e^2c^2 + m^2c^4 \quad \leftarrow 양변을 c^2으로 나눔$$

$$\Rightarrow (p - p' + mc)^2 = p_e^2 + m^2c^2$$

$$\Rightarrow (p - p' + mc)^2 - m^2c^2 = p_e^2 \quad \cdots ②$$

iii) $①=②$

$p^2 + p'^2 - 2pp'\cos\theta = (p-p'+mc)^2 - m^2c^2$

$$= p^2 + p'^2 + m^2c^2 - 2pp' + 2pmc - 2p'mc - m^2c^2$$

$$\Rightarrow 2pp'(1-\cos\theta) = 2mc(p-p')$$

$$\Rightarrow 1 - \cos\theta = mc(\dfrac{1}{p'} - \dfrac{1}{p}) = mc(\dfrac{\lambda'}{h} - \dfrac{\lambda}{h})$$

$$\Rightarrow \lambda' - \lambda = \dfrac{h}{mc}(1-\cos\theta)$$

Quiz 1 다음 질문에 답하시오.

1) $\theta = 0°$일 때 $\Delta\lambda$는?

2) $\theta = 90°$일 때 $\Delta\lambda$는?

3) $\theta = 180°$일 때 $\Delta\lambda$는?

4) 위의 세 경우 중 $\Delta\lambda$가 최대인 경우는?

5) 위의 세 경우 중 ΔE가 최대인 경우는?

6) 빛의 성질에 대한 최종 결론은?

정답

6) 영의 이중슬릿 실험에서는 누가 보더라도 빛은 파동적 성질을 나타내었다. 그리고 컴프턴의 실험에서는 누가 보더라도 빛은 입자적 성질을 나타내었다. 그렇다면 빛은 파동인가 입자인가?
빛은 양면성을 지닌다. 다만 파동적 성질이 드러나는 실험을 하면 우리는 빛의 파동성을 관찰할 수 있을 뿐이고, 입자적 성질이 드러나는 실험을 하면 우리는 빛의 입자성을 관찰할 수 있을 뿐이다.
사람도 마찬가지지 않은가? 사랑스럽고 착한 아내가, 내가 거실을 어지럽힐 때도 착하지만은 않지 않은가? 그렇다고 아내를 악마나 천사 중 하나로 딱 규정할 수 있는가? 아내는 다만 이중성을 가진 사람일 뿐이다.
빛도 마찬가지다. 빛을 파동이나 입자 중 하나로 딱 규정할 수는 없다. 다만 빛은 이중성을 지닌 자연 현상일 뿐이다.

Quiz 2 다음 질문에 답하시오.

1) 파장이 50pm인 X선이 흑연에 입사한 후 180도로 산란되었다. 산란 후 X선의 파장은 얼마인가? 그리고 파장 변화는 얼마인가? 단, 컴프턴 파장은 10pm이다.

2) 파장이 70pm인 X선이 흑연에 입사한 후 180도로 산란되었다. 산란 후 X선의 파장은 얼마인가? 그리고 파장 변화는 얼마인가? 단, 컴프턴 파장은 10pm이다.

3) 위의 두 문제를 풀어 본 결과, 얻을 수 있는 결론이 무엇인가?

정답

1) 70pm, 20pm
2) 90pm, 20pm
3) 파장 변화는 입사 X선의 에너지와 무관하다!

Part 5. 현대물리

ex 1 그림과 같이 $\frac{hc}{\lambda}$의 에너지를 갖는 광자가 정지해 있는 전자와 충돌하면 전자는 에너지를 얻는다. 다음 중 입사 광선의 파장 λ와 산란 광선의 파장 λ'을 바르게 비교한 것은? (단, 플랑크 상수는 h, 빛의 속도는 c 이다.)

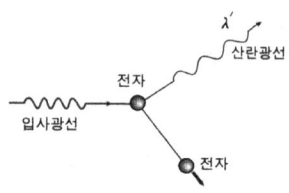

① $\lambda' < \lambda$ ② $\lambda' = \lambda$ ③ $\lambda' > \lambda$
④ $\lambda' \geq \lambda$ ⑤ $\lambda' \leq \lambda$

정답 ③ $\lambda' > \lambda$

$\lambda' - \lambda = \frac{h}{mc}(1-\cos\theta)$에 의해 $\lambda' > \lambda$이다.

참고로 입사광선이 핵에 단단히 결합된 전자와 충돌하면 사실상 원자 전체와 충돌한 효과가 나므로 위의 공식에서 m이 원자 질량에 해당한다. 흑연 원자 질량은 전자 질량의 약 20000배이므로 $\lambda'-\lambda \approx 0$ 이다. 그래서 아래 그래프 (나)처럼 그래프 (가)의 입사광선 파장과 거의 비슷한 파장의 산란 광선이 검출되는 것이다.

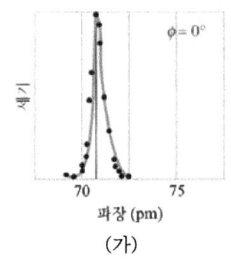
(가)

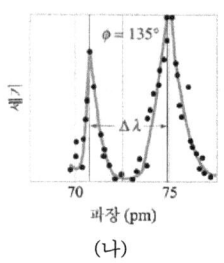
(나)

ex 2 파장 λ인 X선을 파라핀에 쪼였더니 산란된 X선의 파장이 λ'로 되었고 전자가 튀어나왔다. $\lambda' > \lambda$이고 플랑크상수와 광속을 각각 h, c로 표시하면 튀어나온 전자의 운동에너지를 구하는 식은?

정답 $\frac{hc}{\lambda} - \frac{hc}{\lambda'}$

* 정리

과학자	실험	노벨상
Planck	흑체복사	$E = nhf$
Einstein	광전효과	$E = hf$
Compton	컴프턴효과	$p = \frac{h}{\lambda}$

450

§ 4. 물질파 (기출)

1. 드브로이(De Broglie)의 생각

빛은 파동성과 입자성, 둘 다를 지닌다. 이를 빛의 이중성(duality)이라고 부른다.
자연은 대칭성을 지니므로, 아마도 입자도 파동성과 입자성을 둘 다 가질지 모른다.
물질이 파동성을 나타낼 때 이 파동을 물질파(matter wave)라고 부르자.

2. 물질파의 물리량

1) 파장 : $\lambda = \dfrac{h}{mv}$

 단 $h = 6.6 \times 10^{-34} Js$ (플랑크 상수)

Quiz 1 질량이 $m = 66kg$인 사람이 $v = 10m/s$의 속력으로 운동하고 있다. 사람이 파동처럼 행동한다면 파장은 얼마인가? 단 플랑크 상수는 $h = 6.6 \times 10^{-34} Js$이다.

Quiz 2 수소 원자에서 전자는 질량이 $m = 9.11 \times 10^{-31} kg$이고 속력이 $v = 1 \times 10^6 m/s$이다. 전자가 파동처럼 행동한다면 파장은 얼마인가?

Quiz 3 물질파 파장이 λ인 입자의 운동에너지를 어떻게 표현할 수 있는가? (기출)

정답 $KE = \dfrac{h^2}{2m\lambda^2}$

Quiz 4 가속전압이 V인 전자총에서 방출된 전자가 파동처럼 행동하다면 파장은 얼마인가?

정답
i) $KE = eV$
ii) $KE = \dfrac{1}{2}mv^2 = \dfrac{p^2}{2m} = \dfrac{1}{2m}(\dfrac{h}{\lambda})^2$
iii) 두 식에서 $\lambda = \dfrac{h}{\sqrt{2meV}}$

§ 5. 데이비슨-거머 실험

1. 시대상황

: 드브로이의 물질파 이론을 실험적으로 증명해야만 했음. 그리고 Davisson과 Germer는 전자빔 실험을 하고 있었음. 그러던 중 우연히 반사된 전자빔의 세기가 보강간섭을 하고 있다는 것을 알게 됨. 이를 이론적으로 정리해서 드브로이의 물질파 이론을 증명하게 됨.

데이비슨은 당시에 벨전화연구소에서 연구하던 과학자였다. 그는 1926년 여름 영국으로 휴가를 갔다가 옥스퍼드에서 열린 영국과학진흥협회 학술회의에 참가했는데, 여기서 보른의 강연을 통해 드브로이 물질파 이론과 슈뢰딩거 파동역학을 접했다. 보른의 강연에 자극을 받은 그는 이미 1923년에 한 바 있던 전자산란에 관한 초보적인 실험을 다시 한번 정교하게 반복해보기로 마음먹었다. 1927년 3월 데이비슨과 저머(Lester H. Germer)는 니켈 단결정을 이용한 전자 산란 실험을 통해 드브로이 물질파를 실험적으로 입증하는 데 성공했다.

2. setting : 니켈 단결정에 전자빔 입사

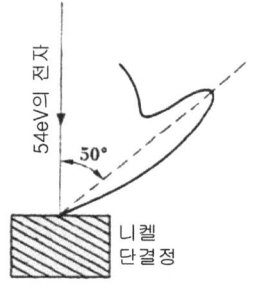

3. 결과 및 해석

1) 그래프

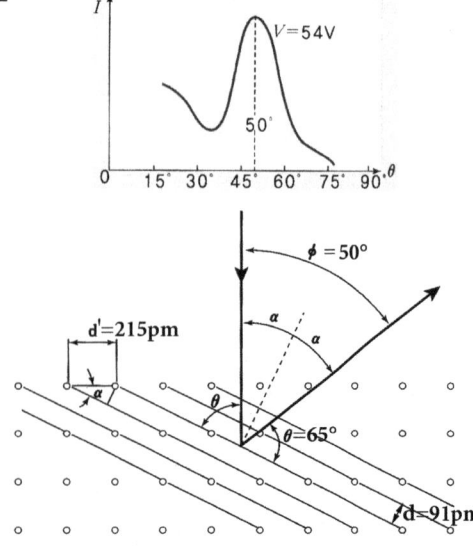

2) 해석 : $\phi = 50°$일 때 전류가 최대이다. 이는 보강간섭으로 이해할 수 있다. 만약 이 현상을 간섭현상으로 간주하면 전자빔의 파장은 다음과 같다.

① typeI. 이웃한 두 원자 사이의 거리를 $d' = 215pm$, 각도가 $\phi = 50°$임을 이용할 때 전자빔의 파장

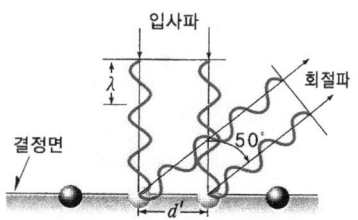

$\Delta = d'\sin\phi = 215pm \times \sin 50 \simeq 165pm$ 와 $\Delta = 1\lambda$에서 $\lambda \simeq 165pm$

② typeII. 결정면 사이의 간격이 $d = 91pm$이고, 각도가 $\theta = 65°$임을 이용할 때 전자빔의 파장

$\Delta = 2d\sin\theta = 2 \times 91pm \times \sin 65 \simeq 165pm$ 와 $\Delta = 1\lambda$에서 $\lambda \simeq 165pm$

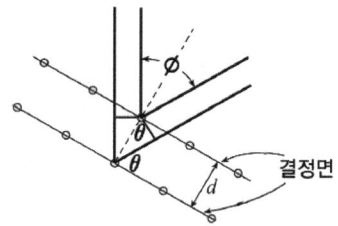

③ typeIII. 결정면 사이의 거리를 $d = 91pm$, 각도가 $\phi = 50°$임을 이용할 때 전자빔의 파장

$\Delta = 2d\cos\dfrac{\phi}{2} = 2 \times 91pm \times \cos 25 \simeq 165pm$ 와 $\Delta = 1\lambda$에서 $\lambda \simeq 165pm$

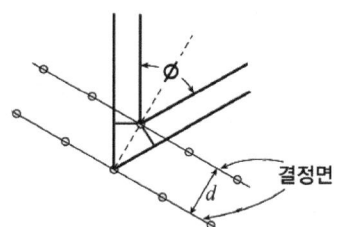

3) 물질파 이론과 비교 : 드브로이 이론에 의하면 가속전압 $54V$인 전자빔의 파장은 다음과 같다.

$$\lambda = \frac{h}{mv} = \frac{h}{\sqrt{2meV}} = \frac{6.63 \times 10^{-34} Js}{\sqrt{2(9.11 \times 10^{-31}kg)(1.6 \times 10^{-19}C)(54V)}} \simeq 167pm$$

드브로이는 1929년에 노벨물리학상을 수상하고, 데이비슨과 거머는 1937년에 노벨물리학상을 수상하게 된다.

§ 6. G.P. 톰슨의 전자회절실험 (기출)

1. X 선 회절무늬와 전자빔 회절무늬

스코틀랜드 애버딘 대학의 자연철학 교수였던 G.P. 톰슨은 1926년에 열린 영국과학진흥협회 학술회의에 참가한 뒤 보른의 강연에 흥미를 갖고 드브로이 물질파 이론을 실험해보기로 마음먹었다.
이미 1925년 7월 보른의 학생이었던 엘자서(Walter Elsasser)는 카를 람사우어가 실험하던 느린 전자의 투과현상을 이용해서 드브로이 물질파 이론을 실험할 계획을 세웠다. 하지만 엘자서는 보른 밑에서 이론 물리학으로 논문을 쓰면서 자신의 실험 계획을 포기했다.
1926년 9월 미국 프린스턴 대학의 다이몬드(E.G. Dymond)는 헬륨에서 전자 산란 실험을 통해 엘자서가 찾고자 했던 간섭 유형을 지지하는 실험적 증거를 얻어냈다. G.P. 톰슨은 다이몬드의 실험이 드브로이 물질파 이론에 대한 정성적인 검증이라고 믿었으며, 자신은 고체 표적을 사용해서 더욱 정량적인 실험적 증거를 얻어내려고 했다. 1927년 11월 G.P. 톰슨은 알루미늄, 금, 셀룰로이드 등의 고체 표적에 음극선 빔을 발사해서 전자가 회절하는 모습을 사진 건판에 담는 데 성공했다. 데이비슨과 톰슨의 실험으로 드브로이 물질파 이론과 슈뢰딩거의 파동역학은 분명한 실험적 증거를 얻게 되었던 것이다.

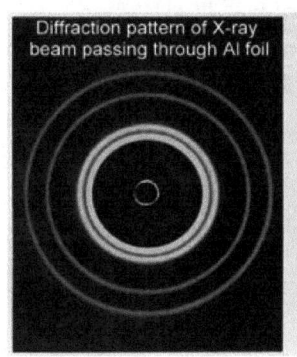
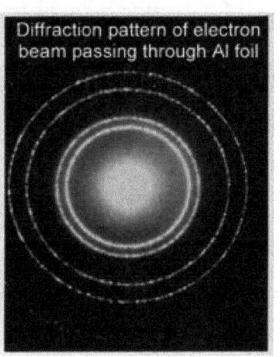

2. 전자빔의 간섭 무늬 증명 실험(Demonstration of single-electron buildup of an interference pattern)

American Journal of Physics, 57. 117-120. (1989)

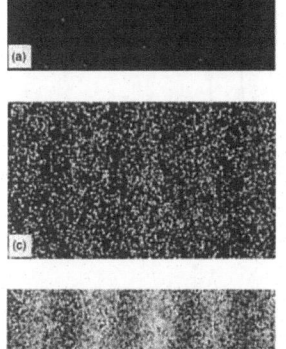

(a)는 10개의 전자들이 이중슬릿을 통과한 후의 패턴이다.
(b)는 100개의 전자들이,
(c)는 3000개의 전자들이,
(d)는 20000개의 전자들이,
(e)는 70000개의 전자들이 각각 이중슬릿을 통과한 후의 패턴이다.

→ 결론 : 미시세계에서는 입자들도 파동적 성질을 지닌다.

3. 무늬 간격 : $\Delta x = \dfrac{L\lambda}{d}$ 단 $\lambda = \dfrac{h}{\sqrt{2meV}}$ (증명 생략) (기출)

ex 1 그림 (가)는 전자선을 이용한 실험 장치의 모습이다. 그림 (나)는 전자선 발생 부분의 개요도이며 전압 V가 클수록 전자는 빨라진다. 그림 (다)는 형광 부분에 나타나는 회절 무늬의 한 모습이다.

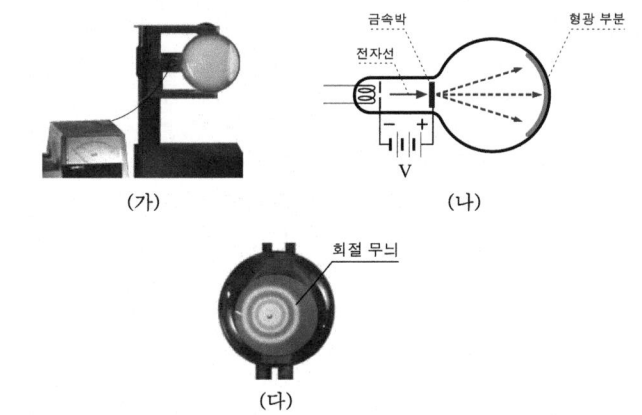

(가)   (나)

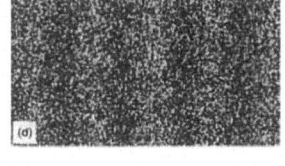

(다)

전자선과 회절 무늬에 대한 옳은 설명을 <보기>에서 모두 고른 것은?

―― <보 기> ――
ㄱ. 전자는 파동성이 있다.
ㄴ. 전압이 높을수록 전자의 물질파 파장이 짧아진다.
ㄷ. 전압을 낮추면 무늬 간격이 좁아진다.

정답 ㄱ, ㄴ

§ 7. X선

1. 광전효과와 X선 발생 비교

	광전효과	X-ray
원인	빛	가속전자
결과	전자 방출	빛 발생
메커니즘	1 : 1 충돌	맥스웰 전자기이론
scale	자외선	X-ray

→ X선 발생은 광전효과의 반대!

2. setting

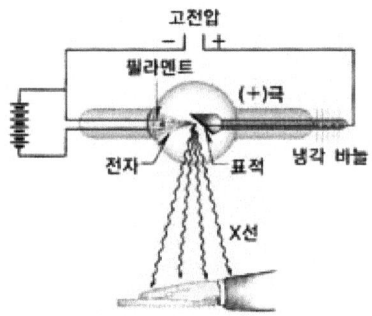

1895년 독일의 Rontgen 이 음극선 실험을 하던 중 우연히 발견. 고속의 전자들을 텅스텐 금속의 양극에 충돌시키면 투과력이 강하고 파장이 짧은 광선이 방출됨을 발견.

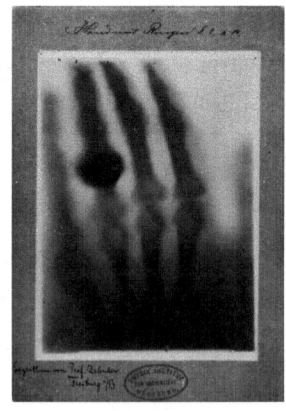

<1895년12월22일 아내의 손을 엑스선으로 찍음>

3. 결과 그래프

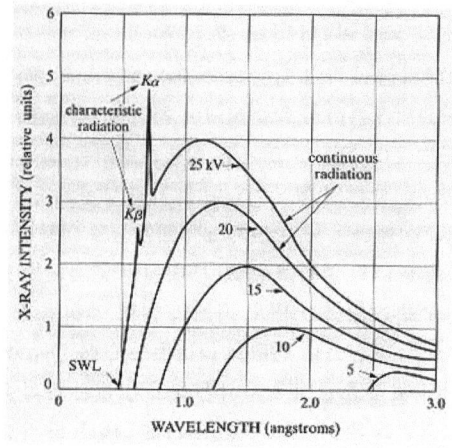

4. 원리1 : braking radiation(제동복사)

맥스웰에 의하면 대전 입자가 힘을 받아 감속하면(가속운동) 전자기파를 방출한다. 위의 그림에서 높은 전압에 의해 가속된 전자가 금속면에 충돌하여 감속할 때, 전자의 운동에너지가 전자기파의 형태로 전환되어 방출

$$eV = \frac{1}{2}mv^2 \geq hf = \frac{hc}{\lambda} \text{에서 } \lambda \geq \frac{hc}{eV} \quad \therefore \lambda_{\min} = \frac{hc}{eV}$$

5. 원리2 : 전자 천이(electron transition)

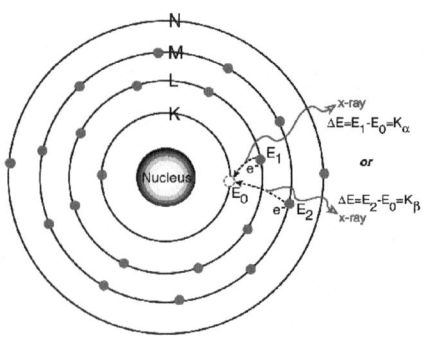

6. Xray 선스펙트럼(characteristic spectrum)의 기원

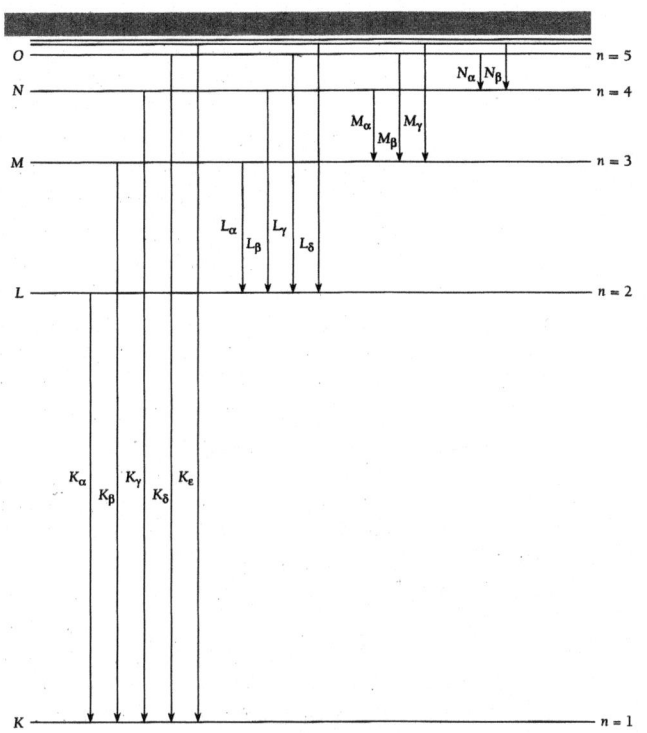

Quiz 1 주어진 그래프에서 K_γ를 표시하면?

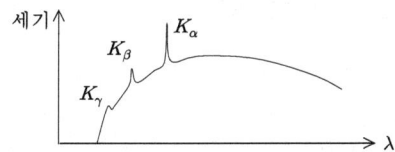

Quiz 2 흑체복사와 제동복사의 차이점은?

정답

	흑체복사	제동복사
파장	모든 파장대가 다 방출	λ_{min} 이상의 빛만 방출
스펙트럼	연속 스펙트럼임	연속 스펙트럼이지만 선스펙트럼도 존재

§ 8. Bragg의 X선 회절 실험

1. 라우에 무늬(Laue diffraction pattern)
: X선은 파장이 매우 짧으므로 보통은 회절현상이 나타나지 않는다. 1912년 라우에(Max von Laue)는 가시광선이 규칙적인 회절 격자에 의해 간섭 무늬를 만들듯이, 결정 속 규칙적인 원자 배열을 회절 격자처럼 사용하면 X선이 산란하여 회절 무늬를 만들 것이라고 생각

* Si 의 라우에 반점

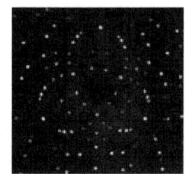

2. 브래그 조건
1) 목적 : 결정구조를 측정하기 위해 이용

2) 메커니즘 : X선이 결정면과 θ 의 각을 이루는 방향으로 입사되면 위쪽 원자층과 아래쪽 원자층 양쪽에서 반사될 수 있다. 이 반사된 X선들에 의해서 회절이 일어날 수 있다. 단 θ는 X선과 면 사이 각도.

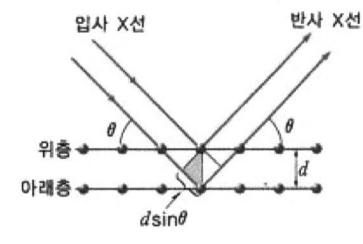

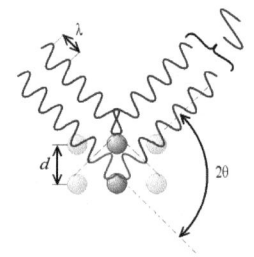 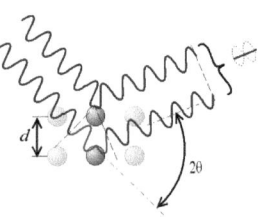

3) 수식
  i) 기하학적 측면 : $\Delta = 2d \sin\theta$
  ii) 파동적 측면 : $\Delta = m\lambda = 1\lambda$
  iii) 두 식에서 $d = \dfrac{\lambda}{2\sin\theta}$ 이다.

→ 의미 : 사용한 빛의 파장과 결정면에 대한 각도만 알면 결정면 사이의 간격을 알 수 있다. 이를 통해 결정의 구조를 알아낼 수 있다.

cf. NaCl 결정에서의 두 세트의 Bragg 평면

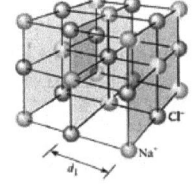 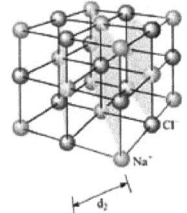

Quiz 1 데이비슨-거머 실험과 브래그 실험의 차이?

정답 입사전자와 입사 X선

Quiz 2 컴프턴 효과와 브래그 실험의 차이?

정답 입사 X선의 입자성, 입사 X선의 파동성

cf. William Lawrence Bragg (1890~1971)
1915년 아버지인 William Henry Bragg와 공동으로 노벨물리학상 수상, 호주 애들레이드 출생.
호주 애들레이드 대학교, 영국 케임브릿지 대학교 졸업.
수상 당시 로런스는 만 25세 8개월 14일로, 이는 무려 99년 후인 2014년에 말랄라 유사프자이가 만 17세 5개월 1일에 노벨평화상을 수상하면서 깨지기까지 세계 최연소 수상 기록이었고, 과학상 수상자로만 한정한다면 이 기록은 아직도 깨지지 않고 있다.

X-선 결정학의 업적
브래그는 결정에서 X선을 이용한 회절에 관한 법칙으로 유명하다. 브래그의 법칙은 X선이 결정의 격자에 의해 회절되는 방법으로부터, 결정 내부의 원자들의 위치를 계산 가능하게 했다. 그는 1912년 케임브리지에서 학생으로 연구를 시작한 첫 해에 이것을 발견했다. 그는 그의 생각을, 당시 Leeds에서 X선 분광기를 만들고 있던 그의 아버지와 토의하였다. 이 방법은 많은 다른 형태의 결정을 분석 가능하게 했다. 그러나 아버지와 아들의 공동 연구는 사람에게 아버지가 연구를 제안한 것으로 오해되었고, 이는 아들을 화나게 하곤 했다고 한다.

단백질 연구
1948년 그는 단백질 구조에 관심을 갖게 되었고 물리학을 이용하여 생물학의 문제들을 해결하는 그룹을 만드는 데 부분적 책임을 맡게 되었다. 그는 케임브리지의 캐번디시 연구소에서 그의 후원 아래서 일했던 제임스 D. 왓슨과 프랜시스 크릭을 지원하여, 그들이 1953년 DNA의 구조를 발견하는데 큰 역할을 했다.

Ch 15. 이중성

ex 1 파장이 1.50 Å인 X-선을 단결정 실리콘 기판에 조사시켰다. X-선과 결정평면 사이의 각이 $30°$일 때 최대의 회절무늬가 나타났다. 이 회절을 일으키게 한 실리콘 결정 원자층 사이의 거리는?

① 0.75 Å ② 0.85 Å ③ 1.00 Å
④ 1.50 Å ⑤ 2.55 Å

정답 ④

i) 입사된 X 선의 경로는 다음과 같다.

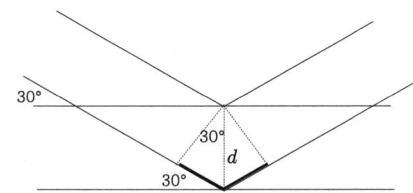

굵은 부분이 입사된 두 X 선의 경로차가 된다.

i) 기하학적 측면에서 경로차는 $\triangle = 2 \times (d \sin 30)$ 이다.
ii) 파동광학적 측면에서 경로차는 $\triangle = m\lambda$ 단 $m = 1, 2, 3 \ldots$ 이다. 최대의 회절무늬가 나타나는 조건은 $\triangle = 1\lambda$ 이다.
iii) 위의 두 식을 연립하면 $d = 1.50 \text{ Å}$ 이 된다.

* 헷갈리는 현대물리 공식 정리

	전자기파	광자	물질	물질파
운동량	없음	$p \equiv \dfrac{h}{\lambda}$	$p \equiv mv$	$\lambda = \dfrac{h}{mv}, p \equiv \dfrac{h}{\lambda}$
에너지	없음	$\epsilon \equiv hf = \dfrac{hc}{\lambda}$	$KE = \dfrac{p^2}{2m}$	$KE = \dfrac{h^2}{2m\lambda^2}$
세기	$I = \dfrac{E}{St}$	초당 개수		초당 개수
관계식	$c = f\lambda$	$c = f\lambda$		없음 단 $v = f\lambda$ 성립 안함

Part 5. 현대물리

* 추론형 문제 엿보기

1. 다음 질문에 답하시오.

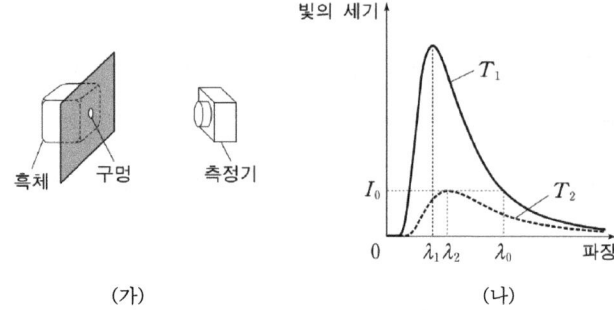

(가)   (나)

1) T_1인 흑체에서 나온 파장 λ_1인 광자 한 개의 에너지를 T_2인 흑체에서 나온 파장 λ_1인 광자 한 개의 에너지와 비교하면?

2) 온도가 T_1일 때 λ_0에서 측정되는 단위 시간 당 광자의 개수를 온도가 T_2일 때 λ_2에서 측정되는 단위 시간 당 광자의 개수와 비교하면?

정답 동일, 크다.

1) 아인슈타인의 광양자 가설 $E_{\text{광자1개}} = hf = \frac{hc}{\lambda}$에 의해 동일한 파장이면 에너지는 동일하다.

2) $I = \frac{E_{tot}}{At} = \frac{N \times E_{\text{광자1개}}}{At} = \frac{N\frac{hc}{\lambda}}{At}$에서 세기가 일정하다면 $\frac{N}{t} \propto \lambda$이다.

T_1일 때 λ_0에서 측정되는 단위 시간 당 광자의 개수	T_2일 때 λ_2에서 측정되는 단위 시간 당 광자의 개수
$\frac{I_0}{\frac{hc}{\lambda_0}}$ >	$\frac{I_0}{\frac{hc}{\lambda_2}}$

2. A의 일함수를 λ_p에 대해 유도하면?

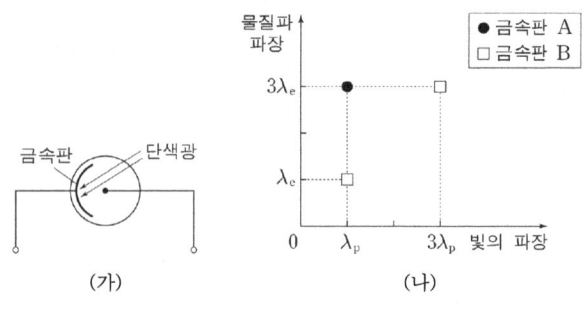

(가)   (나)

정답

$KE = \frac{p^2}{2m} = \frac{h^2}{2m\lambda^2}$을 이용한다.

i) $(\lambda_p, 3\lambda_e)$점 : $\frac{h^2}{2m(3\lambda_e)^2} = \frac{hc}{\lambda_p} - W_A$ ⋯ ①

ii) (λ_p, λ_e)점 : $\frac{h^2}{2m(\lambda_e)^2} = \frac{hc}{\lambda_p} - W_B$ ⋯ ②

iii) $(3\lambda_p, 3\lambda_e)$점 : $\frac{h^2}{2m(3\lambda_e)^2} = \frac{hc}{3\lambda_p} - W_B$ ⋯ ③

iv) ②, ③에서 좌변끼리 빼고, 우변끼리 빼면 $\frac{4}{9}\frac{h}{m\lambda_e^2} = \frac{2}{3}\frac{c}{\lambda_p}$ ⋯ ④

v) ④을 ①에 대입해서 정리하면 $W_A = \frac{11}{12}\frac{hc}{\lambda_p}$

3. 통과한 후 물질파 파장을 구하시오. 그리고 양성자와, 전자를 비교해보고, 알파입자와 양성자를 비교해보시오.

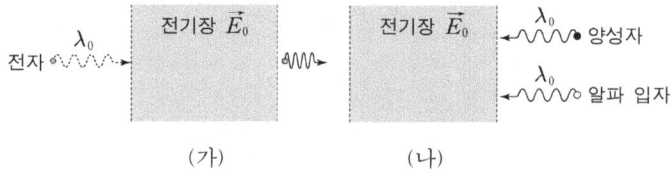

(가)   (나)

정답

1) $\frac{h^2}{2m\lambda'^2} = qV + \frac{h^2}{2m\lambda_0^2}$에서 $\lambda'^2 = \frac{h^2}{2mqV + \frac{h^2}{\lambda_0^2}}$

2) 양성자의 더 짧다.
3) 알파입자가 더 짧다.

Chapter 15. 이중성

Chapter 16. 원자모형

Chapter 17. 핵물리

Part 5. 현대물리

§ 1. J.J. 톰슨의 이론

1. 톰슨의 음극선 관(cathod ray tube, CRT) 실험

음극판(cathode)과 양극판(anode)으로 이루어진 관 내부에 큰 전압을 걸어주면 음극에서 빔이 나온다. 이를 음극선(cathod ray)이라고 한다. 이 음극선은 양극판의 작은 구멍을 통해 외부로 방출되고 등속도로 운동하여 형광판에 부딪힌 후 빛을 발생시킨다.

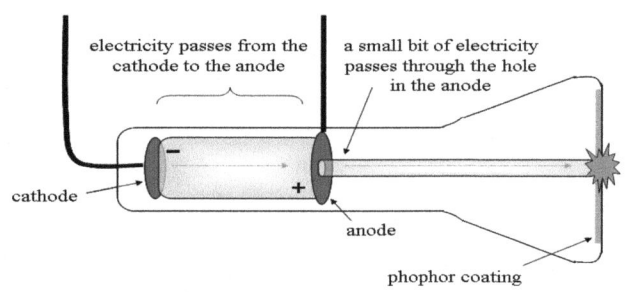

이 현상을 이용해서 만든 TV를 브라운(Braun)관 TV 또는 CRT TV라고 한다.

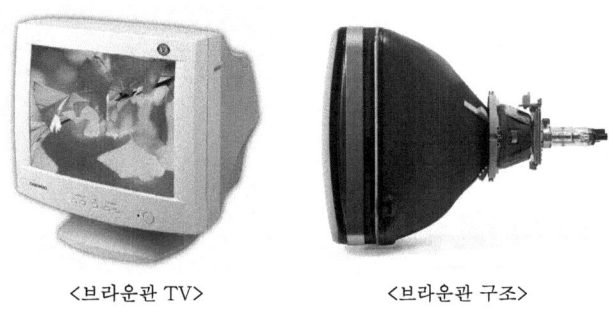

<브라운관 TV>　　　　<브라운관 구조>

한편 빛은 전기를 띠지 않는다. 입자만 전기를 띨 수 있다. 1897년 톰슨은 음극선이 전기장 속에서 휘는 것을 발견하였다. 그래서 음극선이 파동이 아니라 입자들로 구성된 빔임을 밝혀졌다.

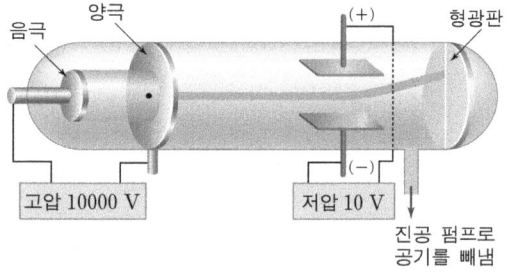

그는 정밀한 실험을 통해 음극선 입자들의 '비전하($\frac{q}{m}$)'를 측정하였다. 놀랍게도 음극판의 재질이 어떤 금속이든지 상관없이 비전하 값이 항상 동일하였다.

$$\frac{q}{m} = 1.76 \times 10^{11}\ C/kg$$

2. 푸딩 모형(plum pudding model)

그래서 그는 음극선 입자들이 모든 물질에 들어 있는 기본 입자일지도 모른다고 생각하였다. 더 나아가 음극선 입자들이 모든 원자에 들어 있는 구성 입자라고 대담하게 주장하였다. 그리고는 음극선 입자에게 '전자(electron)'라는 새로운 이름을 붙여 주었다.

톰슨은 원자의 구조를 다음 그림처럼 건포도가 들어 있는 푸딩과 비슷하다고 주장하였다. 즉 양(+)전하가 푸딩처럼 원자를 채우고 있고, 중간 중간에 전자(-)가 건포도처럼 송송 박혀 있다고 제안하였다. 이런 톰슨의 모형을 푸딩 모형이라고 한다. '입자의 최소 단위가 원자'라고 주장하였던 돌턴의 원자설이 무너지는 순간이다.

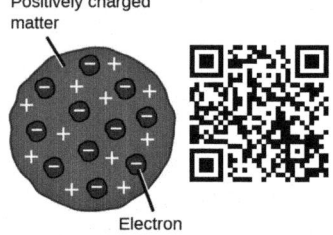

https://goo.gl/ZOI8Pv

* 크리스마스 푸딩(plum pudding) VS 캐러멜 푸딩

ex 1 음극에서 방출된 전자의 전하량은 e 이고, 전위차 V 에 의해 가속하였다. 이 전자는 크기가 각각 E와 B인 전기장과 자기장이 걸린 '교차장'에 입사하여 직진한 후 스크린에 충돌하였다. 전자의 비전하 $\frac{e}{m}$ 를 구하시오.

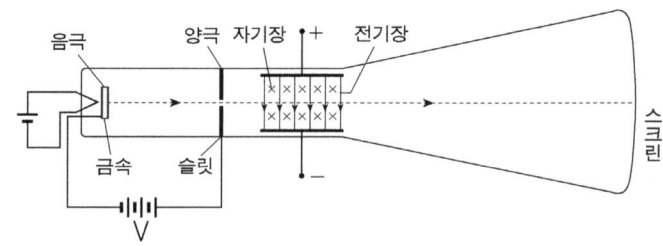

정답

i) 전압에 의한 전자의 가속 : $\frac{1}{2}mv^2 = eV$ … ①

ii) 교차장에서 직진 : $eE = evB$ 에서 $v = \frac{E}{B}$ … ②

iii) ②→① : $\frac{e}{m} = \frac{E^2}{2VB^2} = 1.76 \times 10^{11} C/kg$

참고로 음극선 관 또는 브라운 관 또는 CRT 또는 전자총은 모두 같은 말이다.

§ 2. 밀리컨의 기름방울 실험

1. 실험

: 톰슨에 의하여 전자의 비전하가 측정된 후 1909년 미국의 밀리컨은 기름방울을 이용하여 전자의 전하량을 측정하였다.

분무기로 기름을 뿌리면 기름방울은 분무기와의 마찰에 의해 음전하를 띠게 된다. 음전하를 띠게 된 기름방울은 종단속도에 도달하여 등속운동을 하게 된다($mg = bv$). 이 때 강한 전기장을 걸어주면 기름방울은 위로 가속운동하게 되고, 다시 공기 저항에 의해서 종단속도로 등속운동하게 된다($qE = mg + bv'$).

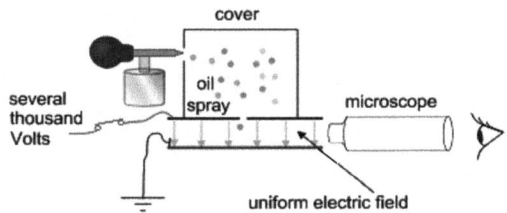

i) $mg = bv$

ii) $qE = mg + bv'$

iii) 두 식을 연립하면 $q = \dfrac{bv + bv'}{E}$

위의 과정을 수 천 번 반복하면서 수많은 기름방울들의 q를 계산한 후 최대공약수($1.6 \times 10^{-19} C$)를 찾는다.

2. 결론

: 최소 전하량 - $1.6 \times 10^{-19} C \equiv 1e$ → 전하량의 양자화

3. 전자의 질량

: 전자의 비전하량 $\dfrac{e}{m} = 1.76 \times 10^{11} C/kg$을 이용하면,

$$m_e = \dfrac{1.6 \times 10^{-19}}{1.76 \times 10^{11}} \approx 9.11 \times 10^{-31} kg$$

---

ex 1 그림과 같이 균일한 전기장에서 대전된 기름방울들이 전기력과 중력을 받아 힘의 평형을 이루도록 전압을 조절하면, 기름방울 한 개의 전하량을 측정할 수 있다. 충분히 많은 기름방울들의 전하량을 각각 측정하여 전하량의 크기가 비슷한 기름방울들끼리 그룹으로 묶어 평균 전하량을 구한 다음, 크기 순으로 나타내었더니 다음 <표>와 같았다.

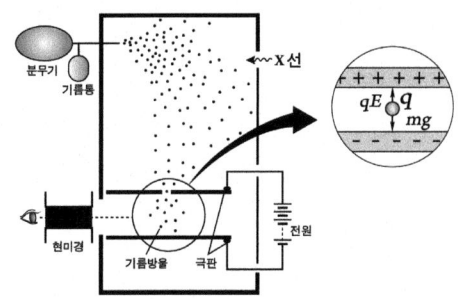

그룹	기름방울 한 개의 평균 전하량($\times 10^{-19} C$)
I	9.6
II	11.2
III	12.8
IV	14.4
V	16.0
VI	17.6

다음 <보기>에서 이 실험 및 실험결과에 대한 설명으로 옳은 것을 모두 고른 것은?

<보기>

ㄱ. 전자는 더 이상 쪼개지지 않는다는 가정 아래 실험하였다.
ㄴ. 기름방울들은 양으로 대전되어 있다.
ㄷ. 이웃한 두 그룹에서 기름방울 한 개의 평균 전하량의 차이인 $-1.6 \times 10^{-19} C$이 전자 한 개의 전하량임을 알 수 있다.

정답 ㄱ, ㄷ

ㄱ. 맞는 표현이다.
ㄴ. 기름방울들은 분무기에서 분출되면서 마찰에 의해 음전하를 띠고 그렇기 때문에 대전된 평행판 사이에서 윗 방향으로 전기력을 받을 수 있는 것이다.
ㄷ. 주어진 그래프의 데이터의 최대공약수가 1.6×10^{-19}다.

§ 3. 러더퍼드의 알파입자 산란 실험

1. 러더퍼드의 알파 입자 산란 실험

알파 입자는 헬륨 핵이다. 러더퍼드는 이 알파 입자를 얇게 편 금박(gold foil)에 입사시켜 알파 입자의 궤적이 변하는 각도를 측정하였다.

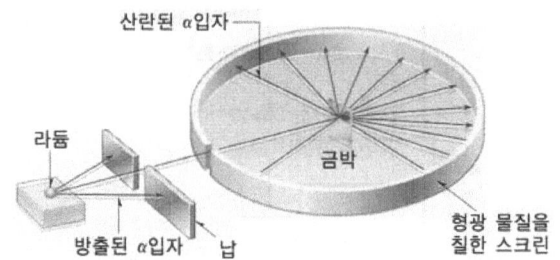

대부분의 알파 입자는 직진하였지만 소수의 알파 입자가 90도 이상의 큰 각으로 튕기는 것을 발견하였다. 알파 입자의 질량이나 속력, 금박의 밀도 등을 고려할 때 알파 입자는 금박을 뚫고 지나가면 지나가지, 절대 튕길 수 없다고 생각했다. 필시 뒤로 되튀는 입자는 원자 내부에서 무언가 단단한 물질과 충돌했음이 분명했다.

2. 유핵(有核) 모형

철수가 적의 요새에 몰래 들어가려고 하는데, 출입문의 개수는 총 10개이고 각 출입문마다 병사들이 1명씩 지키고 있다. 철수가 출입문을 통과할 확률은 50% 정도일 것이다.

그런데 이번에는 병사 10명이 전부 정문 출입문을 지키고 있다고 가정하자. 그러면 철수는 다른 출입문을 통해서 100% 통과할 수는 있겠지만 정문 출입문을 통해서는 절대!!! 통과할 수 없을 것이다.

러더퍼드는 원자의 구조도 이럴 것이라고 생각했다. 대부분의 알파 입자가 금박을 통과하지만 몇 개의 알파 입자가 큰 각도로 튕기려면 원자의 내부는 대부분 텅텅 비어 있고 중심에 양전하들이 밀집해 있는 구조여야 한다고 생각하였다.

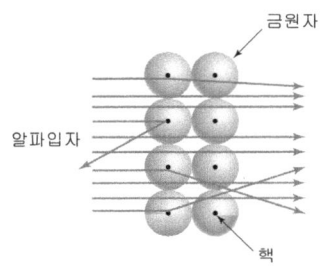

그리고 바깥쪽으로 토성의 띠처럼 전자들이 돌고 있다고 주장하였다.

양전하들이 밀접해 있는 것을 '핵'이라고 부른다. 그래서 그는 인류 최초로 핵을 발견한 과학자가 되었다.

§ 4. 보어의 이론 (기출)

1. 보어의 가정 세 가지

1) 원운동방정식 : $\dfrac{ke^2}{r^2} = m\dfrac{v^2}{r}$

2) 양자조건 : $L = n\dfrac{h}{2\pi}$ 단 $n = 1, 2, 3, ...$ (주양자수)

3) 천이조건(transition condition) : $E_i - E_f = hf_{light}$

Quiz 1 $n=5$인 궤도에서 전자의 각운동량은 얼마인가?
$n=2$인 궤도에서 전자의 각운동량은 얼마인가?
이 두 값의 차이는 얼마인가?

정답 1) $\dfrac{5h}{2\pi}$ 2) $\dfrac{2h}{2\pi}$ 3) $\dfrac{3h}{2\pi}$

Quiz 2 수소원자의 전자가 $E = -3.4eV$ 에서 $E = -13.6eV$ 로 전이하였다. 방출하는 빛의 에너지는 얼마인가?

정답 10.2eV

Quiz 3 수소원자의 전자가 갖는 역학적 에너지는 $E = -\dfrac{E_0}{n^2}$ 로 표현되기도 한다. $n=2$에서 $n=1$로 전이할 때 방출되는 빛의 에너지는?
이 때 빛의 진동수는?

정답 1) $\dfrac{3}{4}E_0$ 2) $\dfrac{3E_0}{4h}$

2. 수소 원자 물리량 일곱 가지 (기출)

1) 수소 전자의 궤도반경 : $r_n = 0.5 \times 10^{-10}\, n^2$

pf.

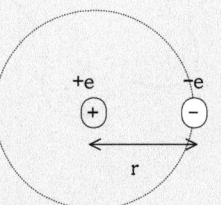

i) 고전적 결과 : 구심력의 원천은 전기력이다.

$\dfrac{ke^2}{r^2} = m\dfrac{v^2}{r}$ 단 $k = \dfrac{1}{4\pi\epsilon_0}$ ... ①

ii) 현대적 해석 : 보어의 양자가설

$L = mvr = \dfrac{nh}{2\pi}$ ... ②

iii) ①, ②에서 v^2에 관해 정리

① : $v^2 = \dfrac{ke^2}{mr}$ ② : $v^2 = \dfrac{n^2h^2}{4\pi^2 m^2 r^2}$

$\therefore r_n = \dfrac{h^2}{4\pi^2 mke^2}n^2 \simeq (0.5 \times 10^{-10}m)\, n^2$

→ 의미 : 궤도의 양자화

cf. 보어반경 : $r_1 = 0.5\,Å \equiv r_B$

2) 수소 전자의 속력 : $v_n \propto \dfrac{1}{n}$

pf.
①, ②에서 r에 관해 정리

① : $r = \dfrac{ke^2}{mv^2}$ ② : $r = \dfrac{nh}{2\pi mv}$

$\therefore v_n = \dfrac{2\pi ke^2}{h}\dfrac{1}{n}$

단, $n=1$일 때 $v = 2.187 \times 10^6 m/s \simeq 0.7 \times 0.01c$

3) 수소 전자의 주기 : $T = \dfrac{2\pi r_n}{v_n} \propto \dfrac{n^2}{\dfrac{1}{n}} \propto n^3$

4) 수소 전자의 파장 : $\lambda = \dfrac{h}{mv} \propto n$

Quiz 1 다음 그림에서 원주는 물질파 파장의 몇 배인가?

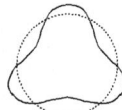

정답 3배

Quiz 2 다음 그림에서 원주는 물질파 파장의 몇 배인가?

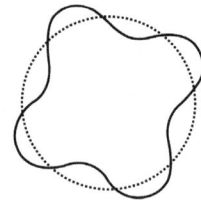

정답 4배

→ 주의 : 물리 문제에서 전자가 전이하면서 방출되는 빛의 파장에 대한 질문인지, 전자 자신의 물질파 파장에 대한 질문인지 잘 구별해야 한다.
방출되는 빛의 파장은 전자가 전이하는 두 궤도의 에너지 차가 클수록 단파장이다.
전자의 물질파 파장은 n이 클수록 길다.

Quiz 3 $n=1$인 궤도와 $n=2$인 궤도에서 물질파 파장을 비교하면?

정답 $\lambda_{물질파} \propto n$ 에 의해 $n=2$ 인 경우가 2배 더 길다.

5) 수소 전자의 위치에너지 : $U = -\dfrac{ke^2}{r}$

6) 수소 전자의 운동에너지 :
①식을 이용하면 $K = \dfrac{1}{2}mv^2 = \dfrac{ke^2}{2r}$

7) 수소 전자의 에너지 준위(energy level) : (기출)
$E_n = \dfrac{1}{2}mv^2 + (-\dfrac{ke^2}{r}) = -\dfrac{ke^2}{2r} = -\dfrac{(13.6\,eV)}{n^2}$ 단 $n = 1, 2, 3, \ldots$
→ 의미 : 에너지의 양자화

Quiz 4 전자가 $n=2$에서 $n=1$로 전이할 때 방출되는 파장을 λ_A라고 하자.
전자가 $n=3$에서 $n=1$로 전이할 때 방출되는 파장을 λ_B라고 하자.
두 파장을 비교하면?

정답 $\lambda_A > \lambda_B$

i) $(-\dfrac{E_0}{4}) - (-\dfrac{E_0}{1}) = \dfrac{hc}{\lambda_A}$

ii) $(-\dfrac{E_0}{9}) - (-\dfrac{E_0}{1}) = \dfrac{hc}{\lambda_B}$

∴ $\lambda_A > \lambda_B$

<2> 직관적 풀이 : $n=2$에서 $n=1$로 전이할 때 에너지 차이가 작으므로 장파장의 빛이 방출됨

* 정리
$r \propto n^2$
$\lambda \propto n$
$v \propto \dfrac{1}{n}$
$E \propto -\dfrac{1}{n^2}$

Q&A

질문 현의 진동에서는 두 어미파가 만나서 정상파가 만들어지는데, 수소 원자의 전자가 정상파를 이루는 것도 똑같나요?

답변 그렇지는 않습니다^^ 이건 순전히 드브로이의 상상에서 비롯된 이론입니다. 다만 그 이론으로 실험 결과를 설명할 수 있기 때문에 그냥 받아들일 뿐입니다^^

Ch 16. 원자모형

3. 스펙트럼 실험

1) 스펙트럼 실험

① 백열등의 연속스펙트럼 실험

② 수소의 흡수선스펙트럼 실험

 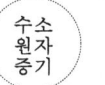

③ 수소의 방출선스펙트럼 실험

2) 관찰결과

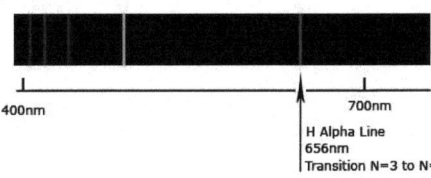

3) 발머의 업적

그 당시 발견된 수소의 선스펙트럼인 4개의 가시광선 파장을 이용해서 공식을 하나 만들어 내었다.

$\frac{1}{\lambda} = R(\frac{1}{2^2} - \frac{1}{m^2})$ 단 $m = 3, 4, 5 \dots$, R은 Rydberg 상수

4) 그 외 발견

① 자외선 영역 발견 : Lyman 계열

$\frac{1}{\lambda} = R(\frac{1}{1^2} - \frac{1}{m^2})$ 단 $m = 2, 3, 4, 5 \dots$

② 적외선 영역 발견 : Paschen 계열

$\frac{1}{\lambda} = R(\frac{1}{3^2} - \frac{1}{m^2})$ 단 $m = 4, 5, 6 \dots$

5) 보어의 제안

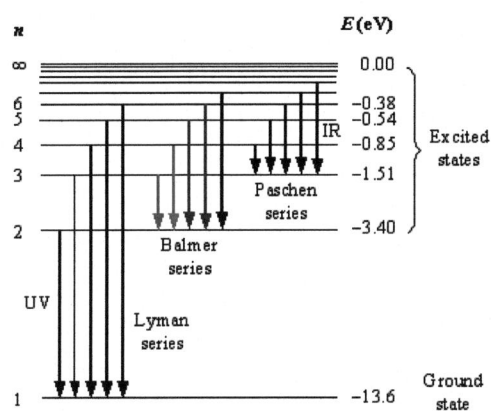

Energy levels of the hydrogen atom with some of the transitions between them that give rise to the spectral lines indicated.

6) 리드베리 공식 : $\frac{1}{\lambda} = R(\frac{1}{n_{low}^2} - \frac{1}{n_{high}^2})$

pf.

천이조건 $(-\frac{2\pi^2 mk^2 e^4}{n_{high}^2 h^2}) - (-\frac{2\pi^2 mk^2 e^4}{n_{low}^2 h^2}) = \frac{hc}{\lambda}$ 에서

$\frac{1}{\lambda} = \frac{2\pi^2 mk^2 e^4}{h^3 c}(-\frac{1}{n_{high}^2} + \frac{1}{n_{low}^2}) \equiv R(\frac{1}{n_{low}^2} - \frac{1}{n_{high}^2})$ 단 R : 리드베리상수

Part 5. 현대물리

Quiz 1 발머 계열에서 가장 파장이 짧은 것의 파장은?

정답 $\lambda = \dfrac{4}{R}$

$\dfrac{1}{\lambda} = R\left(\dfrac{1}{2^2} - \dfrac{1}{\infty^2}\right)$

Quiz 2 라이먼 계열에서 가장 파장이 긴 것의 파장은?

정답 $\lambda = \dfrac{4}{3R}$

$\dfrac{1}{\lambda} = R\left(\dfrac{1}{1^2} - \dfrac{1}{2^2}\right)$

Quiz 3 OX 퀴즈. 발머 계열에서 가장 에너지가 큰 빛조차도 라이먼 계열에서 가장 에너지가 작은 빛보다도, 에너지가 더 작다.

정답 yes

발머 계열에서 가장 에너지가 큰 빛은, 전자가 $n = \infty$ 에서 $n = 2$ 로 전이할 때 발생하는 가시광선이다.
라이먼 계열에서 가장 에너지가 작은 빛은, 전자가 $n = 2$ 에서 $n = 1$ 로 전이할 때 발생하는 자외선이다.
선생님이 자기 동네에서 아무리 잘 생겼다고 해도, 어차피 장동건 옆에 서는 오징어이듯이 ㅠㅠ

Quiz 4 OX 퀴즈. 발머 계열에서 가장 파장이 짧은 파장이라도 라이먼 계열에서 가장 파장이 긴 파장보다도 파장이 더 길다.

정답 yes

발머 계열에서 가장 파장이 짧은 파장은 $n = \infty$ 에서 $n = 2$ 로 전이할 때 발생하는 가시광선이다.
라이먼 계열에서 가장 파장이 긴 파장은 $n = 2$ 에서 $n = 1$ 로 전이할 때 발생하는 자외선이다.

tip. h, c 제시된 문제 : $E_{고} - E_{저} = \dfrac{hc}{\lambda}$ 에서 $\lambda = \ldots$

R 제시된 문제 : $\dfrac{1}{\lambda} = R\left(\dfrac{1}{n^2} - \dfrac{1}{m^2}\right)$ 에서 $\lambda = \ldots$

---

* 에피소드 – 보어

1) 보어는 엄청난 대두였다. 어머니가 유태인이어서 2차 세계대전이 발발하자 비행기를 타고 다른 나라로 피난을 갔다. 그런데 탑승객들이 반드시 써야 하는 헤드셋 달린 헬멧을 쓰지 못했고, 비행기의 고도가 상승하면서 조종사가 산소 마스크를 착용하라고 방송했지만, 그것을 듣지 못해서... 기절했다고 한다. 다행히 3시간 뒤에 깨어났다고 한다...

2) 보어의 동생은 1908년 올림픽 은메달까지 딴 유명한 수학자 겸 축구선수라고 한다. 한 번은 덴마크 국왕을 만났는데, 국왕이 "이렇게 유명한 축구 선수를 만나서 영광입니다."라고 얘기했다고 한다.

3) 보어는 이해력이 굉장히 떨어졌다고 한다. 심지어 영화 볼 때도 항상 내용 이해를 잘 못했다고 한다. 강의 내용이 이해가 잘 안 되면, '내가 노벨상 타려고 이러나 보다.'고 생각하자.

§ 5. Franck-Hertz 실험

1. 자외선 살균기의 원리와 형광등의 원리

1) 자외선 살균기

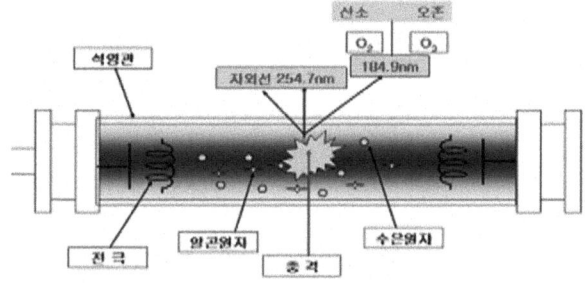

그림처럼 전압이 걸려 있고 비활성 기체(수은, 아르곤)가 들어 있는 유리관이 있다. 내부의 필라멘트에서 전자들이 방출되어 오른쪽으로 가속한다. 운동을 하다가 비활성 기체와 충돌하면 비활성 기체의 최외각 전자가 들뜬(excited) 궤도로 jumping한다. 그리고 다시 원래 상태로 jumping하면서 빛(자외선)을 방출한다.

2) 형광등

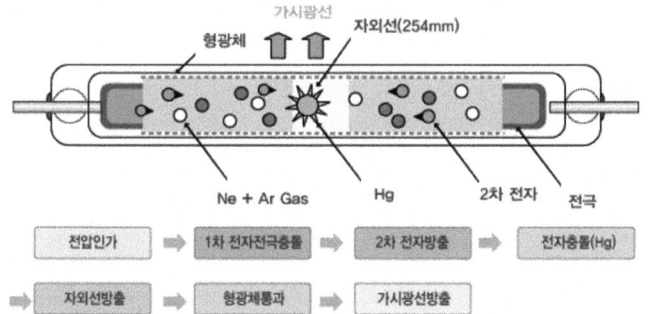

형광등은 유리관 속의 공기를 빼낸 후 아르곤과 수은을 넣어 밀봉하고, 내부에 자외선에 반응하여 가시광선을 낼 수 있는 형광체를 바른 것이다(그림). 유리관 양 끝에 있는 전극에 고전압이 걸리면 음극에서 전자가 나오고, 근처에 있는 기체원자가 이 전자와 충돌하면 전자를 방출하면서 양이온이 된다. 이 같은 과정을 통해 생성된 양이온은 음극에 충돌하여 더 많은 전자를 공급한다. 이런 현상을 반복하면서 전자는 조금씩 양극에 도달한다. 이러한 전자의 이동 때문에 형광등은 선이 없이도 전기가 흐른다.

이 같은 기체 내에서 전기의 흐름을 기체방전이라 한다. 기체방전시 유리관 내부는 양전하를 띤 양이온과 음전하를 띤 전자의 전하수가 같은 플라즈마 상태가 되고, 양이온이 전자와 재결합하면 자외선 등의 형태로 에너지가 방출된다. 따라서 형광등 불빛은 기체방전시 발생하는 자외선이 유리관의 안쪽 면에 발린 형광체를 자극하여 생긴 가시광선이다.

2. Franck-Hertz 실험 setting과 결과 및 해석

1) setting

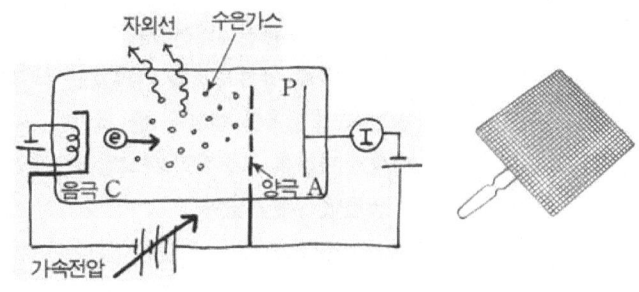

2) 결과

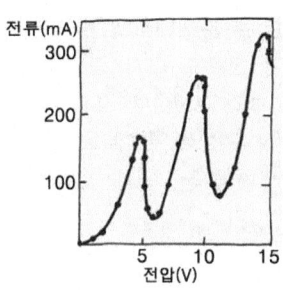

3) 해석

수은 증기가 들어있는 진공관에서 방출된 전자가 전압에 의해서 가속운동을 하다가 수은 증기의 전자에게 운동에너지를 빼앗기면 플레이트 P까지 도달하지 못한다. 그러면 전류계에서의 측정 전류값이 감소한다. 이러한 현상은 전압이 $4.9\,V$의 정수배일 때마다 반복적으로 나타난다. 이는 수은 증기의 전자가 갖는 에너지 준위가 불연속적이라는 의미이다.

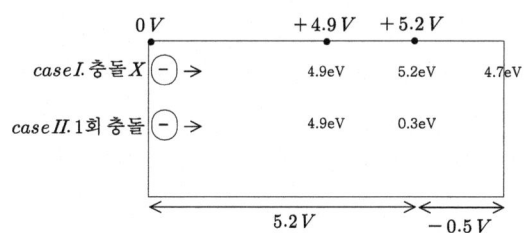

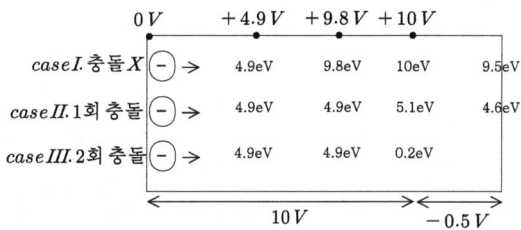

Part 5. 현대물리

ex 1 그림의 진공관에 소량의 수은을 넣고 관 전체를 150℃ 정도로 유지한다. 필라멘트 F를 가열하면, 음극 K에서 전자가 나온다. (전자가 나올 때의 운동에너지는 0이다.) K와 그리드 G 사이에서 전압 V_1으로 가속되고, G와 양극 A 사이의 전압 V_2에 의해 감속된다. V_2를 $0.5V$로 하고, V_1을 증가하면서 검류계 G로 양극 전류 I를 측정하여 그림 (b)와 같은 결과를 얻었다.

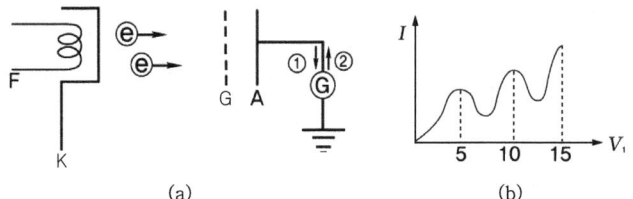

(a)   (b)

KG 사이의 전압 V_1이 $4.9V$일 때 전류는 최대가 된 후 감소한다. 이것은 일정한 값을 초과하는 에너지를 가진 전자가 수은 원자와 충돌하여 운동에너지의 일부를 잃기 때문이다. 다시 V_1을 증가시키면 전류도 다시 증가하며 V_1의 전압이 $9.8V$, $14.7V$일 때 전류는 최대가 된 후 감소한다.

이에 대한 <보기>의 설명 중 옳은 것을 모두 고르면? (단, 플랑크 상수는 6.6×10^{-34} J·s, 빛의 속도는 3×10^8 m/s, 전자의 전하량은 1.6×10^{-19} C이다.)

─── <보기> ───
ㄱ. 질량 m, 전하량 e인 전자가 K로부터 방출되어 에너지를 잃지 않고 A에 도달했다면 이때 전자의 속력은 $\sqrt{\dfrac{2e(V_1-V_2)}{m}}$ 이다.

ㄴ. 그림 (a)에서 검류계 G에 흐르는 전류의 방향은 ②방향이다.

ㄷ. 이 실험에서 수은 원자로부터 발생하는 자외선의 파장은 약 $2.5\times10^{-7}m$ 이다.

정답 ㄱ, ㄴ, ㄷ

ㄱ. 일과 운동에너지 정리 : $eV_1 - eV_2 = \dfrac{1}{2}mv^2$

ㄴ. K에서 A로 입사한 전자는 ①방향을 따라서 이동한다. 그러므로 전류 방향은 ②방향이다.

ㄷ. $4.9eV$에 해당하는 빛이 발생한다. $E=\dfrac{hc}{\lambda}$ 에서

$\lambda = \dfrac{hc}{E} = \dfrac{(6.6\times10^{-31}Js)(3\times10^8 m/s)}{4.9\times1.6\times10^{-19}J} \fallingdotseq 2.5\times10^{-7}m$ 이다.

* 추가질문.
만약 $V_1=6V$, $V_2=0.5V$이고 입사 전자가 수은 증기와 1번 충돌했다면, A에 도달했을 때 최종 입사 전자의 운동에너지는?
6eV-4.9eV-0.5eV=0.6eV

ex 2 다음 그래프는 프랑크 헤르츠 실험 결과를 나타낸다. 이에 대한 설명 중 틀린 것을 모두 고르면?

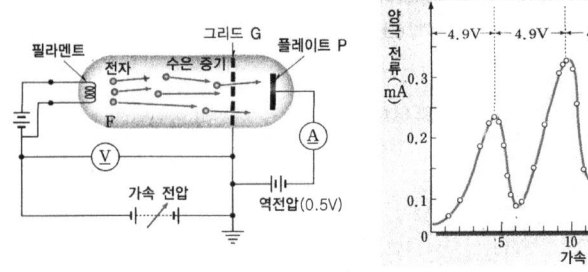

① 수은 원자는 $4.9eV$의 차를 갖는 에너지 준위가 존재한다.
② 수은 원자는 $4.9eV$의 정수배에 해당하는 에너지 준위를 갖는다.
③ 수은으로부터 전자를 떼어 내는 데 $4.9eV$의 에너지가 필요하다.
④ $11.0eV$로 가속된 전자가 수은 원자와 충돌한 후에 가질 수 있는 최소의 에너지는 $1.2eV$이다.

정답 ②, ③

플랑크 헤르츠 실험은 전자의 에너지 준위가 양자화 되어있음을 밝혔다. 진공관의 전자가 전압에 의해서 가속운동을 하다가 수은의 전자와 충돌하면서 에너지를 빼앗긴다. 그러면 플레이트 P까지 도달하지 못한다. 수은의 최외각 전자가 갖는 에너지가 $4.9eV$이므로 전자는 수은의 전자와 충돌할 때마다 $4.9eV$의 에너지를 잃는다.

§6. 양자역학

1. 슈뢰딩거 방정식

* 실제 파동의 y-t 그래프 : $w = \frac{\theta}{t}$ 또는 $\theta = wt$ 이용

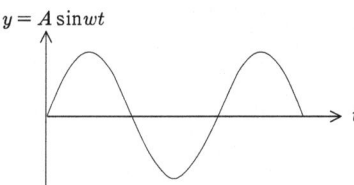
$y = A\sin wt$

* 실제 파동의 y-x 그래프 : $k = \frac{\theta}{x}$ 또는 $\theta = kx$ 이용

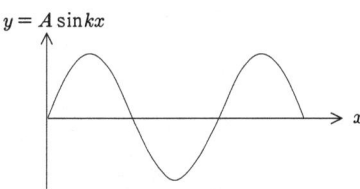
$y = A\sin kx$

* 드브로이와 슈뢰딩거가 생각한 물질파의 Ψ-x 그래프

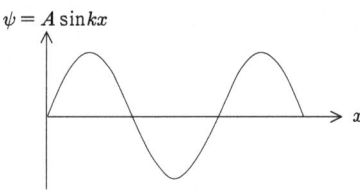
$\psi = A\sin kx$

슈뢰딩거는 물질파가 진행하는 궤적을 파동함수 ψ라고 불렀고, 1926년 이것을 찾을 수 있는 법칙을 개발하였다. 이 새로운 법칙을 슈뢰딩거 방정식이라고 부른다. 형태는 다음과 같다.

$$-\frac{\hbar^2}{2m}\frac{d^2\psi}{dx^2} + U\psi = E\psi \quad 단\ \hbar = \frac{h}{2\pi}$$

이것은 '2차 미분 방정식'이어서 적절한 퍼텐셜 에너지만 대입하면 ψ를 대번에 찾을 수 있다.
슈뢰딩거는 ψ가 물질파의 운동을 나타낸다고 믿었다. 즉 전자가 파동처럼 요동치면서 운동한다고 제안하였다.

2. 보른의 확률 해석

1926년 보른은 파동함수라고 불리는 ψ가 아무런 물리적 의미를 지니지 않는다고 말하였다. 오히려 $|\psi|^2$이 입자가 특정 지점에 있을 확률을 나타낸다고 발표하였다.

이에 슈뢰딩거는 크게 반발하였고, 결국 물리에서 손을 떼고 분자생물학을 연구하게 되었다. 이 때 출간된 책이 'What is life'이다. 왓슨과 크릭은 이 책을 읽은 후에 DNA에 대한 연구를 하게 되었다고 회고록에서 밝히고 있다.

$|\psi|^2$의 총합은 1이다.

ex 1 그림은 x축 위에 있는 어떤 입자의 파동함수 $\Psi(x)$를 나타낸 것이다. $x \leq 0$인 영역과 $x \geq L$인 영역에서 $\Psi(x) = 0$이다.

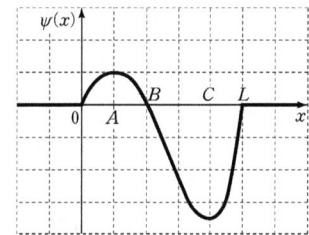

이에 대한 설명으로 옳은 것을 <보기>에서 모두 고른 것은? (단, 확률밀도는 시간에 무관하다.)

――― <보 기> ―――
ㄱ. 이 입자는 $0 < x < L$인 영역에 갇혀 있다.
ㄴ. 이 입자의 확률밀도가 최대인 위치는 $x = A$인 지점이다.
ㄷ. $0 < x < B$인 영역에서 입자가 발견될 확률은 $B \leq x < L$인 영역에서 입자가 발견될 확률보다 작다.

정답 ㄱ, ㄷ

3. 대표 예제

caseI. 단진동

ex 1 조화 진동 퍼텐셜에 갇혀 있는 물질파의 파동함수를 개략적으로 그리시오.

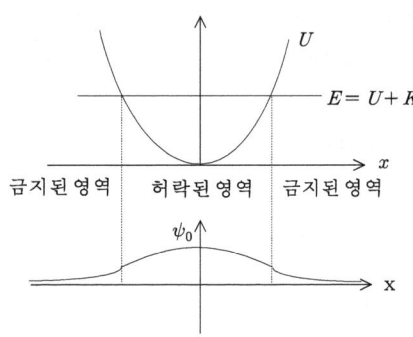

tip. 퍼텐셜 에너지 그래프를 '언덕'처럼 봐도 좋다.

caseII. 유한 퍼텐셜 에너지

ex 2 유한 퍼텐셜 우물에 갇혀 있는 물질파의 파동함수를 개략적으로 그리시오.

1) E > U 인 경우

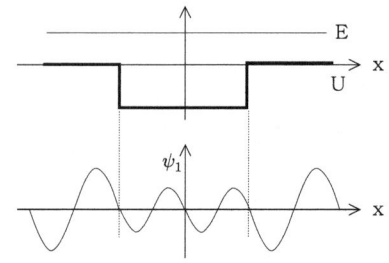

2) E < U 인 경우

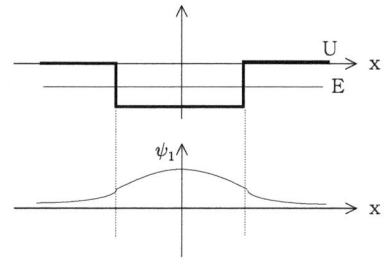

Ch 16. 원자모형

caseIII. 무한 퍼텐셜 에너지 (기출)

ex 3 그림은 1차원 공간에 있는 질량 m인 입자의 퍼텐셜 에너지 U를 위치 x에 따라 나타낸 것이다. $0 < x < L$ 영역에서 $U=0$이고, 그 외의 영역에서는 $U=\infty$이다. 바닥 상태와 첫번째 들뜬 상태일 때 파동함수를 개략적으로 그리고, 물질파 파장과 에너지 준위를 구하시오.

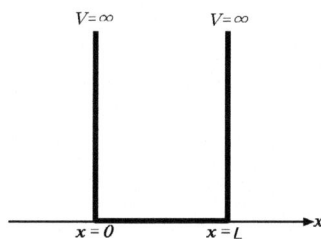

(1) 입자의 물질파는 정상파(standing wave)를 이룬다고 가정한다.

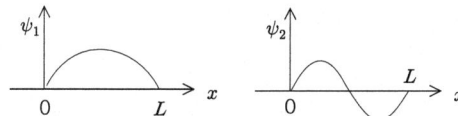

(2) 입자의 물질파 파장을 λ라 할 때, 양자수 n인 상태에서 정상파를 이루는 조건은 λ = (가) 이다. (n=1,2,3,...)

(3) λ와 운동량의 관계를 이용하여 양자수 n인 상태에 있는 입자의 에너지를 구하면 E_n = (나) 이다.

ex 4 그림은 폭이 L인 일차원 무한 퍼텐셜 우물 속에 갇혀 있는 입자의 양자수 n에 따른 파동 함수 ψ_n과 에너지 준위 E_n을 나타낸 것이다.

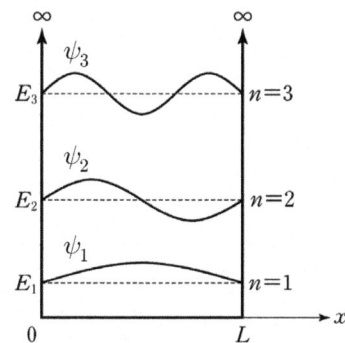

이에 대한 설명으로 옳은 것만을 <보기>에서 있는 대로 고른 것은?

──────── <보 기> ────────
ㄱ. 입자의 드브로이 파장은 $n=1$일 때가 $n=2$일 때의 2배이다.
ㄴ. 입자가 $x = \dfrac{L}{2}$에서 발견될 확률 밀도는 $n=2$일 때와 $n=3$일 때가 같다.
ㄷ. $E_3 = 9E_1$이다.

정답 ㄱ, ㄷ

Part 5. 현대물리

caseIV. 계단 퍼텐셜 에너지

ex 5 계단형 퍼텐셜일 때 물질파의 개략적인 파동함수를 그리시오.

1) E > U 인 경우

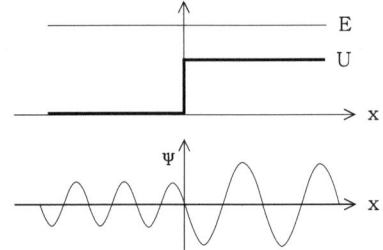

2) E < U 인 경우

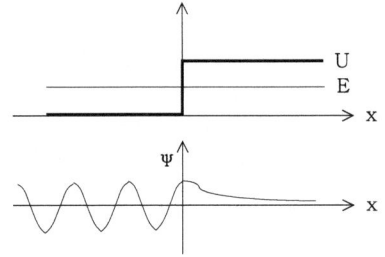

ex 6 그림은 역학적 에너지가 $100eV$인 전자가 x 축을 따라 1차원 운동할 때, 전자의 퍼텐셜 에너지(위치 에너지) U 를 나타낸 것이다. $x<0$ 영역에서 $U=0$이고 $x \geq 0$ 영역에서 $U=36eV$이다.

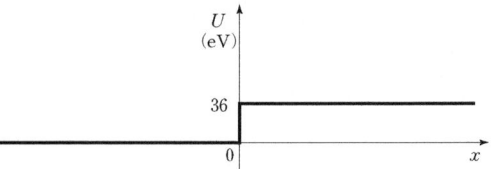

이 전자의 물리량에 대한 설명으로 옳은 것을 <보기>에서 모두 고른 것은?

―――――<보 기>―――――
ㄱ. $x>0$ 영역에서 운동 에너지는 $36eV$이다.
ㄴ. 운동량은 $x>0$ 영역과 $x<0$ 영역에서 서로 같다.
ㄷ. 물질파 파장(드브로이 파장)은 $x<0$ 영역보다 $x>0$ 영역에서 더 길다.

정답 ㄷ

* 오개념 : $v=f\lambda$에 의해 속력이 빠른 곳에서 물질파의 파장도 길어야 한다.

* 추가질문 : 파동함수 그래프를 그리면?

정답
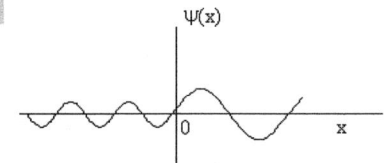

caseV. 퍼텐셜 장벽

ex 7 그림 (가)는 에너지 E인 입자가 폭 L, 높이 U_0인 퍼텐셜 장벽을 향해 진행할 때 입자의 파동 함수를 나타낸 것이다. 그림 (나)는 시료 표면의 구조를 원자 수준에서 관측하는 주사 터널 현미경(STM) 구조의 일부를 모식적으로 나타낸 것이다.

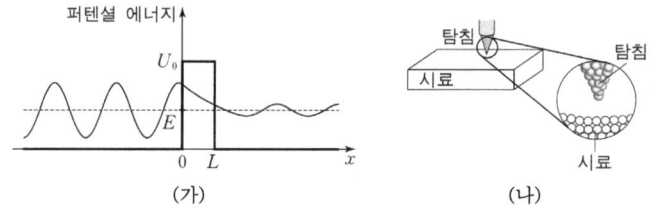

(가)   (나)

이에 대한 설명으로 옳은 것만을 <보기>에서 있는 대로 고른 것은?

――――――< 보 기 >――――――
ㄱ. (가)의 $x > L$ 인 영역에서 입자를 발견할 확률은 0이다.
ㄴ. (가)에서 U_0이 클수록 입자가 장벽을 투과할 확률은 크다.
ㄷ. 탐침과 시료 사이의 거리가 작을수록 터널링 전류의 세기는 크다.

정답 ㄷ

ㄱ. (가)에서 $x > L$ 인 영역에 파동함수의 진폭이 있다. 파동함수의 절대값의 제곱이 확률밀도이므로 $x > L$ 인 영역에서 입자를 발견할 확률은 0이 아니다.
ㄴ. (가)에서 U_0이 클수록 입자가 장벽을 투과할 확률은 작다.
ㄷ. 탐침과 시료 사이의 거리가 작을수록 터널링 전류의 세기는 크다.

Q&A

질문 양자역학에서 운동E, 퍼텐셜E랑 양자터널링효과를 묶어서 설명하는데, 운동E,퍼텐셜E는 보통 역학단원에서 역학적 E보존법칙 쓸 때 언급되는 입자적인 성질인데 왜 양자터널링효과를 전자의 파동성이라고 부르는 건가요?

답변 드브로이가 전자를 '물질파'라는 새로운 파동으로 가정했어요.
그리고 물질파가 만족하는 방정식을 만들었어요, 운동방정식이나 이상기체상태방정식 같은.
그 방정식 이름이 '슈뢰딩거 방정식'이에요^^
그걸 풀면 전자 같은 녀석들도 파동처럼 넓은 공간에 퍼져서 존재한다는 것을 알 수 있어요^^
그래서 양자역학은 슈뢰딩거 방정식을 푸는 학문이라고 볼 수 있어요.
마치 질점역학이 운동방정식을 푸는 학문이듯이^^

입자의 파동성을 증명한 대표적인 실험이 터널링 실험 또는 터널링 효과에요.
터널링 실험이란 두 금속을 가까이 접근하면 한 쪽 금속에 있던 전자가 갑자기 반대편 금속에서 발견되는 현상을 의미해요.
이건 마치 지구에 있던 사람이 화성에서 발견되는 것과 같아요. 지구인이 화성으로 가려면 우주선을 타고 가든가 아니면 화성으로부터 굉장히 큰 인력을 받아서 가든가 2개 중에 하나에요.
마찬가지로 한 쪽 금속에 있던 전자가 반대편 금속으로 순간 이동하려면 전자가 비행기를 타고 이동하든가, 또는 두 금속 사이에 매우 강력한 전기장이 걸려서 전자가 전기력 때문에 이동하는 방법 등 2가지 방법 뿐이에요.
그런데 전기장도 걸어주지 않았는데 전자가 건너편 금속에서 발견되는 거에요.
이건 전자의 입자적인 면으로는 절대 설명이 불가해요.
이건 전자가 파동적인 성질이 있다고 가정해야지만 비로소 설명이 가능해져요.
파동은 모든 공간에 넓게 분포할 수 있잖아요? 그렇기 때문에 전기장이 걸리지 않은 상황에서도 반대편 금속에서 전자가 발견되는 게 이해가 될 수 있는 거죠^^

한편 이를 양자역학에서는 'potential barrier(퍼텐셜 벽)'라는 주제로 다루어요.
즉 입자인 전자가 굉장히 높고 두꺼운 벽에 가로막혀 있는 상황이라고 간주하는 것이죠. 이런 상황에서는 전자는 탄성충돌이나 비탄성충돌 같은 지극히 역학적인 현상 밖에 겪지를 못해요.
그런데 재미있게도 벽 건너편에서 전자가 발견된다고 가정해요.
이것은 전자가 파동성을 지니니깐, 그래서 모든 공간에 넓게 분포할 수 있으니깐 가능한 것이겠죠^^
그래서 이런 식으로 입자인 전자를 이용해서 파동적인 면으로 분석하다 보니 역학적인 물리량인 운동에너지와 위치에너지 개념도 함께 쓰이게 되었어요^^

Part 5. 현대물리

cf. 인공위성과 수소 원자 전자의 물리량 비교

	인공위성	수소 원자 전자
반지름	r	$r = r_0 n^2$
속력	$v = \sqrt{\dfrac{GM}{r}}$	$v \propto \dfrac{1}{n}$
물질파 파장		$\lambda \propto n$
주기	$T^2 = \dfrac{4\pi^2}{GM} r^3$	$T \propto n^3$
위치에너지	$U = -G\dfrac{Mm}{r}$	$U = -\dfrac{ke^2}{r}$
운동에너지	$K = \dfrac{1}{2}mv^2 = G\dfrac{Mm}{2r}$	$K = \dfrac{1}{2}mv^2 = \dfrac{ke^2}{2r}$
역학적 에너지	$E = -G\dfrac{Mm}{2r}$	$E = -\dfrac{ke^2}{2r} = -\dfrac{(13.6eV)}{n^2}$

cf. 수소 원자 전자의 물리량과 무한 퍼텐셜 우물 속 입자의 물리량 비교

	수소 원자 전자	무한 퍼텐셜 우물 속 입자
물질파 파장	$\lambda \propto n$	$\lambda = \dfrac{2L}{n}$
역학적 에너지	$E = -\dfrac{ke^2}{2r} = -\dfrac{(13.6eV)}{n^2}$	$E = \dfrac{n^2 h^2}{8mL^2}$

* 추론형 문제 엿보기

1. 다음 질문에 답하시오.

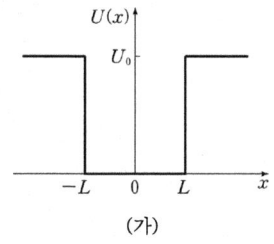
(가)

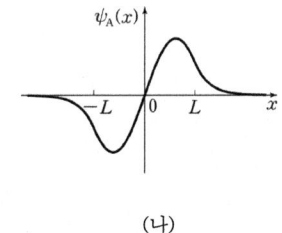
(나)

1) $\psi_A(x)$의 고유 에너지는 U_0보다?

2) 위치에 따른 입자의 확률밀도는 $x=0$에서가 $x=-L$에서보다?

3) 입자는 $|x|>L$인 영역에서는 발견될 수?

정답 작다, 작다, 있다.

2. 다음 질문에 답하시오.

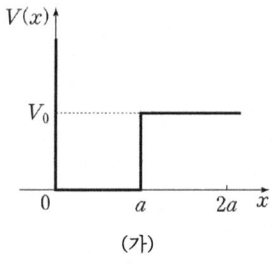
(가)

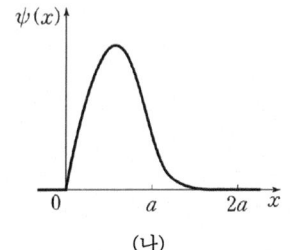
(나)

1) $\psi_A(x)$의 고유 에너지는 V_0보다?

2) 입자를 발견할 확률 밀도는 $x=2a$에서가 $x=a$에서보다?

3) $x=0$과 $x=a$사이에서 입자를 발견할 확률은 1보다?

정답 작다, 작다, 작다

Chapter 15. 이중성

Chapter 16. 원자모형

Chapter 17. 핵물리

Part 5. 현대물리

§ 1. 방사능

1. 용어 정리

1) 핵자 : 양성자와 중성자를 일컫는 말

2) 원소 기호 : $^A_Z X$
   단 A는 질량수(양성자 수+중성자 수)
   Z는 원자번호 or 핵의 전하량

Quiz 1 $^{16}_8 O$ 에서 알 수 있는 정보는?

정답 양8개, 중8개

Quiz 2 양성자, 중성자, 전자를 기호로 나타내보시오.

정답 $^1_1 p$, $^1_0 n$, $^{\;0}_{-1} e$

3) 동위원소 : 양성자 수는 동일한데 중성자 수가 다른 것. 단 양성자 수가 동일하므로 같은 원소임

   e.g. 수소($^1_1 H$), 중수소($^2_1 H$), 삼중수소($^3_1 H$)

4) 화학 반응(chemical reaction) VS 핵 반응(nuclear reaction)
① 화학 반응 : 물질이 섞여서 다른 물질이 생성되는 과정으로 주어진 분자로부터 다른 분자를 만들어 내는 반응

   e.g. 수소 기체를 태우면 물이 되고, 나무를 태우면 물과 이산화탄소가 생김
   단, 화학 반응은 처음 질량의 20억~30억 분의 1만큼의 질량이 에너지로 전환

② 핵 반응 : 핵반응이랑 원자핵이 양성자, 중성자 등의 입자와 반응하여 새로운 원자핵으로 변환되는 것

   e.g. 우라늄 원자핵이 분열하여 크세논과 스트론튬 원자핵으로 나누어지거나, 수소 원자핵 두 개가 만나서 헬륨 원자핵이 됨
   단, 우라늄 핵분열은 처음 질량의 0.1%만큼의 질량이 에너지로 변하고, 수소 핵융합은 처음 질량의 0.7%만큼의 질량이 에너지로 변함

2. 방사선

1) 방사선이란?
불안정한 원소의 원자핵이 스스로 붕괴하면서 방출하는 빔. 1896년 베크렐이 우라늄염에서 방사선이 나온다는 것을 발견, 그 후 퀴리 부부가 폴로늄과 라듐에서 방사선이 나온다는 것을 발견. 세 사람은 3회 노벨물리학상을 수상함.

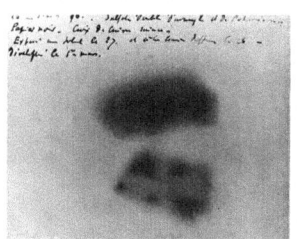

<베크렐이 발견한 사진 건판>

2) 방사선의 종류 (기출)
   α선 – 헬륨핵(He^{+2}), 종이 1장 관통. 1896년 베크렐 발견
   β선 – 전자, 알루미늄 $4mm$ 관통
   γ선 – γ선(전자기파), 납 $5cm$ 관통

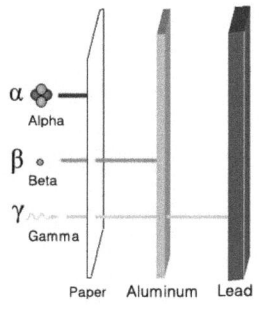

참고로 방사선의 이름을 붙인 사람은 러더퍼드이다.

3) 방사능(radioactivity) : 방사선의 세기를 뜻함. 사람이 강한 방사능에 노출되면 죽을 수도 있음. 1986년 체르노빌 원전 폭발, 2011년 후쿠시마 원전 폭발 등.

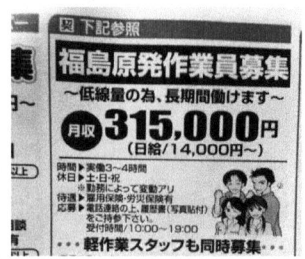 

<후쿠시마 원전 사고처리 알바생 구인 광고>

뒤에서 다루겠지만 방사능은 단위시간당 붕괴수로 정의함

$$R \equiv \frac{dN}{dt}$$

3. 방사성 원소(우라늄, 라듐, ^{14}C 등)의 붕괴

1) α 붕괴

① 반응식 : $^{238}_{92}U \rightarrow {}^{234}_{90}Th + {}^{4}_{2}He^{+2}$ (핵외부로 방출)

② 핵내 변화 { 질량수 변화 -4, 원자번호 변화 -2 (핵자의 개수) / 양성자 변화 -2, 중성자 변화 -2

③ 보존 물리량 : 질량수, 전하량, 운동량

④ 비보존 물리량 : 질량

2) β^- 붕괴

① 조건 : 핵내 중성자 과잉

② 핵반응식 : $n \rightarrow p^+$ (핵내 존재) $+ e^-$ (핵외부로 방출) $+ \bar{\nu}$ (핵외부로 방출)

③ 핵내 변화 { 질량수 변화 0, 원자번호 변화 $+1$ (핵자의 개수) / 중성자 변화 -1, 양성자 변화 $+1$

④ 보존 물리량 : 질량수, 전하량, 운동량

⑤ 비보존 물리량 : 질량

참고로 $\bar{\nu}$ 는 반 중성미자(anti-neutrino)라고 부른다.

Quiz 1 $^{14}_{6}C$ 가 β^- 붕괴한다. 핵반응식을 써 보시오.

정답 $^{14}_{6}C \rightarrow {}^{14}_{7}N + {}^{0}_{-1}e^- + \bar{\nu}$

3) γ 붕괴

들뜬 상태에 있던 핵자(양성자, 중성자)가 바닥상태로 여기될 때 γ선이 방출되는 현상, 수시로 일어남.

4) 인공 방사능 붕괴 : β^+ 붕괴

① 조건 : 핵내 양성자 과잉

② 핵반응식 : $p^+ \rightarrow n$ (핵내 존재) $+ e^+$ (핵외부로 방출) $+ \nu$ (핵외부로 방출)

③ 핵내 변화 { 질량수 변화 0, 원자번호 변화 -1 (핵자의 개수) / 양성자 변화 -1, 중성자 변화 $+1$

참고로 ν 는 중성미자(neutrino)라고 부른다.

5) 인공 방사능 붕괴 : 전자포획(electron capture)

① 반응식 : $p^+ + e^- \rightarrow n + \nu$

cf. 뉴트리노

뉴트리노는 기본입자로 빛의 속도에 가깝게 운동하고 전하량을 지니지 않는다. 보통 일반적인 물질을 통과할 수 있고, 검출하기 매우 어렵다. 질량을 지니고 있다. 보통, 방사능 붕괴나 핵반응에서 발생한다.

4. 안정핵곡선

Quiz 1 다음 표를 채우시오.

	$^{12}_{6}C$	$^{238}_{92}U$
양성자수		
중성자수		

안정핵곡선은 핵내 양성자와 중성자 비율을 그래프로 나타낸 것이다.

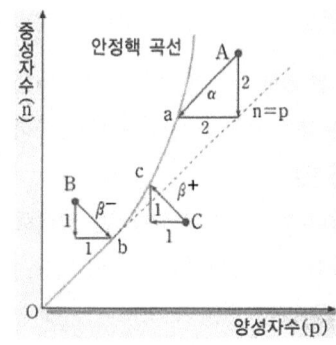

그림에서 어떤 임의의 핵 A, B, C의 양성자와 중성자의 개수가 안정핵 곡선에서 벗어나 있으면 불안정한 핵이고, 곧 알파 붕괴나 베타 붕괴해서 안정핵 곡선을 만족하는 핵이 된다.

ex 1 그림은 불안정한 원자핵이 방사선을 방출하면서 더 안정된 상태의 다른 원자핵으로 변하는 자연 붕괴의 세 가지 유형을 나타낸 것이다. 방사성 원소의 자연 붕괴를 나타낸 <보기>의 원자핵반응식과 오른쪽의 세 가지 유형이 맞게 짝지어진 것은?

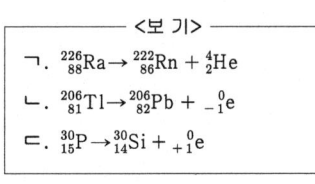

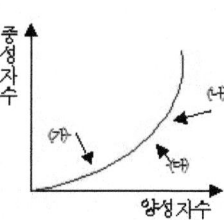

	(가)	(나)	(다)		(가)	(나)	(다)
①	ㄱ	ㄴ	ㄷ	②	ㄱ	ㄷ	ㄴ
③	ㄴ	ㄱ	ㄷ	④	ㄷ	ㄴ	ㄱ
⑤	ㄷ	ㄱ	ㄴ				

정답 ③ ㄴ ㄱ ㄷ

(나)와 ㄱ은 헬륨핵이 방출되는 α붕괴이다.
(가)와 ㄴ은 전자가 방출되는 β^- 붕괴이다.
(다)와 ㄷ은 양전자가 방출되는 β^+ 붕괴이다.

§ 2. 핵분열과 핵융합

1. 핵분열(nuclear fission)

1) 열중성자를 흡수한 우라늄($^{235}_{92}$U)이 분열하면서 에너지를 방출하는 과정

2) 반응식 : $^{235}_{92}\text{U} + ^{1}_{0}\text{n} \rightarrow ^{141}_{56}\text{Ba} + ^{92}_{36}\text{Kr} + 3^{1}_{0}\text{n} + 200\,\text{MeV}$

3) 연쇄반응 :

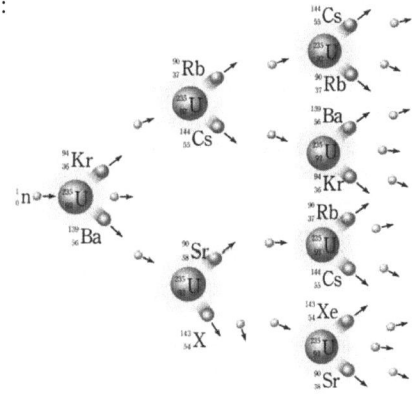

2. 핵융합(nuclear fusion)

1) 3단계의 핵융합 과정을 통해 수소가 헬륨이 되는 과정이다. 이 때 총 $24.68\,MeV$의 에너지가 방출된다.

2) 반응식
   1단계 : $^{1}_{1}\text{H} + ^{1}_{1}\text{H} \rightarrow ^{2}_{1}\text{H} + e^{+} + \nu + 0.42\,\text{MeV}$
   2단계 : $^{1}_{1}\text{H} + ^{2}_{1}\text{H} \rightarrow ^{3}_{2}\text{He} + \gamma + 5.49\,\text{MeV}$
   3단계 : $^{3}_{2}\text{He} + ^{3}_{2}\text{He} \rightarrow ^{4}_{2}\text{He} + ^{1}_{1}\text{H} + ^{1}_{1}\text{H} + 12.86\,\text{MeV}$

3. 질량 결손

1) 질량결손($\triangle m$) : 핵반응시 질량이 감소하는 현상

2) 질량-에너지 등가원리 : $E = \triangle mc^2$ 단 c는 광속
   → 핵반응시 질량결손에 해당하는 양만큼 에너지가 방출된다.

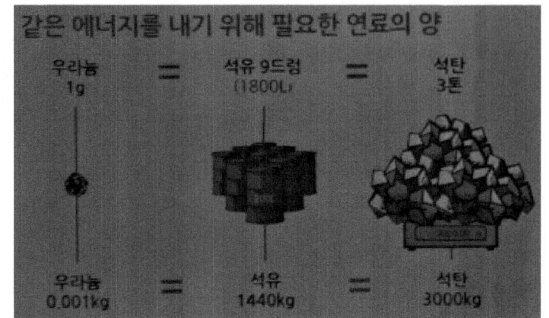

4. 핵자당 결합에너지

1) 원리

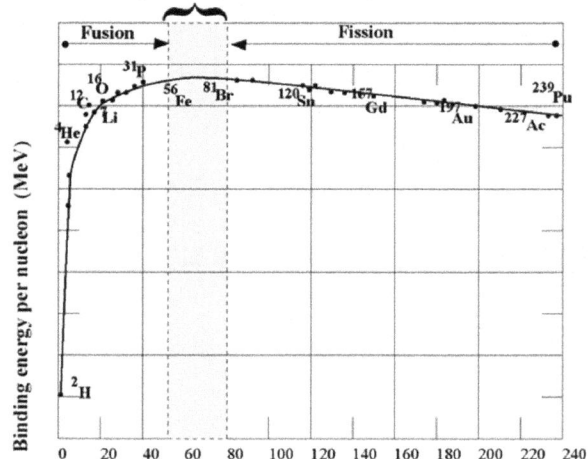

2) 그래프

핵자 4개로 된 어떤 핵 A의 총결합에너지가 100J이라고 하면 핵자당 결합에너지는 $\frac{100}{4} = 25J$이다. 한편 핵자 3개로 된 어떤 핵 B의 총결합에너지가 90J이라고 하면 핵자당 결합에너지는 $\frac{90}{3} = 30J$이다. 총결합에너지가 커야 안정한 것이 아니라 핵자당 결합에너지가 커야 단단하게 결합한 것이다.

3) 철이 핵자당 결합에너지가 가장 크므로 가장 안정한 핵이다. 자연계는 안정화되기 위해 변화하므로 수소는 핵융합을 통해서 좀 더 안정한 원소가 되고, 우라늄은 핵분열을 통해서 좀더 안정한 원소가 되려고 하는 것이다.

4) 핵융합이 핵분열보다 1회 핵반응에 대해서 에너지 효율이 더 좋다.

Ch 17. 핵물리

Quiz 1 핵자당 결합에너지 그래프를 참고해서 헬륨, 철, 우라늄에 대해 다음 질문에 답하시오.

1) 핵자당 결합에너지 : $Fe > U > He$

2) 총 결합에너지 : $U > Fe > He$

3) 안정 순서 : $Fe > U > He$

4) 핵자당 방출에너지 : $(He \to Fe) > (U \to Fe)$

5) 에너지 효율 or 1kg당 발생에너지 : $(He \to Fe) > (U \to Fe)$

6) 핵자당 결손 질량 : $Fe > U > He$
   → 즉 핵자당 결손 질량은 핵자당 결합에너지와 관련 있다.

ex 1 다음은 핵분열에 관한 원자핵 반응식이고, 그림은 원자핵의 질량수와 핵자당 결합 에너지의 관계를 나타낸 것이다.

$$^{235}_{92}U + ^{1}_{0}n \to ^{94}_{36}Kr + ^{139}_{56}Ba + 3(\ 가\ )$$

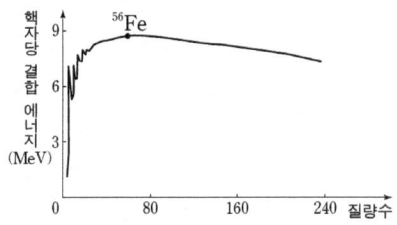

이에 대한 설명으로 옳은 것만을 <보기>에서 있는 대로 고른 것은?

―― <보 기> ――
ㄱ. (가) 입자는 중성자이다.
ㄴ. 핵자당 결합 에너지는 $^{235}_{92}U$가 $^{139}_{56}Ba$보다 크다.
ㄷ. $^{94}_{36}Kr$의 중성자수는 36이다.

정답 ㄱ

ㄱ. 반응 전후 질량수와 원자번호를 비교하면 알 수 있다.
ㄴ. 반응 후 안정한 핵이 된다. 즉 핵자당 결합 에너지가 증가한다.
ㄷ. 94-36=58

§ 3. 반감기 (기출)

1. 반감기(T or $t_{1/2}$)

1) 어떤 특정 방사성 핵종(核種)의 원자수가 방사성 붕괴에 의해서, 원래의 수의 반으로 줄어드는 데 걸리는 시간.

2) 그래프

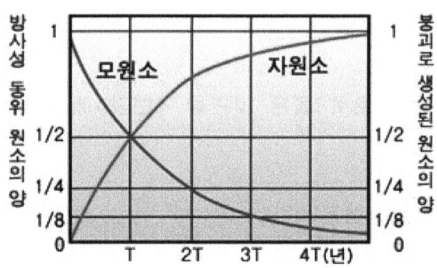

3) 붕괴 입자수 : $N = N_0 (\frac{1}{2})^{\frac{t}{T}}$ 단 N_0은 초기개수, T는 반감기 (기출)

4) 붕괴 입자 질량 : $M = M_0 (\frac{1}{2})^{\frac{t}{T}}$ 단 M_0은 초기질량

2. 붕괴속력(붕괴율, activity)

: $R \equiv \frac{dN}{dt} = -\lambda N$, 단 λ : 붕괴상수 (기출)

or $R \equiv -\frac{dN}{dt} = \lambda N$

3. 붕괴상수로 표현되는 식들

1) 붕괴 입자수 : $N = N_0 e^{-\lambda t}$ (기출)

> pf.
> $\frac{dN}{dt} = -\lambda N$ 에서 $\frac{1}{N} dN = -\lambda dt$ 이고 양변적분하면 $\ln \frac{N}{N_0} = -\lambda t$
> 이므로 로그를 없애주면 $\frac{N}{N_0} = e^{-\lambda t}$ 즉 $N = N_0 e^{-\lambda t} = N_0 e^{-\frac{1}{1/\lambda} t}$
> 단 여기서 $\tau \equiv \frac{1}{\lambda}$를 평균수명(mean lifetime)이라고 한다.

2) 붕괴 입자 질량 : $M = M_0 e^{-\lambda t}$

3) 붕괴율 : $R = R_0 e^{-\lambda t}$

> pf1. (안 시험)
> $N = N_0 e^{-\lambda t}$의 양변을 시간에 대해 미분하면 $\frac{dN}{dt} = -\lambda N_0 e^{-\lambda t}$이고,
> $-\frac{dN}{dt} = \lambda N_0 e^{-\lambda t}$ 에서 $R = R_0 e^{-\lambda t}$이다.

> pf2. (안 시험)
> $N = N_0 e^{-\lambda t}$의 양변에 λ을 곱하면 $\lambda N = \lambda N_0 e^{-\lambda t}$이므로 $R = R_0 e^{-\lambda t}$이다.

4) 실제 실험에서는 $\ln R = \ln R_0 - \lambda t$ 에서 그래프의 기울기를 이용하여 붕괴상수를 구한다.

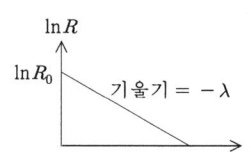

5) 반감기 : $T = \frac{\ln 2}{\lambda} = \tau \ln 2$ 단 τ는 평균수명 (기출)

> pf. (안 시험)
> $N = N_0 e^{-\lambda t}$에서 원자 개수가 반으로 줄었으므로 $\frac{1}{2} N_0 = N_0 e^{-\lambda T}$ 이고, 양변에 자연로그를 취하면 $-\ln 2 = -\lambda T$ 이므로 $T = \frac{\ln 2}{\lambda} = \tau \ln 2$

★ 정리

$N = N_0 (\frac{1}{2})^{\frac{t}{T}}$, $M = M_0 (\frac{1}{2})^{\frac{t}{T}}$

$N = N_0 e^{-\lambda t}$, $R = R_0 e^{-\lambda t}$

$R \equiv \frac{dN}{dt} = -\lambda N$

$T = \frac{\ln 2}{\lambda} = \tau \ln 2$

Ch 17. 핵물리

ex 1 표는 베타붕괴를 이용하는 의료용 영상 장치에 사용되는 방사성 동위원소 A, B의 반감기와 처음 양을 나타낸 것이다.

방사성 동위원소	반감기	원소의 처음 양
A	20분	$4N_0$
B	10분	$3N_0$

이에 대한 설명으로 옳은 것을 <보기>에서 모두 고른 것은?

───── <보 기> ─────
ㄱ. 붕괴되지 않고 남아 있는 원소의 양이 N_0이 될 때까지 걸린 시간은 A가 B보다 길다.
ㄴ. 20분 동안 붕괴된 원소의 양은 A가 B보다 적다.
ㄷ. 베타붕괴하면 동위원소의 질량수는 붕괴 전보다 1만큼 감소한다.

정답 ㄱ, ㄴ

ㄱ. A의 붕괴 : $4N_0 \xrightarrow{20분후} 2N_0 \xrightarrow{20분후} N_0$. 총40분 소요

B의 붕괴 : $3N_0 \xrightarrow{10분후} 1.5N_0 \xrightarrow{10분후} 0.75N_0$.

N_0가 될 때까지 걸리는 시간은 A 가 더 길다.

ㄴ. 20분 동안 A 는 $4N_0 \to 2N_0$로 감소하지만, B 는 $3N_0 \to 0.75N_0$로 감소한다. 즉 붕괴양은 A 가 더 적다.

ㄷ. 베타붕괴하면 질량수는 변화가 없다.

Part 5. 현대물리

* 추론형 문제 엿보기

1. 다음 질문에 답하시오.

핵반응식	핵의 질량	
$^{238}_{92}U \rightarrow ^{234}_{90}Th + $ (가)	$^{238}_{92}U$	238.05079 u
	$^{234}_{90}Th$	234.04363 u
$^{226}_{88}Ra \rightarrow ^{222}_{86}Rn + $ (가)	$^{226}_{88}Ra$	226.02540 u
	$^{222}_{86}Rn$	222.01757 u

1) (가)는?

2) 핵 안의 중성자수는 $^{238}_{92}U$이 $^{226}_{88}Ra$보다 몇 개 많은가?

3) 질량 결손에 의해 나오는 에너지는 $^{238}_{92}U$이 $^{226}_{88}Ra$보다?

정답 알파, 8개, 작다

2) 중성자수는 질량수에서 원자번호를 빼면 된다. 그러므로 우라늄과 라듐의 중성자수는 각각 146, 138이다.

3) $E=(\Delta m)c^2$에 의해 발생되는 에너지는 질량결손에 비례한다. 첫 번째 핵반응 식에서 질량결손은 4.00716u이고 두 번째 핵반응 식에서 질량결손은 4.00783u이다. 질량결손은 첫 번째 핵반응식에서 더 작기 때문에 발생하는 에너지도 첫 번째 핵반응식에서 더 작다.

2. (가)~(다)는 각각 광자, 양성자, 중성자 중 하나이다. 정확하게 찾아보시오.

(가) + (나) → ^2H + (다)

(가) + ^2H → ^3H + (다)

(나) + ^3H → ^4He + (다)

정답 중성자, 양성자, 광자

핵반응 분석시 대원칙 : 질량수부터 분석한다!

3. 단위 시간 동안에 원자핵이 붕괴하는 개수인 붕괴율(R)은 N에 비례하고, 비례 상수는 a이다. $t=3T$일 때 남은 개수는? $N=N_1$일 때 걸린 시간은?

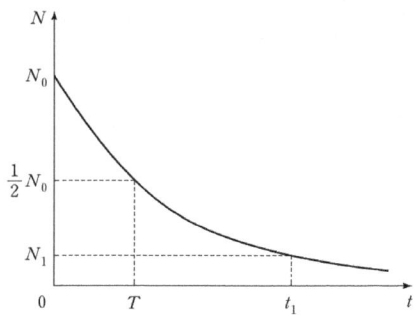

정답

1) $t=3T$ 일 때 $N=\frac{1}{8}N_0$ 이다.

2) $N_1 = N_0 e^{-at}$에서 $\frac{N_1}{N_0} = e^{-at}$이고 양변에 로그를 취하면 $\ln(\frac{N_1}{N_0}) = -at$ 이므로 $t_1 = \frac{1}{a}\ln(\frac{N_0}{N_1})$ 이다.

부록

§ 1. 적분을 이용한 전기장 계산 : 전기력선이 비대칭인 경우 전기장을 구하는 방법

case1. 유한 선전하 상황

ex 1 선전하 밀도가 λ인 유한 선전하에 의한 전기장을 구하시오. 단, 진공의 유전율은 ϵ_0이다. (기출)

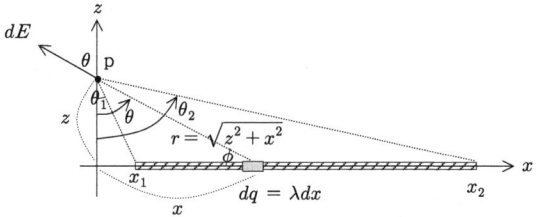

여기서 선전하는 $x_1 \leq x \leq x_2$에 있다. 두 끝점은 z축에 대해서 각각 θ_1, θ_2의 각을 이룬다. 단 반시계 방향 각도를 (+)로 정함
미소전하 dq은 길이가 dx이고, 원점으로부터 x만큼 떨어져 있다고 가정하자.

정답

1) 전기장의 z성분
<1> $x \equiv z\tan\theta$ 이용

step1. 미소 전하 정의하기 : $\lambda = \dfrac{q}{l}$에서 $dq = \lambda dx$

step2. 미소 전기장 정의하기
(미소전하) ≃ (점전하)이므로 $dE = \dfrac{1}{4\pi\epsilon_0}\dfrac{dq}{r^2}$

$\Rightarrow dE_z = \dfrac{1}{4\pi\epsilon_0}\dfrac{dq}{r^2}\cos\theta \quad \leftarrow \cos\theta = \dfrac{z}{r}$

$= \dfrac{1}{4\pi\epsilon_0}\dfrac{zdq}{r^3} \quad \leftarrow dq = \lambda dx, \ r = \sqrt{z^2+x^2}$

$= \dfrac{1}{4\pi\epsilon_0}\dfrac{z\lambda dx}{(z^2+x^2)^{3/2}}$

step3. 전기장 구하기

$\vec{E}_z = +\hat{z}\int dE_z$

$= +\hat{z}\dfrac{z\lambda}{4\pi\epsilon_0}\int \dfrac{dx}{(z^2+x^2)^{3/2}} \quad \leftarrow \begin{cases} x \equiv z\tan\theta \\ dx = z\sec^2\theta d\theta \end{cases}$

$= +\hat{z}\dfrac{z\lambda}{4\pi\epsilon_0}\int \dfrac{z\sec^2\theta}{z^3\sec^3\theta}d\theta$

$= +\hat{z}\dfrac{1}{4\pi\epsilon_0}\dfrac{\lambda}{z}\int_{\theta_1}^{\theta_2}\cos\theta d\theta$

$= +\hat{z}\dfrac{1}{4\pi\epsilon_0}\dfrac{\lambda}{z}\int_{\theta_1}^{\theta_2}\cos\theta d\theta$

$= +\hat{z}\dfrac{1}{4\pi\epsilon_0}\dfrac{\lambda}{z}(\sin\theta_2 - \sin\theta_1)$

<2> 책마다 조금씩 다르지만 $x \equiv z\cot\phi$으로 표현하기도 한다.
$dx = z(-\csc^2\phi)d\phi$

$E_z = \dfrac{z\lambda}{4\pi\epsilon_0}\int\dfrac{dx}{(z^2+x^2)^{3/2}} = \dfrac{z\lambda}{4\pi\epsilon_0}\int_{\phi_1}^{\phi_2}\dfrac{-z\csc^2\phi d\phi}{(z^2+z^2\cot^2\phi)^{3/2}}$

$= \dfrac{z\lambda}{4\pi\epsilon_0}\int_{\phi_1}^{\phi_2}\dfrac{-z\csc^2\phi d\phi}{z^3\csc^3\phi} = \dfrac{-\lambda}{4\pi\epsilon_0 z}\int_{\phi_1}^{\phi_2}\sin\phi d\phi = \dfrac{\lambda}{4\pi\epsilon_0 z}(\cos\phi_2 - \cos\phi_1)$

$= \dfrac{\lambda}{4\pi\epsilon_0 z}(\sin\theta_2 - \sin\theta_1) \quad \therefore \cos\phi = \cos(90-\theta) = \sin\theta$

<3> 적분표 이용 : $\int\dfrac{dx}{(x^2+a^2)^{3/2}} = \dfrac{x}{a^2\sqrt{x^2+a^2}}$

$E_z = \int dE_z = \dfrac{z\lambda}{4\pi\epsilon_0}\int\dfrac{dx}{(z^2+x^2)^{3/2}} = \dfrac{z\lambda}{4\pi\epsilon_0}\dfrac{x}{z^2\sqrt{z^2+x^2}}\Big|_{x_1}^{x_2}$

$= \dfrac{\lambda}{4\pi\epsilon_0 z}\left(\dfrac{x_2}{\sqrt{z^2+x_2^2}} - \dfrac{x_1}{\sqrt{z^2+x_1^2}}\right) = \dfrac{1}{4\pi\epsilon_0}\dfrac{\lambda}{z}(\sin\theta_2 - \sin\theta_1)$

pf. $\int\dfrac{dx}{(x^2+a^2)^{3/2}} = \dfrac{x}{a^2\sqrt{x^2+a^2}}$ 증명

(유한 솔레노이드 중심축상에서의 자기장을 구할 때 이용함)

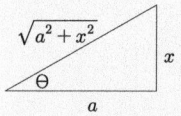

$x \equiv a\tan\theta, \ dx = a\sec^2\theta d\theta$

$\int\dfrac{dx}{(x^2+a^2)^{3/2}} = \int\dfrac{a\sec^2\theta d\theta}{(a^2\tan^2\theta+a^2)^{3/2}}$

$= \int\dfrac{a\sec^2\theta d\theta}{a^3\sec^3\theta} = \int\dfrac{\cos\theta d\theta}{a^2} = \dfrac{\sin\theta}{a^2}$

$= \dfrac{x}{a^2\sqrt{x^2+a^2}}$

2) 전기장의 x성분
<1> 직접 적분

$d\vec{E}_x = -\hat{x}\dfrac{1}{4\pi\epsilon_0}\dfrac{dq}{r^2}\sin\theta = -\hat{x}\dfrac{1}{4\pi\epsilon_0}\dfrac{x\lambda dx}{r^3} = -\hat{x}\dfrac{1}{4\pi\epsilon_0}\dfrac{x\lambda dx}{(z^2+x^2)^{3/2}}$

이므로

$\vec{E}_x = -\hat{x}\dfrac{\lambda}{4\pi\epsilon_0}\int_{x_1}^{x_2}\dfrac{x}{(z^2+x^2)^{3/2}}dx = \hat{x}\dfrac{\lambda}{4\pi\epsilon_0}\dfrac{1}{\sqrt{z^2+x^2}}\Big|_{x_1}^{x_2}$

$= \hat{x}\dfrac{\lambda}{4\pi\epsilon_0}\left(\dfrac{1}{\sqrt{z^2+x_2^2}} - \dfrac{1}{\sqrt{z^2+x_1^2}}\right) = \hat{x}\dfrac{1}{4\pi\epsilon_0}\dfrac{\lambda}{z}(\cos\theta_2 - \cos\theta_1) < 0$

<2> $x \equiv z\tan\theta, \ dx = z\sec^2\theta d\theta$ 이용

$d\vec{E}_x = -\hat{x}\dfrac{1}{4\pi\epsilon_0}\dfrac{dq}{r^2}\sin\theta = -\hat{x}\dfrac{1}{4\pi\epsilon_0}\dfrac{x\lambda dx}{r^3} = -\hat{x}\dfrac{1}{4\pi\epsilon_0}\dfrac{x\lambda dx}{(z^2+x^2)^{3/2}}$

이므로

$\vec{E}_x = -\hat{x}\dfrac{\lambda}{4\pi\epsilon_0}\int_{\theta_1}^{\theta_2}\dfrac{x}{(z^2+x^2)^{3/2}}dx = -\hat{x}\dfrac{\lambda}{4\pi\epsilon_0}\int_{\theta_1}^{\theta_2}\dfrac{z^2\tan\theta\sec^2\theta}{z^3\sec^3\theta}$

$= -\hat{x}\dfrac{\lambda}{4\pi\epsilon_0 z}\int_{\theta_1}^{\theta_2}\sin\theta d\theta = \hat{x}\dfrac{\lambda}{4\pi\epsilon_0 z}(\cos\theta_2 - \cos\theta_1)$

cf. Biot-Savart's law

유한 직선도선 주위 자기장 : $B = \dfrac{\mu_0 I}{4\pi z}(\sin\theta_2 - \sin\theta_1)$

cf. 점 형태의 source가 만드는 물리량 : 거리 제곱에 반비례
선 형태의 source가 만드는 물리량 : 거리에 반비례

- 부록 -

Quiz 1 가우스 법칙에서 구한 무한 선전하 주위의 전기장을 위에서 배운 이론을 이용해서 증명해보시오.

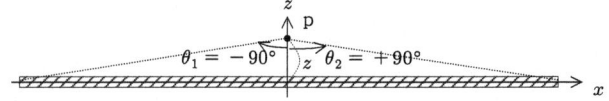

정답

$$E_z = \frac{\lambda}{4\pi\epsilon_0 z}[\sin(+90°) - \sin(-90°)] = \frac{\lambda}{2\pi\epsilon_0 z}$$

Quiz 2 다음 그림에서 P점에서의 전기장의 z성분과 x성분을 각각 구하시오. 단 선전하밀도는 λ이다.

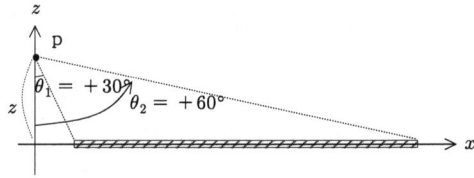

정답

$$E_z = \frac{\lambda}{4\pi\epsilon_0 z}(\sin 60° - \sin 30°) = \frac{\lambda}{4\pi\epsilon_0 z}(\frac{\sqrt{3}}{2} - \frac{1}{2}) > 0$$

$$E_x = \frac{\lambda}{4\pi\epsilon_0 z}(\cos 60° - \cos 30°) = \frac{\lambda}{4\pi\epsilon_0 z}(\frac{1}{2} - \frac{\sqrt{3}}{2}) < 0$$

Quiz 3 다음 그림에서 P점에서의 전기장의 z성분과 x성분을 각각 구하시오. 단 선전하밀도는 λ이다.

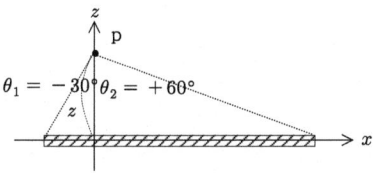

정답

$$E_z = \frac{\lambda}{4\pi\epsilon_0 z}[\sin(+60°) - \sin(-30°)] = \frac{\lambda}{4\pi\epsilon_0 z}(\frac{\sqrt{3}}{2} + \frac{1}{2}) > 0$$

→ 직관적 이해 : 전체적으로 전하들이 ex2의 상황보다 p점에 가까이 있다.

$$E_x = \frac{\lambda}{4\pi\epsilon_0 z}[\cos(+60°) - \cos(-30°)] = \frac{\lambda}{4\pi\epsilon_0 z}(\frac{1}{2} - \frac{\sqrt{3}}{2}) < 0$$

Quiz 4 다음 그림에서 P점에서의 전기장의 z성분과 x성분을 각각 구하시오. 단 선전하밀도는 λ이다.

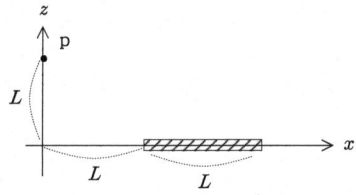

정답

우선 $\theta_1 = +45°$이고 $\sin\theta_2 = \frac{2}{\sqrt{5}}$, $\cos\theta_2 = \frac{1}{\sqrt{5}}$이므로

$$E_z = \frac{\lambda}{4\pi\epsilon_0 L}(\frac{2}{\sqrt{5}} - \frac{1}{\sqrt{2}}) > 0, \quad E_x = \frac{\lambda}{4\pi\epsilon_0 L}(\frac{1}{\sqrt{5}} - \frac{1}{\sqrt{2}}) < 0$$이다.

Quiz 5 다음 그림에서 P점에서의 전기장의 z성분과 x성분을 각각 구하시오. 단 선전하밀도는 λ이다.

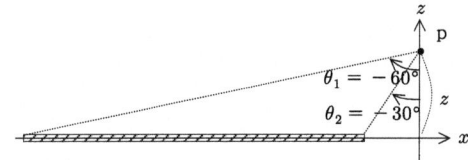

정답

$$E_z = \frac{\lambda}{4\pi\epsilon_0 z}[\sin(-30°) - \sin(-60°)] = \frac{\lambda}{4\pi\epsilon_0 z}(-\frac{1}{2} + \frac{\sqrt{3}}{2}) > 0$$

$$E_x = \frac{\lambda}{4\pi\epsilon_0 z}[\cos(-30°) - \cos(-60°)] = \frac{\lambda}{4\pi\epsilon_0 z}(\frac{\sqrt{3}}{2} - \frac{1}{2}) > 0$$

Quiz 6 반무한직선 전하($\theta_1 = 0°$, $\theta_2 = 90°$)의 끝지점에서 전기장은?

정답

$$\vec{E}_z = \hat{z}\frac{1}{4\pi\epsilon_0}\frac{\lambda}{z}(\sin 90° - \sin 0°) = \hat{z}\frac{1}{4\pi\epsilon_0}\frac{\lambda}{z}$$

$$\vec{E}_x = \hat{x}\frac{1}{4\pi\epsilon_0}\frac{\lambda}{z}(\cos 90° - \cos 0°) = -\hat{x}\frac{1}{4\pi\epsilon_0}\frac{\lambda}{z}$$

$$\therefore E = \sqrt{E_x^2 + E_z^2} = \frac{\sqrt{2}}{4\pi\epsilon_0}\frac{\lambda}{z}$$

Quiz 7 다음 그림에서 p점에서 전기장의 크기는? 단 선전하밀도는 λ이다.

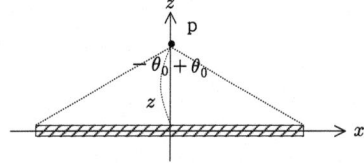

정답

$$E = \frac{1}{4\pi\epsilon_0}\frac{\lambda}{z}(2\sin\theta_0)$$

$$E_z = \frac{1}{4\pi\epsilon_0}\frac{\lambda}{z}(2\sin\theta_0), \quad E_x = 0$$

caseII. 원형 전하 상황

ex 2 전하량이 Q이고 반지름이 R인 원형 전하 중심축 상에서의 전기장을 구하시오. 단, 진공의 유전율은 ϵ_0이다. (기출)

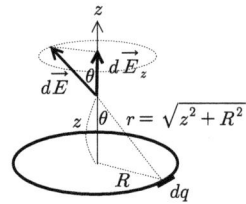

정답

step1. 미소 전하 정의하기 : dq
단 dq의 각 위치에서의 θ가 동일하므로 굳이 $dq = \lambda ds$ 처럼 정의할 필요 없음

step2. 미소 전기장 정의하기

$$dE_z = \frac{1}{4\pi\epsilon_0} \frac{dq}{r^2} \cos\theta \qquad \leftarrow \cos\theta = \frac{z}{r}$$

$$= \frac{1}{4\pi\epsilon_0} \frac{z\,dq}{r^3} \qquad \leftarrow r = \sqrt{z^2 + R^2}$$

$$= \frac{1}{4\pi\epsilon_0} \frac{z\,dq}{(z^2 + R^2)^{3/2}}$$

step3. 전기장 구하기

$$E = E_z = \int dE_z = \frac{1}{4\pi\epsilon_0} \frac{z}{(R^2 + z^2)^{3/2}} \int dq = \frac{1}{4\pi\epsilon_0} \frac{zQ}{(R^2 + z^2)^{3/2}}$$

→ 직관적 이해 : $E = \frac{1}{4\pi\epsilon_0} \frac{Q}{r^2} \cos\theta$

Quiz 8 선전하밀도가 λ이고 반지름이 R인 원형 전하 중심축 상에서의 전기장은?

정답

i) $dq = \lambda\,dl$

ii) $dE_z = \frac{1}{4\pi\epsilon_0} \frac{dq}{r^2} \cos\theta \qquad \leftarrow \cos\theta = \frac{z}{r}$

$= \frac{1}{4\pi\epsilon_0} \frac{z\,dq}{r^3} \qquad \leftarrow dq = \lambda\,dl,\ r = \sqrt{z^2 + R^2}$

$= \frac{1}{4\pi\epsilon_0} \frac{z\lambda\,dl}{(z^2 + R^2)^{3/2}}$

iii) $E_z = \int dE_z = \frac{1}{4\pi\epsilon_0} \frac{z\lambda}{(R^2+z^2)^{3/2}} \underbrace{\int dl}_{2\pi R} = \frac{1}{2\epsilon_0} \frac{z\lambda R}{(R^2+z^2)^{3/2}}$

Quiz 9 위의 그림에서 $z = \infty$에서 전기장의 크기는?

정답 0

Quiz 10 위의 그림에서 $z \gg R$에서 전기장의 크기는?

정답 $E = \frac{1}{4\pi\epsilon_0} \frac{Q}{z^2}$

Quiz 11 위의 그림에서 $z \approx 0$에서 전기장의 크기는? 만약 전자가 원형 전하의 중심에서 진동한다면 주기는 얼마인가?

정답

i) $E = \frac{1}{4\pi\epsilon_0} \frac{Qz}{(R^2+z^2)^{3/2}} \simeq \frac{1}{4\pi\epsilon_0} \frac{Qz}{R^3}$

ii) $F = -eE = -\frac{1}{4\pi\epsilon_0} \frac{eQz}{R^3} \equiv -kz$

iii) $T = 2\pi \sqrt{\frac{m}{k}} = 2\pi \sqrt{m \frac{4\pi\epsilon_0 R^3}{eQ}}$

Quiz 12 위의 그림에서 $z = 0$에서 전기장의 크기는?

정답 0

Quiz 13 위의 그림에서 전기장이 최대인 지점은?

정답 $z = \frac{R}{\sqrt{2}}$

$\frac{d}{dx} \frac{g(x)}{f(x)} = \frac{g'f - gf'}{f^2}$ 을 이용한다.

$\frac{dE}{dz} = \frac{d}{dz}\left(\frac{1}{4\pi\epsilon_0} \frac{Qz}{(R^2+z^2)^{\frac{3}{2}}}\right) = \frac{Q}{4\pi\epsilon_0}\left[\frac{(R^2+z^2)^{\frac{3}{2}} - z \times \frac{3}{2}(R^2+z^2)^{\frac{1}{2}} \times 2z}{(R^2+z^2)^3}\right]$

$= 0$

$\Rightarrow (R^2 + z^2) - 3z^2 = 0$

$\Rightarrow z = \frac{R}{\sqrt{2}}$

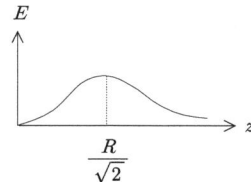

or 산술-기하 평균 관계

$E = \frac{1}{4\pi\epsilon_0} \frac{zQ}{(R^2+z^2)^{3/2}} = \frac{1}{4\pi\epsilon_0} \frac{Q}{(\frac{R^2}{z^{2/3}} + \frac{z^2}{z^{2/3}})^{3/2}} = \frac{1}{4\pi\epsilon_0} \frac{Q}{(\frac{R^2}{z^{2/3}} + z^{4/3})^{3/2}}$

$= \frac{1}{4\pi\epsilon_0} \frac{Q}{(\frac{R^2}{2z^{\frac{2}{3}}} + \frac{R^2}{2z^{\frac{2}{3}}} + z^{\frac{4}{3}})^{3/2}} \leq \frac{1}{4\pi\epsilon_0} \frac{Q}{\left[3\sqrt[3]{\frac{R^2}{2z^{\frac{2}{3}}} \times \frac{R^2}{2z^{\frac{2}{3}}} \times z^{\frac{4}{3}}}\right]^{3/2}}$

$= \frac{1}{4\pi\epsilon_0} \frac{Q}{\left[3\sqrt[3]{\frac{R^4}{2^2}}\right]^{3/2}} = \frac{1}{4\pi\epsilon_0} \frac{Q}{3^{\frac{3}{2}} \frac{R^2}{2}} = \frac{1}{4\pi\epsilon_0} \frac{2Q}{3\sqrt{3}R^2}$

cf. Biot-Savart's law

원형 도선 중심축 상에서의 자기장 : $B = \frac{\mu_0 I}{2} \frac{R^2}{(z^2+R^2)^{3/2}}$

cf. 산술평균, 기하평균, 조화평균

1. 산술평균

4가 더해진 후 10이 더해졌다. 그래서 총 14가 더해지게 되었다.
그렇다면 평균적으로 얼마씩 더해졌다고 볼 수 있는가?
이런 경우에 이용하는 개념이 산술평균이다.

(4+10)/2 = 7

이는 7씩 두 번 더해졌다고 말할 수 있다.

$x + y = r + r$ 에서 $r = \dfrac{x+y}{2}$

2. 기하평균

P라는 값이 4배가 되었고, 다시 그 값은 9배가 되었다. 그러므로 P라는 값은 36배가 되었다.
그렇다면 평균적으로 얼마씩 곱해졌다고 볼 수 있는가?
이런 경우에 이용하는 개념이 기하평균이다.

root(4*9) = 6

즉 6배씩 곱해졌다.

$x \times y = r \times r$ 에서 $r = \sqrt{xy}$

e.g. 직사각형의 면적

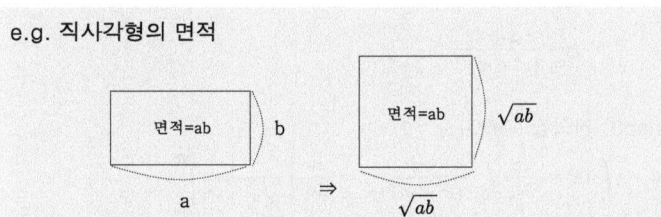

3. 조화평균(역수들의 산술평균의 역수)

두 도시 P와 Q는 s km 만큼 떨어져 있다.
상인이 P에서 Q까지 a km/h 의 등속력으로 갔다.
그리고 Q에서 P까지 b km/h 의 등속력으로 돌아갔다.
이 상인의 평균속력은 얼마인가?

$$x = \dfrac{2s}{\dfrac{s}{a} + \dfrac{s}{b}} = \dfrac{2}{\dfrac{1}{a} + \dfrac{1}{b}}$$

이를 $\dfrac{1}{x} = \dfrac{\dfrac{1}{a} + \dfrac{1}{b}}{2}$ 처럼 표현할 수 있다.

$\dfrac{1}{x} + \dfrac{1}{y} = \dfrac{1}{r} + \dfrac{1}{r}$ 에서 $\dfrac{1}{r} = \dfrac{\dfrac{1}{x} + \dfrac{1}{y}}{2}$ 이므로 $r = \dfrac{2xy}{x+y}$ 또는
$r = \dfrac{2}{\dfrac{1}{x} + \dfrac{1}{y}}$ 이다.

단, $\dfrac{1}{x}, \dfrac{1}{r}, \dfrac{1}{y}$ 은 조화수열(각 항의 역수가 등차수열인 경우)을 이룸. 그러므로 $\dfrac{1}{r}$ 은 조화중항

참고로 '조화'라는 말이 붙은 이유는 음악의 화음과 관련있다.
현의 길이가 L일 때 '낮은 도'음이 난다면, L/2 가 되면 한 옥타브 '높은 도'음이 난다.
이 때 L과 L/2의 조화평균은 2/3 L 이고, 이는 1도음인 '낮은 도'보다 높은 5도음 즉 '솔'을 얻게 된다.
이 '솔'음은 '도'음과 매우 조화로운 화음을 만든다.
그래서 '조화평균'이라는 말이 탄생했다.

4. 산술, 기하, 조화 평균 부등식

1) 두 수에 대한 산술평균-기하평균-조화평균 부등식
양수 a 와 b 에 대해

$$\dfrac{x+y}{2} \geq \sqrt{xy} \geq \dfrac{2xy}{x+y}$$

이다. 단 등호는 $x = y$ 일 때 성립한다.

2) n 개의 수에 대한 산술평균-기하평균-조화평균 부등식
임의의 양의 실수 $x_1, x_2, \ldots, x_n$ 에 대하여,

$$\dfrac{x_1 + x_2 + \ldots + x_n}{n} \geq \sqrt[n]{x_1 \times x_2 \times \ldots \times x_n} \geq \dfrac{n}{\dfrac{1}{x_1} + \dfrac{1}{x_2} + \ldots + \dfrac{1}{x_n}}$$

이 성립한다. 단 등호는 $x_1 = x_2 = \ldots = x_n$ 일 때 성립한다.

caseIII. 부채꼴 전하 상황

ex 3 선전하 밀도가 λ이고 중심각이 $2\theta_0$인 부채꼴 전하의 중심에서의 전기장을 구하시오. 단, 진공의 유전율은 ϵ_0이다. (기출)

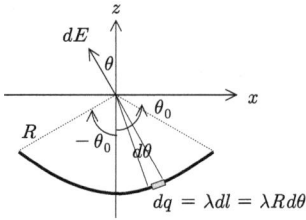

정답

step1. 미소 전하 정의하기 : $\lambda = \dfrac{q}{l}$ 에서 $dq = \lambda dx$

step2. 미소 전기장 정의하기
$dE_x = 0$
$dE_z = \dfrac{1}{4\pi\epsilon_0} \dfrac{dq}{R^2} \cos\theta = \dfrac{1}{4\pi\epsilon_0} \dfrac{\lambda R d\theta}{R^2} \cos\theta$

step3. 전기장 구하기
$E = E_z = \int dE_z = \dfrac{1}{4\pi\epsilon_0} \dfrac{\lambda}{R} \int_{-\theta_0}^{\theta_0} \cos\theta\, d\theta = \dfrac{1}{2\pi\epsilon_0} \dfrac{\lambda}{R} \sin\theta_0$

yame/꼼수/편법) $E_{\text{부채꼴}} \simeq E_{\text{선전하}} = \dfrac{1}{4\pi\epsilon_0} \dfrac{\lambda}{R}(2\sin\theta_0)$

cf. Biot-Savart's law

부채꼴 도선 중심에서의 자기장 : $B = \dfrac{\mu_0 I}{2R} \dfrac{\theta}{2\pi}$

Quiz 14 총 전하량이 Q일 때 원점에서 전기장은?

정답

$E = \dfrac{1}{2\pi\epsilon_0} \dfrac{\lambda}{R} \sin\theta_0 = \dfrac{1}{2\pi\epsilon_0} \dfrac{Q}{2R^2\theta_0} \sin\theta_0$

만약 $\theta_0 \simeq 0$이라면 $E \simeq \dfrac{1}{4\pi\epsilon_0} \dfrac{Q}{R^2}$

caseIV. 원판 전하 상황

ex 4 면전하 밀도가 σ인 원판 전하 중심축 상에서의 전기장을 구하시오. 단, 진공의 유전율은 ϵ_0이다. (기출)

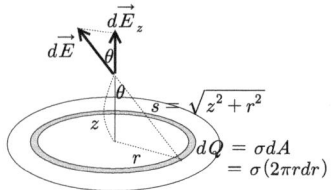

정답

step1. 미소 전하 정의하기 : $dQ = \sigma dA = \sigma(2\pi r dr)$

step2. 미소 전기장 정의하기 : $d\epsilon_{\text{점}} = \dfrac{1}{4\pi\epsilon_0} \dfrac{dq}{s^2}$

$\Rightarrow dE = \dfrac{1}{4\pi\epsilon_0} \dfrac{\sum dq}{s^2} \cos\theta \quad \begin{cases} \sum dq = \sum dQ \\ \cos\theta = \dfrac{z}{s} \end{cases}$

$= \dfrac{1}{4\pi\epsilon_0} \dfrac{z\, dQ}{s^3} \quad \leftarrow dQ = \sigma dA = \sigma(2\pi r dr),\ s = \sqrt{z^2 + r^2}$

$= \dfrac{1}{4\pi\epsilon_0} \dfrac{z\sigma 2\pi r dr}{(z^2 + r^2)^{3/2}}$

$= \dfrac{1}{2\epsilon_0} \dfrac{z\sigma r dr}{(z^2 + r^2)^{3/2}}$

step3. 전기장 구하기
$E = \int dE = \dfrac{z\sigma}{2\epsilon_0} \int_0^R \dfrac{r dr}{(z^2+r^2)^{3/2}} = \dfrac{z\sigma}{2\epsilon_0} \left[\dfrac{-1}{\sqrt{z^2+r^2}} \right]_0^R$

$= \dfrac{\sigma z}{2\epsilon_0} \left(\dfrac{1}{z} - \dfrac{1}{\sqrt{z^2+R^2}} \right) = \dfrac{\sigma}{2\epsilon_0} \left(1 - \dfrac{z}{\sqrt{z^2+R^2}} \right) \equiv \dfrac{\sigma}{2\epsilon_0}(1 - \cos\theta_0)$

Quiz 15 위의 결과를 이용하여, 무한 면전하 주위에서 전기장을 유도하시오.

sol)

<1> $\theta_0 = \dfrac{\pi}{2}$이므로 $E = \dfrac{\sigma}{2\epsilon_0}(1 - \cos\theta_0) = \dfrac{\sigma}{2\epsilon_0}$ 이다.

<2> $E = \dfrac{\sigma}{2\epsilon_0}\left(1 - \dfrac{z}{\sqrt{z^2+R^2}} \right) = \dfrac{\sigma}{2\epsilon_0}\left[1 - \dfrac{z}{R}\left(\dfrac{z^2}{R^2} + 1 \right)^{-\frac{1}{2}} \right] \simeq \dfrac{\sigma}{2\epsilon_0}$

* 유한 선전하에 의한 전기장과 부채꼴 전하에 의한 전기장의 유사성
: 선전하 밀도가 λ인 유한 선전하($\overline{AB}$)가 만드는 P점에서의 전기장은 다음과 같다. P점에서 $\overline{AB}$나 그 연장선에 내린 수선의 발을 H라고 하고, P가 중심이고 반지름이 $PH(=z)$인 원을 그렸을 때, 그 원과 $\overline{PA}$와 $\overline{PB}$가 만나는 점을 각각 C, D라고 하자. 이때 P점에서의 전기장은 선전하밀도가 λ인 부채꼴 전하($\overset{\frown}{CD}$)가 만드는 전기장과 같다.

1. 선전하 밀도가 λ인 부채꼴 전하에 의한 전기장

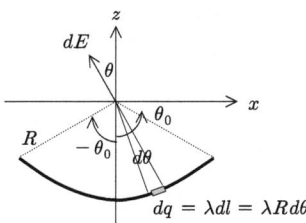

$dE_x = 0$

$dE_z = \dfrac{1}{4\pi\epsilon_0}\dfrac{dq}{R^2}\cos\theta = \dfrac{1}{4\pi\epsilon_0}\dfrac{\lambda R d\theta}{R^2}\cos\theta$

$E = E_z = \int dE_z = \dfrac{1}{4\pi\epsilon_0}\dfrac{\lambda}{R}\int_{-\theta_0}^{\theta_0}\cos\theta\, d\theta = \dfrac{1}{4\pi\epsilon_0}\dfrac{\lambda}{R}(2\sin\theta_0)$

2. 선전하 밀도가 λ인 유한 선전하($\overline{AB}$)가 만드는 P점에서의 전기장 성분은 다음과 같다.

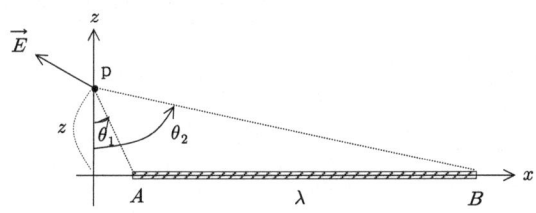

$\vec{E}_z = k\dfrac{\lambda}{z}(\sin\theta_2 - \sin\theta_1)\hat{z}$

$\vec{E}_x = k\dfrac{\lambda}{z}(\cos\theta_2 - \cos\theta_1)\hat{x}$

3. 유한 선전하에 의한 전기장의 크기

$E = \sqrt{E_z^2 + E_x^2} = k\dfrac{\lambda}{z}\sqrt{(\sin\theta_2 - \sin\theta_1)^2 + (\cos\theta_2 - \cos\theta_1)^2}$

$= k\dfrac{\lambda}{z}\sqrt{1 + 1 - 2\sin\theta_2\sin\theta_1 - 2\cos\theta_2\cos\theta_1}$

$= k\dfrac{\lambda}{z}\sqrt{2}\sqrt{1 - (\cos\theta_2\cos\theta_1 + \sin\theta_2\sin\theta_1)}$ ← 덧셈정리

$= k\dfrac{\lambda}{z}\sqrt{2}\sqrt{1 - \cos(\theta_2 - \theta_1)}$ ← 반각공식 $\sin^2\dfrac{\psi}{2} = \dfrac{1-\cos\psi}{2}$

$= k\dfrac{\lambda}{z}2\sin\left(\dfrac{\theta_2 - \theta_1}{2}\right)$ ← $\theta_0 \equiv \dfrac{\theta_2 - \theta_1}{2}$(사잇각의 절반)

$= k\dfrac{\lambda}{z}2\sin\theta_0$

→ 의미 : 이는 선밀도가 λ이고 반지름이 z이며 중심각이 $2\theta_0$인 부채꼴 도선에 의한 전기장과 일치한다.

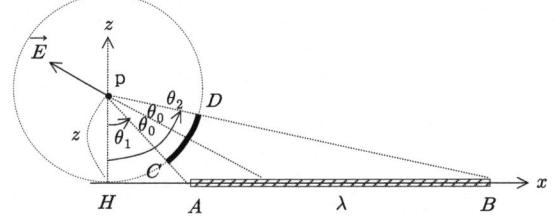

4. 알짜 전기장의 방향

i) $\theta_0 \equiv \dfrac{\theta_2 - \theta_1}{2}$(사잇각의 절반), $\phi \equiv \theta_1 + \theta_0$라고 하면 연립해서 $\theta_1 = \phi - \theta_0$, $\theta_2 = \phi + \theta_0$을 얻을 수 있다.

ii) $\dfrac{-E_x}{E_z} = \dfrac{-(\cos\theta_2 - \cos\theta_1)}{\sin\theta_2 - \sin\theta_1}$

$= \dfrac{-[\cos(\phi+\theta_0) - \cos(\phi-\theta_0)]}{\sin(\phi+\theta_0) - \sin(\phi-\theta_0)}$ ← 신마신 두코신

$= \dfrac{2\sin\phi\sin\theta_0}{2\cos\phi\sin\theta_0} = \tan\phi$

ex 5 다음 그림에서 p점에서 전기장을 구하시오.

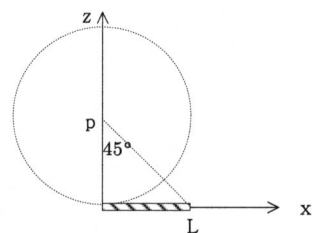

정답

$E = \dfrac{k\lambda}{L}(2\sin 22.5°) = \dfrac{2k\lambda}{L}\sin\dfrac{45°}{2} = \dfrac{2k\lambda}{L}\sqrt{\sin^2\dfrac{45°}{2}}$

$= \dfrac{2k\lambda}{L}\sqrt{\dfrac{1-\cos 45°}{2}} = \dfrac{2k\lambda}{L}\sqrt{\dfrac{1-1/\sqrt{2}}{2}}$

§ 2. 적분을 이용한 전위 계산 : 전기력선이 비대칭인 경우에 해당

case1. 유한 선전하 상황

ex 1 선전하 밀도가 λ인 유한 선전하에 의한 전위를 구하시오. 단, 진공의 유전율은 ϵ_0이다.

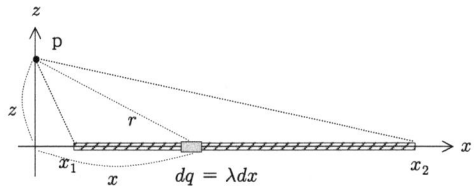

정답

step1. 미소 전하 정의하기 : $\lambda = \dfrac{q}{l}$에서 $dq = \lambda dx$

step2. 미소 전위 정의하기 : $dV = \dfrac{1}{4\pi\epsilon_0}\dfrac{dq}{r} = \dfrac{1}{4\pi\epsilon_0}\dfrac{\lambda dx}{\sqrt{z^2+x^2}}$

step3. 전위 구하기

$$V = \frac{\lambda}{4\pi\epsilon_0}\int_{x_1}^{x_2}\frac{dx}{\sqrt{z^2+x^2}} \quad \leftarrow \int_{u_1}^{u_2}\frac{du}{\sqrt{u^2+a^2}} = \ln(u+\sqrt{u^2+a^2})|_{u_1}^{u_2}$$

$$= \frac{\lambda}{4\pi\epsilon_0}\ln(x+\sqrt{z^2+x^2})|_{x_1}^{x_2}$$

$$= \frac{\lambda}{4\pi\epsilon_0}\ln\frac{x_2+\sqrt{z^2+x_2^2}}{x_1+\sqrt{z^2+x_1^2}}$$

cf. $\int_{u_1}^{u_2}\dfrac{du}{\sqrt{u^2+a^2}} = \ln(u+\sqrt{u^2+a^2})|_{u_1}^{u_2}$ 증명

$u \equiv a\tan\theta,\ du = a\sec^2\theta\, d\theta$를 대입하면

$$\int_{u_1}^{u_2}\frac{du}{\sqrt{u^2+a^2}}$$

$$= \int_{\theta_1}^{\theta_2}\frac{a\sec^2\theta\, d\theta}{a\sec\theta} = \int_{\theta_1}^{\theta_2}\sec\theta\, d\theta$$

$$= \int_{\theta_1}^{\theta_2}\sec\theta \times \frac{\sec\theta+\tan\theta}{\sec\theta+\tan\theta}d\theta \quad \leftarrow \begin{cases} u = \sec\theta+\tan\theta \\ du = (\sec\theta\tan\theta+\sec^2\theta)d\theta \end{cases}$$

$$= \int_{u_1}^{u_2}\frac{du}{u} = \ln u|_{u_1}^{u_2} = \ln(\sec\theta+\tan\theta)|_{\theta_1}^{\theta_2}$$

$$= \ln(\frac{\sqrt{u^2+a^2}}{a}+\frac{u}{a})|_{u_1}^{u_2} = \ln(\sqrt{u^2+a^2}+u)|_{u_1}^{u_2}$$

Quiz 1 x축에 놓인 길이 L인 막대의 끝부분에서 z축으로 z만큼 떨어진 지점에서의 전위는?

정답

$$V = \int_0^L dV = \frac{\lambda}{4\pi\epsilon_0}[\ln(x+\sqrt{z^2+x^2})]_0^L$$

$$= \frac{\lambda}{4\pi\epsilon_0}[\ln(L+\sqrt{z^2+L^2})-\ln z]$$

Quiz 2 x축에 놓인 길이 L인 막대의 수직이등분선 상에서의 전위

정답

$$V = 2\int_0^{L/2}dV = 2\times\frac{\lambda}{4\pi\epsilon_0}[\ln(x+\sqrt{z^2+x^2})]_0^{L/2}$$

$$= \frac{\lambda}{2\pi\epsilon_0}[\ln(\frac{L}{2}+\sqrt{z^2+\frac{L^2}{4}})-\ln z]$$

or

$$V = \int_{-L/2}^{L/2}dV = \frac{\lambda}{4\pi\epsilon_0}[\ln(x+\sqrt{z^2+x^2})]_{-L/2}^{L/2}$$

$$= \frac{\lambda}{4\pi\epsilon_0}\ln\left(\frac{\dfrac{L}{2}+\sqrt{z^2+\dfrac{L^2}{4}}}{-\dfrac{L}{2}+\sqrt{z^2+\dfrac{L^2}{4}}}\right) \quad \leftarrow \text{분모 유리화}$$

$$= \frac{\lambda}{4\pi\epsilon_0}\ln\left(\frac{\left(\dfrac{L}{2}+\sqrt{z^2+\dfrac{L^2}{4}}\right)^2}{z^2}\right) = \frac{\lambda}{4\pi\epsilon_0}\ln\left(\frac{\dfrac{L}{2}+\sqrt{z^2+\dfrac{L^2}{4}}}{z}\right)^2$$

$$= \frac{\lambda}{2\pi\epsilon_0}[\ln(\frac{L}{2}+\sqrt{z^2+\frac{L^2}{4}})-\ln z]$$

caseII. 원형 전하 상황

ex 2 전하량이 Q이고 반지름이 R인 원형 전하 중심축 상에서의 전위를 구하시오. 단, 진공의 유전율은 ϵ_0이다. (기출)

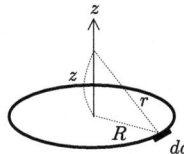

정답

step1. 미소 전하 정의하기 : dq

step2. 미소 전위 정의하기 : $dV = \dfrac{1}{4\pi\epsilon_0}\dfrac{dq}{r} = \dfrac{1}{4\pi\epsilon_0}\dfrac{dq}{\sqrt{z^2+R^2}}$

step3. 전위 구하기
$$V = \int dV = \dfrac{1}{4\pi\epsilon_0}\dfrac{1}{\sqrt{z^2+R^2}}\int dq = \dfrac{1}{4\pi\epsilon_0}\dfrac{Q}{\sqrt{z^2+R^2}}$$

Quiz 3 선전하밀도가 λ인 원형 전하 중심축 상에서의 전위는?

정답

i) $dq = \lambda dl = \lambda R d\theta$

ii) $dV = \dfrac{1}{4\pi\epsilon_0}\dfrac{dq}{r} = \dfrac{1}{4\pi\epsilon_0}\dfrac{\lambda R d\theta}{\sqrt{z^2+R^2}}$

iii) $V = \int dV = \dfrac{1}{4\pi\epsilon_0}\dfrac{\lambda R}{\sqrt{z^2+R^2}}\int d\theta = \dfrac{1}{2\epsilon_0}\dfrac{\lambda R}{\sqrt{z^2+R^2}}$

Quiz 4 위의 그림에서 원형 전하 중심에서 전위는?

정답

$z = 0$이므로, $V = \dfrac{1}{4\pi\epsilon_0}\dfrac{Q}{R}$

caseIII. 부채꼴 전하 상황

ex 3 전하량이 Q이고 중심각이 $2\theta_0$인 부채꼴 전하의 중심에서의 전위를 구하시오. 단, 진공의 유전율은 ϵ_0이다.

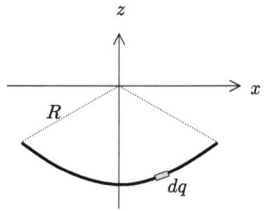

정답

step1. 미소 전하 정의하기 : dq

step2. 미소 전위 정의하기 : $dV = \dfrac{1}{4\pi\epsilon_0}\dfrac{dq}{R}$

step3. 전위 구하기 : $V = \int dV = \dfrac{1}{4\pi\epsilon_0}\dfrac{1}{R}\int dq = \dfrac{1}{4\pi\epsilon_0}\dfrac{Q}{R}$

Quiz 5 선전하밀도가 λ이고 중심각이 ϕ인 부채꼴 전하의 중심에서의 전위는?

정답

i) $dq = \lambda dl = \lambda R d\theta$

ii) $dV = \dfrac{1}{4\pi\epsilon_0}\dfrac{\lambda R d\theta}{R}$

iii) $V = \int dV = \dfrac{1}{4\pi\epsilon_0}\dfrac{\lambda R}{R}\int d\theta = \dfrac{\lambda\phi}{4\pi\epsilon_0}$

caseIV. 원판 전하 상황

ex 4 면전하 밀도가 σ인 원판 전하 중심축 상에서의 전기장을 구하시오. 단, 진공의 유전율은 ϵ_0이다.

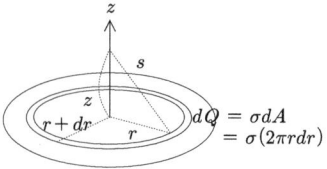

정답

step1. 미소 전하 정의하기 : $dQ = \sigma dA = \sigma(2\pi r dr)$
단 $dA = \pi(r+dr)^2 - \pi r^2 = \pi r^2 + 2\pi r dr + \pi(dr)^2 - \pi r^2 \cong 2\pi r dr$
여기서 dr이 너무 작으므로 $(dr)^2$항은 무시하였다.

step2. 미소 전위 정의하기 : $dv_\text{점} = \dfrac{1}{4\pi\epsilon_0}\dfrac{dq}{s}$

$\Rightarrow dV_\text{띠} = \dfrac{1}{4\pi\epsilon_0}\dfrac{\sum dq}{s} = \dfrac{1}{4\pi\epsilon_0}\dfrac{dQ}{s} = \dfrac{1}{4\pi\epsilon_0}\dfrac{\sigma 2\pi r dr}{\sqrt{z^2+r^2}} = \dfrac{1}{2\epsilon_0}\dfrac{\sigma r dr}{\sqrt{z^2+r^2}}$

step3. 전위 구하기

$V = \int dV = \dfrac{\sigma}{2\epsilon_0}\int\dfrac{r dr}{\sqrt{z^2+r^2}} = \dfrac{\sigma}{2\epsilon_0}\sqrt{z^2+r^2}\Big|_0^R = \dfrac{\sigma}{2\epsilon_0}(\sqrt{z^2+R^2}-z)$

* 정리

유한 선전하 : $\int dV = \dfrac{\lambda}{4\pi\epsilon_0}\int_{x_1}^{x_2}\dfrac{dx}{\sqrt{z^2+x^2}}$

원형 선전하 : $\int dV = \dfrac{1}{4\pi\epsilon_0}\dfrac{1}{\sqrt{z^2+R^2}}\int dq$

부채꼴 전하 : $\int dV = \dfrac{1}{4\pi\epsilon_0}\dfrac{1}{R}\int dq$

면전하 : $\int dV = \dfrac{\sigma}{2\epsilon_0}\int\dfrac{r dr}{\sqrt{z^2+r^2}}$

§ 3. 여러 가지 축전기

caseI. 평행판 축전기 상황

ex 1 평행판 축전기의 전기용량을 구하시오. (기출)

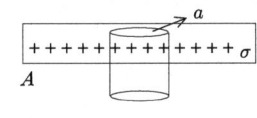

단 극판의 면적 A, 간격은 d, 전하량 Q

정답

step1. 전기장 구하기

가우스 법칙 $0 + Ea\cos 0 = \frac{\sigma a}{\epsilon_0}$ 에서 $E = \frac{\sigma}{\epsilon_0} = \frac{Q}{\epsilon_0 A}$

$\therefore \vec{E} = -\frac{Q}{\epsilon_0 A}\hat{y}$

step2. 전위차 구하기

$V = -\int_0^d \vec{E}\cdot d\vec{y} = -\int_0^d (-\frac{Q}{\epsilon_0 A}\hat{y})\cdot(dy\,\hat{y}) = \frac{Q}{\epsilon_0 A}\int_0^d dy = \frac{Q}{\epsilon_0 A}d$

step3. 전기용량 구하기

$C = \frac{Q}{V} = \epsilon_0 \frac{A}{d}$

cf.

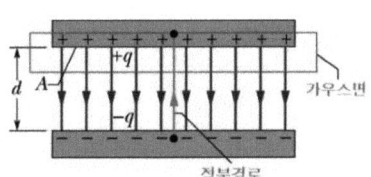

가우스 법칙에서 면전하에 의한 전기장 : $\vec{E} = -\frac{Q}{\epsilon_0 A}\hat{y}$

caseII. 원통형 축전기 상황

ex 2 원통형 축전기의 전기용량을 구하시오. (기출)

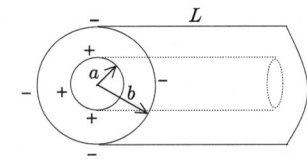

정답

step1. 전기장 구하기

가우스 법칙에서 $E = \frac{1}{2\pi\epsilon_0}\frac{Q/L}{r}$

step2. 전위차 구하기

$V = -\int_-^+ E dr = -\int_b^a \frac{Q}{2\pi\epsilon_0 L r}dr = -\frac{Q}{2\pi\epsilon_0 L}\int_b^a \frac{1}{r}dr = \frac{Q}{2\pi\epsilon_0 L}\ln\frac{b}{a}$

step3. 전기용량 구하기

$C = \frac{Q}{V} = \epsilon_0 \frac{2\pi L}{\ln b/a}$

caseIII. 구형 축전기 상황

ex 3 구형 축전기의 전기용량을 구하시오. (기출)

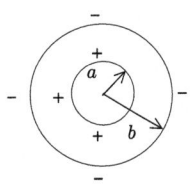

정답

step1. 전기장 구하기

가우스 법칙에서 $E = \frac{1}{4\pi\epsilon_0}\frac{Q}{r^2}$

step2. 전위차 구하기

$V = -\int_-^+ E dr = -\int_b^a \frac{Q}{4\pi\epsilon_0 r^2}dr = -\frac{Q}{4\pi\epsilon_0}\int_b^a \frac{1}{r^2}dr = \frac{Q}{4\pi\epsilon_0}\frac{b-a}{ab}$

step3. 전기용량 구하기

$C = \frac{Q}{V} = \epsilon_0 \frac{4\pi ab}{b-a}$

cf. $C = \epsilon_0 \frac{\sqrt{4\pi a^2}\sqrt{4\pi b^2}}{b-a}$: 두 구면의 '기하평균' 값이 적용

caseIV. 고립된 공 상황

ex 4 고립된 공의 전기용량을 구하시오.

정답

$C = \epsilon_0 \frac{4\pi ab}{b-a} = (b \to \infty) = 4\pi\epsilon_0 a$

or R인 곳에서 전위는 $V = \frac{1}{4\pi\epsilon_0}\frac{Q}{R}$ 이므로 전기용량은 $C = \frac{Q}{V} = 4\pi\epsilon_0 R$ 이다.

§ 4. Biot-Savart's law (적분을 이용한 자기장 계산) : 자기력선이 비대칭인 경우에 해당

1. Biot-Savart's law

$$d\vec{B} = \frac{\mu_0 I}{4\pi}\frac{d\vec{l}\times\hat{r}}{r^2}, \quad |dB| = \frac{\mu_0 I}{4\pi}\frac{dl}{r^2}\sin\theta$$

$$d\vec{B} = \frac{\mu_0 I}{4\pi}\frac{d\vec{l}\times\vec{r}}{r^3}$$

단 $\vec{B}\perp\hat{r}$ & $\vec{B}\perp d\hat{l}$

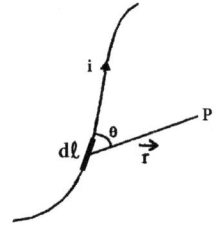

case1. 유한 직선 도선 상황

ex 1 전류가 I인 유한 직선 도선에 의한 자기장을 구하시오. 단, 진공의 투자율은 μ_0이다.

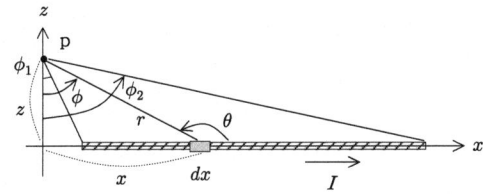

정답

i) p점에서 미소 자기장은 다음과 같다.

$$d\vec{B} = \frac{\mu_0 I}{4\pi}\frac{d\vec{l}\times\hat{r}}{r^2}$$ 에서

$$dB = \frac{\mu_0 I}{4\pi}\frac{dx\sin\theta}{r^2} = \frac{\mu_0 I}{4\pi}\frac{dx\cos\phi}{r^2} = \frac{\mu_0 I}{4\pi}\frac{z\,dx}{r^3} = \frac{\mu_0 I}{4\pi}\frac{z\,dx}{(z^2+x^2)^{3/2}}$$

cf. 직각삼각형의 한 외각에 대한 싸인값

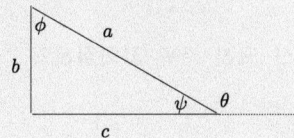

$$\sin\theta = \sin(\pi-\psi) = \sin\psi = \sin(90-\phi) = \cos\phi = \frac{b}{a}$$

ii) p점에서 총 자기장은 다음과 같다.

$$B = \int dB$$
$$= \frac{\mu_0 I}{4\pi}\int_{x_1}^{x_2}\frac{z\,dx}{(z^2+x^2)^{3/2}} \quad \leftarrow x \equiv z\tan\phi,\; dx = z\sec^2\phi\,d\phi$$
$$= \frac{\mu_0 I}{4\pi}\int_{\phi_1}^{\phi_2}\frac{z^2\sec^2\phi\,d\phi}{(z^2\tan^2\phi+z^2)^{3/2}} \quad \leftarrow 1+\tan^2\phi = \sec^2\phi$$
$$= \frac{\mu_0 I}{4\pi}\int_{\phi_1}^{\phi_2}\frac{z^2\sec^2\phi\,d\phi}{(z^2\sec^2\phi)^{3/2}}$$
$$= \frac{\mu_0 I}{4\pi z}\int_{\phi_1}^{\phi_2}\cos\phi\,d\phi$$
$$= \frac{\mu_0 I}{4\pi z}(\sin\phi_2 - \sin\phi_1)$$

cf. 치환적분을 할 때 $x \equiv z\cot\phi$ 라고 하면 안 된다. 왜냐하면 그림에서 $\cot\phi = \frac{z}{x}$ 이기 때문이다. 그러므로 코탄젠트로 치환하려면 $z \equiv x\cot\phi$ 로 두어야 한다.

그리고 일반적으로 시중 교재에서는 $z \equiv x\cot\phi$ 로 되어 있다.

→ 결론 : 위 결과는 길이가 유한한 직선 도선이 만드는 자기장을 처음 각 θ1과 나중 각 θ2로 나타내고 있다. 물론, 길이가 유한한 도선에는 결코 정상전류가 흐를 수 없다.(도선의 끝에서 전하가 어디로 가겠는가?) 그러나 무한 도선의 일부분이라고 생각하면, 그 부분에 흐르는 전류가 만드는 자기장이 바로 위 식이다.

자기장의 크기가 도선까지의 거리에 반비례함을 눈여겨보라. 이 점은 무한 선전하에 의한 전기장과 비슷하다.

Quiz 1 다음 그림에서 P점에서의 자기장을 구하시오.

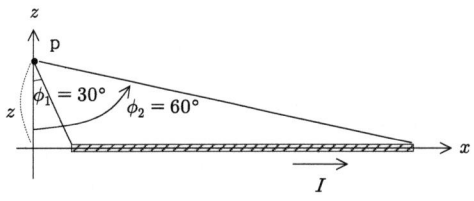

정답 $\vec{B} = \frac{\mu_0 I}{4\pi z}\frac{\sqrt{3}-1}{2}(-\hat{y})$

$B = \frac{\mu_0 I}{4\pi z}(\sin 60 - \sin 30) = \frac{\mu_0 I}{4\pi z}\frac{\sqrt{3}-1}{2}$ 에서 $\vec{B} = \frac{\mu_0 I}{4\pi z}\frac{\sqrt{3}-1}{2}(-\hat{y})$

Quiz 2 다음 그림에서 P점에서의 자기장을 구하시오.

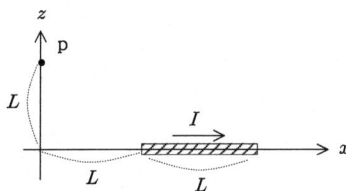

정답 $\vec{B} = \frac{\mu_0 I}{4\pi L}(\frac{2}{\sqrt{5}} - \frac{1}{\sqrt{2}})(-\hat{y})$

우선 $\phi_1 = 45°$이고 $\sin\phi_2 = \frac{2}{\sqrt{5}}$ 이므로 $B = \frac{\mu_0 I}{4\pi L}(\frac{2}{\sqrt{5}} - \frac{1}{\sqrt{2}})$

Quiz 3 다음 그림에서 P점에서의 자기장을 구하시오.

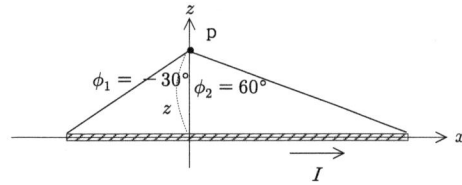

정답

$\vec{B} = \dfrac{\mu_0 I}{4\pi z} \dfrac{\sqrt{3}+1}{2}(-\hat{y})$

$B = \dfrac{\mu_0 I}{4\pi z}[\sin(+60) - \sin(-30)] = \dfrac{\mu_0 I}{4\pi z} \dfrac{\sqrt{3}+1}{2}$

Quiz 4 다음 그림에서 P점에서의 자기장을 구하시오.

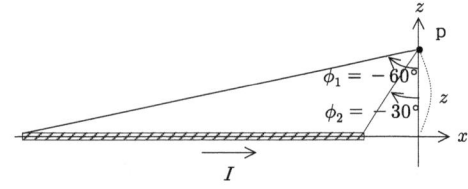

정답

$\vec{B} = \dfrac{\mu_0 I}{4\pi z} \dfrac{\sqrt{3}-1}{2}(-\hat{y})$

$B = \dfrac{\mu_0 I}{4\pi z}[\sin(-30) - \sin(-60)] = \dfrac{\mu_0 I}{4\pi z} \dfrac{\sqrt{3}-1}{2}$ 에서

$\vec{B} = \dfrac{\mu_0 I}{4\pi z} \dfrac{\sqrt{3}-1}{2}(-\hat{y})$

Quiz 5 무한 직선 도선 주위 자기장을 비오-사바르 법칙으로 구하면?

Quiz 6 반무한 직선 도선 주위 자기장은?

1)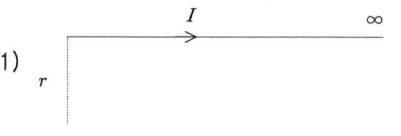

2)

3)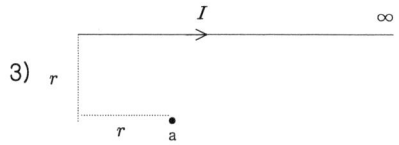

4)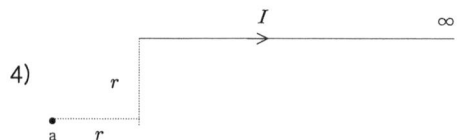

caseII. 원형 도선 상황

ex 2 전류가 I인 원형 도선 중심축 상에서의 자기장을 구하시오. 단, 진공의 투자율은 μ_0이다. (기출)

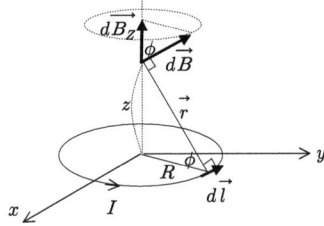

정답

i) $d\vec{B} = \dfrac{\mu_0 I}{4\pi}\dfrac{d\vec{l}\times \hat{r}}{r^2}$ 에서

$dB_z = \dfrac{\mu_0 I}{4\pi}\dfrac{dl\sin 90}{r^2}\cos\phi = \dfrac{\mu_0 I}{4\pi}\dfrac{dl}{R^2+z^2}\dfrac{R}{\sqrt{R^2+z^2}} = \dfrac{\mu_0 I}{4\pi}\dfrac{Rdl}{(R^2+z^2)^{3/2}}$

ii) 총자기장 : $B = \dfrac{\mu_0 I}{4\pi}\dfrac{R}{(R^2+z^2)^{3/2}}\int dl$

$= \dfrac{\mu_0 I}{4\pi}\dfrac{R}{(R^2+z^2)^{3/2}}\times 2\pi R = \dfrac{\mu_0 I}{2}\dfrac{R^2}{(R^2+z^2)^{3/2}}$

Quiz 7 위의 그림에서 $z=0$에서 자기장의 크기는?

정답

$z=0$이므로 $B = \dfrac{\mu_0 I}{2R}$

Quiz 8 위의 그림에서 $z\gg R$에서 자기장의 크기는? (단, 전류 고리를 자기쌍극자로 가정)

정답 $B = \dfrac{\mu_0 \mu}{2\pi z^3}$

$z\gg R$이므로

$B = \dfrac{\mu_0 I}{2}\dfrac{R^2}{(R^2+z^2)^{3/2}} = \dfrac{\mu_0 I}{2}\dfrac{R^2}{z^3(1+R^2/z^2)^{3/2}} = \dfrac{\mu_0 I}{2}\dfrac{R^2}{z^3\left(1+\dfrac{3}{2}\dfrac{R^2}{z^2}+\cdots\right)}$

$\simeq \dfrac{\mu_0 I}{2}\dfrac{R^2}{z^3} = \dfrac{\mu_0 I}{2}\dfrac{\pi R^2}{\pi z^3} = \dfrac{\mu_0 \mu}{2\pi z^3}$ 단 $\mu \equiv I\pi R^2$

Quiz 9 원형 도선 중심에서의 자기장은?

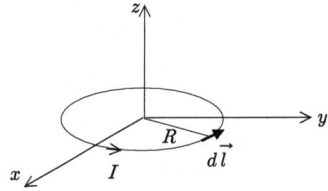

정답 $B = \dfrac{\mu_0 I}{2R}$

i) $d\vec{B} = \dfrac{\mu_0 I}{4\pi}\dfrac{d\vec{l}\times \hat{r}}{r^2}$에서 $dB_z = \dfrac{\mu_0 I}{4\pi}\dfrac{dl\sin 90}{R^2} = \dfrac{\mu_0 I}{4\pi}\dfrac{dl}{R^2}$

ii) 총자기장 : $B = \dfrac{\mu_0 I}{4\pi}\dfrac{1}{R^2}\int dl = \dfrac{\mu_0 I}{4\pi}\dfrac{1}{R^2}\times 2\pi R = \dfrac{\mu_0 I}{2R}$

→ 주의 : 암페어 법칙을 적용할 수 없다!!!!!

Quiz 10 원형도선 3개를 겹쳤을 때 중심에서 자기장은?

- 부록 -

caseIII. 부채꼴 도선 상황

ex 3 전류가 I인 부채꼴 도선의 중심에서의 자기장을 구하시오. 단, 중심각은 ϕ_0이고, 진공의 투자율은 μ_0이다. (기출)

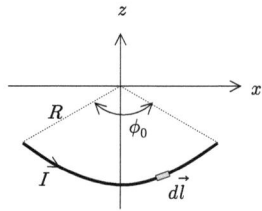

정답

i) $d\vec{B} = \dfrac{\mu_0 I}{4\pi}\dfrac{\vec{dl}\times\hat{r}}{r^2}$ 에서 $dB = \dfrac{\mu_0 I}{4\pi}\dfrac{dl\sin 90}{R^2} = \dfrac{\mu_0 I}{4\pi}\dfrac{Rd\phi}{R^2} = \dfrac{\mu_0 I}{4\pi}\dfrac{d\phi}{R}$

ii) $B = \dfrac{\mu_0 I}{4\pi}\int \dfrac{d\phi}{R} = \dfrac{\mu_0 I\phi_0}{4\pi R} = \dfrac{\mu_0 I}{2R}\dfrac{\phi_0}{2\pi}$

단 방향은 지면에서 나오는 방향(-y)

Quiz 11 원형도선의 중심에서의 자기장은?

sol) 위 식에 $\theta = 2\pi$을 대입하면 $B = \dfrac{\mu_0 I(2\pi)}{4\pi R} = \dfrac{\mu_0 I}{2R}$

Quiz 12 다음 부채꼴 도선의 중심에서 자기장은?

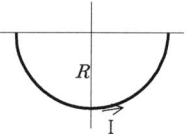

Quiz 13 다음 부채꼴 도선의 중심에서 자기장은?

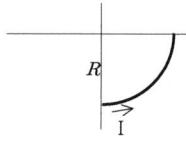

Quiz 14 다음 그림에서 중심에서의 자기장은?

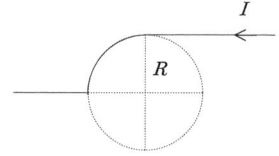

Quiz 15 다음 그림에서 원의 중심에서 자기장의 크기는?

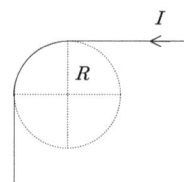

caseIV. 유한 솔레노이드 상황

ex 4 전류가 I인 유한 솔레노이드 중심 축상에서의 자기장을 구하시오. 단, 반지름은 R이고, 단위길이당 감은 수는 $n=\dfrac{N}{L}$이며 진공의 투자율은 μ_0이다.

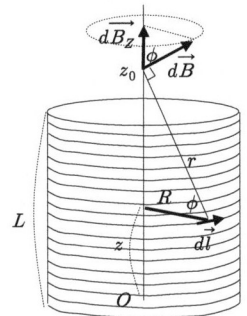

단 반지름 R, $n=\dfrac{N}{L}$

정답

<1> 치환 적분

i) 한 번 감긴 원형 도선 중심축상에서의 자기장이 $B_{one}=\dfrac{\mu_0 I}{2}\dfrac{R^2}{r^3}$이고,

두 번 감긴 경우는 $B_{one}\times 2$

세 번 감긴 경우는 $B_{one}\times 3$

임을 이용하자.

ii) 두께가 dz인 원형 도선의 미소 감은 횟수가 $dN=ndz$이므로 중심축상에서의 미소 자기장은

$dB=\dfrac{\mu_0 I}{2}\dfrac{R^2}{r^3}\times ndz$

iii) $B=\dfrac{\mu_0 I R^2 n}{2}\displaystyle\int_{z=0}^{L}\dfrac{dz}{[(z_0-z)^2+R^2]^{3/2}}$

$\quad\leftarrow \tan\phi=\dfrac{z_0-z}{R},\ z_0-z=R\tan\phi,\ -dz=R\sec^2\phi\, d\phi$

$=\dfrac{\mu_0 I R^2 n}{2}\displaystyle\int_{\phi_1}^{\phi_2}\dfrac{-R\sec^2\phi\, d\phi}{[R^2\tan^2\phi+R^2]^{3/2}}$

$=\dfrac{\mu_0 I R^2 n}{2}\displaystyle\int_{\phi_1}^{\phi_2}\dfrac{-R\sec^2\phi\, d\phi}{R^3\sec^3\phi}$

$=\dfrac{\mu_0 n I}{2}\displaystyle\int_{\phi_1}^{\phi_2}(-\cos\phi)d\phi$

$=\dfrac{\mu_0 n I}{2}(\sin\phi_1-\sin\phi_2)$ ★ (암기)

$=\dfrac{\mu_0 n I}{2}\left[\dfrac{z_0}{\sqrt{z_0^2+R^2}}-\dfrac{z_0-L}{\sqrt{(z_0-L)^2+R^2}}\right]$

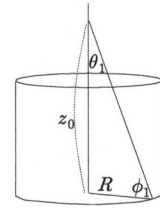
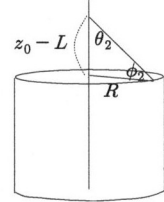

<2>

$dB=\dfrac{\mu_0 I}{2}\dfrac{R^2}{r^3}\times ndz$이므로

$B=\dfrac{\mu_0 I R^2 n}{2}\displaystyle\int_{z=0}^{L}\dfrac{dz}{[(z_0-z)^2+R^2]^{3/2}}$

$\quad\leftarrow (z_0-z)\tan\theta=R$에서 $z_0-z=R\cot\theta$ & $-dz=-R\csc^2\theta\, d\theta$

$=\dfrac{\mu_0 I R^2 n}{2}\displaystyle\int_{\theta_1}^{\theta_2}\dfrac{R\csc^2\theta\, d\theta}{[R^2\cot^2\theta+R^2]^{3/2}}$

$=\dfrac{\mu_0 I R^2 n}{2}\displaystyle\int_{\theta_1}^{\theta_2}\dfrac{R\csc^2\theta\, d\theta}{R^3\csc^3\theta}$

$=\dfrac{\mu_0 n I}{2}\displaystyle\int_{\theta_1}^{\theta_2}\sin\theta\, d\theta$

$=\dfrac{\mu_0 n I}{2}(\cos\theta_1-\cos\theta_2)$ ★ (암기)

$=\dfrac{\mu_0 n I}{2}\left[\dfrac{z_0}{\sqrt{z_0^2+R^2}}-\dfrac{z_0-L}{\sqrt{(z_0-L)^2+R^2}}\right]$

<3> $\displaystyle\int\dfrac{dx}{(x^2+a^2)^{3/2}}=\dfrac{x}{a^2\sqrt{x^2+a^2}}$ 이용

pf. $\displaystyle\int\dfrac{dx}{(x^2+a^2)^{3/2}}=\dfrac{x}{a^2\sqrt{x^2+a^2}}$ 증명

$x\equiv a\tan\theta,\ dx=a\sec^2\theta\, d\theta$

$\displaystyle\int\dfrac{dx}{(x^2+a^2)^{3/2}}=\int\dfrac{a\sec^2\theta\, d\theta}{(a^2\tan^2\theta+a^2)^{3/2}}$

$=\displaystyle\int\dfrac{a\sec^2\theta\, d\theta}{a^3\sec^3\theta}=\int\dfrac{\cos\theta\, d\theta}{a^2}=\dfrac{\sin\theta}{a^2}=\dfrac{x}{a^2\sqrt{x^2+a^2}}$

$dB=\dfrac{\mu_0 I}{2}\dfrac{R^2}{r^3}\times ndz$이므로

$B=\dfrac{\mu_0 I R^2 n}{2}\displaystyle\int_{z=0}^{L}\dfrac{dz}{[(z_0-z)^2+R^2]^{3/2}}\quad\leftarrow s\equiv z_0-z,\ ds=-dz$

$=\dfrac{\mu_0 I R^2 n}{2}\displaystyle\int_{z_0}^{z_0-L}\dfrac{-ds}{(s^2+R^2)^{3/2}}$

$=\dfrac{\mu_0 I R^2 n}{2}\left[\dfrac{s}{R^2\sqrt{s^2+R^2}}\right]_{z_0-L}^{z_0}$

$=\dfrac{\mu_0 I n}{2}\left[\dfrac{z_0}{\sqrt{z_0^2+R^2}}-\dfrac{z_0-L}{\sqrt{(z_0-L)^2+R^2}}\right]$

<4>

i) $dB_Z=\dfrac{\mu_0 I}{4\pi}\dfrac{dl\sin 90}{r^2}\cos\phi\times dN\quad\leftarrow dN=ndz,\ \cos\phi=\dfrac{R}{r}$

$=\dfrac{n\mu_0 I}{4\pi}\dfrac{Rdl}{r^3}dz$

ii) $B=\dfrac{n\mu_0 IR}{4\pi}\displaystyle\iint\dfrac{dl\, dz}{[(z_0-z)^2+R^2]^{3/2}}$

$=\dfrac{n\mu_0 IR}{4\pi}\displaystyle\int_{z=0}^{L}\dfrac{2\pi R dz}{[(z_0-z)^2+R^2]^{3/2}}$

$=\dfrac{n\mu_0 IR^2}{2}\displaystyle\int\dfrac{dz}{[(z_0-z)^2+R^2]^{3/2}}\quad\leftarrow s\equiv z_0-z,\ ds=-dz$

$=\dfrac{n\mu_0 IR^2}{2}\displaystyle\int_{z_0}^{z_0-L}\dfrac{-ds}{(s^2+R^2)^{3/2}}$

$=\dfrac{n\mu_0 IR^2}{2}\left[\dfrac{s}{R^2\sqrt{s^2+R^2}}\right]_{z_0-L}^{z_0}$

$=\dfrac{\mu_0 n I}{2}\left[\dfrac{z_0}{\sqrt{z_0^2+R^2}}-\dfrac{z_0-L}{\sqrt{(z_0-L)^2+R^2}}\right]$

- 부록 -

Quiz 16 위의 결과를 이용하여 무한 솔레노이드 내부에서의 자기장을 유도하시오.

sol) $B = \dfrac{\mu_0 n I}{2}(\sin\phi_1 - \sin\phi_2)$에 $\phi_1 = \dfrac{\pi}{2}$, $\phi_2 = -\dfrac{\pi}{2}$을 대입하면

$B = \mu_0 n I$

★ 전기장 적분 VS 자기장 적분 정리

선전하 밀도가 λ인 유한 선전하에 의한 전기장	유한 직선 도선 주위의 자기장
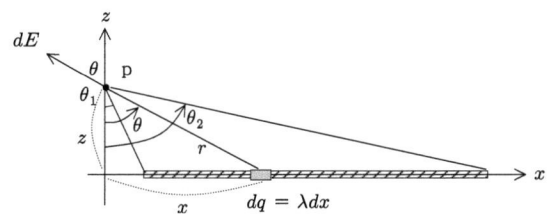 $dq = \lambda dx$ i) $dE_z = \frac{1}{4\pi\epsilon_0}\frac{dq}{r^2}\cos\theta = \frac{1}{4\pi\epsilon_0}\frac{\lambda dx}{r^2}\frac{z}{r} = \frac{1}{4\pi\epsilon_0}\frac{z\lambda dx}{(z^2+x^2)^{\frac{3}{2}}}$ ii) $E_z = \frac{z\lambda}{4\pi\epsilon_0}\int\frac{dx}{(z^2+x^2)^{\frac{3}{2}}}$ ← $x \equiv z\tan\theta,\ dx = z\sec^2\theta\,d\theta$ $= \frac{z\lambda}{4\pi\epsilon_0}\int_{\theta_1}^{\theta_2}\frac{z\sec^2\theta\,d\theta}{z^3\sec^3\theta} = \frac{\lambda}{4\pi\epsilon_0 z}\int_{\theta_1}^{\theta_2}\cos\theta\,d\theta = \frac{\lambda}{4\pi\epsilon_0 z}(\sin\theta_2 - \sin\theta_1)$	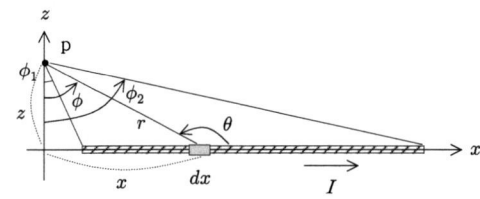 i) $dB = \frac{\mu_0 I}{4\pi}\frac{dx\sin\theta}{r^2} = \frac{\mu_0 I}{4\pi}\frac{z\,dx}{r^3} = \frac{\mu_0 I}{4\pi}\frac{z\,dx}{(x^2+z^2)^{3/2}}$ ii) $B = \frac{\mu_0 I}{4\pi}\int\frac{z\,dx}{(x^2+z^2)^{3/2}}$ ← $x \equiv z\tan\phi,\ dx = z\sec^2\phi\,d\phi$ $= \frac{\mu_0 I}{4\pi}\int\frac{z^2\sec^2\phi\,d\phi}{(z^2\tan^2\phi+z^2)^{3/2}}$ $= \frac{\mu_0 I}{4\pi}\int\frac{z^2\sec^2\phi\,d\phi}{(z^2\sec^2\phi)^{3/2}} = \frac{\mu_0 I}{4\pi z}\int_{\phi_1}^{\phi_2}\cos\phi\,d\phi = \frac{\mu_0 I}{4\pi z}(\sin\phi_2 - \sin\phi_1)$
전하량이 Q인 원형 전하 중심축 상에서의 전기장	원형도선 중심축 상에서의 자기장
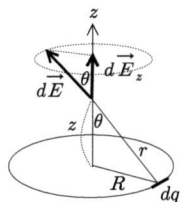 i) $dE_z = \frac{1}{4\pi\epsilon_0}\frac{dq}{r^2}\cos\theta = \frac{1}{4\pi\epsilon_0}\frac{z\,dq}{(z^2+R^2)^{3/2}}$ ii) $E_z = \frac{1}{4\pi\epsilon_0}\int\frac{z\,dq}{(z^2+R^2)^{3/2}} = \frac{1}{4\pi\epsilon_0}\frac{z\,Q}{(z^2+R^2)^{3/2}}$	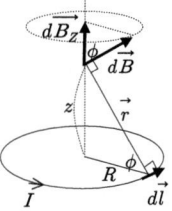 i) $dB_z = \frac{\mu_0 I}{4\pi}\frac{dl\sin 90}{r^2}\cos\phi = \frac{\mu_0 I}{4\pi}\frac{dl}{R^2+z^2}\frac{R}{\sqrt{R^2+z^2}} = \frac{\mu_0 I}{4\pi}\frac{R\,dl}{(R^2+z^2)^{3/2}}$ ii) $B = \frac{\mu_0 I}{4\pi}\frac{R}{(R^2+z^2)^{3/2}}\int dl = \frac{\mu_0 I}{4\pi}\frac{R}{(R^2+z^2)^{3/2}}\times 2\pi R = \frac{\mu_0 I}{2}\frac{R^2}{(R^2+z^2)^{3/2}}$ 단 $z=0$에서 $B = \frac{\mu_0 I}{2R}$
선전하 밀도가 λ인 부채꼴 전하 중심에서의 전기장	부채꼴 도선의 중심에서의 자기장
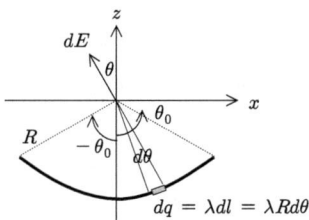 $dq = \lambda dl = \lambda R d\theta$ i) $dE_z = \frac{1}{4\pi\epsilon_0}\frac{dq}{R^2}\cos\theta = \frac{1}{4\pi\epsilon_0}\frac{\lambda R d\theta}{R^2}\cos\theta$ ii) $E_z = \frac{1}{4\pi\epsilon_0}\int_{-\theta_0}^{\theta_0}\frac{\lambda d\theta}{R}\cos\theta = \frac{1}{2\pi\epsilon_0}\frac{\lambda}{R}\sin\theta_0$	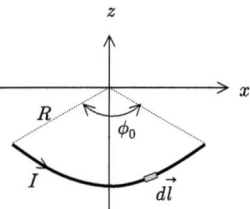 i) $d\vec{B} = \frac{\mu_0 I}{4\pi}\frac{d\vec{l}\times\hat{r}}{r^2}$ 에서 $dB = \frac{\mu_0 I}{4\pi}\frac{dl\sin 90}{R^2} = \frac{\mu_0 I}{4\pi}\frac{R d\phi}{R^2} = \frac{\mu_0 I}{4\pi}\frac{d\phi}{R}$ ii) $B = \frac{\mu_0 I}{4\pi}\int\frac{d\phi}{R} = \frac{\mu_0 I\phi_0}{4\pi R} = \frac{\mu_0 I}{2R}\frac{\phi_0}{2\pi}$
면전하 밀도가 σ인 원판 전하 중심축 상에서의 전기장	유한 솔레노이드 중심축 상에서의 자기장
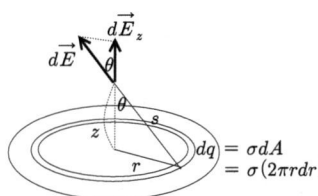 $dq = \sigma dA = \sigma(2\pi r dr)$ i) $dE_z = \frac{1}{4\pi\epsilon_0}\frac{dq}{s^2}\cos\theta = \frac{1}{4\pi\epsilon_0}\frac{\sigma 2\pi r dr\,z}{(z^2+r^2)^{3/2}} = \frac{\sigma z}{2\epsilon_0}\frac{r dr}{(z^2+r^2)^{3/2}}$ ii) $E_z = \frac{\sigma z}{2\epsilon_0}\int_0^R\frac{r dr}{(z^2+r^2)^{3/2}} = \frac{\sigma z}{2\epsilon_0}\frac{1}{(z^2+r^2)^{1/2}}\Big|_R^0 = \frac{\sigma z}{2\epsilon_0}\left[\frac{1}{z} - \frac{1}{\sqrt{z^2+R^2}}\right]$	i) $dB = \frac{\mu_0 I}{2}\frac{R^2}{r^3}\times n\,dz$ ii) $B = \frac{\mu_0 I R^2 n}{2}\int_{z=0}^{L}\frac{dz}{[(z_0-z)^2+R^2]^{3/2}}$ ← $z_0 - z = R\tan\phi,\ -dz = R\sec^2\phi\,d\phi$ $= \frac{\mu_0 I R^2 n}{2}\int_{\phi_1}^{\phi_2}\frac{-R\sec^2\phi\,d\phi}{[R^2\tan^2\phi+R^2]^{3/2}}$ $= \frac{\mu_0 I n}{2}\int_{\phi_1}^{\phi_2}(-\cos\phi)d\phi = \frac{\mu_0 I n}{2}(\sin\phi_1 - \sin\phi_2)$ $= \frac{n\mu_0 I}{2}\left[\frac{z_0}{\sqrt{z_0^2+R^2}} - \frac{z_0-L}{\sqrt{(z_0-L)^2+R^2}}\right]$ 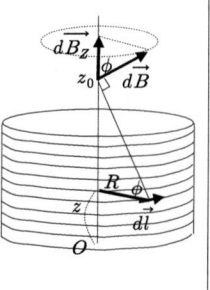